“十二五”普通高等教育本科国家级规划教材

# 高等数学

第三版

下册

国防科技大学理学院

主编 李建平 朱健民

副主编 周敏 王晓 黄建华

中国教育出版传媒集团
高等教育出版社·北京

内容简介

本书是“十二五”普通高等教育本科国家级规划教材和国家精品在线开放课程配套教材。全书分上、下两册，下册内容包括空间解析几何、向量值函数的导数与积分、多元函数的导数及其应用、重积分、曲线积分与曲面积分、幂级数与傅里叶级数、军事应用中的微分方程模型及其定性分析。全书的数字资源有课程思政案例、微视频、测验题、讨论题等，为学生自主学习提供了空间。本次修订在保持第二版教材特色的同时，对教材中数字资源的呈现方式做了较大改进，使学生更方便地学习相关资源并检测学习效果。

本书可作为高等学校非数学类专业的高等数学教材，也可供相关科技工作者参考。

图书在版编目（CIP）数据

高等数学．下册／李建平，朱健民主编；周敏，王晓，黄建华副主编．-- 3版．-- 北京：高等教育出版社，2023.10（2024.7重印）

ISBN 978-7-04-060280-7

Ⅰ．①高… Ⅱ．①李… ②朱… ③周… ④王… ⑤黄… Ⅲ．①高等数学-高等学校-教材 Ⅳ．①O13

中国国家版本馆CIP数据核字（2023）第054562号

GAODENG SHUXUE

策划编辑 李晓鹏　　责任编辑 安 琪　　封面设计 张雨微　　版式设计 李彩丽
责任绘图 于 博　　责任校对 王 雨　　责任印制 赵 振

出版发行 高等教育出版社
社　　址 北京市西城区德外大街4号
邮政编码 100120
印　　刷 北京鑫海金澳胶印有限公司
开　　本 787 mm × 1092 mm 1/16
印　　张 23.25
字　　数 470千字
购书热线 010-58581118
咨询电话 400-810-0598
网　　址 http://www.hep.edu.cn
　　　　 http://www.hep.com.cn
网上订购 http://www.hepmall.com.cn
　　　　 http://www.hepmall.com
　　　　 http://www.hepmall.cn
版　　次 2007年6月第1版
　　　　 2023年10月第3版
印　　次 2024年7月第2次印刷
定　　价 46.90元


物 料 号 60280-00

# 高等数学
## （第3版）下册

李建平
朱健民
周　敏
王　晓
黄建华

1　计算机访问http://abook.hep.com.cn/1233259，或手机扫描二维码、下载并安装Abook应用。
2　注册并登录，进入“我的课程”。
3　输入封底数字课程账号（20位密码，刮开涂层可见），或通过Abook应用扫描封底数字课程账号二维码，完成课程绑定。
4　单击“进入课程”按钮，开始本数字课程的学习。

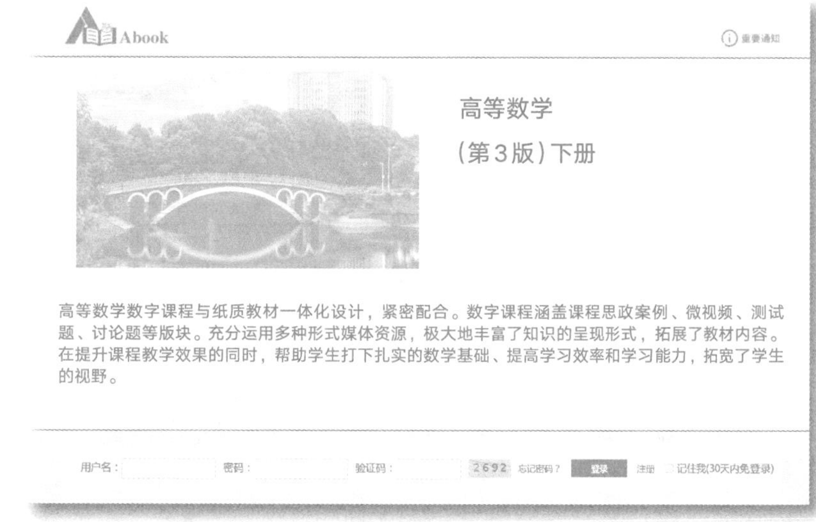


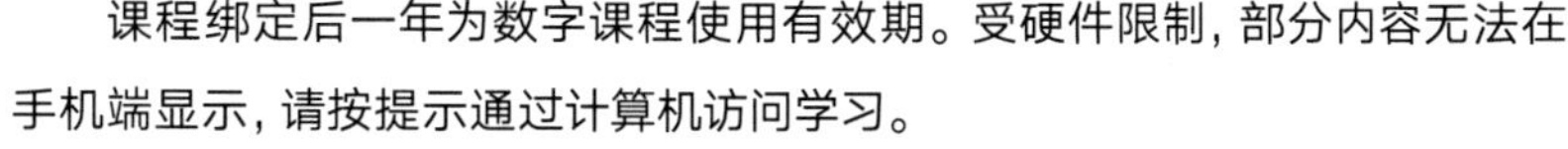


课程绑定后一年为数字课程使用有效期。受硬件限制，部分内容无法在手机端显示，请按提示通过计算机访问学习。

如有使用问题，请发邮件至abook@hep.com.cn。

课程思政案例

微视频

测试题

http://abook.hep.com.cn/1233259

# 第三版前言

随着信息与智能时代的到来，教材的形态发生了较大的变化，传统的纸质教材与慕课、数字课程资源等一起可以构建内容丰富的新形态、信息化和立体化课程体系，学习者也由传统的教材使用者变成信息化课程使用者，并极大提高了学习的效率。为了促进教材与课程及学习者的深度融合，更好体现“课程是教材的根，教材是课程的魂，学习者是教材和课程的生命”三者相辅相成的关系，我们对本教材第二版进行了修订。

教材第二版与慕课资源相关联，其新颖的编排形式和丰富的课程资源受到广大读者的欢迎和好评。新版教材在继续保持“重内容创新，重概念发现，重应用案例，重信息技术”等特点的同时，修订了教材内容，扩充了教学资源，新增了课程思政案例。在教材内容方面，一是修改了一些概念的表述，使其有更广泛的适应性，如常量与变量的概念，连续变量几种变化过程的具体示例，无穷大、反常积分、多元函数的极限，等等；二是补充了一些重要结论和定理的证明，如闭区间上连续函数性质的证明，三向量二重外积的表示，等等；三是在原来追求阐述概念的基于几何或物理背景的多侧面多角度描述的基础上，尽量使文字表述简洁明了，有更好的阅读性。

在教学资源方面，第二版是依托“中国大学 MOOC”平台的在线资源，为了使教材与课程资源更好关联，第三版配套了数字课程平台，通过教材边栏处的内容索引直接访问相关内容，读者将会有更好的学习体验。测验题布置在每节结尾处，测验题的形式为选择题和判断题，可以对学习内容进行检测并及时得到反馈。原有的慕课讨论题是对学习内容的深化和拓展，也是学习者重点关注的内容，对于一些较难的问题希望得到解答上的参考，本次修订补充了讨论题的参考解答，通过索引二维码即可看到相应内容。另外，作为课程教学资源的补充，我们制作了 10 个课程思政教学案例视频，由课程组共同讨论教学内容，张雪、罗永、唐玲艳、苏芳进行录制，为高等数学开展课程思政教学提供参考。

本教材第三版由李建平和朱健民担任主编，王晓、周敏、黄建华为副主编，高等数学教学团队成员为第三版的编写提供了很好的建议，高等教育出版社的李晓鹏编辑精心策划和指导，在此向各位付出的辛勤努力和送审专家提出的宝贵意见表示衷心感谢！随着教学改革的推进和纵深发展，教材建设也一直在路上，值得改进和完善的地方一定很多，我们将虚心接受各方面的意见建议，进一步提高教材建设的质量水平！

编　者

2022 年 6 月

# 第二版前言

本书第一版从出版到现在,已经有八个年头。在这期间,国内外教学形势发生了翻天覆地的变化,尤其是以“慕课”为代表的大规模在线开放课程的兴起,对高等数学课程的内容和形式提出了新的要求。本次修订正是在这种形势下进行的,经过编者的共同努力,全新的第二版教材终于呈现在广大读者的面前。

第一版教材出版之时,正值国内外大学视频公开课的兴起,名校的教学影响力和其丰富的在线课程资源,将学习者的注意力从传统的大学课堂,吸引到了广阔的在线课堂,使学习者的学习不再受教学内容、教学进程和教学环境等因素的限制,极大地激发了学习者的学习热情和学习主动性。而近两年出现的大规模在线开放课程,更是把大学教学推到风口浪尖,更加丰富的在线课程资源,加之教学团队与学习群体形成的学习社区,弥补了视频公开课教学互动的缺失,让师生共同感受释疑解惑的全过程,也形成了丰富的教学拓展资源。相比之下,传统的纸质教材和授课模式在发挥其传统优势的同时,也显现出明显的不足,尤其是在与教学视频、在线测试与学习研讨互动等方面。只有将教材建设与在线开放课程建设相结合,才能焕发出传统教学的生命力,这也是第二版教材重点解决的问题。

教学视频资源建设是第二版教材修订工作的重要基础。这得益于国防科学技术大学于2012 年下半年启动的高水平本科视频课建设,高等数学为其中的建设项目。由我校高等数学课程组教学骨干组成的课程建设项目组,确定了视频课的建设目标为“精心设计每讲内容,形成鲜明课程特色:设置问题,引入概念,突出直观,化解难点,结合应用,理解内涵,拓展知识,引发思考;运用现代教育技术手段,深化和拓展教学内容,建设丰富的辅助教学资源;充分体现主讲教师的教学风采和人格魅力,引发学习者的好奇心,激发学习兴趣;发挥团队的作用,集中课程组教师的智慧和力量,促进我校高等数学课程建设水平的大提升”。视频课以《高等数学》(第一版)教材内容为基础,优化整合成 100 讲教学内容并完成各讲视频的录制,在保留传统高等数学内容的同时,补充和拓展了部分教学内容,如“微积分纵览”“如何用 Mathematica 做微积分”“函数的一致连续性”“解非线性方程的牛顿切线法”“向量场的微积分基本定理”“微分方程稳定性初步”等内容,以满足不同学习者对学习内容的需求。

接下来,我们对视频课进行了“慕课”化改造。为适应“慕课”课程的特点和要求,将高等数

学分成了五个部分:

"高等数学(一)"包括:一元函数极限、数值级数、连续函数,共 21 讲;

"高等数学(二)"包括:一元函数导数及应用、定积分及应用,共 26 讲;

"高等数学(三)"包括:常微分方程、空间解析几何,共 14 讲;

"高等数学(四)"包括:多元微分学及应用、重积分,共 21 讲;

"高等数学(五)"包括:曲线曲面积分、幂级数与傅里叶级数、微分方程定性理论初步,共 18 讲。

同时,将视频按知识点分割成 481 个微视频,它们构成了"高等数学 MOOC"的视频资源。然后,为微视频配备驻点测试题和随堂测验题,对每个教学单元配备测验题和讨论题,与教学课件等组成"高等数学 MOOC"的基本资源。

最后,经过课程团队的共同努力,国防科学技术大学"高等数学 MOOC"于 2014 年 5 月 20 日成为"爱课程"网的中国大学 MOOC 的首批上线课程。

本次修订,纸质教材在形式上相比第一版做了较大改动。双色印刷使文字图形更加生动形象,宽阔的留白将教材内容与"高等数学 MOOC"的教学资源紧密相连,极大地延伸了读者的学习空间。学习者使用教材的时候,结合"高等数学 MOOC"中的教学资源进行学习,可以对课堂学习进行补充,实现本校教师的教学特色与"慕课"优质资源的有机融合,有效提高了教学效率和教学质量。同时,为解决"高等数学 MOOC"开课周期与高校课程开设周期不对应的问题,我们在"爱课程"网上在线课程中心开设了"高等数学 MOOC"的 SPOC 课程,教师和学生可以随时随地访问本课程,为高校探索线上线下相结合的混合式教学模式提供了途径。

作为本书的学习者,充分利用与教材链接的资源将会让你体验同伴学习带来的新感受。首先,内容生动的教学视频向你娓娓道来知识的来龙去脉,有网络的地方就有老师面对面地向你授课,为你的学习带来极大的方便。其次,层次分明的驻点测试、随堂测验和单元测验将有效测试你对知识的掌握程度,尽情享受收获知识的快乐。再次,讨论区更让你的学习不再孤独,当你在学习中遇到困惑时,立即有老师和学习者向你伸出援助之手,老师还可以通过讨论区"展示问题、提示引导、评判鼓励、示范解答",真正做到师生之间、生生之间互相学习、互相促进。

纸质教材的内容符合教育部高等学校大学数学课程教学指导委员会最新颁布的"工科类本科高等数学教学基本要求",可以作为理工科高等学校高等数学或微积分课程的教学用书。按照我们的教学实践经验,课程在 160—180 学时的学校可以讲授除第十四章外的教学内容。纸质教材的内容继续保持第一版教材的特色,整合优化传统内容实现与高中数学及大学相关课程的顺利衔接,适当选择数学建模与数学实验的内容融入教材,将应用数学软件的技术手段贯穿教材始终,多角度引入和阐述教材涉及的重要概念。值得注意的是,上述特色在教学视频中得以发扬光大,使得纸质教材内容具有更强的感染力。为便于检索教学视频与高等数学五个部分的对应关系,每段视频标注有相应的编号,如“微视频 4-4-4:二元函数全微分的概念”,表明其为高等数学(四)的第四讲的第四个微视频。

本教材的编写和在线课程资源建设是集体劳动的成果。教材第一章、第八章由周敏编写,第二、三、四、十一、十二章由朱健民编写,第五、六、九、十章由李建平编写,第七、十三、十四章由黄建华编写。刘雄伟负责实验题配置和大部分图形的绘制。王晓、倪谷炎、吴强、胡小荣、陈挚、陈吉美、唐斌兵、唐杨斌、戴丽、刘易成、龙汉、唐玲艳、李君、谢新艳等教师参与了习题的选配和校对工作,罗建书教授对本书的编写给予了全程指导。全书由朱健民和李建平统稿、定稿。在线课程的教学资源由朱健民、李建平、黄建华、王晓、周敏、刘雄伟、罗永、赵侠、吴强、王焱、胡小荣、童照春等组成的团队共同建设。

最后,衷心感谢国防科技大学的各级领导对教材编写和“慕课”建设的高度重视和热情指导。感谢高等数学课程组的全体同志,他们的辛勤付出为我们积累了丰富的资源和经验,成为本次教材修订和课程资源建设的重要基础。感谢高等教育出版社的李晓鹏编辑,是他的精心策划和指导使教材呈现出时代特色。感谢“爱课程”及其团队,是他们搭建的中国大学 MOOC 平台让我们的教材与课程有了展示的舞台,在此以作者在中国大学 MOOC 上线一周年的感言表达对他们的谢意:

是你让大学课堂延伸到世界每个地方,

是你让广大学友汇聚到在线开放课堂,

是你让传统教学转变到学习者为中心,

是你让大学数学放射出迷人智慧之光,

感谢你,中国大学 MOOC,

有你的地方就有无数“慕友”在尽情徜徉……

编　者

2015 年 5 月

# 第一版前言

这部高等数学教材是我们通过 5 年多的教学改革与实践,在对编写方案进行充分论证的基础上完成初稿,并经过一轮教学试点后修订而成的。

在教材编写过程中,我们始终将提高学生的数学素质和应用能力摆在首位,努力贯彻现代教育思想,改革、更新和优化微积分教学内容,使用现代教育技术,吸收国内外优秀教材的经验和我校多年来在高等数学教学改革、研究和实践中积累的成果,力求使教材更具特色。

(1) 努力实现课程体系和内容的优化整合

高等数学课程必须既注意高中数学教材中涉及的微积分内容,又注意到它和线性代数与空间解析几何、大学物理、工科专业课程内容及其表述之间的联系;既注意经典内容向现代数学的扩展,同时也有意弱化极限的严密化表述,以此降低学习难度。同时,努力减少课程之间重复内容的讲述,实现课程之间无缝衔接和知识的顺利过渡,从而真正实现课程体系的优化,彻底消除学生在知识表述的不一致性方面的认知负担。如将数列极限与数值级数合成一章,既可减少数列极限计算的重复训练,又能突出数列极限的应用;在多元函数微分学的处理上,采用向量方法,既加强了和线性代数之间的联系,又有利于向非线性最优化等领域的扩展;采用向量场的积分学,有利于加强高等数学与大学物理等课程的有机结合。

(2) 将数学建模及数学实验的思想与方法融入教材及课程教学中

将数学建模及数学实验的思想与方法融入教材及课程教学中,一方面利用数学软件开展数学实验,另一方面运用数学知识和数学软件工具解决来自自然科学、社会科学、工程及军事应用中的实际问题。这样设计教学内容,有助于培养学生多角度、多层次思考问题的习惯,有助于提升学生的实践性动手能力,有助于拓宽学生的知识面和视野,有助于提高学生“用数学”的兴趣和能力,有助于培养学生科学研究的探索精神和创新意识。我们在内容的取舍和习题的选配上特别增加了应用性和实验性的内容,重点关注微积分在现代科学、工程及军事各领域的应用,以此加强数学课程的实践性教学环节,通过对开放性问题的探索,培养学习者的创新精神和创新能力。

(3) 将数学软件的学习和使用穿插在教学内容中

利用现代化的数学软件,如 Mathematica、Maple、MATLAB 等解决数学教学中的计算、数值分析、图形处理等问题，将抽象的数学概念与理论直观化、实验化、可视化，有助于消除学生对数学知识的困惑，提高学生的学习兴趣。在涉及微积分内容的符号、数值计算以及图形显示等方面，将 Mathematica 软件的常用格式命令分散在教材相应章节介绍，使学习者在学习教材内容的同时，也学会了该数学软件的使用方法，同时也为淡化计算技巧、加强对概念的直观理解提供了有利条件。

（4）突出数学思想，通过多角度描述来加深对内容的理解

与传统高等数学教材相比，这本教材篇幅有较大的增加，这里并不是多个知识点的堆砌而使得内容如此庞大，其主要原因是增加了大量描述性的内容。无论是概念的引入、定理的建立还是应用例题的讲解，我们大都从不同角度、不同层次加以描述，并经常用数值表格或直观图形来阐明，让读者能在自我阅读过程中理解和把握学习内容，改变传统教材由于表述简洁而带来的阅读上的困难。同时，教材的易读易懂，也为课堂教学变"细讲少练"为"精讲多练"提供了可能。

本教材是集体劳动的成果，在编写过程中充分发挥了团队的凝聚力和刻苦攻关的精神。其中，第一章由周治修编写，第二、三、四、十一、十二章由朱健民编写，第五、六、九、十章由李建平编写，第七、十四章由黄建华编写，第八章由周治修、李建平共同编写，第十三章由罗建书编写。除此以外，周治修、胡小荣、刘雄伟、陈挚、周敏、吴强、陈吉美等同志参与了习题的选配和校对工作，刘雄伟同志为本书绘制了图形。全书由朱健民和李建平统稿、定稿，并对一些章节作了适当修改。

关于本教材的使用我们强调两点：首先，我们前面指出，本教材内容遵循"工科类本科数学基础课程教学基本要求"，涵盖微积分和空间解析几何所要求的全部内容，因此适合高等工科院校工科和非数学类理科的所有教学对象。其次，通过我们的教学试点，我们认为在 160 学时以内，可以讲授本书除第十四章以外的全部内容。若不讲授空间解析几何（第八章），则 148 学时可以讲完剩余内容，不过该章内容也不失为一个好的阅读材料。对于只需满足基本要求的教学对象，还可根据具体情况，通过调整讲授内容减少课时。

在本书的编写过程中，我们参考了国内外大量的参考文献和资料，由于追根溯源的困难和不便，我们未在书中明确指出引用材料的出处。但我们深感正是这些优秀的参考文献和资料给我们带来诸多编写的启示，同时也为我们提供了大量可引用的素材，在此特别对参考文献和资料的作者表示衷心的感谢！

最后，感谢校、部和学院三级领导对本教材编写的支持和指导，学校训练部为教学试点提供有利条件，并设立专项课题给予经费支持，理学院领导时刻关注编写及试点工作情况，并不时给予热情鼓励。同时也要感谢我校汪浩教授、黄柯棣教授、李圣怡教授、皇甫堪教授和杨晓东教授，他们认真评审了本教材的立项申请报告，并提出了许多建设性的意见。最后，特别感谢闫岘峰教

授、敖武峰教授、李志祥教授，他们对本书初稿进行了认真细致的审阅，对整个编写工作给予了具体指导。正是由于有了领导、教师们的大力支持和鼓励，才使得高等数学教材建设顺利进行。高等教育出版社的王强编辑和李陶编辑对本书的选题和成书给予了大量的指导，在此表示衷心的感谢！

尽管我们倾注了极大的心血，但书中肯定还存在着不足，甚至某些错误，恳请大家及时指出，以便进一步修正。

编　者

2006 年 7 月 15 日，长沙

# 目录

# 第八章
# 空间解析几何

微积分的许多概念和原理都具有直观的几何意义，将抽象的数学概念及原理与几何直观有机地结合起来，不仅能帮助人们加深对问题的理解，而且能够提高人们的想象能力与创造能力.在本书上册中，我们已经看到平面解析几何对于学习一元微积分的重要性.同样，为了学习多元函数微积分，我们需要空间解析几何的一些基本知识.本章介绍向量及其运算、空间平面与直线、空间曲面与曲线等相关知识以及常见的空间曲面的图形及特点.

## 8.1 向量及其运算

微视频
8-1-1
问题引入——笛卡儿是数学的坐标

### 8.1.1 空间直角坐标系

微视频
8-1-2
空间直角坐标系——空间点的坐标

#### 1. 空间中点的坐标

为了确定平面上的点的位置，人们通过建立平面直角坐标系，使得平面上的点与二元有序数组$(x,y)$之间建立起一一对应关系，这些二元有序数组的集合记作：

$$\mathbb{R}^2=\{(x,y)\mid x\in\mathbb{R},y\in\mathbb{R}\}.$$

它表示平面上全体点的集合.

为了确定空间中点的位置，需要引入空间直角坐标系.如图 8.1.1 所示，以空间中一定点 $O$ 为原点，引三条互相垂直的数轴构成的坐标系，称为空间直角坐标系.这三条数轴分别称为 $x$ 轴（横轴）、$y$ 轴（纵轴）和 $z$ 轴

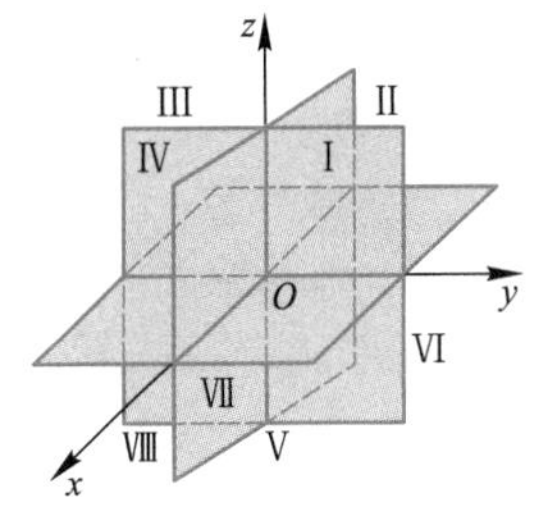

图 8.1.1 空间直角坐标系

(竖轴),统称为坐标轴.按习惯,规定 $x$ 轴和 $y$ 轴配置在水平面上,而 $z$ 轴为铅直垂线.它们的正向通常符合右手法则,即以右手握住 $z$ 轴,四指指向 $x$ 轴正向,并将拳握向 $y$ 轴正向,拇指恰好指向 $z$ 轴正向.通常,$x$ 轴的正向朝着前方(向着读者的一方),$y$ 轴的正向由左到右,$z$ 轴的正向从下到上.

三个坐标轴两两决定一个平面,称之为坐标平面,分别记作 $xOy$,$yOz$ 及 $zOx$ 平面.这三个坐标平面把空间分成八个部分,每一部分称为一个卦限.含有正向 $x$ 轴、正向 $y$ 轴及正向 $z$ 轴的那个卦限称为第一卦限.其余七个卦限没有公认的定义,通常可以按图 8.1.1 的方式进行定义.在坐标平面 $xOy$ 上方的四个卦限按逆时针方向分别是第一、二、三、四卦限;在坐标平面 $xOy$ 下方的四个卦限按逆时针方向分别是第五、六、七、八卦限,其中第五卦限恰好位于第一卦限的正下方.在图 8.1.1 中,这八个卦限分别用罗马数字Ⅰ、Ⅱ、Ⅲ、Ⅳ、Ⅴ、Ⅵ、Ⅶ、Ⅷ表示.

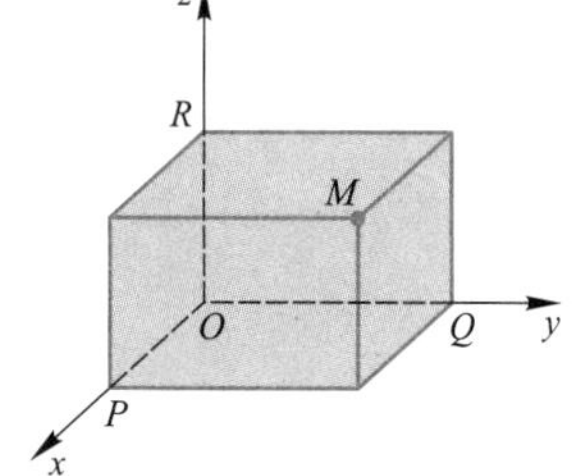

图 8.1.2　空间点的直角坐标

微视频
8-1-3
空间直角坐标系——两点间的距离

取定了空间直角坐标系之后就可以建立空间中的点与有序三元数组之间的一一对应关系.如图 8.1.2,设 $M$ 为空间中的已知点,过点 $M$ 作三个平面分别垂直于 $x$ 轴、$y$ 轴及 $z$ 轴,它们与三个坐标轴的交点依次为 $P$,$Q$ 及 $R$,这三个点在坐标轴上的坐标分别为 $x$,$y$ 及 $z$.于是,空间中一点 $M$ 就唯一地确定一个有序三元数组 $(x,y,z)$;反之,已知一个有序三元数组 $(x,y,z)$,就可以在 $x$ 轴、$y$ 轴及 $z$ 轴上分别找到坐标为 $x$,$y$ 及 $z$ 的三点 $P$,$Q$ 及 $R$.过这三点 $P$,$Q$ 及 $R$ 分别作平面垂直于该点所在的轴,这三个平面就唯一地确定了一点(交点)$M$.这样,空间中一点 $M$ 就与有序三元数组 $(x,y,z)$ 之间建立了一一对应关系,这一有序三元数组 $(x,y,z)$ 称为点 $M$ 的坐标,其中 $x$ 称为横坐标,$y$ 称为纵坐标,$z$ 称为竖坐标.点 $M$ 也记为 $M(x,y,z)$.所有三元有序数组的集合记作 $\mathbb{R}^3$:

$$\mathbb{R}^3=\{(x,y,z)\mid x\in\mathbb{R},y\in\mathbb{R},z\in\mathbb{R}\}.$$

它表示空间中全体点的集合.

根据空间中点的坐标表示,容易确定该点空间位置的某些特征.例如:

(1) 点 $(0,0,a)$ 位于 $z$ 轴上;

(2) 点 $(0,a,b)$ 位于 $yOz$ 平面上;

(3) 点 $(1,2,3)$ 位于第Ⅰ卦限;点 $(1,2,-3)$ 位于第Ⅴ卦限.这两点关于 $xOy$ 面对称.

## 2. 空间两点的距离

我们知道,一维数轴上两点 $M_1(x_1)$ 与 $M_2(x_2)$ 的距离为

$$|M_1M_2|=|x_2-x_1|.$$

二维平面上两点 $M_1(x_1,y_1)$,$M_2(x_2,y_2)$ 的距离为

$$|M_1M_2|=\sqrt{(x_2-x_1)^2+(y_2-y_1)^2}\ . \tag{8.1.1}$$

如图 8.1.3 所示.

(a) 一维数轴上两点的距离

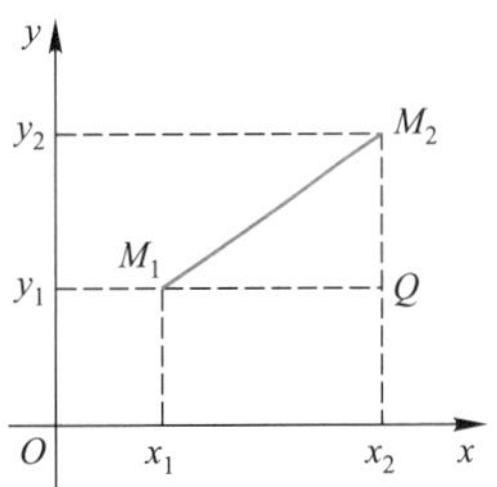


(b) 二维平面上两点的距离

图 8.1.3　一维数轴与二维平面上两点的距离

现在我们考察三维空间中两点的距离.

设 $M_1(x_1,y_1,z_1)$,$M_2(x_2,y_2,z_2)$ 为空间中两点.如图 8.1.4 所示,过 $M_1$,$M_2$ 各作三个分别垂直于三条坐标轴的平面,这六个平面构成一个以 $M_1M_2$ 为对角线的长方体.在直角三角形 $M_1NM_2$ 中,有

$$|M_1M_2|^2=|M_1N|^2+|NM_2|^2.$$

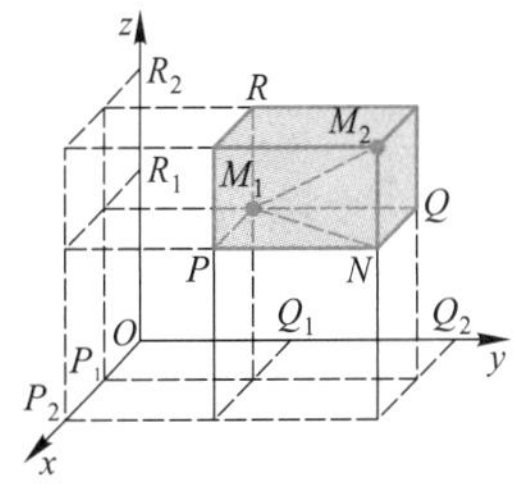


图 8.1.4　三维空间中两点的距离

又 $\triangle M_1PN$ 也是直角三角形,且

$$|M_1N|^2=|M_1P|^2+|PN|^2,$$

所以

$$|M_1M_2|^2=|M_1P|^2+|PN|^2+|NM_2|^2.$$

由于

$$|M_1P|=|P_1P_2|=|x_2-x_1|,$$

$$|PN|=|Q_1Q_2|=|y_2-y_1|,$$

$$|NM_2|=|R_1R_2|=|z_2-z_1|,$$

所以

$$|M_1M_2|=\sqrt{(x_2-x_1)^2+(y_2-y_1)^2+(z_2-z_1)^2}\ . \tag{8.1.2}$$

这就是空间两点间的距离公式.

特别地,点 $M(x,y,z)$ 与坐标原点 $O(0,0,0)$ 的距离为

$$|OM|=\sqrt{x^2+y^2+z^2}\ ; \tag{8.1.3}$$

**例 1**　在 $z$ 轴上求与两点 $A(3,1,-4)$ 和 $B(5,3,2)$ 等距离的点.

**解**　因为所求的点在 $z$ 轴上,所以设该点为 $M(0,0,z)$,依题意有

$$|MA|=|MB|,$$

即

$$\sqrt{(3-0)^2+(1-0)^2+(-4-z)^2}=\sqrt{(5-0)^2+(3-0)^2+(2-z)^2}.$$

两边去根号,解得 $z=1$.因此,所求的点为 $M(0,0,1)$.

**例 2**　求点 $A(a,b,c)$ 到 $yOz$ 面以及 $x$ 轴的距离.

讨论题
8-1-1
空间中两点之间的距离

设 $P_1(x_1,y_1,z_1)$,$P_2(x_2,y_2,z_2)$ 为空间中两点,它们之间的距离按式(8.1.2)定义

(1) 试用代数方法验证,对空间中任意三点 $P_1$,$P_2$,$P_3$,成立三角不等式

$$|P_1P_2|\leqslant|P_1P_3|+|P_2P_3|;$$

(2) 试用其他方式定义 $P_1(x_1,y_1,z_1)$,$P_2(x_2,y_2,z_2)$ 之间的距离,使之满足上述三角不等式.

**解** 点 $A(a,b,c)$ 在 $yOz$ 面上的投影点为 $A_1(0,b,c)$，所以点 $A$ 到 $yOz$ 面的距离为

$$|AA_1|=\sqrt{(0-a)^2+(b-b)^2+(c-c)^2}=|a|.$$

又点 $A(a,b,c)$ 在 $x$ 轴上的投影点为 $A_2(a,0,0)$，所以点 $A$ 到 $x$ 轴的距离为

$$|AA_2|=\sqrt{(a-a)^2+(0-b)^2+(0-c)^2}=\sqrt{b^2+c^2}.$$

## 8.1.2 向量及其线性运算

微视频
8-1-4
向量及其线性运算——向量的基本概念

### 1. 向量的概念

在研究力学、物理学以及其他应用学科时，常常会遇到这样一类量，它们既有大小，又有方向.例如力、力矩、位移、速度、加速度等，向量就是这些量的数学抽象.相比较而言，只有大小没有方向的量称为数量.例如，一架从长沙飞往北京的客机，在飞行过程中，它的速度和加速度都是向量，但是飞行时间以及油箱中的油量是数量.

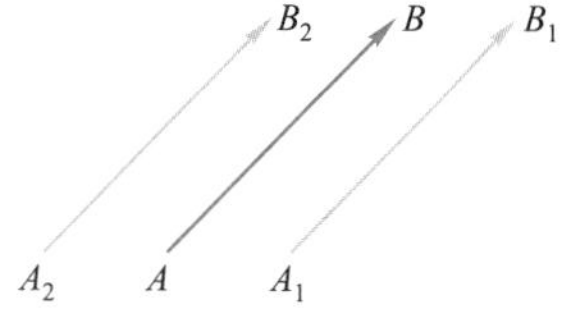

图 8.1.5 向量及其平行移动

在几何上，往往用一条带箭矢的线段，即有向线段来表示向量，所以，向量也称为矢量.有向线段的长度表示向量的大小，有向线段的方向表示向量的方向.以 $A$ 为起点、$B$ 为终点的有向线段表示的向量记作 $\overrightarrow{AB}$，如图 8.1.5 所示.通常，向量用印刷体的粗体字母或书写体上面加箭头的字母来表示.例如，我们用 $\boldsymbol{v},\boldsymbol{a},\boldsymbol{F}$ 或 $\vec{v}$，$\vec{a}$，$\vec{F}$ 分别表示速度、加速度及力这几个向量.

在实际问题中，有些向量与起点有关，有些向量与起点无关.由于一切向量的共性是它们都有大小和方向，所以数学上通常只研究与起点无关的向量，并称这种向量为自由向量（以后简称为向量）.

对于自由向量，如果两个向量 $\boldsymbol{a}$ 和 $\boldsymbol{b}$ 的大小相等，且方向相同，我们就说向量 $\boldsymbol{a}$ 和 $\boldsymbol{b}$ 是相等的，记作 $\boldsymbol{a}=\boldsymbol{b}$.这就是说，经过平移后能完全重合的向量是相等的.这时，它们可以看作同一个向量.在图 8.1.5 中，向量 $\overrightarrow{A_1B_1}$ 与 $\overrightarrow{A_2B_2}$ 都能由向量 $\overrightarrow{AB}$ 平行移动得到，所以，它们是同一个向量.

向量的大小叫做向量的模.向量 $\overrightarrow{AB}$，$\boldsymbol{a}$，$\vec{a}$ 的模依次记作 $|\overrightarrow{AB}|$，$|\boldsymbol{a}|$，$|\vec{a}|$.模等于 1 的向量叫做单位向量.模等于 0 的向量叫做零向量，记作 $\boldsymbol{0}$ 或 $\vec{0}$.零向量的起点和终点重合，它的方向可以看作任意的.

两个非零向量，如果它们的方向相同或者相反，就称这两个向量平行.向量 $\boldsymbol{a}$ 与 $\boldsymbol{b}$ 平行，记作 $\boldsymbol{a}/\!/\boldsymbol{b}$.由于零向量的方向可以看作任意的，因

此可以认为零向量与任何向量平行.

在高中,我们已经从几何的观点熟悉了向量的概念及其加法与减法等运算.下面,我们将从代数的观点来定义向量以及它的运算,这将为向量的计算提供极大的方便.我们还会看到,用代数观点定义的向量及其运算与用几何观点给出的相应概念是一致的.

在平面上,从点 $A(x_1,y_1)$ 到点 $B(x_2,y_2)$ 的向量 $\overrightarrow{AB}$ 表示为

$$\overrightarrow{AB}=(x_2-x_1,y_2-y_1),$$

其中 $x_2-x_1$ 与 $y_2-y_1$ 分别称为 $\overrightarrow{AB}$ 的 $x,y$ 轴方向的分量,它们分别对应 $\overrightarrow{AB}$ 在 $x$ 轴、$y$ 轴上的投影.

向量 $\overrightarrow{AB}$ 的模等于有向线段 $AB$ 的长度,即 $A,B$ 两点的距离,所以,由式(8.1.1)知

$$|\overrightarrow{AB}|=\sqrt{(x_2-x_1)^2+(y_2-y_1)^2}.$$

它的方向可由有向线段 $AB$ 与 $x$ 轴、$y$ 轴正向的夹角 $\alpha,\beta$ 确定,规定 $0\leqslant\alpha\leqslant\pi,0\leqslant\beta\leqslant\pi$(图 8.1.6).称 $\alpha,\beta$ 为向量 $\overrightarrow{AB}$ 的方向角,$\cos\alpha,\cos\beta$ 为它的方向余弦.根据图 8.1.6,容易得到

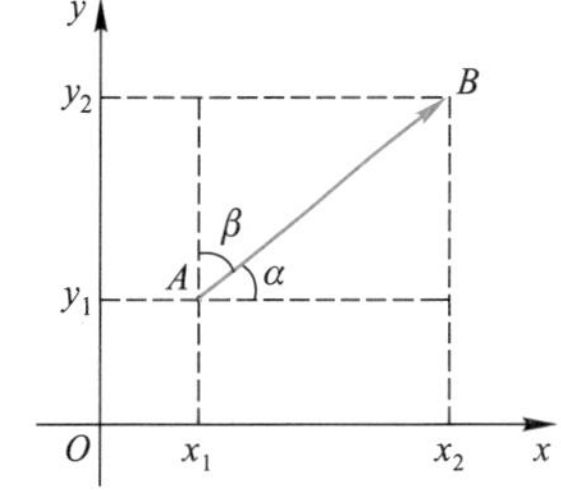

图 8.1.6　平面上的向量及其表示

$$\cos\alpha=\frac{x_2-x_1}{\sqrt{(x_2-x_1)^2+(y_2-y_1)^2}},$$

$$\cos\beta=\frac{y_2-y_1}{\sqrt{(x_2-x_1)^2+(y_2-y_1)^2}}.$$

于是,我们有

$$\cos^2\alpha+\cos^2\beta=1.$$

由平面解析几何知识知道,对于向量 $\overrightarrow{AB}$ 以及从点 $C(x_3,y_3)$ 到 $D(x_4,y_4)$ 的向量 $\overrightarrow{CD}=(x_4-x_3,y_4-y_3)$,当且仅当它们的分量对应相等,即当

$$x_2-x_1=x_4-x_3,\quad y_2-y_1=y_4-y_3$$

时,$\overrightarrow{AB}=\overrightarrow{CD}$.向量 $\overrightarrow{CD}$ 可由 $\overrightarrow{AB}$ 平移得到,所以,它们是同一向量.因此,平面上的向量由它的分量唯一确定.

类似地,在空间中,从点 $A(x_1,y_1,z_1)$ 到点 $B(x_2,y_2,z_2)$ 的向量 $\overrightarrow{AB}$ 表示为

$$\overrightarrow{AB}=(x_2-x_1,y_2-y_1,z_2-z_1),$$

其中 $x_2-x_1,y_2-y_1$ 与 $z_2-z_1$ 分别称为 $\overrightarrow{AB}$ 的 $x,y,z$ 轴方向的分量,它们分别对应 $\overrightarrow{AB}$ 在 $x$ 轴、$y$ 轴、$z$ 轴上的投影.

向量$\overrightarrow{AB}$的模等于有向线段 $AB$ 的长度，即 $A,B$ 两点的距离，所以，由式(8.1.2)知

$$|\overrightarrow{AB}|=\sqrt{(x_2-x_1)^2+(y_2-y_1)^2+(z_2-z_1)^2}.$$

它的方向可由有向线段 $AB$ 与 $x$ 轴、$y$ 轴及 $z$ 轴正向的夹角 $\alpha,\beta,\gamma$ 确定，规定 $0\leqslant\alpha\leqslant\pi,0\leqslant\beta\leqslant\pi,0\leqslant\gamma\leqslant\pi$. 称 $\alpha,\beta,\gamma$ 为向量$\overrightarrow{AB}$的方向角，$\cos\alpha$，$\cos\beta$，$\cos\gamma$ 为它的方向余弦，其中

$$\begin{cases}\cos\alpha=\dfrac{x_2-x_1}{\sqrt{(x_2-x_1)^2+(y_2-y_1)^2+(z_2-z_1)^2}},\\ \cos\beta=\dfrac{y_2-y_1}{\sqrt{(x_2-x_1)^2+(y_2-y_1)^2+(z_2-z_1)^2}},\\ \cos\gamma=\dfrac{z_2-z_1}{\sqrt{(x_2-x_1)^2+(y_2-y_1)^2+(z_2-z_1)^2}}.\end{cases}\tag{8.1.4}$$

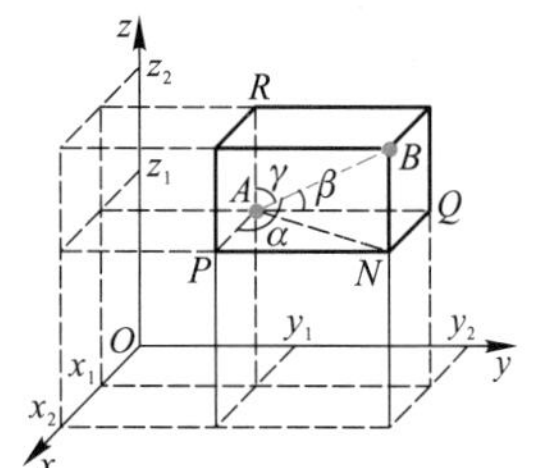

图 8.1.7　空间中的向量及其表示

根据图 8.1.7，读者容易证明式(8.1.4).

我们有

$$\cos^2\alpha+\cos^2\beta+\cos^2\gamma=1.$$

同样，空间中的向量也由它的分量唯一确定. 因此，一个空间中的向量通常表示为

$$\boldsymbol{a}=(a_1,a_2,a_3),$$

并称它为一个三维向量. 此时，向量 $\boldsymbol{a}$ 的模为

$$|\boldsymbol{a}|=\sqrt{a_1^2+a_2^2+a_3^2},$$

它的方向余弦为

$$\cos\alpha=\frac{a_1}{\sqrt{a_1^2+a_2^2+a_3^2}},\quad \cos\beta=\frac{a_2}{\sqrt{a_1^2+a_2^2+a_3^2}},\quad \cos\gamma=\frac{a_3}{\sqrt{a_1^2+a_2^2+a_3^2}}.$$

**例 3**　求从原点到点 $M(1,1,1)$ 的向量$\overrightarrow{OM}$的模和方向余弦.

**解**　$\overrightarrow{OM}=(1-0,1-0,1-0)=(1,1,1)$. 它的模为

$$|\overrightarrow{OM}|=\sqrt{1^2+1^2+1^2}=\sqrt{3}.$$

它的方向余弦为

$$\cos\alpha=\frac{1}{\sqrt{3}},\quad \cos\beta=\frac{1}{\sqrt{3}},\quad \cos\gamma=\frac{1}{\sqrt{3}}.$$

所以，向量$\overrightarrow{OM}$与三个坐标轴成相等夹角.

设 $M(x,y,z)$ 是空间中的任意一点，以坐标原点 $O(0,0,0)$ 为起点，

向点 $M$ 引向量$\overrightarrow{OM}$，则$\overrightarrow{OM}=(x,y,z)$是一个三维向量，这个向量叫做点 $M$ 对于点 $O(0,0,0)$ 的向径，那么，向径$\overrightarrow{OM}$与点 $M(x,y,z)$ 一一对应. 我们把所有三维向量的集合叫做三维向量空间. 按照上述点与向径的对应关系，三元数组的集合 $\mathbb{R}^3$ 与三维向量空间是一一对应的，所以，三维向量空间仍然记作 $\mathbb{R}^3$.

向径$\overrightarrow{OM}$又称为点 $M$ 的位置向量.

一般地，一个 $n$ 元数组的集合记作 $\mathbb{R}^n$. 按类似的观点，$\mathbb{R}^n$ 中任意两点 $M_1(x_1,x_2,\cdots,x_n)$ 与 $M_2(y_1,y_2,\cdots,y_n)$ 的距离定义为

$$|M_1M_2|=\sqrt{(y_1-x_1)^2+(y_2-x_2)^2+\cdots+(y_n-x_n)^2}, \qquad (8.1.5)$$

从 $M_1$ 到 $M_2$ 的向量定义为

$$\overrightarrow{M_1M_2}=(y_1-x_1,y_2-x_2,\cdots,y_n-x_n),$$

称它为一个 $n$ 维向量. 它的模 $|\overrightarrow{M_1M_2}|$ 由式(8.1.5)确定，它的方向由方向余弦 $\cos\alpha_1,\cos\alpha_2,\cdots,\cos\alpha_n$ 确定，其中

$$\cos\alpha_i=\frac{y_i-x_i}{\sqrt{(y_1-x_1)^2+(y_2-x_2)^2+\cdots+(y_n-x_n)^2}}, \quad i=1,2,\cdots,n.$$

所有 $n$ 维向量的集合称为 $n$ 维向量空间. 同样，一个 $n$ 维向量空间与一个 $n$ 元数组的集合是一一对应的，都记作 $\mathbb{R}^n$. 于是，我们经常把 $n$ 维向量空间的一个向量说成是 $\mathbb{R}^n$ 中的一个点.

设 $\boldsymbol{a}=(a_1,a_2,\cdots,a_n)$，$\boldsymbol{b}=(b_1,b_2,\cdots,b_n)$ 是 $n$ 维向量空间中的两个向量，当且仅当它们对应的分量都相等，即

$$a_1=b_1,\quad a_2=b_2,\quad \cdots,\quad a_n=b_n$$

时，称向量 $\boldsymbol{a}$ 与 $\boldsymbol{b}$ 是相等的，记作 $\boldsymbol{a}=\boldsymbol{b}$. 这样，$\boldsymbol{a}$ 为非零向量(通常记作 $\boldsymbol{a}\neq\boldsymbol{0}$)的充分必要条件是它至少有一个不为 0 的分量.

这也是我们将点的坐标和向量的分量均用圆括号表示的理由.

## 2. 向量的加法运算

微视频
8-1-5
向量及其线性运算——向量的线性运算

**定义 8.1.1** 设 $\boldsymbol{a}=(a_1,a_2)$，$\boldsymbol{b}=(b_1,b_2)$ 是二维向量空间 $\mathbb{R}^2$ 中的两个向量，定义它们的加法为

$$\boldsymbol{a}+\boldsymbol{b}=(a_1+b_1,a_2+b_2). \qquad (8.1.6)$$

我们知道，在物理学中，两个向量的加法(如力的合成)是按平行四边形法则或三角形法则来确定的. 所谓向量加法的三角形法则是：

设有两个向量 $\boldsymbol{a}$ 和 $\boldsymbol{b}$，任取一点 $A$ 作为向量 $\boldsymbol{a}$ 的起点，作$\overrightarrow{AB}=\boldsymbol{a}$，再以 $B$ 为起点，作$\overrightarrow{BC}=\boldsymbol{b}$，连接 $AC$(图 8.1.8)，那么向量$\overrightarrow{AC}=\boldsymbol{c}$ 称为向量 $\boldsymbol{a}$ 与 $\boldsymbol{b}$

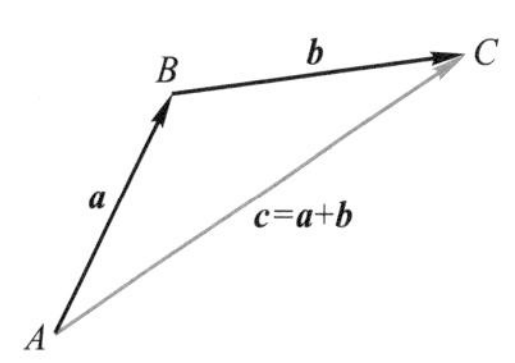

图 8.1.8 向量加法的三角形法则

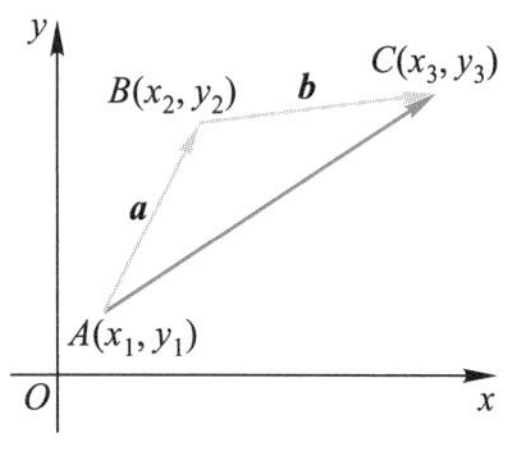


图 8.1.9　按式(8.1.6)定义的向量的加法满足三角形法则

的和,记作 $\boldsymbol{a}+\boldsymbol{b}$,即 $\boldsymbol{c}=\boldsymbol{a}+\boldsymbol{b}$.

下面说明按式(8.1.6)定义的向量的加法是满足三角形法则的.

事实上,设 $\boldsymbol{a},\boldsymbol{b}$ 是二维向量空间 $\mathbb{R}^2$中的两个向量,如图 8.1.9 所示,令 $A(x_1,y_1)$,$B(x_2,y_2)$分别是向量 $\boldsymbol{a}$ 的起点和终点,并将向量 $\boldsymbol{b}$ 的起点移到 $\boldsymbol{a}$ 的终点 $B$ 处,令 $C(x_3,y_3)$是向量 $\boldsymbol{b}$ 的终点,则

$$\overrightarrow{AB}=(x_2-x_1,y_2-y_1),\quad \overrightarrow{BC}=(x_3-x_2,y_3-y_2),\quad \overrightarrow{AC}=(x_3-x_1,y_3-y_1).$$

按式(8.1.6),有

$$\overrightarrow{AB}+\overrightarrow{BC}=((x_2-x_1)+(x_3-x_2),(y_2-y_1)+(y_3-y_2))=(x_3-x_1,y_3-y_1).$$

所以,有

$$\overrightarrow{AB}+\overrightarrow{BC}=\overrightarrow{AC}.$$

这就是我们熟悉的三角形法则.

**定义 8.1.2**　设 $\boldsymbol{a}=(a_1,a_2,a_3)$,$\boldsymbol{b}=(b_1,b_2,b_3)$是三维向量空间 $\mathbb{R}^3$中的两个向量,定义它们的加法为

$$\boldsymbol{a}+\boldsymbol{b}=(a_1+b_1,a_2+b_2,a_3+b_3).\tag{8.1.7}$$

一般地,设 $\boldsymbol{a}=(a_1,a_2,\cdots,a_n)$,$\boldsymbol{b}=(b_1,b_2,\cdots,b_n)$是 $n$ 维向量空间 $\mathbb{R}^n$中的两个向量,定义它们的加法为

$$\boldsymbol{a}+\boldsymbol{b}=(a_1+b_1,a_2+b_2,\cdots,a_n+b_n).$$

即 $\boldsymbol{a}+\boldsymbol{b}$ 的分量是 $\boldsymbol{a}$ 与 $\boldsymbol{b}$ 对应的分量之和.

容易知道,向量的加法符合下列运算规律:

(1) 交换律　$\boldsymbol{a}+\boldsymbol{b}=\boldsymbol{b}+\boldsymbol{a}$;

(2) 结合律　$(\boldsymbol{a}+\boldsymbol{b})+\boldsymbol{c}=\boldsymbol{a}+(\boldsymbol{b}+\boldsymbol{c})$.

根据向量加法的三角形法则以及“三角形两边之和大于第三边”的原理,有

$$|\boldsymbol{a}+\boldsymbol{b}|\leqslant|\boldsymbol{a}|+|\boldsymbol{b}|,\tag{8.1.8}$$

其中等号在 $\boldsymbol{b}$ 与 $\boldsymbol{a}$ 同向时成立.称式(8.1.8)为三角不等式,它可以看作数的绝对值性质的推广,有兴趣的读者可以用代数方法给出证明.

### 3. 向量的数乘运算

**定义 8.1.3**　设 $\boldsymbol{a}=(a_1,a_2)$是二维向量空间 $\mathbb{R}^2$中的一个向量,$\lambda$ 是实数,定义 $\lambda$ 与 $\boldsymbol{a}$ 的数乘为

$$\lambda\boldsymbol{a}=(\lambda a_1,\lambda a_2).\tag{8.1.9}$$

设 $\boldsymbol{a}$ 是非零向量,$\lambda$ 是非零实数,记 $\boldsymbol{b}=\lambda\boldsymbol{a}$,那么按式(8.1.9),有

$$|\boldsymbol{b}|=\sqrt{(\lambda a_1)^2+(\lambda a_2)^2}=|\lambda|\sqrt{a_1^2+a_2^2}=|\lambda||\boldsymbol{a}|.$$

再设 $\boldsymbol{a}$ 的方向角为 $\alpha_1,\beta_1$,$\boldsymbol{b}$ 的方向角为 $\alpha_2,\beta_2$,则它们的方向余弦对应为

$$\cos\alpha_1=\frac{a_1}{\sqrt{a_1^2+a_2^2}},\quad \cos\beta_1=\frac{a_2}{\sqrt{a_1^2+a_2^2}},$$

$$\cos\alpha_2=\frac{\lambda}{|\lambda|}\ \frac{a_1}{\sqrt{a_1^2+a_2^2}},\quad \cos\beta_2=\frac{\lambda}{|\lambda|}\ \frac{a_2}{\sqrt{a_1^2+a_2^2}}.$$

如果 $\lambda>0$,那么 $\boldsymbol{a}$ 与 $\boldsymbol{b}$ 的方向余弦对应相等,它们的方向角对应相同,说明它们方向相同;如果 $\lambda<0$,那么 $\boldsymbol{a}$ 与 $\boldsymbol{b}$ 的方向余弦互为相反数,它们的方向角互补,说明它们方向相反.所以,我们得到如下性质:

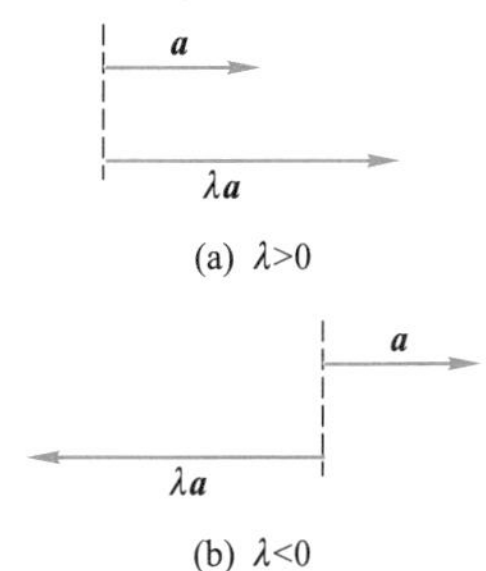

图 8.1.10 向量与数的乘法

向量 $\boldsymbol{a}$ 与实数 $\lambda$ 的乘积 $\lambda\boldsymbol{a}$ 是一个与 $\boldsymbol{a}$ 平行的向量(图 8.1.10),它的模

$$|\lambda\boldsymbol{a}|=|\lambda||\boldsymbol{a}|.$$

它的方向当 $\lambda>0$ 时与 $\boldsymbol{a}$ 相同;当 $\lambda<0$ 时与 $\boldsymbol{a}$ 相反;当 $\lambda=0$ 时,$|\lambda\boldsymbol{a}|=0$,即 $\lambda\boldsymbol{a}$ 为零向量,这时它的方向可以是任意的.

**定义 8.1.4** 设 $\boldsymbol{a}=(a_1,a_2,a_3)$ 是三维向量空间 $\mathbb{R}^3$ 中的一个向量,$\lambda$ 是实数,定义 $\lambda$ 与 $\boldsymbol{a}$ 的数乘为

$$\lambda\boldsymbol{a}=(\lambda a_1,\lambda a_2,\lambda a_3).$$

一般地,设 $\boldsymbol{a}=(a_1,a_2,\cdots,a_n)$ 是 $n$ 维向量空间 $\mathbb{R}^n$ 中的一个向量,$\lambda$ 是实数,定义 $\lambda$ 与 $\boldsymbol{a}$ 的数乘为

$$\lambda\boldsymbol{a}=(\lambda a_1,\lambda a_2,\cdots,\lambda a_n).$$

容易知道,向量与数的乘积符合下列运算规律:

(1) 结合律 $\lambda(\mu\boldsymbol{a})=\mu(\lambda\boldsymbol{a})=(\lambda\mu)\boldsymbol{a}$;

(2) 分配律 $(\lambda+\mu)\boldsymbol{a}=\lambda\boldsymbol{a}+\mu\boldsymbol{a}$,$\lambda(\boldsymbol{a}+\boldsymbol{b})=\lambda\boldsymbol{a}+\lambda\boldsymbol{b}$.

利用向量的加法与数乘运算,容易定义两向量的减法为

$$\boldsymbol{a}-\boldsymbol{b}=\boldsymbol{a}+(-1)\boldsymbol{b}.$$

根据数与向量乘积的概念,关于两个非零向量 $\boldsymbol{a}$ 与 $\boldsymbol{b}$ 平行,我们有下列等价的说法:

(1) $\boldsymbol{a}/\!/\boldsymbol{b}$;

(2) 存在实数 $\lambda$,使 $\boldsymbol{b}=\lambda\boldsymbol{a}$;

(3) $\boldsymbol{a}$ 与 $\boldsymbol{b}$ 对应的分量成比例.例如,对于三维非零向量 $\boldsymbol{a}=(a_1,a_2,a_3)$ 与 $\boldsymbol{b}=(b_1,b_2,b_3)$,有

$$\frac{b_1}{a_1}=\frac{b_2}{a_2}=\frac{b_3}{a_3};\tag{8.1.10}$$

注意,在式(8.1.10)中,若某个分式的分母等于零,则该分式相应的分子也等于零.

(4) 存在不全为零的常数 $k_1,k_2$，使得 $k_1\boldsymbol{a}+k_2\boldsymbol{b}=\boldsymbol{0}$.

前面已经讲过，模等于 1 的向量叫做单位向量. 设 $\boldsymbol{e}_a$ 表示与非零向量 $\boldsymbol{a}$ 同方向的单位向量，那么按照向量与数的乘积的规定，由于 $|\boldsymbol{a}|>0$，所以 $|\boldsymbol{a}|\boldsymbol{e}_a$ 与 $\boldsymbol{a}$ 的方向相同. 又因 $|\boldsymbol{a}|\boldsymbol{e}_a$ 的模是 $|\boldsymbol{a}|$，因此

$$\boldsymbol{a}=|\boldsymbol{a}|\boldsymbol{e}_a,$$

或者

$$\boldsymbol{e}_a=\frac{\boldsymbol{a}}{|\boldsymbol{a}|}.$$

对于三维向量 $\boldsymbol{a}$，有
$\boldsymbol{e}_a=(\cos\alpha,\cos\beta,\cos\gamma)$
以及
$\boldsymbol{a}=|\boldsymbol{a}|(\cos\alpha,\cos\beta,\cos\gamma)$.

这表示一个非零向量除以它的模的结果是一个与原向量同方向的单位向量. 通常，称 $\boldsymbol{e}_a$ 为 $\boldsymbol{a}$ 的单位方向向量.

**例 4** 设 $\boldsymbol{a}=(2,1)$，$\boldsymbol{b}=(-3,1)$，求 $\boldsymbol{c}=\boldsymbol{a}+2\boldsymbol{b}$ 的单位方向向量.

**解** 因 $\boldsymbol{c}=\boldsymbol{a}+2\boldsymbol{b}=(2,1)+2(-3,1)=(-4,3)$，则 $|\boldsymbol{c}|=\sqrt{(-4)^2+3^2}=5$. 于是

$$\boldsymbol{e}_c=\frac{1}{5}(-4,3)=\left(-\frac{4}{5},\frac{3}{5}\right).$$

图 8.1.11 给出了直观图示.

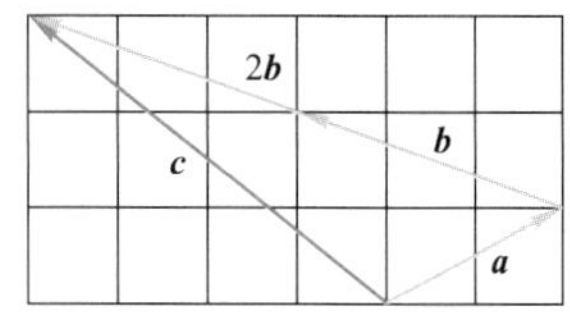

图 8.1.11 例 4 示意图

### 4. 向量的基表示

在二维向量空间，记 $\boldsymbol{i}=(1,0)$，$\boldsymbol{j}=(0,1)$，则 $\boldsymbol{i},\boldsymbol{j}$ 分别是与 $x$ 轴、$y$ 轴同向的单位方向向量，称之为二维向量空间中的基向量.

设 $\boldsymbol{a}=(a_1,a_2)$ 是二维向量，则由向量的加法与数乘运算容易知道

$$\boldsymbol{a}=a_1\boldsymbol{i}+a_2\boldsymbol{j}. \tag{8.1.11}$$

称式(8.1.11)为二维向量 $\boldsymbol{a}$ 的基表示式或基向量分解式.

一般地，$n$ 维向量有类似的基表示式.

在三维向量空间，记 $\boldsymbol{i}=(1,0,0)$，$\boldsymbol{j}=(0,1,0)$，$\boldsymbol{k}=(0,0,1)$，则 $\boldsymbol{i},\boldsymbol{j},\boldsymbol{k}$ 分别是与 $x$ 轴、$y$ 轴、$z$ 轴同向的单位方向向量，称之为三维向量空间中的基向量.

设 $\boldsymbol{a}=(a_1,a_2,a_3)$ 是三维向量，则由向量的加法与数乘运算容易知道

$$\boldsymbol{a}=a_1\boldsymbol{i}+a_2\boldsymbol{j}+a_3\boldsymbol{k}. \tag{8.1.12}$$

称式(8.1.12)为三维向量 $\boldsymbol{a}$ 的基表示式或基向量分解式.

**例 5** 设 $A(x_1,y_1,z_1)$ 和 $B(x_2,y_2,z_2)$ 为两已知点，而在 $AB$ 直线上的点 $M$ 分有向线段 $\overrightarrow{AB}$ 为两个有向线段 $\overrightarrow{AM}$ 和 $\overrightarrow{MB}$，并使 $\overrightarrow{AM}=\lambda\overrightarrow{MB}$，其中

$\lambda(\lambda\neq-1)$为常数.求分点 $M$ 的坐标.

**解** 如图 8.1.12 所示,设点 $M$ 坐标为$(x,y,z)$,有

$$\overrightarrow{OA}=x_1\boldsymbol{i}+y_1\boldsymbol{j}+z_1\boldsymbol{k},$$
$$\overrightarrow{OB}=x_2\boldsymbol{i}+y_2\boldsymbol{j}+z_2\boldsymbol{k},$$

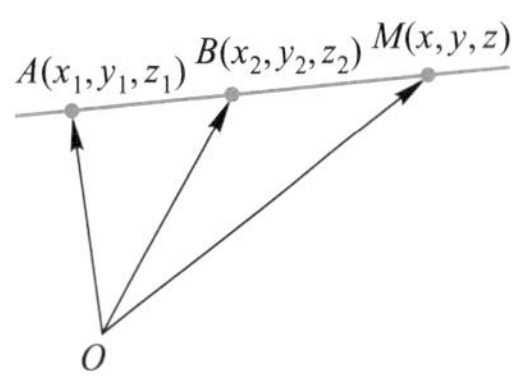

图 8.1.12 例 5 示意图

以及

$$\overrightarrow{AM}=(x-x_1)\boldsymbol{i}+(y-y_1)\boldsymbol{j}+(z-z_1)\boldsymbol{k},$$
$$\overrightarrow{MB}=(x_2-x)\boldsymbol{i}+(y_2-y)\boldsymbol{j}+(z_2-z)\boldsymbol{k}.$$

因为$\overrightarrow{AM}=\lambda\overrightarrow{MB}$,所以有

$$x-x_1=\lambda(x_2-x),\quad y-y_1=\lambda(y_2-y),\quad z-z_1=\lambda(z_2-z).$$

因此,有

$$x=\frac{x_1+\lambda x_2}{1+\lambda},\quad y=\frac{y_1+\lambda y_2}{1+\lambda},\quad z=\frac{z_1+\lambda z_2}{1+\lambda},$$

即有$\overrightarrow{OM}=\frac{1}{1+\lambda}\overrightarrow{OA}+\frac{\lambda}{1+\lambda}\overrightarrow{OB}$.特别地,令 $\lambda=1$,则点 $M$ 为点 $A$ 和 $B$ 连线的中点,对应中点的坐标为

$$x=\frac{x_1+x_2}{2},\quad y=\frac{y_1+y_2}{2},\quad z=\frac{z_1+z_2}{2}.$$

## 8.1.3 向量的数量积、向量积

前面我们学习了向量的加法、数乘运算.在这一节,我们将介绍向量的数量积和向量积.这两种运算在数学理论与工程实践中有着广泛的应用.

微视频
8-1-6
问题引入——线性运算在几何和物理问题的局限

微视频
8-1-7
向量的数量积——数量积的概念

### 1. 向量的数量积

我们知道,如果一个物体在常力 $\boldsymbol{F}$ 的作用下产生一个位移 $\boldsymbol{s}$,那么,力 $\boldsymbol{F}$ 所做的功就等于这个力在物体位移方向上的分力的大小与位移的大小的乘积(图 8.1.13),用公式表示就是

$$W=|\boldsymbol{F}||\boldsymbol{s}|\cos\theta,\tag{8.1.13}$$

其中 $\theta$ 为 $\boldsymbol{F}$ 与 $\boldsymbol{s}$ 之间的夹角.如果把问题抽象出来,这里涉及两个向量 $\boldsymbol{a}$ 与 $\boldsymbol{b}$ 的一种运算,其结果是一个数量 $|\boldsymbol{a}||\boldsymbol{b}|\cos\theta$.我们称之为向量 $\boldsymbol{a}$ 与 $\boldsymbol{b}$ 的数量积.

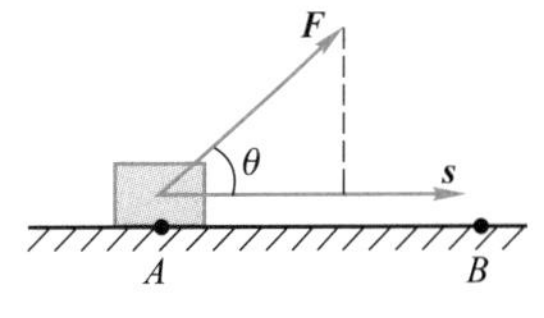

图 8.1.13 物体在力 $\boldsymbol{F}$ 的作用下移动做功

物理学中还有许多这样的例子，如不可压缩且流速为常向量的流体在单位时间内流过平面的质量(即流量)、电通量以及磁通量等问题的数学表示中都涉及两个向量的这种运算.

**定义 8.1.5** 设 $\boldsymbol{a}=(a_1,a_2,a_3)$，$\boldsymbol{b}=(b_1,b_2,b_3)$ 是三维向量空间 $\mathbb{R}^3$ 中的两个向量，定义它们的数量积为

$$\boldsymbol{a}\cdot\boldsymbol{b}=a_1b_1+a_2b_2+a_3b_3. \tag{8.1.14}$$

向量 $\boldsymbol{a}$ 与 $\boldsymbol{b}$ 的数量积又叫点积或内积.

一般地，设 $\boldsymbol{a}=(a_1,a_2,\cdots,a_n)$，$\boldsymbol{b}=(b_1,b_2,\cdots,b_n)$ 是 $n$ 维向量空间 $\mathbb{R}^n$ 中的两个向量，定义它们的数量积(或内积)为
$\boldsymbol{a}\cdot\boldsymbol{b}=a_1b_1+a_2b_2+\cdots+a_nb_n$.

从式(8.1.14)看出，向量 $\boldsymbol{a}$ 与 $\boldsymbol{b}$ 的数量积是一个数量，其值等于对应的分量乘积之和.粗略看来，数量积的这个定义与前面引出的数量积概念相去甚远.但下面的定理告诉我们两者是一致的.

**定理 8.1.1** 设 $\boldsymbol{a}$ 与 $\boldsymbol{b}$ 为向量，则关于它们的数量积有

$$\boldsymbol{a}\cdot\boldsymbol{b}=|\boldsymbol{a}||\boldsymbol{b}|\cos\theta, \tag{8.1.15}$$

其中 $\theta$ 为向量 $\boldsymbol{a}$ 与 $\boldsymbol{b}$ 之夹角，且规定 $0\leqslant\theta\leqslant\pi$.

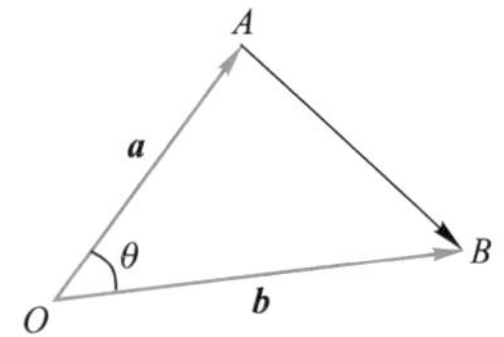

图 8.1.14 余弦定理示意图

**证** 以三维向量为例.如图 8.1.14 所示，设 $\overrightarrow{OA}=\boldsymbol{a}=(a_1,a_2,a_3)$，$\overrightarrow{OB}=\boldsymbol{b}=(b_1,b_2,b_3)$，$\angle AOB=\theta$，则

$$\overrightarrow{AB}=\overrightarrow{OB}-\overrightarrow{OA}=(b_1-a_1,b_2-a_2,b_3-a_3).$$

由余弦定理可知

$$|AB|^2=|OA|^2+|OB|^2-2|OA||OB|\cos\angle AOB,$$

即

$$(b_1-a_1)^2+(b_2-a_2)^2+(b_3-a_3)^2=|\boldsymbol{a}|^2+|\boldsymbol{b}|^2-2|\boldsymbol{a}||\boldsymbol{b}|\cos\theta,$$

展开即得

$$|\boldsymbol{a}||\boldsymbol{b}|\cos\theta=a_1b_1+a_2b_2+a_3b_3=\boldsymbol{a}\cdot\boldsymbol{b}.$$

这样，依据式(8.1.13)及式(8.1.15)知，

$$W=\boldsymbol{F}\cdot\boldsymbol{s}.$$

对于非零向量 $\boldsymbol{a},\boldsymbol{b}$，由式(8.1.15)容易得到

$$\cos\theta=\frac{\boldsymbol{a}\cdot\boldsymbol{b}}{|\boldsymbol{a}||\boldsymbol{b}|}. \tag{8.1.16}$$

特别地，对于三维向量，有

$$\cos\theta=\frac{a_1b_1+a_2b_2+a_3b_3}{\sqrt{a_1^2+a_2^2+a_3^2}\ \sqrt{b_1^2+b_2^2+b_3^2}}.$$

利用公式(8.1.16)可以计算两非零向量 $\boldsymbol{a},\boldsymbol{b}$ 之间的夹角.

因为 $|\cos\theta|\leqslant1$，所以，我们有柯西-施瓦茨不等式：

$$|\boldsymbol{a}\cdot\boldsymbol{b}|\leqslant|\boldsymbol{a}||\boldsymbol{b}|. \qquad (8.1.17)$$

上式等号成立当且仅当 $\boldsymbol{a}$ 与 $\boldsymbol{b}$ 为平行向量.

特别地,对三维向量 $\boldsymbol{a}=(a_1,a_2,a_3)$,$\boldsymbol{b}=(b_1,b_2,b_3)$,式(8.1.17)写成分量形式是

$$|a_1b_1+a_2b_2+a_3b_3|\leqslant\sqrt{a_1^2+a_2^2+a_3^2}\sqrt{b_1^2+b_2^2+b_3^2}.$$

若向量 $\boldsymbol{a}$ 与 $\boldsymbol{b}$ 的夹角为 $\dfrac{\pi}{2}$,则称向量 $\boldsymbol{a}$ 与 $\boldsymbol{b}$ 正交或者垂直,并记作 $\boldsymbol{a}\perp\boldsymbol{b}$.由式(8.1.15)知,$\boldsymbol{a}\perp\boldsymbol{b}$ 的充分必要条件是 $\boldsymbol{a}\cdot\boldsymbol{b}=0$.显然,零向量与任何向量垂直.

特别地,设 $\boldsymbol{a}=(a_1,a_2,a_3)$,$\boldsymbol{b}=(b_1,b_2,b_3)$是三维向量空间 $\mathbb{R}^3$ 中的两个向量,则 $\boldsymbol{a}$ 与 $\boldsymbol{b}$ 垂直的充分必要条件为

$$a_1b_1+a_2b_2+a_3b_3=0.$$

由此,对于三维向量空间的基向量,我们有

$$\boldsymbol{i}\cdot\boldsymbol{i}=\boldsymbol{j}\cdot\boldsymbol{j}=\boldsymbol{k}\cdot\boldsymbol{k}=1,$$
$$\boldsymbol{i}\cdot\boldsymbol{j}=\boldsymbol{j}\cdot\boldsymbol{k}=\boldsymbol{k}\cdot\boldsymbol{i}=0.$$

容易知道,向量的数量积符合下列运算规律:

(1) 交换律 $\boldsymbol{a}\cdot\boldsymbol{b}=\boldsymbol{b}\cdot\boldsymbol{a}$;

(2) 结合律 $(\lambda\boldsymbol{a})\cdot\boldsymbol{b}=\boldsymbol{a}\cdot(\lambda\boldsymbol{b})=\lambda(\boldsymbol{a}\cdot\boldsymbol{b})$;

(3) 分配律 $(\boldsymbol{a}+\boldsymbol{b})\cdot\boldsymbol{c}=\boldsymbol{a}\cdot\boldsymbol{c}+\boldsymbol{b}\cdot\boldsymbol{c}$;

(4) $\boldsymbol{a}\cdot\boldsymbol{a}=|\boldsymbol{a}|^2$.

**例6** 已知三点 $M(1,1,1)$,$A(2,2,1)$和 $B(2,1,2)$,求 $\angle AMB$.

**解** $\angle AMB$ 即向量$\overrightarrow{MA}$与$\overrightarrow{MB}$的夹角.因为

$\overrightarrow{MA}=(2-1,2-1,1-1)=(1,1,0)$,$\overrightarrow{MB}=(2-1,1-1,2-1)=(1,0,1)$,

则$\overrightarrow{MA}\cdot\overrightarrow{MB}=1\times1+1\times0+0\times1=1$,$|\overrightarrow{MA}|=\sqrt{1^2+1^2+0^2}=\sqrt{2}$,$|\overrightarrow{MB}|=\sqrt{1^2+0^2+1^2}=\sqrt{2}$.所以,由式(8.1.16),有

$$\cos\angle AMB=\frac{\overrightarrow{MA}\cdot\overrightarrow{MB}}{|\overrightarrow{MA}||\overrightarrow{MB}|}=\frac{1}{\sqrt{2}\sqrt{2}}=\frac{1}{2}.$$

故 $\angle AMB=\dfrac{\pi}{3}$.

**例7** 证明三角形的三条高交于一点.

**证** 如图8.1.15,设 $D,E$ 分别为 $BC,CA$ 边上的高的垂足,且 $AD$ 与 $BE$ 相交于 $O$ 点.记$\overrightarrow{OA}=\boldsymbol{a}$,$\overrightarrow{OB}=\boldsymbol{b}$,$\overrightarrow{OC}=\boldsymbol{c}$,则$\overrightarrow{AB}=\boldsymbol{b}-\boldsymbol{a}$,$\overrightarrow{BC}=\boldsymbol{c}-\boldsymbol{b}$,$\overrightarrow{CA}=\boldsymbol{a}-\boldsymbol{c}$.

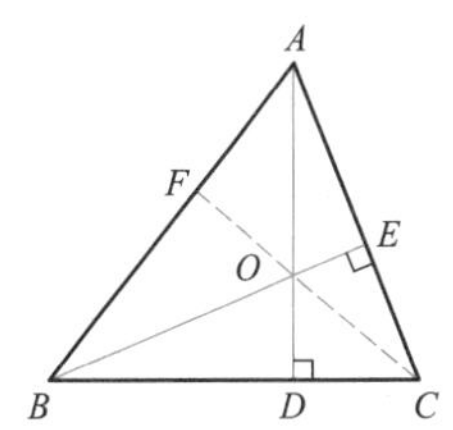

图 8.1.15 三角形的三条高相交于一点

由 $AO\perp BC$ 知

$$\boldsymbol{a}\cdot(\boldsymbol{c}-\boldsymbol{b})=0,$$

由 $BO\perp CA$ 知

$$\boldsymbol{b}\cdot(\boldsymbol{a}-\boldsymbol{c})=0,$$

因此

$$\boldsymbol{a}\cdot\boldsymbol{b}=\boldsymbol{b}\cdot\boldsymbol{c}=\boldsymbol{c}\cdot\boldsymbol{a}.$$

微视频
8-1-8
向量的数量积——向量的投影

故 $\boldsymbol{c}\cdot(\boldsymbol{b}-\boldsymbol{a})=0$,这正好说明 $CO\perp AB$.

## 2. 向量的投影

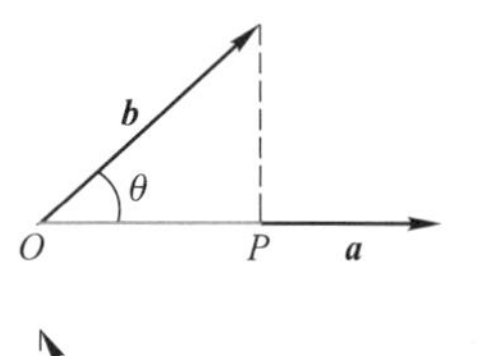

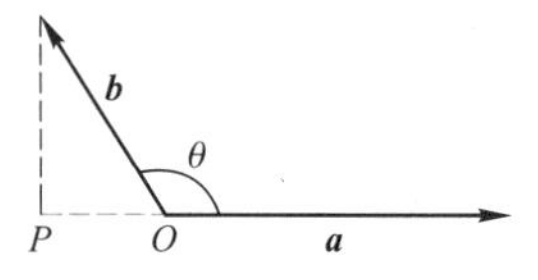

图 8.1.16　向量的投影

从式(8.1.13)知道,$|\boldsymbol{F}|\cos\theta$ 实际上是力 $\boldsymbol{F}$ 在位移 $\boldsymbol{s}$ 方向上的投影,力 $\boldsymbol{F}$ 所做的功就等于这个投影与位移的大小的乘积.

一般地,设 $\boldsymbol{a}$ 为非零向量,$\theta$ 为向量 $\boldsymbol{b}$ 和 $\boldsymbol{a}$ 的夹角,称 $|\boldsymbol{b}|\cos\theta$ 为向量 $\boldsymbol{b}$ 在 $\boldsymbol{a}$ 上的投影,记做 $\mathrm{Prj}_{\boldsymbol{a}}\boldsymbol{b}$,即

$$\mathrm{Prj}_{\boldsymbol{a}}\boldsymbol{b}=|\boldsymbol{b}|\cos\theta.$$

根据式(8.1.16),有

$$\mathrm{Prj}_{\boldsymbol{a}}\boldsymbol{b}=\frac{\boldsymbol{a}\cdot\boldsymbol{b}}{|\boldsymbol{a}|}=\boldsymbol{e}_{\boldsymbol{a}}\cdot\boldsymbol{b}.$$

在图 8.1.16 中,向量 $\boldsymbol{b}$ 在 $\boldsymbol{a}$ 上的投影为有向线段 $\overrightarrow{OP}$ 的值,当 $\boldsymbol{b}$ 和 $\boldsymbol{a}$ 的夹角 $\theta$ 为锐角时,$\overrightarrow{OP}$ 的值为正;当 $\theta$ 为钝角时,$\overrightarrow{OP}$ 的值为负.

## 3. 向量的向量积

微视频
8-1-9
向量的向量积

下面,我们再定义在物理学以及数学中常用的三维向量的另一种运算——向量积.

**定义 8.1.6**　设 $\boldsymbol{a}=(a_1,a_2,a_3)$,$\boldsymbol{b}=(b_1,b_2,b_3)$ 是三维向量空间 $\mathbb{R}^3$ 中的两个向量,则称向量

$$\begin{vmatrix}\boldsymbol{i} & \boldsymbol{j} & \boldsymbol{k}\\ a_1 & a_2 & a_3\\ b_1 & b_2 & b_3\end{vmatrix}=\begin{vmatrix}a_2 & a_3\\ b_2 & b_3\end{vmatrix}\boldsymbol{i}+\begin{vmatrix}a_3 & a_1\\ b_3 & b_1\end{vmatrix}\boldsymbol{j}+\begin{vmatrix}a_1 & a_2\\ b_1 & b_2\end{vmatrix}\boldsymbol{k} \qquad (8.1.18)$$

为 $\boldsymbol{a}$ 与 $\boldsymbol{b}$ 的向量积(亦称叉积或外积),记作 $\boldsymbol{a}\times\boldsymbol{b}$,即

$$\boldsymbol{a}\times\boldsymbol{b}=(a_2b_3-a_3b_2,a_3b_1-a_1b_3,a_1b_2-a_2b_1). \qquad (8.1.19)$$

由此可以看出,基向量 $\boldsymbol{i},\boldsymbol{j},\boldsymbol{k}$ 中任意两个向量按例 8 的顺序作叉积,其结果恰好为另一向量.

**例 8**　证明:$\boldsymbol{i}\times\boldsymbol{j}=\boldsymbol{k}$,$\boldsymbol{j}\times\boldsymbol{k}=\boldsymbol{i}$,$\boldsymbol{k}\times\boldsymbol{i}=\boldsymbol{j}$.

**证**　因为 $\boldsymbol{i}\times\boldsymbol{j}=(1,0,0)\times(0,1,0)=\left(\begin{vmatrix}0 & 0\\ 1 & 0\end{vmatrix},\begin{vmatrix}0 & 1\\ 0 & 0\end{vmatrix},\begin{vmatrix}1 & 0\\ 0 & 1\end{vmatrix}\right)=(0,0,1)$,所以 $\boldsymbol{i}\times\boldsymbol{j}=\boldsymbol{k}$.

同理,$\boldsymbol{j}\times\boldsymbol{k}=\boldsymbol{i}$,$\boldsymbol{k}\times\boldsymbol{i}=\boldsymbol{j}$.

关于向量 $\boldsymbol{a},\boldsymbol{b}$ 的向量积,我们有

(1) $\boldsymbol{a}\times\boldsymbol{b}$ 与 $\boldsymbol{a},\boldsymbol{b}$ 分别垂直;

（2）$\boldsymbol{a},\boldsymbol{b}$ 与 $\boldsymbol{a}\times\boldsymbol{b}$ 服从右手法则；

（3）$|\boldsymbol{a}\times\boldsymbol{b}|=|\boldsymbol{a}||\boldsymbol{b}|\sin\theta$，其中 $\theta$ 为 $\boldsymbol{a}$ 与 $\boldsymbol{b}$ 的夹角.

其中第（1）条可以直接验证.例如

$$(\boldsymbol{a}\times\boldsymbol{b})\cdot\boldsymbol{a}=(a_2b_3-a_3b_2,a_3b_1-a_1b_3,a_1b_2-a_2b_1)\cdot(a_1,a_2,a_3)=0.$$

第（2）条我们不加证明地作下述理解：

如图 8.1.17，不妨设 $\boldsymbol{a},\boldsymbol{b}$ 是相互垂直的单位向量，那么，由（1）知道，$\boldsymbol{a},\boldsymbol{b}$ 与 $\boldsymbol{a}\times\boldsymbol{b}$ 就是两两相互垂直的单位向量组.可以构造一组随参数 $t$ 而连续变化的两两相互垂直的单位向量组 $\boldsymbol{a}(t),\boldsymbol{b}(t),\boldsymbol{a}(t)\times\boldsymbol{b}(t)(0\leqslant t\leqslant 1)$，使得 $\boldsymbol{a}(0)=\boldsymbol{a},\boldsymbol{b}(0)=\boldsymbol{b};\boldsymbol{a}(1)=\boldsymbol{i},\boldsymbol{b}(1)=\boldsymbol{j}$.这样，以 $\boldsymbol{a},\boldsymbol{b}$ 与 $\boldsymbol{a}\times\boldsymbol{b}$ 为轴的坐标架就连续变化到以基向量 $\boldsymbol{i},\boldsymbol{j},\boldsymbol{k}$ 为轴的坐标架了.因为基向量 $\boldsymbol{i},\boldsymbol{j},\boldsymbol{k}$ 是服从右手法则的，因而，$\boldsymbol{a},\boldsymbol{b}$ 与 $\boldsymbol{a}\times\boldsymbol{b}$ 服从右手法则.

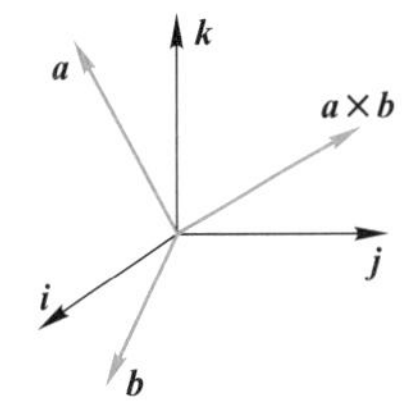

图 8.1.17　向量 $\boldsymbol{a},\boldsymbol{b}$ 与 $\boldsymbol{a}\times\boldsymbol{b}$ 服从右手法则

对于第（3）条，我们证明如下：

$$\begin{aligned}|\boldsymbol{a}\times\boldsymbol{b}|^2&=(a_2b_3-a_3b_2)^2+(a_3b_1-a_1b_3)^2+(a_1b_2-a_2b_1)^2\\&=(a_1^2+a_2^2+a_3^2)(b_1^2+b_2^2+b_3^2)-(a_1b_1+a_2b_2+a_3b_3)^2\\&=|\boldsymbol{a}|^2|\boldsymbol{b}|^2-(\boldsymbol{a}\cdot\boldsymbol{b})^2=|\boldsymbol{a}|^2|\boldsymbol{b}|^2(1-\cos^2\theta)=|\boldsymbol{a}|^2|\boldsymbol{b}|^2\sin^2\theta.\end{aligned}$$

注意到 $0\leqslant\theta\leqslant\pi$，所以 $|\boldsymbol{a}\times\boldsymbol{b}|=|\boldsymbol{a}||\boldsymbol{b}|\sin\theta$.

这一性质也说明了 $\boldsymbol{a}\times\boldsymbol{b}$ 的几何意义：当 $\boldsymbol{a},\boldsymbol{b}$ 为非零向量时，$\boldsymbol{a}\times\boldsymbol{b}$ 的长度值等于由 $\boldsymbol{a},\boldsymbol{b}$ 所确定的平行四边形的面积值，如图 8.1.18 所示.

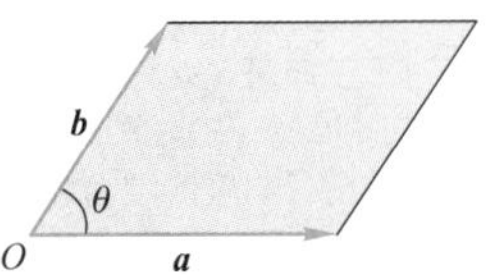

图 8.1.18　平行四边形面积

根据上面的（1）、（2）、（3）条，我们也能从几何观点定义 $\boldsymbol{a}$ 与 $\boldsymbol{b}$ 的向量积 $\boldsymbol{a}\times\boldsymbol{b}$ 是一个向量，它的模为

$$|\boldsymbol{a}\times\boldsymbol{b}|=|\boldsymbol{a}||\boldsymbol{b}|\sin\theta\quad（其中\ \theta\ 为\ \boldsymbol{a}\ 与\ \boldsymbol{b}\ 的夹角），\quad(8.1.20)$$

它的方向与 $\boldsymbol{a}$ 和 $\boldsymbol{b}$ 都垂直，并且 $\boldsymbol{a},\boldsymbol{b}$ 与 $\boldsymbol{a}\times\boldsymbol{b}$ 成右手系.

**例 9**　如图 8.1.19，设 $O$ 为一根杠杆 $L$ 的支点，有一个力 $\boldsymbol{F}$ 作用于该杠杆上点 $P$ 处，$\boldsymbol{F}$ 与 $\overrightarrow{OP}$ 的夹角为 $\theta$.由物理学知识知道，力 $\boldsymbol{F}$ 对支点 $O$ 的力矩是一个向量 $\boldsymbol{M}$，它的模

$$|\boldsymbol{M}|=|OQ||\boldsymbol{F}|=|\overrightarrow{OP}||\boldsymbol{F}|\sin\theta,$$

它的方向垂直于 $\overrightarrow{OP}$ 与 $\boldsymbol{F}$ 所决定的平面，并且按右手法则从 $\overrightarrow{OP}$ 以不超过 $\pi$ 的角转向 $\boldsymbol{F}$ 确定.所以，力矩 $\boldsymbol{M}$ 是 $\overrightarrow{OP}$ 与 $\boldsymbol{F}$ 的向量积，即

$$\boldsymbol{M}=\overrightarrow{OP}\times\boldsymbol{F}.$$

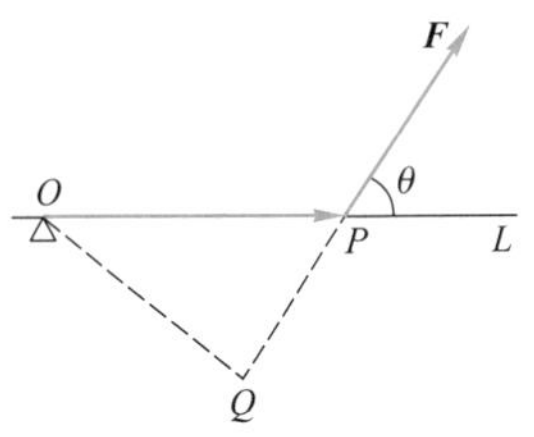

图 8.1.19　力矩

容易知道，向量积符合下列运算规律：

（1）反交换律　$\boldsymbol{a}\times\boldsymbol{b}=-\boldsymbol{b}\times\boldsymbol{a}$；

（2）结合律　$(\lambda\boldsymbol{a})\times\boldsymbol{b}=\boldsymbol{a}\times(\lambda\boldsymbol{b})=\lambda(\boldsymbol{a}\times\boldsymbol{b})$，其中 $\lambda$ 为实数；

（3）分配律　$(\boldsymbol{a}+\boldsymbol{b})\times\boldsymbol{c}=\boldsymbol{a}\times\boldsymbol{c}+\boldsymbol{b}\times\boldsymbol{c}$；

（4）$\boldsymbol{a}\times\boldsymbol{a}=\boldsymbol{0}$.

根据式(8.1.20),容易得到:两个非零向量 $\boldsymbol{a},\boldsymbol{b}$ 平行的充分必要条件是 $\boldsymbol{a}\times\boldsymbol{b}=\boldsymbol{0}$.

讨论题
8-1-2
三向量的双重向量积
设 $\boldsymbol{a},\boldsymbol{b},\boldsymbol{c}$ 为向量,证明:
$(\boldsymbol{a}\times\boldsymbol{b})\times\boldsymbol{c}=(\boldsymbol{a}\cdot\boldsymbol{c})\boldsymbol{b}-(\boldsymbol{b}\cdot\boldsymbol{c})\boldsymbol{a}$.

**例 10** 已知 $\triangle ABC$ 的三个顶点为 $A(1,-1,2)$,$B(3,2,1)$,$C(2,2,3)$.(1) 求垂直于这个三角形所在平面的单位向量;(2) 求该三角形的面积.

**解** (1) 因为 $\boldsymbol{n}=\overrightarrow{AB}\times\overrightarrow{AC}$ 同时垂直于向量 $\overrightarrow{AB}$ 与 $\overrightarrow{AC}$,所以 $\boldsymbol{n}$ 是一个垂直于 $\triangle ABC$ 所在平面的向量.而 $\overrightarrow{AB}=(2,3,-1)$,$\overrightarrow{AC}=(1,3,1)$,则

$$\boldsymbol{n}=\overrightarrow{AB}\times\overrightarrow{AC}=\begin{vmatrix}\boldsymbol{i}&\boldsymbol{j}&\boldsymbol{k}\\2&3&-1\\1&3&1\end{vmatrix}=\begin{vmatrix}3&-1\\3&1\end{vmatrix}\boldsymbol{i}+\begin{vmatrix}-1&2\\1&1\end{vmatrix}\boldsymbol{j}+\begin{vmatrix}2&3\\1&3\end{vmatrix}\boldsymbol{k}=6\boldsymbol{i}-3\boldsymbol{j}+3\boldsymbol{k},$$

$$|\boldsymbol{n}|=\sqrt{6^2+(-3)^2+3^2}=3\sqrt{6},\quad \boldsymbol{e}_n=\frac{1}{\sqrt{6}}(2,-1,1),$$

所以垂直于 $\triangle ABC$ 所在平面的单位向量为 $\pm\dfrac{1}{\sqrt{6}}(2,-1,1)$.

讨论题
8-1-3
不共面的三向量
设 $\boldsymbol{a},\boldsymbol{b},\boldsymbol{c}$ 为不共面的三向量,证明三向量 $\boldsymbol{a}\times\boldsymbol{b},\boldsymbol{b}\times\boldsymbol{c},\boldsymbol{c}\times\boldsymbol{a}$ 也不共面.

(2) 因为 $\triangle ABC$ 的面积为 $S=\dfrac{1}{2}|\overrightarrow{AB}||\overrightarrow{AC}|\sin\angle A$,所以

$$S=\frac{1}{2}|\overrightarrow{AB}\times\overrightarrow{AC}|=\frac{3\sqrt{6}}{2}.$$

对于三向量 $\boldsymbol{a},\boldsymbol{b}$ 和 $\boldsymbol{c}$,还可以考虑它们的乘积,在习题 8.1 第 23 题中将给出三向量的混合积的定义及相应的性质.

## 习题 8.1

### A 基础题

1. 指出下列各点的位置特点:
   (1) $A(2,0,0)$,$B(0,-3,0)$,$C(0,-3,1)$;
   (2) $A(-5,0,3)$,$B(3,2,0)$,$C(0,0,-3)$.
2. 分别求点 $A(2,-3,-1)$ 和 $B(a,b,c)$ 关于下列点、轴或面的对称点的坐标:
   (1) 各坐标平面;(2) 各坐标轴;(3) 坐标原点.
3. 在第一卦限内求一点 $M$,使它到 $x,y,z$ 三坐标轴的距离分别为 $5,3\sqrt{5},2\sqrt{13}$.
4. 点 $M$ 将两点 $P(3,2,1)$ 和 $Q(-2,1,4)$ 间的线段分成两部分,使其比为 $\dfrac{|PM|}{|MQ|}=\dfrac{1}{3}$,求分点 $M$ 的坐标.
5. 向量 $\overrightarrow{AB}$ 的终点为 $B(3,-1,0)$,它在坐标轴上的投影依次为 $2,-3,4$,求始点 $A$ 的坐标.
6. 已知两点 $M_1(4,\sqrt{2},1)$ 和 $M_2(3,0,2)$,求向量 $\overrightarrow{M_1M_2}$ 的模、方向余弦与方向角.
7. 已知向量 $\boldsymbol{a}=\alpha\boldsymbol{i}+4\boldsymbol{j}-2\boldsymbol{k}$ 和 $\boldsymbol{b}=4\boldsymbol{i}+3\boldsymbol{j}+\gamma\boldsymbol{k}$ 平行,求 $\alpha,\gamma$ 的值.
8. 已知 $\boldsymbol{a}=(3,5,-1)$,$\boldsymbol{b}=(2,2,3)$,$\boldsymbol{c}=(4,-1,-3)$,求向量 $\boldsymbol{A}=2\boldsymbol{a}-3\boldsymbol{b}+4\boldsymbol{c}$ 和 $\boldsymbol{B}=m\boldsymbol{a}+n\boldsymbol{b}+p\boldsymbol{c}$.
9. 设 $\boldsymbol{m}=(3,5,8)$,$\boldsymbol{n}=(2,-4,-7)$,$\boldsymbol{p}=(5,-1-4)$,

求$\boldsymbol{A}=4\boldsymbol{m}+3\boldsymbol{n}-\boldsymbol{p}$ 在 $x$ 轴上的投影和在 $y$ 轴上的投影向量.

10. 已知$\triangle ABC$的一个顶点$A(2,-5,3)$及两边向量$\overrightarrow{AB}=(4,1,2)$,$\overrightarrow{BC}=(3,-2,5)$,求三角形其余的顶点及向量$\overrightarrow{CA}$.

11. 化简下列各式:

(1) $(2\boldsymbol{a}+\boldsymbol{b})\times(\boldsymbol{c}-\boldsymbol{a})+(\boldsymbol{b}+\boldsymbol{c})\times(\boldsymbol{a}+\boldsymbol{b})$;

(2) $(\boldsymbol{a}\times\boldsymbol{b})\cdot(\boldsymbol{a}\times\boldsymbol{b})+(\boldsymbol{a}\cdot\boldsymbol{b})(\boldsymbol{a}\cdot\boldsymbol{b})$.

12. 设$\boldsymbol{a}+\boldsymbol{b}+\boldsymbol{c}=\boldsymbol{0}$,试就下列情形分别求$\boldsymbol{a}\cdot\boldsymbol{c}+\boldsymbol{c}\cdot\boldsymbol{b}+\boldsymbol{a}\cdot\boldsymbol{b}$:

(1) $\boldsymbol{a},\boldsymbol{b},\boldsymbol{c}$是单位向量;

(2) $|\boldsymbol{a}|=1$, $|\boldsymbol{b}|=2$, $|\boldsymbol{c}|=3$.

13. 求同时垂直于$\boldsymbol{a}=3\boldsymbol{i}-2\boldsymbol{j}+\boldsymbol{k}$和$\boldsymbol{b}=\boldsymbol{i}+2\boldsymbol{j}+2\boldsymbol{k}$的单位向量.

14. (1) 已知$|\boldsymbol{a}|=13$, $|\boldsymbol{b}|=19$, $|\boldsymbol{a}+\boldsymbol{b}|=24$, 求$|\boldsymbol{a}-\boldsymbol{b}|$;

(2) 已知$|\boldsymbol{a}|=2$, $|\boldsymbol{b}|=\sqrt{2}$, $\boldsymbol{a}\cdot\boldsymbol{b}=2$,求$|\boldsymbol{a}\times\boldsymbol{b}|$.

15. 设$\overrightarrow{OA}=2\boldsymbol{i}+\boldsymbol{k}$,$\overrightarrow{OB}=3\boldsymbol{j}-\boldsymbol{k}$,求$\triangle OAB$的面积.

## B 综合题

16. 已知平行四边形的两对角线向量为$\boldsymbol{A}=\boldsymbol{m}+2\boldsymbol{n}$和$\boldsymbol{B}=2\boldsymbol{m}-4\boldsymbol{n}$,而$|\boldsymbol{m}|=1$, $|\boldsymbol{n}|=2$,且$\boldsymbol{m}$和$\boldsymbol{n}$的夹角为$\dfrac{\pi}{6}$,求平行四边形的面积.

17. 已知$|\boldsymbol{a}|=2$, $|\boldsymbol{b}|=5$,且$\boldsymbol{a}$和$\boldsymbol{b}$的夹角为$\dfrac{2}{3}\pi$,问系数$\lambda$为何值时,向量$\boldsymbol{A}=\lambda\boldsymbol{a}+17\boldsymbol{b}$与$\boldsymbol{B}=3\boldsymbol{a}-\boldsymbol{b}$垂直?

18. 设$\boldsymbol{A}=2\boldsymbol{a}+\boldsymbol{b}$,$\boldsymbol{B}=\lambda\boldsymbol{a}+\boldsymbol{b}$,其中$|\boldsymbol{a}|=1$, $|\boldsymbol{b}|=2$,$\boldsymbol{a}\perp\boldsymbol{b}$,问:

(1) 系数$\lambda$为何值时,向量$\boldsymbol{A}$与$\boldsymbol{B}$垂直?

(2) 系数$\lambda$为何值时,以向量$\boldsymbol{A}$与$\boldsymbol{B}$为邻边的平行四边形面积为6?

19. 已知$(\boldsymbol{a}\times\boldsymbol{b})\cdot\boldsymbol{c}=2$,求$[(\boldsymbol{a}+\boldsymbol{b})\times(\boldsymbol{b}+\boldsymbol{c})]\cdot(\boldsymbol{c}+\boldsymbol{a})$.

20. 求证向量$(\boldsymbol{a}\cdot\boldsymbol{c})\boldsymbol{b}-(\boldsymbol{c}\cdot\boldsymbol{b})\boldsymbol{a}$与向量$\boldsymbol{c}$垂直.

21. 用向量的方法证明三角形的三条中线交于一点.

22. 设$\boldsymbol{a}=(2,-1,-2)$,$\boldsymbol{b}=(1,1,z)$,问$z$为何值时,向量$\boldsymbol{a}$与$\boldsymbol{b}$的夹角最小,并求此夹角的最小值.

23. (向量的混合积)设$\boldsymbol{a},\boldsymbol{b},\boldsymbol{c}$是三个向量,称$(\boldsymbol{a}\times\boldsymbol{b})\cdot\boldsymbol{c}$为向量$\boldsymbol{a},\boldsymbol{b},\boldsymbol{c}$的混合积,记作$[\boldsymbol{abc}]$.若$\boldsymbol{a}=(a_x,a_y,a_z)$,$\boldsymbol{b}=(b_x,b_y,b_z)$,$\boldsymbol{c}=(c_x,c_y,c_z)$,则

$$(\boldsymbol{a}\times\boldsymbol{b})\cdot\boldsymbol{c}=\left(\begin{vmatrix}a_y & a_z\\ b_y & b_z\end{vmatrix},\begin{vmatrix}a_z & a_x\\ b_z & b_x\end{vmatrix},\begin{vmatrix}a_x & a_y\\ b_x & b_y\end{vmatrix}\right)\cdot(c_x,c_y,c_z)$$

$$=c_x\begin{vmatrix}a_y & a_z\\ b_y & b_z\end{vmatrix}+c_y\begin{vmatrix}a_z & a_x\\ b_z & b_x\end{vmatrix}+c_z\begin{vmatrix}a_x & a_y\\ b_x & b_y\end{vmatrix}$$

$$=\begin{vmatrix}a_x & a_y & a_z\\ b_x & b_y & b_z\\ c_x & c_y & c_z\end{vmatrix}.$$

由于$[\boldsymbol{abc}]=|\boldsymbol{a}\times\boldsymbol{b}||\boldsymbol{c}|\cos\theta$,而$|\boldsymbol{a}\times\boldsymbol{b}|$是以$\boldsymbol{a},\boldsymbol{b}$为邻边的平行四边形的面积,$||\boldsymbol{c}|\cos\theta|$是从$\boldsymbol{c}$的终点向$\boldsymbol{a},\boldsymbol{b}$形成的平面所作的垂线的长度,于是$|[\boldsymbol{abc}]|$是以$\boldsymbol{a},\boldsymbol{b},\boldsymbol{c}$为三条棱的平行六面体的体积(见题图).

证明$[\boldsymbol{abc}]$具有下面的性质:

(1) 轮换不变性,即$[\boldsymbol{abc}]=[\boldsymbol{bca}]=[\boldsymbol{cab}]$;

(2) 三向量$\boldsymbol{a},\boldsymbol{b},\boldsymbol{c}$共面的充要条件为$[\boldsymbol{abc}]=0$.

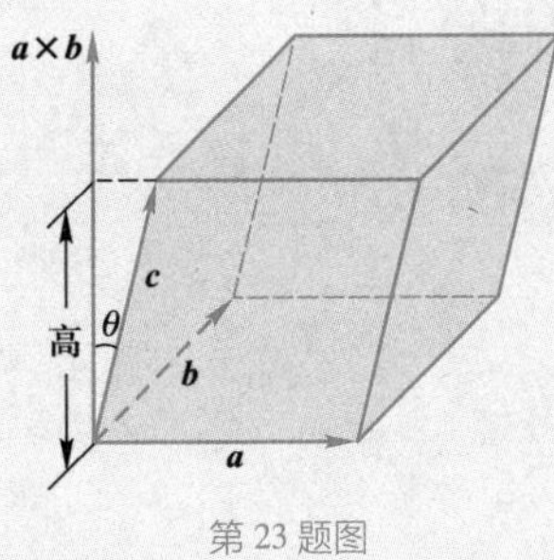


第 23 题图

24. 设向量$\boldsymbol{a},\boldsymbol{b},\boldsymbol{c}$不共面,且$\boldsymbol{d}=\alpha\boldsymbol{a}+\beta\boldsymbol{b}+\gamma\boldsymbol{c}$.如果$\boldsymbol{a},\boldsymbol{b},\boldsymbol{c},\boldsymbol{d}$有公共起点,问系数$\alpha,\beta,\gamma$应满足什么条件,才能使向量$\boldsymbol{a},\boldsymbol{b},\boldsymbol{c},\boldsymbol{d}$的终点在同一平面上?

## C 应用题

25. 设有一质点开始时位于点 $P(1,2,-1)$ 处，今有一方向角分别为 $\frac{\pi}{3},\frac{\pi}{3},\frac{\pi}{4}$，大小为 100 N 的力 $\boldsymbol{F}$ 作用于此质点，求当此质点自点 $P$ 沿直线运动到点 $M(2,5,-1+3\sqrt{2})$ 时，$\boldsymbol{F}$ 所做的功.

26. 一架飞机在静止的空气中飞行速度为 180 km/h，飞行员驾机从机场起飞，按照罗盘向北飞行，飞行 30 min 后，由于风的影响，飞机实际朝北偏东 5°方向飞行了 80 km.

(1) 求风的速度；

(2) 此时，飞行员应该调整向什么方向飞行才能到达目的地？

27. 假设三维坐标平面都是镜子，一条光线沿 $\boldsymbol{a}=(a_x,a_y,a_z)$ 首先射到 $xOz$ 面，如下图所示，根据“入射角等于反射角”的原理，证明：

(1) 反射光线方向沿 $\boldsymbol{b}=(a_x,-a_y,a_z)$；

(2) 被三面相互垂直的镜子反射后的光线平行于初始的光线(美国科学家利用这一性质，把激光射到月球上做成拐角状的一组镜子上面，非常精确地计算了地球到月球的距离).

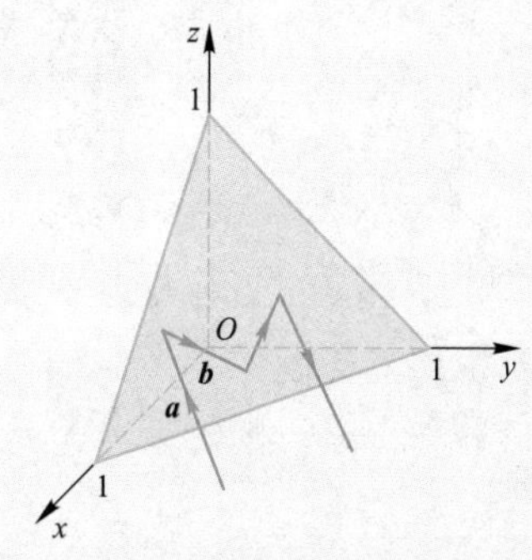


第 27 题图

28. 甲烷的分子式为 $CH_4$，4 个氢原子位于一个正四面体的顶点，碳原子位于这个正四面体的中心. 结合角是两个氢原子和碳原子 H—C—H 之间的角度. 证明结合角近似为 109.5°(提示：如题图，令正四面体的顶点为 $(1,0,0),(0,1,0),(0,0,1),(1,1,1)$，那么中心点为 $\left(\frac{1}{2},\frac{1}{2},\frac{1}{2}\right)$).

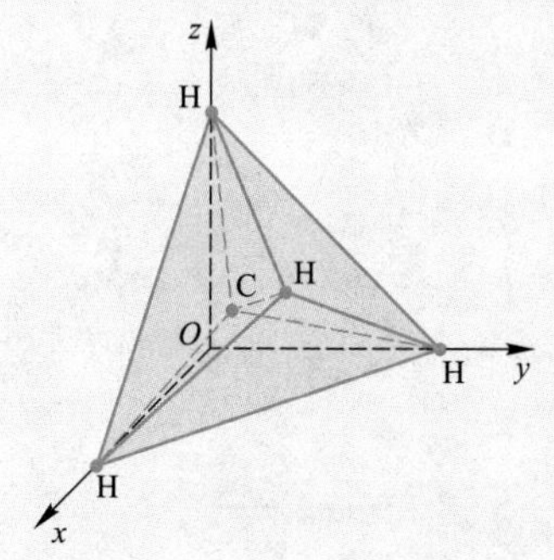


第 28 题图

## D 实验题

29. 在定义 8.1.6 后，我们说明了 $\boldsymbol{a},\boldsymbol{b},\boldsymbol{a}\times\boldsymbol{b}$ 服从右手法则，这里给出其证明. 事实上，只要证明两个相互垂直的单位向量 $\boldsymbol{a},\boldsymbol{b}$ 连同它们的叉积 $\boldsymbol{a}\times\boldsymbol{b}$ 服从右手法则即可. 为此，我们构造一族随时间 $t(0\leqslant t\leqslant 1)$ 连续变化的两两相互垂直的向量组 $\boldsymbol{a}(t),\boldsymbol{b}(t),\boldsymbol{a}(t)\times\boldsymbol{b}(t)$，使得 $\boldsymbol{a}(0),\boldsymbol{b}(0),\boldsymbol{a}(0)\times\boldsymbol{b}(0)$ 就是 $\boldsymbol{a},\boldsymbol{b},\boldsymbol{a}\times\boldsymbol{b}$，而 $\boldsymbol{a}(1),\boldsymbol{b}(1),\boldsymbol{a}(1)\times\boldsymbol{b}(1)$ 就是 $\boldsymbol{i},\boldsymbol{j},\boldsymbol{k}$. 因为最初我们设置空间直角坐标系时是按照右手系法则来安排基向量 $\boldsymbol{i},\boldsymbol{j},\boldsymbol{k}$ 的，并且 $\boldsymbol{a}(t),\boldsymbol{b}(t),\boldsymbol{a}(t)\times\boldsymbol{b}(t)$ 这三个向量在连续转动过程中其定向关系是不会改变的，这样就证明了向量 $\boldsymbol{a},\boldsymbol{b}$ 的叉积运算服从右手法则.

具体过程分为两个阶段. 第一阶段目标是将 $\boldsymbol{a},\boldsymbol{b}$ 中的某个向量旋转到与 $\boldsymbol{i},\boldsymbol{j},\boldsymbol{k}$ 中某个基向量重合；第二阶段目标是以该基向量为轴，将 $\boldsymbol{a},\boldsymbol{b}$ 和 $\boldsymbol{a}\times\boldsymbol{b}$ 中余下的两个向量连续转动到与另外的两个基向量重合.

具体做法如下：(1) 当 $t$ 从 0 到 $\frac{1}{2}$ 时，先将 $\boldsymbol{a}$ 连

续转动到$zOx$平面中，同时将 $\boldsymbol{b}$ 连续转动到 $\boldsymbol{j}$；

(2) 当$t$从$\frac{1}{2}$到1时，将$\boldsymbol{a}\left(\frac{1}{2}\right)$，$\boldsymbol{a}\left(\frac{1}{2}\right)\times\boldsymbol{b}\left(\frac{1}{2}\right)$连续转动到$\boldsymbol{i},\boldsymbol{k}$.

设$\boldsymbol{a}=(a_1,a_2,a_3)$，$\boldsymbol{b}=(b_1,b_2,b_3)$，$|\boldsymbol{a}|=|\boldsymbol{b}|=1$，$\boldsymbol{a}\cdot\boldsymbol{b}=0$，这样，$\boldsymbol{a},\boldsymbol{b}$ 是相互垂直的单位向量.

(1) 当$t\in\left[0,\frac{1}{2}\right]$时，令

$$\boldsymbol{a}(t)=\frac{1}{\sqrt{\frac{1}{4}a_1^2+\frac{1}{4}a_3^2+\left(\frac{1}{2}-t\right)^2a_2^2}}\cdot\left(\frac{1}{2}a_1,\left(\frac{1}{2}-t\right)a_2,\frac{1}{2}a_3\right),$$

$$\boldsymbol{b}(t)=\frac{1}{\sqrt{\left(\frac{1}{2}-t\right)^2b_1^2+\frac{1}{4}b_2^2+\left(\frac{1}{2}-t\right)^2b_3^2}}\cdot\left(\left(\frac{1}{2}-t\right)b_1,\frac{1}{2}b_2,\left(\frac{1}{2}-t\right)b_3\right).$$

这里我们假设 $\boldsymbol{a}$ 的第一与第三分量不全为 0，否则，第一阶段的目标已达到，直接转入第二阶段. 由$\boldsymbol{a}\cdot\boldsymbol{b}=0$知，$\boldsymbol{a}(t)\cdot\boldsymbol{b}(t)$仍然为 0.因此，$\boldsymbol{a}(t)\perp\boldsymbol{b}(t)$，$t\in\left[0,\frac{1}{2}\right]$，注意到 $t=\frac{1}{2}$时，$\boldsymbol{a}\left(\frac{1}{2}\right)=\frac{1}{\sqrt{a_1^2+a_3^2}}(a_1,0,a_3)$，$\boldsymbol{b}\left(\frac{1}{2}\right)=\left(0,\frac{b_2}{|b_2|},0\right)=(0,1,0)=\boldsymbol{j}$（不妨设 $b_2>0$）. 记 $\boldsymbol{a}\left(\frac{1}{2}\right)=(\cos\varphi,0,\sin\varphi)$.

(2) 当$t\in\left[\frac{1}{2},1\right]$时，令$\boldsymbol{a}(t)=(\cos[2(1-t)\varphi],0,\sin[2(1-t)\varphi])$，$\boldsymbol{b}(t)=(0,1,0)=\boldsymbol{j}$，那么$\boldsymbol{a}(t)\times\boldsymbol{b}(t)=(-\sin[2(1-t)\varphi],0,\cos[2(1-t)\varphi])$，于是$\boldsymbol{a}(1)$，$\boldsymbol{b}(1)$，$\boldsymbol{a}(1)\times\boldsymbol{b}(1)$就成为$\boldsymbol{i},\boldsymbol{j},\boldsymbol{k}$.

这样，我们完成了证明过程.

下面，我们以 $\boldsymbol{a}=\frac{1}{\sqrt{3}}(1,1,1)$，$\boldsymbol{b}=\frac{1}{\sqrt{6}}(1,1,-2)$为例，利用 Mathematica 软件给出了上述证明过程的第一阶段中四个时刻向量组 $\boldsymbol{a}(t)$，$\boldsymbol{b}(t)$，$\boldsymbol{a}(t)\times\boldsymbol{b}(t)$图像（如题图，图中 $\boldsymbol{c}=\boldsymbol{a}\times\boldsymbol{b}$）.

试利用 Mathematica 软件完成第二阶段的实验，并给出 $t=\frac{1}{2},\frac{9}{16},\frac{5}{8},\frac{3}{4},1$ 时向量组 $\boldsymbol{a}(t)$，$\boldsymbol{b}(t)$，$\boldsymbol{a}(t)\times\boldsymbol{b}(t)$的图像.

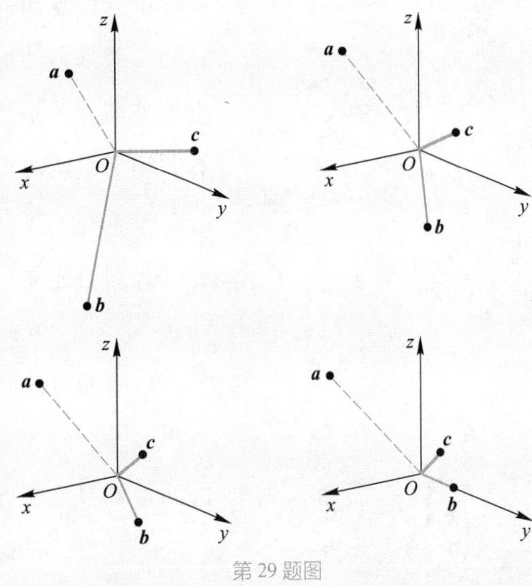


第 29 题图

30. 试创建一 Mathematica 函数，根据输入的点坐标输出该点所在的位置（所在象限（卦限）或者坐标轴（坐标面）上，或者为原点），同时输出其到各坐标轴（面）的距离值.

31. 试创建一 Mathematica 函数来判断两非零向量的位置关系（同向、反向、垂直或夹角取值），并对输入的向量进行非零判断.

32. 在同一坐标系中绘制 $\boldsymbol{a},\boldsymbol{b},\boldsymbol{c},\boldsymbol{a}\times\boldsymbol{b}$，$(\boldsymbol{a}\times\boldsymbol{b})\times\boldsymbol{c}$ 各向量对应的向径图. 通过图形观察，说明各向量的位置关系.

8.1 测验题

微视频
8-1-10
向量的混合积

# 8.2 空间平面与直线

## 8.2.1 平面及其方程

微视频
8-2-1
问题引入——从精确描述大飞机复杂外形谈起

由立体几何的知识知道，过空间一点可以作而且只能作一个平面与已知直线垂直.给定一个平面，称垂直于它的直线为该平面的法线，称垂直于平面的一个非零向量 $\boldsymbol{n}$ 为这个平面的法向量.显然，与 $\boldsymbol{n}$ 平行的所有非零向量均可作为此平面的法向量.平面上的所有向量都与该平面的法向量垂直.

微视频
8-2-2
平面的点法式方程

我们要建立平面的方程，就是要刻画平面上任意一点所满足的关系式.

设平面过已知定点 $M_0(x_0,y_0,z_0)$，它的法向量为 $\boldsymbol{n}=(A,B,C)$，其中 $A,B,C$ 不同时为零.如图 8.2.1，在平面上任取一点 $M(x,y,z)$，则平面内的向量$\overrightarrow{M_0M}$与该平面法向量 $\boldsymbol{n}$ 垂直，所以

$$\boldsymbol{n}\cdot\overrightarrow{M_0M}=0. \tag{8.2.1}$$

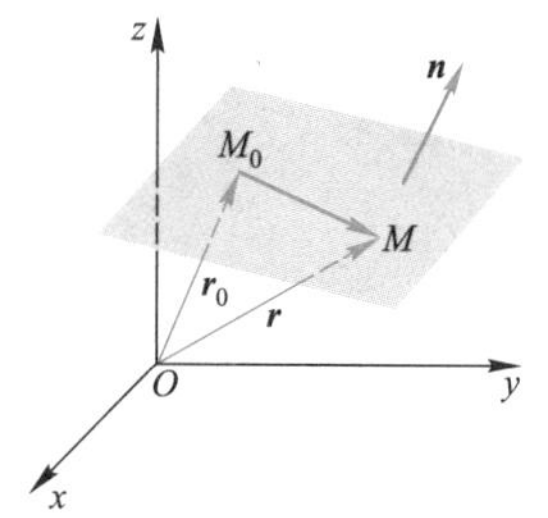

图 8.2.1　空间平面及其法向量

由于 $\boldsymbol{n}=(A,B,C)$，$\overrightarrow{M_0M}=(x-x_0,y-y_0,z-z_0)$，所以有

$$A(x-x_0)+B(y-y_0)+C(z-z_0)=0. \tag{8.2.2}$$

上述方程对于平面上的所有点都成立；另一方面，对于不在平面上的点就不成立.所以，方程(8.2.2)唯一确定了这个平面.我们称这个方程为过定点$M_0(x_0,y_0,z_0)$，且法向量为 $\boldsymbol{n}$ 的平面的点法式方程.

如果用 $\boldsymbol{r},\boldsymbol{r}_0$ 分别表示点 $M$ 和 $M_0$ 的向径，即 $\boldsymbol{r}=\overrightarrow{OM}$，$\boldsymbol{r}_0=\overrightarrow{OM_0}$，则由式(8.2.1)得到

微视频
8-2-3
平面的一般方程

$$\boldsymbol{n}\cdot(\boldsymbol{r}-\boldsymbol{r}_0)=0. \tag{8.2.3}$$

称式(8.2.3)为平面的向量方程.

如果将式(8.2.2)展开，得到

$$Ax+By+Cz+D=0, \tag{8.2.4}$$

其中，$D=-(Ax_0+By_0+Cz_0)$.称式(8.2.4)为平面的一般方程.

由式(8.2.4)知道，一个平面方程是一个三元一次方程；反之，对于给定的 $A,B,C,D$($A,B,C$ 不全为零)，满足三元一次方程(8.2.4)的点$(x,y,z)$构成一个平面.这样，我们称空间平面是方程(8.2.4)的图形.

**例 1**　求过点 $M_0(2,0,-1)$，法向量为 $\boldsymbol{n}=(4,2,-3)$的平面方程.

**解**　根据平面的点法式方程(8.2.2)，得所求平面方程为

$$4(x-2)+2(y-0)-3(z+1)=0,$$

整理得平面的一般方程为

$$4x+2y-3z-11=0.$$

**例2** 求过不在同一直线上的三点 $A(x_1,y_1,z_1)$,$B(x_2,y_2,z_2)$及$C(x_3,y_3,z_3)$的平面方程.

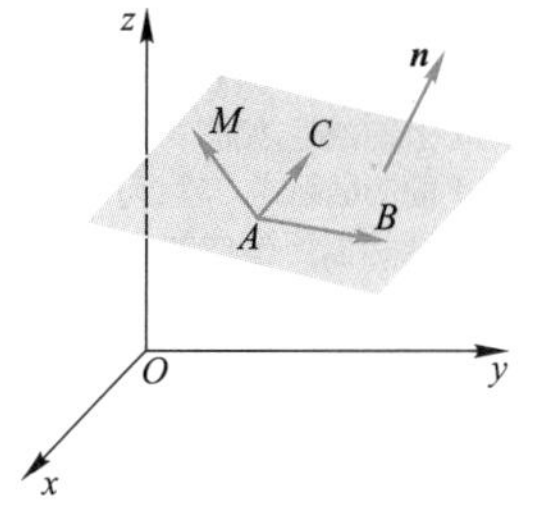


图 8.2.2 不在同一直线上的三点确定一个平面

**解** 如图 8.2.2,在平面上任取一点 $M(x,y,z)$,作向量

$$\overrightarrow{AM}=(x-x_1,y-y_1,z-z_1),$$
$$\overrightarrow{AB}=(x_2-x_1,y_2-y_1,z_2-z_1),$$
$$\overrightarrow{AC}=(x_3-x_1,y_3-y_1,z_3-z_1).$$

因为法向量 $\boldsymbol{n}$ 同时垂直于$\overrightarrow{AB}$与$\overrightarrow{AC}$,故取$\boldsymbol{n}=\overrightarrow{AB}\times\overrightarrow{AC}$.于是得到过不在同一直线上的三点 $A,B,C$ 的平面的方程的向量式

$$(\overrightarrow{AB}\times\overrightarrow{AC})\cdot\overrightarrow{AM}=0. \tag{8.2.5}$$

将上式写成坐标式

$$\begin{vmatrix} x-x_1 & y-y_1 & z-z_1 \\ x_2-x_1 & y_2-y_1 & z_2-z_1 \\ x_3-x_1 & y_3-y_1 & z_3-z_1 \end{vmatrix}=0, \tag{8.2.6}$$

称式(8.2.6)为平面的三点式方程.

**例3** 设平面过点 $P(a,0,0)$,$Q(0,b,0)$,$R(0,0,c)$,其中,$a,b,c$ 均不为零,求该平面的方程.

**解** 方法一:由式(8.2.6),得所求平面的方程为

$$\begin{vmatrix} x-a & y & z \\ -a & b & 0 \\ -a & 0 & c \end{vmatrix}=0,$$

展开得

$$bcx+acy+abz=abc,$$

或

$$\frac{x}{a}+\frac{y}{b}+\frac{z}{c}=1. \tag{8.2.7}$$

方法二:设所求平面的方程为 $Ax+By+Cz+D=0$,将点 $P,Q,R$ 的坐标代入此方程得方程组

$$\begin{cases} Aa+D=0, \\ Bb+D=0, \\ Cc+D=0. \end{cases}$$

解得

$$A=-\frac{D}{a},\quad B=-\frac{D}{b},\quad C=-\frac{D}{c}.$$

所以,所求平面方程为

$$\frac{x}{a}+\frac{y}{b}+\frac{z}{c}=1.$$

称式(8.2.7)为平面的截距式方程,其中,$a,b,c$ 分别称为在三个坐标轴上的截距,如图 8.2.3 所示.利用平面的截距式方程,可得平面与三个坐标面所围成的四面体体积为$\frac{1}{6}|abc|$.

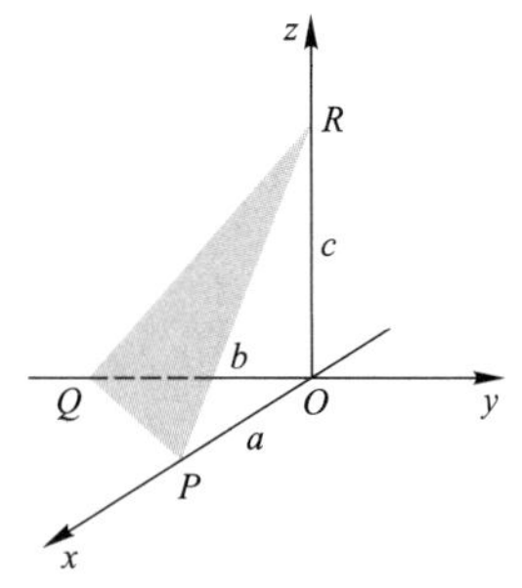

图 8.2.3　平面在坐标轴上的截距

**例 4**　求过 $x$ 轴及点 $M(4,-3,-1)$ 的平面的方程.

**解**　方法一:因为 $x$ 轴在平面内,所以点 $O(0,0,0)$ 以及向量 $\boldsymbol{i}=(1,0,0)$ 都在平面内.取平面的法向量为

$$\boldsymbol{n}=\boldsymbol{i}\times\overrightarrow{OM}=\begin{vmatrix}\boldsymbol{i} & \boldsymbol{j} & \boldsymbol{k}\\ 1 & 0 & 0\\ 4 & -3 & -1\end{vmatrix}=\boldsymbol{j}-3\boldsymbol{k}.$$

所以,所求平面的点法式方程为 $0(x-0)+1(y-0)-3(z-0)=0$,即 $y-3z=0$.

方法二:设过 $x$ 轴的平面为

$$By+Cz=0. \tag{8.2.8}$$

依题意,点 $M(4,-3,-1)$ 的坐标满足上述方程,故

$$-3B-C=0,$$

即 $C=-3B$.代入式(8.2.8)得所求平面的方程为 $y-3z=0$.

## 8.2.2　直线及其方程

微视频
8-2-4
问题引入——从建筑物的直线结构谈起

由立体几何的知识知道,过空间一点可以作而且只能作一条直线与已知直线平行.给定一条直线,称平行于这条直线的非零向量 $\boldsymbol{s}$ 为该直线的方向向量.显然,与 $\boldsymbol{s}$ 平行的所有非零向量均可作为此直线的方向向量.直线上的所有向量都与该直线的方向向量平行.

我们要建立直线的方程,就是要刻画直线上任意一点所满足的关系式.

设直线 $L$ 过已知定点 $M_0(x_0,y_0,z_0)$,其方向向量为 $\boldsymbol{s}=(m,n,p)$,其中 $m,n,p$ 是不全为零的常数.如图 8.2.4,在直线 $L$ 上任取一点 $M(x,y,z)$,则 $L$ 上的向量 $\overrightarrow{M_0M}=(x-x_0,y-y_0,z-z_0)$ 与该直线的方向向量 $\boldsymbol{s}$ 平行,所以

$$\overrightarrow{M_0M}=t\boldsymbol{s}, \tag{8.2.9}$$

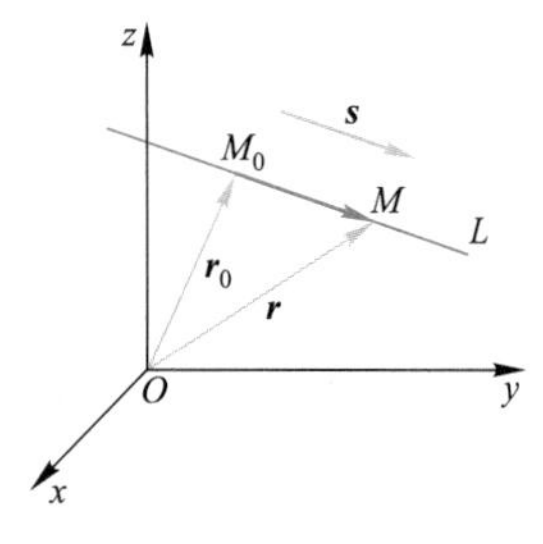

图 8.2.4　空间直线及其方向向量

或者

$$\frac{x-x_0}{m}=\frac{y-y_0}{n}=\frac{z-z_0}{p}. \tag{8.2.10}$$

上述方程对于直线上的所有点都成立；另一方面，对于不在直线上的点就不成立. 所以，方程(8.2.10)唯一确定了这条直线. 我们称这个方程为过定点$M_0(x_0,y_0,z_0)$，且方向向量为 $\boldsymbol{s}$ 的直线的点向式方程，又称为对称式方程或标准方程.

与两向量平行的条件一样，在式(8.2.10)中若某个分式的分母为零，则相应的分子也为零，例如，若 $m=0$，则式(8.2.10)即为

$$\begin{cases}x-x_0=0,\\ \dfrac{y-y_0}{n}=\dfrac{z-z_0}{p},\end{cases}$$

它表示两平面的交线.

如果用 $\boldsymbol{r},\boldsymbol{r}_0$ 分别表示点 $M$ 和 $M_0$ 的向径，即 $\boldsymbol{r}=\overrightarrow{OM},\boldsymbol{r}_0=\overrightarrow{OM_0}$，则$\overrightarrow{M_0M}=\boldsymbol{r}-\boldsymbol{r}_0$，由式(8.2.9)得到 $\boldsymbol{r}-\boldsymbol{r}_0=t\boldsymbol{s}$，即

$$\boldsymbol{r}=\boldsymbol{r}_0+t\boldsymbol{s}, \tag{8.2.11}$$

其中 $t$ 为数量，称为参数. 方程(8.2.11)称为直线的向量方程.

将方程(8.2.11)化为分量表示，可得

$$\begin{cases}x=x_0+tm,\\ y=y_0+tn,\\ z=z_0+tp,\end{cases} \tag{8.2.12}$$

微视频
8-2-5
直线的参数方程

其中 $t$ 为参数，$-\infty<t<+\infty$. 方程(8.2.12)称为直线的参数式方程(或参数方程).

微视频
8-2-6
直线的一般方程

**例 5** 求过两点 $M_1(x_1,y_1,z_1)$ 及 $M_2(x_2,y_2,z_2)$ 的直线的方程.

**解** 我们知道，两点可以唯一确定一条直线. 过两定点 $M_1$ 及 $M_2$ 的直线在空间的位置就完全确定了，现在来建立直线的方程.

取向量$\overrightarrow{M_1M_2}=(x_2-x_1,y_2-y_1,z_2-z_1)$作为直线的方向向量，点 $M_1(x_1,y_1,z_1)$在直线上，根据式(8.2.10)知，所求直线的标准方程为

$$\frac{x-x_1}{x_2-x_1}=\frac{y-y_1}{y_2-y_1}=\frac{z-z_1}{z_2-z_1}, \tag{8.2.13}$$

方程(8.2.13)称为直线的两点式方程.

空间直线都可以看作两个不平行的平面的交线，因此空间直线可用两个关于 $x,y,z$ 的一次方程所组成的方程组来表示.

事实上，在直线的标准方程(8.2.10)中包含两个独立的等式：

$$\frac{x-x_0}{m}=\frac{y-y_0}{n},\quad \frac{y-y_0}{n}=\frac{z-z_0}{p},$$

其中每个等式都是一个平面方程，而直线 $L$ 上的点同时满足这两个等式，所以这两个平面的交线就是直线 $L$.

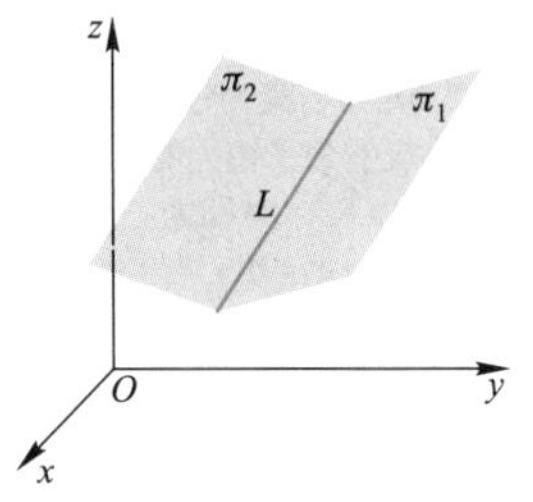

图 8.2.5　空间直线 $L$ 是两个不平行平面的交线

设 $\pi_1: A_1x+B_1y+C_1z+D_1=0$ 和 $\pi_2: A_2x+B_2y+C_2z+D_2=0$ 是过直线 $L$ 的任意两个不同平面，则平面 $\pi_1$ 与 $\pi_2$ 不平行，如图 8.2.5 所示，它们的法向量 $\boldsymbol{n}_1=(A_1,B_1,C_1)$ 与 $\boldsymbol{n}_2=(A_2,B_2,C_2)$ 也不平行.这样，直线 $L$ 就可以用方程组

$$\begin{cases}A_1x+B_1y+C_1z+D_1=0,\\A_2x+B_2y+C_2z+D_2=0\end{cases}\tag{8.2.14}$$

来表示.方程组(8.2.14)称为直线的一般方程.

化直线 $L$ 的一般方程(8.2.14)为标准方程，只要求得直线上的一点与它的方向向量即可.下面我们举例说明.

**例 6**　化直线 $L$ 的一般方程

$$\begin{cases}3x+2y+z-6=0,\\2x-3z-5=0\end{cases}$$

为标准方程.

**解**　先在直线 $L$ 上任取一点 $M_0(x_0,y_0,z_0)$，则

$$\begin{cases}3x_0+2y_0+z_0-6=0,\\2x_0-3z_0-5=0.\end{cases}$$

令上式中 $x_0=1$，则可由上述方程组解得 $y_0=2, z_0=-1$.因此，点 $M_0(1,2,-1)$ 在直线上.

讨论题
8-2-1
求与四条直线都相交的直线方程
求与直线

$$L_1:\begin{cases}x=0,\\y+z=0,\end{cases} L_2:\begin{cases}y=1,\\z=-1,\end{cases}$$

$$L_3:\begin{cases}x=-1,\\z=1,\end{cases} L_4:\begin{cases}x=1,\\y=-1\end{cases}$$

都相交的直线方程.

再求出直线 $L$ 的方向向量.直线的一般方程中的两个方程分别表示平面 $\pi_1$ 与 $\pi_2$，它们的法向量对应为 $\boldsymbol{n}_1=(3,2,1)$ 与 $\boldsymbol{n}_2=(2,0,-3)$，因为直线同时位于这两个平面内，所以，向量 $\boldsymbol{n}_1$ 与 $\boldsymbol{n}_2$ 同时垂直于直线 $L$ 的方向向量 $\boldsymbol{s}$.于是，取 $\boldsymbol{s}=\boldsymbol{n}_1\times\boldsymbol{n}_2$，即

$$\boldsymbol{s}=\begin{vmatrix}\boldsymbol{i}&\boldsymbol{j}&\boldsymbol{k}\\3&2&1\\2&0&-3\end{vmatrix}=-6\boldsymbol{i}+11\boldsymbol{j}-4\boldsymbol{k}.$$

于是，所求直线的标准方程为

$$\frac{x-1}{-6}=\frac{y-2}{11}=\frac{z+1}{-4}.$$

另外，如果令 $x_0=0$，得直线上另一点 $M_1\left(0,\frac{23}{6},-\frac{5}{3}\right)$.利用直线的两点式也可以求得直线的标准方程.

**例 7** 已知直线 $L$ 过点 $M(3,-1,0)$，且平行于直线 $L_0:\begin{cases}2x-y+3z=0,\\ y=2,\end{cases}$ 求直线 $L$ 的方程.

**解** 直线 $L_0$ 的方向向量为 $\boldsymbol{s}_0=(2,-1,3)\times(0,1,0)=(-3,0,2)$. 因为两直线平行，所以，取 $\boldsymbol{s}_0$ 为 $L$ 的方向向量，于是，直线 $L$ 的方程为

$$\frac{x-3}{-3}=\frac{y+1}{0}=\frac{z}{2}.$$

顺便指出，这里容易把直线 $L_0$ 的方程化为标准形式. 将 $L_0$ 的第二个方程代入第一个方程，得 $2x+3z-2=0$，即 $2(x-1)+3z=0$，可化作 $\frac{x-1}{-3}=\frac{z}{2}$，所以直线 $L_0$ 的一般式方程可写作：

$$\begin{cases}\frac{x-1}{-3}=\frac{z}{2},\\ y=2,\end{cases}$$

这样容易得到它的点向式方程为 $\frac{x-1}{-3}=\frac{y-2}{0}=\frac{z}{2}$. 因此直线 $L_0$ 的方向向量 $\boldsymbol{s}_0=(-3,0,2)$.

## 8.2.3 点、直线及平面之间的一些简单关系

### 1. 点到平面与点到直线的距离

微视频
8-2-7
点到平面的距离

先介绍点到平面的距离，并通过例子说明点与平面间的关系.

设点 $P(x_0,y_0,z_0)$ 是平面 $\pi:Ax+By+Cz+D=0$ 外一点，为求点 $P$ 到平面的距离，在平面上任取一点 $M(x_1,y_1,z_1)$，平面的法向量 $\boldsymbol{n}=(A,B,C)$. 如图 8.2.6 所示，设点 $P$ 在平面上的垂足为 $N$，则 $NP$ 的值为向量 $\overrightarrow{MP}$ 在法向量 $\boldsymbol{n}$ 上的投影. 于是，所求距离为

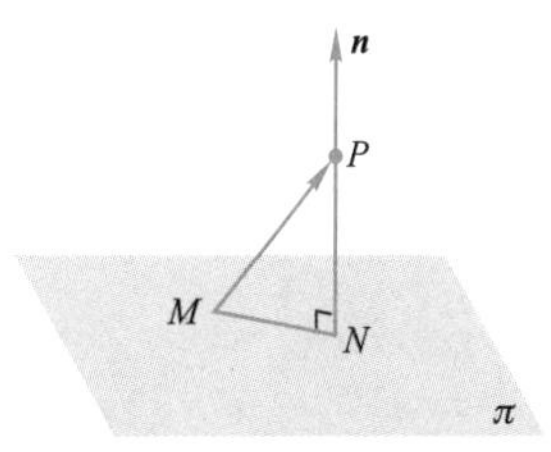

图 8.2.6 点到平面的距离

$$d=|NP|=|\mathrm{Prj}_{\boldsymbol{n}}\overrightarrow{MP}|=\left|\frac{\overrightarrow{MP}\cdot\boldsymbol{n}}{|\boldsymbol{n}|}\right|.$$

由于 $\overrightarrow{MP}=(x_0-x_1,y_0-y_1,z_0-z_1)$，故

$$d=\left|\frac{A(x_0-x_1)+B(y_0-y_1)+C(z_0-z_1)}{\sqrt{A^2+B^2+C^2}}\right|$$

$$=\left|\frac{Ax_0+By_0+Cz_0-(Ax_1+By_1+Cz_1)}{\sqrt{A^2+B^2+C^2}}\right|.$$

因为 $M(x_1,y_1,z_1)$ 在平面上，故 $Ax_1+By_1+Cz_1=-D$，于是

$$d=\frac{|Ax_0+By_0+Cz_0+D|}{\sqrt{A^2+B^2+C^2}}.\qquad(8.2.15)$$

**例 8** 设 $P(1,3,2)$ 是平面 $\pi:7x-4y+4z+15=0$ 外的一点.

(1) 求点 $P$ 到平面 $\pi$ 的距离；

(2) 求点 $P$ 关于平面 $\pi$ 的对称点 $Q$ 的坐标.

**解** (1) 平面 $\pi$ 的法向量为 $\boldsymbol{n}=(7,-4,4)$，由公式(8.2.15)知

$$d=\frac{|7\times1+(-4)\times3+4\times2+15|}{\sqrt{7^2+(-4)^2+4^2}}=2.$$

(2) 过点 $P$ 作平面 $\pi$ 的垂线交 $\pi$ 于点 $N$,则平面 $\pi$ 的法向量 $\boldsymbol{n}=(7,-4,4)$ 为该垂线的一个方向向量. 于是,该垂线的点向式方程为

$$\frac{x-1}{7}=\frac{y-3}{-4}=\frac{z-2}{4}.$$

为求垂足 $N$ 的坐标,将垂线方程写成参数方程:

$$x=1+7t,\quad y=3-4t,\quad z=2+4t, \tag{8.2.16}$$

并将式(8.2.16)代入平面 $\pi$ 的方程,得 $t=-\frac{2}{9}$. 于是,将这个 $t$ 值代入式(8.2.16)得点 $N$ 的坐标为 $\left(-\frac{5}{9},\frac{35}{9},\frac{10}{9}\right)$.

由中点公式知道,点 $P$ 关于平面 $\pi$ 的对称点 $Q$ 的坐标分量为

$$x=2\times\left(-\frac{5}{9}\right)-1=-\frac{19}{9},\quad y=2\times\frac{35}{9}-3=\frac{43}{9},\quad y=2\times\frac{10}{9}-2=\frac{2}{9}.$$

故 $Q\left(-\frac{19}{9},\frac{43}{9},\frac{2}{9}\right)$ 即为所求.

顺便指出,由两点距离公式可得

$$d=|PN|=\sqrt{\left(1+\frac{5}{9}\right)^2+\left(3-\frac{35}{9}\right)^2+\left(2-\frac{10}{9}\right)^2}=2.$$

这与(1)中用点到平面的距离公式所求得的结果一致.

再介绍点到直线的距离,并通过例子说明点与直线间的关系.

微视频
8-2-8
点到直线的距离

设点 $P(x_0,y_0,z_0)$ 是直线 $L:\frac{x-x_1}{m}=\frac{y-y_1}{n}=\frac{z-z_1}{p}$ 外一点,点 $P$ 在直线上的垂足为 $N$,则点 $P$ 到直线的距离为 $d=|NP|$. 如图 8.2.7 所示,在直线上取一点 $M(x_1,y_1,z_1)$,则以向量 $\overrightarrow{MP}$ 和直线的方向向量 $\boldsymbol{s}=(m,n,p)$ 为邻边的平行四边形的面积为 $A=|\overrightarrow{MP}\times\boldsymbol{s}|$. 因为该平行四边形的高为 $|NP|$,于是所求距离为

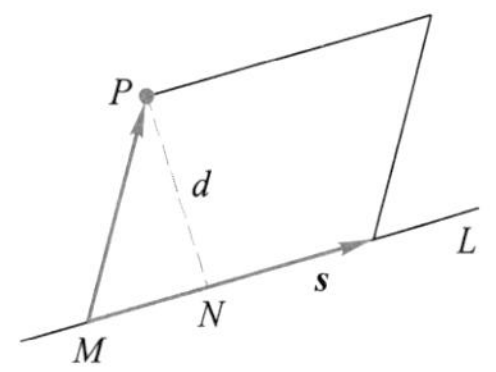

图 8.2.7　点到直线的距离

$$d=|NP|=\frac{|\overrightarrow{MP}\times\boldsymbol{s}|}{|\boldsymbol{s}|}=|\overrightarrow{MP}\times\boldsymbol{e}_s|. \tag{8.2.17}$$

**例 9**　设 $P(3,1,-4)$ 是直线 $L:\frac{x+1}{2}=\frac{y-4}{-2}=\frac{z-1}{1}$ 外的一点. (1) 求点 $P$ 在直线 $L$ 上的垂足 $Q$ 的坐标,并求点 $P$ 到直线 $L$ 的距离; (2) 设 $R(1,2,3)$ 在直线 $L$ 上的垂足为 $N$,求线段 $QN$ 的长度.

**解**　(1) 过点 $P(3,1,-4)$ 作垂直于直线 $L$ 的平面 $\pi$,则直线的方向向量 $\boldsymbol{s}=(2,-2,1)$ 为平面的一个法向量,所以平面 $\pi$ 的方程为

$$2(x-3)-2(y-1)+(z+4)=0,$$

即 $\pi:2x-2y+z=0$.

将 $L$ 的方程写成参数方程:$x=-1+2t,y=4-2t,z=1+t$,再代入平面 $\pi$ 的方程中得 $t=1$.所以,垂足 $Q$ 的坐标为 $(1,2,2)$.

这样,点 $P$ 到直线 $L$ 的距离为 $d=|QP|=\sqrt{(3-1)^2+(1-2)^2+(-4-2)^2}=\sqrt{41}$.

也可以直接应用公式(8.2.17)来求点 $P$ 到直线 $L$ 的距离.因为点 $M(-1,4,1)$ 在直线上,先计算出 $\overrightarrow{MP}=(4,-3,-5)$ 与 $\boldsymbol{s}=(2,-2,1)$ 的向量积:

$$\overrightarrow{MP}\times\boldsymbol{s}=\begin{vmatrix}\boldsymbol{i} & \boldsymbol{j} & \boldsymbol{k}\\ 4 & -3 & -5\\ 2 & -2 & 1\end{vmatrix}=-13\boldsymbol{i}-14\boldsymbol{j}-2\boldsymbol{k},$$

所以,$d=\dfrac{|\overrightarrow{MP}\times\boldsymbol{s}|}{|\boldsymbol{s}|}=\dfrac{\sqrt{(-13)^2+(-14)^2+(-2)^2}}{\sqrt{2^2+(-2)^2+1^2}}=\sqrt{41}$.

(2) $QN$ 的值是向量 $\overrightarrow{PR}=(-2,1,7)$ 在 $\boldsymbol{s}$ 上的投影,所以

$$|QN|=|\mathrm{Prj}_{\boldsymbol{s}}\overrightarrow{PR}|=\left|\frac{\overrightarrow{PR}\cdot\boldsymbol{s}}{|\boldsymbol{s}|}\right|=\frac{|-2\times2+1\times(-2)+7\times1|}{3}=\frac{1}{3}.$$

微视频
8-2-9
问题引入——建筑物上的直线与平面

## 2. 平面与平面的关系

微视频
8-2-10
平面与平面的位置关系

两平面的夹角是指两平面间的两个相邻二面角中的任何一个(若两平面平行,则它们的夹角可看成0或π).显然,这两个二面角中的一个等于两平面的法向量的夹角,如图8.2.8所示.为了使两平面的夹角是唯一的,我们规定,两平面的夹角是指它们的法向量成锐角或直角的夹角.

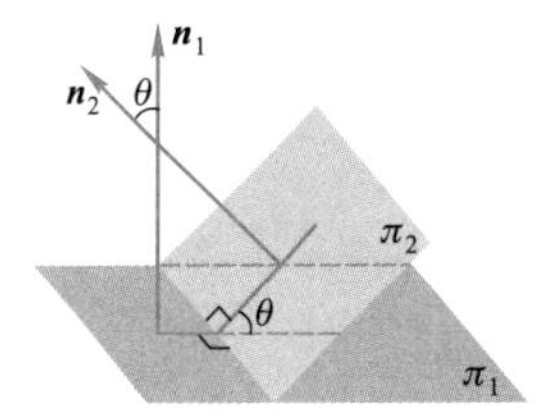

图 8.2.8　两平面的夹角

已知两平面的方程为

$$\pi_1:A_1x+B_1y+C_1z+D_1=0,$$
$$\pi_2:A_2x+B_2y+C_2z+D_2=0,$$

它们的法向量分别为

$$\boldsymbol{n}_1=(A_1,B_1,C_1),\quad \boldsymbol{n}_2=(A_2,B_2,C_2).$$

设它们的夹角为 $\theta$,由定义知

$$\cos\theta=\left|\frac{A_1A_2+B_1B_2+C_1C_2}{\sqrt{A_1^2+B_1^2+C_1^2}\sqrt{A_2^2+B_2^2+C_2^2}}\right|. \tag{8.2.18}$$

空间两个不同平面恰好有两种位置关系:或者平行,或者相交成一条直线.

由此不难得到两平面垂直或平行的条件如下:

(1) 若两平面 $\pi_1$ 和 $\pi_2$ 相互垂直,则它们的法向量 $\boldsymbol{n}_1=(A_1,B_1,C_1)$,$\boldsymbol{n}_2=(A_2,B_2,C_2)$亦垂直.因此,$\pi_1$ 和 $\pi_2$ 相互垂直的充分必要条件是

$$A_1A_2+B_1B_2+C_1C_2=0. \tag{8.2.19}$$

(2) 若两平面 $\pi_1$ 和 $\pi_2$ 相互平行,则它们的法向量 $\boldsymbol{n}_1=(A_1,B_1,C_1)$,$\boldsymbol{n}_2=(A_2,B_2,C_2)$亦平行.因此,$\pi_1$ 和 $\pi_2$ 相互平行的充分必要条件是

$$\frac{A_1}{A_2}=\frac{B_1}{B_2}=\frac{C_1}{C_2}. \tag{8.2.20}$$

**例 10** 求过点 $M(1,0,2)$且与平面 $\pi$:$2x+y+3z-5=0$ 平行的平面方程.

**解** 因为所求平面 $\pi_1$ 与已知平面 $\pi$ 平行,所以平面 $\pi$ 的法向量$\boldsymbol{n}=(2,1,3)$是平面 $\pi_1$ 的一个法向量,因此,平面 $\pi_1$ 的方程为 $2(x-1)+1(y-0)+3(z-2)=0$,即

$$2x+y+3z-8=0.$$

**例 11** 已知一平面通过两点 $M_1(1,3,-2)$和 $M_2(3,0,2)$,且与平面 $\pi$:$2x+y+3z+5=0$ 垂直,求该平面方程.

讨论题

8-2-2

两平面的位置关系

试分别从代数和几何的角度讨论两个平面 $\pi_1$:$A_1x+B_1y+C_1z=D_1$ 与 $\pi_2$:$A_2x+B_2y+C_2z=D_2$ 的位置关系.

**解** 方法一:因为所求平面 $\pi_1$ 与已知平面 $\pi$ 垂直,所以 $\pi_1$ 的法向量 $\boldsymbol{n}_1$ 与 $\pi$ 的法向量 $\boldsymbol{n}=(2,1,3)$垂直.又向量$\overrightarrow{M_1M_2}=(2,-3,4)$在平面 $\pi_1$ 内,所以,取 $\boldsymbol{n}_1=\overrightarrow{M_1M_2}\times\boldsymbol{n}$ 为平面 $\pi_1$ 的法向量,我们有

$$\boldsymbol{n}_1=\begin{vmatrix}\boldsymbol{i} & \boldsymbol{j} & \boldsymbol{k}\\ 2 & -3 & 4\\ 2 & 1 & 3\end{vmatrix}=-13\boldsymbol{i}+2\boldsymbol{j}+8\boldsymbol{k}.$$

因此,所求平面 $\pi_1$ 的点法式方程为$-13(x-1)+2(y-3)+8(z+2)=0$,即

$$13x-2y-8z-23=0.$$

方法二:设所求平面 $\pi_1$ 的一般方程为 $Ax+By+Cz+D=0$,因为 $\pi_1$ 与已知平面 $\pi$ 垂直,所以 $\pi_1$ 的法向量 $\boldsymbol{n}_1=(A,B,C)$与 $\pi$ 的法向量 $\boldsymbol{n}=(2,1,3)$垂直,所以有

$$2A+B+3C=0. \tag{8.2.21}$$

微视频

8-2-11

直线与直线的位置关系

又 $M_1(1,3,-2)$和 $M_2(3,0,2)$在平面 $\pi_1$ 内,所以

$$A+3B-2C+D=0, \tag{8.2.22}$$

$$3A+2C+D=0. \tag{8.2.23}$$

联立方程组(8.2.21)、(8.2.22)与(8.2.23),解得

$$A=-\frac{13}{2}B,\quad C=4B,\quad D=\frac{23}{2}B.$$

代入平面 $\pi_1$ 的一般方程,化简得

$$13x-2y-8z-23=0.$$

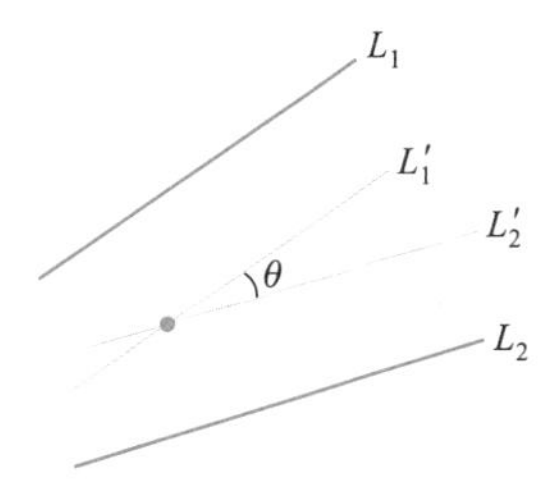

图 8.2.9　两直线的夹角

### 3. 直线与直线的关系

设两直线 $L_1$ 与 $L_2$,方向向量分别为 $\boldsymbol{s}_1$ 与 $\boldsymbol{s}_2$.如图 8.2.9 所示,从空间任意一点引两直线 $L_1'$ 与 $L_2'$ 分别平行于两直线 $L_1$ 与 $L_2$,则两直线 $L_1'$与 $L_2'$间的两个夹角中的任何一个都可作为两直线 $L_1$ 与 $L_2$ 间的夹角(与两平面的夹角一样),而这两个夹角中的一个恰好是两直线 $L_1$ 与 $L_2$ 的方向向量 $\boldsymbol{s}_1$ 与 $\boldsymbol{s}_2$ 间的夹角.因此我们规定,两直线的夹角是指它们的方向向量成锐角或直角的夹角.

讨论题
8-2-3
两直线的位置关系
试分别从代数和几何的角度讨论两条直线

$$L_1:\begin{cases}A_1x+B_1y+C_1z=D_1,\\A_2x+B_2y+C_2z=D_2\end{cases}$$

与

$$L_2:\begin{cases}A_3x+B_3y+C_3z=D_3,\\A_4x+B_4y+C_4z=D_4\end{cases}$$

的空间位置关系.

已知两直线的标准方程分别为

$$L_1:\frac{x-x_1}{m_1}=\frac{y-y_1}{n_1}=\frac{z-z_1}{p_1},$$

$$L_2:\frac{x-x_2}{m_2}=\frac{y-y_2}{n_2}=\frac{z-z_2}{p_2},$$

它们的方向向量分别为 $\boldsymbol{s}_1=(m_1,n_1,p_1)$ 与 $\boldsymbol{s}_2=(m_2,n_2,p_2)$.设它们的夹角为 $\theta$,由定义知

$$\cos\theta=\left|\frac{m_1m_2+n_1n_2+p_1p_2}{\sqrt{m_1^2+n_1^2+p_1^2}\sqrt{m_2^2+n_2^2+p_2^2}}\right|. \tag{8.2.24}$$

由此不难得到两直线垂直或平行的条件如下:

(1) 若两直线 $L_1$ 与 $L_2$ 互相垂直,则它们的方向向量 $\boldsymbol{s}_1=(m_1,n_1,p_1)$与$\boldsymbol{s}_2=(m_2,n_2,p_2)$也必相互垂直.因此,两直线 $L_1$ 与 $L_2$ 互相垂直的充要条件是

$$m_1m_2+n_1n_2+p_1p_2=0. \tag{8.2.25}$$

(2) 若两直线 $L_1$ 与 $L_2$ 平行,则它们的方向向量 $\boldsymbol{s}_1=(m_1,n_1,p_1)$与$\boldsymbol{s}_2=(m_2,n_2,p_2)$也必平行.因此,两直线 $L_1$ 与 $L_2$ 平行的充要条件是

$$\frac{m_1}{m_2}=\frac{n_1}{n_2}=\frac{p_1}{p_2}. \tag{8.2.26}$$

如果空间两条直线平行或者相交,那么它们在同一平面内.不在同一平面内的直线称为异面直线.这样,空间两条不同直线恰好有三种位置关系:或者平行,或者相交,或者为异面直线.

**例 12**　求直线 $L_1:\dfrac{x-1}{1}=\dfrac{y}{-4}=\dfrac{2z+3}{2}$与直线 $L_2:\dfrac{x}{2}=\dfrac{y+2}{-2}=\dfrac{z-5}{-1}$间的夹角.

**解**　注意,这里直线 $L_1$ 的方程不是标准方程,先将它化为标准方程:

$$L_1:\frac{x-1}{1}=\frac{y}{-4}=\frac{z+1.5}{1},$$

则直线 $L_1$ 的方向向量为 $\boldsymbol{s}_1=(1,-4,1)$. 又直线 $L_2$ 的方向向量为 $\boldsymbol{s}_2=(2,-2,-1)$，所以，由公式(8.2.24)得

$$\cos\theta=\left|\frac{2+8-1}{\sqrt{18}\sqrt{9}}\right|=\frac{1}{\sqrt{2}}.$$

故直线 $L_1$ 与直线 $L_2$ 的夹角为 $\theta=\dfrac{\pi}{4}$.

**例 13** 已知直线 $L_1:\dfrac{x-1}{1}=\dfrac{y+1}{2}=\dfrac{z-1}{\lambda}$ 和直线 $L_2:x+1=y-1=z$，试由实数 $\lambda$ 的值来确定它们的空间位置关系. 并问当 $\lambda$ 为何值时，这两条直线垂直？

**解** 直线 $L_1$ 过点 $M_1(1,-1,1)$，其方向向量为 $\boldsymbol{s}_1=(1,2,\lambda)$；直线 $L_2$ 过点 $M_2(-1,1,0)$，其方向向量为 $\boldsymbol{s}_2=(1,1,1)$.

无论 $\lambda$ 为何实数，$\boldsymbol{s}_1$ 与 $\boldsymbol{s}_2$ 的分量不成比例，所以 $\boldsymbol{s}_1$ 与 $\boldsymbol{s}_2$ 不平行. 这样，直线 $L_1$ 与直线 $L_2$ 或者相交或者为异面直线.

又 $\overrightarrow{M_1M_2}=(-2,2,-1)$，则直线 $L_1$ 与直线 $L_2$ 在同一平面内的充分必要条件是三个向量 $\overrightarrow{M_1M_2}$，$\boldsymbol{s}_1$ 与 $\boldsymbol{s}_2$ 在同一平面内. 因为 $\boldsymbol{n}=\boldsymbol{s}_1\times\boldsymbol{s}_2$ 同时垂直于 $\boldsymbol{s}_1$ 与 $\boldsymbol{s}_2$ 所在的平面，所以当且仅当 $\boldsymbol{n}$ 垂直于 $\overrightarrow{M_1M_2}$ 时，直线 $L_1$ 与直线 $L_2$ 在同一平面内. 因

$$\boldsymbol{n}=\begin{vmatrix}\boldsymbol{i}&\boldsymbol{j}&\boldsymbol{k}\\1&2&\lambda\\1&1&1\end{vmatrix}=(2-\lambda)\boldsymbol{i}+(\lambda-1)\boldsymbol{j}-\boldsymbol{k},$$

则当 $\overrightarrow{M_1M_2}\cdot\boldsymbol{n}=-2\times(2-\lambda)+2\times(\lambda-1)+(-1)\times(-1)=4\lambda-5=0$，即 $\lambda=\dfrac{5}{4}$ 时，直线 $L_1$ 与直线 $L_2$ 相交.

当 $\lambda\neq\dfrac{5}{4}$ 时，直线 $L_1$ 与直线 $L_2$ 为异面直线.

如果 $\boldsymbol{s}_1$ 与 $\boldsymbol{s}_2$ 互相垂直，那么直线 $L_1$ 与直线 $L_2$ 也互相垂直. 所以当 $\boldsymbol{s}_1\cdot\boldsymbol{s}_2=1\times1+2\times1+\lambda\times1=0$，即 $\lambda=-3$ 时，这两条直线垂直. 此时，直线 $L_1$ 与直线 $L_2$ 为互相垂直的异面直线.

通常用三向量的混合积来判断两直线是否相交是方便的. 设有两直线

$$L_j:\frac{x-x_j}{m_j}=\frac{y-y_j}{n_j}=\frac{z-z_j}{p_j}$$

$(j=1,2)$，若 $L_1$ 和 $L_2$ 不平行，则 $L_1$ 和 $L_2$ 相交的充要条件是三向量 $\boldsymbol{s}_1$，$\boldsymbol{s}_2$ 和 $\overrightarrow{M_1M_2}$ 共面，其中

$$M_j(x_j,y_j,z_j),$$
$$\boldsymbol{s}_j(m_j,n_j,p_j)$$

$(j=1,2)$. 而三向量共面的充要条件是它们的混合积为零，即

$$\overrightarrow{M_1M_2}\cdot(\boldsymbol{s}_1\times\boldsymbol{s}_2)=0.$$

微视频
8-2-12
直线与平面的位置关系

### 4. 直线与平面的关系

已知直线 $L:\dfrac{x-x_0}{m}=\dfrac{y-y_0}{n}=\dfrac{z-z_0}{p}$ 和平面 $\pi:Ax+By+Cz+D=0$,则

(1) 直线 $L$ 垂直于平面 $\pi$ 的充分必要条件是 $L$ 的方向向量 $\boldsymbol{s}=(m,n,p)$ 与平面 $\pi$ 的法向量 $\boldsymbol{n}=(A,B,C)$ 平行;

(2) 直线 $L$ 平行于平面 $\pi$ 的充分必要条件是 $L$ 的方向向量 $\boldsymbol{s}=(m,n,p)$ 与平面 $\pi$ 的法向量 $\boldsymbol{n}=(A,B,C)$ 垂直.

**例 14** 求过点 $M_0(2,-3,4)$ 且与平面 $x-3y+4=0$ 垂直的直线的标准方程.

讨论题

8-2-4

平面与直线的位置关系

试分别从代数和几何的角度讨论直线 $L:\begin{cases}A_1x+B_1y+C_1z=D_1,\\A_2x+B_2y+C_2z=D_2\end{cases}$ 与平面 $\pi:A_3x+B_3y+C_3z=D_3$ 的位置关系.

**解** 因为所求直线与已知平面垂直,所以平面的法向量 $\boldsymbol{n}=(1,-3,0)$ 是直线的一个方向向量,所以,直线的标准方程为

$$\frac{x-2}{1}=\frac{y+3}{-3}=\frac{z-4}{0}.$$

**例 15** 已知过点 $M_0(2,1,3)$ 的平面 $\pi$ 与定直线 $L:\dfrac{x+1}{3}=\dfrac{y-2}{2}=\dfrac{z-3}{5}$,求平面 $\pi$ 的方程.

讨论题

8-2-5

一题多解求平面方程

求过点$(1,-1,4)$和直线$\dfrac{x+1}{2}=\dfrac{y}{5}=\dfrac{z-1}{1}$的平面方程.

**解** 方法一:点 $M_1(-1,2,3)$ 在直线 $L$ 上,也在平面 $\pi$ 上,所以,依题意,向量$\overrightarrow{M_0M_1}=(-3,1,0)$ 以及直线 $L$ 的方向向量 $\boldsymbol{s}=(3,2,5)$ 都在平面 $\pi$ 内,这样,平面 $\pi$ 的一个法向量为

$$\boldsymbol{n}=\overrightarrow{M_0M_1}\times\boldsymbol{s}=\begin{vmatrix}\boldsymbol{i}&\boldsymbol{j}&\boldsymbol{k}\\-3&1&0\\3&2&5\end{vmatrix}=5\boldsymbol{i}+15\boldsymbol{j}-9\boldsymbol{k}.$$

所求平面 $\pi$ 的方程为 $5(x-2)+15(y-1)-9(z-3)=0$,即

$$5x+15y-9z+2=0.$$

方法二:点 $M_1(-1,2,3)$ 在直线 $L$ 上,也在平面 $\pi$ 上.将直线方程写成参数方程:

$$x=-1+3t,y=2+2t,z=3+5t.$$

讨论题

8-2-6

三平面的位置关系

试分别从代数和几何的角度讨论三个平面 $\pi_1:a_1x+b_1y+c_1z=d_1$,$\pi_2:a_2x+b_2y+c_2z=d_2$,$\pi_3:a_3x+b_3y+c_3z=d_3$ 的位置关系,画出图形,并说明理由.

令 $t=1$ 得直线上另一点 $M_2(2,4,8)$.于是,平面 $\pi$ 由点 $M_0,M_1,M_2$ 这三点确定.由平面的三点式方程(8.2.6),得 $\pi$ 的方程为

$$\begin{vmatrix}x-2&y-1&z-3\\-1-2&2-1&3-3\\2-2&4-1&8-3\end{vmatrix}=\begin{vmatrix}x-2&y-1&z-3\\-3&1&0\\0&3&5\end{vmatrix}=0,$$

即 $5(x-2)+15(y-1)-9(z-3)=0$,亦即

$$5x+15y-9z+2=0.$$

方法三:设所求平面 $\pi$ 的一般方程为 $Ax+By+Cz+D=0$,因为直线 $L$ 在平面 $\pi$ 内,所以 $\pi$ 的法向量 $\boldsymbol{n}=(A,B,C)$ 与直线 $L$ 的方向向量 $\boldsymbol{s}=(3,2,5)$ 垂直,所以有

$$3A+2B+5C=0.$$

又 $M_0(2,1,3)$ 和 $M_1(-1,2,3)$ 在平面 $\pi$ 内,所以

$$2A+B+3C+D=0,$$

$$-A+2B+3C+D=0.$$

联立方程组,解得 $B=3A, C=-\dfrac{9}{5}A, D=\dfrac{2}{5}A$.将它们代入 $\pi$ 的一般方程中,化简得 $\pi$ 的方程为

$$5x+15y-9z+2=0.$$

## 习题 8.2

### A 基础题

1. 指出下列平面的几何特点:

(1) $7x+5z+3=0$;　(2) $7y-2=0$;

(3) $2x+2y-5=0$;　(4) $2x+5y-z=0$.

2. 动点 $M$ 的初始位置为 $M_0(5,-1,2)$,它沿着平行于 $y$ 轴的方向移动,求它到达平面 $x-2y-3z+7=0$ 时的位置坐标.

3. 写出下列平面的方程:

(1) 平行于 $xOz$ 平面,并经过点$(2,-5,3)$;

(2) 平行于 $x$ 轴并过点$(4,0,-2)$和$(5,1,7)$;

(3) 过三已知点$(3,2,0)$,$(-3,-1,4)$,$(0,3,6)$;

(4) 过点$(-2,7,3)$且平行于平面 $2x-3y+4z-2=0$;

(5) 经过原点且垂直于平面 $x-2y+3z+5=0$ 及 $3x+y-2z-7=0$;

(6) 过已知点$(2,1,-1)$,且在 $x$ 轴、$y$ 轴上的截距分别为 2 和 1.

4. 已知直线的一般方程为 $\begin{cases}x-2y+z+3=0,\\5x-8y+4z+30=0,\end{cases}$ 试将其化成对称式和参数式方程.

5. 写出满足下列条件的直线方程:

(1) 过点 $M_0(0,-3,2)$ 且平行于 $\dfrac{x-2}{3}=\dfrac{y}{0}=\dfrac{2z-3}{-4}$;

(2) 过两定点 $A(3,-2,-1)$ 和 $B(5,4,5)$;

(3) 过点 $A(3,2,1)$ 且垂直于平面 $4x-5y-8z+21=0$;

(4) 过点 $A(0,2,4)$ 且平行于两平面 $x+2z=1$ 和 $y-3z=2$;

(5) 过点 $A(3,2,-1)$ 且和 $y$ 轴垂直相交;

(6) 在平面 $\pi: x+y+z=0$ 上且与两直线 $l_1$:

$\begin{cases}x+y=1,\\x-y+z=-1\end{cases}$ 和 $l_2:\begin{cases}2x-y+z=1,\\x+y-z=-1\end{cases}$ 都相交.

6. 求两平面 $\pi_1:2x-3y+6z=12$ 及 $\pi_2:x+2y+2z=7$ 的夹角.

7. 求两直线 $l_1:\begin{cases}x+2y+z-1=0,\\x-2y+z+1=0\end{cases}$ 和 $l_2:\begin{cases}x-y-z-1=0,\\x-y+2z+1=0\end{cases}$ 的夹角.

8. 试讨论下列各组直线和平面的位置关系：

(1) $\dfrac{x+3}{-2}=\dfrac{y+4}{-7}=\dfrac{z}{3}$ 与 $4x-2y-2z=0$；

(2) $\dfrac{x}{3}=\dfrac{y}{-2}=\dfrac{z}{-7}$ 与 $3x-2y-7z=0$；

(3) $\dfrac{x-2}{3}=\dfrac{y+2}{1}=\dfrac{z-3}{-4}$ 与 $x+y+z=3$.

9. 求点 $P(1,2,1)$ 到平面 $x+2y+2z=10$ 的距离 $d$.

10. 求点 $P(1,2,3)$ 到直线 $\dfrac{x}{1}=\dfrac{y-4}{-3}=\dfrac{z-3}{-2}$ 的距离 $d$.

11. 证明两直线 $l_1:\begin{cases}x=1+t,\\y=-1+2t,\\z=t\end{cases}$ 与 $l_2:\begin{cases}x+y-3z+2=0,\\x-y+z-4=0\end{cases}$ 平行,并求它们之间的距离.

12. 求点 $(-1,2,0)$ 在平面 $x+2y-2z+1=0$ 上的投影.

## B 综合题

13. 一平面平分两点 $A(1,2,3)$ 和 $B(2,-1,4)$ 间的线段且和它垂直,求该平面的方程.

14. 一平面通过点 $(0,-1,0)$ 和 $(0,0,1)$,且与 $xOy$ 面成 $\dfrac{\pi}{3}$ 角,求其方程.

15. 求直线 $\dfrac{x}{4}=\dfrac{y-4}{3}=\dfrac{z+1}{-2}$ 在平面 $x-y+3z+8=0$ 上的投影.

16. 求过直线 $\begin{cases}4x-y+3z-1=0,\\x+5y-z+2=0\end{cases}$ 且与平面 $2x-y+5z-3=0$ 垂直的平面的方程.

17. 一直线过点 $(-3,5,-9)$ 且与两直线 $\begin{cases}y=3x+5,\\z=2x-3\end{cases}$ 以及 $\begin{cases}y=4x-7,\\z=5x+10\end{cases}$ 相交,求其方程.

18. 求点 $P_0(3,-1,-1)$ 关于平面 $\pi:x+2y+3z-40=0$ 的对称点 $P$ 的坐标.

19. 求点 $P_1(3,1,-4)$ 关于直线 $l:\begin{cases}x-y-4z+9=0,\\2x+y-2z=0\end{cases}$ 的对称点 $P_2$ 的坐标.

20. 证明两直线 $\dfrac{x-a_1}{m_1}=\dfrac{y-b_1}{n_1}=\dfrac{z-c_1}{p_1}$ 与 $\dfrac{x-a_2}{m_2}=\dfrac{y-b_2}{n_2}=\dfrac{z-c_2}{p_2}$ 在同一平面上的条件是

$$\begin{vmatrix}a_2-a_1 & b_2-b_1 & c_2-c_1\\ m_1 & n_1 & p_1\\ m_2 & n_2 & p_2\end{vmatrix}=0.$$

21. 设一平面垂直于平面 $z=0$,并通过从点 $(1,-1,1)$ 到直线 $\begin{cases}x=0,\\y-z+1=0\end{cases}$ 的垂线,求此平面的方程.

22. 设 $a,b,c$ 为一平面在坐标轴上的截距,$d$ 为原点到该平面的距离,证明：

$$\frac{1}{a^2}+\frac{1}{b^2}+\frac{1}{c^2}=\frac{1}{d^2}.$$

23. 在直线 $\dfrac{x}{1}=\dfrac{y+7}{2}=\dfrac{z-3}{-1}$ 上求一点,使之与点 $(3,2,6)$ 的距离最近.

## C 应用题

24. 在计算机作图和透视作图中,需要把一个用眼睛在空间中看到的物体表现成二维平面上的一个图像.如下图所示,假定眼睛在 $x$ 轴上的点 $E(a,0,0)$ 处,$P(x_0,y_0,z_0)$ 为空间一给定的点,从 $E$ 点引过 $P$ 点的射线,交 $yOz$ 平面于点 $Q(0,y,z)$,这样就可以把空间的点 $P$ 表示为 $yOz$ 平面上的点 $Q$.

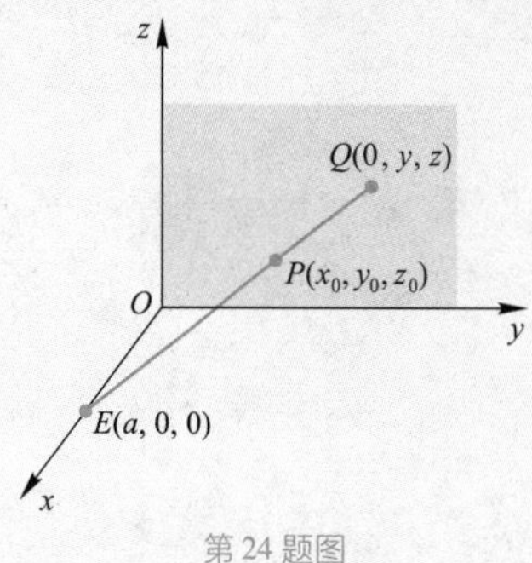


第 24 题图

（1）用 $a,x_0,y_0,z_0$ 表示点 $Q$ 的 $y,z$ 坐标；

（2）当 $a\to\infty$ 时，分析 $y,z$ 坐标的变化情况；

（3）若 $\triangle P_1P_2P_3$ 的三个顶点坐标分别为 $P_i(x_i,y_i,z_i)(i=1,2,3)$，$P_1,P_2,P_3$ 在 $yOz$ 面上的投影依次为 $Q_1,Q_2,Q_3$，求 $\triangle Q_1Q_2Q_3$ 的面积 $S$.

25. 设有一边长为 1 的立方体，其中一个顶点位于坐标原点，三条棱与坐标轴正方向重合，若用平面 $\pi:x+2y+3z=4$ 去截立方体，

（1）求平面 $\pi$ 与立方体的棱的交点坐标；

（2）画出截痕的图形；

（3）求截痕所围成的多边形的面积；

（4）求各截痕在 $yOz$ 平面上的投影.

## D 实验题

26. 试创建一 Mathematica 函数，对任意输入的四个点的共面性进行判断，如果共面则绘制出点和平面图形；如果不共面，则用线段将四个点连接起来.

27. 试用 Mathematica 软件画出下列两组平面的图形，观察它们的空间位置关系，并思考任何三个平面在空间中的可能位置关系有几种？

（1）$\pi_1:x+5y+z=0,\pi_2:x-z+4=0,\pi_3:3x+5y-z+8=0$；

（2）$\pi_1:x+2y+3z-10=0,\pi_2:x+y-z+4=0,\pi_3:2x+3y+2z-8=0$.

28. 给定直线方程

$$l_1:\frac{x-3}{2}=\frac{y}{4}=\frac{z+1}{3}\text{和 }l_2:\frac{x+1}{2}=\frac{y-3}{0}=\frac{z-2}{1},$$

试用 Mathematica 软件计算两条直线间的距离，并由此判断这两条直线是否相交.

8.2　测验题

# 8.3　空间曲面

微视频
8-3-1
问题引入——如何描述建筑物的外观

## 8.3.1　曲面及其方程

### 1. 曲面的几个例子

在现实生活中，我们经常遇到各种各样的曲面，如足球、篮球、排球的表面（球面），橄榄球的表面（近似椭球面），各种管道的表面（圆柱

面),反光镜的表面(抛物面)以及大海中起伏不平的水面等.

在第 8.2 节中,我们学习过的平面是一种最简单的空间曲面.我们知道,空间中一个平面可以看作具有某种约束的点的几何轨迹,这个约束是这样描述的:动点 $M(x,y,z)$ 与定点 $M_0(x_0,y_0,z_0)$ 的连线(或者向量 $\overrightarrow{M_0M}$)始终与一条定直线(或者给定的非零向量 $\boldsymbol{n}=(A,B,C)$)垂直.这一约束特性可以用一个三元一次方程

$$Ax+By+Cz+D=0 \tag{8.3.1}$$

来刻画,就是说可以用这个方程来描述平面上所有点的共同性质.采用集合的记号,可以将这个平面表示为满足约束方程(8.3.1)的三维点的集合:

$$S=\{(x,y,z)\mid(x,y,z)\in\mathbb{R}^3,Ax+By+Cz+D=0\}. \tag{8.3.2}$$

下面,我们通过几个具体例子,学习如何用一个代数方程来刻画我们熟悉的一些空间曲面.

**例 1** 如图 8.3.1,一动点与两定点 $A(x_1,y_1,z_1)$ 及 $B(x_2,y_2,z_2)$ 始终保持相等距离,求这动点的轨迹方程.

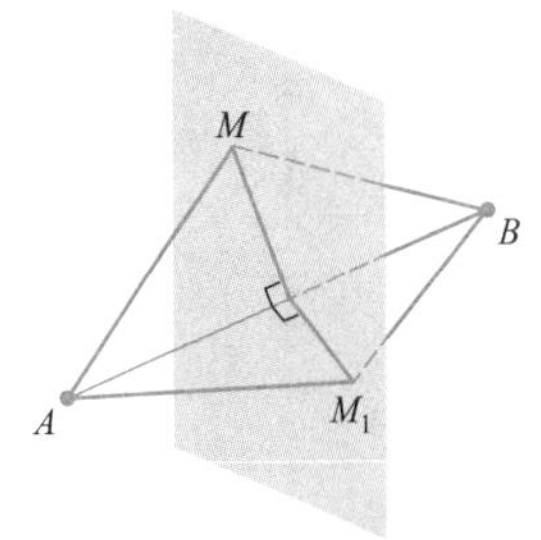

图 8.3.1 线段 $AB$ 的垂直平分面

**解** 设动点为 $M(x,y,z)$,由条件

$$|AM|=|BM|,$$

按两点间的距离公式得

$$\sqrt{(x-x_1)^2+(y-y_1)^2+(z-z_1)^2}=\sqrt{(x-x_2)^2+(y-y_2)^2+(z-z_2)^2},$$

将上式两端平方后化简,得

$$2(x_2-x_1)x+2(y_2-y_1)y+2(z_2-z_1)z-(x_2^2+y_2^2+z_2^2-x_1^2-y_1^2-z_1^2)=0.$$

这是一个三元一次方程,说明这个动点的轨迹是一个平面.由几何知识知道,这个平面是两点 $A$ 与 $B$ 连线的垂直平分面.这个平面上的点的坐标都满足这个方程,而满足这个方程的点 $(x,y,z)$ 都在这个平面上,或者说,不在这个平面上的点都不满足这个方程.

**例 2** 我们知道,到一定点 $M_0(x_0,y_0,z_0)$ 的距离等于常数 $R(R>0)$ 的动点的轨迹是球面.求这球面上动点的轨迹方程.

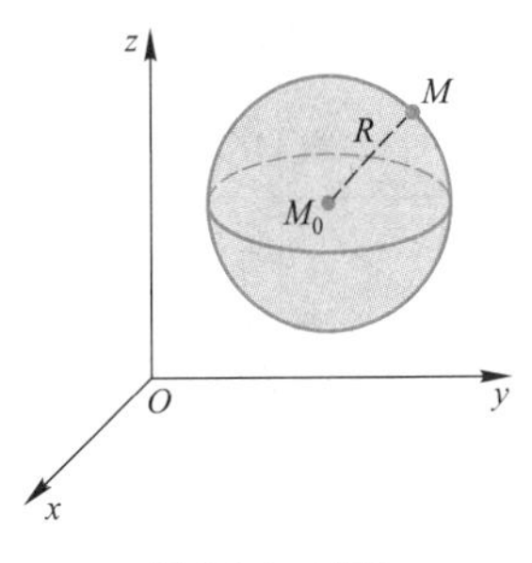

图 8.3.2 球面

**解** 如图 8.3.2,设球面上的动点为 $M(x,y,z)$,由条件

$$|M_0M|=R,$$

按两点间的距离公式得

$$\sqrt{(x-x_0)^2+(y-y_0)^2+(z-z_0)^2}=R.$$

将上式两端平方,得

$$(x-x_0)^2+(y-y_0)^2+(z-z_0)^2=R^2. \tag{8.3.3}$$

这个三元方程刻画了球面上任意一点 $M$ 所满足的共同性质:$M$ 到定点 $M_0$ 的距离等于常数 $R$.我们称定点 $M_0(x_0,y_0,z_0)$ 为球心,称 $R$ 为球面的半径.特别地,球心在原点的单位球面(半径为 1)的方程为

$$x^2+y^2+z^2=1. \tag{8.3.4}$$

采用集合的记号,可以将这个球面表示为满足约束方程(8.3.4)的三维点的集合:

$$S=\{(x,y,z) \mid (x,y,z)\in\mathbb{R}^3, x^2+y^2+z^2=1\}. \tag{8.3.5}$$

**例 3** 我们知道,圆柱面可视为由直线 $L$ 绕一条与它平行的定直线旋转一周所成的旋转曲面,也可视为动点到定直线的距离等于常数的轨迹.求圆柱面上动点的轨迹方程.

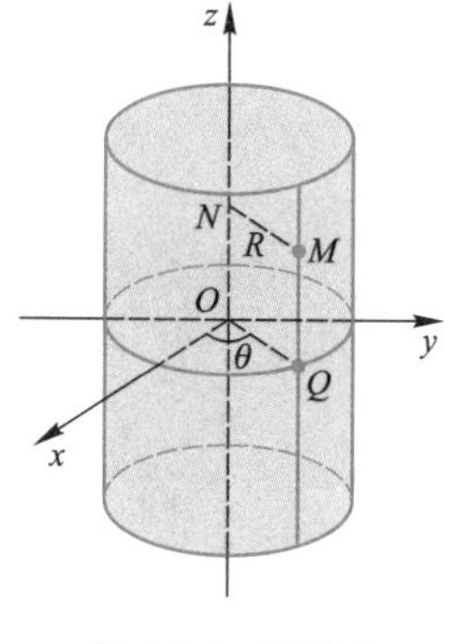

图 8.3.3 圆柱面

**解** 设这两条平行直线的距离为 $R$,为简便起见,设定直线为 $z$ 轴(图 8.3.3).在圆柱面上任取一个动点 $M(x,y,z)$,过点 $M$ 作垂直于 $z$ 轴的平面,该平面与 $z$ 轴相交于点 $N(0,0,z)$,同时过点 $M$ 作垂直于 $xOy$ 面的直线,交 $xOy$ 面于 $Q(x,y,0)$,则直线 $MQ$ 是圆柱面上的一条与 $z$ 轴平行的动直线,这条直线与 $z$ 轴的距离 $|MN|=R$.按两点间的距离公式得

$$\sqrt{(x-0)^2+(y-0)^2+(z-z)^2}=R.$$

将上式两端平方并整理,得

$$x^2+y^2=R^2. \tag{8.3.6}$$

这个三元方程刻画了圆柱面上任意一点 $M$ 所满足的共同性质:动点 $M$ 到定直线的距离等于常数 $R$.采用集合的记号,可以将这个圆柱面表示为满足约束方程(8.3.6)的三维点的集合:

$$S=\{(x,y,z) \mid (x,y,z)\in\mathbb{R}^3, x^2+y^2=R^2\}. \tag{8.3.7}$$

**例 4** 由一条直线 $L$ 绕一条与它相交的定直线旋转一周所成的旋转曲面就是我们熟知的圆锥面,圆锥面也可视为动点与定直线上一定点的连线与该定直线成等角的轨迹.求这圆锥面上动点的轨迹方程.

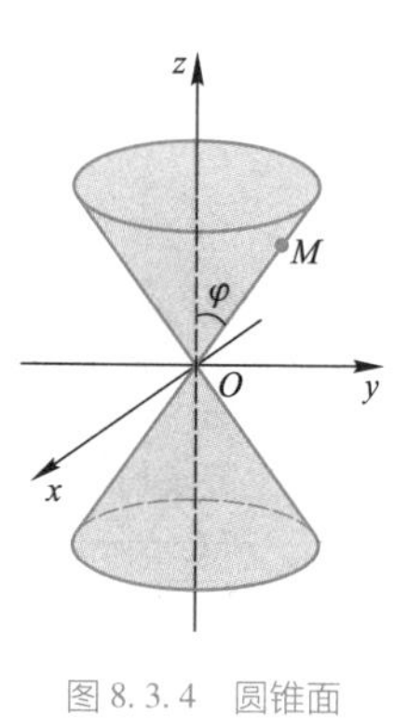

图 8.3.4 圆锥面

**解** 设这两条相交直线的夹角为 $\varphi$,为简便起见,设定直线为 $z$ 轴,两直线的交点为原点(图 8.3.4).在圆锥面上任取一个动点 $M(x,y,z)$,则直线 $OM$ 与 $z$ 轴的夹角(即向量$\overrightarrow{OM}$与单位向量 $\boldsymbol{k}$ 的夹角)为 $\varphi$.于是

$$\cos\varphi=\frac{z}{\sqrt{x^2+y^2+z^2}},$$

将上式两端平方并整理,得

$$z^2=(x^2+y^2)\cot^2\varphi. \tag{8.3.8}$$

我们称 $\varphi$ 为圆锥面的半顶角.特别地,当 $\varphi=\dfrac{\pi}{4}$时,对应的圆锥面的方程为

$$z^2=x^2+y^2. \tag{8.3.9}$$

采用集合的记号,可以将这个圆锥面表示为满足约束方程(8.3.9)的三维点的集合:

$$S=\{(x,y,z)\mid(x,y,z)\in\mathbb{R}^3,z^2=x^2+y^2\}. \tag{8.3.10}$$

## 2. 曲面的一般方程与参数方程

从上面这些例子看出,曲面是空间中的点在某种规律性限制下运动的几何轨迹,在空间直角坐标系中,这一限制条件通常用一个三元方程 $F(x,y,z)=0$ 来描述.或者说,曲面是满足约束方程$F(x,y,z)=0$的三维点的集合.采用集合的记号,一张曲面 $S$ 可以表示为

微视频
8-3-2
曲面及其方程

$$S=\{(x,y,z)\mid(x,y,z)\in\mathbb{R}^3,F(x,y,z)=0\}.$$

如果凡是在曲面 $S$ 上的点的坐标都满足方程 $F(x,y,z)=0$,凡是不在曲面 $S$ 上的点的坐标都不满足这个方程,则称方程 $F(x,y,z)=0$ 为曲面 $S$ 的一般方程,曲面 $S$ 称为该方程的几何图形.

这样我们就可以把对曲面的几何性质的研究归结为对其方程的性质的研究.在空间解析几何学中,关于曲面的研究有下面两个基本问题:

(1) 已知曲面作为点的几何轨迹时,建立曲面的方程;

(2) 已知方程 $F(x,y,z)=0$,研究这个方程所表示的曲面的几何形状.

**例 5** 方程 $x^2+y^2+z^2-4z=0$ 表示什么曲面?

**解** 将原方程 $x^2+y^2+z^2-4z=0$ 配方得

$$x^2+y^2+(z-2)^2=4.$$

由此可知方程表示球心在$(0,0,2)$,半径为 $R=2$ 的球面,如图 8.3.5 所示.

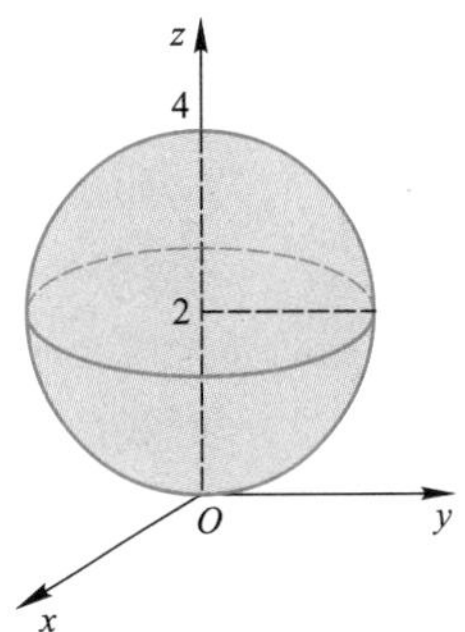

图 8.3.5 例 5 中的球面

我们知道,在 $\mathbb{R}^3$中,$xOy$ 面可以表示为集合

$$\{(x,y,z)\mid x\in\mathbb{R},y\in\mathbb{R},z=0\},$$

可以看成由两个参数 $x,y$ 确定的方程:$x=x,y=y,z=0$ 对应的图形.这个

结论对一般的平面也是成立的.若平面方程为 $Ax+By+Cz+D=0$,则此平面可以表示为集合(设 $C\neq 0$)

$$\left\{(x,y,z)\mid x\in\mathbb{R},y\in\mathbb{R},z=-\frac{1}{C}(Ax+By+D)\right\}.$$

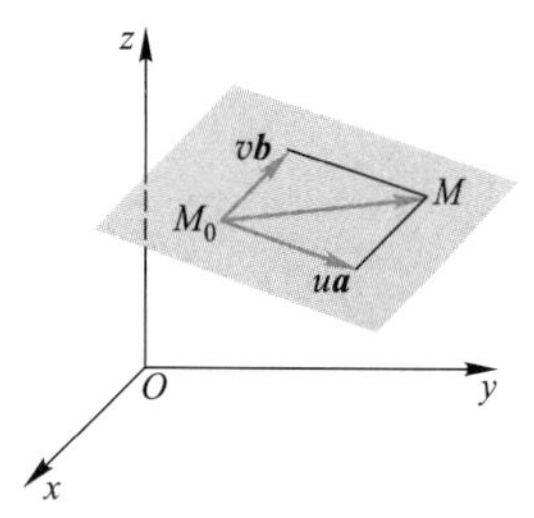

图 8.3.6　平面内任意向量的参数表示

这样,平面可以看成由两个参数 $x,y$ 确定的方程:$x=x,y=y,z=-\frac{1}{C}(Ax+By+D)$ 对应的图形.

更一般地,如果设 $\boldsymbol{a}=(a_1,a_2,a_3)$,$\boldsymbol{b}=(b_1,b_2,b_3)$ 是平面内的两个已知的不平行的非零向量,$M_0(x_0,y_0,z_0)$ 是平面内的已知点(图 8.3.6),那么,对于平面内的任意一点 $M(x,y,z)$,向量 $\overrightarrow{M_0M}$ 都可以写作 $\overrightarrow{M_0M}=u\boldsymbol{a}+v\boldsymbol{b}$,对应的分量形式为

$$\begin{cases}x=x_0+ua_1+vb_1,\\ y=y_0+ua_2+vb_2,\\ z=z_0+ua_3+vb_3.\end{cases}\tag{8.3.11}$$

微视频
8-3-3
平面的参数方程

称式(8.3.11)为平面的参数方程.

一般地,曲面可以用有两个参数的方程表示:

$$x=x(u,v),\quad y=y(u,v),\quad z=z(u,v).\tag{8.3.12}$$

给定参数 $(u,v)$ 的一组值,就确定了曲面上一个点的位置.曲面就是所有这些点的集合:

$$S=\{(x(u,v),y(u,v),z(u,v))\mid u\in\mathbb{R},v\in\mathbb{R}\}$$

或

$$S=\{(x(u,v),y(u,v),z(u,v))\mid(u,v)\in D\},$$

其中,$D$ 是 $\mathbb{R}^2$ 的一个子集,它是参数 $u,v$ 的取值范围.

**例 6**　(1) 写出 $\mathbb{R}^3$ 中的球面 $x^2+y^2+z^2=a^2$ 的参数方程;(2) 写出 $\mathbb{R}^3$ 中的圆柱面 $x^2+y^2=a^2$ 的参数方程.

**解**　(1) 我们可以将球面分成上半球面和下半球面,从而得到它们对应的参数方程.

上半球面:$x=u,y=v,z=\sqrt{a^2-u^2-v^2}\ (u^2+v^2\leqslant a^2)$;

下半球面:$x=u,y=v,z=-\sqrt{a^2-u^2-v^2}\ (u^2+v^2\leqslant a^2)$.

还有一种应用很广的球面参数方程:

$$\begin{cases}x=a\cos\theta\sin\varphi,\\ y=a\sin\theta\sin\varphi,\\ z=a\cos\varphi,\end{cases}\tag{8.3.13}$$

其中 $0\leqslant\theta\leqslant2\pi,0\leqslant\varphi\leqslant\pi$. 参数 $\varphi,\theta$ 的几何意义如图 8.3.7 所示. 人们通常使用的球面的参数方程是指式(8.3.13).

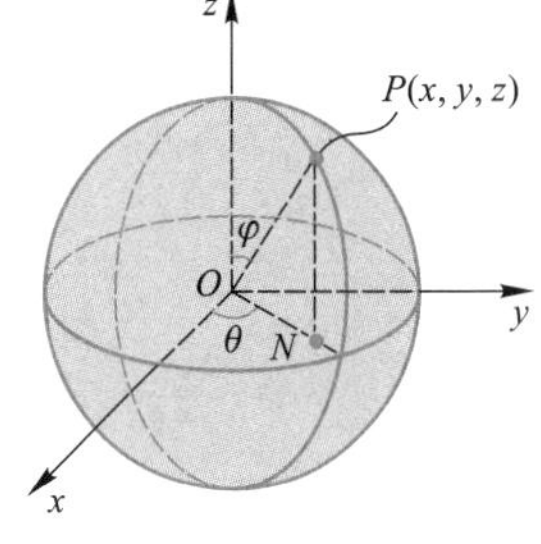

图 8.3.7 球面的参数方程

(2) 圆柱面 $x^2+y^2=a^2$ 的参数方程为 $x=a\cos\theta,y=a\sin\theta,z=z$,其中参数 $\theta$ 的几何意义如图 8.3.3 所示.

利用 Mathematica 软件容易画出空间曲面的图形. 表 8.3.1 给出了 Mathematica 软件空间曲面的显函数作图与参数方程作图的语句基本格式.

表 8.3.1 Mathematica 软件作空间曲面图形的语句基本格式

| 表达式格式 | 表达式意义 |
| --- | --- |
| Plot3D [ f [ x,y ] , { x,x0,x1 } , { y,y0,y1 } ] | 画出空间曲面 $z=f(x,y)$ 在区域 $[x_0,x_1]\times[y_0,y_1]$ 上的图形 |
| ParametricPlot3D [ { x [ u,v ] , y [ u,v ] ,z [ u,v ] } , { u,u0,u1 } , { v,v0,v1 } ] | 画出参数曲面 $x=x(u,v),y=y(u,v),z=z(u,v)$ 在区域 $[u_0,u_1]\times[v_0,v_1]$ 上的图形 |

例如,分别输入:

ParametricPlot3D[{Cos[θ]Sin[φ],Sin[θ]Sin[φ],Cos[φ]},{θ,0,2π},{φ,0,π}]

和

ParametricPlot3D[{Cos[θ],Sin[θ],z},{θ,0,2π},{z,-1,1}]

则输出球面及圆柱面的图形,如图 8.3.8 所示.

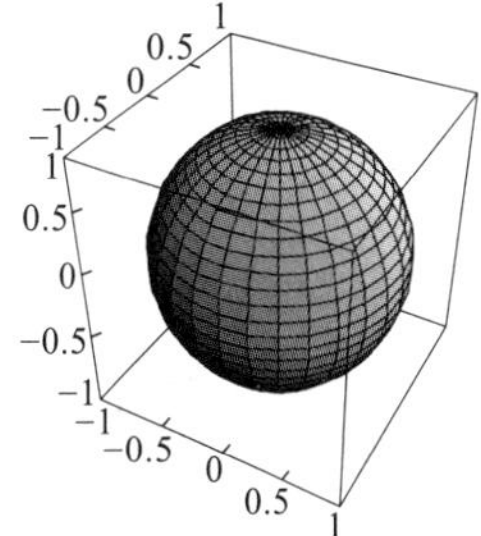
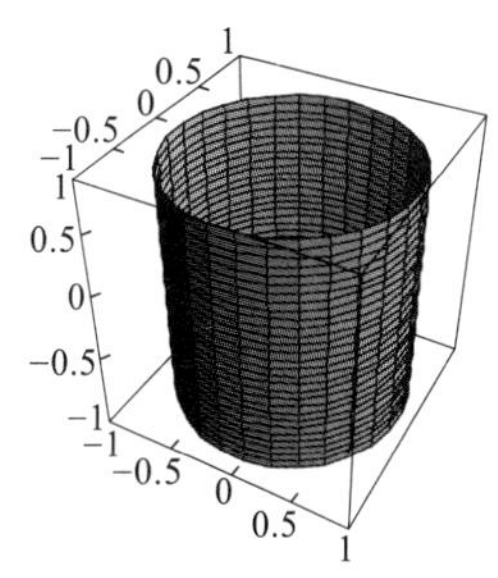
图 8.3.8 球面与圆柱面的图形

## 8.3.2 旋转曲面与柱面

### 1. 旋转曲面及其方程

一条曲线绕其所在的平面上一定直线旋转一周所得的曲面称为旋转曲面,该定直线称为旋转曲面的轴. 我们已经知道,圆柱面、圆锥面以及球面都可以看成旋转曲面,前面已经得到了它们的方程. 现在我们来建立在空间直角坐标系中某坐标平面上的一条曲线,绕其坐标轴旋转一周所成的旋转曲面的方程.

微视频
8-3-4
旋转曲面与柱面

设 $yOz$ 平面上的一条曲线 $C$,其方程为

$$f(y,z)=0,$$

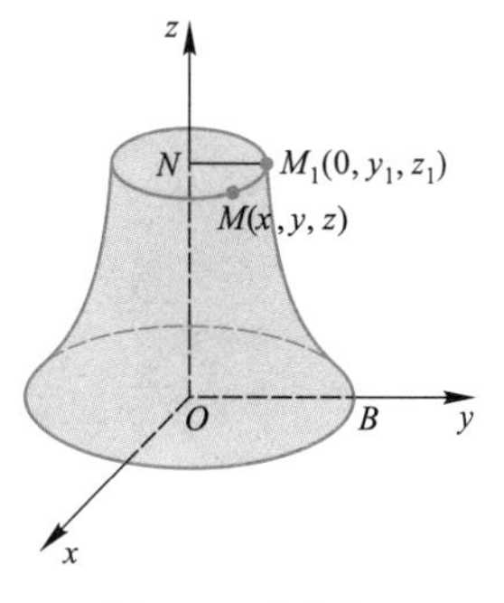

图 8.3.9　旋转曲面

顺便指出，$yOz$ 平面上的曲线 $C:f(y,z)=0$ 绕 $z$ 轴旋转一周所成的旋转曲面的方程(8.3.15)写成参数形式为

$x=u\cos\theta,\ y=u\sin\theta,\ z=v,$

其中 $f(u,v)=0, 0\leqslant\theta\leqslant 2\pi$.

它绕 $z$ 轴旋转一周，就得到一个以 $z$ 轴为轴的旋转曲面，如图 8.3.9 所示.下面求该旋转曲面的方程.

设 $M_1(0,y_1,z_1)$ 是曲线 $C$ 上任意一点，那么有

$$f(y_1,z_1)=0. \tag{8.3.14}$$

当曲线 $C$ 绕 $z$ 轴旋转时，点 $M_1$ 也绕 $z$ 轴旋转到曲面上另一点 $M(x,y,z)$，那么，点 $M_1$ 与 $M$ 在 $z$ 轴上的投影为同一点 $N$，即

$$z_1=z;$$

同时，点 $M_1$ 与 $M$ 到 $z$ 轴的距离相等，即

$$|M_1N|=|MN|.$$

因而，$|y_1|=\sqrt{x^2+y^2}$，即 $y_1=\pm\sqrt{x^2+y^2}$.将 $y_1$ 与 $z_1$ 代入方程(8.3.14)，得

$$f(\pm\sqrt{x^2+y^2},z)=0, \tag{8.3.15}$$

这就是所求的旋转曲面的方程.

由此可知，在曲线 $C$ 的方程 $f(y,z)=0$ 中将 $y$ 改成 $\pm\sqrt{x^2+y^2}$，便得曲线 $C$ 绕 $z$ 轴旋转一周所成的旋转曲面的方程.

同理，在曲线 $C$ 的方程 $f(y,z)=0$ 中将 $z$ 改成 $\pm\sqrt{x^2+z^2}$，便得曲线 $C$ 绕 $y$ 轴旋转一周所成的旋转曲面的方程

$$f(y,\pm\sqrt{x^2+z^2})=0.$$

**例 7**　将 $yOz$ 平面上的椭圆

$$\frac{y^2}{b^2}+\frac{z^2}{c^2}=1$$

分别绕 $z$ 轴与 $y$ 轴旋转一周，求旋转曲面的方程.

**解**　将椭圆方程中的 $y$ 换成 $\pm\sqrt{x^2+y^2}$，就得到绕 $z$ 轴旋转一周所成的旋转曲面的方程

$$\frac{x^2+y^2}{b^2}+\frac{z^2}{c^2}=1.$$

将椭圆方程中的 $z$ 换成 $\pm\sqrt{x^2+z^2}$，就得到绕 $y$ 轴旋转一周所成的旋转曲面的方程

$$\frac{y^2}{b^2}+\frac{x^2+z^2}{c^2}=1.$$

这两种曲面都叫做旋转椭球面，如图 8.3.10 所示.

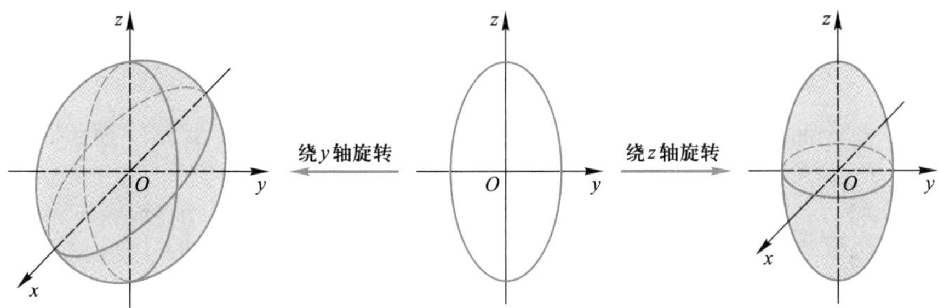


图 8.3.10　旋转椭球面

**例 8**　将 $zOx$ 平面上的双曲线

$$\frac{x^2}{a^2}-\frac{z^2}{c^2}=1$$

分别绕 $x$ 轴与 $z$ 轴旋转一周,求旋转曲面的方程.

**解**　绕 $x$ 轴旋转一周所成的旋转曲面的方程

$$\frac{x^2}{a^2}-\frac{y^2+z^2}{c^2}=1,$$

这个曲面叫做旋转双叶双曲面.

绕 $z$ 轴旋转一周所成的旋转曲面的方程

$$\frac{x^2+y^2}{a^2}-\frac{z^2}{c^2}=1,$$

这个曲面叫做旋转单叶双曲面.

这两种曲面都叫做旋转双曲面,如图 8.3.11 所示.

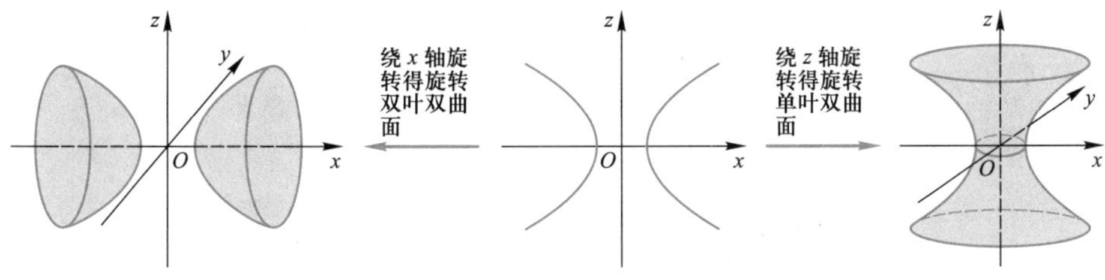


图 8.3.11　旋转双曲面

**例 9**　将 $yOz$ 平面上的抛物线

$$z=y^2$$

分别绕 $z$ 轴与 $y$ 轴旋转一周,求旋转曲面的方程.

**解**　绕 $z$ 轴旋转一周所成的旋转曲面的方程为

$$z=x^2+y^2,$$

这个曲面称为旋转抛物面.

绕 $y$ 轴旋转一周所成的旋转曲面的方程为

$$x^2+z^2=y^4,$$

这个曲面的图形像喇叭形.这两个旋转曲面的图形如图 8.3.12 所示.

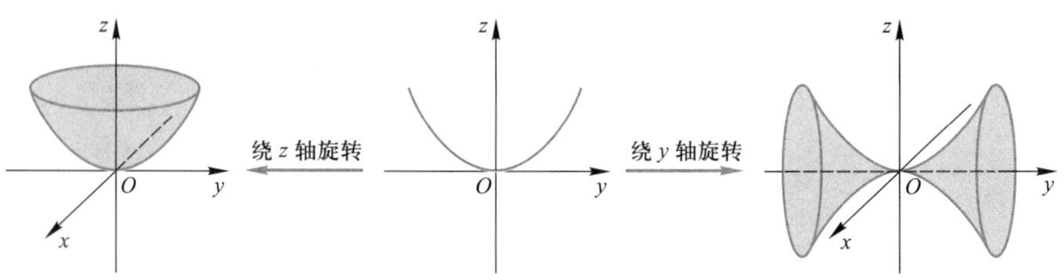


图 8.3.12 抛物线的旋转

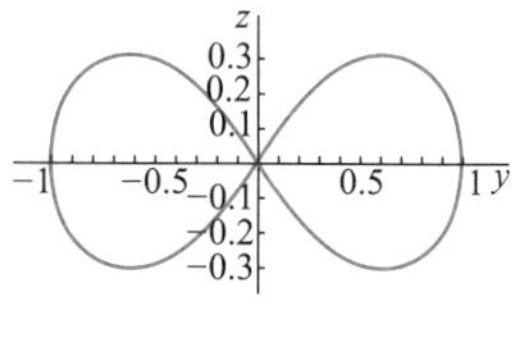


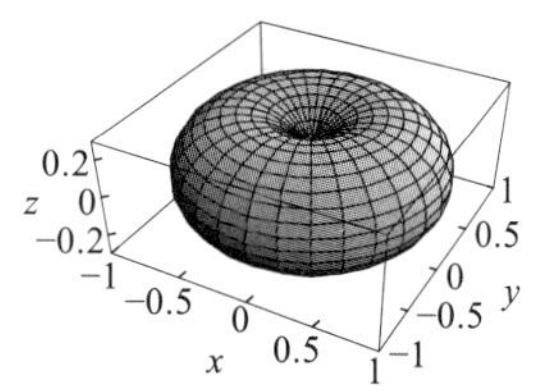


图 8.3.13 双纽线及其绕 $z$ 轴旋转而成的旋转曲面

讨论题

8-3-1

一直线绕坐标轴旋转的曲面

求直线 $L:\frac{x}{a}=\frac{y-b}{0}=\frac{z}{1}$ 绕 $z$ 轴旋转一周所成的曲面方程,并指出它为何曲面,其中 $a,b$ 为常数.

**例 10** 试说出方程 $(x^2+y^2+z^2)^2=x^2+y^2-z^2$ 所表示的曲面的图形特征.

**解** 由方程看出,曲面由 $yOz$ 平面上的曲线 $C:(y^2+z^2)^2=y^2-z^2$ 绕 $z$ 轴旋转一周而成.曲线 $C$ 是 $yOz$ 面上的双纽线.它们的图形如图 8.3.13 所示.

从曲面方程的形式,我们还能分析许多特征.例如,当我们把 $x$ 换成 $-x$,或者把 $y$ 换成 $-y$,或者把 $z$ 换成 $-z$,曲面方程不变,所以曲面关于三个坐标面、三个坐标轴以及原点都对称.

该曲面的参数方程为

$$x=\sqrt{\cos 2\varphi}\cos\theta\cos\varphi,\quad y=\sqrt{\cos 2\varphi}\sin\theta\cos\varphi,\quad z=\sqrt{\cos 2\varphi}\sin\varphi,$$

其中 $0\leqslant\theta\leqslant 2\pi,-\frac{\pi}{4}\leqslant\varphi\leqslant\frac{\pi}{4}$.利用 Mathematica 软件参数作图语句可以画出该曲面的图形.

## 2. 柱面及其方程

在例 3 中看到,在二维平面内,方程 $x^2+y^2=R^2$ 表示一条圆周曲线,但在三维空间里,它表示一个圆柱面.

一般地,设有一个不含竖坐标 $z$ 的方程

$$F(x,y)=0,\tag{8.3.16}$$

在 $xOy$ 平面上来看,方程(8.3.16)表示某一条曲线 $C$,曲线 $C$ 上所有的点 $N(x,y,0)$ 的坐标都满足方程(8.3.16).但是,在 $Oxyz$ 空间来看,它表示一张曲面.这张曲面究竟有什么特征?

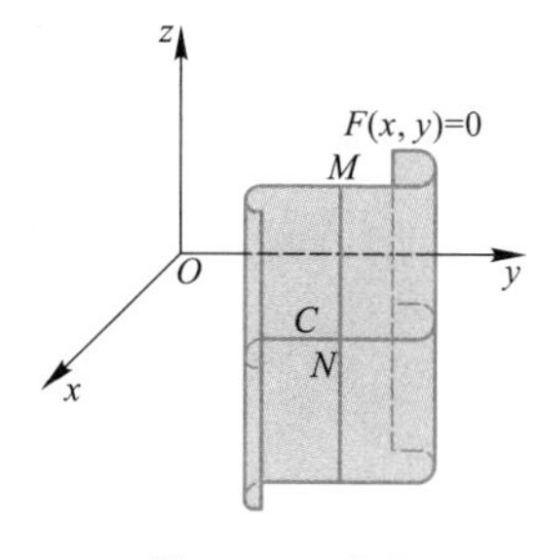


图 8.3.14 柱面

如图 8.3.14 所示,设 $M(x,y,z)$ 是满足方程(8.3.16)的曲面上任一

点，由于方程中不含竖坐标 $z$，所以，无论竖坐标 $z$ 如何，只要它的横坐标 $x$ 和纵坐标 $y$ 能满足这个方程，那么这些点就都在曲面上，而且这些点在 $xOy$ 平面上的投影点 $N(x,y,0)$ 的坐标都满足方程(8.3.16).这就是说，过 $xOy$ 平面上的曲线 $C$ 上一点 $N(x,y,0)$，且平行于 $z$ 轴的直线都在这个曲面上.因此，该曲面可以看作由平行于 $z$ 轴的直线 $L$ 沿曲线 $C$ 移动时所形成的.这种曲面叫做柱面，$xOy$ 平面上的曲线 $C$ 叫做它的准线，过曲线 $C$ 且平行于 $z$ 轴的直线叫做它的母线.

讨论题
8-3-2
以原点为顶点且包含三个坐标轴的圆锥面
试求以原点为顶点，且包含三个坐标轴的圆锥面方程.

这样，方程 $F(x,y)=0$ 在空间中表示一个柱面，其母线平行于 $z$ 轴.同理，方程 $G(y,z)=0$ 表示一个母线平行于 $x$ 轴的柱面；方程 $H(x,z)=0$ 表示一个母线平行于 $y$ 轴的柱面.

**例 11** (1) 方程

$$\frac{x^2}{a^2}+\frac{y^2}{b^2}=1$$

表示一个准线是 $xOy$ 平面上的椭圆，母线平行于 $z$ 轴的柱面，称该柱面为椭圆柱面，如图 8.3.15(a)所示.

(2) 方程

$$-\frac{x^2}{a^2}+\frac{y^2}{b^2}=1$$

表示一个准线是 $xOy$ 平面上的双曲线，母线平行于 $z$ 轴的柱面，称该柱面为双曲柱面，如图 8.3.15(b)所示.

(3) 方程 $y^2=2px(p>0)$ 表示一个准线是 $xOy$ 平面上的抛物线，母线平行于 $z$ 轴的柱面，称该柱面为抛物柱面，如图 8.3.15(c)所示.

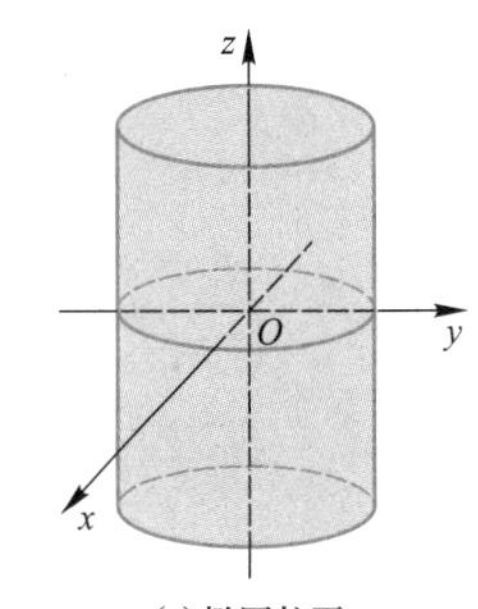

(a) 椭圆柱面

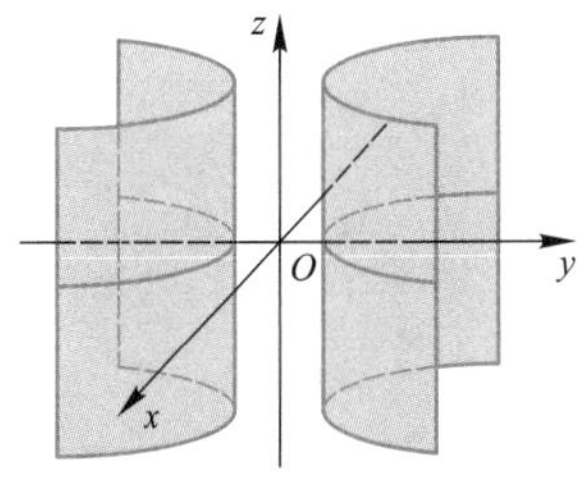

(b) 双曲柱面

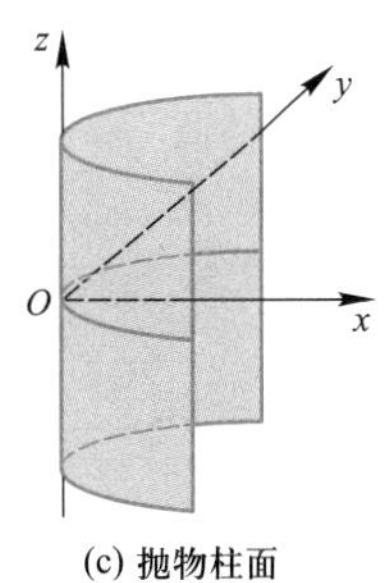

(c) 抛物柱面

图 8.3.15 柱面的图形

## 8.3.3 二次曲面及其标准方程

在空间直角坐标系中，若表示曲面的方程 $F(x,y,z)=0$ 的左端是关于 $x,y,z$ 的多项式，则称这个多项式的次数为曲面的次数.例如，平面 $Ax+By+Cz+D=0$ 是一次曲面，而球面 $(x-x_0)^2+(y-y_0)^2+(z-z_0)^2=R^2$ 是二次曲面，等等.

一般地，由方程

$$a_1x^2+a_2y^2+a_3z^2+b_1xy+b_2yz+b_3zx+c_1x+c_2y+c_3z+d=0$$

确定的曲面称为二次曲面.我们不涉及一般的二次曲面方程，只从最简

微视频
8-3-5
二次曲面及其标准方程

单的二次方程出发来介绍几个常见的二次曲面.

### 1. 椭球面

方程

$$\frac{x^2}{a^2}+\frac{y^2}{b^2}+\frac{z^2}{c^2}=1 \tag{8.3.17}$$

所表示的曲面称为中心在原点的椭球面,其中 $a$,$b$ 和 $c$ 均为正常数,称为椭球面的半轴.它的图形如图 8.3.16 所示.

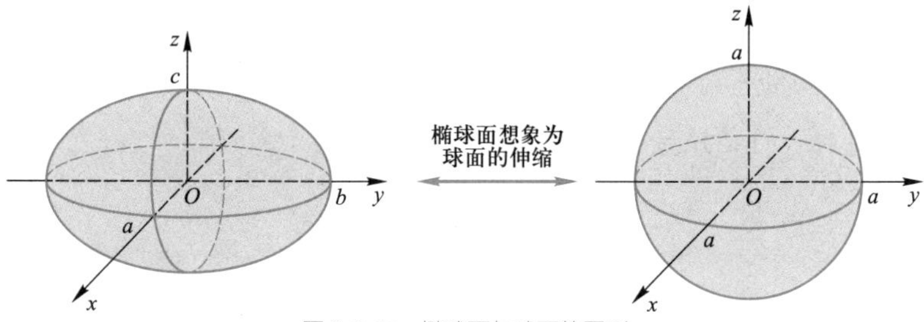

图 8.3.16　椭球面与球面的图形

如果 $a=b$,那么方程(8.3.17)变成

$$\frac{x^2}{a^2}+\frac{y^2}{a^2}+\frac{z^2}{c^2}=1,$$

其图形是由 $yOz$ 面上的椭圆$\frac{y^2}{a^2}+\frac{z^2}{c^2}=1$ 绕 $z$ 轴旋转一周所得到的旋转曲面.

如果 $a=b=c$,那么方程(8.3.17)变为

$$x^2+y^2+z^2=a^2.$$

这表示的是球心在坐标原点、半径为 $a$ 的球面,所以球面是椭球面的特殊情形.

反过来,我们可以把椭球面想象为单位球面在三个坐标轴方向的一个“伸缩”变形得到的形体.事实上,在式(8.3.17)中,令

$$x=aX,\quad y=bY,\quad z=cZ, \tag{8.3.18}$$

则得单位球面方程 $X^2+Y^2+Z^2=1$.称如式(8.3.18)这样的变换为坐标伸缩变换,这种变换在几何上仍然能保持几何体的大致形状.

利用上述分析方法分析曲面方程,我们能够想象并大致获得方程对应的几何图形的形状轮廓特征.下一节,我们将用一种较精细的分析方法——截痕法,来较细致地分析这些曲面.

如果把由方程(8.3.17)确定的椭球面的中心平移到点 $M(x_0,y_0,z_0)$,得到的曲面形状不变,仍然为椭球面,其方程为

$$\frac{(x-x_0)^2}{a^2}+\frac{(y-y_0)^2}{b^2}+\frac{(z-z_0)^2}{c^2}=1. \tag{8.3.19}$$

反过来,对于方程(8.3.19),我们通过坐标平移变换

$$X=x-x_0,\quad Y=y-y_0,\quad Z=z-z_0$$

将它化为标准方程$\frac{X^2}{a^2}+\frac{Y^2}{b^2}+\frac{Z^2}{c^2}=1$.

参照球面的参数方程,容易写出椭球面标准方程(8.3.17)对应的参数方程为

$$x=a\cos\theta\sin\varphi,\quad y=b\sin\theta\sin\varphi,\quad z=c\cos\varphi,$$

其中$0\leqslant\theta\leqslant2\pi$,$0\leqslant\varphi\leqslant\pi$.

### 2. 单叶双曲面

方程

$$\frac{x^2}{a^2}+\frac{y^2}{b^2}-\frac{z^2}{c^2}=1 \tag{8.3.20}$$

所表示的曲面称为单叶双曲面,其对称轴为 $z$ 轴,其中 $a$,$b$ 和 $c$ 为正常数,称为单叶双曲面的半轴.它的图形如图 8.3.17 所示.

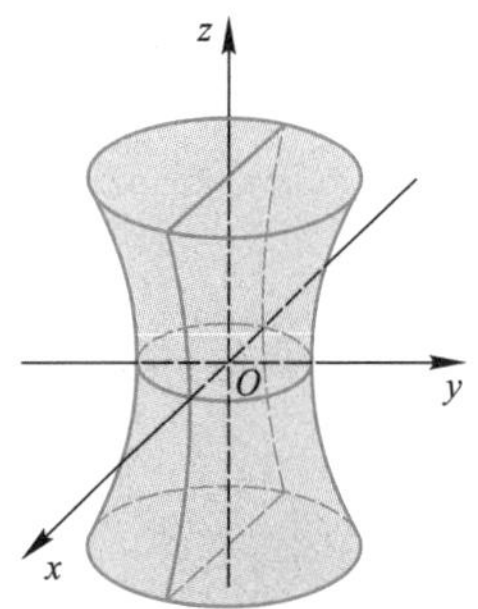


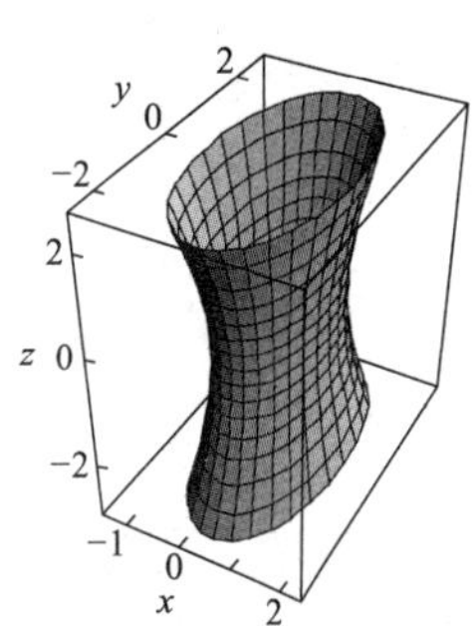


图 8.3.17　单叶双曲面的图形

如果 $a=b$,那么方程(8.3.20)变成

$$\frac{x^2+y^2}{a^2}-\frac{z^2}{c^2}=1,$$

其图形是由 $yOz$ 面上的双曲线$\frac{y^2}{a^2}-\frac{z^2}{c^2}=1$ 绕 $z$ 轴旋转一周所得到的旋转单叶双曲面.因此,由式(8.3.20)确定的曲面可以想象为由旋转单叶双曲面 $S:x^2+y^2-z^2=1$ 通过坐标伸缩变形得到.

单叶双曲面的标准方程(8.3.20)对应的参数方程为

$$x=a\cos\theta\sec\varphi,\quad y=b\sin\theta\sec\varphi,\quad z=c\tan\varphi,$$

其中$0\leqslant\theta\leqslant2\pi$,$-\frac{\pi}{2}<\varphi<\frac{\pi}{2}$.

此外,方程

$$\frac{x^2}{a^2}-\frac{y^2}{b^2}+\frac{z^2}{c^2}=1$$

及

$$-\frac{x^2}{a^2}+\frac{y^2}{b^2}+\frac{z^2}{c^2}=1$$

所表示的曲面也都是单叶双曲面，其对称轴分别为 $y$ 轴与 $x$ 轴.

### 3. 双叶双曲面

方程

$$-\frac{x^2}{a^2}-\frac{y^2}{b^2}+\frac{z^2}{c^2}=1 \tag{8.3.21}$$

所表示的曲面称为双叶双曲面，其对称轴为 $z$ 轴，其中 $a$，$b$ 和 $c$ 为正常数，称为双叶双曲面的半轴.它的图形如图 8.3.18 所示.

图 8.3.18　双叶双曲面的图形

若 $a=b$ 时，方程(8.3.21)变为

$$-\frac{x^2+y^2}{a^2}+\frac{z^2}{c^2}=1.$$

其图形是由 $yOz$ 面上的双曲线 $-\frac{y^2}{b^2}+\frac{z^2}{c^2}=1$ 绕 $z$ 轴旋转一周所得到的旋转双叶双曲面.因此，由式(8.3.21)确定的曲面可以想象为由旋转双叶双曲面 $S:-x^2-y^2+z^2=1$ 通过坐标伸缩变形得到.

双叶双曲面的标准方程(8.3.21)对应的参数方程为

$$x=a\cos\theta\tan\varphi,\quad y=b\sin\theta\tan\varphi,\quad z=c\sec\varphi,$$

其中 $0\leqslant\theta\leqslant2\pi$，$-\frac{\pi}{2}<\varphi<\frac{\pi}{2}$.

此外，方程

$$-\frac{x^2}{a^2}+\frac{y^2}{b^2}-\frac{z^2}{c^2}=1$$

及

$$\frac{x^2}{a^2}-\frac{y^2}{b^2}-\frac{z^2}{c^2}=1$$

也都表示双叶双曲面，其对称轴分别为 $y$ 轴与 $x$ 轴.

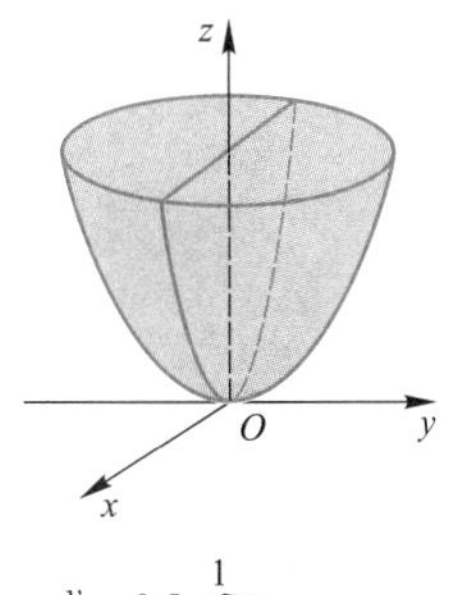


### 4. 椭圆抛物面

方程

$$z=\frac{x^2}{a^2}+\frac{y^2}{b^2} \tag{8.3.22}$$

所表示的曲面称为椭圆抛物面，其对称轴为 $z$ 轴，它的图形如图 8.3.19 所示.

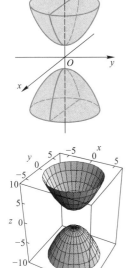

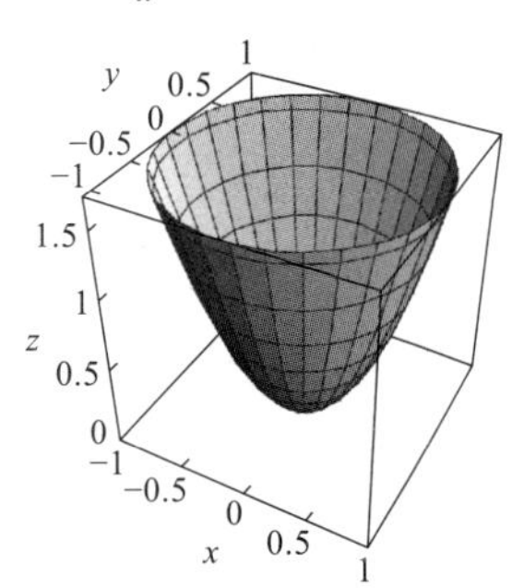


图 8.3.19　椭圆抛物面的图形

若 $a=b$,则方程(8.3.22)变为

$$z=\frac{x^2+y^2}{a^2},$$

其图形是由 $yOz$ 面上的抛物线 $z=\frac{y^2}{a^2}$绕 $z$ 轴旋转一周所得到的旋转抛物面.因此,由式(8.3.22)确定的曲面可以想象为由旋转抛物面 $S:z=x^2+y^2$ 通过坐标伸缩变形得到.

椭圆抛物面的标准方程(8.3.22)对应的参数方程为

$$x=au\cos\theta,\quad y=bu\sin\theta,\quad z=u^2,$$

其中 $0\leqslant\theta\leqslant2\pi,u\geqslant0$.

### 5. 双曲抛物面

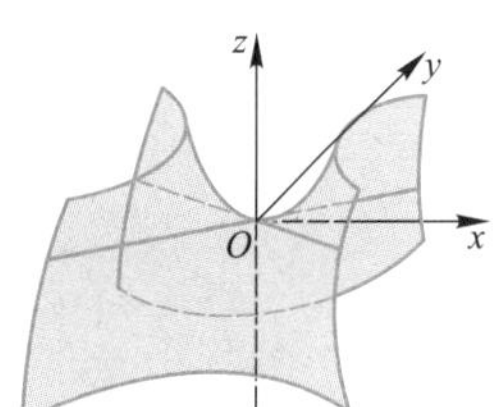


方程

$$z=\frac{x^2}{a^2}-\frac{y^2}{b^2}\tag{8.3.23}$$

所表示的曲面称为双曲抛物面,其对称轴为 $z$ 轴,它的图形如图 8.3.20 所示.但是它的图形不能由旋转曲面经过坐标伸缩变换得到.由于双曲抛物面的形状像马鞍,所以它又称为马鞍面.

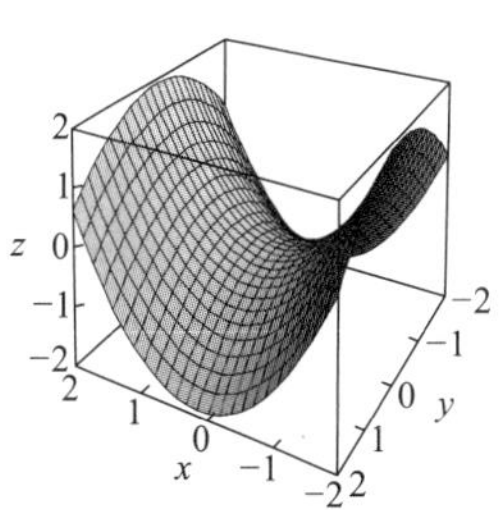


图 8.3.20　双曲抛物面的图形

双曲抛物面的标准方程(8.3.23)对应的参数方程为

$$x=a(u+v),\quad y=b(u-v),\quad z=4uv,$$

其中 $-\infty<u<\infty,-\infty<v<\infty$.

**例 12**　试通过坐标变换法证明:方程 $z=xy$ 所表示的曲面是双曲抛物面.

**解**　由图 8.3.21,观察到平面内的双曲线 $xy=1$ 经过坐标轴旋转$\frac{\pi}{4}$可以化成双曲线标准方程.事实上,设点 $M$ 是双曲线上一点,在原坐标系 $Oxy$ 下的坐标为$(x,y)$,在新坐标系下的坐标为$(X,Y)$,容易得到旋转角为 $\theta$ 的变换公式

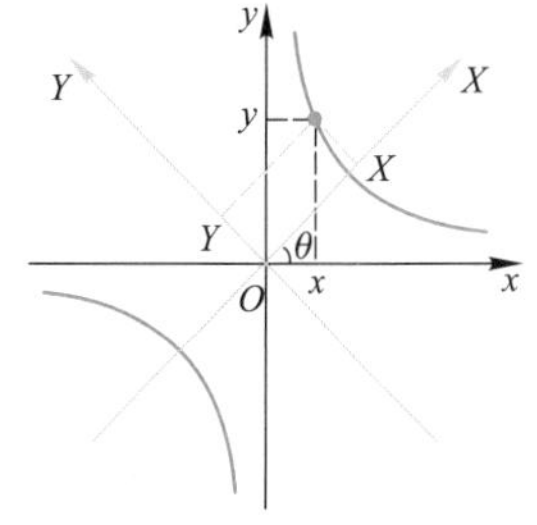


图 8.3.21　平面双曲线的旋转变换

$$\begin{cases}x=X\cos\theta-Y\sin\theta,\\y=X\sin\theta+Y\cos\theta.\end{cases}$$

特别地,当 $\theta=\frac{\pi}{4}$时,旋转变换公式为

讨论题
8-3-3
一个斜圆柱面
试证明:二次曲面$(cy-bz)^2+(az-cx)^2+(bx-ay)^2=1$代表一个圆柱面,并求它的轴线方程与圆柱面半径.

$$\begin{cases} x=\dfrac{\sqrt{2}}{2}(X-Y), \\ y=\dfrac{\sqrt{2}}{2}(X+Y), \end{cases}$$

代入双曲线的方程 $xy=1$ 中,得 $X^2-Y^2=2$.

再令

$$\begin{cases} x=\dfrac{\sqrt{2}}{2}(X-Y), \\ y=\dfrac{\sqrt{2}}{2}(X+Y), \\ z=Z, \end{cases}$$

即保持 $z$ 轴(自转)不动,$x$ 轴与 $y$ 轴同时绕 $z$ 轴逆时针方向旋转$\dfrac{\pi}{4}$,得 $X^2-Y^2=2Z$.其图形如图 8.3.22 所示.

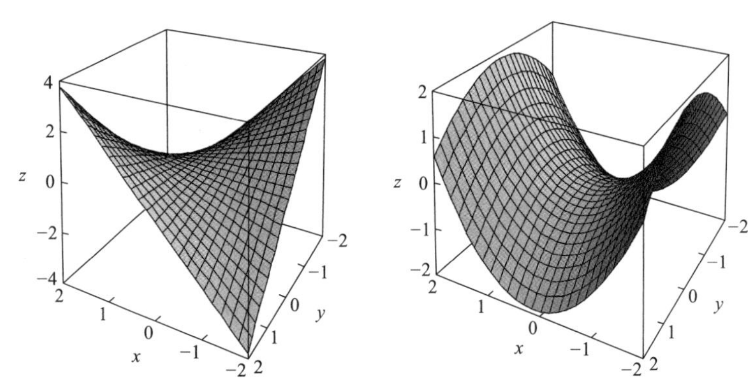


图 8.3.22　马鞍面 $z=xy$ 与 $z=\dfrac{x^2-y^2}{2}$ 的对照

一般地,称方程

$$\frac{x^2}{a^2}+\frac{y^2}{b^2}-\frac{z^2}{c^2}=0$$

所表示的曲面为二次锥面.

**例 13**　方程 $x^2+2y^2-z^2=0$ 对应的曲面的几何形状有什么特征?

**解**　在例 4 中,我们知道 $S:x^2+y^2-z^2=0$ 是半顶角为$\dfrac{\pi}{4}$的圆锥面.方程$x^2+2y^2-z^2=0$ 对应的曲面可以看成圆锥面 $S$ 在 $y$ 轴上的一个伸缩所生成的曲面.称该曲面为椭圆锥面.

# 习题 8.3

## A 基础题

1. 指出下列方程在平面直角坐标系和空间直角坐标系中分别表示什么图形：

   (1) $x=2$；　　(2) $y=x^2+1$；

   (3) $x^2-y^2=1$；　　(4) $x^2+y^2=x+y$.

2. 写出下列旋转曲面的方程：

   (1) 将 $xOy$ 平面上的抛物线 $y^2=4x$ 分别绕 $x$ 轴、$y$ 轴旋转一周所成的曲面；

   (2) 将 $xOz$ 平面上的直线 $z=2x$ 分别绕 $x$ 轴、$z$ 轴旋转一周所成的曲面.

3. 说出下列方程所表示的曲面及其图形特点，指出哪些是旋转曲面？并说明这些旋转曲面是怎样产生的.

   (1) $\dfrac{x^2}{4}+\dfrac{y^2}{9}+\dfrac{z^2}{9}=1$；(2) $x^2+y^2+z^2=9z$；

   (3) $x^2-\dfrac{y^2}{4}+z^2=1$；　　(4) $(x^2+y^2+z^2)^2=x^2+y^2$；

   (5) $2z=(x^2+y^2)^2$；　　(6) $x^2-y^2=4z$.

4. 一动点到点$(1,0,0)$的距离是它到平面 $x=4$ 的距离的一半，试求其轨迹方程并判断其形状.

## B 综合题

5. 求曲面 $x^2+xy-yz-5y=0$ 与直线$\begin{cases}3x+y-5=0,\\7y-3z-5=0\end{cases}$的交点.

6. 建立以$(2,-3,5)$为顶点，$(1,1,1)$为轴，半顶角为$\dfrac{\pi}{6}$的直圆锥面方程.

7. 证明：到定直线及该直线上一定点的距离平方和是常数的动点的轨迹是一个旋转曲面.

8. 设立体 $\Omega$ 由边长分别为 3 和 4 的直角三角形绕它的斜边旋转一周而成（如图），

   (1) 写出它的边界曲面方程；

   (2) 求它的体积.

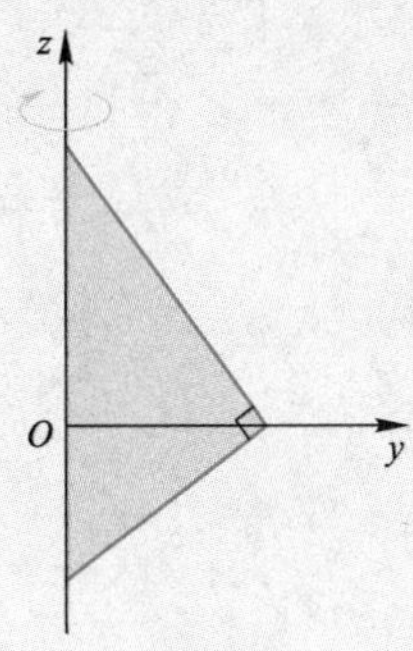


第 8 题图

## C 应用题

9. 已知点 $A(1,0,0)$与点 $B(0,1,1)$，直线 $AB$ 绕 $z$ 轴旋转一周所成的旋转曲面为 $S$，求由 $S$ 及两平面 $z=0,z=1$ 所围立体体积.

10. 一个形如单叶双曲面的背篓能够由两组直的藤条编成.在数学上，等价于证明单叶双曲面能够由直线生成，称这样的曲面为直纹面.试证明：单叶双曲面$\dfrac{x^2}{a^2}+\dfrac{y^2}{b^2}-\dfrac{z^2}{c^2}=1$是由下列两组直线：

$$\begin{cases}u\left(\dfrac{x}{a}+\dfrac{z}{c}\right)+v\left(1+\dfrac{y}{b}\right)=0,\\u\left(1-\dfrac{y}{b}\right)+v\left(\dfrac{x}{a}-\dfrac{z}{c}\right)=0\end{cases}$$

和

$$\begin{cases}u\left(\dfrac{x}{a}+\dfrac{z}{c}\right)+v\left(1-\dfrac{y}{b}\right)=0,\\u\left(1+\dfrac{y}{b}\right)+v\left(\dfrac{x}{a}-\dfrac{z}{c}\right)=0\end{cases}\quad(\text{其中 } u^2+v^2\neq 0)$$

生成的直纹面，就是说，对于单叶双曲面上的点，两组直线中各有一条通过该点，如题图所示.

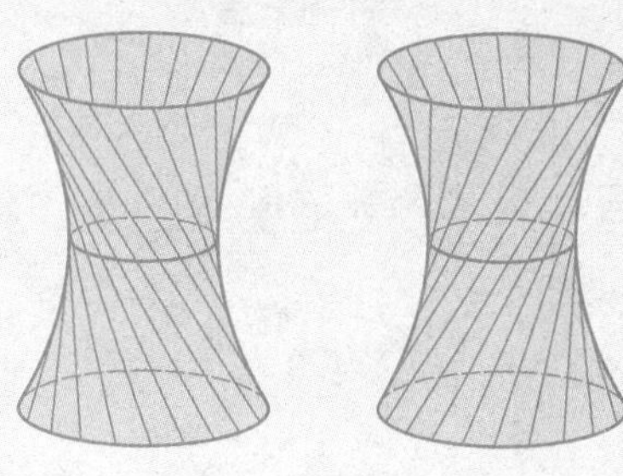

第 10 题图

11. 一个玻璃酒杯由一条正弦曲线旋转而成，其图形与剖面尺寸如题图.

（1）写出其表面的参数方程；

（2）求它的容积.

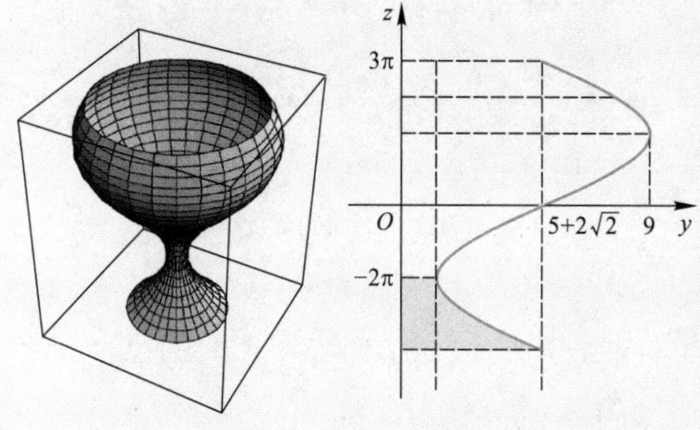


第 11 题图

12. 假设地球是一个球体，其半径为 $6.4\times10^{6}$ m. 已知长沙位于北纬 28°15′，东经 112°50′，上海位于北纬 31°12′，东经 121°26′，求两地之间的最短球面距离.

## D 实验题

13. 一个半径为 3 的圆柱面从中心部分穿透一个半径为 4 的球面，试用 Mathematica 软件画出这个球面余下的部分.

14. 默比乌斯带（Möbius strip 或 Möbius band）是单侧、不可定向的曲面，直观地说就是只有一个面的曲面. 它可以用如下参数方程描述：

$$x=r(t,v)\cos t,\quad y=r(t,v)\sin t,\quad z=bv\sin\frac{v}{2},$$

其中 $r(t,v)=a+bv\cos t$，$a,b$ 为常数，$0\leqslant t\leqslant 2\pi$. 试用 Mathematica 软件作出它的图形.

15. 对于本节出现的空间曲面，试借助于其对应的参数方程绘制相应的图形，并通过更改方程参数，观察参数对图形的影响.

16. 克莱因瓶（Klein bottle）是一种无定向性的曲面，即没有“内部”和“外部”之分的曲面. 它可以用如下参数方程描述：

$$x(u,v)=\begin{cases}b(u)+r(u)\cos u\cos v, & 0\leqslant u\leqslant\pi,\\ b(u)+r(u)\cos(v+\pi), & \pi<u\leqslant 2\pi,\end{cases}$$

$$y(u,v)=\begin{cases}c(u)+r(u)\sin u\cos v, & 0\leqslant u\leqslant\pi,\\ c(u), & \pi<u\leqslant 2\pi,\end{cases}$$

$$z(u,v)=r(u)\sin v,$$

其中

$$b(u)=6\cos u(1+\sin u),\ c(u)=16\sin u,$$

$$r(u)=4\left(1-\frac{\cos u}{2}\right),\ 0\leqslant u,v\leqslant 2\pi.$$

试用 Mathematica 软件作出它的图形，并通过调整不同的角度和将其显示为网格线图观察图形特点.

17. 试用 Mathemaitca 软件绘制由摆线 $x=2(t-\sin t)$，$y=2(1-\cos t)$ $(0\leqslant t\leqslant 2\pi)$ 绕 $x$ 轴和 $y$ 轴所围成的立体区域图形，并求相应立体的体积.

8.3　测验题

# 8.4 空间曲线

## 8.4.1 空间曲线及其方程

### 1. 空间曲线的参数方程

在第 8.2 节中,我们学习过的直线是一种最简单的空间曲线,直线可以用参数方程表示.如果把参数 $t$ 看作时间,那么直线可以看作空间中做匀速运动的质点的轨迹.一般地,空间运动的质点的轨迹对应一条空间曲线.同样,空间曲线可以由参数方程来刻画.对于空间曲线 $C$ 来说,曲线 $C$ 上动点 $M$ 的坐标 $x,y,z$ 也可以用一个参数 $t$ 的函数来表达:

微视频
8-4-1
问题引入——现实世界中的曲线原型

微视频
8-4-2
空间曲线及其方程——参数方程

$$\begin{cases} x=x(t), \\ y=y(t), \\ z=z(t). \end{cases} \tag{8.4.1}$$

反之,对于方程组(8.4.1),当给定 $t$ 的一个值 $t_1$ 时,就得到曲线 $C$ 上的对应的一个点 $M_1(x(t_1),y(t_1),z(t_1))$.当 $t$ 在某一个区间内变动时,便可得到曲线 $C$ 上所有的点.我们称方程组(8.4.1)为空间曲线 $C$ 的参数方程,并称 $t$ 为参数.

**例 1** 设空间一动点 $M$,在圆柱面 $x^2+y^2=R^2$ 上以等角速度 $\omega$ 绕 $z$ 轴旋转,同时又以线速度 $v$ 沿平行于 $z$ 轴的正向均匀地上升.动点 $M$ 的轨迹称为圆柱螺旋线.试求其参数方程.

**解** 取时间 $t$ 为参数.当 $t=0$ 时(运动开始时刻),动点 $M$ 位于点 $A(R,0,0)$,经过时间 $t$ 后,动点位于点 $M(x,y,z)$,如图 8.4.1 所示.点 $M$ 在 $xOy$ 平面上的投影点为 $N(x,y,0)$.因为动点在圆柱面上以等角速度 $\omega$ 绕 $z$ 轴旋转,所以经过时间 $t$ 后旋转的角度为 $\angle AON=\omega t$.于是有

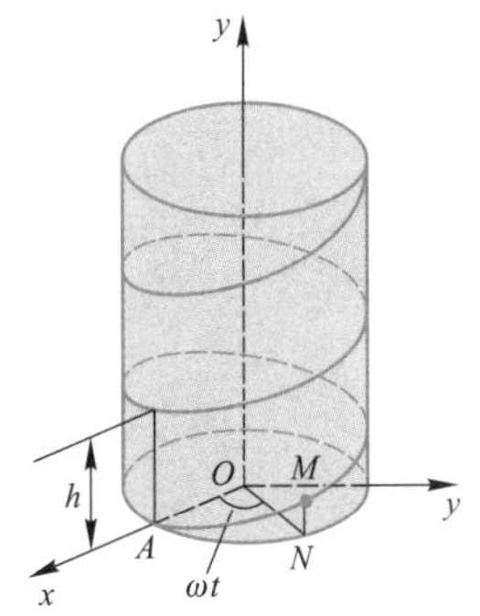

图 8.4.1 圆柱螺旋线

$$x=|ON|\cos\omega t=R\cos\omega t,$$

$$y=|ON|\sin\omega t=R\sin\omega t.$$

由于动点同时又以匀线速度 $v$ 沿平行于 $z$ 轴的正向上升,因此,

$$z=|NM|=vt.$$

这样就得圆柱螺旋线的参数方程为

圆柱螺旋线是实际中常用的曲线.例如,平头螺丝钉的外缘曲线就是圆柱螺旋线.当拧紧螺丝时,曲线上任何一点 $M$,一方面绕螺丝钉轴旋转;另一方面又沿平行于轴线的方向移动.当点 $M$ 转过一周时,它上升的高度为 $h=2\pi b$.称 $h$ 为螺距.

$$\begin{cases} x = R\cos\ \omega t, \\ y = R\sin\ \omega t, \\ z = vt. \end{cases} \tag{8.4.2}$$

也可选用其他参数.例如,令 $\omega t=\theta$,则圆柱螺旋线的参数方程(8.4.2)可以写成以$\theta$为参数的方程

$$\begin{cases} x = R\cos\ \theta, \\ y = R\sin\ \theta, \\ z = b\theta, \end{cases}$$

其中,$b=\dfrac{v}{\omega}$为常数.

微视频
8-4-3
空间曲线及其方程—— 一般方程

### 2. 空间曲线的一般方程

我们知道,直线可以看作两平面的交线.同样,任何空间曲线总可以看成某两个曲面的交线.设两曲面的方程为

$$F(x,y,z)=0\ 及\ G(x,y,z)=0,$$

它们的交线为曲线 $C$,因为曲线 $C$ 上的任何点 $M(x,y,z)$ 都同时在这两个曲面上,所以曲线 $C$ 上任何点 $M$ 的坐标 $x,y,z$ 都满足这两个方程.反之,同时满足这两个方程的 $x,y,z$ 所对应的点 $M$ 必定在它们的交线 $C$ 上.因此,把这两个曲面的方程联立所得到的方程组

$$\begin{cases} F(x,y,z)=0, \\ G(x,y,z)=0 \end{cases} \tag{8.4.3}$$

称为空间曲线 $C$ 的方程.这种形式的空间曲线方程称为空间曲线的一般方程.

**例 2** 方程组

$$\begin{cases} x^2+y^2+z^2-2Rz=0, \\ x^2+y^2+z^2-R^2=0 \end{cases}$$

表示怎样的曲线?

**解** 方程组中的第一个方程表示球心在$(0,0,R)$,半径为 $R$ 的球面;第二个方程表示球心在原点,半径为 $R$ 的球面.因此,方程组所表示的是两球面的交线是一个圆,如图 8.4.2 所示.

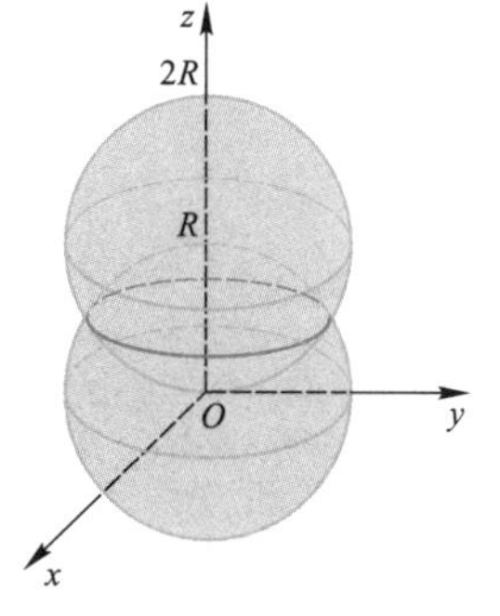

图 8.4.2 两球面的交线

这个圆还可以用方程组

$$\begin{cases}x^2+y^2+z^2=R^2,\\ z=\dfrac{1}{2}R\end{cases}$$

来表示,也可用方程组

$$\begin{cases}x^2+y^2=\dfrac{3}{4}R^2,\\ z=\dfrac{1}{2}R\end{cases} \tag{8.4.4}$$

来表示.前一个方程组是由球心在原点,半径为 $R$ 的球面与平面 $z=\dfrac{1}{2}R$ 的交线来表示圆.后一个方程组是由母线平行于 $z$ 轴的圆柱面 $x^2+y^2=\dfrac{3}{4}R^2$ 与平面$z=\dfrac{1}{2}R$ 的交线来表示圆.这三个方程组是等价的,因为它们表示同一个圆.

由此可知,表示一条空间曲线的方程组不是唯一的.另外,由式(8.4.4)容易得到该曲线的参数方程为

$$x=\frac{\sqrt{3}}{2}R\cos\theta,\quad y=\frac{\sqrt{3}}{2}R\sin\theta,\quad z=\frac{1}{2}R.$$

**例 3** 方程组

$$\begin{cases}z=\sqrt{R^2-x^2-y^2},\\ x^2+y^2-Rx=0\end{cases} \tag{8.4.5}$$

表示什么样的曲线?

**解** 方程组中的第一个方程表示球心在(0,0,0),半径为 $R$ 的上半球面;第二个方程表示准线为 $xOy$ 平面上的圆 $x^2+y^2-Rx=0$,母线平行于 $z$ 轴的圆柱面.因此,方程组表示上半球面与圆柱面的交线,如图 8.4.3 所示.称该空间曲线为维维安尼曲线.

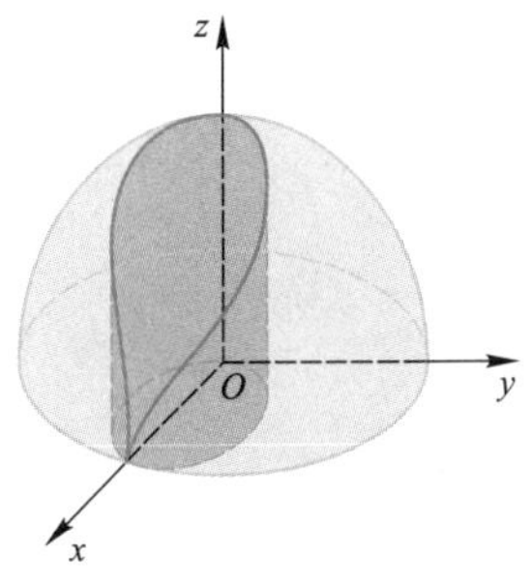


图 8.4.3 维维安尼曲线

讨论题
8-4-1
旋转曲面方程
如图,$ABCD-EFGO$ 为单位立方体,试分别求出 12 条棱绕对角线 $OB$ 旋转一周所成旋转曲面方程.

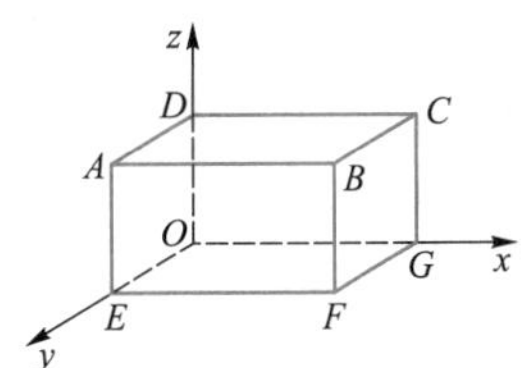


## 8.4.2 空间曲线在坐标平面上的投影

在研究多元函数的积分问题时,我们通常需要知道空间曲线在平面上,特别是坐标面上的投影曲线的方程和形状.下面分别就空间曲线方程为参数形式以及一般形式两种情况进行讨论.

设空间曲线 $C$ 的参数方程为

$$C:x=x(t),y=y(t),z=z(t)\quad(t\in[t_0,t_1]).\tag{8.4.6}$$

在建立坐标系 $Oxyz$ 时,我们就知道了空间一点 $P(x,y,z)$ 在 $xOy$,$yOz$ 和 $zOx$ 平面中的投影分别为 $(x,y,0)$,$(0,y,z)$ 和 $(x,0,z)$.因此,当空间曲线 $C$ 由参数方程(8.4.6)表示时,很容易求得曲线在各坐标面上的投影曲线.例如,曲线 $C$ 在 $xOy$ 平面上的投影曲线为

$$C_{xy}:x=x(t),y=y(t),z=0\quad(t\in[t_0,t_1]).$$

微视频
8-4-4
投影柱面与投影曲线

读者亦不难自己得出曲线 $C$ 在其余两坐标面上的投影曲线的参数表示.

**例 4** 求例 1 中的圆柱螺旋线在三个坐标面上的投影曲线.

**解** 根据上述点在坐标面上投影的关系易知,圆柱螺旋线在 $xOy$ 面上的投影曲线的参数方程为

$$x=R\cos\omega t,\quad y=R\sin\omega t,\quad z=0,$$

即 $x^2+y^2=R^2$,$z=0$,这是 $xOy$ 平面上的一个圆.

同理,圆柱螺旋线在 $yOz$ 面上的投影曲线的参数方程为

$$x=0,\quad y=R\sin\omega t,\quad z=vt,$$

这是 $yOz$ 平面上的一条正弦曲线,方程为 $y=R\sin\dfrac{\omega}{v}z$,$x=0$.

圆柱螺旋线在 $xOz$ 面上的投影曲线的参数方程为

$$x=R\cos\omega t,\quad y=0,\quad z=vt,$$

这是 $xOz$ 平面上的一条余弦曲线,方程为 $x=R\cos\dfrac{\omega}{v}z$,$y=0$.

接下来,考虑空间曲线由一般方程给出时,它在坐标面上的投影曲线.

设空间曲线 $C$ 的一般方程为

$$\begin{cases}F_1(x,y,z)=0,\\F_2(x,y,z)=0,\end{cases}\tag{8.4.7}$$

讨论题
8-4-2
斜柱面方程
求母线平行于直线 $L:x=y=z$,准线为 $\Gamma:\begin{cases}x^2+y^2+z^2=1,\\x+y+z=0\end{cases}$的柱面方程.

由方程组(8.4.7)消去 $z$,得方程

$$F(x,y)=0.\tag{8.4.8}$$

因为,若 $x,y,z$ 满足方程组(8.4.7),则其中的 $x,y$ 也满足方程(8.4.8),因此,曲线 $C$ 上所有的点都在由方程(8.4.8)所确定的曲面上.

由第 8.3 节知道,方程(8.4.8)表示一个母线平行于 $z$ 轴的柱面.该曲面包含曲线 $C$.换言之,柱面的任意一条母线必定过曲线 $C$ 上的某一

点.这种以空间曲线 $C$ 为准线,母线平行于 $z$ 轴的柱面称为空间曲线 $C$ 关于 $xOy$ 平面的投影柱面.

投影柱面与 $xOy$ 平面的交线 $\Gamma$ 为空间曲线 $C$ 在 $xOy$ 平面上的投影曲线,其方程为

$$\Gamma:\begin{cases}F(x,y)=0,\\ z=0.\end{cases}$$

如果把投影柱面理解为经过空间曲线 $C$ 且垂直射向 $xOy$ 平面的“光柱”,那么,投影曲线 $\Gamma$ 就是曲线 $C$ 在该光柱下的影子.

同理,由方程组(8.4.7)消去 $x$ 或 $y$ 后,就得到空间曲线 $C$ 分别关于 $yOz$ 平面及 $zOx$ 平面的投影柱面,其方程分别为

$$G(y,z)=0 \quad 或 \quad H(x,z)=0,$$

曲线 $C$ 在 $yOz$ 平面上、$zOx$ 平面上的投影曲线方程为

$$\begin{cases}G(y,z)=0,\\ x=0\end{cases} \quad 或 \quad \begin{cases}H(x,z)=0,\\ y=0.\end{cases}$$

**例 5** 求空间曲线 $C:\begin{cases}x^2+y^2+z^2=1,\\ x^2+(y-1)^2+(z-1)^2=1\end{cases}$ 在 $xOy$ 平面上的投影曲线方程.

**解** 两方程相减,得

$$y+z=1,$$

将 $z=1-y$ 代入曲线 $C$ 的第一个方程,得其在 $xOy$ 平面上的投影柱面的方程

$$x^2+2y^2-2y=0,$$

投影曲线为 $\begin{cases}x^2+2y^2-2y=0,\\ z=0.\end{cases}$ 图 8.4.4 给出了空间曲线 $C$ 及其投影的图形.

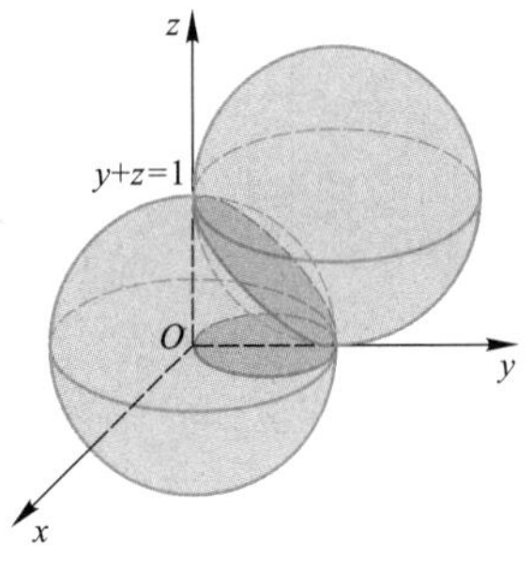

图 8.4.4 例 5 中的曲线 $C$ 为阴影部分的边界线,它在 $xOy$ 面上的投影曲线为椭圆

**例 6** 求例 3 中的维维安尼曲线在各坐标面上的投影曲线,并写出维维安尼曲线的参数方程.

**解** 将曲线 $C$ 的方程 $\begin{cases}z=\sqrt{R^2-x^2-y^2},\\ x^2+y^2-Rx=0\end{cases}$ 化为

$$\begin{cases}x^2+y^2+z^2=R^2,\\ x^2+y^2-Rx=0\end{cases} \quad (z\geqslant 0). \tag{8.4.9}$$

由于式(8.4.9)的第二个方程不含变量 $z$,所以曲线 $C$ 关于 $xOy$ 平面的投影柱面的方程为 $x^2+y^2-Rx=0$,曲线 $C$ 在 $xOy$ 平面上的投影曲线为

$$\begin{cases}x^2+y^2-Rx=0,\\ z=0.\end{cases} \tag{8.4.10}$$

由方程组(8.4.9)消去 $x$,得曲线 $C$ 关于 $yOz$ 平面的投影柱面方程为 $R^2y^2+\left(z^2-\dfrac{R^2}{2}\right)^2=\dfrac{R^4}{4}$,曲线 $C$ 在 $yOz$ 平面上的投影曲线方程为

$$\begin{cases}R^2y^2+\left(z^2-\dfrac{R^2}{2}\right)^2=\dfrac{R^4}{4},\\ x=0.\end{cases}$$

由方程组(8.4.9)消去 $y$,得曲线 $C$ 关于 $zOx$ 平面的投影柱面方程为 $z^2+Rx=R^2$,曲线 $C$ 在 $zOx$ 平面上的投影曲线方程为

$$\begin{cases}z^2+Rx=R^2,\\ y=0.\end{cases}$$

由式(8.4.10)知,曲线 $C$ 在 $xOy$ 平面上的投影曲线是一个圆,其方程为

$$\left(x-\frac{R}{2}\right)^2+y^2=\left(\frac{R}{2}\right)^2,$$

写成参数方程为

$$x=\frac{R}{2}+\frac{R}{2}\cos\theta,\quad y=\frac{R}{2}\sin\theta\quad(0\leqslant\theta\leqslant2\pi).$$

代入式(8.4.9)的第一个方程得 $z=R\sin\dfrac{\theta}{2}$,所以,曲线 $C$ 的参数方程为

$$x=\frac{R}{2}+\frac{R}{2}\cos\theta,\quad y=\frac{R}{2}\sin\theta,\quad z=R\sin\frac{\theta}{2}.$$

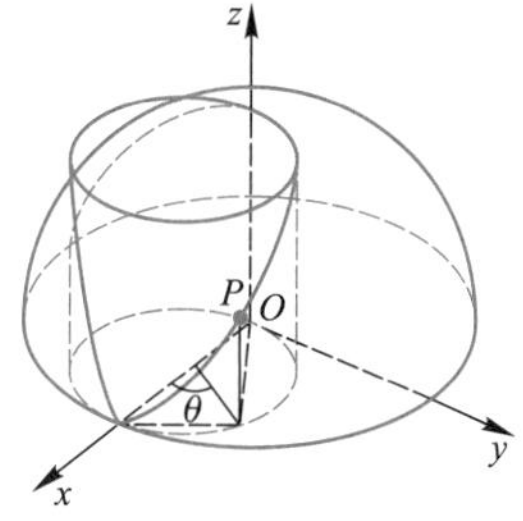


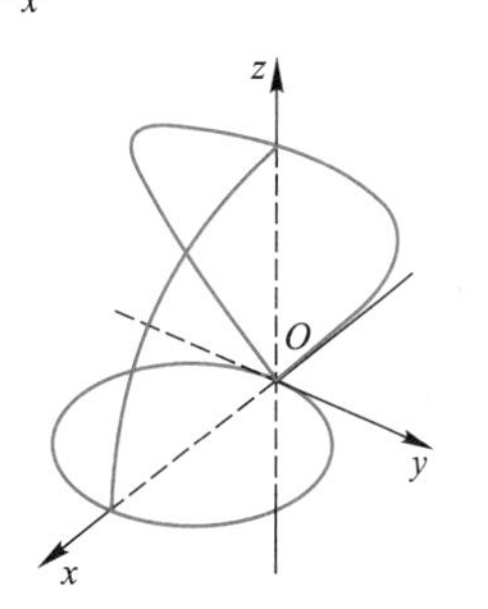


图 8.4.5 维维安尼曲线及其在三个坐标面上的投影

图 8.4.5 给出了维维安尼曲线在各坐标面上的投影曲线以及其参数方程中参数的几何意义.

**例 7** 画出由曲面 $S_1: x^2+y^2-2z=0$ 与曲面 $S_2: x^2+y^2-2x=0$ 以及 $xOy$ 平面所围成的立体 $\Omega$ 在 $xOy$ 平面上的投影区域.

**解** 曲面 $S_1$ 是旋转抛物面,曲面 $S_2$ 是母线平行于 $z$ 轴方向的圆柱面,它们的交线 $C$ 的方程为

$$\begin{cases}x^2+y^2-2z=0,\\ x^2+y^2-2x=0.\end{cases}$$

曲线 $C$ 在 $xOy$ 平面上的投影曲线是一个圆，其方程为

$$\begin{cases}x^2+y^2-2x=0,\\z=0.\end{cases}$$

从立体 $\Omega$ 的图形(图 8.4.6)看出，立体 $\Omega$ 在 $xOy$ 平面上的投影区域就是曲线 $C$ 在 $xOy$ 平面上的投影曲线所围平面区域 $D$，用不等式表示为

$$x^2+y^2-2x\leqslant 0,\quad 即(x-1)^2+y^2\leqslant 1.$$

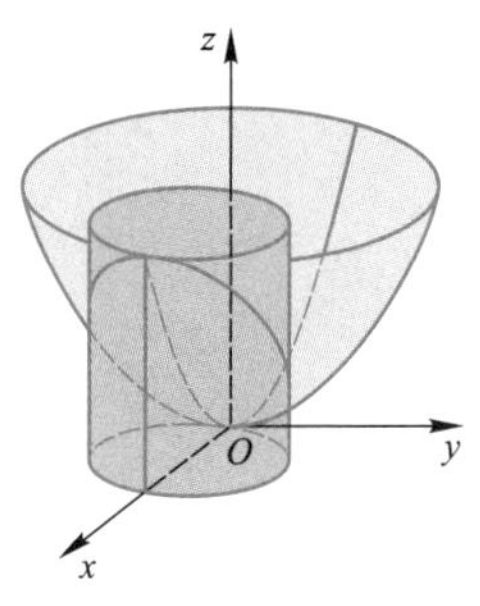


图 8.4.6　例 7 中立体 $\Omega$ 及其投影图形

**例 8**　作出由不等式组

$$x\geqslant 0,\quad y\geqslant 0,\quad z\geqslant 0,\quad x+z\leqslant 1,\quad y^2+z^2\leqslant 1$$

所确定的立体 $\Omega$ 的图形，并画出它在各坐标面上的投影区域.

**解**　立体 $\Omega$ 由它的五个边界曲面围成，这五个边界面分别为 $x=0$，$y=0$，$z=0$，$x+z=1$，$y^2+z^2=1$，把它们及其交线的图形画出来，就得到立体 $\Omega$ 的图形(图 8.4.7)，并且，直观上容易得到立体 $\Omega$ 在各坐标面上的投影区域，如图 8.4.8 所示.

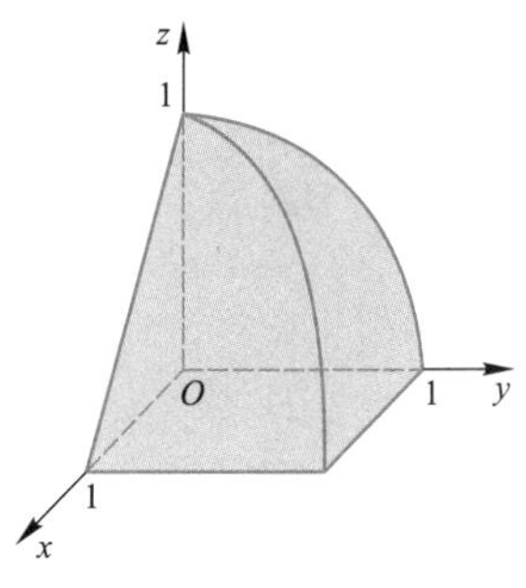


图 8.4.7　例 8 中空间立体 $\Omega$ 的图形

## 8.4.3　用截痕法研究曲面

在第 8.3 节，我们利用伸缩变换将许多二次曲面转换为诸如旋转曲面、圆锥面等熟悉的曲面来想象这些一般二次曲面的图形. 我们也发现了这一方法的局限性，如马鞍面图形特征就不能通过这一方法得到. 这里，我们将通过例子介绍能较好地考察曲面特征的截痕法. 所谓截痕法是用坐标平面及与坐标平面平行的平面来截曲面，考察其交线(截痕)的形状，然后加以综合，从而了解曲面的全貌.

**例 9**　试用截痕法考察椭球面的图形特征.

**解**　椭球面的方程为

$$\frac{x^2}{a^2}+\frac{y^2}{b^2}+\frac{z^2}{c^2}=1.\tag{8.4.11}$$

由方程(8.4.11)知

$$\frac{x^2}{a^2}\leqslant 1,\quad \frac{y^2}{b^2}\leqslant 1,\quad \frac{z^2}{c^2}\leqslant 1,$$

即 $|x|\leqslant a$，$|y|\leqslant b$，$|z|\leqslant c$. 这说明椭球面是在以平面 $x=\pm a$，$y=\pm b$，$z=\pm c$ 所围成的长方体内. 并且，在方程(8.4.11)中，如果用 $-x$ 代替 $x$，或者用 $-y$ 代替 $y$，或者用 $-z$ 代替 $z$，方程的形式都不变，所以，椭球面关于三个坐

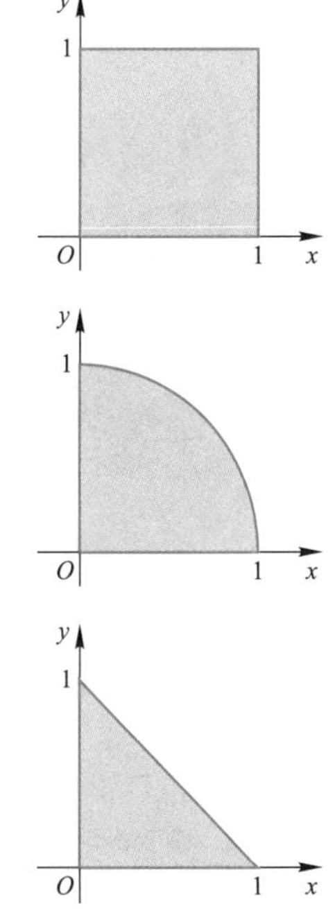


图 8.4.8　空间立体 $\Omega$ 在三个坐标面上的投影区域

微视频
8-4-5
用截痕法研究曲面

标平面、三个坐标轴以及坐标原点皆对称.

现在用截痕法来研究椭球面的形状.选用三个坐标平面来截它,截痕(交线)分别为

$$\begin{cases}\dfrac{x^2}{a^2}+\dfrac{y^2}{b^2}=1,\\ z=0,\end{cases}\qquad \begin{cases}\dfrac{z^2}{c^2}+\dfrac{y^2}{b^2}=1,\\ x=0,\end{cases}\qquad \begin{cases}\dfrac{x^2}{a^2}+\dfrac{z^2}{c^2}=1,\\ y=0.\end{cases}$$

这三个截痕都是椭圆.

再用平行于 $xOy$ 平面的平面 $z=h(|h|\leqslant c)$ 来截它,所得截痕为

$$\begin{cases}\dfrac{x^2}{\dfrac{a^2}{c^2}(c^2-h^2)}+\dfrac{y^2}{\dfrac{b^2}{c^2}(c^2-h^2)}=1,\\ z=h.\end{cases}$$

这是在平面 $z=h$ 上的一个椭圆,其长、短半轴分别为 $\dfrac{a}{c}\sqrt{c^2-h^2}$ 和 $\dfrac{b}{c}\sqrt{c^2-h^2}$.当 $h$ 变动时,这些椭圆的中心都在 $z$ 轴上.当 $|h|$ 从 0 逐渐增大到 $c$ 时,这些椭圆的半轴逐渐变小,最后缩成一点 $(0,0,c)$ 或 $(0,0,-c)$.

用平面 $y=k(|k|\leqslant b)$ 或 $x=m(|m|\leqslant a)$ 去截椭球面时,可得到与上述完全类似的结果.

综合上述讨论,可知椭球面(8.4.11)的形状如图 8.4.9 所示.

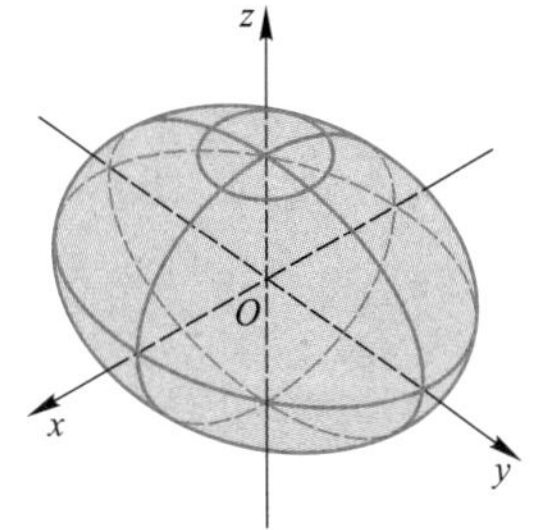

图 8.4.9 椭球面的截痕

特别地,若 $a=b$ 时,方程(8.4.11)变为

$$\frac{x^2+y^2}{a^2}+\frac{z^2}{c^2}=1.$$

这是旋转轴为 $z$ 轴的旋转椭球面.它与一般椭球面的不同之处在于,用垂直于 $z$ 轴的平面 $z=h(|h|\leqslant c)$ 去截旋转椭球面时,截痕为圆心在 $z$ 轴上的圆:

$$\begin{cases}x^2+y^2=\dfrac{a^2}{c^2}(c^2-h^2),\\ z=h,\end{cases}$$

半径为 $\dfrac{a}{c}\sqrt{c^2-h^2}$.

**例 10** 试用截痕法考察单叶双曲面的图形特征.

**解** 单叶双曲面的方程为

$$\frac{x^2}{a^2}+\frac{y^2}{b^2}-\frac{z^2}{c^2}=1. \tag{8.4.12}$$

因为方程(8.4.12)只含 $x,y,z$ 的平方项,故曲面关于三个坐标平面、三个坐标轴以及坐标原点皆对称.

现在用截痕法来研究曲面的形状.先用 $xOy$ 平面来截它,截痕为

$$\begin{cases}\dfrac{x^2}{a^2}+\dfrac{y^2}{b^2}=1,\\ z=0.\end{cases}$$

这是在 $z=0$ 平面上中心在原点、半轴为 $a$ 和 $b$ 的椭圆.用平行于 $xOy$ 平面的平面 $z=h$ 来截它,得截痕为

$$\begin{cases}\dfrac{x^2}{\dfrac{a^2}{c^2}(c^2+h^2)}+\dfrac{y^2}{\dfrac{b^2}{c^2}(c^2+h^2)}=1,\\ z=h.\end{cases}$$

这是在 $z=h$ 平面上中心在 $z$ 轴上，两半轴分别为 $\dfrac{a}{c}\sqrt{c^2+h^2}$ 和 $\dfrac{b}{c}\sqrt{c^2+h^2}$ 的椭圆. 当 $|h|$ 从 0 逐渐增大时，这些椭圆的半轴也逐渐增大.

用 $zOx$ 平面来截曲面(8.4.12)，得截痕为双曲线

$$\begin{cases}\dfrac{x^2}{a^2}-\dfrac{z^2}{c^2}=1,\\ y=0.\end{cases}$$

它的实轴为 $x$ 轴，虚轴为 $z$ 轴，两半轴为 $a$ 和 $c$. 用平行于 $zOx$ 平面的平面 $y=k(k\neq\pm b)$ 来截时，得截痕也是双曲线

$$\begin{cases}\dfrac{x^2}{\dfrac{a^2}{b^2}(b^2-k^2)}-\dfrac{z^2}{\dfrac{c^2}{b^2}(b^2-k^2)}=1,\\ y=k.\end{cases}$$

当 $k^2<b^2$ 时，双曲线的半轴为 $\dfrac{a}{b}\sqrt{(b^2-k^2)}$ 和 $\dfrac{c}{b}\sqrt{(b^2-k^2)}$，且实轴平行于 $x$ 轴，虚轴平行于 $z$ 轴. 当 $k^2>b^2$ 时，双曲线的半轴为 $\dfrac{a}{b}\sqrt{(k^2-b^2)}$ 和 $\dfrac{c}{b}\sqrt{(k^2-b^2)}$，且实轴平行于 $z$ 轴，虚轴平行于 $x$ 轴. 特别地，用 $y=\pm b$ 平面来截时，得截痕为在平面 $y=\pm b$ 上相交于点 $B(0,\pm b,0)$ 的一对直线 $\dfrac{x}{a}=\dfrac{z}{c}$ 和 $\dfrac{x}{a}=-\dfrac{z}{c}$.

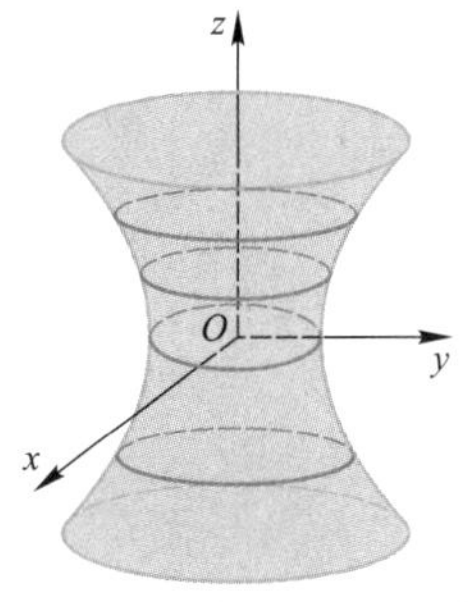

(a) 用平行于 $xOy$ 平面的平面截单叶双曲面的截痕为椭圆

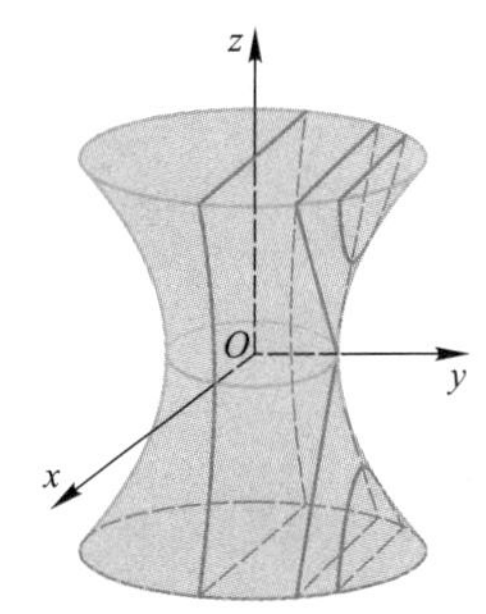

(b) 用平行于 $xOz$ 平面的平面截单叶双曲面的截痕为双曲线

图 8.4.10 用截痕法研究单叶双曲面

用 $yOz$ 平面及与其平行的平面来截曲面(8.4.12)时也得截痕为双曲线. 特别地，用平面 $x=\pm a$ 来截时，所得截痕为在平面 $x=\pm a$ 上相交于点 $A(\pm a,0,0)$ 的一对直线 $\dfrac{y}{b}=\dfrac{z}{c}$ 和 $\dfrac{y}{b}=-\dfrac{z}{c}$.

综合上述讨论，可知单叶双曲面(8.4.12)的形状如图 8.4.10 所示.

**例 11** 试用截痕法考察双曲抛物面的图形特征.

**解** 双曲抛物面的方程为

$$-\frac{x^2}{a^2}+\frac{y^2}{b^2}=z. \tag{8.4.13}$$

若 $a=b$，方程(8.4.12)变为

$$\frac{x^2+y^2}{a^2}-\frac{z^2}{c^2}=1.$$

这是旋转单叶双曲面. 它与单叶双曲面的不同在于，用平行于 $xOy$ 平面的平面来截它所得截痕都是圆.

现在用截痕法来研究曲面的形状.

用 $xOy$ 平面来截曲面所得截痕是一对相交于坐标原点的直线

$$\begin{cases}\dfrac{x}{a}+\dfrac{y}{b}=0,\\ z=0\end{cases} \quad 与 \quad \begin{cases}\dfrac{x}{a}-\dfrac{y}{b}=0,\\ z=0.\end{cases}$$

用平面 $z=h$ 来截曲面所得截痕为双曲线

$$\begin{cases}-\dfrac{x^2}{a^2h}+\dfrac{y^2}{b^2h}=1,\\ z=h.\end{cases}$$

当 $h>0$ 时,它的实轴平行于 $y$ 轴,虚轴平行于 $x$ 轴. 当 $h<0$ 时,它的实轴平行于 $x$ 轴,虚轴平行于 $y$ 轴.

用 $xOz$ 平面来截曲面所得截痕为抛物线

$$\begin{cases}x^2=-a^2z,\\ y=0.\end{cases}$$

它的对称轴为 $z$ 轴,顶点在原点,开口朝 $z$ 轴的负方向. 用平面 $y=k$ 来截曲面所得截痕也为抛物线

$$\begin{cases}x^2=-a^2\left(z-\dfrac{k^2}{b^2}\right),\\ y=k.\end{cases}$$

它的对称轴平行于 $z$ 轴,顶点在 $\left(0,k,\dfrac{k^2}{b^2}\right)$,开口朝 $z$ 轴的负方向.

用 $yOz$ 平面及平面 $x=m$ 来截曲面所得截痕也都是抛物线,这些抛物线的轴都平行于 $z$ 轴.

综合上述,双曲抛物面(8.4.13)的形状如图 8.4.11 所示.

讨论题
8-4-3
一个综合题

从原点到椭圆面 $\dfrac{x^2}{a^2}+\dfrac{y^2}{b^2}+\dfrac{z^2}{c^2}=1$ 上任意一点的切平面作垂线,求垂足轨迹.

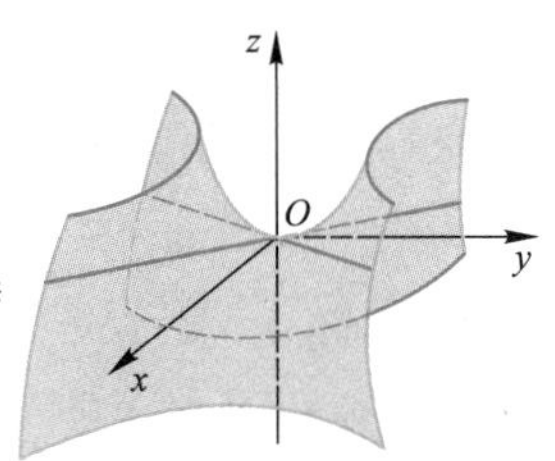


(a)用平行于 $xOy$ 平面的平面截双曲抛物面的截痕

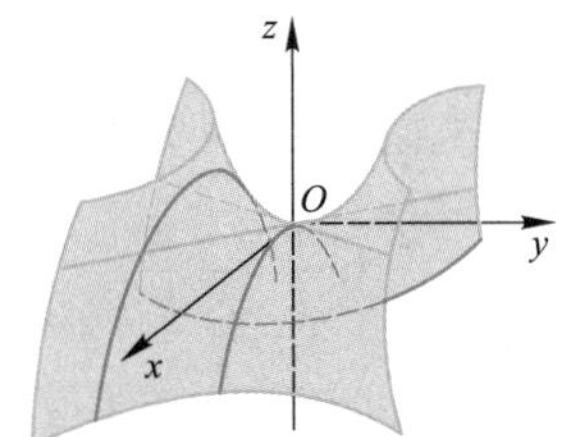


(b)用平行于 $xOz$ 平面的平面截双曲抛物面的截痕

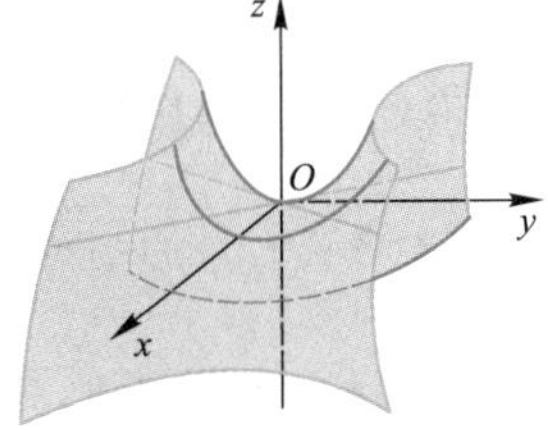


(c)用平行于 $yOz$ 平面的平面截双曲抛物面的截痕

图 8.4.11　用截痕法研究双曲抛物面

## 习题 8.4

### A 基础题

1. 指出下列方程所表示的曲线：

(1) $\begin{cases}(x-1)^2+(y+4)^2+z^2=25,\\ y+1=0;\end{cases}$

(2) $\begin{cases}\dfrac{y^2}{9}-\dfrac{z^2}{4}=1,\\ x-2=0;\end{cases}$

(3) $\begin{cases}z=\dfrac{x^2}{3}+\dfrac{y^2}{3},\\ x-2y=0;\end{cases}$

(4) $\begin{cases}3x^2-y^2+5xz=0,\\ z=0.\end{cases}$

2. 点 $M$ 在 $xOy$ 平面内，$M$ 到原点 $O$ 的距离等于它到点 $A(5,-3,1)$ 的距离，求 $M$ 的轨迹.

3. 求曲线 $\begin{cases}-9y^2+6xy-2xz+24x-9y+3z-63=0,\\ 2x-3y+z=0\end{cases}$ 关于 $xOy$ 平面的投影柱面.

4. 求椭球面 $\dfrac{x^2}{16}+\dfrac{y^2}{4}+z^2=1$ 与平面 $x+4z-1=0$ 的交线在坐标平面上的投影.

5. 写出空间曲线 $\Gamma$：$\begin{cases}x^2+y^2+z^2=4,\\ y=x\end{cases}$ 的参数方程，并求其在各坐标面上的投影.

6. 画出下列不等式所确定的空间立体的图形：

(1) $x^2+y^2\leqslant z\leqslant\sqrt{x^2+y^2}$；

(2) $\sqrt{x^2+y^2}\leqslant z\leqslant\sqrt{2-x^2-y^2}$；

(3) $z\geqslant 0, x^2+y^2\leqslant 1, x+z\leqslant 2$；

(4) $x^2+y^2\leqslant z\leqslant 4-x^2$.

### B 综合题

7. 将曲线方程 $\Gamma$：$\begin{cases}2y^2+z^2+4x=z,\\ y^2+3z^2-8x=12z\end{cases}$ 换成母线分别平行于 $x$ 轴与 $y$ 轴的柱面交线的方程来表示.

8. 设直线 $L$ 在 $zOy$ 平面以及 $zOx$ 平面上的投影曲线的方程分别为 $\begin{cases}2y-3z=1,\\ x=0\end{cases}$ 和 $\begin{cases}x+z=2,\\ y=0,\end{cases}$ 求直线 $L$ 在 $xOy$ 平面上的投影曲线的方程.

9. 试确定 $\lambda$ 为何值时，平面 $x+\lambda z-1=0$ 与单叶双曲面 $x^2+y^2-z^2=1$ 相交成：

(1) 椭圆；　　(2) 双曲线.

10. (1) 证明：空间曲线 $\Gamma$：$x=\varphi(t), y=\phi(t), z=\psi(t)$ 绕 $z$ 轴旋转一周所得旋转曲面的参数方程为

$x=\sqrt{\varphi^2(t)+\phi^2(t)}\cos\theta, y=\sqrt{\varphi^2(t)+\phi^2(t)}\sin\theta,$
$z=\psi(t)\quad(0\leqslant\theta\leqslant 2\pi)$；

(2) 求直线 $L$：$x=1, y=t, z=2t$ 绕 $z$ 轴旋转一周所得旋转曲面方程，并指出其图形为何曲面？

(3) 求直线 $L$：$\dfrac{x}{a}=\dfrac{y-b}{0}=\dfrac{z}{1}$ 绕 $z$ 轴旋转一周所成曲面的方程，并讨论常数 $a,b$ 的不同值所对应的图形为何曲面？

### C 应用题

11. 设有一束平行于直线 $L$：$x=y=-z$ 的平行光束照射不透明球面 $S$：$x^2+y^2+z^2=2z$，求球面在 $xOy$ 平面上留下的阴影部分的边界线方程.

12. 一条过原点 $O$、且与 $z$ 轴正向夹角为 $\alpha$ 的直线 $L$ 以固定的角速度 $\omega$ 绕 $z$ 轴匀速旋转，同时动点 $M$ 从原点出发以速度 $v$ 沿直线 $L$ 运动. 求下列两种情况下，动点 $M$ 的轨迹.

(1) $v$ 为常数；

(2) $v$ 与 $OM$ 成比例.

13. 工业上一个带圆锥形进料口的圆柱形管（如题图）是一个圆锥面 $z^2=4(x^2+y^2)$ 与圆柱面 $x^2+z^2=9$ 截交而成，试写出截交曲线的参数方程.

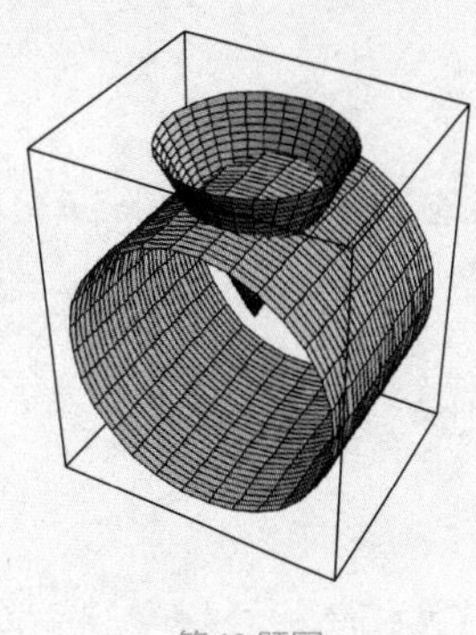

第 13 题图

## $D$ 实验题

14. 设某一曲面由直线$\frac{x}{4}=\frac{y-2}{0}=\frac{z}{1}$绕 $z$ 轴旋转而成,

（1）写出该曲面的参数方程和直角坐标方程;

（2）利用 Mathematica 软件画出该曲面的图形;

（3）借助 Mathematica 软件,利用截痕法研究该曲面的图形特点;

（4）利用 Mathematica 动态演示直线绕 $z$ 轴旋转生成曲面的过程.

15. 利用 Mathematica 软件画出两圆柱面垂直相贯的图形,并适当调整圆柱面的半径大小观察两曲面相截的交线特征.

16. 试在同一坐标系中绘制圆柱螺旋线及它在三个坐标面上的投影曲线和投影柱面.

17. 任意给定空间曲线的参数方程,试绘制其绕空间任一直线旋转所得的曲面.

8.4 测验题

# 第九章
# 向量值函数的导数与积分

到目前为止，我们研究的函数都是实数值函数(数量函数).在这一章里，为了方便地描述空间物体的运动，我们引入向量值函数，并研究它的导数、积分及其应用.

## 9.1 向量值函数及其极限与连续

### 9.1.1 向量值函数的概念

微视频
9-1-1
问题引入——从实值函数到向量值函数

微视频
9-1-2
向量值函数与空间曲线

我们知道，一元函数是一个由定义域到值域的映射，其定义域与值域都是一维数集. 我们要研究的向量值函数是指分量都是关于同一自变量的一元函数，就是说一元 $n$ 维向量值函数是 $\mathbb{R}$ 到 $\mathbb{R}^n$ 上的映射. 我们感兴趣的是取值为二维和三维的向量值函数，即 $n=2$ 和 $n=3$ 的情形.

例如，在平面内运动的质点在 $t$ 时刻的坐标 $(x,y)$ 可以描述为

$$x=f(t),\quad y=g(t),\quad t\in I. \tag{9.1.1}$$

这样点 $(x,y)=(f(t),g(t))$ 形成平面曲线 $C$，它是质点的运动路径，它用参数方程(9.1.1)来描述. 如果用 $\boldsymbol{r}(t)$ 表示从原点到质点在时刻 $t$ 的位置 $P(f(t),g(t))$ 的向量，那么

$$\boldsymbol{r}(t)=\overrightarrow{OP}=(f(t),g(t))=f(t)\boldsymbol{i}+g(t)\boldsymbol{j}.$$

这样，质点的运动路径由二维向量值函数 $\boldsymbol{r}(t)$ 描述，如图 9.1.1 所示.

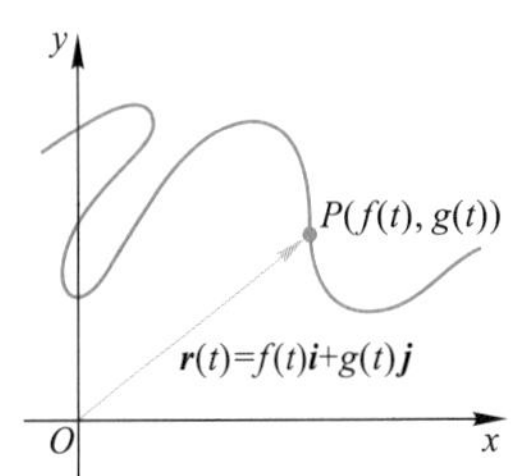


图 9.1.1　二维向量值函数 $\boldsymbol{r}(t)$ 描述了质点在平面内的运动路径

类似地，我们可以用三维向量值函数

$$\boldsymbol{r}(t)=(f(t),g(t),h(t))=f(t)\boldsymbol{i}+g(t)\boldsymbol{j}+h(t)\boldsymbol{k}$$

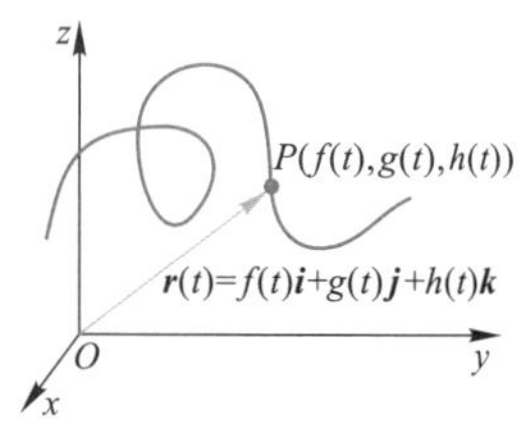

图 9.1.2　三维向量值函数 $\boldsymbol{r}(t)$ 描述了质点在空间内的运动路径

来描述质点在空间的运动路径,这条路径对应一条空间曲线,如图 9.1.2 所示.它可以用参数方程来描述:

$$\Gamma: x=f(t), y=g(t), z=h(t), t\in I.$$

我们在第 1.3 节中学习过 Mathematica 软件中用参数方程作平面曲线图形的语句基本格式,这里我们介绍用参数方程作空间曲线的图形的 Mathematica 软件语句基本格式,如表 9.1.1 所示.

表 9.1.1　Mathematica 软件参数方程作图的语句基本格式

| 表达式格式 | 表达式意义 |
|---|---|
| ParametricPlot [ {xt,yt}, {t,$t_0$,$t_1$} ] | 画出平面曲线 $x=x(t),\ y=y(t)$ 在区间 $[t_0,t_1]$ 上的图形 |
| Parametric3DPlot [ {xt,yt,zt}, {t,$t_0$,$t_1$} ] | 画出空间曲线 $x=x(t),\ y=y(t),\ z=z(t)$ 在区间 $[t_0,t_1]$ 上的图形 |

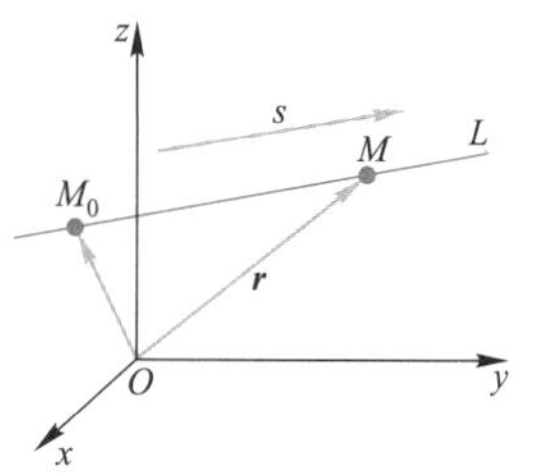

图 9.1.3　直线方程的向量表示

**例 1**　已知直线 $L$ 过点 $M_0(x_0,y_0,z_0)$,其方向向量为 $\boldsymbol{s}=(m,n,p)$,在直线上任取一点 $M(x,y,z)$,其位置向量为 $\boldsymbol{r}(t)=\overrightarrow{OM}$,如图 9.1.3 所示,则 $L$ 的方程用向量表示为

$$\begin{aligned}\boldsymbol{r}(t)&=\overrightarrow{OM_0}+t\boldsymbol{s}\\&=(x_0+mt,y_0+nt,z_0+pt),\end{aligned}$$

它的参数方程为

$$\begin{cases}x=x_0+mt,\\y=y_0+nt,\ -\infty<t<+\infty.\\z=z_0+pt,\end{cases}$$

**例 2**　画出下列向量值函数表示的曲线的图形:

(1) $\boldsymbol{r}(t)=t\cos t\boldsymbol{i}+t\sin t\boldsymbol{j}, t\geqslant 0$;

(2) $\boldsymbol{r}(t)=a\cos t\boldsymbol{i}+a\sin t\boldsymbol{j}+bt\boldsymbol{k}, t\geqslant 0, a, b$ 为正常数.

**解**　(1) 这条曲线的参数方程为

$$x=t\cos t,\quad y=t\sin t.$$

因为 $x^2+y^2=t^2$,所以,当 $t$ 增大时,点 $(x,y)$ 沿曲线 $x^2+y^2=t^2$ 逆时针运动,同时随着 $t$ 的增大,它越来越远离原点,当 $t$ 从 0 开始,每增加 $2\pi$ 时,曲线与 $x$ 轴正方向相交一次.

用 Mathematica 软件的作图命令如下：

输入：ParametricPlot[{tCos[t], tSin[t]}, {t, 0, 8π}, AspectRatio→Automatic]；

输出：如图 9.1.4(a) 所示.

(2) 这条曲线的参数方程为

$$x=a\cos t,\quad y=a\sin t,\quad z=bt.$$

因为 $x^2+y^2=a^2$，所以，曲线一定位于圆柱面 $x^2+y^2=a^2$ 上，曲线上的点 $(x,y,z)$ 沿 $xOy$ 平面上的圆周 $x^2+y^2=a^2$ 逆时针运动，同时，随着 $t$ 的增长，这条曲线沿着圆柱面盘旋上升.这是我们在第 8.4 节中学习过的圆柱螺旋线.

用 Mathematica 软件的作图命令如下：

输入：ParametricPlot3D[{2Cos[t], 2Sin[t], 5t}, {t, 0, 6π}, AspectRatio→Automatic, Axes→False]；

输出：如图 9.1.4(b) 所示.

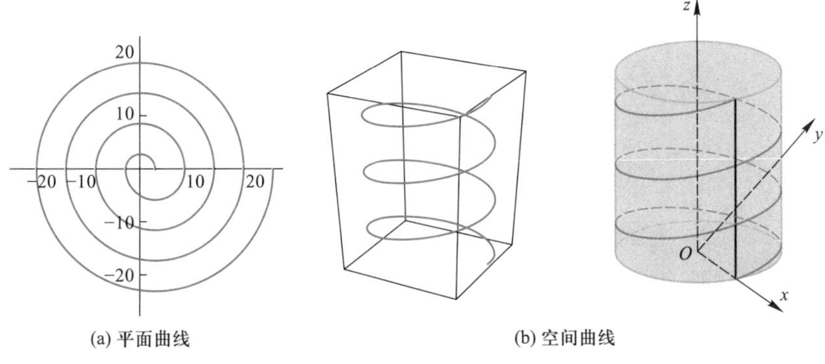


(a) 平面曲线　　(b) 空间曲线

图 9.1.4　向量值函数的图形

微视频
9-1-3
向量值函数的极限与连续

## 9.1.2　向量值函数的极限与连续

首先，我们通过向量值函数的分量函数来定义它的极限，然后再定义它的连续性.

对于二维向量值函数 $\boldsymbol{r}(t)=f(t)\boldsymbol{i}+g(t)\boldsymbol{j}$，设它在 $t_0$ 的某去心邻域内有定义，如果 $\lim\limits_{t\to t_0}f(t)=a$，$\lim\limits_{t\to t_0}g(t)=b$，则称当 $t\to t_0$ 时，向量值函数 $\boldsymbol{r}(t)$ 的极限存在，其极限为

$$\lim_{t\to t_0}\boldsymbol{r}(t)=a\boldsymbol{i}+b\boldsymbol{j}.$$

如果二维向量值函数 $\boldsymbol{r}(t)=f(t)\boldsymbol{i}+g(t)\boldsymbol{j}$ 在 $t_0$ 的某邻域内有定义，且 $\lim\limits_{t\to t_0}\boldsymbol{r}(t)=\boldsymbol{r}(t_0)$，则称向量值函数 $\boldsymbol{r}(t)$ 在点 $t_0$ 处连续. 如果 $\boldsymbol{r}(t)$ 在区间 $I$ 的每个点上连续，则称 $\boldsymbol{r}(t)$ 为区间 $I$ 上连续的向量值函数.

根据极限的定义，容易知道，二维向量值函数 $\boldsymbol{r}(t)=f(t)\boldsymbol{i}+g(t)\boldsymbol{j}$ 在 $t_0$ 处连续的充分必要条件是其分量函数 $f(t)$ 与 $g(t)$ 在 $t_0$ 处都连续.

关于二维向量值函数的极限与连续的概念容易推广到三维及三维以上向量值函数上去.

**例 3** 设 $\boldsymbol{r}(t)=\dfrac{\sin 2t}{t}\boldsymbol{i}+\ln(1+t)\boldsymbol{j}$，求 $\lim\limits_{t\to 0}\boldsymbol{r}(t)$.

**解** $\lim\limits_{t\to 0}\boldsymbol{r}(t)=\left(\lim\limits_{t\to 0}\dfrac{\sin 2t}{t}\right)\boldsymbol{i}+\left(\lim\limits_{t\to 0}\ln(1+t)\right)\boldsymbol{j}=(2,0)$.

图 9.1.5 给出了这个二维向量值函数的图形. 从图中我们能直观地得到这个极限.

**例 4** 设 $\boldsymbol{r}(t)=\mathrm{e}^{-t}\cos 2t\boldsymbol{i}+\mathrm{e}^{-t}\sin 2t\boldsymbol{j}+\mathrm{e}^{-t}\boldsymbol{k}$，求 $\lim\limits_{t\to+\infty}\boldsymbol{r}(t)$.

**解** $\lim\limits_{t\to+\infty}\boldsymbol{r}(t)=\left(\lim\limits_{t\to+\infty}\mathrm{e}^{-t}\cos 2t\right)\boldsymbol{i}+\left(\lim\limits_{t\to+\infty}\mathrm{e}^{-t}\sin 2t\right)\boldsymbol{j}+\left(\lim\limits_{t\to+\infty}\mathrm{e}^{-t}\right)\boldsymbol{k}=(0,0,0)$.

图 9.1.6 给出了这个三维向量值函数的图形. 当质点从初始时刻 $t=0$ 的位置 $(1,0,1)$ 出发，沿此轨线运动，随着时间的无限增加，质点越来越向原点靠拢.

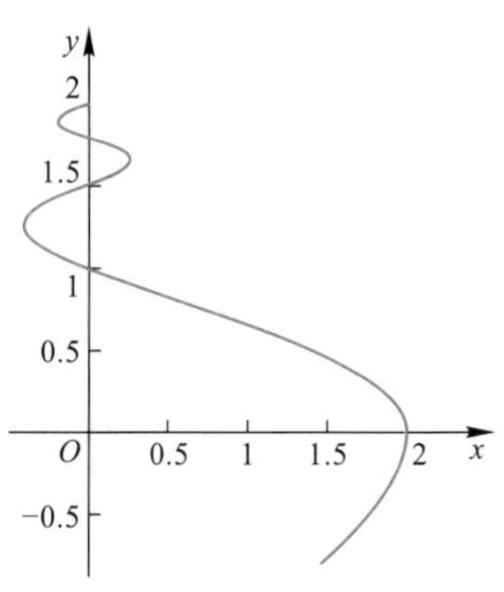


图 9.1.5 例 3 中二维向量值函数的图形

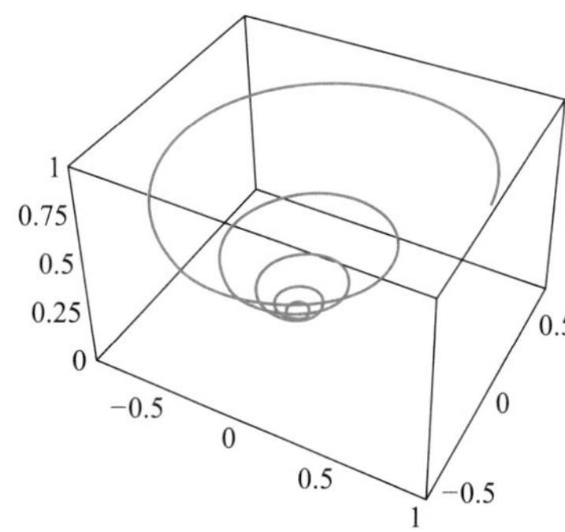


图 9.1.6 例 4 中三维向量值函数的图形

## 习题 9.1

### A 基础题

1. 求下列向量值函数的定义域：

(1) $\boldsymbol{r}(t)=(\mathrm{e}^{t},\ln(6-t),\sqrt{t^{2}-2})$；

(2) $\boldsymbol{r}(t)=\left(\dfrac{1}{t-2},\ln(4-t^{2}),\sqrt{t-3}\right)$；

(3) $\boldsymbol{r}(t)=\dfrac{t-2}{t+2}\boldsymbol{i}+\sin t\boldsymbol{j}+\ln(9-t^{2})\boldsymbol{k}$；

(4) $\boldsymbol{r}(t)=\sin\sqrt{t}\,\boldsymbol{i}+\mathrm{e}^{\frac{1}{t}}\boldsymbol{j}+\arcsin(t-3)\boldsymbol{k}$.

2. 写出下列曲线对应的向量值函数，并说明它们的几何形状是什么？

（1）$x=a\cos t, y=b\sin t$；

（2）$x=3\sin t, y=4\sin t, z=3\cos t$.

3. 描述由向量值函数 $\boldsymbol{r}(t)=(1+t, 2+5t, -1+6t)$ 所定义的曲线的几何形状.

4. 求点 $P(1,-2,4)$ 到点 $M(2,5,7)$ 的线段的向量方程和参数方程.

5. 求下列向量值函数的极限：

（1）$\lim\limits_{t\to 0^+}\left(\cos t, \dfrac{\sqrt{1+t}-1}{t}, \dfrac{3}{1+t}\right)$；

（2）$\lim\limits_{t\to 1}\left(\dfrac{1-t^2}{t-1}, \dfrac{\sqrt{1+t}-1}{t}, \dfrac{\sqrt{5-t}-2}{1-t}\right)$；

（3）$\lim\limits_{t\to 0}\left(\dfrac{1-\cos t}{t^2}\boldsymbol{i}+\dfrac{e^t-1}{t}\boldsymbol{j}+(1-t)^{\frac{2}{t}}\boldsymbol{k}\right)$；

（4）$\lim\limits_{t\to\infty}\left(\dfrac{\sin t}{t}\boldsymbol{i}+e^{\frac{1}{t}}\boldsymbol{j}+\arctan|t|\boldsymbol{k}\right)$.

## B 综合题

6. 用向量值函数表示下列两个曲面的交线：

（1）柱面 $x^2+y^2=4$ 和曲面 $z=xy$；

（2）圆锥面 $z=\sqrt{x^2+y^2}$ 和平面 $z=1+y$；

（3）抛物面 $z=4x^2+y^2$ 和抛物柱面 $y=x^2$；

（4）抛物柱面 $y=x^2$ 和椭球面 $x^2+4y^2+4z^2=16$ 的上半部分.

7. 证明：用参数方程 $x=\sin t$，$y=\cos t$，$z=\sin^2 t$ 表示的曲线是曲面 $z=x^2$ 和 $x^2+y^2=1$ 的交线；并画出曲线的图形.

8. 设 $\boldsymbol{u}(t)$，$\boldsymbol{v}(t)$ 是向量值函数，当 $t\to a$ 时，它们的极限都存在. $c$ 是一个常数，证明下列极限的运算性质：

（1）$\lim\limits_{t\to a}[\boldsymbol{u}(t)+\boldsymbol{v}(t)]=\lim\limits_{t\to a}\boldsymbol{u}(t)+\lim\limits_{t\to a}\boldsymbol{v}(t)$；

（2）$\lim\limits_{t\to a}c\boldsymbol{u}(t)=c\lim\limits_{t\to a}\boldsymbol{u}(t)$；

（3）$\lim\limits_{t\to a}[\boldsymbol{u}(t)\cdot\boldsymbol{v}(t)]=\lim\limits_{t\to a}\boldsymbol{u}(t)\cdot\lim\limits_{t\to a}\boldsymbol{v}(t)$；

（4）$\lim\limits_{t\to a}[\boldsymbol{u}(t)\times\boldsymbol{v}(t)]=\lim\limits_{t\to a}\boldsymbol{u}(t)\times\lim\limits_{t\to a}\boldsymbol{v}(t)$.

9. 三叶形纽结的参数方程为

$$x=\left(2+\cos\frac{1}{2}t\right)\cos t, y=\left(2+\cos\frac{1}{2}t\right)\sin t, z=\sin\frac{1}{2}t,$$

证明曲线在 $xOy$ 平面的投影曲线的极坐标方程为

$$\rho=2+\cos\frac{1}{2}t, \theta=t.$$

10. 证明：$\lim\limits_{t\to a}\boldsymbol{r}(t)=\boldsymbol{b}$ 的充分必要条件为：对任意的 $\varepsilon>0$，存在实数 $\delta>0$，当 $0<|t-a|<\delta$ 时，$|\boldsymbol{r}(t)-\boldsymbol{b}|<\varepsilon$.

## C 应用题

11. 在军事作战仿真模拟中，若红方导弹和蓝方飞机的运动轨迹分别由下面的向量值函数给出：

$$\boldsymbol{r}_1(t)=(t^2, 7t-12, t^2),$$

$$\boldsymbol{r}_2(t)=(4t-3, t^2, 5t-6)\quad(t\geqslant 0),$$

问（1）当 $t=1$ 时，导弹距离飞机多远？（2）导弹能否击中飞机？

12. 在一高为 400 m 半顶角为 $\dfrac{\pi}{6}$ 的圆锥形山包上，敌方火力点位于点 $A$ 处，我方爆破手位于点 $B$ 处，如题图所示，$A$ 点位于 $yOz$ 面的圆锥母线上，距顶点 $P$ 处的距离为 $100\sqrt{2}$ m，$B$ 点位于 $zOx$ 面的圆锥母线上，距顶点 $P$ 处的距离为 $100(1+\sqrt{3})$ m. 从 $B$ 到 $A$ 的最短距离是将圆锥面沿一条母线展开后的扇形面上 $B$,$A$ 两点的直线距离，试求从 $B$ 到 $A$ 的最短距离曲线的向量方程.

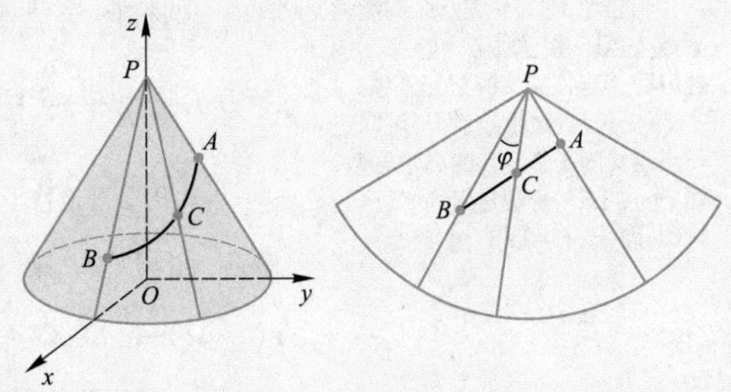


第 12 题图

## D 实验题

13. 向量值函数 $\boldsymbol{r}(t)=\cos t\boldsymbol{i}+\sin t\boldsymbol{j}+t\boldsymbol{k}$ 所表示的曲线，就是我们熟悉的圆柱螺旋线. 在 DNA 的模型中也可以看到这种形状. 试用 Mathematica 软件绘出曲线的图形，并给出其相应的物理描述.

14. 三次挠线由向量值函数 $\boldsymbol{r}(t)=(t,t^2,t^3)$ 给出，试用 Mathematica 软件绘出曲线在 $-2\leqslant t\leqslant 2$ 内的图形. 把要描绘的曲线放在一个盒子中，观察这条曲线的形状，旋转这个盒子从不同角度来观察这条曲线的形状. 在抛物柱面 $y=x^2$ 上画出这条曲线的图形，说明这条曲线的变化趋势. 将三次挠线看作柱面 $y=x^2$ 和 $y=x^3$ 的交线，画出两个柱面的图形，并演示曲面相交产生曲线的过程.

15. 用 Mathematica 软件画出第 9 题中三叶形纽结的图形.

9.1 测验题

# 9.2 向量值函数的导数与微分

微视频
9-2-1
向量值函数的导数

## 9.2.1 向量值函数的导数与微分

### 1. 向量值函数导数与微分的概念

我们参照数量函数的导数给出向量值函数导数的定义.

**定义 9.2.1** 设向量值函数 $\boldsymbol{r}=\boldsymbol{r}(t)$ 在 $t$ 的某邻域内有定义，如果极限

$$\lim_{\Delta t\to 0}\frac{\Delta \boldsymbol{r}}{\Delta t}=\lim_{\Delta t\to 0}\frac{\boldsymbol{r}(t+\Delta t)-\boldsymbol{r}(t)}{\Delta t}$$

存在，则称向量值函数 $\boldsymbol{r}(t)$ 在 $t$ 处可导，并称极限值为向量值函数 $\boldsymbol{r}(t)$ 在点 $t$ 处的导数，记为 $\boldsymbol{r}'(t)$ 或者 $\dfrac{\mathrm{d}\boldsymbol{r}}{\mathrm{d}t}$.

明显地，$\boldsymbol{r}'(t)$ 也是一个向量值函数. 如果向量值函数 $\boldsymbol{r}(t)$ 在点 $t$ 处可导，那么它在点 $t$ 处必连续.

与一元数量函数类似，可以进一步定义向量值函数的高阶导数，如 $\boldsymbol{r}(t)$ 的二阶导数定义为 $\boldsymbol{r}'(t)$ 的导数，即：$\boldsymbol{r}''(t)=(\boldsymbol{r}'(t))'$.

图 9.2.1 给出了二维向量值函数与三维向量值函数的导数的几何解释. 如果点 $P$ 和 $Q$ 的位置向量为 $\boldsymbol{r}(t)$ 与 $\boldsymbol{r}(t+\Delta t)$，那么 $\overrightarrow{PQ}$ 表示向量 $\boldsymbol{r}(t+\Delta t)-\boldsymbol{r}(t)$，这个向量可以看作割线向量. 当 $\Delta t\to 0$ 时，割线向量趋于曲线在点 $P$ 的切线向量. 如果 $\boldsymbol{r}'(t)$ 存在，且 $\boldsymbol{r}'(t)\neq\boldsymbol{0}$，则称 $\boldsymbol{r}'(t)$ 为曲线 $\boldsymbol{r}(t)$ 在点 $P$ 处的切向量. 称过点 $P$ 且以 $\boldsymbol{r}'(t)$ 为方向向量的直线为曲线

$\boldsymbol{r}(t)$在点 $P$ 处的切线.这样,曲线 $\boldsymbol{r}(t)$ 的切向量为

$$\boldsymbol{T}(t)=\boldsymbol{r}'(t), \tag{9.2.1}$$

其单位切向量为 $\boldsymbol{e}_{T(t)}=\dfrac{\boldsymbol{r}'(t)}{|\boldsymbol{r}'(t)|}$.

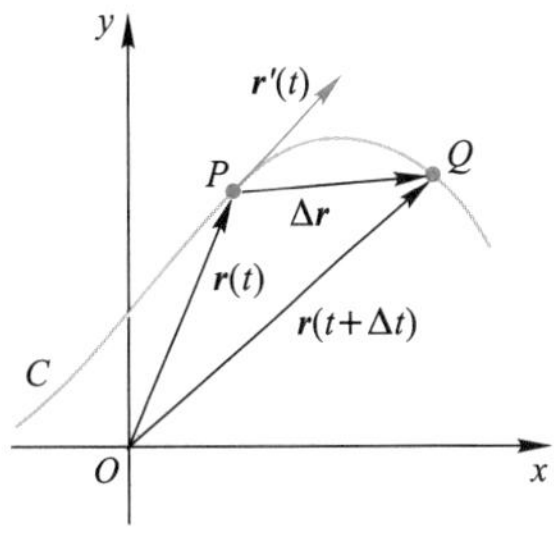

(a) 二维向量值函数的情形

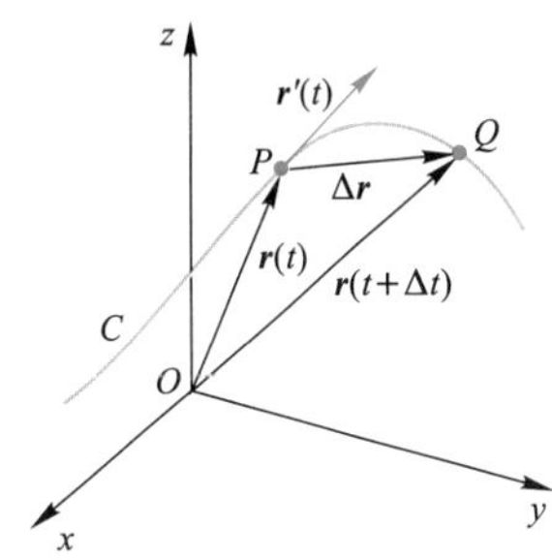

(b) 三维向量值函数的情形

图 9.2.1　二维与三维向量值函数的导数的几何解释

如果把图 9.2.1(a) 与图 9.2.1(b) 中的 $\boldsymbol{r}(t)$ 分别看成在平面上与空间中运动的质点在 $t$ 时刻的位置,那么对应的几何曲线为质点的运动轨迹.向量 $\Delta\boldsymbol{r}=\boldsymbol{r}(t+\Delta t)-\boldsymbol{r}(t)$ 是质点在时间段 $[t,t+\Delta t]$ 上的位移,$\dfrac{\Delta\boldsymbol{r}}{\Delta t}$是质点在这段时间内的平均速度,$\boldsymbol{r}'(t)$ 为时刻 $t$ 的瞬时速度 $\boldsymbol{v}(t)$,即质点的速度 $\boldsymbol{v}(t)$ 为向径 $\boldsymbol{r}(t)$ 的导数:$\boldsymbol{v}(t)=\boldsymbol{r}'(t)$,速度的方向或质点运动的方向是运动轨迹的切线方向.

速度向量 $\boldsymbol{v}(t)$ 的导数 $\boldsymbol{v}'(t)$ 是质点的瞬时加速度 $\boldsymbol{a}(t)$,它是 $\boldsymbol{r}(t)$ 的二阶导数,即

$$\boldsymbol{a}(t)=\boldsymbol{v}'(t)=\boldsymbol{r}''(t).$$

向量值函数的导数可以通过计算其分量函数的导数得到.下面,以三维向量值函数为例,给出下述定理:

**定理 9.2.1**　设三维向量值函数 $\boldsymbol{r}(t)=f(t)\boldsymbol{i}+g(t)\boldsymbol{j}+h(t)\boldsymbol{k}$,其中各分量函数在点 $t$ 处可导,则 $\boldsymbol{r}(t)$ 在点 $t$ 处可导,且

$$\boldsymbol{r}'(t)=f'(t)\boldsymbol{i}+g'(t)\boldsymbol{j}+h'(t)\boldsymbol{k}. \tag{9.2.2}$$

类似地,三维向量值函数 $\boldsymbol{r}(t)=f(t)\boldsymbol{i}+g(t)\boldsymbol{j}+h(t)\boldsymbol{k}$ 的二阶导数为 $\boldsymbol{r}''(t)=f''(t)\boldsymbol{i}+g''(t)\boldsymbol{j}+h''(t)\boldsymbol{k}$.

该定理的证明是容易的,请读者自己完成.

同样,对于可导的二维向量值函数 $\boldsymbol{r}(t)=f(t)\boldsymbol{i}+g(t)\boldsymbol{j}$,其导数为

$$\boldsymbol{r}'(t)=f'(t)\boldsymbol{i}+g'(t)\boldsymbol{j}, \tag{9.2.3}$$

它的二阶导数为

$$\boldsymbol{r}''(t)=f''(t)\boldsymbol{i}+g''(t)\boldsymbol{j}.$$

**例 1**　计算下列向量值函数的一阶及二阶导数:

(1) $\boldsymbol{r}(t)=(a\cos t,b\sin t)$;　　　　(2) $\boldsymbol{r}(t)=(a\cos t,b\sin t,ct)$.

**解**　(1) $\boldsymbol{r}'(t)=(-a\sin t,b\cos t)$,$\boldsymbol{r}''(t)=(-a\cos t,-b\sin t)$;

(2) $\boldsymbol{r}'(t)=(-a\sin t,b\cos t,c)$,$\boldsymbol{r}''(t)=(-a\cos t,-b\sin t,0)$.

这里,(1) 中的二维向量值函数对应的图形是二维平面上的椭圆曲线;(2) 中的三维向量值函数对应的图形是三维空间上的螺旋曲线.

如果一个向量值函数 $\boldsymbol{r}(t)$ 在区间 $I$ 上满足 $\boldsymbol{r}'(t)$ 连续,且在区间 $I$ 内 $\boldsymbol{r}'(t)\neq\boldsymbol{0}$,我们就称 $\boldsymbol{r}(t)$ 在区间 $I$ 上是光滑的.例如,例 1 中的椭圆曲线

与螺旋曲线都是光滑的.一条曲线如果由多个光滑的曲线段组成,那么就称这条曲线为分段光滑曲线.

**例 2** 判断曲线 $\boldsymbol{r}(t)=(1+t^3,t^2)$ 是否为光滑曲线?

**解** 因为 $\boldsymbol{r}'(t)=(3t^2,2t)$, $\boldsymbol{r}'(0)=(0,0)$,所以,该曲线不是光滑的.从图 9.2.2 中看出,曲线在点(1,0)(对应 $t=0$)突然改变了方向,在曲线上出现了尖点的特征.

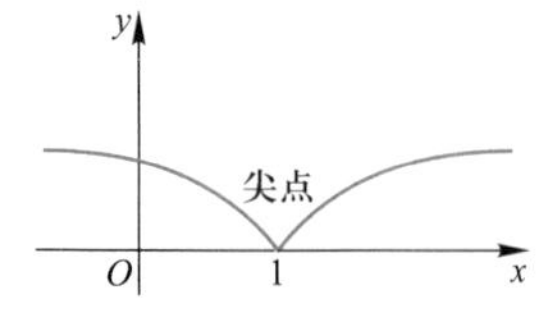

图 9.2.2 分段光滑曲线

**例 3** 一个质点的位置向量为 $\boldsymbol{r}(t)=(t,t^2,\cos 2t)$,求质点的速度、加速度与速率.

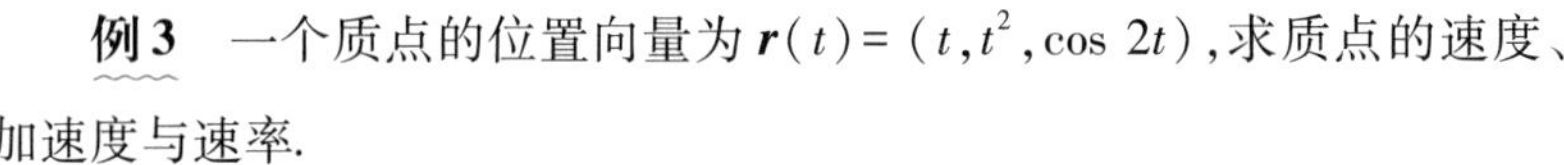

**解** 质点的速度为 $\boldsymbol{r}'(t)=(1,2t,-2\sin 2t)$,质点的速率为

$$|\boldsymbol{r}'(t)|=\sqrt{1+4t^2+4\sin^2 2t},$$

质点的加速度为 $\boldsymbol{r}''(t)=(0,2,-4\cos 2t)$.

参照一元数量函数导数与微分的关系,我们将可导的向量值函数 $\boldsymbol{r}=\boldsymbol{r}(t)$ 的微分定义为

$$\mathrm{d}\boldsymbol{r}=\boldsymbol{r}'(t)\,\mathrm{d}t.$$

对于可导的二维向量值函数 $\boldsymbol{r}(t)=f(t)\boldsymbol{i}+g(t)\boldsymbol{j}$,其微分为

$$\mathrm{d}\boldsymbol{r}=\mathrm{d}f(t)\boldsymbol{i}+\mathrm{d}g(t)\boldsymbol{j}=f'(t)\,\mathrm{d}t\boldsymbol{i}+g'(t)\,\mathrm{d}t\boldsymbol{j}.$$

对于可导的三维向量值函数 $\boldsymbol{r}(t)=f(t)\boldsymbol{i}+g(t)\boldsymbol{j}+h(t)\boldsymbol{k}$,其微分为

$$\mathrm{d}\boldsymbol{r}=\mathrm{d}f(t)\boldsymbol{i}+\mathrm{d}g(t)\boldsymbol{j}+\mathrm{d}h(t)\boldsymbol{k}=f'(t)\,\mathrm{d}t\boldsymbol{i}+g'(t)\,\mathrm{d}t\boldsymbol{j}+h'(t)\,\mathrm{d}t\boldsymbol{k}.$$

显然,对于二维向量值函数与三维向量值函数,$\mathrm{d}\boldsymbol{r}$ 是一个与曲线的切向量 $\boldsymbol{T}(t)=\boldsymbol{r}'(t)$ 平行的向量,当 $\mathrm{d}t>0$ 时,$\mathrm{d}\boldsymbol{r}$ 与切向量 $\boldsymbol{r}'(t)$ 同向;当 $\mathrm{d}t<0$ 时,$\mathrm{d}\boldsymbol{r}$ 与切向量 $\boldsymbol{r}'(t)$ 反向.

### 2. 向量值函数的求导法则

利用数量函数的求导法则及向量的运算,我们可以给出向量值函数的求导法则.

**定理 9.2.2** 设 $\boldsymbol{u}(t)$, $\boldsymbol{v}(t)$ 为可导的向量值函数,$f(t)$ 为可导的数量函数,$\boldsymbol{C}$ 为常向量(即 $\boldsymbol{C}$ 的各分量都为常数),$k$ 为常数,则有

(1) $\dfrac{\mathrm{d}}{\mathrm{d}t}\boldsymbol{C}=\boldsymbol{0}$;

(2) $\dfrac{\mathrm{d}}{\mathrm{d}t}[\boldsymbol{u}(t)\pm\boldsymbol{v}(t)]=\boldsymbol{u}'(t)\pm\boldsymbol{v}'(t)$;

(3) $\dfrac{\mathrm{d}}{\mathrm{d}t}[k\boldsymbol{u}(t)]=k\boldsymbol{u}'(t)$;

(4) $\dfrac{\mathrm{d}}{\mathrm{d}t}[f(t)\boldsymbol{u}(t)]=f'(t)\boldsymbol{u}(t)+f(t)\boldsymbol{u}'(t)$;

(5) $\dfrac{\mathrm{d}}{\mathrm{d}t}[\boldsymbol{u}(t)\cdot\boldsymbol{v}(t)]=\boldsymbol{u}'(t)\cdot\boldsymbol{v}(t)+\boldsymbol{u}(t)\cdot\boldsymbol{v}'(t)$;

(6) $\dfrac{\mathrm{d}}{\mathrm{d}t}[\boldsymbol{u}(t)\times\boldsymbol{v}(t)]=\boldsymbol{u}'(t)\times\boldsymbol{v}(t)+\boldsymbol{u}(t)\times\boldsymbol{v}'(t)$;

(7) 链式法则:设 $\boldsymbol{u}(s)$ 为可导的向量值函数,$s=f(t)$ 为可导的数量函数,则

$$\frac{\mathrm{d}\boldsymbol{u}(s)}{\mathrm{d}t}=\frac{\mathrm{d}\boldsymbol{u}}{\mathrm{d}s}\cdot\frac{\mathrm{d}s}{\mathrm{d}t}=\boldsymbol{u}'(s)f'(t)=\boldsymbol{u}'(f(t))f'(t).$$

我们仅就三维向量值函数的情形来证明公式(5),其他留给读者练习.

设 $\boldsymbol{u}(t)=(f_1(t),g_1(t),h_1(t))$,$\boldsymbol{v}(t)=(f_2(t),g_2(t),h_2(t))$,则

$$\boldsymbol{u}(t)\cdot\boldsymbol{v}(t)=f_1(t)f_2(t)+g_1(t)g_2(t)+h_1(t)h_2(t),$$

$$\begin{aligned}\frac{\mathrm{d}}{\mathrm{d}t}[\boldsymbol{u}(t)\cdot\boldsymbol{v}(t)]&=f_1'(t)f_2(t)+g_1'(t)g_2(t)+h_1'(t)h_2(t)+f_1(t)f_2'(t)+\\&\quad g_1(t)g_2'(t)+h_1(t)h_2'(t)\\&=\boldsymbol{u}'(t)\cdot\boldsymbol{v}(t)+\boldsymbol{u}(t)\cdot\boldsymbol{v}'(t).\end{aligned}$$

**例 4** 设 $\boldsymbol{r}(t)$ 是可导的向量值函数,且 $\boldsymbol{r}'(t)\neq\boldsymbol{0}$.如果 $|\boldsymbol{r}(t)|=C$($C$ 为常数),证明:$\boldsymbol{r}(t)$ 与 $\boldsymbol{r}'(t)$ 垂直.

**证** 因为

$$\boldsymbol{r}(t)\cdot\boldsymbol{r}(t)=|\boldsymbol{r}(t)|^2=C^2,$$

则由求导法则(5)知

$$0=\frac{\mathrm{d}}{\mathrm{d}t}[\boldsymbol{r}(t)\cdot\boldsymbol{r}(t)]=\boldsymbol{r}'(t)\cdot\boldsymbol{r}(t)+\boldsymbol{r}(t)\cdot\boldsymbol{r}'(t)=2\boldsymbol{r}'(t)\cdot\boldsymbol{r}(t).$$

因此,$\boldsymbol{r}'(t)\cdot\boldsymbol{r}(t)=0$,也就是说 $\boldsymbol{r}'(t)$ 和 $\boldsymbol{r}(t)$ 垂直.

对于 $\boldsymbol{r}(t)$ 是三维向量值函数的情形,这个结果在几何上表明,如果一条曲线位于一个以原点为球心的球面上,那么它的切向量 $\boldsymbol{r}'(t)$ 垂直于位置向量 $\boldsymbol{r}(t)$.对于 $\boldsymbol{r}(t)$ 是二维向量值函数的情况,请读者思考这一结论对应的几何意义.

**例 5** 如果质量为 $m$ 的质点的位置向量为 $\boldsymbol{r}(t)$,则它的角动量为 $\boldsymbol{L}(t)=m\boldsymbol{r}(t)\times\boldsymbol{v}(t)$,转动力矩为 $\boldsymbol{M}(t)=m\boldsymbol{r}(t)\times\boldsymbol{a}(t)$.试证明:$\boldsymbol{L}'(t)=\boldsymbol{M}(t)$.

**证** 由求导法则(6),知

$$\boldsymbol{L}'(t)=m(\boldsymbol{r}'(t)\times\boldsymbol{v}(t)+\boldsymbol{r}(t)\times\boldsymbol{v}'(t)).$$

注意到 $\boldsymbol{v}(t)=\boldsymbol{r}'(t)$,$\boldsymbol{a}(t)=\boldsymbol{v}'(t)$,则

$$\boldsymbol{L}'(t)=m(\boldsymbol{v}(t)\times\boldsymbol{v}(t)+\boldsymbol{r}(t)\times\boldsymbol{a}(t))=m\boldsymbol{r}(t)\times\boldsymbol{a}(t)=\boldsymbol{M}(t).$$

特别地,当 $\boldsymbol{M}(t)=\boldsymbol{0}$ 时,$\boldsymbol{L}'(t)=\boldsymbol{0}$,从而 $\boldsymbol{L}(t)$ 为常向量.这就是物理学中

的角动量守恒定律.

### 9.2.2 空间曲线的切线及法平面方程

根据式(9.2.1)和式(9.2.2)知,空间曲线

$$\Gamma: x=f(t), y=g(t), z=h(t)$$

在点 $t_0$ 处的切线向量为

$$\boldsymbol{T}(t_0)=(f'(t_0), g'(t_0), h'(t_0)).$$

这样,空间曲线 $\Gamma$ 在点 $P(f(t_0), g(t_0), h(t_0))$ 处的切线方程为

$$\frac{x-f(t_0)}{f'(t_0)}=\frac{y-g(t_0)}{g'(t_0)}=\frac{z-h(t_0)}{h'(t_0)}.$$

称过点 $P$ 且与向量 $\boldsymbol{T}(t)$ 垂直的平面为空间曲线 $\Gamma$ 的法平面,其方程为

$$f'(t_0)(x-f(t_0))+g'(t_0)(y-g(t_0))+h'(t_0)(z-h(t_0))=0.$$

**例 6** 求空间曲线

$$\Gamma: x=t, y=t^2, z=t^3$$

在点(1,1,1)处的切线方程与法平面方程.

**解** 因为 $x'=1, y'=2t, z'=3t^2$,且点(1,1,1)与 $t=1$ 对应,所以,在点(1,1,1)处曲线的切线向量为 $\boldsymbol{T}(t)=(1,2,3)$.因此,所求切线方程为

$$\frac{x-1}{1}=\frac{y-1}{2}=\frac{z-1}{3}.$$

所求法平面方程

$$(x-1)+2(y-1)+3(z-1)=0,$$

即 $x+2y+3z-6=0$.

## 习题 9.2

### A 基础题

1. 求下列向量值函数的导数:

(1) $\boldsymbol{r}(t)=(\mathrm{e}^{-t}, 2, \sqrt{\tan t})$;

(2) $\boldsymbol{r}(t)=(\arcsin t^2, \sin^3 t, \cos t^4)$;

(3) $\boldsymbol{r}(t)=\mathrm{e}^{t^2}\boldsymbol{i}-\boldsymbol{j}+\ln(1+3t)\boldsymbol{k}$;

(4) $\boldsymbol{r}(t)=at\cos 3t\boldsymbol{i}+b\sin^2 t\boldsymbol{j}+c\cos t\boldsymbol{k}$;

(5) $\boldsymbol{r}(t)=\boldsymbol{a}-t\boldsymbol{b}+t^2\boldsymbol{c}$;

(6) $\boldsymbol{r}(t)=t\boldsymbol{a}\times(\boldsymbol{b}+t\boldsymbol{c})$.

2. 求下列曲线在所给参数处的单位切向量：

（1）$\boldsymbol{r}(t)=(6t^3,4t^5,2t)$，$t=1$；

（2）$\boldsymbol{r}(t)=4\sqrt{t}\,\boldsymbol{i}-t^2\boldsymbol{j}+t\boldsymbol{k}$，$t=1$；

（3）$\boldsymbol{r}(t)=\cos t\boldsymbol{i}-3t\boldsymbol{j}+2\sin 2t\boldsymbol{k}$，$t=0$；

（4）$\boldsymbol{r}(t)=2\sin t\boldsymbol{i}+2\sin t\boldsymbol{j}+\tan t\boldsymbol{k}$，$t=\dfrac{\pi}{4}$.

3. 求曲线 $x=a\sin^2 t$，$y=a\sin 2t$，$z=a\cos t$ 在 $t=\dfrac{\pi}{4}$ 处的切向量.

4. 判定下列曲线是否光滑？

（1）$\boldsymbol{r}(t)=(t^3,t^4,t^5)$；

（2）$\boldsymbol{r}(t)=(t^3+t,t^4,t^5)$；

（3）$\boldsymbol{r}(t)=(\cos^3 t,\sin^3 t)$；

（4）$\boldsymbol{r}(t)=(t^3+t,t^2)$.

5. 下列向量值函数 $\boldsymbol{r}(t)$ 表示空间质点在时刻 $t$ 的位置，求质点在指定时刻的速度、加速度向量以及速率.

（1）$\boldsymbol{r}(t)=2\cos t\boldsymbol{i}-3\sin t\boldsymbol{j}+4t\boldsymbol{k}$，$t=1$；

（2）$\boldsymbol{r}(t)=\mathrm{e}^{-t}\boldsymbol{i}-3\cos 2t\boldsymbol{j}+4\sin 3t\boldsymbol{k}$，$t=0$.

6. 下列向量值函数 $\boldsymbol{r}(t)$ 表示空间质点在时刻 $t$ 的位置，求质点在 $t=0$ 时刻的速度与加速度之间的夹角.

（1）$\boldsymbol{r}(t)=\left(\dfrac{\sqrt{2}}{2}t,\dfrac{\sqrt{2}}{2}t-16t^2\right)$；

（2）$\boldsymbol{r}(t)=(3t+1,\sqrt{3}t,t^2)$.

## B 综合题

7. 求曲线 $\boldsymbol{r}(t)=\left(\dfrac{t}{1+t},\dfrac{1+t}{t},t^2\right)$ 在对应于 $t=1$ 点处的切线及法平面方程.

8. 求曲线 $\boldsymbol{r}(t)=t\boldsymbol{i}-t^2\boldsymbol{j}+t^3\boldsymbol{k}$ 上的点，使该点的切线平行于平面 $x+2y+z=4$.

9. 对于向量值函数 $\boldsymbol{r}(t)=(\sin t,\cos t,\sqrt{3})$，证明：

（1）$\boldsymbol{r}(t)$ 的长度为定值；

（2）$\boldsymbol{r}(t)\perp\boldsymbol{r}'(t)$.

10. 证明下列向量值函数的求导法则：

（1）$\dfrac{\mathrm{d}}{\mathrm{d}t}[f(t)\boldsymbol{u}(t)]=f'(t)\boldsymbol{u}(t)+f(t)\boldsymbol{u}'(t)$；

（2）$\dfrac{\mathrm{d}}{\mathrm{d}t}[\boldsymbol{u}(t)\times\boldsymbol{v}(t)]=\boldsymbol{u}'(t)\times\boldsymbol{v}(t)+\boldsymbol{u}(t)\times\boldsymbol{v}'(t)$.

11. 证明：二阶函数行列式的求导法则

$$\frac{\mathrm{d}}{\mathrm{d}t}\begin{vmatrix} a_1(t) & a_2(t) \\ b_1(t) & b_2(t) \end{vmatrix}=\begin{vmatrix} a_1'(t) & a_2'(t) \\ b_1(t) & b_2(t) \end{vmatrix}+\begin{vmatrix} a_1(t) & a_2(t) \\ b_1'(t) & b_2'(t) \end{vmatrix}.$$

并由此导出三阶函数行列式的求导法则

$$\frac{\mathrm{d}}{\mathrm{d}t}\begin{vmatrix} a_1(t) & a_2(t) & a_3(t) \\ b_1(t) & b_2(t) & b_3(t) \\ c_1(t) & c_2(t) & c_3(t) \end{vmatrix}.$$

## C 应用题

12. 某人在进行悬挂式滑翔机训练时，由于快速上升气流而沿位置向量为

$$\boldsymbol{r}(t)=3\cos t\boldsymbol{i}-3\sin t\boldsymbol{j}+t^2\boldsymbol{k}$$

的路径螺旋式上升.求：

（1）滑翔机的速度和加速度向量；

（2）滑翔机在时刻 $t$ 的速率；

（3）滑翔机的速度和加速度向量相互垂直的时刻.

13. 设在时刻 $t$，物体在空间中的位置向量为 $\boldsymbol{r}(t)$，在变力 $\boldsymbol{F}(t)=-\dfrac{c\boldsymbol{r}(t)}{|\boldsymbol{r}(t)|^3}$（其中 $c$ 是常数）的作用下运动.在物理学中，一个物体在时刻 $t$ 的角动量定义为 $\boldsymbol{L}(t)=\boldsymbol{r}(t)\times m\boldsymbol{v}(t)$，其中 $m$ 是物体的质量，而 $\boldsymbol{v}(t)$ 是物体在时刻 $t$ 的速度.证明该物体的角动量是一个守恒量，即 $\boldsymbol{L}(t)$ 是一个不依赖时间的常向量.

## D 实验题

14. 试用 Mathematica 软件求空间曲线 $\boldsymbol{r}(t)=(\sin t-t\cos t)\boldsymbol{i}+(\cos t+t\sin t)\boldsymbol{j}+t^2\boldsymbol{k}\,(0\leqslant t\leqslant 6\pi)$ 的速度向量$\frac{\mathrm{d}\boldsymbol{r}}{\mathrm{d}t}$的分量.

15. 用 Mathematica 软件探索圆柱螺旋线 $\boldsymbol{r}(t)=\cos at\boldsymbol{i}+\sin at\boldsymbol{j}+bt\boldsymbol{k}$ 随常数 $a$ 和 $b$ 值变化的情形.

(1) 当 $b=1$,在区间 $0\leqslant t\leqslant 4\pi$ 上画出 $a=1,2,4,6$ 时圆柱螺旋线 $\boldsymbol{r}(t)$ 和曲线在 $t=\frac{3}{2}\pi$ 的切线,用语言描述当 $a$ 增加时圆柱螺旋线的图形和切线的位置发生了什么变化.

(2) 当 $a=1$,在区间 $0\leqslant t\leqslant 4\pi$ 上画出 $b=\frac{1}{4},\frac{1}{2},2,4$ 时圆柱螺旋线 $\boldsymbol{r}(t)$ 和曲线在 $t=\frac{3}{2}\pi$ 的切线,用语言描述当 $b$ 增加时圆柱螺旋线的图形和切线的位置发生了什么变化.

9.2 测验题

微视频
9-3-1
向量值函数的积分

# 9.3 向量值函数的不定积分与定积分

## 9.3.1 向量值函数的不定积分

我们参照数量函数的原函数与不定积分的概念给出向量值函数的原函数与不定积分的定义.

**定义 9.3.1** 设向量值函数 $\boldsymbol{r}=\boldsymbol{r}(t)$ 在区间 $I$ 内有定义,如果存在可导的向量值函数 $\boldsymbol{R}(t)$,使得对于区间 $I$ 内的每一点,都有

$$\boldsymbol{R}'(t)=\boldsymbol{r}(t),$$

则称向量值函数 $\boldsymbol{R}(t)$ 是 $\boldsymbol{r}(t)$ 在区间 $I$ 内的一个原函数.

容易知道,如果向量值函数 $\boldsymbol{R}(t)$ 是 $\boldsymbol{r}(t)$ 在区间 $I$ 内的一个原函数,那么,$\boldsymbol{R}(t)$ 的每个分量函数也是 $\boldsymbol{r}(t)$ 对应的分量函数在区间 $I$ 内的一个原函数.例如,对于三维向量值函数,如果 $\boldsymbol{R}(t)=(F(t),G(t),H(t))$ 是 $\boldsymbol{r}(t)=(f(t),g(t),h(t))$ 在区间 $I$ 内的一个原函数,则 $F(t),G(t),H(t)$ 分别是 $f(t),g(t),h(t)$ 在区间 $I$ 内对应的原函数.

根据这一认识，再利用数量函数的原函数的性质，我们得到：

(1) 向量值函数 $\boldsymbol{r}(t)$ 在区间 $I$ 内的任意原函数都具有 $\boldsymbol{R}(t)+\boldsymbol{C}$ 的形式，其中 $\boldsymbol{C}$ 为常向量；

(2) 如果向量值函数 $\boldsymbol{r}(t)$ 在区间 $I$ 内连续，那么，在区间 $I$ 内它一定存在原函数.

**定义 9.3.2** 设向量值函数 $\boldsymbol{r}=\boldsymbol{r}(t)$ 在区间 $I$ 内连续，则称 $\boldsymbol{r}(t)$ 在区间 $I$ 内的原函数的全体为它的不定积分，记作 $\int \boldsymbol{r}(t)\,\mathrm{d}t$. 若 $\boldsymbol{R}(t)$ 是 $\boldsymbol{r}(t)$ 在区间 $I$ 内的一个原函数，则

$$\int \boldsymbol{r}(t)\,\mathrm{d}t=\boldsymbol{R}(t)+\boldsymbol{C}.$$

向量值函数的不定积分可以通过计算其分量函数的不定积分得到. 这样，向量值函数的不定积分有类似于数量函数的不定积分的运算法则. 例如

$$\int (\alpha \boldsymbol{r}_1(t)+\beta \boldsymbol{r}_2(t))\,\mathrm{d}t=\alpha\int \boldsymbol{r}_1(t)\,\mathrm{d}t+\beta\int \boldsymbol{r}_2(t)\,\mathrm{d}t.$$

**例 1** 计算 $\int (\cos t\boldsymbol{i}+\sin t\boldsymbol{j}-2t\boldsymbol{k})\,\mathrm{d}t$.

**解** $\int (\cos t\boldsymbol{i}+\sin t\boldsymbol{j}-2t\boldsymbol{k})\,\mathrm{d}t=\left(\int \cos t\mathrm{d}t\right)\boldsymbol{i}+\left(\int \sin t\mathrm{d}t\right)\boldsymbol{j}-2\left(\int t\mathrm{d}t\right)\boldsymbol{k}$

$=(\sin t+C_1)\boldsymbol{i}+(-\cos t+C_2)\boldsymbol{j}+(-t^2+C_3)\boldsymbol{k}$

$=\sin t\boldsymbol{i}-\cos t\boldsymbol{j}-t^2\boldsymbol{k}+\boldsymbol{C}.$

对于较简单的不定积分，可以直接写出原函数，再加上一个常向量 $\boldsymbol{C}$.

**例 2** 计算 $\int (\mathrm{e}^{-t}\boldsymbol{i}+\sin t\boldsymbol{j})\,\mathrm{d}t$.

**解** $\int (\mathrm{e}^{-t}\boldsymbol{i}+\sin t\boldsymbol{j})\,\mathrm{d}t=-\mathrm{e}^{-t}\boldsymbol{i}-\cos t\boldsymbol{j}+\boldsymbol{C}.$

**例 3** 一枚导弹以初始速度 $\boldsymbol{v}_0$、仰角 $\alpha$ 发射，假设导弹只受重力作用，空气阻力可以忽略不计，求这枚导弹的位置函数 $\boldsymbol{r}(t)$，并问 $\alpha$ 取何值时射程最远？

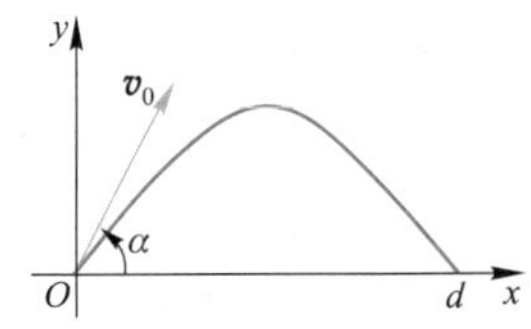

图 9.3.1 导弹运行轨迹

**解** 如图 9.3.1，以发射点为原点建立坐标系. 因为重力的方向向下，所以由牛顿第二定律有

$$\boldsymbol{F}=m\boldsymbol{a}=-mg\boldsymbol{j},$$

其中，$g=|\boldsymbol{a}|\approx 9.8\ \mathrm{m/s^2}$. 因为，$\boldsymbol{v}'(t)=\boldsymbol{a}$，所以

$$\boldsymbol{v}'(t)=-g\boldsymbol{j}.$$

积分,得

$$\boldsymbol{v}(t)=\int(-g\boldsymbol{j})\,\mathrm{d}t=-gt\boldsymbol{j}+\boldsymbol{C}.$$

代入初始速度 $\boldsymbol{v}(0)=\boldsymbol{v}_0$,得 $\boldsymbol{C}=\boldsymbol{v}_0$.从而 $\boldsymbol{v}(t)=-gt\boldsymbol{j}+\boldsymbol{v}_0$.因此

$$\boldsymbol{r}'(t)=\boldsymbol{v}(t)=-gt\boldsymbol{j}+\boldsymbol{v}_0.$$

再积分,得

$$\boldsymbol{r}(t)=\int(-gt\boldsymbol{j}+\boldsymbol{v}_0)\,\mathrm{d}t=\boldsymbol{v}_0t-\frac{1}{2}gt^2\boldsymbol{j}+\boldsymbol{C}_1.$$

代入初始位置 $\boldsymbol{r}(0)=\boldsymbol{0}$,得 $\boldsymbol{C}_1=\boldsymbol{0}$.所以

$$\boldsymbol{r}(t)=\boldsymbol{v}_0t-\frac{1}{2}gt^2\boldsymbol{j}. \tag{9.3.1}$$

如果用 $v_0=|\boldsymbol{v}_0|$表示初始速率,则式(9.3.1)可以写作

$$\boldsymbol{r}(t)=(v_0t\cos\alpha)\boldsymbol{i}+\left(v_0t\sin\alpha-\frac{1}{2}gt^2\right)\boldsymbol{j}.$$

这样,导弹的轨迹方程为

$$x=v_0t\cos\alpha,\quad y=v_0t\sin\alpha-\frac{1}{2}gt^2.$$

当 $y=0$ 时,得导弹飞行时间 $t=\dfrac{2v_0\sin\alpha}{g}$.于是,导弹的射程为

$$d=v_0\cos\alpha\cdot\frac{2v_0\sin\alpha}{g}=\frac{v_0^2}{g}\sin 2\alpha.$$

所以,当 $\alpha=\dfrac{\pi}{4}$时,导弹的射程达到最远.

## 9.3.2 向量值函数的定积分

前面我们参照数量函数的导数与不定积分的定义,给出了向量值函数的导数与不定积分的定义,而它们的计算则分别转化为求其分量函数的导数与不定积分.同样,我们也可以参照数量函数定积分的定义来给出向量值函数的定积分.但为了简便起见,我们直接利用分量函数的定积分来定义向量值函数的定积分.以三维向量值函数为例.

> 向量值函数的定积分也有类似于数量函数定积分的牛顿-莱布尼茨公式.
>
> 设向量值函数 $\boldsymbol{r}=\boldsymbol{r}(t)$ 在区间$[a,b]$上连续,$\boldsymbol{R}(t)$是它在区间$[a,b]$上的一个原函数,则
>
> $\int_a^b\boldsymbol{r}(t)\,\mathrm{d}t=\boldsymbol{R}(t)\Big|_a^b=\boldsymbol{R}(b)-\boldsymbol{R}(a).$

设三维向量值函数 $\boldsymbol{r}(t)=(f(t),g(t),h(t))$ 在区间$[a,b]$上连续,定义该函数在区间$[a,b]$上的定积分为

$$\int_a^b \boldsymbol{r}(t)\,\mathrm{d}t=\left(\int_a^b f(t)\,\mathrm{d}t\right)\boldsymbol{i}+\left(\int_a^b g(t)\,\mathrm{d}t\right)\boldsymbol{j}+\left(\int_a^b h(t)\,\mathrm{d}t\right)\boldsymbol{k}.$$

**例 4** 计算 $\int_0^1 ((1+t)\boldsymbol{i}+t\mathrm{e}^{t^2}\boldsymbol{j})\,\mathrm{d}t$.

**解** $\int_0^1 ((1+t)\boldsymbol{i}+t\mathrm{e}^{t^2}\boldsymbol{j})\,\mathrm{d}t=\left(\int_0^1 (1+t)\,\mathrm{d}t\right)\boldsymbol{i}+\left(\int_0^1 t\mathrm{e}^{t^2}\mathrm{d}t\right)\boldsymbol{j}=\frac{3}{2}\boldsymbol{i}+\frac{\mathrm{e}-1}{2}\boldsymbol{j}$,

或者

$$\begin{aligned}\int_0^1 ((1+t)\boldsymbol{i}+t\mathrm{e}^{t^2}\boldsymbol{j})\,\mathrm{d}t&=\left[\left(t+\frac{t^2}{2}\right)\boldsymbol{i}+\frac{\mathrm{e}^{t^2}}{2}\boldsymbol{j}\right]\Bigg|_0^1=\left(\frac{3}{2}\boldsymbol{i}+\frac{\mathrm{e}}{2}\boldsymbol{j}\right)-\frac{1}{2}\boldsymbol{j}\\&=\frac{3}{2}\boldsymbol{i}+\frac{\mathrm{e}-1}{2}\boldsymbol{j}.\end{aligned}$$

## 习题 9.3

### A 基础题

1. 证明:

(1) 若在区间 $I$ 内恒有 $\boldsymbol{R}'(t)=\boldsymbol{0}$,则 $\boldsymbol{R}(t)=\boldsymbol{C}$(常向量);

(2) 若 $\boldsymbol{R}(t)$ 是 $\boldsymbol{r}(t)$ 在区间 $I$ 内的一个原函数,则 $\boldsymbol{r}(t)$ 的原函数的全体等于 $\boldsymbol{R}(t)+\boldsymbol{C}$,其中,$\boldsymbol{C}$ 为常向量.

2. 计算下列向量值函数的不定积分:

(1) $\int\left(\mathrm{e}^{2t}\boldsymbol{i}+\frac{1}{1-2t}\boldsymbol{j}+\frac{1}{t}\boldsymbol{k}\right)\mathrm{d}t$;

(2) $\int(\cos^3 t\boldsymbol{i}+t\cos t\boldsymbol{j}+\sec^2 t\boldsymbol{k})\,\mathrm{d}t$;

(3) $\int\left(3^t\boldsymbol{i}+\sqrt{2t}\boldsymbol{j}+\frac{1}{5}\boldsymbol{k}\right)\mathrm{d}t$;

(4) $\int\left(\frac{1}{1+9t^2}\boldsymbol{i}+\frac{1}{\sqrt{1-t^2}}\boldsymbol{j}+\frac{t}{\sqrt{1-t^2}}\boldsymbol{k}\right)\mathrm{d}t$.

3. 利用数量函数定积分的性质证明:

(1) $\int_a^b k\boldsymbol{r}(t)\,\mathrm{d}t=k\int_a^b \boldsymbol{r}(t)\,\mathrm{d}t$ ,其中 $k$ 为常数;

(2) $\int_a^b (\boldsymbol{r}_1(t)+\boldsymbol{r}_2(t))\,\mathrm{d}t=\int_a^b \boldsymbol{r}_1(t)\,\mathrm{d}t+\int_a^b \boldsymbol{r}_2(t)\,\mathrm{d}t$;

(3) $\int_a^b \boldsymbol{C}\cdot\boldsymbol{r}(t)\,\mathrm{d}t=\boldsymbol{C}\cdot\int_a^b \boldsymbol{r}(t)\,\mathrm{d}t$,其中 $\boldsymbol{C}$ 为常向量.

4. 计算下列向量值函数的定积分:

(1) $\int_{-1}^{\sqrt{3}}\left(t^2\boldsymbol{i}+\frac{1}{1+t^2}\boldsymbol{j}\right)\mathrm{d}t$ ;

(2) $\int_0^{\frac{1}{2}}(\arcsin t\boldsymbol{i}+\mathrm{e}^{\sqrt{t}}\boldsymbol{j})\,\mathrm{d}t$ .

### B 综合题

5. 证明:

(1) 若向量值函数 $\boldsymbol{r}(t)$ 在区间 $[a,b]$ 上连续,则对任意的 $t\in[a,b]$ ,有

$$\frac{\mathrm{d}}{\mathrm{d}t}\int_a^t \boldsymbol{r}(x)\,\mathrm{d}x=\boldsymbol{r}(t);$$

(2) 若 $\boldsymbol{R}(t)$ 是 $\boldsymbol{r}(t)$ 在区间 $[a,b]$ 内的原函数,则

$$\int_a^b \boldsymbol{r}(x)\,\mathrm{d}x=\boldsymbol{R}(b)-\boldsymbol{R}(a).$$

6. 解下列关于向量值函数 $\boldsymbol{r}(t)$ 的微分方程:

(1) $\frac{\mathrm{d}\boldsymbol{r}}{\mathrm{d}t}=\frac{3}{2}(t+1)^{\frac{1}{2}}\boldsymbol{i}+\mathrm{e}^{-t}\boldsymbol{j},\boldsymbol{r}(0)=\boldsymbol{0}$;

（2）$\frac{d^2\boldsymbol{r}}{dt^2}=-\boldsymbol{i}-\boldsymbol{j}, \boldsymbol{r}(0)=10\boldsymbol{i}+10\boldsymbol{j}, \boldsymbol{r}'(0)=\boldsymbol{0}$.

## C 应用题

7. 如题图，一条河宽 100 m，一艘划艇在时刻 $t=0$ 离开对岸朝着近岸以20 m/min的速率行驶，方向垂直于河岸，水流在$(x,y)$处的速度是

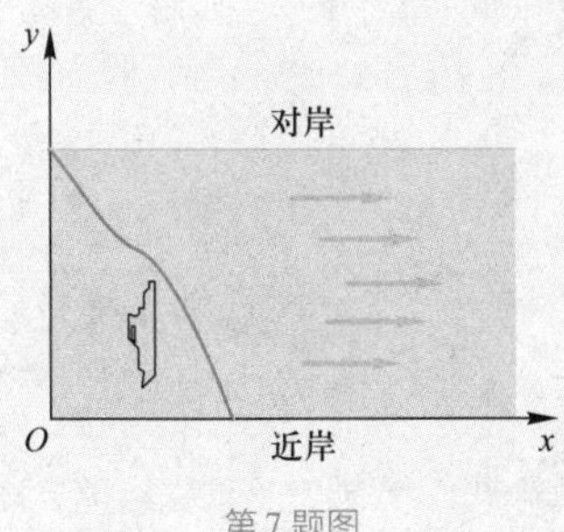


第 7 题图

$$\boldsymbol{v}=\left[-\frac{1}{250}(y-50)^2+10\right]\boldsymbol{i}(\text{m/min}),$$

其中 $0<y<100$.

（1）设 $\boldsymbol{r}(0)=100\boldsymbol{j}$，求划艇的位置向量 $\boldsymbol{r}(t)$；

（2）划艇在下游多远处靠近岸？

8. 由牛顿万有引力定律知：若 $\boldsymbol{r}$ 是从质量为 $M$ 的太阳中心到质量为 $m$ 的行星中心的径向量，那么太阳对行星的引力为 $\boldsymbol{F}=-\frac{GmM}{|\boldsymbol{r}|^3}\cdot\boldsymbol{r}$.

（1）求行星运动的加速度 $\boldsymbol{r}''$；

（2）证明 $\boldsymbol{r}\times\boldsymbol{r}'$ 是常向量；

（3）上述(2) 的结果说明 $\boldsymbol{r}$ 与 $\boldsymbol{r}'$ 位于一个以常向量为法线的固定平面中，即行星绕太阳的运动是一平面运动.记此平面为 $xOy$ 平面，常向量 $\boldsymbol{r}\times\boldsymbol{r}'$ 对应的单位向量为 $z$ 轴方向的单位向量 $\boldsymbol{k}$，$\boldsymbol{r}$ 与 $x$ 轴正向的夹角（即极角）为 $\theta$，$\boldsymbol{r}$ 的单位方向向量为 $\boldsymbol{e}_r$，$|\boldsymbol{r}|=r$，则

$$\boldsymbol{e}_r=\cos\theta\boldsymbol{i}+\sin\theta\boldsymbol{j},$$

而

$$\begin{aligned}\boldsymbol{r}\times\boldsymbol{r}'&=(r\boldsymbol{e}_r)\times(r'\boldsymbol{e}_r+r\boldsymbol{e}_r')\\&=r^2\boldsymbol{e}_r\times\boldsymbol{e}_r'\\&=r^2\boldsymbol{e}_r\times\left(\frac{d\boldsymbol{e}_r}{d\theta}\cdot\frac{d\theta}{dt}\right)\\&=r^2\cdot\frac{d\theta}{dt}\boldsymbol{e}_r\times(-\sin\theta\boldsymbol{i}+\cos\theta\boldsymbol{j})\\&=r^2\cdot\frac{d\theta}{dt}(\cos\theta\boldsymbol{i}+\sin\theta\boldsymbol{j})\times(-\sin\theta\boldsymbol{i}+\cos\theta\boldsymbol{j})\\&=r^2\cdot\frac{d\theta}{dt}\boldsymbol{k}.\end{aligned}$$

因而 $r^2\cdot\frac{d\theta}{dt}$ 是常量.由极坐标方程下的面积公式知，行星从起始时刻到 $t$ 时刻向径扫过的面积 $A$ 为

$$A=\frac{1}{2}\int_{\theta_0}^{\theta}r^2(\alpha)d\alpha.$$

于是

$$\frac{dA}{d\theta}=\frac{1}{2}r^2(\theta),$$

故

$$\frac{dA}{dt}=\frac{1}{2}r^2(\theta)\frac{d\theta}{dt}$$

是一常量.这就是著名的开普勒第二定律：连接太阳和行星的直线在相同的时间内扫过的面积相等.

地球绕太阳运动时 $\frac{dA}{dt}$ 约为 $2.25\times10^9\ \text{km}^2/\text{s}$，根据开普勒第一定律，地球绕太阳运动的轨迹为一椭圆，其长半轴为 $1.495\ 7\times10^8$ km，离心率为 0.016 7，试验证地球绕太阳一周的时间约为 365.25 天.

## D 实验题

9. 利用数学软件解下列向量值函数的微分方程，并画出其解曲线.

（1）$\frac{d\boldsymbol{r}}{dt}=-t\boldsymbol{i}-t\boldsymbol{j}-t\boldsymbol{k}$；

(2) $\frac{\mathrm{d}\boldsymbol{r}}{\mathrm{d}t}=\frac{5}{3}(t+1)^{\frac{1}{2}}\boldsymbol{i}+\mathrm{e}^{-4t}\boldsymbol{j}+\sec\sqrt{1+t}\,\boldsymbol{k}$.

10. 假设某种型号炮弹的初始速度固定，炮筒水平放置时离地面 1.5 m.现假设以不同的方向角 $\alpha(0<\alpha<\pi)$发射炮弹，试借助 Mathematica 软件绘制以不同角度（如以 $\alpha$ 间隔$\frac{\pi}{36}$增量）发射炮弹时，炮弹从发射到落地的运动轨迹曲线.通过观察绘制的曲线，你能得出什么样的结论？

9.3 测验题

# 第十章 多元函数的导数及其应用

**课程思政案例**
拉格朗日乘子法与火箭级重量设计

在上册中，我们学习了一元函数微积分，其研究的对象是仅依赖于一个自变量的一元函数.然而在很多实际问题中，我们经常会遇到一个变量依赖于两个或两个以上自变量的情形，这就提出了多元函数以及多元函数的微积分问题.多元函数微积分有着更为丰富多彩的应用.我们将会看到，多元函数微积分的基本概念、理论和方法是一元函数微积分中相应的概念、理论和方法的推广与发展.一般地，利用类比建立多元函数微积分的概念，并借助于降维的思想，将多元函数微积分的计算问题转化为一元函数微积分的计算问题.借助于线性代数中向量的记号，我们会看到多元函数微积分与一元函数微积分在许多方面具有形式一致性.但是我们也会看到，一元函数微积分过渡到多元函数微积分时，也会遇到许多新情况、新问题.因此，读者在学习多元函数微积分时，既要注意其与一元函数微积分的联系，又要注意它们之间的区别.在学习时，以二元函数及三元函数的微积分为重点来掌握多元函数微积分的实质.

本章讨论多元函数的导数及其应用.

**微视频**
10-1-1
问题引入——现实世界中的一个量与多个量的依赖关系

## 10.1 多元函数的极限与连续

### 10.1.1 多元函数的概念

**微视频**
10-1-2
点集的基本知识——邻域的概念

**1. 点集的基本知识**

一元函数是定义在一维数轴的一个点集上的.在引入一元函数之前，我们先引入了一维点集中区间和邻域这两个重要的概念.同样，为了给出多元函数的概念，我们先介绍有关多维空间中点集的一些基本知识.

我们知道，一维点集中区间和邻域可以用不等式刻画，区间上的点可分为端点与区间内的点，包含端点的区间为闭区间，不含端点的区间为开区间.这些概念推广到平面或空间时就形成了邻域、区域、边界点、内点以及开集、闭集等概念.

首先，参照一维数轴上点的邻域的定义给出多维空间中点的邻域的概念.

**定义 10.1.1** 设 $\boldsymbol{x}_0$ 是空间 $\mathbb{R}^n$ 中的一点，$\delta$ 是一个正常数，称空间 $\mathbb{R}^n$ 中的点集

$$U(\boldsymbol{x}_0,\delta)=\{\boldsymbol{x}\mid |\boldsymbol{x}-\boldsymbol{x}_0|<\delta\}$$

为点 $\boldsymbol{x}_0$ 的一个 $\delta$ 邻域，其中，点 $\boldsymbol{x}_0$ 称为该邻域的中心，$\delta$ 称为半径.换句话说，点 $\boldsymbol{x}_0$ 的一个 $\delta$ 邻域是 $\mathbb{R}^n$ 中距离 $\boldsymbol{x}_0$ 不超过 $\delta$ 的点的集合.如果在点 $\boldsymbol{x}_0$ 的 $\delta$ 邻域中去掉中心点，则称所得集合为点 $\boldsymbol{x}_0$ 的去心 $\delta$ 邻域，记作 $\overset{o}{U}(\boldsymbol{x}_0,\delta)$，即

$$\overset{o}{U}(\boldsymbol{x}_0,\delta)=\{\boldsymbol{x}\mid 0<|\boldsymbol{x}-\boldsymbol{x}_0|<\delta\}.$$

如果不强调邻域的半径，则用 $U(\boldsymbol{x}_0)$ 及 $\overset{o}{U}(\boldsymbol{x}_0)$ 分别表示点 $\boldsymbol{x}_0$ 的某个邻域及某个去心邻域.我们还经常用点 $P_0$ 表示点 $\boldsymbol{x}_0$，用点 $P$ 表示点 $\boldsymbol{x}$.

特别地，当 $n=1$ 时，定义 10.1.1 与一维数轴上点的邻域的定义是一致的.

当 $n=2$ 时，点 $P_0(x_0,y_0)$ 的 $\delta$ 邻域为平面点集：

$$U(P_0,\delta)=\{(x,y)\mid \sqrt{(x-x_0)^2+(y-y_0)^2}<\delta\}.$$

在几何上它表示一个以 $P_0$ 为圆心、$\delta$ 为半径的圆周所围成的不含圆周本身的圆形区域.如图 10.1.1(a)所示.

当 $n=3$ 时，点 $P_0(x_0,y_0,z_0)$ 的 $\delta$ 邻域为空间点集：

$$U(P_0,\delta)=\{(x,y,z)\mid \sqrt{(x-x_0)^2+(y-y_0)^2+(z-z_0)^2}<\delta\}.$$

在几何上它表示一个以 $P_0$ 为球心、$\delta$ 为半径的球面所围成的不含球面本身的球形区域.如图 10.1.1(b)所示.

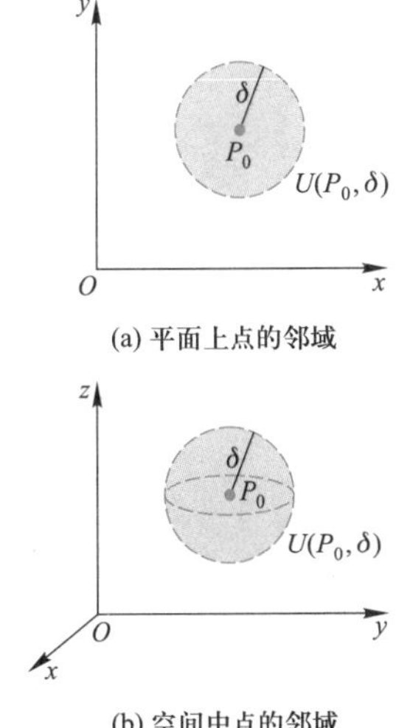

图 10.1.1 平面及空间中点的邻域

微视频
10-1-3
点集的基本知识——区域的概念

下面以二维点集为例，利用邻域的概念来描述点和点集之间的关系.

平面中任意一点 $P$ 与任意一个点集 $D$ 之间必有以下三种关系中的一种：

(1) 内点:如果存在点 $P$ 的某个邻域 $U(P)$,使得 $U(P)\subset D$,那么称 $P$ 为 $D$ 的内点;

(2) 外点:如果存在点 $P$ 的某个邻域 $U(P)$,使得 $U(P)\cap D=\varnothing$,那么称 $P$ 为 $D$ 的外点;

(3) 边界点:如果点 $P$ 的任一邻域内既含有属于 $D$ 的点,又含有不属于 $D$ 的点,那么称 $P$ 为 $D$ 的边界点.$D$ 的边界点的全体称为 $D$ 的边界,记作 $\partial D$.

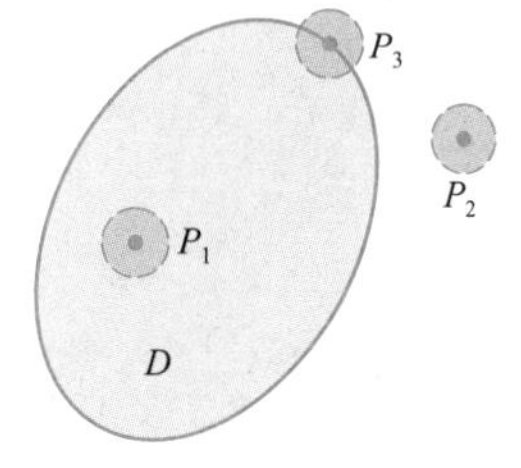

图 10.1.2 点与点集的关系

这些概念可以推广到三维空间以及 $n$ 维空间.

在图 10.1.2 中,$P_1$ 为 $D$ 的内点,$P_2$ 为 $D$ 的外点,$P_3$ 为 $D$ 的边界点.

从上述定义及图 10.1.2,我们知道 $D$ 的内点必属于 $D$,$D$ 的外点必不属于 $D$,$D$ 的边界点可能属于 $D$,也可能不属于 $D$.

根据点集所属点的特征,我们再来定义一些重要的平面点集.

开集:若点集 $D$ 的点都是 $D$ 的内点,则称 $D$ 为开集;

闭集:若点集 $D$ 的余集是开集,则称 $D$ 为闭集;

连通集:若点集 $D$ 内任何两点,都可以用 $D$ 中的有限折线联结起来,则称 $D$ 为连通集;

开区域:连通的开集称为开区域或区域;

闭区域:开区域连同它的边界一起所构成的点集称为闭区域;

有界集:对于平面点集 $D$,如果存在某一正数 $r$,使得

$$D\subset U(O,r),$$

其中 $O$ 为原点,则称 $D$ 为有界集.

例如,在平面直角坐标中,集合 $D_1=\{(x,y)\mid x^2+y^2=1\}$ 表示以原点为圆心,半径为 1 的圆周上的点的集合,它是有界闭集,如图 10.1.3(a)所示;集合 $D_2=\{(x,y)\mid x^2+y^2\leqslant 1\}$ 表示以原点为圆心,半径为 1 的圆周及圆周内的点的集合,它是有界闭区域,如图 10.1.3(b)所示;集合 $D_3=\{(x,y)\mid x^2+y^2<1\}$ 表示以原点为圆心,半径为 1 的圆周所围成的但不含圆周的点的集合,它是有界区域,如图 10.1.3(c)所示;集合 $D_4=\{(x,y)\mid 1<x^2+y^2<2\}$ 表示以原点为圆心,内半径为 1、外半径为 $\sqrt{2}$ 的圆环形区域但不含边界的点的集合,它是有界区域,如图 10.1.3(d)所示;集合 $D_5=\{(x,y)\mid |x|<1\}$ 表示一个带状区域,但是无界的,如图 10.1.3(e)所示;集合 $D_6=\{(x,y)\mid |x|>1,|y|>1\}$ 不是连通的,所以不是区域,如图 10.1.3(f)所示.

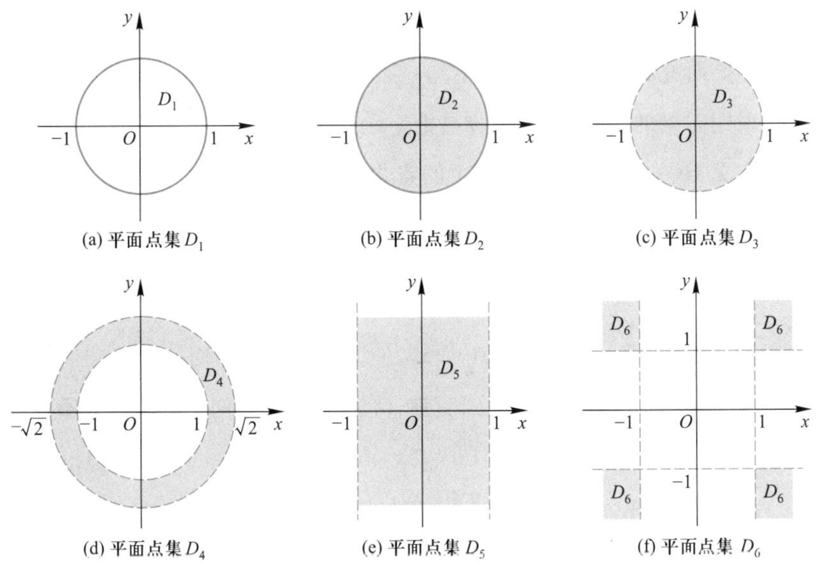


(a) 平面点集 $D_1$　(b) 平面点集 $D_2$　(c) 平面点集 $D_3$

(d) 平面点集 $D_4$　(e) 平面点集 $D_5$　(f) 平面点集 $D_6$

图 10.1.3　几个平面点集的直观图示

在空间直角坐标中,集合 $V_1=\{(x,y,z)\mid x^2+y^2+z^2=1\}$ 表示以原点为球心,半径为 1 的球面上的点的集合,它是有界闭集;集合 $V_2=\{(x,y,z)\mid x^2+y^2+z^2\leqslant 1\}$ 表示以原点为球心,半径为 1 的球面及球面内的点的集合,它是有界闭区域;集合 $V_3=\{(x,y,z)\mid x^2+y^2+z^2<1\}$ 表示以原点为球心,半径为 1 的球之内部但不含球面的点的集合,它是有界区域.

### 2. 多元函数

在现实世界中,很多物理量都依赖于两个或多个变量,如地球上任何一点的温度 $T$ 依赖于这点所在的经度 $x$、纬度 $y$ 以及时间 $t$;电热器发出的热量 $Q$ 依赖于它的电阻 $R$ 的大小以及通过它的电流 $I$ 的大小与时间 $t$.再看一些具体的例子:

(1) 如果用 $x,y$ 分别表示长方形的长与宽,那么它的面积 $A$ 可以表示为 $A=xy$;

(2) 如果用 $r$ 和 $h$ 分别表示圆柱体的底面半径和高,用 $V$ 表示圆柱体的体积,那么 $V=\pi r^2h$;

(3) 如果用 $x,y,z$ 分别表示长方体的长、宽和高,那么它的体积可以表示为 $V=xyz$;

微视频
10-1-4
多元函数定义

(4) 如果用三维空间中的点 $(x,y,z)$ 表示风筝在空中的位置,那么风筝离站在地面原点不动的放风筝者的距离 $d$ 可以表示为 $d=\sqrt{x^2+y^2+z^2}$.

这些例子都涉及一个变量与其他多个变量之间的依赖关系.这些都是我们要研究的多元函数的例子.

采用向量的记号,我们很容易把一元函数的概念推广到 $n$ 元函数.

**定义 10.1.2** $n$ 维空间 $\mathbb{R}^n$ 中的点集 $D$ 到实数集 $\mathbb{R}$ 上的映射 $f$ 称为 $n$ 元函数.

设 $\boldsymbol{x}=(x_1,x_2,\cdots,x_n)$ 是 $D$ 中任意一点,它在 $f$ 下对应的像为 $u$,通常将 $n$ 元函数 $f$ 记作

$$u=f(x_1,x_2,\cdots,x_n).$$

称 $x_1,x_2,\cdots,x_n$ 为自变量,$u$ 为因变量,$D$ 为定义域.用向量的记号表示为

$$u=f(\boldsymbol{x}).$$

特别地,如果 $n=1$,$D$ 是数轴上的区间,那么函数 $u=f(x_1)$ 就是我们非常熟悉的一元函数,习惯上记作 $y=f(x)$.

如果 $n=2$,$D$ 是平面上的区域,那么,函数 $u=f(x_1,x_2)$ 为二元函数,它将平面区域中的每一点 $(x_1,x_2)$ 按对应法则 $f$ 映射到 $\mathbb{R}$ 上对应的点 $u$.习惯上,将二元函数记作 $z=f(x,y)$.图 10.1.4 直观地表示了这种函数关系.

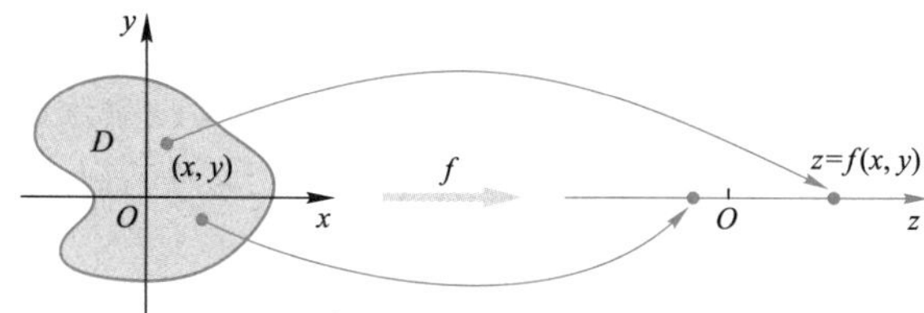


图 10.1.4 二元函数 $f$ 将二维平面区域中的点映射到一维数轴上

通常,当 $n>1$ 时,将 $u=f(x_1,x_2,\cdots,x_n)$ 统称为多元函数.从工程技术的角度来看,一个多元函数可以想象为一个多输入单输出的"机器"或者"系统",如图 10.1.5 所示.

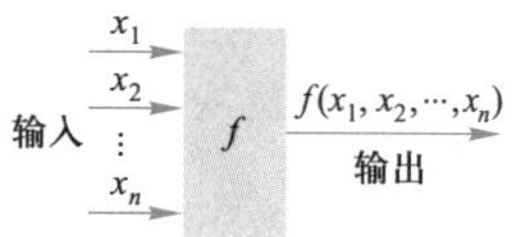


图 10.1.5 把多元函数想象为一台"机器"

讨论题

10-1-1

多元函数的概念

请结合实际生活,列举一些多元函数的具体实例.

如果 $n=3$,$D$ 是三维空间中的区域,则函数 $u=f(x_1,x_2,x_3)$ 为三元函数.习惯上,将三元函数记作 $u=f(x,y,z)$.

**例 1** 写出下列函数的定义域:

(1) $z=\sqrt{y-x^2}$;　　(2) $z=\dfrac{1}{\sqrt{1-x^2-y^2}}$;

(3) $u=\sqrt{1-x^2-y^2-z^2}$;　　(4) $z=\ln(1-x_1^2-x_2^2-\cdots-x_n^2)$.

**解** (1) 定义域 $D_1=\{(x,y)\mid y-x^2\geqslant 0\}$,它是二维平面内的一个闭区域,如图 10.1.6(a)所示;

(2) 定义域 $D_2=\{(x,y)\mid x^2+y^2<1\}$,它是二维平面内的一个开区域,如图 10.1.6(b)所示;

(3) 定义域 $D_3=\{(x,y,z)\mid x^2+y^2+z^2\leqslant 1\}$,它是三维空间中的一个

球形闭区域,如图 10.1.6(c)所示;

(4) 定义域 $D_4=\{(x_1,x_2,\cdots,x_n)\mid x_1^2+x_2^2+\cdots+x_n^2<1\}$,因为当 $n=3$ 时,它是三维空间中的一个不含边界面的球体,所以,当 $n>3$ 时,称它为空间 $\mathbb{R}^n$ 中的超球体(不含边界面),它是一个开区域.

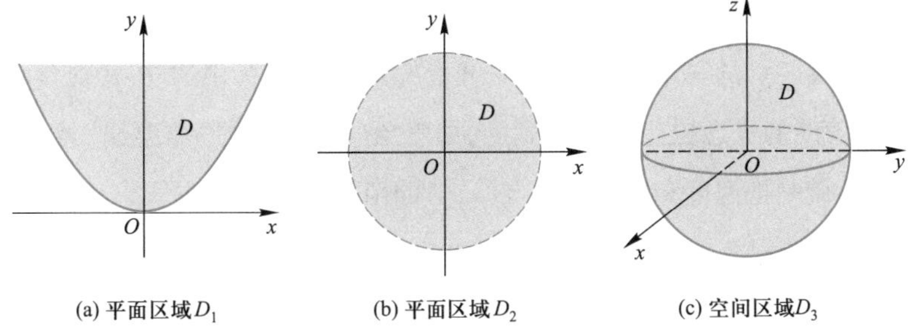


图 10.1.6 例 1 中二元函数与三元函数的定义域

微视频
10-1-5
二元函数的几何表示

### 3. 二元函数的几何表示

若二元函数 $z=f(x,y)$ 的定义域为平面点集 $D$,那么,它在几何上通常表示三维空间中的一张曲面,如图 10.1.7 所示,其中 $M$ 为曲面内任一点,$x$ 为横坐标,$y$ 为纵坐标,$z$ 为竖坐标,点$(x,y)$在 $D$ 内取值.例如,函数 $z=ax+by+c$ 的图形是一张平面,函数 $z=x^2+y^2$ 的图形是旋转抛物面,函数 $z=\sqrt{a^2-x^2-y^2}$ 的图形是球心在原点、半径为 $a$ 的上半球面,$z=\sqrt{x^2+y^2}$ 是顶点在原点、半顶角为$\frac{\pi}{4}$的上半圆锥面.

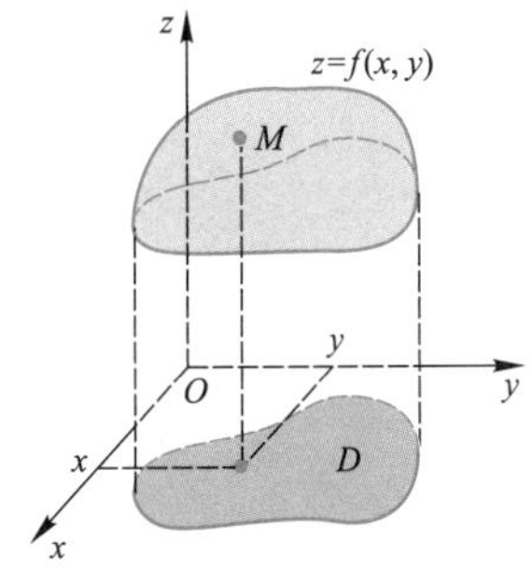


图 10.1.7 二元函数在几何上表示一张曲面

对于二元函数所表示的曲面,要想用逐点描述法画出曲面是困难的.我们常采用"截痕法"来研究.如我们用平面 $z=h_k$($h_k$ 是常数)去截割这个曲面,截得的截痕(曲线)$\Gamma_k$ 的方程为

$$\Gamma_k:\begin{cases}z=h_k,\\z=f(x,y)\end{cases}\quad 或 \quad \begin{cases}z=h_k,\\h_k=f(x,y).\end{cases}$$

曲线 $\Gamma_k$ 在 $xOy$ 平面上的射影是曲线 $C_k$,它的方程是

$$C_k:\begin{cases}z=0,\\h_k=f(x,y).\end{cases}$$

对于 $C_k$ 上所有的点,函数 $f(x,y)$ 所对应的函数值都是 $h_k$.曲线 $C_k$ 称为函数 $z=f(x,y)$ 的等值线或等高线,$h_k$ 称为高程.当 $h_k$ 取不同值时,就可以画出函数$z=f(x,y)$对应的一系列等值线,想象这些等值线往竖直方向拉出高度 $h_k$,就能得到该函数所表示的曲面的大致轮廓了.如图 10.1.8

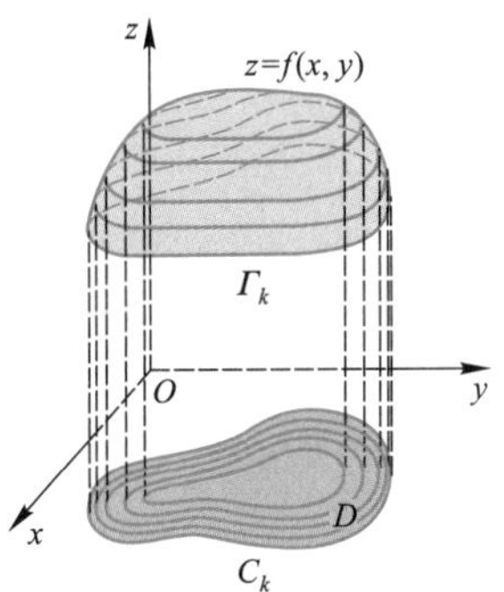


图 10.1.8 二元函数的等值线

所示.

通常地形图就是根据上述道理制成的.在制作地形图时,一般将高程取成等差的数值,这样,地形图上等值线稀疏的部分就意味着该地域地势变化平缓,而等值线稠密的部分意味着该地域地势变化陡峭.人们根据这种地形图就可以相当准确地了解到该地区的地形情况.在军事上用等高线表示的军事地形图对军事指挥员是非常有用的.在其他学科中,等值线的概念也是常常遇到的,如气象学上用到的"等温线"及"等压线",就是把温度和压力看作点$(x,y)$的函数时的等值线.

我们在第 8.3 节中学习过 Mathematica 软件中作空间曲面图形的语句基本格式,还学习了用曲面参数方程作曲面图形的语句基本格式.这里我们学习作曲面等值线图的语句基本格式,如表 10.1.1 所示.

表 10.1.1　Mathematica 软件中作等值线图的语句基本格式

| 表达式格式 | 表达式意义 |
| --- | --- |
| ContourPlot [ f [ x, y ] , { x, x1, x2 } , { y,y1,y2 } ] | 画出曲面 $z=f(x,y)$ 在闭区域 $x_1\leqslant x\leqslant x_2, y_1\leqslant y\leqslant y_2$ 上的等值线图 |

**例 2**　用 Mathematica 软件作出下列二元函数的图形及其等值线图:

(1) $f(x,y)=x^2+y^2$;　　(2) $f(x,y)=x^2-y^2$;

(3) $f(x,y)=-xye^{-(x^2+y^2)}$;　　(4) $f(x,y)=\dfrac{-3y}{x^2+y^2+1}$.

**解**　以(3)为例,分别输入下列命令:

Plot3D[ $-xye^{-x^2-y^2}$, {x,−2,2}, {y,−2,2}, PlotPoints→30];

ContourPlot[ $-xye^{-x^2-y^2}$, {x,−2,2}, {y,−2,2}, Contours→20, ContourShading→False]

得到函数的图形及其等值线图形,如图 10.1.9(c)所示.

第(1)、(2)、(4)题中函数的图形及其等值线图参看图 10.1.9(a)、(b)、(d).

等值线的概念可以推广到三元函数.例如,电学中电位 $V$ 是点$(x,y,z)$的函数,由电位相等的点构成的一个曲面称为电位函数 $V(x,y,z)$的等值面.

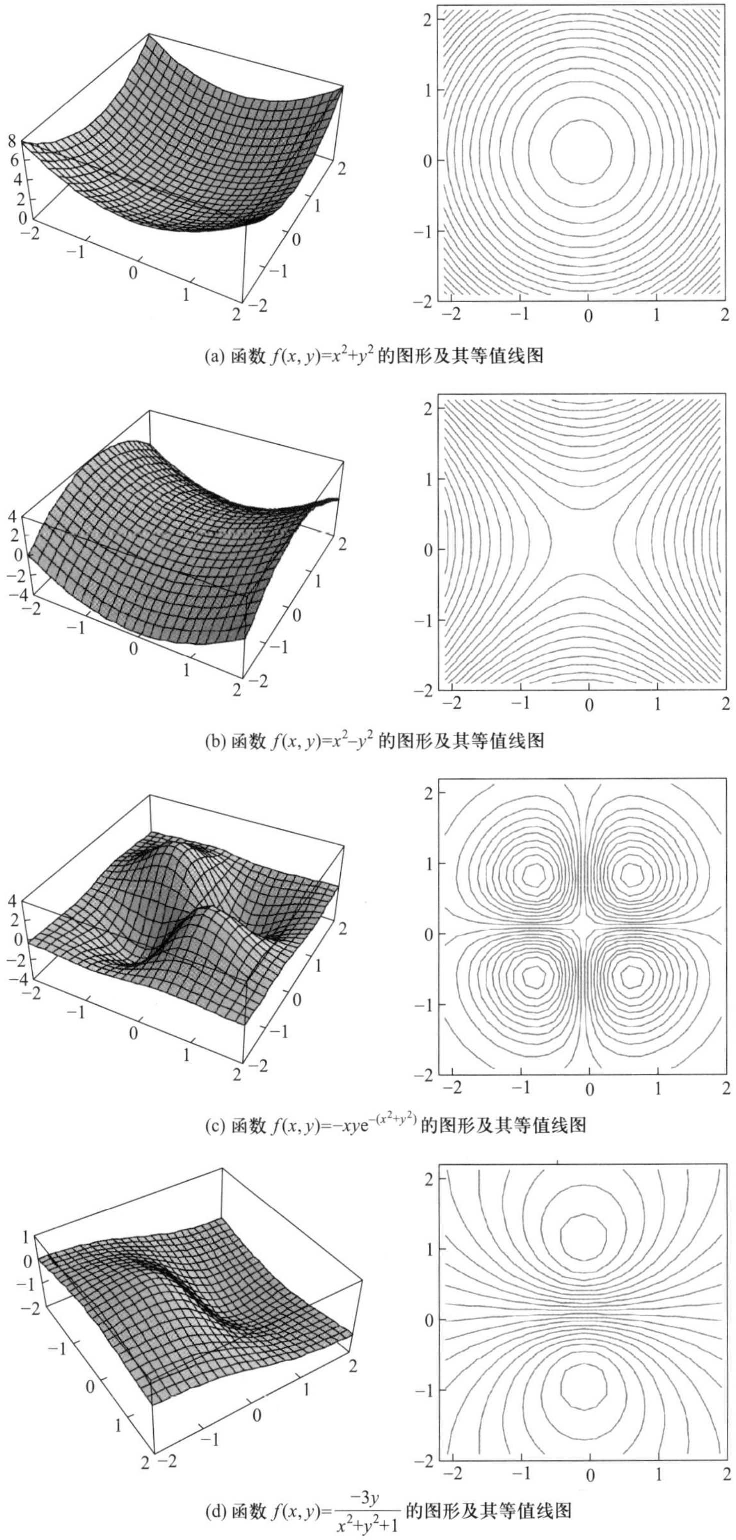

(a) 函数 $f(x,y)=x^2+y^2$ 的图形及其等值线图

(b) 函数 $f(x,y)=x^2-y^2$ 的图形及其等值线图

(c) 函数 $f(x,y)=-xye^{-(x^2+y^2)}$ 的图形及其等值线图

(d) 函数 $f(x,y)=\dfrac{-3y}{x^2+y^2+1}$ 的图形及其等值线图

图 10.1.9　例 2 中二元函数的图形及其等值线图

微视频
10-1-6
问题引入——从蚂蚁觅食谈起

微视频
10-1-7
多元函数的极限——极限的定义

### 10.1.2 多元函数的极限与连续

一元函数的极限$\lim\limits_{x\to x_0}f(x)=a$是指当自变量$x$无限趋于$x_0$时,函数$f(x)$无限接近于常数$a$.这一概念很容易推广到多元函数.

设$n$元函数$f(\boldsymbol{x})$在点$\boldsymbol{x}_0$的某去心邻域内有定义,如果当自变量$\boldsymbol{x}$无限趋于$\boldsymbol{x}_0$时,函数$f(\boldsymbol{x})$的值无限接近于某个常数$a$,那么,称当$\boldsymbol{x}\to\boldsymbol{x}_0$时,$f(\boldsymbol{x})$以$a$为极限,记作$\lim\limits_{\boldsymbol{x}\to\boldsymbol{x}_0}f(\boldsymbol{x})=a$.

参照一元函数极限的$\varepsilon$-$\delta$定义,我们给出多元函数的极限定义.

**定义 10.1.3** 设$n$元函数$f(\boldsymbol{x})$在点$\boldsymbol{x}_0$的某去心邻域内有定义,$a$为常数,如果对于任意给定的正数$\varepsilon$,存在正数$\delta$,当$0<|\boldsymbol{x}-\boldsymbol{x}_0|<\delta$时,恒有

$$|f(\boldsymbol{x})-a|<\varepsilon,$$

则称函数$f(\boldsymbol{x})$当$\boldsymbol{x}\to\boldsymbol{x}_0$时以$a$为极限,记作

$$\lim_{\boldsymbol{x}\to\boldsymbol{x}_0}f(\boldsymbol{x})=a.$$

并称上述极限为$n$重极限.

对于定义在集合$D$上的二元函数$f(x,y)$,有时我们不能保证$f(x,y)$在$(x_0,y_0)$的某去心邻域内有定义,但存在$D$内的点可以任意向$(x_0,y_0)$接近.例如对$f(x,y)=\dfrac{\sin(xy)}{xy}$,点$(x,y)$可以在其定义域中向原点任意接近,而函数在原点的任意去心邻域内均有无定义的点,对于此类函数,我们同样可以定义极限,只需在定义中增加$(x,y)\in D$的限制即可.

特别地,当$n=1$时,上述定义与一元函数极限定义完全一致.

当$n=2$时,上述定义给出了二元函数的极限.用分量形式可表述如下:

设函数$f(x,y)$在点$(x_0,y_0)$的某去心邻域内有定义,如果对于任意给定的正数$\varepsilon$,存在正数$\delta$,当

$$0<\sqrt{(x-x_0)^2+(y-y_0)^2}<\delta$$

时,恒有

$$|f(x,y)-a|<\varepsilon,$$

则称当$(x,y)\to(x_0,y_0)$时,函数$f(x,y)$以$a$为极限,记作

$$\lim_{(x,y)\to(x_0,y_0)}f(x,y)=a \quad 或者 \quad \lim_{\substack{x\to x_0\\ y\to y_0}}f(x,y)=a.$$

这个定义可以由图 10.1.10 给出一个直观的解释,对于任意给定的一个小区间$(a-\varepsilon,a+\varepsilon)$,总可以找到一个以$(x_0,y_0)$为中心、以充分小正数$\delta$为半径且不含中心的圆盘,使得$f$可以把该圆盘中的所有的点都映射到区间$(a-\varepsilon,a+\varepsilon)$内.

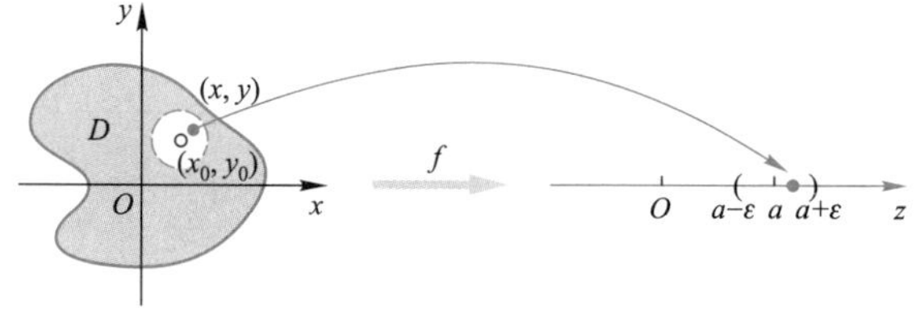

图 10.1.10 二元函数极限的直观解释

对于一元函数$f(x)$,当$x\to x_0$时,$x$限制在数轴上变化,因此通常$x$趋近$x_0$的方向有从左边或从右边靠近这两个方向,它们分别对应函数的左极限与右极限.如果左、右极限都存在但不相等,那么函数的极限必不存在.

对于二元函数,点$(x,y)$趋于点$(x_0,y_0)$的方式要复杂得多.点$(x,y)$可以沿不同路径无限接近$(x_0,y_0)$.但是,当$(x,y)$沿两条不同路径$L_1$与$L_2$无限接近$(x_0,y_0)$时,如果按这两种方式函数极限都存在,但值不相等,那么二重极限$\lim\limits_{\substack{x\to x_0\\y\to y_0}}f(x,y)$不存在.

**例 3** 证明$\lim\limits_{\substack{x\to 0\\y\to 0}}\dfrac{x^2-y^2}{x^2+y^2}$不存在.

**证** 记$f(x,y)=\dfrac{x^2-y^2}{x^2+y^2}$,首先令点$(x,y)$沿$x$轴趋于$(0,0)$,即令$y=0$,得

微视频
10-1-8
多元函数的极限——极限的存在性

$$\lim_{\substack{x\to 0\\y=0}}\frac{x^2-y^2}{x^2+y^2}=\lim_{x\to 0}\frac{x^2}{x^2}=1.$$

再令点$(x,y)$沿$y$轴趋于$(0,0)$,即令$x=0$,得

$$\lim_{\substack{y\to 0\\x=0}}\frac{x^2-y^2}{x^2+y^2}=\lim_{y\to 0}\frac{-y^2}{y^2}=-1.$$

讨论题
10-1-2
多元函数的极限
讨论二元函数二重极限与两个二次极限的关系,并举出具体的例子加以说明.

因为当自变量$(x,y)$从这两个不同方向趋于$(0,0)$时,函数有两个不同极限,所以当$(x,y)\to(0,0)$时,函数的二重极限不存在.

图 10.1.11 给出了函数$f(x,y)=\dfrac{x^2-y^2}{x^2+y^2}$的图形及其等值线图形.读者也可以从几何图形上观察到当$(x,y)\to(0,0)$时,它的二重极限不存在.

微视频
10-1-9
多元函数的连续性

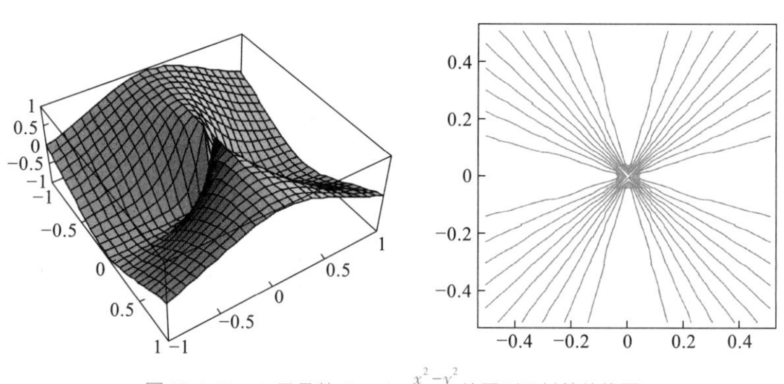


图 10.1.11 二元函数$f(x,y)=\dfrac{x^2-y^2}{x^2+y^2}$的图形及其等值线图

同样,可以用类比方法将一元函数连续的概念推广到多元函数.

**定义 10.1.4** 设$n$元函数$f(\boldsymbol{x})$在点$\boldsymbol{x}_0$的某邻域内有定义,如果$\lim\limits_{\boldsymbol{x}\to\boldsymbol{x}_0}f(\boldsymbol{x})=f(\boldsymbol{x}_0)$,则称函数$f(\boldsymbol{x})$在$\boldsymbol{x}_0$处连续.

特别地,当$n=1$时,这就是一元函数连续的定义.

和二元函数极限推广的情形一样，在定义 $f(x,y)$ 在 $(x_0,y_0)$ 处的连续性时，也可以不要求 $f(x,y)$ 在 $(x_0,y_0)$ 的某领域内均有定义，而只要求在该领域内存在可以任意接近 $(x_0,y_0)$ 的函数定义域中的点.

从定义 10.1.3 与定义 10.1.4 看出，多元函数的极限与连续是用类比法对一元函数极限与连续作的推广，因此多元函数的极限与连续也保持了一元函数极限与连续对应的性质. 如二元初等函数 $z=x^2+y^2$，$z=\sqrt{1-x^2-y^2}$，$z=\sqrt{x^2+y^2}$ 在其定义域内都连续；又如二元连续函数在闭区域上一定取得最小值和最大值. 这些性质不一一列举.

微视频
10-1-10
闭区域上连续函数的性质

当 $n=2$ 时，它给出了二元函数连续的定义，写成分量形式如下：

设函数 $f(x,y)$ 在点 $(x_0,y_0)$ 的某邻域内有定义，如果

$$\lim_{(x,y)\to(x_0,y_0)} f(x,y)=f(x_0,y_0),$$

则称二元函数 $f(x,y)$ 在点 $(x_0,y_0)$ 连续.

如果函数 $f(x,y)$ 在区域 $D$ 内每一点都连续，则称函数 $f(x,y)$ 在 $D$ 内连续. 在几何上，二元函数的连续意味着它对应的曲面没有裂纹和针眼.

**例 4** 证明函数 $f(x,y)=\begin{cases}\dfrac{xy}{x^2+y^2}, & (x,y)\neq(0,0),\\ 0, & (x,y)=(0,0)\end{cases}$ 在点 $(0,0)$ 处不连续.

**证** 如果让点 $(x,y)$ 沿直线 $y=kx$（$k$ 为常数）无限趋于点 $(0,0)$，则有

$$\lim_{\substack{x\to0\\y=kx}}\frac{xy}{x^2+y^2}=\lim_{x\to0}\frac{kx^2}{x^2+k^2x^2}=\frac{k}{1+k^2}.$$

它的值与常数 $k$ 有关. 这说明当自变量按不同方式趋于点 $(0,0)$ 时，函数有不同极限，所以二重极限

$$\lim_{\substack{x\to0\\y\to0}}\frac{xy}{x^2+y^2}$$

不存在，因此函数 $f(x,y)$ 在点 $(0,0)$ 处不连续.

另外，如果我们将平面内的点表示为极坐标 $(\rho,\theta)$，则 $x=\rho\cos\theta$，$y=\rho\sin\theta$. 于是

$$\lim_{\rho\to0}f(\rho\cos\theta,\rho\sin\theta)=\lim_{\rho\to0}\frac{\rho^2\cos\theta\sin\theta}{\rho^2}=\cos\theta\sin\theta.$$

即使我们选择 $\theta$ 为常数（点 $(x,y)$ 沿不同射线方向趋于原点），上式极限存在但其值与 $\theta$ 有关. 因此，二重极限 $\lim\limits_{\substack{x\to0\\y\to0}}\dfrac{xy}{x^2+y^2}$ 不存在.

图 10.1.12 给出了函数 $f(x,y)=\dfrac{xy}{x^2+y^2}$ 的图形及其等值线图形. 读者也可以从几何图形上观察到当 $(x,y)\to(0,0)$ 时，它的二重极限不存在.

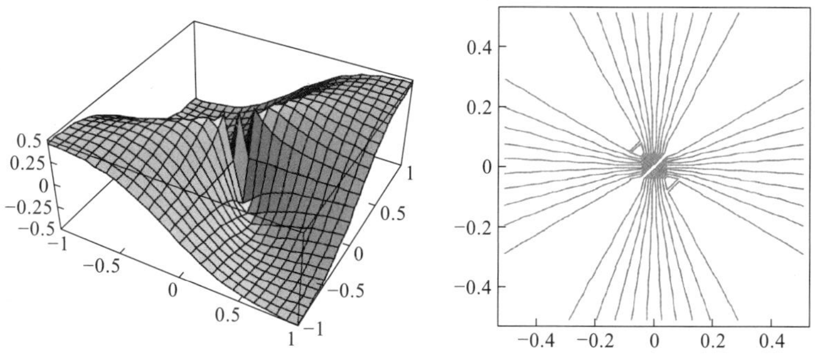


图 10.1.12　二元函数$f(x,y)=\frac{xy}{x^2+y^2}$的图形及其等值线图

**例 5**　证明函数$f(x,y)=\begin{cases}\dfrac{x^2y}{x^2+y^2},(x,y)\neq(0,0),\\0,\qquad(x,y)=(0,0)\end{cases}$在点(0,0)处连续.

**证**　我们将平面内的点表示为极坐标$(\rho,\theta)$，则$x=\rho\cos\theta,y=\rho\sin\theta$.于是

$$\lim_{\rho\to0}f(\rho\cos\theta,\rho\sin\theta)=\lim_{\rho\to0}\frac{\rho^3\cos^2\theta\sin\theta}{\rho^2}=\lim_{\rho\to0}\rho\cos^2\theta\sin\theta.$$

因为$|\cos^2\theta\sin\theta|\leqslant1$，根据"有界函数与无穷小之积仍为无穷小"可知，上式中的极限无论$\theta$取何值，其极限值存在且为0，所以

$$\lim_{\substack{x\to0\\y\to0}}f(x,y)=0=f(0,0).$$

因此，函数$f(x,y)$在点(0,0)处连续.

在使用此方法判定二元函数极限存在时，一定要注意$\rho$和$\theta$之间是相互独立的，这样才能保证趋向于点的路径是任意的.

图 10.1.13 给出了函数$f(x,y)=\frac{x^2y}{x^2+y^2}$的图形及其等值线图形.读者也可以从几何图形上观察到当$(x,y)\to(0,0)$时，它的二重极限为0.

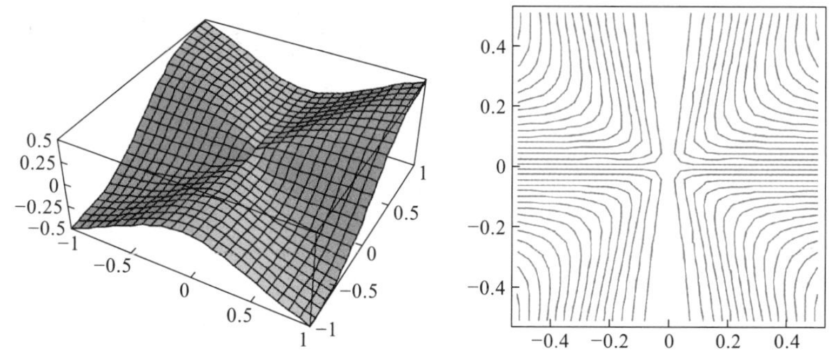


图 10.1.13　二元函数$f(x,y)=\frac{x^2y}{x^2+y^2}$的图形及其等值线图

# 习题 10.1

## A 基础题

1. 判定下列平面点集中哪些是开集、闭集、区域、有界集和无界集.

(1) $\{(x,y)\mid x\neq 0,y\neq 0\}$;

(2) $\{(x,y)\mid 0<x^2+y^2\leqslant 1\}$;

(3) $\{(x,y)\mid x+y<1\}$;

(4) $\{(x,y)\mid x^2+(y-1)^2\geqslant 1,x^2+(y-2)^2\leqslant 4\}$.

2. 一个正圆柱体，底面半径为 $r$，高为 $h$，表面积为 $A$，试写出函数 $A=f(r,h)$.

3. 画出下列区域的图形：

(1) 由直线 $y=1,x=2$ 及 $y=x$ 所围成的闭区域；

(2) 由抛物线 $y^2=x$ 及直线 $y=x-2$ 所围成的闭区域；

(3) 由曲面 $z=x^2+y^2$ 及平面 $z=1$ 所围成的闭区域；

(4) 由不等式组 $x^2+y^2+(z-a)^2\leqslant a^2$ 及 $x^2+y^2\leqslant z^2$ 所确定的区域.

4. 对于下列所给函数，分别画出至少对应四个不同高程的等值线图，用语言描述所画的等值线并说明它们的间隔是如何变化的：

(1) $f(x,y)=x+y$;

(2) $f(x,y)=1-x^2-y^2$;

(3) $f(x,y)=\sqrt{x^2+2y^2}$;

(4) $f(x,y)=y-x^2$.

5. 假设在点$(x,y,z)$处的温度(℃)由 $T=f(x,y,z)=x^2+y^2+z^2$ 给出，试问函数的等值面看上去像什么？以温度的术语说，它们表示什么意义？

6. 二元函数 $f(x,y)=100-x^2-y^2$ 的图形如题图所示，试给出图中所示三条等值线的方程，并说明这三条等值线是由空间曲面 $z=100-x^2-y^2$ 与哪个平面的交线投影而成的.

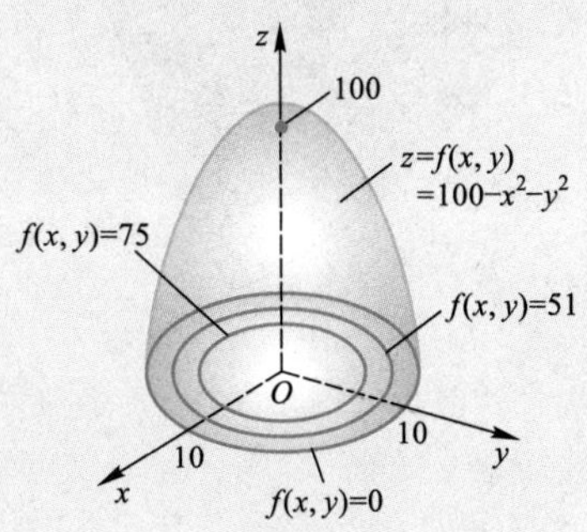


第 6 题图

7. 已知函数 $f(u,v,w)=u^w+w^{u+v}$，试求 $f(x+y,x-y,xy)$.

8. 求下列函数的定义域：

(1) $z=\ln(y^2-2x+1)$;

(2) $z=\sqrt{x-\sqrt{y}}$;

(3) $z=\ln(y-x)+\dfrac{\sqrt{x}}{\sqrt{1-x^2-y^2}}$;

(4) $u=\arccos\dfrac{z}{\sqrt{x^2+y^2}}$.

9. 求下列极限：

(1) $\lim\limits_{(x,y)\to(0,1)}\dfrac{1-xy}{x^2+y^2}$;

(2) $\lim\limits_{(x,y)\to(1,0)}\dfrac{\ln(x+\mathrm{e}^y)}{\sqrt{x^2+y^2}}$;

(3) $\lim\limits_{(x,y)\to(0,0)}\dfrac{2-\sqrt{xy+4}}{xy}$;

(4) $\lim\limits_{(x,y)\to(2,0)}\dfrac{\sin(xy)}{y}$.

## B 综合题

10. 求函数 $f(x,y)=\dfrac{\sqrt{4x-y^2}}{\ln(1-x^2-y^2)}$ 的定义域，并求 $\lim\limits_{(x,y)\to\left(\frac{1}{2},0\right)}f(x,y)$.

11. 解释为何函数$f(x,y)=\begin{cases}1-x, & y\geqslant 0,\\ -2, & y<0\end{cases}$沿直线$y=0$不连续.

12. 证明下列函数的极限不存在：

(1) $\lim\limits_{(x,y)\to(0,0)}\dfrac{x+y}{x-y}$;

(2) $\lim\limits_{(x,y)\to(0,0)}\dfrac{\ln(1+xy)}{x(x+y)}$.

13. 试补充下列函数在点(0,0)处的值，使得函数$f(x,y)$在该点处连续：

(1) $f(x,y)=\ln\left(\dfrac{3x^2-x^2y^2+3y^2}{x^2+y^2}\right)$;

(2) $f(x,y)=\dfrac{2xy^2}{x^2+y^2}$.

14. 设有三个函数$f(x,y)=x^2+9y^2$，$g(x,y)=xy$，$h(x,y)=y-\ln x$，并由题图给出了四个等值线图，请将函数与对应的等值线图匹配，并说明剩下的等值线图对应函数的空间曲面特征.

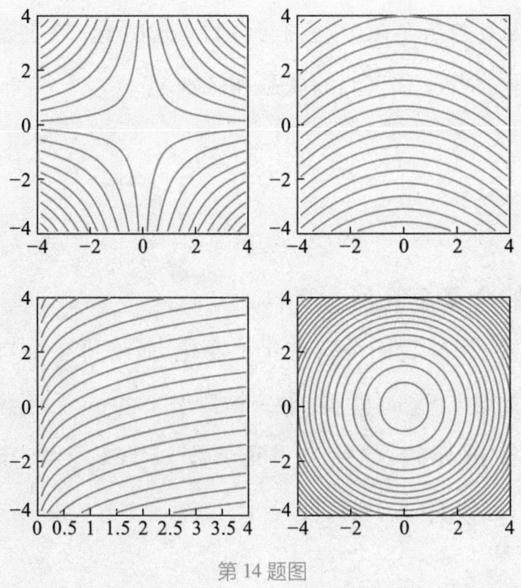

第 14 题图

## C 应用题

15. 海浪高度$h$(m)经常依赖风速$v$(m/s)和保持这种风速的时间$t$(s). 我们得到如下函数$h=f(v,t)$，以$h$作为高度的数据见下表.

第 15 题表　海浪高度数据

| $t$/s | $v$/m | | | | | | |
|---|---|---|---|---|---|---|---|
| | 5 | 10 | 15 | 20 | 30 | 40 | 50 |
| 10 | 2 | 2 | 2 | 2 | 2 | 2 | 2 |
| 15 | 4 | 4 | 5 | 5 | 5 | 5 | 5 |
| 20 | 5 | 7 | 8 | 8 | 9 | 9 | 9 |
| 30 | 9 | 13 | 16 | 17 | 18 | 19 | 19 |
| 40 | 14 | 21 | 25 | 28 | 31 | 33 | 33 |
| 50 | 19 | 29 | 36 | 40 | 45 | 48 | 50 |
| 60 | 24 | 37 | 47 | 54 | 62 | 67 | 69 |

(1) $f(40,15)$等于多少？代表什么实际意义？

(2) $f(30,t)$是什么含义？

(3) $f(v,30)$是什么含义？

16. 某茶商在销售两种茶叶，一种每 kg 售价 300 元，另一种每 kg 售价 1 200 元，假设销售出第一种茶叶$q_1$kg，销售出第二种茶叶$q_2$kg，共要花费茶商 4 000 元.

(1) 把茶商所获利润$R$表示为$q_1$和$q_2$的函数.

(2) 在$q_1q_2$平面上分别画出$R=1\,000$，$R=2\,000$和$R=3\,000$时的常值利润曲线，再画出盈亏平衡即$R=0$时的曲线.

## D 实验题

17. 地面下温度是地面下深度$x$和时间$t$的函数. 假设$x$以米测量，而$t$以经过每年一次的最高地面温度的平均天数计算，我们可以用以下函数作为温度变化的模型：

$$w=\cos(1.7\times10^{-2}t-0.6x)\mathrm{e}^{-0.6x}.$$

试用 Mathematica 软件生成这个函数的图形，并通过观察图形，分析温度随深度和时间变化的规律.

18. 绘制函数$f(x,y)=x\sin\dfrac{y}{2}+y\sin 2x$在给定矩形区域$0\leqslant x\leqslant 5\pi$，$0\leqslant y\leqslant 5\pi$范围内的曲面图形，并画出函数$f(x,y)$过点$P(3\pi,3\pi)$的等值线.

19. 绘制函数$f(x,y)=\dfrac{2x^2y}{x^4+y^2}$的曲面图形和等值线图形,并根据曲面的图形和等值线图形特征判断极限$\lim\limits_{(x,y)\to(0,0)}f(x,y)$的存在性.

20. 在时刻$t$某平底池中水的深度由函数$h(x,y,t)=20+\sin(x+y-t)$给出,其中以水池底部为$xOy$面,$x$轴正向朝东,$y$轴正向朝北,$t$的单位是秒.现在考虑不同的$t$值,用 Mathematica 软件画出等值线图,并根据这些等值线图描述池子中水的表面的运动情况.

10.1 测验题

## 10.2 偏导数与全微分

在研究一元函数时,我们从函数的变化率引入了导数的概念,实际中,也需要讨论多元函数的变化率.在这一节里,我们介绍多元函数微分学中的两个基本概念——偏导数与全微分,它们分别与一元函数的导数与微分相对应,在学习时,请读者注意它们的联系和区别.

微视频
10-2-1
问题引入——从弦的振动问题谈起

### 10.2.1 偏导数

微视频
10-2-2
二元函数的偏导数——偏导数定义及几何意义

#### 1. 二元函数偏导数的含义及几何意义

对于二元函数$z=f(x,y)$,如果我们令自变量$x$变化,而将另一个自变量$y$固定为$y_0$(即看作常数),这时就得到一个关于$x$的一元函数$f(x,y_0)$,该函数在$x_0$处对$x$的导数,就称为二元函数$z=f(x,y)$在点$(x_0,y_0)$处关于$x$的偏导数,记作$f'_x(x_0,y_0)$,即

$$f'_x(x_0,y_0)=\frac{\mathrm{d}}{\mathrm{d}x}f(x,y_0)\Big|_{x=x_0}.$$

类似地,二元函数$z=f(x,y)$在点$(x_0,y_0)$处关于$y$的偏导数

$$f'_y(x_0,y_0)=\frac{\mathrm{d}}{\mathrm{d}y}f(x_0,y)\Big|_{y=y_0}.$$

它是将$x$看作常数$x_0$,令$y$变化,得到的一元函数$f(x_0,y)$在点$y_0$处的导数.

**例 1**　设 $f(x,y)=x^2+(y^3+1)\sqrt{\dfrac{x}{3+x}}$，求 $f'_x(1,-1)$ 及 $f'_y(1,-1)$.

**解**　令 $x$ 变化，视 $y$ 为常数 $-1$，得到关于 $x$ 的一元函数

$$f(x,-1)=x^2.$$

对 $x$ 求导得

$$\frac{\mathrm{d}f(x,-1)}{\mathrm{d}x}=2x,$$

从而 $f'_x(1,-1)=\dfrac{\mathrm{d}f(x,-1)}{\mathrm{d}x}\Big|_{x=1}=2.$

再令 $y$ 变化，视 $x$ 为常数 1，得到关于 $y$ 的一元函数

$$f(1,y)=1+\frac{y^3+1}{2}=\frac{y^3}{2}+\frac{3}{2}.$$

对 $y$ 求导得

$$\frac{\mathrm{d}f(1,y)}{\mathrm{d}y}=\frac{3}{2}y^2,$$

从而 $f'_y(1,-1)=\dfrac{\mathrm{d}f(1,y)}{\mathrm{d}y}\Big|_{y=-1}=\dfrac{3}{2}.$

下面我们来考察二元函数 $z=f(x,y)$ 在点 $(x_0,y_0)$ 处的偏导数 $f'_x(x_0,y_0)$ 及 $f'_y(x_0,y_0)$ 的几何意义.

我们知道，曲面 $z=f(x,y)$ 与平面 $y=y_0$ 的交线是平面 $y=y_0$ 内的一条曲线，其方程为

$$z=f(x,y_0).$$

如图 10.2.1 所示，可以看出，$f'_x(x_0,y_0)$ 是平面 $y=y_0$ 内曲线 $z=f(x,y_0)$ 在点 $P(x_0,y_0,f(x_0,y_0))$ 处切线的斜率.

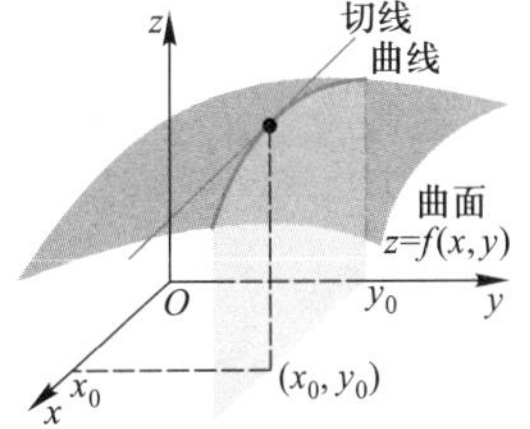

图 10.2.1　偏导数 $f'_x(x_0,y_0)$ 的几何意义

类似地，$f'_y(x_0,y_0)$ 是平面 $x=x_0$ 内曲线 $z=f(x_0,y)$ 在点 $P(x_0,y_0,f(x_0,y_0))$ 处切线的斜率，如图 10.2.2 所示.

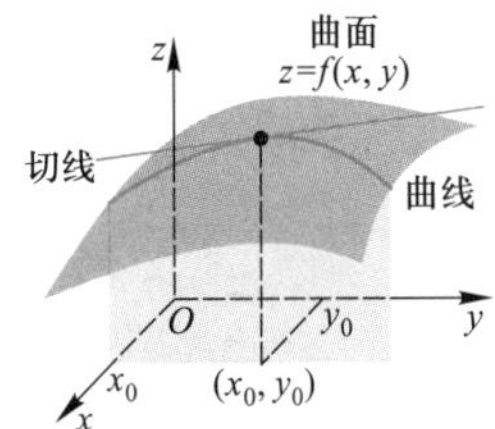

图 10.2.2　偏导数 $f'_y(x_0,y_0)$ 的几何意义

### 2. 偏导数定义的极限形式

现在，我们借鉴一元函数导数定义的极限形式正式地给出偏导数的定义.

**定义 10.2.1**　设函数 $z=f(x,y)$ 在点 $(x_0,y_0)$ 的某一邻域内有定义，当 $y$ 固定在 $y_0$ 而 $x$ 在 $x_0$ 处有增量 $\Delta x$ 时，相应地，函数有关于 $x$ 的偏增量

微视频
10-2-3
二元函数的偏导数——偏导数的极限形式

$$\Delta_x z=f(x_0+\Delta x,y_0)-f(x_0,y_0).$$

如果极限

$$\lim_{\Delta x\to 0}\frac{\Delta_x z}{\Delta x}=\lim_{\Delta x\to 0}\frac{f(x_0+\Delta x,y_0)-f(x_0,y_0)}{\Delta x}$$

存在，则称此极限为函数 $z=f(x,y)$ 在点 $(x_0,y_0)$ 处关于自变量 $x$ 的偏导数，记作

$$\left.\frac{\partial z}{\partial x}\right|_{\substack{x=x_0\\y=y_0}},\left.\frac{\partial f}{\partial x}\right|_{\substack{x=x_0\\y=y_0}}\text{或 } z'_x(x_0,y_0),f'_x(x_0,y_0).$$

类似地，如果 $x$ 固定在 $x_0$ 而 $y$ 在 $y_0$ 处有增量 $\Delta y$ 时，称极限

$$\lim_{\Delta y\to 0}\frac{\Delta_y z}{\Delta y}=\lim_{\Delta y\to 0}\frac{f(x_0,y_0+\Delta y)-f(x_0,y_0)}{\Delta y}$$

为函数 $z=f(x,y)$ 在点 $(x_0,y_0)$ 处关于自变量 $y$ 的偏导数，记作

$$\left.\frac{\partial z}{\partial y}\right|_{\substack{x=x_0\\y=y_0}},\left.\frac{\partial f}{\partial y}\right|_{\substack{x=x_0\\y=y_0}}\text{或 } z'_y(x_0,y_0),f'_y(x_0,y_0).$$

如果函数 $z=f(x,y)$ 在区域 $D$ 内每一点 $(x,y)$ 处对 $x$ 及 $y$ 的偏导数都存在，那么这两个偏导数通常仍是 $x,y$ 的二元函数，称它们为函数 $z=f(x,y)$ 的偏导函数，简称为偏导数，并记作

$$\frac{\partial z}{\partial x},\frac{\partial z}{\partial y};\quad \text{或}\frac{\partial f}{\partial x},\frac{\partial f}{\partial y};\quad \text{或} f'_x(x,y),f'_y(x,y).$$

偏导数的概念还可推广到二元以上的函数，例如，三元函数 $u=f(x,y,z)$ 在点 $(x,y,z)$ 处对 $x$ 的偏导数定义为

$$f'_x(x,y,z)=\lim_{\Delta x\to 0}\frac{f(x+\Delta x,y,z)-f(x,y,z)}{\Delta x}.$$

这样，函数 $z=f(x,y)$ 在点 $(x_0,y_0)$ 处对 $x,y$ 的两个偏导数 $f'_x(x_0,y_0)$ 与 $f'_y(x_0,y_0)$ 分别就是偏导函数 $f'_x(x,y)$ 与 $f'_y(x,y)$ 在点 $(x_0,y_0)$ 处的函数值.

**例 2** 设 $f(x,y)=\begin{cases}\dfrac{xy}{x^2+y^2},&(x,y)\neq(0,0),\\0,&(x,y)=(0,0),\end{cases}$ 求 $f'_x(0,0)$ 和 $f'_y(0,0)$.

在第 10.1 节例 4 中，我们知道该函数 $f(x,y)$ 在点 $(0,0)$ 处不连续. 这说明“二元函数 $z=f(x,y)$ 在点 $(x_0,y_0)$ 处的两个偏导数存在”推不出“二元函数 $z=f(x,y)$ 在点 $(x_0,y_0)$ 处连续”. 这与一元函数中“可导必连续”是有差别的.

**解** 由偏导数的定义，知

$$f'_x(0,0)=\lim_{\Delta x\to 0}\frac{f(0+\Delta x,0)-f(0,0)}{\Delta x}=\lim_{\Delta x\to 0}\frac{0-0}{\Delta x}=0,$$

$$f'_y(0,0)=\lim_{\Delta y\to 0}\frac{f(0,0+\Delta y)-f(0,0)}{\Delta y}=\lim_{\Delta y\to 0}\frac{0-0}{\Delta y}=0.$$

或者，令 $x$ 变化，视 $y$ 为常数 0，得到关于 $x$ 的一元函数

$$f(x,0)=0.$$

对 $x$ 求导得 $f'_x(x,0)=0$，所以，$f'_x(0,0)=0$. 令 $y$ 变化，视 $x$ 为常数 0，得到关于 $y$ 的一元函数

$$f(0,y)=0.$$

对 $y$ 求导得 $f'_y(0,y)=0$，所以，$f'_y(0,0)=0$.

### 3. 偏导数的计算

从定义 10.2.1 中可以看出，二元函数 $z=f(x,y)$ 的偏导数实际上是函数关于其中某一个自变量的变化率，因而，求二元函数的偏导数实质上是将其中一个变量看作常数时相对应的一元函数的导数的计算问题. 这就是说，求 $\frac{\partial f}{\partial x}$ 时，只要把 $y$ 暂时看作常数而对 $x$ 求导；求 $\frac{\partial f}{\partial y}$ 时，把 $x$ 暂时看作常数而对 $y$ 求导.

同样，对于三元函数 $u(x,y,z)$，求 $\frac{\partial u}{\partial x}$ 时，视 $y,z$ 为常数，对 $x$ 求导；求 $\frac{\partial u}{\partial y}$ 时，视 $x,z$ 为常数，对 $y$ 求导；求 $\frac{\partial u}{\partial z}$ 时，视 $x,y$ 为常数，对 $z$ 求导.

讨论题
10-2-1
多元函数偏导数存在与连续的关系
试讨论二元函数连续与偏导数存在的关系. 列举一些具体例子，说明二元函数 $f(x,y)$ 在点 $(x_0,y_0)$ 连续，但它的两个偏导数 $f'_x(x_0,y_0)$ 与 $f'_y(x_0,y_0)$ 都存在、都不存在、恰好一个存在的情况都可能发生；同时，举例说明二元函数 $f(x,y)$ 在点 $(x_0,y_0)$ 的两个偏导数 $f'_x(x_0,y_0)$ 与 $f'_y(x_0,y_0)$ 都存在，但它在点 $(x_0,y_0)$ 可能不连续.

微视频
10-2-4
偏导数的计算

**例 3** 求函数 $z=x^3+3xy+4y-1$ 在点 $(1,2)$ 处的偏导数.

**解** 把 $y$ 看作常数，对 $x$ 求导得

$$\frac{\partial z}{\partial x}=3x^2+3y,$$

把 $x$ 看作常数，对 $y$ 求导得

$$\frac{\partial z}{\partial y}=3x+4.$$

于是

$$\left.\frac{\partial z}{\partial x}\right|_{\substack{x=1\\y=2}}=9,\quad \left.\frac{\partial z}{\partial y}\right|_{\substack{x=1\\y=2}}=7.$$

如果按例 1 的方法来做，那么有下面的计算过程. 令 $y=2$，得

$$z(x,2)=x^3+6x+7.$$

对 $x$ 求导，得

$$\frac{\mathrm{d}z(x,2)}{\mathrm{d}x}=3x^2+6,$$

则 $\left.\frac{\partial z}{\partial x}\right|_{\substack{x=1\\y=2}}=\left.\frac{\mathrm{d}z(x,2)}{\mathrm{d}x}\right|_{x=1}=9.$

再令 $x=1$，得

$$z(1,y)=7y.$$

对 $y$ 求导，得

$$\frac{\mathrm{d}z(1,y)}{\mathrm{d}y}=7,$$

则$\left.\frac{\partial z}{\partial y}\right|_{\substack{x=1\\y=2}}=\left.\frac{\mathrm{d}z(1,y)}{\mathrm{d}y}\right|_{y=2}=7.$

**例 4** 求 $z=x^y$ 的偏导数.

**解** 视 $y$ 为常数,则函数成为关于 $x$ 的幂函数,于是

$$\frac{\partial z}{\partial x}=yx^{y-1}.$$

视 $x$ 为常数,则函数成为关于 $y$ 的指数函数,于是

$$\frac{\partial z}{\partial y}=x^y\ln x.$$

**例 5** 设 $z=\mathrm{e}^{-x}\sin\frac{x}{y}$,求 $x\frac{\partial z}{\partial x}+y\frac{\partial z}{\partial y}$.

**解** 分别将 $y,x$ 看作常数,并按一元函数求导法则,得

$$\frac{\partial z}{\partial x}=-\mathrm{e}^{-x}\sin\frac{x}{y}+\mathrm{e}^{-x}\cos\frac{x}{y}\cdot\frac{1}{y},$$

$$\frac{\partial z}{\partial y}=\mathrm{e}^{-x}\cos\frac{x}{y}\cdot\left(-\frac{x}{y^2}\right),$$

从而 $x\frac{\partial z}{\partial x}+y\frac{\partial z}{\partial y}=-x\mathrm{e}^{-x}\sin\frac{x}{y}=-xz.$

**例 6** 已知理想气体的状态方程 $pV=RT$($R$ 为常数),证明:

$$\frac{\partial p}{\partial V}\cdot\frac{\partial V}{\partial T}\cdot\frac{\partial T}{\partial p}=-1.$$

**证** 这里 $p,V,T$ 是三个变量,已知其中两个可以决定第三个.

对关系式 $p=\frac{RT}{V}$,有$\frac{\partial p}{\partial V}=-\frac{RT}{V^2}$;

对关系式 $V=\frac{RT}{p}$,有$\frac{\partial V}{\partial T}=\frac{R}{p}$;

对关系式 $T=\frac{pV}{R}$,有$\frac{\partial T}{\partial p}=\frac{V}{R}$.

于是

$$\frac{\partial p}{\partial V}\cdot\frac{\partial V}{\partial T}\cdot\frac{\partial T}{\partial p}=-\frac{RT}{V^2}\cdot\frac{R}{p}\cdot\frac{V}{R}=-\frac{RT}{pV}=-1.$$

我们知道,对一元函数 $y=y(x)$来说,$y'=\frac{\mathrm{d}y}{\mathrm{d}x}$可看作函数的微分 $\mathrm{d}y$ 与自变量的微分 $\mathrm{d}x$ 之商,而例 6 表明,不能把偏导数$\frac{\partial p}{\partial V}$看作分子与分母的商,$\frac{\partial V}{\partial T}$与$\frac{\partial T}{\partial p}$亦然,否则上式右端的值是 1 而不是-1 了,所以,偏导数$\frac{\partial p}{\partial V}$是一个整体记号.

**例 7** 求函数 $u=\sqrt{x^2+y^2+z^2}$ 的偏导数.

**解** 视 $y,z$ 为常数,对 $x$ 求导,得

$$\frac{\partial u}{\partial x}=\frac{x}{\sqrt{x^2+y^2+z^2}};$$

视 $x,z$ 为常数,对 $y$ 求导,得

$$\frac{\partial u}{\partial y}=\frac{y}{\sqrt{x^2+y^2+z^2}};$$

视 $x,y$ 为常数,对 $z$ 求导,得

$$\frac{\partial u}{\partial z}=\frac{z}{\sqrt{x^2+y^2+z^2}}.$$

如果我们注意到函数表达式中两个自变量对调后,其表达式形式不变这种对称性,那么,由$\frac{\partial u}{\partial x}$的表达式中对调 $x,y$ 可得$\frac{\partial u}{\partial y}$的表达式,由$\frac{\partial u}{\partial x}$的表达式中对调 $x,z$ 可得$\frac{\partial u}{\partial z}$的表达式.这就是我们通常所说的轮换对称性.

### 4. 二阶偏导数

二元函数 $f(x,y)$ 在区域 $D$ 上的偏导数$\frac{\partial u}{\partial x}$与$\frac{\partial u}{\partial y}$仍然是自变量 $x,y$ 的函数,因此,进一步对这两个偏导函数分别对 $x,y$ 求偏导数,就产生下列四个二阶偏导数:

微视频 10-2-5 高阶偏导数

$$\frac{\partial^2 z}{\partial x^2}=\frac{\partial}{\partial x}\left(\frac{\partial z}{\partial x}\right),\quad \frac{\partial^2 z}{\partial x\partial y}=\frac{\partial}{\partial y}\left(\frac{\partial z}{\partial x}\right),$$

$$\frac{\partial^2 z}{\partial y\partial x}=\frac{\partial}{\partial x}\left(\frac{\partial z}{\partial y}\right),\quad \frac{\partial^2 z}{\partial y^2}=\frac{\partial}{\partial y}\left(\frac{\partial z}{\partial y}\right),$$

称$\frac{\partial^2 z}{\partial x^2}$为函数 $z=f(x,y)$ 关于 $x$ 的二阶偏导数,也可记作 $f''_{xx}(x,y)$;称$\frac{\partial^2 z}{\partial y^2}$为函数 $z=f(x,y)$ 关于 $y$ 的二阶偏导数,也可记作 $f''_{yy}(x,y)$;称$\frac{\partial^2 z}{\partial x\partial y}$与$\frac{\partial^2 z}{\partial y\partial x}$分别为函数$z=f(x,y)$ 关于 $x,y$ 与关于 $y,x$ 的二阶混合偏导数,也可分别记作 $f''_{xy}(x,y)$ 与$f''_{yx}(x,y)$.

**例 8** 求函数 $z=x^3y^2-2xy^2+3xy-4x+5y-6$ 的二阶偏导数.

**解** $\frac{\partial z}{\partial x}=3x^2y^2-2y^2+3y-4,\frac{\partial z}{\partial y}=2x^3y-4xy+3x+5.$

再继续对一阶偏导数分别关于 $x,y$ 求偏导,得

$$\frac{\partial^2 z}{\partial x^2}=\frac{\partial}{\partial x}\left(\frac{\partial z}{\partial x}\right)=6xy^2,$$

$$\frac{\partial^2 z}{\partial x\partial y}=\frac{\partial}{\partial y}\left(\frac{\partial z}{\partial x}\right)=6x^2y-4y+3,$$

$$\frac{\partial^2 z}{\partial y\partial x}=\frac{\partial}{\partial x}\left(\frac{\partial z}{\partial y}\right)=6x^2y-4y+3,$$

$$\frac{\partial^2 z}{\partial y^2}=\frac{\partial}{\partial y}\left(\frac{\partial z}{\partial y}\right)=2x^3-4x.$$

我们看到例 8 中两个二阶混合偏导数相等,即

$$\frac{\partial^2 z}{\partial x \partial y}=\frac{\partial^2 z}{\partial y \partial x}. \tag{10.2.1}$$

但一般情况下式(10.2.1)并不成立,也就是说求函数的二阶混合偏导数与 $x,y$ 的先后次序是有关的.

下面,我们不加证明地指出式(10.2.1)成立的条件.

**定理 10.2.1** 如果函数 $z=f(x,y)$ 的两个混合偏导数 $f''_{xy}(x,y)$ 与 $f''_{yx}(x,y)$ 在点 $(x_0,y_0)$ 处连续,则

$$f''_{xy}(x_0,y_0)=f''_{yx}(x_0,y_0).$$

这样,由于二元初等函数及其各阶偏导数在其定义区域内连续,因而在定义区域内二元初等函数的二阶混合偏导数与 $x,y$ 的先后次序无关.所以,例 8 中对应的式(10.2.1)确实是成立的.

类似地,可以定义二元函数的更高阶导数及二元以上多元函数的高阶偏导数,并且关于多元函数的混合偏导数有类似于定理 10.2.1 的结论.

对于例 8,我们有

$$\frac{\partial^3 z}{\partial x \partial x \partial y}=\frac{\partial}{\partial y}\left(\frac{\partial^2 z}{\partial x^2}\right)=12xy,$$

而且 $f'''_{xxy}(x,y)=f'''_{xyx}(x,y)=f'''_{yxx}(x,y)$.

**例 9** 验证函数 $u(x,t)=\sin(x-at)$ 满足方程

$$\frac{\partial^2 u}{\partial t^2}=a^2\frac{\partial^2 u}{\partial x^2}, \tag{10.2.2}$$

其中 $a$ 为常数.

**证** $\frac{\partial u}{\partial x}=\cos(x-at),\frac{\partial^2 u}{\partial x^2}=-\sin(x-at)$;

$$\frac{\partial u}{\partial t}=-a\cos(x-at),\frac{\partial^2 u}{\partial t^2}=-a^2\sin(x-at).$$

于是,

$$\frac{\partial^2 u}{\partial t^2}=a^2\frac{\partial^2 u}{\partial x^2}.$$

**例 10** 证明函数 $u=\frac{1}{\sqrt{x^2+y^2+z^2}}$ 满足方程

$$\frac{\partial^2 u}{\partial x^2}+\frac{\partial^2 u}{\partial y^2}+\frac{\partial^2 u}{\partial z^2}=0. \tag{10.2.3}$$

**证** $\frac{\partial u}{\partial x}=-\frac{x}{(x^2+y^2+z^2)^{\frac{3}{2}}}$,

$$\frac{\partial^2 u}{\partial x^2}=-\frac{1}{(x^2+y^2+z^2)^{\frac{3}{2}}}-x\cdot\left(-\frac{3}{2}\right)\cdot\frac{2x}{(x^2+y^2+z^2)^{\frac{5}{2}}}$$

$$=\frac{2x^2-y^2-z^2}{(x^2+y^2+z^2)^{\frac{5}{2}}}.$$

由轮换对称性,得

$$\frac{\partial^2 u}{\partial y^2}=\frac{2y^2-x^2-z^2}{(x^2+y^2+z^2)^{\frac{5}{2}}},\quad \frac{\partial^2 u}{\partial z^2}=\frac{2z^2-x^2-y^2}{(x^2+y^2+z^2)^{\frac{5}{2}}}.$$

因此,

$$\frac{\partial^2 u}{\partial x^2}+\frac{\partial^2 u}{\partial y^2}+\frac{\partial^2 u}{\partial z^2}=0.$$

像式(10.2.2)及式(10.2.3)那样含有多元函数偏导数的方程称为偏微分方程.称式(10.2.2)为波动方程,它描述了波(如海浪、声波、光波等)的运动形式;称式(10.2.3)为拉普拉斯方程,它的解称为调和函数,在热力学、流体力学和电势理论中有着重要的应用.这样,例9说明函数 $u(x,t)=\sin(x-at)$ 是偏微分方程(10.2.2)的解;例10说明函数 $u=\frac{1}{\sqrt{x^2+y^2+z^2}}$ 是偏微分方程(10.2.3)的解.

下面用Mathematica软件来计算例10中的偏导数.表10.2.1提供了Mathematica软件计算多元函数偏导数的语句基本格式.

表10.2.1 Mathematica软件求函数偏导数的语句基本格式

| 表达式格式 | 表达式意义 |
|---|---|
| D[f[x1,x2,⋯,xn],xi] | 求函数 $f(x_1,x_2,\cdots,x_n)$ 对 $x_i$ 的偏导数 |
| D[f[x1,x2,⋯,xn],{xi,n}] | 求函数 $f(x_1,x_2,\cdots,x_n)$ 对 $x_i$ 的 $n$ 阶偏导数 |
| D[f[x1,x2,⋯,xn],{xi,ni},{xj,nj},⋯] | 求函数 $f(x_1,x_2,\cdots,x_n)$ 对 $x_i$ 及 $x_j$ 的混合高阶偏导数 |

例如:

输入 $D\left[\frac{1}{\sqrt{x^2+y^2+z^2}},x\right]$;输出 $-\frac{x}{(x^2+y^2+z^2)^{3/2}}$.

输入 $D\left[\frac{1}{\sqrt{x^2+y^2+z^2}},\{x,2\}\right]$//Simplify;输出 $\frac{2x^2-y^2-z^2}{(x^2+y^2+z^2)^{5/2}}$.

输入 $D\left[\frac{1}{\sqrt{x^2+y^2+z^2}},\{x,1\},\{y,1\}\right]$//Simplify;输出 $\frac{3xy}{(x^2+y^2+z^2)^{5/2}}$.

## 10.2.2 全微分

在这一节里,我们先建立二元函数微分的概念,再将其推广到一般多元函数.

微视频
10-2-6
问题引入——从以直代曲到以平代曲

### 1. 二元函数的局部线性化

微视频
10-2-7
二元函数的局部线性化——局部线性化概念

在第 4.3 节中，我们曾利用局部线性化思想建立了一元函数微分的概念.我们将遵循这一思路给出二元函数微分的定义.

首先，回顾一下一元函数局部线性化的基本思想.对于一个可微函数$f(x)$，在点$x_0$的一个局部小区间内，用它的切线

$$y=f(x_0)+f'(x_0)(x-x_0)$$

来近似代替这个函数的曲线，从而得到$f(x)$的一个局部线性近似：

$$f(x)\approx f(x_0)+f'(x_0)(x-x_0).$$

现在，我们将这一想法类比地应用到二元函数.我们知道，在平面上，与曲线最“贴近”的直线是它的切线，切线的斜率可以用函数的导数来表示.二元函数在几何上表示三维空间中的一张曲面，与曲面最“贴近”的平面应该是什么？是“切平面”.那么什么是切平面？切平面的法向量能否用二元函数的偏导数表示出来？

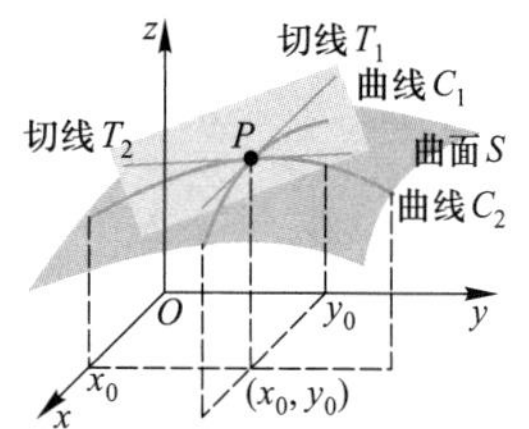

图 10.2.3　曲面的切平面

为回答这些问题，下面我们做较深入的分析.

设二元函数$f(x,y)$具有一阶连续偏导数，它在几何上对应一个光滑曲面$S$，如图 10.2.3 所示.令$P(x_0,y_0,z_0)$为$S$上一点，$C_1$和$C_2$是铅直平面$y=y_0$与$x=x_0$分别与曲面$S$相交得到的两条平面曲线，则$P$是$C_1$和$C_2$的交点.令$T_1$和$T_2$是曲线$C_1$和$C_2$在点$P$处的切线，称由切线$T_1$和$T_2$所确定的平面为曲面$S$在$P$点的切平面.

我们将在第 10.3 节中证明任何曲面$S$上的通过点$P$的光滑曲线其切线也在这个切平面上.这样，我们可以认为这个切平面就是在$P$点附近对曲面$S$的最好的近似.

由偏导数的几何意义，切线$T_1$和$T_2$的方程分别为

$$T_1: z-z_0=f'_x(x_0,y_0)(x-x_0),\quad y=y_0;$$

$$T_2: z-z_0=f'_y(x_0,y_0)(y-y_0),\quad x=x_0.$$

因此，切线$T_1$和$T_2$的方向向量分别为

$$\boldsymbol{\tau}_1=(1,0,f'_x(x_0,y_0))\text{与}\boldsymbol{\tau}_2=(0,1,f'_y(x_0,y_0)).$$

这样切平面的法向量可取

$$\boldsymbol{n}=\boldsymbol{\tau}_1\times\boldsymbol{\tau}_2=(-f'_x(x_0,y_0),-f'_y(x_0,y_0),1)$$

或者

$$\boldsymbol{n}=(f'_x(x_0,y_0),f'_y(x_0,y_0),-1).$$

所以，曲面$S$在点$P$处的切平面$\pi$的方程为

$$\pi: f'_x(x_0,y_0)(x-x_0)+f'_y(x_0,y_0)(y-y_0)-(z-z_0)=0, \quad (10.2.4)$$

或者写作

$$\pi: z-z_0=f'_x(x_0,y_0)(x-x_0)+f'_y(x_0,y_0)(y-y_0). \quad (10.2.5)$$

由式(10.2.5)知，二维曲面 $z=f(x,y)$ 的切平面方程可以看作一维曲线 $y=f(x)$ 的切线方程：$y-y_0=f'(x_0)(x-x_0)$ 的形式推广.

**例 11** 求椭圆抛物面 $S: z=2x^2+3y^2$ 在点 $P(1,1,5)$ 处的切平面方程.

**解** 令 $f(x,y)=2x^2+3y^2$，则

$$f'_x(x,y)=4x, \quad f'_y(x,y)=6y.$$

在点 $(1,1)$ 处，$f'_x(1,1)=4$，$f'_y(1,1)=6$. 所以，曲面 $S$ 在点 $P$ 处的切平面的方程为

$$z-5=4(x-1)+6(y-1),$$

即 $z=4x+6y-5$.

微视频
10-2-8
二元函数的局部线性化——具体函数的局部线性化

从图 10.2.4 看出，离点 $P(1,1,5)$ 越近，曲面越"贴近"该点的切平面.

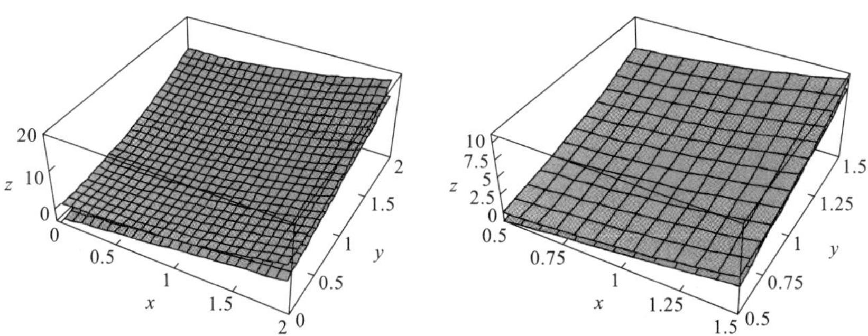


图 10.2.4 离点 $P(1,1,5)$ 越近，曲面越"贴近"该点的切平面

如果将切平面 $\pi$ 的方程写作

$$z=f(x_0,y_0)+f'_x(x_0,y_0)(x-x_0)+f'_y(x_0,y_0)(y-y_0),$$

那么，上式右端是一个关于 $x,y$ 的二元线性函数. 因为，在几何上切平面贴近曲面，所以，可以用这个二元线性函数在 $(x_0,y_0)$ 的某个邻域内近似函数 $f(x,y)$，这样就得到了 $f(x,y)$ 的一个局部线性近似：

$$f(x,y)\approx f(x_0,y_0)+f'_x(x_0,y_0)(x-x_0)+f'_y(x_0,y_0)(y-y_0). \quad (10.2.6)$$

例如，在例 11 中，二元线性函数 $L(x,y)=4x+6y-5$ 是函数 $z=2x^2+3y^2$ 在点 $(1,1)$ 处的一个局部线性近似. 如在点 $(1.02,0.98)$ 处，其线性近似值

$$L(1.02,0.98)=4\times1.02+6\times0.98-5=4.96$$

非常接近函数真实值

$$f(1.02,0.98)=2\times1.02^2+3\times0.98^2=4.962.$$

但在离(1,1)较远的点,如(2,2)处,$f(2,2)=20$,$L(2,2)=15$,两者相差甚远.

**例 12** 在例 2 中,我们证明了函数$f(x,y)=\begin{cases}\dfrac{xy}{x^2+y^2},&(x,y)\neq(0,0),\\0,&(x,y)=(0,0)\end{cases}$在点(0,0)处的两个偏导数都存在,且$f'_x(0,0)=f'_y(0,0)=0$.

在点(0,0)处,$f(x,y)$的局部线性近似为

$$f(x,y)\approx f(0,0)+f'_x(0,0)(x-0)+f'_y(0,0)(y-0)=0.$$

但是在 $y=x$ 上,恒有$f(x,y)=\dfrac{1}{2}$.所以,这个二元函数在原点的局部线性近似并不好.这是什么原因?从图 10.1.12 可以看出,曲面在原点处并不存在切平面,所以,由平面 $y=0$ 及 $x=0$ 与曲面相交的两曲线 $C_1$ 和 $C_2$ 的切线 $T_1$ 和 $T_2$ 所在平面并不是切平面.有兴趣的读者还可证明$f'_x(x,y)$及$f'_y(x,y)$在(0,0)处并不连续.

### 2. 二元函数的可微性与全微分的概念

微视频
10-2-9
二元函数全微分的概念

设函数 $z=f(x,y)$ 在点$(x_0,y_0)$的某邻域内有定义,$(x,y)$为该邻域内的任意一点,记 $\Delta x=x-x_0$,$\Delta y=y-y_0$,称

$$\Delta z=f(x_0+\Delta x,y_0+\Delta y)-f(x_0,y_0)$$

为函数$f(x,y)$在点$(x_0,y_0)$处的全增量,它是关于 $\Delta x$ 和 $\Delta y$ 的一个二元函数,这个函数通常较为复杂.例如,例 11 中的函数$f(x,y)=2x^2+3y^2$ 在点(1,1)处的全增量

$$\begin{aligned}\Delta z&=2(1+\Delta x)^2+3(1+\Delta y)^2-(2+3)\\&=4\Delta x+6\Delta y+2(\Delta x)^2+3(\Delta y)^2.\end{aligned}\tag{10.2.7}$$

依据式(10.2.6),知

$$\Delta z\approx f'_x(x_0,y_0)\Delta x+f'_y(x_0,y_0)\Delta y.\tag{10.2.8}$$

这说明用上式右端的一个关于 $\Delta x$ 和 $\Delta y$ 的二元线性函数可以近似计算 $\Delta z$.从例 12 中,我们看到这个近似并不是对每个函数都是好的,那么,在什么条件下,式(10.2.8)这个近似在点$(x_0,y_0)$的一个小邻域内会足够好?

回忆一下一元函数.我们知道,当函数 $y=f(x)$ 在点 $x_0$ 处可微时,

$$\Delta y=f'(x_0)\Delta x+o(\Delta x).$$

换句话说，当我们用 $\mathrm{d}y=f'(x_0)\Delta x$ 来近似代替 $\Delta y$ 时，舍去的是一个关于 $\Delta x$ 的高阶无穷小. 从式(10.2.7)，我们能够看到，如果用一个关于 $\Delta x$ 和 $\Delta y$ 的二元线性函数来近似 $\Delta z$，产生的误差为 $2(\Delta x)^2+3(\Delta y)^2$，当 $\Delta x$ 和 $\Delta y$ 都很小时，它与 $\Delta x$ 和 $\Delta y$ 相比小得多. 所以，对函数 $f(x,y)=2x^2+3y^2$ 而言，在点(1,1)处 $4\Delta x+6\Delta y$ 是 $\Delta z$ 的一个很好的局部近似，而且比直接计算 $\Delta z$ 要快得多. 因此，我们很自然地能够把一元函数可微的概念推广到二元函数.

**定义 10.2.2** 设函数 $z=f(x,y)$ 在点 $(x_0,y_0)$ 的某邻域内有定义，如果存在与 $\Delta x$ 和 $\Delta y$ 无关的常数 $A$ 和 $B$，使得函数在点 $(x_0,y_0)$ 的全增量

$$\Delta z=f(x_0+\Delta x,y_0+\Delta y)-f(x_0,y_0)$$

能够表示为

$$\Delta z=A\Delta x+B\Delta y+o(\rho), \tag{10.2.9}$$

其中 $\rho=\sqrt{(\Delta x)^2+(\Delta y)^2}$，则称函数 $z=f(x,y)$ 在点 $(x_0,y_0)$ 处可微（或可微分），而 $A\Delta x+B\Delta y$ 称为函数 $z=f(x,y)$ 在点 $(x_0,y_0)$ 处的全微分，记作

$$\mathrm{d}z\Big|_{(x_0,y_0)}=A\Delta x+B\Delta y.$$

如果函数在区域 $D$ 内各点处都可微分，那么称函数在 $D$ 内可微分. 在一般点 $(x,y)$ 处的微分，记作

$$\mathrm{d}z=A\Delta x+B\Delta y.$$

微视频
10-2-10
具体函数可微性的判定

例如，由式(10.2.7)，有

$$\lim_{\rho\to 0}\frac{2(\Delta x)^2+3(\Delta y)^2}{\rho}=\lim_{\substack{\Delta x\to 0\\ \Delta y\to 0}}\frac{2(\Delta x)^2+3(\Delta y)^2}{\sqrt{(\Delta x)^2+(\Delta y)^2}}=0,$$

所以式(10.2.7)又可写作

$$\Delta z=4\Delta x+6\Delta y+o(\rho).$$

因此，函数 $f(x,y)=2x^2+3y^2$ 在点(1,1)处的全微分为

$$\mathrm{d}z=4\Delta x+6\Delta y.$$

### 3. 函数可微的必要条件与充分条件

在一元函数中，"可导必连续""可微与可导等价"这些关系在多元函数中并不成立. 在例 12 中，已经看到了一个二元函数在一点的两个偏导数存在但函数在该点并不连续的例子.

微视频
10-2-11
问题引入——从并联电阻问题谈起

但一元函数的"可微必连续""可微必可导"这些关系在多元函数中

微视频
10-2-12
函数可微的必要条件与充分条件——必要条件与全微分的几何意义

也成立.

**定理 10.2.2** 设函数 $z=f(x,y)$ 在点 $(x,y)$ 处可微，则函数在该点处必连续.

**证** 因函数 $z=f(x,y)$ 在点 $(x,y)$ 处可微，则存在与 $\Delta x$ 和 $\Delta y$ 无关的常数 $A$ 和 $B$，使得

$$\Delta z=A\Delta x+B\Delta y+o(\rho),$$

其中 $\rho=\sqrt{(\Delta x)^2+(\Delta y)^2}$. 注意到 $\rho\to 0$ 与 $(\Delta x,\Delta y)\to(0,0)$ 等价，则有

$$\lim_{\substack{\Delta x\to 0\\ \Delta y\to 0}}\Delta z=0.$$

所以，函数 $z=f(x,y)$ 在点 $(x,y)$ 处连续.

例如，例 12 中的函数

$$f(x,y)=\begin{cases}\dfrac{xy}{x^2+y^2}, & (x,y)\neq(0,0),\\ 0, & (x,y)=(0,0)\end{cases}$$

在点 $(0,0)$ 处不连续，所以它在 $(0,0)$ 处不可微，从而它在点 $(0,0)$ 处没有好的局部线性近似.

在二元函数的全微分的定义 10.2.2 中，并没有指出 $A$ 和 $B$ 的具体形式，给初学者带来理解上的困难. 但如果我们和一元函数的微分概念进行类比，把二元函数的全微分的定义中的式 (10.2.9) 和二元函数的局部线性化式 (10.2.8) 联系起来，我们就能猜想到 $A$ 和 $B$ 分别与两个偏导数 $f'_x(x_0,y_0)$ 和 $f'_y(x_0,y_0)$ 对应. 下面的定理对此作了明确的回答.

**定理 10.2.3**（可微的必要条件） 如果函数 $z=f(x,y)$ 在点 $(x,y)$ 可微，那么，该函数在点 $(x,y)$ 的偏导数 $\dfrac{\partial z}{\partial x}$ 与 $\dfrac{\partial z}{\partial y}$ 必存在，且函数 $z=f(x,y)$ 在点 $(x,y)$ 的全微分为

$$\mathrm{d}z=\frac{\partial z}{\partial x}\Delta x+\frac{\partial z}{\partial y}\Delta y.$$

**证** 根据函数可微的定义知，存在两个与 $\Delta x$ 和 $\Delta y$ 无关的常数 $A$ 和 $B$，使函数的全增量

$$\Delta z=A\Delta x+B\Delta y+o(\rho).$$

特别地，令 $\Delta y=0$，得函数对 $x$ 的偏增量

$$\Delta_x z=A\Delta x+o(|\Delta x|),$$

因此，有

$$\lim_{\Delta x\to 0}\frac{\Delta_x z}{\Delta x}=\lim_{\Delta x\to 0}\left(A+\frac{o(|\Delta x|)}{\Delta x}\right)=A,$$

所以偏导数$\frac{\partial z}{\partial x}$存在，且等于 $A$.

再令 $\Delta x=0$，得函数对 $y$ 的偏增量

$$\Delta_y z=B\Delta y+o(|\Delta y|),$$

因此，有

$$\lim_{\Delta y\to 0}\frac{\Delta_y z}{\Delta y}=\lim_{\Delta y\to 0}\left(B+\frac{o(|\Delta y|)}{\Delta y}\right)=B,$$

所以偏导数$\frac{\partial z}{\partial y}$存在，且等于 $B$.

值得指出的是，在点$(x,y)$处，当函数 $z=f(x,y)$ 在点$(x,y)$处的两个偏导数$\frac{\partial z}{\partial x}$与$\frac{\partial z}{\partial y}$存在时，尽管可以形式地写出表达式$\frac{\partial z}{\partial x}\Delta x+\frac{\partial z}{\partial y}\Delta y$，但如果它与 $\Delta z$ 之差不是比 $\rho$ 高阶的无穷小量，那么它就不是函数的全微分，此时函数在该点处不可微.例如，函数

讨论题

10-2-2

多元函数可微的概念

为什么说二元函数全微分是一元函数微分概念的本质推广，而一元函数导数概念推广到偏导数则不是？谈谈你对微分概念的理解.

$$f(x,y)=\begin{cases}\dfrac{xy}{\sqrt{x^2+y^2}}, & (x,y)\neq(0,0),\\ 0, & (x,y)=(0,0)\end{cases}$$

在点$(0,0)$处连续，它的两个偏导数$f'_x(0,0)$与$f'_y(0,0)$都等于 0，但函数在点$(0,0)$处不可微.事实上，对于极限

$$\lim_{\rho\to 0}\frac{\Delta z-[f'_x(0,0)\Delta x+f'_y(0,0)\Delta y]}{\rho}=\lim_{\substack{\Delta x\to 0\\ \Delta y\to 0}}\frac{\Delta x\Delta y}{(\Delta x)^2+(\Delta y)^2},$$

当考虑点$(\Delta x,\Delta y)$沿直线 $y=x$ 趋于点$(0,0)$时，有

$$\lim_{\substack{\Delta y=\Delta x\\ \Delta x\to 0}}\frac{\Delta x\Delta y}{(\Delta x)^2+(\Delta y)^2}=\frac{1}{2}\neq 0.$$

所以，当 $\rho\to 0$ 时，$\Delta z-[f'_x(0,0)\Delta x+f'_y(0,0)\Delta y]$ 不是 $\rho=\sqrt{(\Delta x)^2+(\Delta y)^2}$ 的高级无穷小.因此，函数在点$(0,0)$处的全微分并不存在，即函数在点$(0,0)$处不可微.

从这个例子还能看出，依据定义 10.2.2 来判定一个函数是否可微很不方便.下面我们不加证明地给出一个非常实用的判定二元函数是否可微的充分条件.

微视频

10-2-13

函数可微的必要条件与充分条件——充分条件

**定理 10.2.4**(可微的充分条件)　如果函数 $z=f(x,y)$ 的偏导数$\frac{\partial z}{\partial x}$,

$\dfrac{\partial z}{\partial y}$在点$(x,y)$连续，那么，函数在该点可微.

例如，函数 $z=\mathrm{e}^{x}\sin(x+y)$ 是初等函数，其对应的两个偏导数

$$\frac{\partial z}{\partial x}=\mathrm{e}^{x}(\sin(x+y)+\cos(x+y))\text{ 与 }\frac{\partial z}{\partial y}=\mathrm{e}^{x}\cos(x+y)$$

也都是初等函数，它们在二维平面内连续. 因此，依据定理 10.2.4 知，函数在全平面内可微.

习惯上，我们将自变量 $x,y$ 的增量 $\Delta x,\Delta y$ 分别记作 $\mathrm{d}x,\mathrm{d}y$，并分别称为自变量$x,y$的微分. 这样，函数 $z=f(x,y)$ 的全微分就可写作

$$\mathrm{d}z=\frac{\partial z}{\partial x}\mathrm{d}x+\frac{\partial z}{\partial y}\mathrm{d}y. \tag{10.2.10}$$

讨论题
10-2-3
多元函数可微与偏导数的关系
试讨论二元函数可微与偏导数存在的关系. 举例说明，二元函数$f(x,y)$在点$(x_0,y_0)$的两个偏导数$f'_x(x_0,y_0)$与$f'_y(x_0,y_0)$都存在，但二元函数$f(x,y)$在点$(x_0,y_0)$可能不可微. 进一步，假定二元函数$f(x,y)$在点$(x_0,y_0)$的两个偏导数$f'_x(x_0,y_0)$与$f'_y(x_0,y_0)$都存在，试给出二元函数$f(x,y)$在点$(x_0,y_0)$可微的一个充分必要条件.

以上关于二元函数可微及全微分的概念与性质可以推广到三元及三元以上的多元函数.

如果三元函数 $u=f(x,y,z)$ 可微，那么它的全微分为

$$\mathrm{d}u=\frac{\partial u}{\partial x}\mathrm{d}x+\frac{\partial u}{\partial y}\mathrm{d}y+\frac{\partial u}{\partial z}\mathrm{d}z. \tag{10.2.11}$$

**例 13** 求下列函数的全微分：

(1) $z=x^2+3xy$；　　(2) $z=\arctan\dfrac{y}{x}$.

**解** (1) $\dfrac{\partial z}{\partial x}=2x+3y,\dfrac{\partial z}{\partial y}=3x$，由公式(10.2.10)知

$$\mathrm{d}z=(2x+3y)\mathrm{d}x+3x\mathrm{d}y.$$

微视频
10-2-14
微分法则

(2) $\dfrac{\partial z}{\partial x}=\dfrac{-y}{x^2+y^2},\dfrac{\partial z}{\partial y}=\dfrac{x}{x^2+y^2}$，由公式(10.2.10)知

$$\mathrm{d}z=\frac{-y}{x^2+y^2}\mathrm{d}x+\frac{x}{x^2+y^2}\mathrm{d}y.$$

**例 14** 求函数 $z=xy$ 在点$(1,2)$处，当 $\Delta x=0.1,\Delta y=0.1$ 时的全微分.

**解** 因$\dfrac{\partial z}{\partial x}=y,\dfrac{\partial z}{\partial y}=x$，则在点$(1,2)$处，有

$$\mathrm{d}z=2\mathrm{d}x+\mathrm{d}y.$$

当 $\Delta x=0.1,\Delta y=0.1$ 时，$\mathrm{d}z=2\times0.1+1\times0.1=0.3$.

下面我们用一个具体实例对这一结果加以解释，以帮助初学者理解全微分的概念.

如图 10.2.5,设想一块长 1 cm、高 2 cm 的长方形薄铁片,将它加热后,由于受热的影响,其边长伸展了 0.1 cm,那么薄铁片的面积增大了多少?

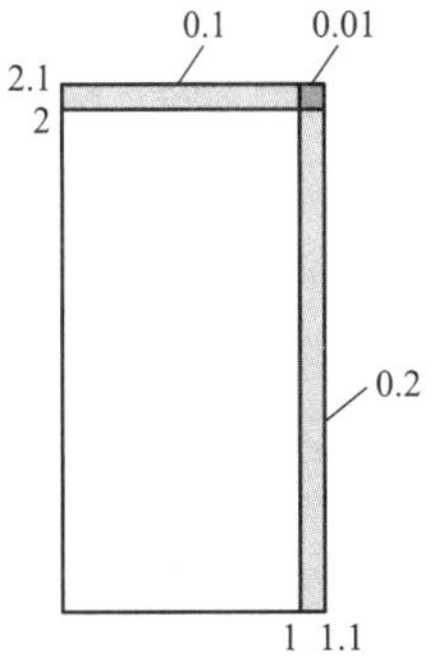

0.1
0.01
2.1
2
0.2
1 1.1

图 10.2.5 全微分的一个解释

我们知道,长方形的面积 $z$ 等于长 $x$ 与高 $y$ 的乘积,如果直接计算则有

$$\Delta z=(x+\Delta x)(y+\Delta y)-xy=y\Delta x+x\Delta y+\Delta x\cdot\Delta y=\mathrm{d}z+\Delta x\cdot\Delta y=0.31.$$

如果我们用 d$z$ 近似代替 $\Delta z$,那么舍去的只是 $\Delta x\cdot\Delta y=0.01$ 这个量,相对 $\Delta x$ 与 $\Delta y$ 是很小的了.因此,d$z$ 是 $\Delta z$ 的一个好的线性近似.

**例 15** 求函数 $u=\mathrm{e}^{x-y}+\sin z$ 在点(2,1,0)处的全微分.

**解** $\dfrac{\partial u}{\partial x}=\mathrm{e}^{x-y},\dfrac{\partial u}{\partial y}=-\mathrm{e}^{x-y},\dfrac{\partial u}{\partial z}=\cos z$,则

$$\mathrm{d}u=\frac{\partial u}{\partial x}\mathrm{d}x+\frac{\partial u}{\partial y}\mathrm{d}y+\frac{\partial u}{\partial z}\mathrm{d}z=\mathrm{e}^{x-y}\mathrm{d}x-\mathrm{e}^{x-y}\mathrm{d}y+\cos z\mathrm{d}z.$$

在点(2,1,0)处,$\mathrm{d}u=\mathrm{e}\mathrm{d}x-\mathrm{e}\mathrm{d}y+\mathrm{d}z$.

表 10.2.2 提供了 Mathematica 软件计算多元函数微分的语句基本格式.

表 10.2.2 Mathematica 软件求多元函数微分的语句基本格式

| 表达式格式 | 表达式意义 |
| --- | --- |
| Dt [f [x1,x2,…,xn] ] | 求函数 $f(x_1,x_2,\cdots,x_n)$ 的全微分 |

例如,用 Mathematica 软件来计算例 15 中的全微分:

输入 Dt[ $\mathrm{e}^{x-y}$+Sin[z]];输出 $\mathrm{e}^{x-y}$(Dt[x]-Dt[y])+Cos[z]Dt[z].

### 4. 全微分在近似计算中的应用

设函数 $z=f(x,y)$ 的两个偏导数在点 $(x_0,y_0)$ 处连续,则函数在点 $(x_0,y_0)$ 处可微.依据全微分的定义,当 $|\Delta x|$ 和 $|\Delta y|$ 都较小时,就有近似等式

微视频
10-2-15
全微分在近似计算中的应用

$$\Delta z\approx\mathrm{d}z=f'_x(x_0,y_0)\Delta x+f'_y(x_0,y_0)\Delta y. \qquad (10.2.12)$$

即

$$f(x,y)\approx f(x_0,y_0)+f'_x(x_0,y_0)(x-x_0)+f'_y(x_0,y_0)(y-y_0).$$

这与前面得到的式(10.2.6)是完全一致的.利用这个公式,可以对二元函数作近似计算.

**例 16** 计算 $1.02^{2.05}$ 的近似值.

**解** 设函数 $f(x,y)=x^y$,要计算函数在 $x=1.02,y=2.05$ 的值.

取 $x_0=1, y_0=2, \Delta x=0.02, \Delta y=0.05$，由于 $f(1,2)=1$，且

$$f'_x(x,y)=yx^{y-1}, f'_y(x,y)=x^y\ln x, f'_x(1,2)=2, f'_y(1,2)=0.$$

则

$$\begin{aligned}f(1.02,2.05) &\approx f(1,2)+f'_x(1,2)\Delta x+f'_y(1,2)\Delta y\\ &=1+2\times 0.02+0\times 0.05=1.04.\end{aligned}$$

与用 Mathematica 软件算得的较精确的值 $1.02^{2.05}=1.041\ 43$ 相比较，看出这两个值是非常接近的.

**例 17** 一个方盒子的长、宽、高分别被测量出是 75 cm，60 cm 和 40 cm，且每边的测量误差不超过 0.2 cm，试估计在此测量下，方盒子体积的最大误差.

**解** 设方盒子的长、宽、高分别为 $x, y, z$，那么其体积 $V=xyz$，因此

$$\mathrm{d}V=\frac{\partial V}{\partial x}\mathrm{d}x+\frac{\partial V}{\partial y}\mathrm{d}y+\frac{\partial V}{\partial z}\mathrm{d}z=yz\mathrm{d}x+xz\mathrm{d}y+xy\mathrm{d}z.$$

我们知道，$|\Delta x|\leqslant 0.2$，$|\Delta y|\leqslant 0.2$，$|\Delta z|\leqslant 0.2$，为了找出最大误差，令 $\mathrm{d}x=0.2, \mathrm{d}y=0.2, \mathrm{d}z=0.2$，在 $x=75, y=60, z=40$ 的条件下，有

$$\Delta V\approx \mathrm{d}V=60\times 40\times 0.2+75\times 40\times 0.2+75\times 60\times 0.2=1\ 980.$$

因此在每一边不超过 0.2 cm 的误差情况下，在体积上表示出来的总误差竟然达到了 1 980 $\mathrm{cm}^3$，这看起来似乎是一个非常大的误差了，但实际上，它也只不过是盒子体积的 1%.

最后，我们来看二元函数全微分的几何意义.依据式(10.2.6)，当函数 $z=f(x,y)$ 在点 $(x_0,y_0)$ 处可微时，在该点的某邻域内，函数对应的几何曲面可以用该点的切平面近似代替.在图 10.2.6 中，$\mathrm{d}z$ 表示了当 $(x,y)$ 从 $(x_0,y_0)$ 变化到 $(x_0+\Delta x, y_0+\Delta y)$ 时，切平面上的高度变化，而 $\Delta z$ 表示曲面对应的高度变化.式(10.2.12)说明当 $|\Delta x|$ 和 $|\Delta y|$ 都较小时，这种变化的差别不大.

二元函数全微分的概念容易推广到一般多元函数.例如，三元函数 $u=f(x,y,z)$ 在 $(x,y,z)$ 处可微，当且仅当在该点处 $\frac{\partial u}{\partial x}$，$\frac{\partial u}{\partial y}$ 和 $\frac{\partial u}{\partial z}$ 存在，且

$$\begin{aligned}\Delta u &=f(x+\Delta x,y+\Delta y,z+\Delta z)-f(x,y,z)\\ &=\frac{\partial u}{\partial x}\Delta x+\frac{\partial u}{\partial y}\Delta y+\frac{\partial u}{\partial z}\Delta z+o(\rho),\end{aligned}$$

其中 $\rho=\sqrt{\Delta x^2+\Delta y^2+\Delta z^2}$. $u$ 在 $(x,y,z)$ 处的全微分为

$$\mathrm{d}u=\frac{\partial u}{\partial x}\Delta x+\frac{\partial u}{\partial y}\Delta y+\frac{\partial u}{\partial z}\Delta z,$$

或 $$\mathrm{d}u=\frac{\partial u}{\partial x}\mathrm{d}x+\frac{\partial u}{\partial y}\mathrm{d}y+\frac{\partial u}{\partial z}\mathrm{d}z,$$

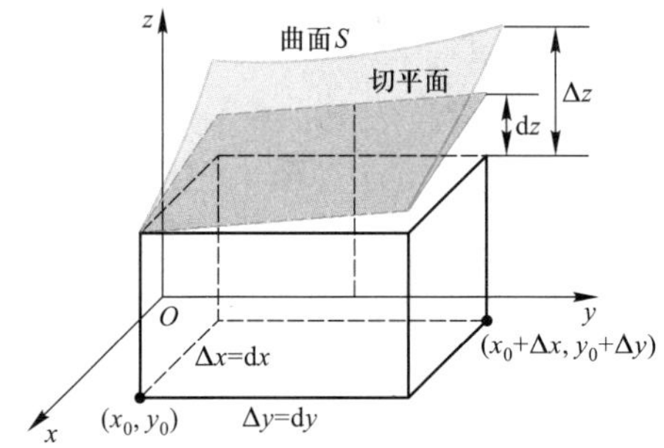

图 10.2.6 二元函数全微分的几何意义

# 习题 10.2

## A 基础题

1. 求下列函数的一阶偏导数:

(1) $f(x,y)=2x^2-3y-4$;

(2) $f(x,y)=(x^2-1)(y+2)$;

(3) $f(x,y)=(xy-1)^2$;

(4) $f(x,y)=\dfrac{x}{x^2+y^2}$;

(5) $f(x,y)=\ln(x+y)$;

(6) $f(x,y)=e^{x+y+1}$;

(7) $f(x,y)=e^{-x}\sin(x+y)$;

(8) $f(x,y)=\ln\tan\dfrac{y}{x}$;

(9) $f(x,y)=x^7+2^y+x^y$;

(10) $f(x,y)=\sin\dfrac{x}{y}\cos\dfrac{y}{x}$;

(11) $f(x,y,z)=\arctan(x-y)^z$;

(12) $f(x,y,z)=x^{\frac{y}{z}}$.

2. 设$f(x,y)=x^2e^{y^2}+(x-1)\arcsin\dfrac{y}{x}$,求$f'_x(1,0)$和$f'_y(1,0)$.

3. 设$u=x+\dfrac{x-y}{x-z}$,求$\dfrac{\partial u}{\partial x}+\dfrac{\partial u}{\partial y}+\dfrac{\partial u}{\partial z}$.

4. 曲线$\begin{cases}z=\dfrac{x^2+y^2}{4},\\ y=4\end{cases}$在点(2,4,5)处的切线对于 $x$ 轴的倾角是多少?

5. 求下列函数的二阶偏导数$\dfrac{\partial^2 z}{\partial x^2},\dfrac{\partial^2 z}{\partial y^2}$和$\dfrac{\partial^2 z}{\partial x\partial y}$:

(1) $z=xe^y$;　　(2) $z=\ln\sqrt{x^2+y^2}$;

(3) $z=\arctan\dfrac{x+y}{1-xy}$;　　(4) $z=y^x\ln(xy)$.

6. 设$z=x\ln(xy)$,求$\dfrac{\partial^3 z}{\partial x^2\partial y}$及$\dfrac{\partial^3 z}{\partial x\partial y^2}$.

7. 设$u=\ln(x^2+y^2+z^2)$,求$\dfrac{\partial^2 u}{\partial x^2}+\dfrac{\partial^2 u}{\partial y^2}+\dfrac{\partial^2 u}{\partial z^2}$的值.

8. 求下列函数的全微分:

(1) $f(x,y)=e^{\sin\frac{y}{x}}$;

(2) $f(x,y)=e^x(\cos y+x\sin y)$;

(3) $f(x,y,z)=x^{y^2z}$;

(4) $f(x,y,z)=\arctan(xyz)$.

9. 求函数$z=\ln(1+x^2+y^2)$当$x=1,y=2$时的全微分.

10. 求函数$z=\dfrac{y}{x}$当$x=2,y=1,\Delta x=0.1,\Delta y=-0.2$时的全增量和全微分.

11. 计算下列近似值:

(1) $\sqrt{(1.02)^3+(1.97)^3}$;

(2) $(1.97)^{1.02}$($\ln 2\approx 0.693$).

## B 综合题

12. 设$u=x^yy^x$,求证$x\dfrac{\partial u}{\partial x}+y\dfrac{\partial u}{\partial y}=u(x+y+\ln u)$.

13. 已知$\dfrac{\partial z}{\partial x}=\dfrac{x^2+y^2}{x}$,$z(1,y)=\sin y$,求$z(x,y)$($x>0$).

14. 设$z=\int_x^{2y}e^{-t^2}\mathrm{d}t$,求$\dfrac{\partial z}{\partial x},\dfrac{\partial z}{\partial y}$.

15. 验证:

(1) $y=e^{-kn^2t}\sin nx$ 满足热传导方程$\dfrac{\partial y}{\partial t}=k\dfrac{\partial^2 y}{\partial x^2}$;

(2) $u=e^{3x+4y}\cos 5z$ 满足拉普拉斯方程$\dfrac{\partial^2 u}{\partial x^2}+\dfrac{\partial^2 u}{\partial y^2}+\dfrac{\partial^2 u}{\partial z^2}=0$.

16. 证明函数$f(x,y)=\begin{cases}\dfrac{2xy}{x^2+y^2}, & x^2+y^2\neq 0,\\ 0, & x^2+y^2=0\end{cases}$在点(0,0)处不连续,但存在一阶偏导数.

17. 证明函数$f(x,y)=\begin{cases}(x^2+y^2)\sin\dfrac{1}{x^2+y^2}, & x^2+y^2\neq 0,\\ 0, & x^2+y^2=0\end{cases}$

的偏导数在点(0,0)处不连续,但$f(x,y)$在点(0,0)可微.

18. 证明函数 $f(x,y)=\begin{cases} xy\dfrac{x^2-y^2}{x^2+y^2}, & (x,y)\neq(0,0), \\ 0, & (x,y)=(0,0) \end{cases}$

在点(0,0)处的两个二阶混合偏导数不相等.

## C 应用题

19. 吉他的一根弦在静止状态时位于 $x$ 轴上,设弦的左端点为坐标原点,$P$ 点是弦上任一点,$x$ 是点 $P$ 距弦左端的距离(m),在 $t$(s)时刻,点 $P$ 距静止位置的垂直距离为 $y=f(x,t)$,其中

$$y=f(x,t)=0.003\sin(\pi x)\sin(2\ 765\ t).$$

计算 $f'_x(0.3,1)$ 与 $f'_t(0.3,1)$,并解释它们的实际含义.

20. 一个圆锥的底圆半径和高度分别是 10 cm 和 25 cm,这两个量的可能误差均为 0.1 cm,用微分的方法估计计算该圆锥体体积的最大误差.

21. 已知圆柱形无盖容器尺寸为:底半径 $R=2.5$ m,高 $H=4$ m,容器的壁厚 $L=0.1$ m,用全微分计算制成容器所耗材料的近似值.

## D 实验题

22. 设函数 $z=\arcsin\dfrac{x}{y}$,试用 Mathematica 软件求 $\dfrac{\partial z}{\partial x},\dfrac{\partial z}{\partial y}$和 $\mathrm{d}z$.

23. 一根 1 m 长的棒不均匀受热,距一端 $x$(m)处在时刻 $t$ 的摄氏温度(℃)由下式给出:

$$H(x,t)=100\mathrm{e}^{-0.1t}\sin(\pi x),0\leqslant x\leqslant 1.$$

(1) 试用 Mathematica 软件生成 $t=0,t=1$ 时 $H$ 关于 $x$ 的图像.

(2) 计算 $H'_x(0.2,t)$ 与 $H'_x(0.8,t)$,再用 Mathematica 软件生成这两个函数的图形,并用温度的术语解释它的两个偏导数的实际含义.

24. 试用 Mathematica 软件求函数 $u(x,y,z)=\mathrm{e}^{2x-y}z^3\cos(xyz)$的偏导数

$$\frac{\partial u}{\partial x},\frac{\partial^3 u}{\partial x^3},\frac{\partial^3 u}{\partial x\partial y^2},\frac{\partial^3 u}{\partial y^2\partial x},\frac{\partial^5 u}{\partial x^2\partial y^3},\frac{\partial^5 u}{\partial y^3\partial x^2},\frac{\partial^3 u}{\partial y^3},$$

并比较第 3 个和第 4 个、第 5 个和第 6 个混合偏导数的结果,你能得出什么结论?

10.2 测验题

# 10.3 多元复合函数与隐函数的偏导数

在这一节里,我们要将一元复合函数求导数的链式法则推广到多元复合函数的情形,并介绍隐函数偏导数的计算方法.

## 10.3.1 多元复合函数的求导法则

微视频
10-3-1
问题引入——从一元复合函数到多元复合函数

先简单回顾一下第4.2节中一元复合函数的求导法则.设函数 $y=f(u)$,$u=\varphi(v)$,$v=\psi(x)$ 构成复合函数 $y=f\{\varphi[\psi(x)]\}$,它的导数为

$$\frac{\mathrm{d}y}{\mathrm{d}x}=\frac{\mathrm{d}y}{\mathrm{d}u}\cdot\frac{\mathrm{d}u}{\mathrm{d}v}\cdot\frac{\mathrm{d}v}{\mathrm{d}x}.$$

可以用图10.3.1来表示函数复合的过程.我们看到一元复合函数从因变量经中间变量到自变量构成一条链.求导数时,只需要从因变量开始,按这条链顺次对各中间变量直到自变量,依次求导数,并将各个导数相乘便可得出其结果.我们把这一求导过程形象地称为"沿线相乘".

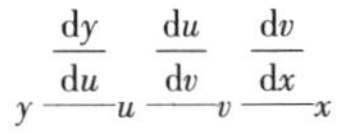

$$y\xrightarrow{\frac{\mathrm{d}y}{\mathrm{d}u}}u\xrightarrow{\frac{\mathrm{d}u}{\mathrm{d}v}}v\xrightarrow{\frac{\mathrm{d}v}{\mathrm{d}x}}x$$

图10.3.1 一元复合函数求导数的链式法则

这种方法可推广到多元复合函数中.

**定理10.3.1** 设函数 $u=u(x,y)$,$v=v(x,y)$ 在点 $(x,y)$ 处关于 $x$ 和 $y$ 的偏导数都存在,函数 $z=f(u,v)$ 在点 $(x,y)$ 对应的点 $(u,v)$ 处可微,则复合函数 $z=f[u(x,y),v(x,y)]$ 在点 $(x,y)$ 处关于 $x$ 和 $y$ 的两个偏导数都存在,且有

微视频
10-3-2
多元复合函数的求导法则——多个自变量情形

$$\frac{\partial z}{\partial x}=\frac{\partial z}{\partial u}\cdot\frac{\partial u}{\partial x}+\frac{\partial z}{\partial v}\cdot\frac{\partial v}{\partial x},$$

$$\frac{\partial z}{\partial y}=\frac{\partial z}{\partial u}\cdot\frac{\partial u}{\partial y}+\frac{\partial z}{\partial v}\cdot\frac{\partial v}{\partial y}. \qquad (10.3.1)$$

**证** 在点 $(x,y)$ 处,令自变量 $y$ 取值不变,让自变量 $x$ 获得增量 $\Delta x$,则函数 $u(x,y)$ 与 $v(x,y)$ 相应地获得对 $x$ 的偏增量为 $\Delta u,\Delta v$,由此产生的函数 $f(u,v)$ 的偏增量 $\Delta z$ 为

$$\begin{aligned}\Delta z&=z[u(x+\Delta x,y),v(x+\Delta x,y)]-z[u(x,y),v(x,y)]\\&=z(u+\Delta u,v+\Delta v)-z(u,v).\end{aligned}$$

因为 $z=f(u,v)$ 在点 $(u,v)$ 处可微,所以有

$$\Delta z=\frac{\partial z}{\partial u}\Delta u+\frac{\partial z}{\partial v}\Delta v+o(\rho), \qquad (10.3.2)$$

其中 $\rho=\sqrt{(\Delta u)^2+(\Delta v)^2}$.若 $\rho=0$,则规定 $o(\rho)=0$.

又因为 $u(x,y)$ 与 $v(x,y)$ 在点 $(x,y)$ 处关于 $x$ 的偏导数存在,所以

$$\Delta u=u(x+\Delta x,y)-u(x,y)=\frac{\partial u}{\partial x}\Delta x+o(\Delta x),$$

$$\Delta v=v(x+\Delta x,y)-v(x,y)=\frac{\partial v}{\partial x}\Delta x+o(\Delta x).$$

则 $\lim\limits_{\Delta x\to 0}\dfrac{\Delta u}{\Delta x}=\dfrac{\partial u}{\partial x}$，$\lim\limits_{\Delta x\to 0}\dfrac{\Delta v}{\Delta x}=\dfrac{\partial v}{\partial x}$. 另一方面，由 $o(\rho)$ 的定义，对于任意的 $\varepsilon>0$，存在 $\delta>0$，当 $\rho=\sqrt{\Delta u^2+\Delta v^2}<\delta$ 时，有

$$|o(\rho)|\leqslant\varepsilon\rho=\varepsilon\sqrt{\Delta u^2+\Delta v^2},$$

于是

$$\left|\frac{o(\rho)}{\Delta x}\right|\leqslant\varepsilon\sqrt{\left(\frac{\Delta u}{\Delta x}\right)^2+\left(\frac{\Delta v}{\Delta x}\right)^2}.$$

所以

$$\lim_{\Delta x\to 0}\frac{o(\rho)}{\Delta x}=\lim_{\Delta x\to 0}\frac{o(\sqrt{(\Delta u)^2+(\Delta v)^2})}{\Delta x}=0.$$

于是，由式(10.3.2)，得

$$\begin{aligned}\frac{\partial z}{\partial x}&=\lim_{\Delta x\to 0}\frac{\Delta z}{\Delta x}=\lim_{\Delta x\to 0}\left(\frac{\partial z}{\partial u}\cdot\frac{\Delta u}{\Delta x}+\frac{\partial z}{\partial v}\cdot\frac{\Delta v}{\Delta x}+\frac{o\left(\sqrt{(\Delta u)^2+(\Delta v)^2}\right)}{\Delta x}\right)\\&=\frac{\partial z}{\partial u}\cdot\frac{\partial u}{\partial x}+\frac{\partial z}{\partial v}\cdot\frac{\partial v}{\partial x}.\end{aligned}$$

同理可证

$$\frac{\partial z}{\partial y}=\frac{\partial z}{\partial u}\cdot\frac{\partial u}{\partial y}+\frac{\partial z}{\partial v}\cdot\frac{\partial v}{\partial y}.$$

称公式(10.3.1)为多元复合函数求偏导数的链式法则. 下面用复合函数的链式图来表示多元复合关系，以帮助读者理解公式(10.3.1)的要旨.

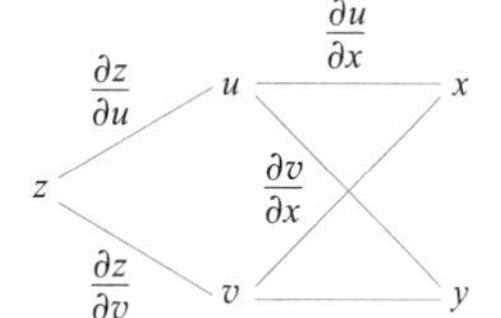

图 10.3.2　二元复合函数链式法则的直观理解

图 10.3.2 刻画了定理 10.3.1 中的函数关系. 我们看到，从因变量 $z$ 到自变量 $x$ 有两条链路，分别是 $z-u-x$ 和 $z-v-x$. 沿这两条链路依次求偏导并将偏导数相乘得到 $\dfrac{\partial z}{\partial u}\cdot\dfrac{\partial u}{\partial x}$ 和 $\dfrac{\partial z}{\partial v}\cdot\dfrac{\partial v}{\partial x}$，再将它们相加得到公式(10.3.1)中的第一式：

$$\frac{\partial z}{\partial x}=\frac{\partial z}{\partial u}\cdot\frac{\partial u}{\partial x}+\frac{\partial z}{\partial v}\cdot\frac{\partial v}{\partial x}.$$

我们将这个链式法则形象地概括为“沿线相乘，分线相加”.

同理，对 $y$ 的偏导数计算可作同样的理解.

尽管多元复合函数具有形式各异的复合关系，借助于链式图，应用“沿线相乘，分线相加”的链式法则求偏导数，很容易得到计算结果. 下面就几个典型情况加以示范：

(1) 函数 $z=f(u,v)$，其中 $u=\varphi(x)$，$v=\psi(x)$，其复合函数 $z=$

$f[\varphi(x),\psi(x)]$是关于自变量 $x$ 的一元函数,其链式图如图 10.3.3 所示.

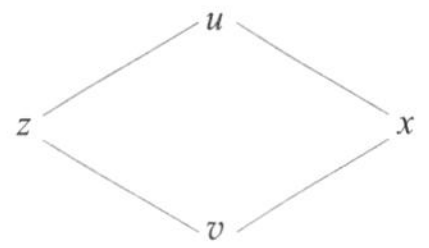

图 10.3.3 函数 $z=f[\varphi(x),\psi(x)]$ 的链式图

由图 10.3.3 看出,从 $z$ 到 $x$ 有两条链路,其中路径 $z-u-x$ 对应的导数之乘积为$\frac{\partial z}{\partial u}\cdot\frac{\mathrm{d}u}{\mathrm{d}x}$,路径 $z-v-x$ 对应的导数之乘积为$\frac{\partial z}{\partial v}\cdot\frac{\mathrm{d}v}{\mathrm{d}x}$,将它们相加得到

$$\frac{\mathrm{d}z}{\mathrm{d}x}=\frac{\partial z}{\partial u}\cdot\frac{\mathrm{d}u}{\mathrm{d}x}+\frac{\partial z}{\partial v}\cdot\frac{\mathrm{d}v}{\mathrm{d}x}.$$

微视频
10-3-3
多元复合函数的求导法则——一个自变量情形

注意这里 $u,v$ 是 $x$ 的一元函数,$z$ 是 $x$ 的一元复合函数,所以是 $u$ 对 $x$,$v$ 对 $x$ 及 $z$ 对 $x$ 求导数,对应的记号为$\frac{\mathrm{d}u}{\mathrm{d}x},\frac{\mathrm{d}v}{\mathrm{d}x}$与$\frac{\mathrm{d}z}{\mathrm{d}x}$,称$\frac{\mathrm{d}z}{\mathrm{d}x}$为全导数.但 $z$ 是 $u,v$ 的二元函数,其对应的导数为偏导数,记作$\frac{\partial z}{\partial u}$与$\frac{\partial z}{\partial v}$.

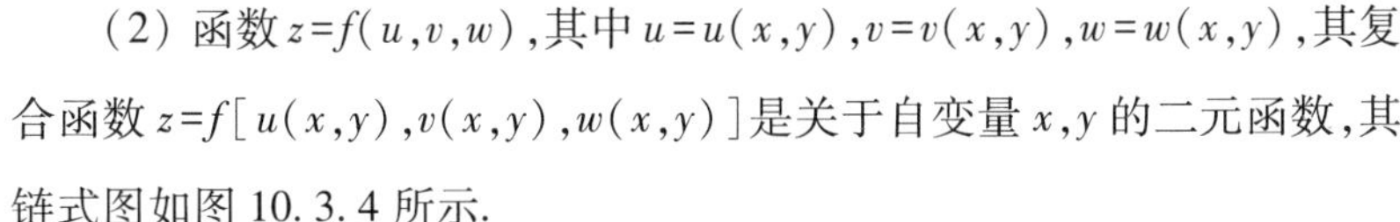

(2) 函数 $z=f(u,v,w)$,其中 $u=u(x,y)$,$v=v(x,y)$,$w=w(x,y)$,其复合函数 $z=f[u(x,y),v(x,y),w(x,y)]$是关于自变量 $x,y$ 的二元函数,其链式图如图 10.3.4 所示.

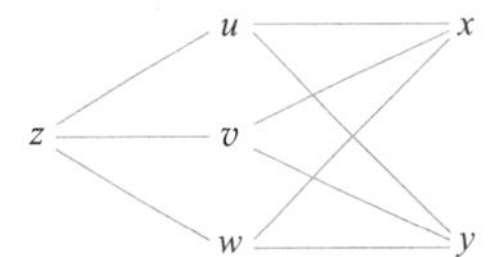


图 10.3.4 函数 $z=f[u(x,y),v(x,y),w(x,y)]$ 的链式图

由图 10.3.4 看出,从 $z$ 到 $x$ 有三条路径,分别为 $z-u-x$,$z-v-x$,$z-w-x$.由链式法则,有

$$\frac{\partial z}{\partial x}=\frac{\partial z}{\partial u}\cdot\frac{\partial u}{\partial x}+\frac{\partial z}{\partial v}\cdot\frac{\partial v}{\partial x}+\frac{\partial z}{\partial w}\cdot\frac{\partial w}{\partial x}.$$

类似地,可写出另一个偏导数的计算公式:

$$\frac{\partial z}{\partial y}=\frac{\partial z}{\partial u}\cdot\frac{\partial u}{\partial y}+\frac{\partial z}{\partial v}\cdot\frac{\partial v}{\partial y}+\frac{\partial z}{\partial w}\cdot\frac{\partial w}{\partial y}.$$

(3) 函数 $z=f(u)$,$u=\varphi(x,y)$的复合函数 $z=f[\varphi(x,y)]$的链式图如图 10.3.5 所示,则

$$\frac{\partial z}{\partial x}=\frac{\mathrm{d}z}{\mathrm{d}u}\cdot\frac{\partial u}{\partial x},\quad \frac{\partial z}{\partial y}=\frac{\mathrm{d}z}{\mathrm{d}u}\cdot\frac{\partial u}{\partial y}.$$

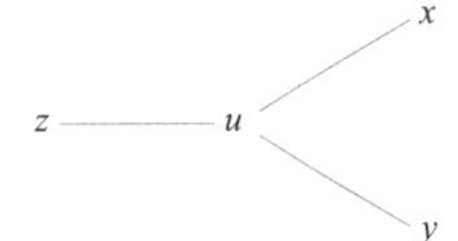


图 10.3.5 函数 $z=f[\varphi(x,y)]$ 的链式图

(4) 函数 $z=f(x,u)$,$u=\varphi(x,y)$的复合函数 $z=f[x,\varphi(x,y)]$的链式图如图 10.3.6 所示,则

$$\frac{\partial z}{\partial x}=\frac{\partial z}{\partial x}+\frac{\partial z}{\partial u}\cdot\frac{\partial u}{\partial x}.$$

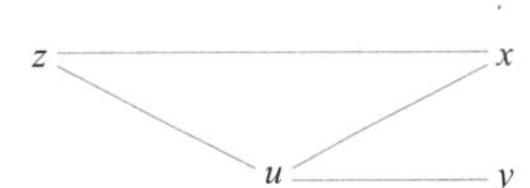

图 10.3.6 函数 $z=f[x,\varphi(x,y)]$ 的链式图

我们看到,上式左、右两端都出现相同的记号$\frac{\partial z}{\partial x}$,但其含义却是不同的.为了区分,通常将右端出现的 $z$ 换记为 $f$,得到

$$\frac{\partial z}{\partial x}=\frac{\partial f}{\partial x}+\frac{\partial f}{\partial u}\cdot\frac{\partial u}{\partial x}.$$

在这个式子中，左端的$\frac{\partial z}{\partial x}$的含义是将二元复合函数 $z=f[x,\varphi(x,y)]$ 中的 $y$ 视为常数，对 $x$ 求导，它是函数复合后对 $x$ 求偏导数；右端$\frac{\partial f}{\partial x}$的含义是将二元函数 $z=f(x,u)$ 中的 $u$ 视为常数，对 $x$ 求导，它是函数复合前对 $x$ 求偏导数.

微视频
10-3-4
多元复合函数的求导法则的应用

关于另一个偏导数，有

$$\frac{\partial z}{\partial y}=\frac{\partial f}{\partial u}\cdot\frac{\partial u}{\partial y}.$$

**例 1** 设 $z=\mathrm{e}^{u}\cos v, u=2x-y, v=xy$，求$\frac{\partial z}{\partial x}$和$\frac{\partial z}{\partial y}$.

**解** 应用链式法则，有

$$\begin{aligned}\frac{\partial z}{\partial x}&=\frac{\partial z}{\partial u}\cdot\frac{\partial u}{\partial x}+\frac{\partial z}{\partial v}\cdot\frac{\partial v}{\partial x}\\&=\mathrm{e}^{u}\cos v\cdot 2-\mathrm{e}^{u}\sin v\cdot y\\&=\mathrm{e}^{2x-y}[2\cos(xy)-y\sin(xy)],\end{aligned}$$

$$\begin{aligned}\frac{\partial z}{\partial y}&=\frac{\partial z}{\partial u}\cdot\frac{\partial u}{\partial y}+\frac{\partial z}{\partial v}\cdot\frac{\partial v}{\partial y}\\&=\mathrm{e}^{u}\cos v\cdot(-1)-\mathrm{e}^{u}\sin v\cdot x\\&=-\mathrm{e}^{2x-y}[\cos(xy)+x\sin(xy)].\end{aligned}$$

如果将中间变量代入 $z$ 的表达式，得

$$z=\mathrm{e}^{2x-y}\cos(xy).$$

利用第 10.2 节中的求偏导方法可直接求得结果. 如视 $y$ 为常数，对 $x$ 求导有

$$\begin{aligned}\frac{\partial z}{\partial x}&=\mathrm{e}^{2x-y}\cdot 2\cdot\cos(xy)+\mathrm{e}^{2x-y}\cdot[-\sin(xy)]\cdot y\\&=\mathrm{e}^{2x-y}[2\cos(xy)-y\sin(xy)],\end{aligned}$$

这与前面求得的结果完全一致.

**例 2** 设 $z=f(3x+2y,x^2+y^2)$，其中 $f$ 为可微函数，求$\frac{\partial z}{\partial x}$和$\frac{\partial z}{\partial y}$.

**解** 记 $u=3x+2y, v=x^2+y^2$，应用链式法则，得

$$\frac{\partial z}{\partial x}=\frac{\partial f}{\partial u}\cdot\frac{\partial u}{\partial x}+\frac{\partial f}{\partial v}\cdot\frac{\partial v}{\partial x}=3\frac{\partial f}{\partial u}+2x\frac{\partial f}{\partial v},$$

$$\frac{\partial z}{\partial y}=\frac{\partial f}{\partial u}\cdot\frac{\partial u}{\partial y}+\frac{\partial f}{\partial v}\cdot\frac{\partial v}{\partial y}=2\frac{\partial f}{\partial u}+2y\frac{\partial f}{\partial v}.$$

为方便起见，有时用 1，2 分别表示函数 $f(u,v)$ 中的第一个变量 $u$ 和第二个变量 $v$，这样$\frac{\partial f}{\partial u}$和$\frac{\partial f}{\partial v}$分别用 $f'_1$ 和 $f'_2$ 来表示，则有

$$\frac{\partial z}{\partial x}=3f'_1+2xf'_2,\quad \frac{\partial z}{\partial y}=2f'_1+2yf'_2.$$

**例 3** 设 $z=f\left(x,x+y,\frac{x}{y}\right)$，其中 $f$ 为可微函数，求$\frac{\partial z}{\partial x}$和$\frac{\partial z}{\partial y}$.

这里的 $f'_1$，$f'_2$ 和 $f'_3$ 分别表示 $f$ 对其第一，第二和第三个中间变量求偏导数.

**解**

$$\frac{\partial z}{\partial x}=f'_1\cdot 1+f'_2\cdot 1+f'_3\cdot\frac{1}{y}=f'_1+f'_2+\frac{1}{y}f'_3,$$

$$\frac{\partial z}{\partial y}=f'_1\cdot 0+f'_2\cdot 1+f'_3\cdot\left(-\frac{x}{y^2}\right)=f'_2-\frac{x}{y^2}f'_3.$$

**例 4** 设函数 $z=f\left(\frac{x}{y}\right)$，其中 $f(u)$ 为可微函数，证明 $x\frac{\partial z}{\partial x}+y\frac{\partial z}{\partial y}=0.$

**解** 记 $u=\frac{x}{y}$，则

$$\frac{\partial z}{\partial x}=f'(u)\frac{\partial u}{\partial x}=f'(u)\frac{1}{y}=\frac{1}{y}f'\left(\frac{x}{y}\right),$$

$$\frac{\partial z}{\partial y}=f'(u)\frac{\partial u}{\partial y}=f'(u)\left(-\frac{x}{y^2}\right)=-\frac{x}{y^2}f'\left(\frac{x}{y}\right),$$

则

$$x\frac{\partial z}{\partial x}+y\frac{\partial z}{\partial y}=\frac{x}{y}f'\left(\frac{x}{y}\right)-\frac{x}{y}f'\left(\frac{x}{y}\right)=0.$$

**例 5** 设函数 $z=xy+xf\left(\frac{y}{x}\right)$，其中 $f(u)$ 为可微函数，证明：$x\frac{\partial z}{\partial x}+y\frac{\partial z}{\partial y}=xy+z.$

**证** 综合应用四则运算与复合函数求导法则，得

$$\frac{\partial z}{\partial x}=y+f\left(\frac{y}{x}\right)+xf'\left(\frac{y}{x}\right)\left(-\frac{y}{x^2}\right)=y+f\left(\frac{y}{x}\right)-\frac{y}{x}f'\left(\frac{y}{x}\right),$$

$$\frac{\partial z}{\partial y}=x+xf'\left(\frac{y}{x}\right)\cdot\frac{1}{x}=x+f'\left(\frac{y}{x}\right),$$

则

$$x\frac{\partial z}{\partial x}+y\frac{\partial z}{\partial y}=2xy+xf\left(\frac{y}{x}\right)=xy+z.$$

**例 6** 设函数 $z=f(xy,x^2-y^2)$，其中 $f$ 具有二阶连续偏导数，求$\frac{\partial^2 z}{\partial x^2}$及$\frac{\partial^2 z}{\partial x\partial y}$.

**解** 令 $u=xy, v=x^2-y^2$，则 $z=f(u,v)$，

$$\frac{\partial z}{\partial x}=\frac{\partial f}{\partial u}\cdot\frac{\partial u}{\partial x}+\frac{\partial f}{\partial v}\cdot\frac{\partial v}{\partial x}=yf'_u(u,v)+2xf'_v(u,v). \qquad (10.3.3)$$

由式(10.3.3)，对 $x$ 再求导，得

$$\frac{\partial^2 z}{\partial x^2}=y\frac{\partial f'_u(u,v)}{\partial x}+2f'_v(u,v)+2x\frac{\partial f'_v(u,v)}{\partial x}.$$

在计算上式右端中的$\frac{\partial f'_u(u,v)}{\partial x}$及$\frac{\partial f'_v(u,v)}{\partial x}$时，应注意 $f'_u(u,v)$ 与 $f'_v(u,v)$ 仍然是复合函数，根据复合函数求导的链式法则，有

$$\begin{aligned}\frac{\partial f'_u(u,v)}{\partial x}&=\frac{\partial f'_u(u,v)}{\partial u}\cdot\frac{\partial u}{\partial x}+\frac{\partial f'_u(u,v)}{\partial v}\cdot\frac{\partial v}{\partial x}\\&=f''_{uu}(u,v)\cdot y+f''_{uv}(u,v)\cdot 2x.\end{aligned}$$

同理，$\frac{\partial f'_v(u,v)}{\partial x}=f''_{vu}(u,v)\cdot y+f''_{vv}(u,v)\cdot 2x$，所以

$$\begin{aligned}\frac{\partial^2 z}{\partial x^2}&=y(yf''_{uu}+2xf''_{uv})+2f'_v+2x(yf''_{vu}+2xf''_{vv})\\&=y^2f''_{uu}+4xyf''_{uv}+4x^2f''_{vv}+2f'_v.\end{aligned}$$

这里，由于 $f$ 具有二阶连续偏导数，故有 $f''_{uv}=f''_{vu}$.上式也可以表达为

$$\frac{\partial^2 z}{\partial x^2}=y^2f''_{11}+4xyf''_{12}+4x^2f''_{22}+2f'_2.$$

由式(10.3.3)，对 $y$ 再求导，得

$$\begin{aligned}\frac{\partial^2 z}{\partial x\partial y}&=f'_u+y[f''_{uu}\cdot x+f''_{uv}\cdot(-2y)]+2x[f''_{vu}\cdot x+f''_{vv}\cdot(-2y)]\\&=xyf''_{uu}+2(x^2-y^2)f''_{uv}-4xyf''_{vv}+f'_u,\end{aligned}$$

或者写作

$$\frac{\partial^2 z}{\partial x\partial y}=xyf''_{11}+2(x^2-y^2)f''_{12}-4xyf''_{22}+f'_1.$$

用 Mathematica 软件计算抽象函数的偏导数也十分方便.例如：

(1) 计算$\frac{\partial z}{\partial x}$.

输入：D[f[xy,x^2-y^2],x]； 输出：2xf^(0,1)[xy,x^2-y^2]+yf^(1,0)[xy,x^2-y^2].

(2) 计算$\frac{\partial^2 z}{\partial x\partial y}$.

输入：D[f[xy,x^2-y^2],{x,1},{y,1}]//Simplify；

输出：

-4xyf^(0,2)[xy,x^2-y^2]+f^(1,0)[xy,x^2-y^2]+

2x^2f^(1,1)[xy,x^2-y^2]-2y^2f^(1,1)[xy,x^2-y^2]+xyf^(2,0)[xy,x^2-y^2].

### 10.3.2 多元函数一阶微分形式不变性

微视频
10-3-5
多元函数一阶微分形式不变性

我们已经知道,一元函数 $y=f(x)$ 中,无论 $x$ 是自变量还是中间变量,其一阶微分表达式都是 $dy=f'(x)dx$,多元函数的一阶微分也具有同样的性质.

例如,设二元函数 $z=f(u,v)$,其中 $u=u(x,y)$,$v=v(x,y)$ 都可微,则

$$\begin{aligned}dz&=\frac{\partial f}{\partial u}du+\frac{\partial f}{\partial v}dv=\frac{\partial f}{\partial u}\left(\frac{\partial u}{\partial x}dx+\frac{\partial u}{\partial y}dy\right)+\frac{\partial f}{\partial v}\left(\frac{\partial v}{\partial x}dx+\frac{\partial v}{\partial y}dy\right)\\&=\left(\frac{\partial f}{\partial u}\frac{\partial u}{\partial x}+\frac{\partial f}{\partial v}\frac{\partial v}{\partial x}\right)dx+\left(\frac{\partial f}{\partial u}\frac{\partial u}{\partial y}+\frac{\partial f}{\partial v}\frac{\partial v}{\partial y}\right)dy.\end{aligned}\tag{10.3.4}$$

因为

$$\frac{\partial z}{\partial x}=\frac{\partial f}{\partial u}\frac{\partial u}{\partial x}+\frac{\partial f}{\partial v}\frac{\partial v}{\partial x},\quad \frac{\partial z}{\partial y}=\frac{\partial f}{\partial u}\frac{\partial u}{\partial y}+\frac{\partial f}{\partial v}\frac{\partial v}{\partial y},$$

所以,按式(10.3.4)计算 $z$ 对自变量 $x,y$ 的全微分与按公式

$$dz=\frac{\partial z}{\partial x}dx+\frac{\partial z}{\partial y}dy$$

计算是一致的,而且

$$dz=\frac{\partial f}{\partial u}du+\frac{\partial f}{\partial v}dv=\frac{\partial f}{\partial x}dx+\frac{\partial f}{\partial y}dy.$$

它说明,无论函数 $z$ 看作自变量 $x,y$ 的函数还是中间变量 $u,v$ 的函数,其一阶微分表达式形式上是一样的,这一性质称为一阶微分形式不变性.

由一阶微分形式不变性,我们得到与一元函数一致的多元函数全微分的四则运算法则：

(1) $d(u\pm v)=du\pm dv$;

(2) $d(cu)=cdu$,其中 $c$ 为常数;

(3) $d(uv)=vdu+udv$;

(4) $d\left(\frac{u}{v}\right)=\frac{vdu-udv}{v^2}(v\neq0)$;

(5) $\mathrm{d}\left(\frac{1}{v}\right)=-\frac{\mathrm{d}v}{v^2}(v\neq 0)$.

**例 7** 用微分运算法则求 $z=\arctan\frac{y}{x}$ 的微分.

**解** $$\mathrm{d}z=\frac{1}{1+\left(\frac{y}{x}\right)^2}\mathrm{d}\left(\frac{y}{x}\right)=\frac{x^2}{x^2+y^2}\frac{x\mathrm{d}y-y\mathrm{d}x}{x^2}=\frac{x\mathrm{d}y-y\mathrm{d}x}{x^2+y^2}. \tag{10.3.5}$$

这与第 10.2 节例 13(2) 中,先算偏导数再写出全微分得出的结果是一致的.

**例 8** 设函数 $z=f(3x+2y,x^2+y^2)$,其中 $f$ 为可微函数,先用微分运算法则求 $z$ 的全微分,再写出 $\frac{\partial z}{\partial x}$ 与 $\frac{\partial z}{\partial y}$ 的表达式.

**解** 令 $u=3x+2y, v=x^2+y^2$,则 $z=f(u,v)$,所以

$$\begin{aligned}\mathrm{d}z&=f'_u\mathrm{d}u+f'_v\mathrm{d}v=f'_u(3\mathrm{d}x+2\mathrm{d}y)+f'_v(2x\mathrm{d}x+2y\mathrm{d}y)\\&=(3f'_u+2xf'_v)\mathrm{d}x+(2f'_u+2yf'_v)\mathrm{d}y.\end{aligned} \tag{10.3.6}$$

将式(10.3.5)与公式 $\mathrm{d}z=\frac{\partial z}{\partial x}\mathrm{d}x+\frac{\partial z}{\partial y}\mathrm{d}y$ 对照,还可以得到

$$\frac{\partial z}{\partial x}=\frac{-y}{x^2+y^2},\quad \frac{\partial z}{\partial y}=\frac{x}{x^2+y^2}.$$

将式(10.3.6)与 $\mathrm{d}z=\frac{\partial z}{\partial x}\mathrm{d}x+\frac{\partial z}{\partial y}\mathrm{d}y$ 对照,知

$$\frac{\partial z}{\partial x}=3f'_u+2xf'_v,\quad \frac{\partial z}{\partial y}=2f'_u+2yf'_v.$$

这与例 2 得到的结果完全一致.

### 10.3.3 隐函数的偏导数计算

微视频
10-3-6
问题引入——抽象方程确定的函数如何求导数

#### 1. 一个方程的情形

在第 4.3 节中已经指出,如果二元方程 $F(x,y)=0$ 能确定一个一元函数 $y=y(x)$,则称该函数为由方程 $F(x,y)=0$ 所确定的隐函数,并且指出了直接由方程两边对自变量 $x$ 求导可解得它所确定的隐函数的导数.

微视频
10-3-7
一个方程确定的隐函数——隐函数存在定理

现在介绍隐函数存在定理,并根据多元复合函数的求导法则推导隐函数求导公式.

**定理 10.3.2**(隐函数存在定理) 如果函数 $F(x,y)$ 满足下列条件:

（1）$F(x_0,y_0)=0$；

（2）$F(x,y)$在点$(x_0,y_0)$的某一邻域内具有连续偏导数；

（3）$F'_y(x_0,y_0)\neq 0$，

则方程 $F(x,y)=0$ 在点$(x_0,y_0)$的某一邻域内唯一确定一个函数 $y=y(x)$，使得在 $x_0$ 的某邻域内恒有 $F(x,y(x))=0$，且 $y_0=y(x_0)$. 同时 $y=y(x)$在 $x_0$ 的该邻域内具有连续导数，并有

$$\frac{\mathrm{d}y}{\mathrm{d}x}=-\frac{F'_x}{F'_y}. \tag{10.3.7}$$

该定理不作证明. 仅对公式(10.3.7)作一个形式化推导，将函数 $y=y(x)$代入方程 $F(x,y)=0$ 中，得

$$F(x,y(x))\equiv 0.$$

其左端看作 $x$ 的一个复合函数，上式两端对自变量 $x$ 求导，利用链式法则，得

$$F'_x+F'_y\frac{\mathrm{d}y}{\mathrm{d}x}=0.$$

由于 $F'_y(x,y)$连续，且 $F'_y(x_0,y_0)\neq 0$，因此，存在点$(x_0,y_0)$的某个邻域，在该邻域内 $F'_y(x,y)\neq 0$，于是，得

$$\frac{\mathrm{d}y}{\mathrm{d}x}=-\frac{F'_x}{F'_y}.$$

这时向量 $\boldsymbol{\tau}=\left(1,\frac{\mathrm{d}y}{\mathrm{d}x}\right)=\left(1,-\frac{F'_x}{F'_y}\right)$ 或 $\boldsymbol{\tau}=(F'_y,-F'_x)$ 为曲线 $F(x,y)=0$ 在点$(x,y)$处的切线方向向量，$F'_y(x_0,y_0)\neq 0$ 说明曲线 $F(x,y)=0$ 在点$(x_0,y_0)$处存在非铅直切线. 曲线 $F(x,y)=0$ 在点$(x_0,y_0)$的切线方程为

$$y-y_0=-\frac{F'_x(x_0,y_0)}{F'_y(x_0,y_0)}(x-x_0),$$

即

$$F'_x(x_0,y_0)(x-x_0)+F'_y(x_0,y_0)(y-y_0)=0. \tag{10.3.8}$$

**例 9** 设 $2^{xy}=x+y$，求$\frac{\mathrm{d}y}{\mathrm{d}x}$.

**解** 设 $F(x,y)=2^{xy}-x-y$，则 $F'_x=y2^{xy}\ln 2-1$，$F'_y=x2^{xy}\ln 2-1$，所以，由公式(10.3.7)知

$$\frac{\mathrm{d}y}{\mathrm{d}x}=-\frac{F'_x}{F'_y}=-\frac{y2^{xy}\ln 2-1}{x2^{xy}\ln 2-1}.$$

隐函数存在定理还可以推广到多元函数,例如一个三元方程

$$F(x,y,z)=0$$

在一定条件下,可确定一个二元隐函数.

微视频
10-3-8
一个方程确定的隐函数——隐函数存在定理的几何含义

**定理 10.3.3** 如果函数 $F(x,y,z)$ 满足下述条件:

(1) $F(x_0,y_0,z_0)=0$;

(2) $F(x,y,z)$ 在点 $(x_0,y_0,z_0)$ 的某个邻域内具有连续的偏导数;

(3) $F'_z(x_0,y_0,z_0)\neq 0$,

则方程 $F(x,y,z)=0$ 在点 $(x_0,y_0,z_0)$ 的某一邻域内唯一确定一个二元函数 $z=z(x,y)$,使得在点 $(x_0,y_0)$ 的某邻域内恒有 $F(x,y,z(x,y))=0$,且 $z_0=z(x_0,y_0)$.同时,$z=z(x,y)$ 在点 $(x_0,y_0)$ 的该邻域内具有连续的偏导数,并有

$$\frac{\partial z}{\partial x}=-\frac{F'_x}{F'_z},\quad \frac{\partial z}{\partial y}=-\frac{F'_y}{F'_z}. \tag{10.3.9}$$

这个定理也不作证明,仅对公式(10.3.9)作形式化推导,将函数 $z=z(x,y)$ 代入方程 $F(x,y,z)=0$ 中,得

$$F(x,y,z(x,y))\equiv 0.$$

其左端看作 $x,y$ 的一个复合函数,上式两端分别对自变量 $x$ 和 $y$ 求偏导,利用链式法则,得

$$F'_x+F'_z\frac{\partial z}{\partial x}=0,\quad F'_y+F'_z\frac{\partial z}{\partial y}=0.$$

因为 $F'_z(x,y,z)$ 连续,且 $F'_z(x_0,y_0,z_0)\neq 0$,因此存在点 $(x_0,y_0,z_0)$ 的某个邻域,在该邻域内,$F'_z(x,y,z)\neq 0$,于是,得

$$\frac{\partial z}{\partial x}=-\frac{F'_x}{F'_z},\quad \frac{\partial z}{\partial y}=-\frac{F'_y}{F'_z}.$$

**例 10** 设 $x^2+y^2+z^2-3xyz=0$,求 $\frac{\partial z}{\partial x},\frac{\partial z}{\partial y}$.

**解** 设 $F(x,y,z)=x^2+y^2+z^2-3xyz$,则

$$F'_x=2x-3yz,\quad F'_y=2y-3xz,\quad F'_z=2z-3xy.$$

由公式(10.3.9),得

$$\frac{\partial z}{\partial x}=-\frac{F'_x}{F'_z}=-\frac{2x-3yz}{2z-3xy},\quad \frac{\partial z}{\partial y}=-\frac{F'_y}{F'_z}=-\frac{2y-3xz}{2z-3xy}.$$

**例 11** 设 $x^2y-e^z=z$,求 $\frac{\partial z}{\partial x},\frac{\partial z}{\partial y}$ 和 $\frac{\partial^2 z}{\partial x\partial y}$.

**解** 先求$\frac{\partial z}{\partial x}$和$\frac{\partial z}{\partial y}$.

方法一：公式法.设 $F(x,y,z)=x^2y-e^z-z$，则

$$F'_x=2xy,\quad F'_y=x^2,\quad F'_z=-e^z-1,$$

所以$\frac{\partial z}{\partial x}=-\frac{F'_x}{F'_z}=\frac{2xy}{1+e^z},\frac{\partial z}{\partial y}=-\frac{F'_y}{F'_z}=\frac{x^2}{1+e^z}$.

方法二：直接法.直接对方程 $x^2y-e^z=z$ 的两端分别对 $x$ 和 $y$ 求导，得

$$2xy-e^z\frac{\partial z}{\partial x}=\frac{\partial z}{\partial x},\quad x^2-e^z\frac{\partial z}{\partial y}=\frac{\partial z}{\partial y},$$

解得

$$\frac{\partial z}{\partial x}=\frac{2xy}{1+e^z},\quad \frac{\partial z}{\partial y}=\frac{x^2}{1+e^z}.$$

注意对方程两端求导时，要把 $z$ 看作 $x,y$ 的函数.

方法三：微分法.方程 $x^2y-e^z=z$ 的两端微分，有

$$2xy\mathrm{d}x+x^2\mathrm{d}y-e^z\mathrm{d}z=\mathrm{d}z,$$

整理，得

$$\mathrm{d}z=\frac{2xy}{1+e^z}\mathrm{d}x+\frac{x^2}{1+e^z}\mathrm{d}y,$$

所以

$$\frac{\partial z}{\partial x}=\frac{2xy}{1+e^z},\quad \frac{\partial z}{\partial y}=\frac{x^2}{1+e^z}.$$

讨论题

10-3-1

隐函数的存在性

讨论方程 $x^3+y^3-3xy=0$ 在哪些点的邻域内可以确定隐函数，是否存在这样的点，方程在该点的任何邻域都不能确定隐函数？

最后，计算二阶混合偏导数.由$\frac{\partial z}{\partial x}=\frac{2xy}{1+e^z}$对 $y$ 求偏导数，得

$$\frac{\partial^2 z}{\partial x\partial y}=\frac{2x(1+e^z)-2xye^z\frac{\partial z}{\partial y}}{(1+e^z)^2}=\frac{2x(1+e^z)^2-2x^3ye^z}{(1+e^z)^3}.$$

**例 12** 证明由方程 $F\left(x+\frac{z}{y},y+\frac{z}{x}\right)=0$ 所确定的函数 $z=z(x,y)$ 满足

$$x\frac{\partial z}{\partial x}+y\frac{\partial z}{\partial y}=z-xy.$$

**证** 设 $G(x,y,z)=F\left(x+\frac{z}{y},y+\frac{z}{x}\right)$，则

$$G'_x=F'_1+F'_2\cdot\left(-\frac{z}{x^2}\right),\quad G'_y=F'_1\cdot\left(-\frac{z}{y^2}\right)+F'_2,\quad G'_z=F'_1\cdot\frac{1}{y}+F'_2\cdot\frac{1}{x},$$

所以

$$\frac{\partial z}{\partial x}=-\frac{G'_x}{G'_z}=\frac{-x^2yF'_1+yzF'_2}{x(xF'_1+yF'_2)},\quad \frac{\partial z}{\partial y}=-\frac{G'_y}{G'_z}=\frac{xzF'_1-xy^2F'_2}{y(xF'_1+yF'_2)},$$

因此,有

$$x\frac{\partial z}{\partial x}+y\frac{\partial z}{\partial y}=\frac{-x^2yF'_1+yzF'_2}{xF'_1+yF'_2}+\frac{xzF'_1-xy^2F'_2}{xF'_1+yF'_2}=z-xy.$$

### 2. 方程组的情形

微视频
10-3-9
方程组确定的隐函数——隐函数存在定理

一个方程情形的隐函数存在定理可以推广到多个方程组成的方程组的情形.但方程组情形的隐函数存在定理及求导公式远比一个方程的情形复杂,这部分内容我们不作详细介绍.然而,一个方程情形中求导数的三种方法(公式法、直接法与微分法)中后两种方法对方程组的情形仍然适用.读者可以通过下面具体例子的演算对这两种方法加以掌握.

**例 13** 设函数 $y=y(x),z=z(x)$ 由方程组 $\begin{cases}x+y+z=0,\\x^2+y^2+z^2=1\end{cases}$ 所确定,求 $\frac{\mathrm{d}y}{\mathrm{d}x}$ 和 $\frac{\mathrm{d}z}{\mathrm{d}x}$.

**解** 方法一:直接法.注意到 $y$ 和 $z$ 都是 $x$ 的一元函数,方程组两端对自变量 $x$ 求导,得

$$\begin{cases}1+\dfrac{\mathrm{d}y}{\mathrm{d}x}+\dfrac{\mathrm{d}z}{\mathrm{d}x}=0,\\[2ex]2x+2y\dfrac{\mathrm{d}y}{\mathrm{d}x}+2z\dfrac{\mathrm{d}z}{\mathrm{d}x}=0,\end{cases}$$

即

$$\begin{cases}\dfrac{\mathrm{d}y}{\mathrm{d}x}+\dfrac{\mathrm{d}z}{\mathrm{d}x}=-1,\\[2ex]y\dfrac{\mathrm{d}y}{\mathrm{d}x}+z\dfrac{\mathrm{d}z}{\mathrm{d}x}=-x.\end{cases}\tag{10.3.10}$$

通过求解关于 $\frac{\mathrm{d}y}{\mathrm{d}x},\frac{\mathrm{d}z}{\mathrm{d}x}$ 的线性方程组(10.3.10),可得 $\frac{\mathrm{d}y}{\mathrm{d}x}$ 和 $\frac{\mathrm{d}z}{\mathrm{d}x}$ 的表达式.

在系数行列式 $J=\begin{vmatrix}1&1\\y&z\end{vmatrix}=z-y\neq0$ 的条件下,由克拉默法则,得

$$\frac{\mathrm{d}y}{\mathrm{d}x}=\frac{\begin{vmatrix}-1&1\\-x&z\end{vmatrix}}{\begin{vmatrix}1&1\\y&z\end{vmatrix}}=\frac{x-z}{z-y},\quad \frac{\mathrm{d}z}{\mathrm{d}x}=\frac{\begin{vmatrix}1&-1\\y&-x\end{vmatrix}}{\begin{vmatrix}1&1\\y&z\end{vmatrix}}=\frac{y-x}{z-y}.$$

也可以用消元法求解线性方程组(10.3.10),得出$\frac{\mathrm{d}y}{\mathrm{d}x}$和$\frac{\mathrm{d}z}{\mathrm{d}x}$的表达式.

方法二:微分法.方程两端微分,得

$$\begin{cases}\mathrm{d}x+\mathrm{d}y+\mathrm{d}z=0,\\2x\mathrm{d}x+2y\mathrm{d}y+2z\mathrm{d}z=0,\end{cases}$$

即

$$\begin{cases}\mathrm{d}y+\mathrm{d}z=-\mathrm{d}x,\\y\mathrm{d}y+z\mathrm{d}z=-x\mathrm{d}x,\end{cases}$$

解得 $\mathrm{d}y=\frac{x-z}{z-y}\mathrm{d}x$,$\mathrm{d}z=\frac{y-x}{z-y}\mathrm{d}x$,于是

$$\frac{\mathrm{d}y}{\mathrm{d}x}=\frac{x-z}{z-y},\quad \frac{\mathrm{d}z}{\mathrm{d}x}=\frac{y-x}{z-y}.$$

**例 14** 设函数 $u=u(x,y)$,$v=v(x,y)$由方程组

$$\begin{cases}F(x,y,u,v)=0,\\G(x,y,u,v)=0\end{cases}\tag{10.3.11}$$

所确定,试推导$\frac{\partial u}{\partial x}$,$\frac{\partial u}{\partial y}$和$\frac{\partial v}{\partial x}$,$\frac{\partial v}{\partial y}$的公式.

**解** 直接法.方程两端对 $x$ 求导,注意 $u$ 和 $v$ 是关于 $x,y$ 的二元函数,得

$$\begin{cases}F'_x+F'_u\cdot\frac{\partial u}{\partial x}+F'_v\cdot\frac{\partial v}{\partial x}=0,\\G'_x+G'_u\cdot\frac{\partial u}{\partial x}+G'_v\cdot\frac{\partial v}{\partial x}=0,\end{cases}$$

即

$$\begin{cases}F'_u\cdot\frac{\partial u}{\partial x}+F'_v\cdot\frac{\partial v}{\partial x}=-F'_x,\\G'_u\cdot\frac{\partial u}{\partial x}+G'_v\cdot\frac{\partial v}{\partial x}=-G'_x,\end{cases}\tag{10.3.12}$$

微视频
10-3-10
方程组确定的隐函数——反函数的导数

解得

$$\frac{\partial u}{\partial x}=-\frac{\begin{vmatrix}F'_x&F'_v\\G'_x&G'_v\end{vmatrix}}{\begin{vmatrix}F'_u&F'_v\\G'_u&G'_v\end{vmatrix}},\quad \frac{\partial v}{\partial x}=-\frac{\begin{vmatrix}F'_u&F'_x\\G'_u&G'_x\end{vmatrix}}{\begin{vmatrix}F'_u&F'_v\\G'_u&G'_v\end{vmatrix}}.$$

同理，方程两端对 $y$ 求导，得

$$\begin{cases} F'_y+F'_u\cdot\dfrac{\partial u}{\partial y}+F'_v\cdot\dfrac{\partial v}{\partial y}=0, \\ G'_y+G'_u\cdot\dfrac{\partial u}{\partial y}+G'_v\cdot\dfrac{\partial v}{\partial y}=0, \end{cases}$$

即

$$\begin{cases} F'_u\cdot\dfrac{\partial u}{\partial y}+F'_v\cdot\dfrac{\partial v}{\partial y}=-F'_y, \\ G'_u\cdot\dfrac{\partial u}{\partial y}+G'_v\cdot\dfrac{\partial v}{\partial y}=-G'_y, \end{cases} \tag{10.3.13}$$

解得

$$\frac{\partial u}{\partial y}=-\frac{\begin{vmatrix} F'_y & F'_v \\ G'_y & G'_v \end{vmatrix}}{\begin{vmatrix} F'_u & F'_v \\ G'_u & G'_v \end{vmatrix}},\quad \frac{\partial v}{\partial y}=-\frac{\begin{vmatrix} F'_u & F'_y \\ G'_u & G'_y \end{vmatrix}}{\begin{vmatrix} F'_u & F'_v \\ G'_u & G'_v \end{vmatrix}}.$$

从例 14 的求解过程我们能感觉到，要使方程组（10.3.11）能确定具有连续偏导数的函数 $u=u(x,y)$，$v=v(x,y)$，除假定 $F(x,y,u,v)$，$G(x,y,u,v)$ 对各变量的偏导数都连续外，还要求线性方程组（10.3.12）和（10.3.13）的系数行列式

$$J=\begin{vmatrix} F'_u & F'_v \\ G'_u & G'_v \end{vmatrix}\neq 0. \quad (10.3.14)$$

这些假设实际上构成了方程组（10.3.11）能确定一组隐函数的充分条件.

我们把式（10.3.14）的行列式叫做雅可比行列式.通常，记作

$$\frac{\partial(F,G)}{\partial(u,v)}=\begin{vmatrix} F'_u & F'_v \\ G'_u & G'_v \end{vmatrix}.$$

## 10.3.4 偏导数在几何上的应用

微视频
10-3-11
问题引入——什么样的平面可以与曲面贴近

微视频
10-3-12
曲面的切平面和法线

### 1. 曲面的切平面和法线

设曲面 $S$ 的方程为

$$F(x,y,z)=0,$$

且函数 $F(x,y,z)$ 有连续的偏导数.令 $C$ 是曲面 $S$ 上过点 $P(x_0,y_0,z_0)$ 的任意一条光滑曲线，则曲线 $C$ 可以用参数方程描述为

$$x=x(t),\quad y=y(t),\quad z=z(t).$$

令 $t_0$ 是点 $P$ 对应的参数，即 $x_0=x(t_0)$，$y_0=y(t_0)$，$z_0=z(t_0)$.因为 $C$ 在 $S$ 上，所以 $C$ 上任意一点 $(x(t),y(t),z(t))$ 均满足曲面 $S$ 的方程，即

$$F(x(t),y(t),z(t))=0.$$

应用链式法则，上式两边对 $t$ 求导，有

$$\frac{\partial F}{\partial x}\frac{\mathrm{d}x}{\mathrm{d}t}+\frac{\partial F}{\partial y}\frac{\mathrm{d}y}{\mathrm{d}t}+\frac{\partial F}{\partial z}\frac{\mathrm{d}z}{\mathrm{d}t}=0.$$

特别地，当 $t=t_0$ 时，有

$$F'_x(x_0,y_0,z_0)x'(t_0)+F'_y(x_0,y_0,z_0)y'(t_0)+F'_z(x_0,y_0,z_0)z'(t_0)=0. \tag{10.3.15}$$

记 $\boldsymbol{n}=(F'_x(x_0,y_0,z_0),F'_y(x_0,y_0,z_0),F'_z(x_0,y_0,z_0))$，$\boldsymbol{\tau}=(x'(t_0),y'(t_0),z'(t_0))$，我们知道，$\boldsymbol{\tau}=(x'(t_0),y'(t_0),z'(t_0))$ 是曲线 $C$ 在点 $P$ 处的切线向量.由式(10.3.15)知，$\boldsymbol{n}\cdot\boldsymbol{\tau}=0$，即向量 $\boldsymbol{n}$ 与 $\boldsymbol{\tau}$ 垂直.这说明，$S$ 上任意一条过点 $P$ 的光滑曲线在这点的切线向量都与点 $P$ 处的一个确定的向量 $\boldsymbol{n}$ 垂直，所以这些切线向量位于同一平面.或者说，$S$ 上所有过点 $P$ 的光滑曲线在这点处的切线都位于同一平面.我们称这个平面为曲面 $S$ 在点 $P$ 处的切平面.向量 $\boldsymbol{n}$ 称为该切平面的法向量，或者说，$\boldsymbol{n}$ 为曲面 $S$ 上点 $P$ 处的法向量.这就证明了我们在第 10.2 节中提到过的结论：曲面 $S$ 上任何过点 $P$ 的光滑曲线，其切线都位于曲面在点 $P$ 处的切平面上.

依据平面的点法式方程，曲面 $S$ 上点 $P$ 处的切平面方程为

$$F'_x(x_0,y_0,z_0)(x-x_0)+F'_y(x_0,y_0,z_0)(y-y_0)+F'_z(x_0,y_0,z_0)(z-z_0)=0. \tag{10.3.16}$$

这一形式可以看作二维平面内曲线的切线方程(10.3.8)的推广.

过点 $P$ 且垂直于切平面的直线称为曲面 $S$ 在点 $P$ 的法线，法线方向向量由 $\boldsymbol{n}$ 确定.这样，依据直线的点向式方程，法线方程为

$$\frac{x-x_0}{F'_x(x_0,y_0,z_0)}=\frac{y-y_0}{F'_y(x_0,y_0,z_0)}=\frac{z-z_0}{F'_z(x_0,y_0,z_0)}. \tag{10.3.17}$$

特别地，当光滑曲面 $S$ 的方程为 $z=f(x,y)$ 时，把它改写为

$$F(x,y,z)=f(x,y)-z=0,$$

则曲面 $S$ 在点 $P(x_0,y_0,z_0)$ 处的法向量为

$$\boldsymbol{n}=(f'_x(x_0,y_0),f'_y(x_0,y_0),-1).$$

于是曲面 $S$ 在点 $P$ 的切平面方程为

$$f'_x(x_0,y_0)(x-x_0)+f'_y(x_0,y_0)(y-y_0)-(z-z_0)=0. \tag{10.3.18}$$

这与第 10.2 节中得到的切平面方程(10.2.4)是一致的.

微视频
10-3-13
参数曲面的切平面

曲面 $S$ 在点 $P$ 的法线方程为

$$\frac{x-x_0}{f'_x(x_0,y_0)}=\frac{y-y_0}{f'_y(x_0,y_0)}=\frac{z-z_0}{-1}. \tag{10.3.19}$$

讨论题
10-3-2
曲面的切平面
试讨论平面 $Ax+By+Cz+D=0$ 与椭球面 $\frac{x^2}{a^2}+\frac{y^2}{b^2}+\frac{z^2}{c^2}=1$ 相交、相切及相离的条件.

**例 15** 求球面 $x^2+y^2+z^2=R^2$ 上点 $P(x_0,y_0,z_0)$ 处的切平面与法线方程.

**解** 记 $F(x,y,z)=x^2+y^2+z^2-R^2=0$，于是，有

$$F'_x=2x,\quad F'_y=2y,\quad F'_z=2z.$$

所以球面上点 $P$ 处的切平面方程为

$$2x_0(x-x_0)+2y_0(y-y_0)+2z_0(z-z_0)=0.$$

将 $x_0^2+y_0^2+z_0^2=R^2$ 代入上式,化简得

$$x_0x+y_0y+z_0z=R^2.$$

法线方程为

$$\frac{x-x_0}{2x_0}=\frac{y-y_0}{2y_0}=\frac{z-z_0}{2z_0},$$

即

$$\frac{x-x_0}{x_0}=\frac{y-y_0}{y_0}=\frac{z-z_0}{z_0}.$$

**例 16** 求旋转抛物面 $z=1+x^2+y^2$ 在点 $(-1,1,3)$ 处的切平面及法线方程.

**解** 记 $f(x,y)=1+x^2+y^2$,则

$$\boldsymbol{n}=(f'_x,f'_y,-1)=(2x,2y,-1).$$

在点 $(-1,1,3)$ 处,$\boldsymbol{n}=(-2,2,-1)$,该点处的切平面方程为

$$-2(x+1)+2(y-1)-(z-3)=0,$$

即

$$2x-2y+z+1=0.$$

法线方程为

$$\frac{x+1}{-2}=\frac{y-1}{2}=\frac{z-3}{-1}.$$

微视频
10-3-14
由方程组所确定的空间曲线的切线

### 2. 由方程组所确定的空间曲线的切线

在第 9.2 节,我们讨论了空间曲线 $C$ 以参数方程

$$x=x(t),\quad y=y(t),\quad z=z(t)$$

描述时,它在点 $(x(t_0),y(t_0),z(t_0))$ 处的切线方向向量为 $\boldsymbol{\tau}=(x'(t_0),y'(t_0),z'(t_0))$,对应的切线方程可以写作

$$\frac{x-x(t_0)}{x'(t_0)}=\frac{y-y(t_0)}{y'(t_0)}=\frac{z-z(t_0)}{z'(t_0)}.$$

如果空间曲线 $C$ 以方程

$$\begin{cases}y=y(x),\\z=z(x)\end{cases}$$

给出,取 $x$ 为参数,它就可以表示为参数方程的形式

$$\begin{cases} x=x, \\ y=y(x), \\ z=z(x), \end{cases}$$

则曲线 $C$ 在点 $P(x_0,y_0,z_0)$ 处的切线方程为

$$\frac{x-x_0}{1}=\frac{y-y_0}{y'(x_0)}=\frac{z-z_0}{z'(x_0)}.$$

现在我们讨论空间曲线由一般方程描述时其切线方程的求法.

设空间曲线 $C$ 的方程以方程组

$$\begin{cases} F(x,y,z)=0, \\ G(x,y,z)=0 \end{cases} \tag{10.3.20}$$

的形式给出，$P(x_0,y_0,z_0)$ 是曲线 $C$ 上的一个点，在假定 $F(x,y,z)$，$G(x,y,z)$ 对各变量具有一阶连续偏导数以及雅可比行列式 $J=\begin{vmatrix} F'_y & F'_z \\ G'_y & G'_z \end{vmatrix}$ 不为零的条件下，方程组(10.3.20)在点 $P(x_0,y_0,z_0)$ 的某一邻域内确定了一组具有连续导数的隐函数 $y=y(x)$ 及 $z=z(x)$. 这样，我们可以想象式(10.3.20)确定的曲线 $C$ 可以由参数方程

$$\begin{cases} x=x, \\ y=y(x), \\ z=z(x) \end{cases} \tag{10.3.21}$$

来描述. 为了求曲线的切线方程，我们不必去求得式(10.3.21)这样的参数方程，只要求出曲线的切线方向向量 $\boldsymbol{\tau}=\left(1,\frac{\mathrm{d}y}{\mathrm{d}x},\frac{\mathrm{d}z}{\mathrm{d}x}\right)$ 在点 $P$ 处的值即可. 这样，问题转化为利用隐函数求偏导数的方法求得 $\frac{\mathrm{d}y}{\mathrm{d}x}$ 与 $\frac{\mathrm{d}z}{\mathrm{d}x}$ 在点 $P$ 处的值.

**例 17** 求曲线 $\begin{cases} x^2+y^2+z^2=6, \\ x+y+z=0 \end{cases}$ 在点 $P(1,1,-2)$ 处的切线及法平面方程.

**解** 方法一：方程组两边对 $x$ 求导，得

$$\begin{cases} 2x+2y\frac{\mathrm{d}y}{\mathrm{d}x}+2z\frac{\mathrm{d}z}{\mathrm{d}x}=0, \\ 1+\frac{\mathrm{d}y}{\mathrm{d}x}+\frac{\mathrm{d}z}{\mathrm{d}x}=0. \end{cases}$$

在点(1,1,-2)处,化简上述方程组,得

$$\begin{cases}\dfrac{\mathrm{d}y}{\mathrm{d}x}-2\dfrac{\mathrm{d}z}{\mathrm{d}x}=-1,\\[2ex]\dfrac{\mathrm{d}y}{\mathrm{d}x}+\dfrac{\mathrm{d}z}{\mathrm{d}x}=-1,\end{cases}$$

则$\dfrac{\mathrm{d}y}{\mathrm{d}x}=-1$,$\dfrac{\mathrm{d}z}{\mathrm{d}x}=0$. 于是在点(1,1,-2)处,曲线的切线方向向量为$\boldsymbol{\tau}=(1,-1,0)$,所求切线方程为

$$\frac{x-1}{1}=\frac{y-1}{-1}=\frac{z+2}{0},$$

法平面方程为

$$(x-1)-(y-1)+0(z+2)=0,$$

即

$$x-y=0.$$

方法二:将曲线看成两曲面的交线,那么曲线在点 $P$ 处的切线同时位于两曲面在该点对应的两个切平面上,这样,曲线的切线就是两切平面的交线.

由例 15 知曲面 $x^2+y^2+z^2=6$ 在点 $P(1,1,-2)$ 处的切平面方程为 $x+y-2z=6$. 又曲面 $x+y+z=0$ 为平面,其切平面就是自己. 所以,所求切线的方程为

$$\begin{cases}x+y-2z=6,\\x+y+z=0,\end{cases}$$

其方向向量为

$$\boldsymbol{\tau}=\boldsymbol{n}_1\times\boldsymbol{n}_2=\begin{vmatrix}\boldsymbol{i}&\boldsymbol{j}&\boldsymbol{k}\\1&1&-2\\1&1&1\end{vmatrix}=3(1,-1,0).$$

故切线方程的点向式形式为

$$\frac{x-1}{1}=\frac{y-1}{-1}=\frac{z+2}{0}.$$

这与方法一求得的形式是一致的.

# 习题 10.3

## A 基础题

1. 设 $z=\arctan xy$，求$\frac{\partial z}{\partial x}$；若 $y=\mathrm{e}^x$，用两种方法求$\frac{\mathrm{d}z}{\mathrm{d}x}$，并说明$\frac{\partial z}{\partial x}$与$\frac{\mathrm{d}z}{\mathrm{d}x}$之间的区别.

2. 设 $z=4\mathrm{e}^u\ln v$，而 $u=\ln(x\cos y)$，$v=x\sin y$，试用链式法则求$\frac{\partial z}{\partial x}$，$\frac{\partial z}{\partial y}$.

3. 设 $z=\ln(u^2+v^2+w^2)$，而 $u=x\mathrm{e}^y\sin x$，$v=x\mathrm{e}^y\cos y$，$w=x\mathrm{e}^y$，分析函数的复合关系，并用链式法则求$\frac{\partial z}{\partial x}$，$\frac{\partial z}{\partial y}$.

4. 设 $u=f(x,y,z)$，且 $z=\varphi\left(\frac{x}{y},\frac{y}{x}\right)$，其中 $f,\varphi$ 具有一阶连续偏导数，求 $\mathrm{d}u$.

5. 设 $z=y\varphi[\cos(x-y)]$，其中 $\varphi$ 可微，证明
$$\frac{\partial z}{\partial x}+\frac{\partial z}{\partial y}=\frac{z}{y}.$$

6. 设 $z=x^2f\left(\frac{y}{x}\right)$，其中 $f$ 为二阶可导函数，求$\frac{\partial^2 z}{\partial x^2}$，$\frac{\partial^2 z}{\partial x\partial y}$.

7. 设 $z=z(x,y)$ 由方程$\frac{x}{z}=\ln\frac{z}{y}$确定，求$\frac{\partial z}{\partial x}$，$\frac{\partial z}{\partial y}$.

8. 设 $u=\ln(x^z+y^x+z^y)$，其中 $z=z(x,y)$ 是由方程 $z+x=\mathrm{e}^{2z-y}$ 所确定的隐函数，且 $z\left(\frac{1}{2},1\right)=\frac{1}{2}$，求$\left.\frac{\partial u}{\partial x}\right|_{\left(\frac{1}{2},1\right)}$.

9. 设函数 $z=z(x,y)$ 由方程 $f(xy,z-2x)=0$ 所确定，其中 $f$ 具有一阶连续偏导数，求 $x\frac{\partial z}{\partial x}-y\frac{\partial z}{\partial y}$.

10. 设 $x=x(y,z)$，$y=y(x,z)$，$z=z(x,y)$ 都是由方程 $F(x,y,z)=0$ 所确定的具有连续偏导数的函数，证明
$$\frac{\partial x}{\partial y}\cdot\frac{\partial y}{\partial z}\cdot\frac{\partial z}{\partial x}=-1.$$

11. 设函数 $y=y(x)$，$z=z(x)$ 由方程组 $\begin{cases}z=x^2+y^2,\\x^2+2y^2+3z^2=20\end{cases}$ 所确定，求$\frac{\mathrm{d}y}{\mathrm{d}x}$，$\frac{\mathrm{d}z}{\mathrm{d}x}$.

12. 设函数 $u=u(x,y)$，$v=v(x,y)$ 由方程组 $\begin{cases}x=\mathrm{e}^u+u\sin v,\\y=\mathrm{e}^u-u\cos v\end{cases}$ 所确定，求$\frac{\partial u}{\partial x}$，$\frac{\partial u}{\partial y}$，$\frac{\partial v}{\partial x}$，$\frac{\partial v}{\partial y}$.

13. 求曲面 $\mathrm{e}^z-z+xy=3$ 在点 $(2,1,0)$ 处的切平面及法线方程.

14. 求椭球面 $x^2+2y^2+z^2=1$ 上平行于平面 $x-y+2z=0$ 的切平面方程.

15. 求曲线 $x=\frac{t}{1+t}$，$y=\frac{1+t}{t}$，$z=t^2$ 在对应于 $t=1$ 的点处的切线和法平面方程.

16. 求曲线 $\begin{cases}2x^2+y^2+z^2=45,\\x^2+2y^2=z\end{cases}$ 在点 $(-2,1,6)$ 处的切线和法平面方程.

## B 综合题

17. 设 $u(x,y,z)$ 由下面的三阶行列式定义：
$$u(x,y,z)=\begin{vmatrix}1&1&1\\x&y&z\\x^2&y^2&z^2\end{vmatrix},$$
证明：$\frac{\partial^2 u}{\partial x^2}+\frac{\partial^2 u}{\partial y^2}+\frac{\partial^2 u}{\partial z^2}=0.$

18. 设 $f(x,y)$ 在某区域内具有一阶连续偏导数，且 $f(x,2x)=x$，$f'_x(x,2x)=x^2$，求 $f'_y(x,2x)$.

19. 设 $z=f(u,v)$，且 $u+v=\varphi(xy)$，$u-v=\psi\left(\frac{x}{y}\right)$，其中 $f,\varphi,\psi$ 可微，求$\frac{\partial z}{\partial x}$，$\frac{\partial z}{\partial y}$.

20. 设 $u(x,y)=y^2F(3x+2y)$，其中 $F$ 具有一阶连续导数.

(1) 证明：$u(x,y)$满足 $3y\frac{\partial u}{\partial y}-2y\frac{\partial u}{\partial x}=6u$；

(2) 已知 $u\left(x,\frac{1}{2}\right)=x^2$，求 $u(x,y)$.

21. 设 $z=f(x,u,v)$，$u=2x+y$，$v=xy$，其中 $f$ 具有二阶连续偏导数，求$\frac{\partial^2 z}{\partial x\partial y}$.

22. 设变换$\begin{cases}u=x-2y,\\v=x+ay\end{cases}$可将方程 $6\frac{\partial^2 z}{\partial x^2}+\frac{\partial^2 z}{\partial x\partial y}-\frac{\partial^2 z}{\partial y^2}=0$ 简化为$\frac{\partial^2 z}{\partial u\partial v}=0$，求常数 $a$.

23. 设 $u=xy^2z^3$，

(1) 若 $z=z(x,y)$为由方程 $x^2+y^2+z^2-3xyz=0$ 确定的隐函数，且 $z(1,1)=1$，求$\left.\frac{\partial u}{\partial x}\right|_{(1,1)}$；

(2) 若 $y=y(z,x)$为由方程 $x^2+y^2+z^2-3xyz=0$ 确定的隐函数，且 $y(1,1)=1$，求$\left.\frac{\partial u}{\partial x}\right|_{(1,1)}$.

24. 设函数 $f(x,y)$ 具有连续的一阶偏导数，又 $f(1,1)=1$，$f'_1(1,1)=a$，$f'_2(1,1)=b$，又 $\varphi(x)=f\{x,f[x,f(x,x)]\}$，求 $\varphi(1)$，$\varphi'(1)$.

25. 设函数 $z=z(x,y)$ 由方程$\frac{x}{z}=\varphi\left(\frac{y}{z}\right)$所确定，其中 $\varphi(u)$具有二阶连续导数，证明：

(1) $x\frac{\partial z}{\partial x}+y\frac{\partial z}{\partial y}=z$；

(2) $\frac{\partial^2 z}{\partial x^2}\frac{\partial^2 z}{\partial y^2}-\left(\frac{\partial^2 z}{\partial x\partial y}\right)^2=0$.

26. 设 $z=xf(u)$，$u=\frac{x}{y}$，其中 $f(u)$ 可微，(1) 证明 $x\frac{\partial z}{\partial x}+y\frac{\partial z}{\partial y}=z$；(2) 如果 $x\frac{\partial z}{\partial x}-y\frac{\partial z}{\partial y}=0$，求 $f(u)$ 的表达式.

27. 设函数 $f(u)$ 具有二阶连续导数，$z=f(e^x\sin y)$，且满足方程$\frac{\partial^2 z}{\partial x^2}+\frac{\partial^2 z}{\partial y^2}=e^{2x}z$，求 $f(u)$.

## C 应用题

28. 若空间点$(x,y,z)$处的温度为 $w=T(x,y,z)=xy+z$，如果$(x,y,z)$沿螺旋线 $x=\cos t$，$y=\sin t$，$z=t$ 变化，则称 $w=T(x(t),y(t),z(t))$为沿螺旋线在点$(x,y,z)$处的温度，问螺旋线上对应于时刻 $t=0$ 的点处温度相对于时间 $t$ 的瞬时变化率是多少？

29. 汽车 $A$ 在某公路上向北行驶，汽车 $B$ 在另一公路上向西行驶，两辆车都已接近十字路口，其中在某一时刻，汽车 $A$ 距离十字路口的距离是 0.3 km，速度为 90 km/h，汽车 $B$ 距离十字路口的距离是 0.4 km，速度为 80 km/h，则两汽车之间的距离随时间的变化率是多少？

## D 实验题

30. 设函数 $z=f(\sin x,\cos y,e^{x+y})$，试用 Mathematica 软件求$\frac{\partial^2 z}{\partial x^2}$，$\frac{\partial^2 z}{\partial x\partial y}$，$\frac{\partial^2 z}{\partial y^2}$和 $dz$，并比较和分析 Mathematica 软件中抽象函数导数描述形式的特征及与传统描述形式的异同.

31. 试用 Mathematica 软件求曲线$\begin{cases}2x-3y+5z-4=0,\\x^2+y^2+z^2-3x=0\end{cases}$在点(1,1,1)处的切线和法平面方程，并绘制它们的图形.

32. 试用 Mathematica 软件画出函数 $z=x^3+2xy$ 的图形及点(1,2,5)处的切平面和法线的图形.

10.3 测验题

# 10.4　方向导数与梯度、黑塞矩阵及泰勒公式

## 10.4.1　方向导数与梯度

微视频
10-4-1
问题引入——从天气预报谈起

微视频
10-4-2
方向导数的概念——方向导数定义

### 1. 方向导数的概念

偏导数反映的是多元函数沿坐标轴方向的变化率.对于二元函数 $z=f(x,y)$,有

$$f'_x(x_0,y_0)=\lim_{h\to 0}\frac{f(x_0+h,y_0)-f(x_0,y_0)}{h},$$

$$f'_y(x_0,y_0)=\lim_{h\to 0}\frac{f(x_0,y_0+h)-f(x_0,y_0)}{h}.$$

在几何上,它们分别表示平面曲线 $\begin{cases}z=f(x,y),\\ y=y_0\end{cases}$ 及 $\begin{cases}z=f(x,y),\\ x=x_0\end{cases}$ 在点 $(x_0,y_0)$ 处的切线的斜率.

现在我们来考虑二元函数 $z=f(x,y)$ 在 $(x_0,y_0)$ 处沿某指定方向的变化率.设方向向量 $\boldsymbol{u}$ 对应的单位向量为 $\boldsymbol{e}_u=(\cos\alpha,\cos\beta)$,其中 $\alpha,\beta$ 为向量 $\boldsymbol{u}$ 的方向角.

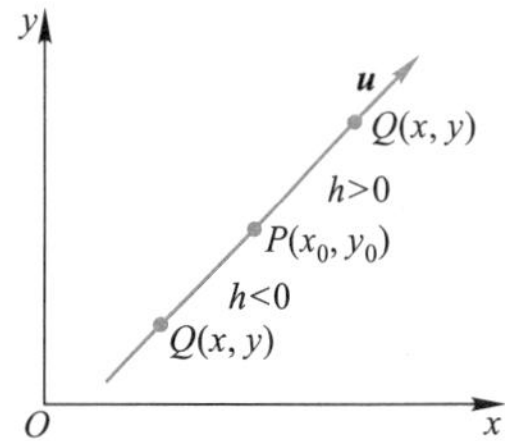

图 10.4.1　点沿方向向量移动

如图 10.4.1,当自变量从点 $P(x_0,y_0)$ 沿平行方向向量 $\boldsymbol{u}$ 变化到 $Q(x,y)$ 时,函数的增量

$$\Delta_u z=f(x_0+h\cos\alpha,y_0+h\cos\beta)-f(x_0,y_0),$$

当 $h>0$ 时,自变量沿方向 $\boldsymbol{u}$ 同向移动的长度为 $h$;当 $h<0$ 时,自变量沿方向 $\boldsymbol{u}$ 反向移动的长度为 $-h$.因此,当自变量沿方向 $\boldsymbol{u}$ 移动 $h$ 时,函数的平均变化率为

$$\frac{\Delta_u z}{h}=\frac{f(x_0+h\cos\alpha,y_0+h\cos\beta)-f(x_0,y_0)}{h}.$$

令 $h\to 0$,如果上式极限存在,我们就得到函数在点 $P(x_0,y_0)$ 沿方向 $\boldsymbol{u}$ 的变化率,称为函数 $z=f(x,y)$ 在点 $P(x_0,y_0)$ 处沿方向 $\boldsymbol{u}$ 的方向导数,记作 $D_{\boldsymbol{u}}f(x_0,y_0)$,即

$$D_{\boldsymbol{u}}f(x_0,y_0)=\lim_{h\to 0}\frac{f(x_0+h\cos\alpha,y_0+h\cos\beta)-f(x_0,y_0)}{h}.\qquad(10.4.1)$$

值得注意的是,国内一些教材在定义方向导数时,在式(10.4.1)中的极限过程为 $h\to 0^+$,这样使自变量沿方向向量正向移动看上去显得自然,但不能像我们后面指出的那样,方向导数作为偏导数概念的自然推广.因此,读者在理解方向导数概念时,要弄清楚是按哪种方式来定义的.

下面我们来看方向导数的几何意义.

方程 $z=f(x,y)$ 表示空间曲面 $S$,设 $P'(x_0,y_0,z_0)$ 与 $Q'(x,y,z)$ 为曲面 $S$ 上的点,它们在 $xOy$ 平面上的投影分别对应点 $P$ 和 $Q$.过点 $P$ 和 $P'$ 作平行于方向向量 $\boldsymbol{u}$ 的竖直平面交曲面 $S$ 于曲线 $C$,如图 10.4.2 所示,曲线 $C$ 可以用关于 $h$ 的一元函数

$$\varphi(h)=f(x_0+h\cos\alpha,y_0+h\cos\beta)$$

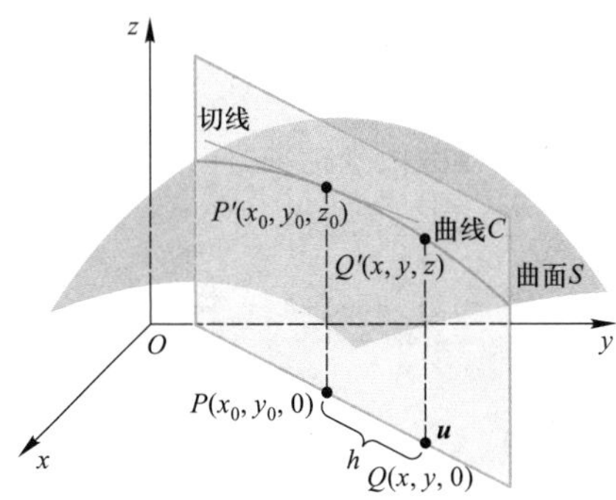


图 10.4.2 方向导数 $D_{\boldsymbol{u}}f(x_0,y_0)$ 的几何意义

微视频
10-4-3
方向导数的概念——方向导数与偏导数关系

特别地,$f'_x(x_0,y_0)$ 与 $f'_y(x_0,y_0)$ 分别为函数 $f(x,y)$ 在点 $P(x_0,y_0)$ 处沿两坐标轴方向 $\boldsymbol{i}=(1,0)$ 及 $\boldsymbol{j}=(0,1)$ 的方向导数. 所以,按式(10.4.1)定义,方向导数是偏导数的推广.

来描述,它在点 $P'$ 处的切线的斜率为

$$\varphi'(0)=\lim_{h\to0}\frac{f(x_0+h\cos\alpha,y_0+h\cos\beta)-f(x_0,y_0)}{h},$$

即 $D_{\boldsymbol{u}}f(x_0,y_0)$.

## 2. 方向导数的计算

微视频
10-4-4
方向导数的计算

直接利用定义式(10.4.1)来计算方向导数是很不方便的,下面的定理给出了用偏导数计算方向导数的一个简便的公式.

**定理 10.4.1** 设函数 $f(x,y)$ 在点 $P_0(x_0,y_0)$ 可微,那么函数在该点沿任意方向向量 $\boldsymbol{u}$ 的方向导数都存在,且有

$$D_{\boldsymbol{u}}f(x_0,y_0)=f'_x(x_0,y_0)\cos\alpha+f'_y(x_0,y_0)\cos\beta, \qquad (10.4.2)$$

其中 $\cos\alpha,\cos\beta$ 为向量 $\boldsymbol{u}$ 的方向余弦.

**证** 因函数 $f(x,y)$ 在点 $P_0(x_0,y_0)$ 可微,则

$$\begin{aligned}&f(x_0+\Delta x,y_0+\Delta y)-f(x_0,y_0)\\&=f'_x(x_0,y_0)\Delta x+f'_y(x_0,y_0)\Delta y+o(\sqrt{(\Delta x)^2+(\Delta y)^2}).\end{aligned}$$

当自变量从点 $P_0(x_0,y_0)$ 沿 $\boldsymbol{u}$ 方向移动时,

$$\Delta x=h\cos\alpha,\quad \Delta y=h\cos\beta,$$

且$\sqrt{(\Delta x)^2+(\Delta y)^2}=|h|$，所以

$$\lim_{h\to 0}\frac{f(x_0+h\cos\alpha,y_0+h\cos\beta)-f(x_0,y_0)}{h}=f'_x(x_0,y_0)\cos\alpha+f'_y(x_0,y_0)\cos\beta.$$

这就证明了方向导数存在，且式(10.4.2)成立.

一般地，当函数$f(x,y)$可微时，有

$$D_{\boldsymbol{u}}f(x,y)=\frac{\partial f}{\partial x}\cos\alpha+\frac{\partial f}{\partial y}\cos\beta. \tag{10.4.3}$$

方向导数的概念及计算公式可推广到三元及三元以上的函数.例如，三元函数$f(x,y,z)$在点$P(x_0,y_0,z_0)$沿方向$\boldsymbol{u}$(对应的单位向量为$\boldsymbol{e}_u=(\cos\alpha,\cos\beta,\cos\gamma)$)的方向导数定义为

$$D_{\boldsymbol{u}}f(x_0,y_0,z_0)=\lim_{h\to 0}\frac{f(x_0+h\cos\alpha,y_0+h\cos\beta,z_0+h\cos\gamma)-f(x_0,y_0,z_0)}{h}.$$

同样，当函数$f(x,y,z)$在点$P(x_0,y_0,z_0)$可微时，函数在该点沿方向$\boldsymbol{u}$的方向导数

$$D_{\boldsymbol{u}}f(x_0,y_0,z_0)=f'_x(x_0,y_0,z_0)\cos\alpha+f'_y(x_0,y_0,z_0)\cos\beta+f'_z(x_0,y_0,z_0)\cos\gamma.$$

一般地，当函数$f(x,y,z)$可微时，有

$$D_{\boldsymbol{u}}f(x,y,z)=\frac{\partial f}{\partial x}\cos\alpha+\frac{\partial f}{\partial y}\cos\beta+\frac{\partial f}{\partial z}\cos\gamma. \tag{10.4.4}$$

**例1** 求函数$f(x,y)=x\mathrm{e}^{2y}+\cos(xy)$在点$(1,0)$处沿方向$\boldsymbol{u}=3\boldsymbol{i}-4\boldsymbol{j}$的方向导数.

**解** 由$f'_x=\mathrm{e}^{2y}-y\sin(xy)$，$f'_y=2x\mathrm{e}^{2y}-x\sin(xy)$知，$f'_x(1,0)=1$，$f'_y(1,0)=2$.又$\boldsymbol{e}_u=\frac{3}{5}\boldsymbol{i}-\frac{4}{5}\boldsymbol{j}$，故

$$D_{\boldsymbol{u}}f(1,0)=f'_x(1,0)\cos\alpha+f'_y(1,0)\cos\beta=1\times\frac{3}{5}+2\times\left(-\frac{4}{5}\right)=-1.$$

**例2** 求函数$f(x,y,z)=x^2\cos y+\mathrm{e}^{-y}\ln(x+z)$在点$(-1,0,2)$处沿从该点到$(1,2,1)$的方向的方向导数.

**解** 由$f'_x=2x\cos y+\frac{\mathrm{e}^{-y}}{x+z}$，$f'_y=-x^2\sin y-\mathrm{e}^{-y}\ln(x+z)$，$f'_z=\frac{\mathrm{e}^{-y}}{x+z}$，知

$$f'_x(-1,0,2)=-1,\quad f'_y(-1,0,2)=0,\quad f'_z(-1,0,2)=1.$$

又$\boldsymbol{u}=(2,2,-1)$，则$\boldsymbol{e}_u=\left(\frac{2}{3},\frac{2}{3},-\frac{1}{3}\right)$.于是

$$D_{\boldsymbol{u}}f(-1,0,2)=f'_x(-1,0,2)\cos\alpha+f'_y(-1,0,2)\cos\beta+f'_z(-1,0,2)\cos\gamma$$

$$=-1\times\frac{2}{3}+0\times\frac{2}{3}+1\times\left(-\frac{1}{3}\right)=-1.$$

### 3. 梯度向量的定义

微视频
10-4-5
梯度及其几何意义——梯度的概念

公式(10.4.3)与(10.4.4)中的方向导数可以写成如下两个点积形式:

$$D_{\boldsymbol{u}}f(x,y)=\left(\frac{\partial f}{\partial x},\frac{\partial f}{\partial y}\right)\cdot(\cos\alpha,\cos\beta)=\left(\frac{\partial f}{\partial x},\frac{\partial f}{\partial y}\right)\cdot\boldsymbol{e}_u,$$

$$D_{\boldsymbol{u}}f(x,y,z)=\left(\frac{\partial f}{\partial x},\frac{\partial f}{\partial y},\frac{\partial f}{\partial z}\right)\cdot(\cos\alpha,\cos\beta,\cos\gamma)=\left(\frac{\partial f}{\partial x},\frac{\partial f}{\partial y},\frac{\partial f}{\partial z}\right)\cdot\boldsymbol{e}_u.$$

上述两个点积形式中,各出现了一个重要的向量:$\left(\frac{\partial f}{\partial x},\frac{\partial f}{\partial y}\right)$与$\left(\frac{\partial f}{\partial x},\frac{\partial f}{\partial y},\frac{\partial f}{\partial z}\right)$,我们分别称它们为二元函数$f(x,y)$与三元函数$f(x,y,z)$的梯度(梯度向量),记作 $\mathbf{grad}f$ 或 $\nabla f$,即

$$\nabla f(x,y)=\left(\frac{\partial f}{\partial x},\frac{\partial f}{\partial y}\right)=\frac{\partial f}{\partial x}\boldsymbol{i}+\frac{\partial f}{\partial y}\boldsymbol{j},$$

$$\nabla f(x,y,z)=\left(\frac{\partial f}{\partial x},\frac{\partial f}{\partial y},\frac{\partial f}{\partial z}\right)=\frac{\partial f}{\partial x}\boldsymbol{i}+\frac{\partial f}{\partial y}\boldsymbol{j}+\frac{\partial f}{\partial z}\boldsymbol{k}.$$

这样,公式(10.4.3)与(10.4.4)可分别写成

$$D_{\boldsymbol{u}}f(x,y)=\nabla f(x,y)\cdot\boldsymbol{e}_u,\tag{10.4.5}$$

$$D_{\boldsymbol{u}}f(x,y,z)=\nabla f(x,y,z)\cdot\boldsymbol{e}_u.\tag{10.4.6}$$

这表明,方向导数是函数的梯度在方向向量 $\boldsymbol{u}$ 上的投影.

**例 3** 求函数$f(x,y)=x^2y+2y$在点$(2,-1)$处的梯度以及函数在该点处沿方向$\boldsymbol{u}=\boldsymbol{i}+3\boldsymbol{j}$的方向导数.

**解** 因 $\nabla f(x,y)=\frac{\partial f}{\partial x}\boldsymbol{i}+\frac{\partial f}{\partial y}\boldsymbol{j}=2xy\boldsymbol{i}+(x^2+2)\boldsymbol{j}$,故 $\nabla f(2,-1)=-4\boldsymbol{i}+6\boldsymbol{j}$.

又 $\boldsymbol{e}_u=\frac{1}{\sqrt{10}}\boldsymbol{i}+\frac{3}{\sqrt{10}}\boldsymbol{j}$,由公式(10.4.5)得

$$D_{\boldsymbol{u}}f(2,-1)=\nabla f(2,-1)\cdot\boldsymbol{e}_u=-4\times\frac{1}{\sqrt{10}}+6\times\frac{3}{\sqrt{10}}=\frac{14}{\sqrt{10}}.$$

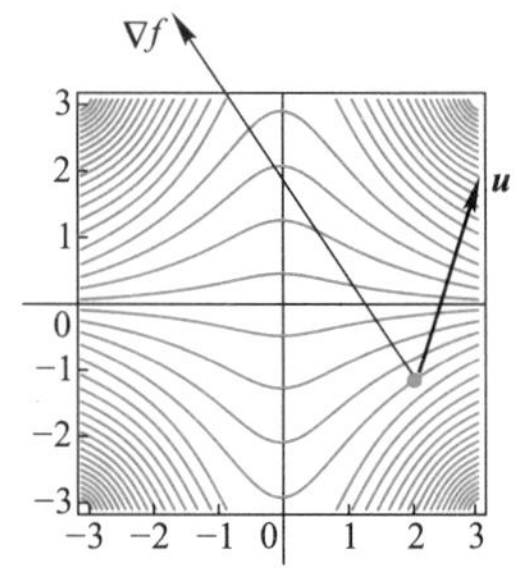

图 10.4.3 方向导数是梯度在方向向量上的投影

图 10.4.3 给出了梯度向量 $\nabla f(2,-1)$和方向向量 $\boldsymbol{u}$.

**例 4** 设一座山的高度由函数$z=15-3x^2-2y^2$给出,如果登山者在山坡的点$P(1,-2,4)$处,问此时登山者往何方向攀登时坡度最陡?

**解** 由方向导数的几何意义知,坡度最陡的方向为高度函数变化最

快的方向，即求使函数 $z=15-3x^2-2y^2$ 在点(1,-2)处的方向导数最大的方向 $\boldsymbol{u}$.因为

$$D_{\boldsymbol{u}}f(x,y)=\nabla f(x,y)\cdot \boldsymbol{e}_u=|\nabla f(x,y)|\cdot\cos\theta,$$

其中 $\theta$ 为梯度 $\nabla f(x,y)=\left(\dfrac{\partial z}{\partial x},\dfrac{\partial z}{\partial y}\right)$ 与 $\boldsymbol{u}$ 的夹角，所以当 $\theta=0$ 时方向导数最大，即沿梯度方向函数上升最快.因为

$$\frac{\partial z}{\partial x}=-6x,\quad \frac{\partial z}{\partial y}=-4y,$$

则 $\nabla f(1,-2)=(-6,8)$，取 $\boldsymbol{u}=(-6,8)$，$\boldsymbol{e}_u=\left(-\dfrac{3}{5},\dfrac{4}{5}\right)$.因此，在点 $P$ 处沿向量 $\boldsymbol{u}=(-6,8)$ 方向攀登时坡度最陡.

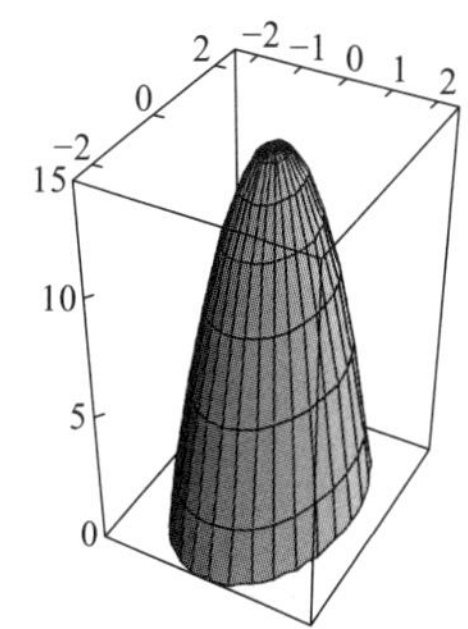


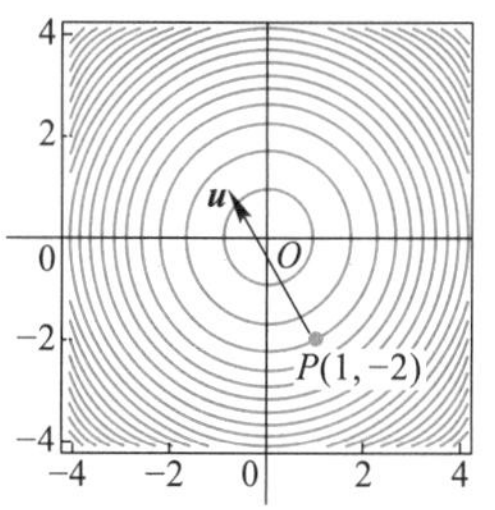


图 10.4.4　例 4 示意图

从图 10.4.4 中看出，登山者沿梯度方向攀登时坡度最陡，高度上升最快，梯度方向与等值线垂直.但如果从点 $P(1,-2)$ 处沿梯度方向 $\boldsymbol{u}=(-6,8)$ 到达另一点 $Q$，仍然沿方向 $\boldsymbol{u}$ 攀登，此时高度上升未必最快.因此，梯度方向只是函数局部增加最快的方向.如果登山者从 $P$ 点出发，要想尽快到达山峰，则在攀登过程中需不断调整方向，形成一个“之”字形路线.

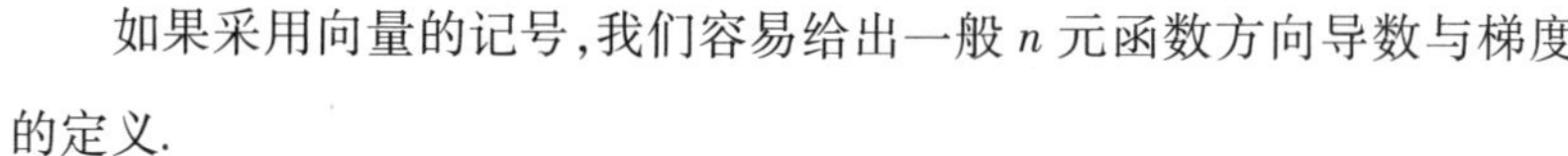

如果采用向量的记号，我们容易给出一般 $n$ 元函数方向导数与梯度的定义.

设 $f(\boldsymbol{x})$ 是 $n$ 元函数(通常我们只考虑二元函数和三元函数的情况)，$\boldsymbol{u}$ 是 $n$ 元向量，$\boldsymbol{e}_u$ 为 $\boldsymbol{u}$ 对应的单位向量，则 $f(\boldsymbol{x})$ 在点 $\boldsymbol{x}$ 处沿 $\boldsymbol{u}$ 方向的方向导数定义为

$$D_u f(\boldsymbol{x})=\lim_{h\to 0}\frac{f(\boldsymbol{x}+h\boldsymbol{e}_u)-f(\boldsymbol{x})}{h}.\tag{10.4.7}$$

函数 $f(\boldsymbol{x})$ 在点 $\boldsymbol{x}$ 处的梯度定义为

$$\nabla f(\boldsymbol{x})=\left(\frac{\partial f}{\partial x_1},\frac{\partial f}{\partial x_2},\cdots,\frac{\partial f}{\partial x_n}\right).\tag{10.4.8}$$

特别地，在式(10.4.7)中，取 $\boldsymbol{e}_u$ 为各坐标轴的单位方向向量，则方向导数就是偏导数.如果 $n=1$，$\boldsymbol{e}_u$ 是坐标轴 $x$ 轴的单位方向向量，则一元函数的方向导数就是导数.

因此，多元函数的方向导数是一元函数导数概念的推广.类似地，如果函数 $f(\boldsymbol{x})$ 具有一阶连续偏导数，则 $f(\boldsymbol{x})$ 可微.从而

$$D_u f(\boldsymbol{x})=\nabla f(\boldsymbol{x})\cdot \boldsymbol{e}_u.\tag{10.4.9}$$

## 10.4.2　方向导数与梯度的性质及应用

### 1. 函数的最速上升方向与最速下降方向

我们知道，一元函数 $f(x)$ 的导数的符号决定函数值是升还是降，而升降的快慢由导数绝对值的大小决定.多元函数的方向导数也有类似的

性质.

**定义 10.4.1** 设 $f(\boldsymbol{x})$ 是 $\mathbb{R}^n$ 上的连续函数，$\boldsymbol{x}_0\in\mathbb{R}^n$，$\boldsymbol{d}$ 是 $n$ 维非零向量，若存在 $\delta>0$，使得对于一切 $\lambda\in(0,\delta)$，恒有

$$f(\boldsymbol{x}_0+\lambda\boldsymbol{d})>f(\boldsymbol{x}_0),$$

则称 $\boldsymbol{d}$ 为 $f$ 在点 $\boldsymbol{x}_0$ 处的上升方向；若对于一切 $\lambda\in(0,\delta)$，恒有

$$f(\boldsymbol{x}_0+\lambda\boldsymbol{d})<f(\boldsymbol{x}_0),$$

则称 $\boldsymbol{d}$ 为 $f$ 在点 $\boldsymbol{x}_0$ 处的下降方向.

**定理 10.4.2** 设 $f(\boldsymbol{x})$ 在点 $\boldsymbol{x}_0$ 可微，$\boldsymbol{u}$ 是一个 $n$ 维非零向量，若 $D_{\boldsymbol{u}}f(\boldsymbol{x}_0)>0$，则 $\boldsymbol{u}$ 是 $f(\boldsymbol{x})$ 在点 $\boldsymbol{x}_0$ 处的一个上升方向；若 $D_{\boldsymbol{u}}f(\boldsymbol{x}_0)<0$，则 $\boldsymbol{u}$ 是 $f(\boldsymbol{x})$ 在点 $\boldsymbol{x}_0$ 处的一个下降方向.

**证** 只证前一种情况.因

$$D_{\boldsymbol{u}}f(\boldsymbol{x}_0)=\lim_{h\to0}\frac{f(\boldsymbol{x}_0+h\boldsymbol{e}_u)-f(\boldsymbol{x}_0)}{h}>0,$$

则由极限的保号性定理，存在 $\delta>0$，当 $h\in(0,\delta)$ 时，恒有

$$\frac{f(\boldsymbol{x}_0+h\boldsymbol{e}_u)-f(\boldsymbol{x}_0)}{h}>0.$$

从而 $f(\boldsymbol{x}_0+h\boldsymbol{e}_u)>f(\boldsymbol{x}_0)$，故 $\boldsymbol{e}_u$（或 $\boldsymbol{u}$）为 $f(\boldsymbol{x})$ 在点 $\boldsymbol{x}_0$ 处的上升方向.同理可证后一种情况.

定理 10.4.2 表明方向导数的符号决定函数值是升还是降.我们现在要问函数值沿什么方向上升最快？沿什么方向下降最快？

从例 4 中，我们知道函数沿梯度方向上升最快.下面我们来证明这点.

由式（10.4.9）及柯西–施瓦茨不等式，有

$$|D_{\boldsymbol{u}}f(\boldsymbol{x}_0)|\leqslant|\nabla f(\boldsymbol{x}_0)\cdot\boldsymbol{e}_u|\leqslant|\nabla f(\boldsymbol{x}_0)||\boldsymbol{e}_u|=|\nabla f(\boldsymbol{x}_0)|,\quad(10.4.10)$$

且当 $\boldsymbol{e}_u=\dfrac{\nabla f(\boldsymbol{x}_0)}{|\nabla f(\boldsymbol{x}_0)|}$ 时，上述不等式中等号成立，也就是说，沿梯度方向，方向导数达到最大值 $|\nabla f(\boldsymbol{x}_0)|$.

由此可知，梯度方向是函数值上升最快的方向，而函数值下降最快的方向是负梯度方向.通常，把梯度方向与负梯度方向分别叫做函数的最速上升方向与最速下降方向.

根据上述结论，我们还能得出：函数在最大值点或最小值点处的梯度为零向量.事实上，如果函数 $f(\boldsymbol{x})$ 在点 $\boldsymbol{x}_0$ 处达到最大，那么，函数 $f(\boldsymbol{x})$ 沿任何方向 $\boldsymbol{u}$ 都不可能上升，于是，从定理 10.4.2 知，$D_{\boldsymbol{u}}f(\boldsymbol{x}_0)\leqslant0$.另一方面，函数 $f(\boldsymbol{x})$ 沿梯度方向的方向导数为 $|\nabla f(\boldsymbol{x}_0)|\geqslant0$.所以，函数在最大值点 $\boldsymbol{x}_0$ 处的梯度为零向量.对于函数 $f(\boldsymbol{x})$ 在点 $\boldsymbol{x}_0$ 处取最小值的情况类似可证.

**例 5** 求函数 $f(x,y)=1-x^2-2y^2+2x$ 在点（2,1）处函数值下降最快的方向.

**解** 因 $\nabla f(x,y)=(-2x+2,-4y)$，故 $\nabla f(2,1)=(-2,-4)$，$-\nabla f(2,1)=(2,4)$.所以，函数在点（2,1）处的最速下降方向为（2,4）.

根据定理 10.4.2，我们还能得到如下定理：

**定理 10.4.3** 设函数$f(\boldsymbol{x})$是 $n$ 维函数,$\boldsymbol{x}_0\in\mathbb{R}^n$,且$f(\boldsymbol{x})$在点 $\boldsymbol{x}_0$ 可微,如果存在非零向量 $\boldsymbol{d}\in\mathbb{R}^n$,使得 $\nabla f(\boldsymbol{x}_0)\cdot\boldsymbol{d}>0$,则 $\boldsymbol{d}$ 是$f(\boldsymbol{x})$在点 $\boldsymbol{x}_0$ 处的一个上升方向;如果 $\nabla f(\boldsymbol{x}_0)\cdot\boldsymbol{d}<0$,则 $\boldsymbol{d}$ 是$f(\boldsymbol{x})$在点 $\boldsymbol{x}_0$ 处的一个下降方向.

定理 10.4.3 说明,与函数$f(\boldsymbol{x})$在点$\boldsymbol{x}_0$处的梯度方向成锐角(钝角)的任何方向都是$f(\boldsymbol{x})$在点$\boldsymbol{x}_0$处的上升(下降)方向.

### 2. 梯度向量是二元函数等值线或三元函数等值面的法线方向向量

微视频
10-4-6
梯度及其几何意义——梯度的几何意义

设$f(\boldsymbol{x})$是 $n$ 元可微函数,$\boldsymbol{x}_0\in\mathbb{R}^n$,且$f(\boldsymbol{x})$在点 $\boldsymbol{x}_0$ 的等值面 $S$ 的方程为

$$f(\boldsymbol{x})=f(\boldsymbol{x}_0),$$

记 $k=f(\boldsymbol{x}_0)$,则上式写成

$$f(\boldsymbol{x})=k. \tag{10.4.11}$$

设 $C$ 是该等值面 $S$ 上过点 $\boldsymbol{x}_0$ 的任一光滑曲线,它由参数方程

$$\begin{cases}x_1=x_1(t),\\ x_2=x_2(t),\\ \cdots\cdots\cdots\cdots\\ x_n=x_n(t)\end{cases} \tag{10.4.12}$$

给出,且点 $\boldsymbol{x}_0$ 对应的参数为 $t_0$.曲线 $C$ 在点 $\boldsymbol{x}_0$ 处的切向量为

$$\boldsymbol{T}(\boldsymbol{x}_0)=(x_1'(t_0),x_2'(t_0),\cdots,x_n'(t_0)).$$

将式(10.4.12)代入式(10.4.11)得

$$f(x_1(t),x_2(t),\cdots,x_n(t))=k,$$

上式两边对 $t$ 求导得

$$\frac{\partial f}{\partial x_1}x_1'(t)+\frac{\partial f}{\partial x_2}x_2'(t)+\cdots+\frac{\partial f}{\partial x_n}x_n'(t)=0,$$

在上式中代入点 $t_0$,并写成向量的点积形式,得

$$\nabla f(\boldsymbol{x}_0)\cdot\boldsymbol{T}(\boldsymbol{x}_0)=0. \tag{10.4.13}$$

式(10.4.13)表明,函数$f(\boldsymbol{x})$在点$\boldsymbol{x}_0$处的梯度与函数过点$\boldsymbol{x}_0$的等值面上任一光滑曲线 $C$ 在$\boldsymbol{x}_0$处的切线垂直,即$\nabla f(\boldsymbol{x}_0)$与等值面在点 $\boldsymbol{x}_0$ 处的切平面垂直,所以,$\nabla f(\boldsymbol{x}_0)$是等值面 $S$ 在点 $\boldsymbol{x}_0$ 处的一个法线方向向量.

对于 $n=2$ 的情形,$\nabla f(x_0,y_0)=(f_x'(x_0,y_0),f_y'(x_0,y_0))$是函数$f(x,y)$过点$(x_0,y_0)$的等值线$f(x,y)=f(x_0,y_0)$在点$(x_0,y_0)$处的一个法线方向向量.在该点处,它与等值线(或等值线的切线)垂直.

对于 $n=3$ 的情形,$\nabla f(x_0,y_0,z_0)=(f_x'(x_0,y_0,z_0),f_y'(x_0,y_0,z_0),f_z'(x_0,y_0,z_0))$是函数$f(x,y,z)$过点$(x_0,y_0,z_0)$的等值面$f(x,y,z)=f(x_0,y_0,z_0)$在点$(x_0,y_0,z_0)$处的一个法线方向向量,它在该点处与等值面(或

讨论题
10-4-1
二元函数等值线图的应用
如何在二元函数等值线图上画函数的梯度向量?如何在二元函数等值线图上观察方向导数的符号?你还能说出二元函数等值线图的一些其他应用吗?

等值面的切平面)垂直.

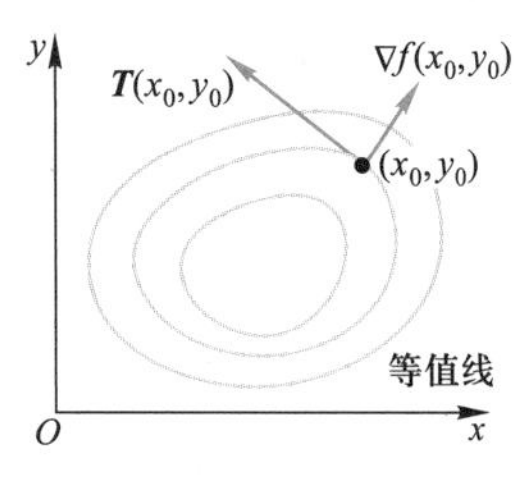


(a) $n=2$

(b) $n=3$

图 10.4.5　梯度向量是等值面的法向量

微视频
10-4-7
问题引入——从以平代曲到以曲代曲

微视频
10-4-8
黑塞矩阵

图 10.4.5 显示了 $n=2$ 和 $n=3$ 情形下梯度向量这一特性.

实际上,三维空间中的曲面 $F(\boldsymbol{x})=0,\boldsymbol{x}\in\mathbb{R}^3$ 在点 $\boldsymbol{x}_0\in\mathbb{R}^3$ 处的切平面方程用向量形式可以写作

$$\nabla F(\boldsymbol{x}_0)\cdot(\boldsymbol{x}-\boldsymbol{x}_0)=0.$$

## 10.4.3　黑塞矩阵与泰勒公式

在一元函数微分学中,我们知道一阶及二阶泰勒公式有着重要的理论与应用价值.这一小节,我们将建立多元函数的一阶及二阶泰勒公式.在下一节里,我们将应用泰勒公式来判定多元函数的极值.

### 1. 黑塞矩阵

为了给出与一元函数形式一致的泰勒公式,我们使用向量与矩阵的记号.我们已经引入了梯度向量,现在引入黑塞矩阵的概念.在多元函数微分学中,它们的地位分别与一元函数中的一阶导数和二阶导数相当,因此,通常称梯度向量与黑塞矩阵为多元函数的一阶及二阶导数.

设 $n$ 元函数 $f(\boldsymbol{x})$ 在点 $\boldsymbol{x}$ 处对于自变量的各分量的二阶偏导数 $\dfrac{\partial^2 f(\boldsymbol{x})}{\partial x_i\partial x_j}$ $(i,j=1,2,\cdots,n)$ 连续,则称矩阵

$$\boldsymbol{H}=\begin{pmatrix}\dfrac{\partial^2 f}{\partial x_1^2} & \dfrac{\partial^2 f}{\partial x_1\partial x_2} & \cdots & \dfrac{\partial^2 f}{\partial x_1\partial x_n}\\ \dfrac{\partial^2 f}{\partial x_2\partial x_1} & \dfrac{\partial^2 f}{\partial x_2^2} & \cdots & \dfrac{\partial^2 f}{\partial x_2\partial x_n}\\ \vdots & \vdots & & \vdots\\ \dfrac{\partial^2 f}{\partial x_n\partial x_1} & \dfrac{\partial^2 f}{\partial x_n\partial x_2} & \cdots & \dfrac{\partial^2 f}{\partial x_n^2}\end{pmatrix}$$

为 $f(\boldsymbol{x})$ 在点 $\boldsymbol{x}$ 处的二阶导数或黑塞矩阵,也可记作 $\nabla^2 f(\boldsymbol{x})$. 易知矩阵 $\boldsymbol{H}$ 为对称矩阵.

当 $n=2$ 时,有

$$\boldsymbol{H}=\begin{pmatrix}\dfrac{\partial^2 f}{\partial x_1^2} & \dfrac{\partial^2 f}{\partial x_1\partial x_2}\\ \dfrac{\partial^2 f}{\partial x_2\partial x_1} & \dfrac{\partial^2 f}{\partial x_2^2}\end{pmatrix},$$

它恰好由二元函数 $f(x_1,x_2)$ 的所有二阶偏导数组成.

**例 6** 计算函数 $f(x,y)=x^4+xy+(1+y)^2$ 的梯度与黑塞矩阵,并求 $\nabla f(0,0)$, $\nabla^2 f(0,0)$ 以及 $\nabla f(0,-1)$, $\nabla^2 f(0,-1)$.

**解** 因 $\frac{\partial f}{\partial x}=4x^3+y,\frac{\partial f}{\partial y}=x+2(1+y)$,则

$$\nabla f(x,y)=\left(\frac{\partial f}{\partial x},\frac{\partial f}{\partial y}\right)=(4x^3+y,x+2(1+y)).$$

又 $\frac{\partial^2 f}{\partial x^2}=12x^2,\frac{\partial^2 f}{\partial x\partial y}=\frac{\partial^2 f}{\partial y\partial x}=1,\frac{\partial^2 f}{\partial y^2}=2$,则

$$\nabla^2 f(x,y)=\begin{pmatrix}\frac{\partial^2 f}{\partial x^2} & \frac{\partial^2 f}{\partial x\partial y}\\ \frac{\partial^2 f}{\partial y\partial x} & \frac{\partial^2 f}{\partial y^2}\end{pmatrix}=\begin{pmatrix}12x^2 & 1\\ 1 & 2\end{pmatrix}.$$

所以,在点 $(0,0)$ 处,有 $\nabla f(0,0)=(0,2)$, $\nabla^2 f(0,0)=\begin{pmatrix}0 & 1\\ 1 & 2\end{pmatrix}$. 在点 $(0,-1)$ 处,有 $\nabla f(0,-1)=(-1,0)$, $\nabla^2 f(0,-1)=\begin{pmatrix}0 & 1\\ 1 & 2\end{pmatrix}$.

**例 7** 设 $\boldsymbol{a},\boldsymbol{x}$ 皆为 $n$ 维行向量,$b$ 为常数,求 $n$ 维线性函数

$$f(\boldsymbol{x})=\boldsymbol{a}\boldsymbol{x}^{\mathrm{T}}+b$$

在任意点 $\boldsymbol{x}$ 处的梯度和黑塞矩阵.

**解** 设 $\boldsymbol{a}=(a_1,a_2,\cdots,a_n)$, $\boldsymbol{x}=(x_1,x_2,\cdots,x_n)$,将 $f(\boldsymbol{x})$ 写成分量形式为

$$f(x_1,x_2,\cdots,x_n)=\sum_{k=1}^{n}a_k x_k+b.$$

因 $\frac{\partial f(\boldsymbol{x})}{\partial x_k}=a_k,k=1,2,\cdots,n;\frac{\partial^2 f(\boldsymbol{x})}{\partial x_i\partial x_j}=0,i,j=1,2,\cdots,n$,则

$$\nabla f(\boldsymbol{x})=\boldsymbol{a},\quad \nabla^2 f(\boldsymbol{x})=\boldsymbol{0}.$$

特别地,当 $n=2$ 时,一个二维线性函数 $f(x_1,x_2)=a_1x_1+a_2x_2+b$ 写成向量形式是

$$f(x_1,x_2)=(a_1,a_2)\begin{pmatrix}x_1\\ x_2\end{pmatrix}+b,$$

它的梯度和黑塞矩阵分别为 $\nabla f(x_1,x_2)=(a_1,a_2)$, $\nabla^2 f(x_1,x_2)=\begin{pmatrix}0 & 0\\ 0 & 0\end{pmatrix}$.

**例 8** 设 $\boldsymbol{Q}$ 为 $n$ 阶对称矩阵，$\boldsymbol{b},\boldsymbol{x}$ 皆为 $n$ 维行向量，$c$ 为常数，求 $n$ 维二次函数

$$f(\boldsymbol{x})=\frac{1}{2}\boldsymbol{x}\boldsymbol{Q}\boldsymbol{x}^{\mathrm{T}}+\boldsymbol{b}\boldsymbol{x}^{\mathrm{T}}+c \tag{10.4.14}$$

在任意点 $\boldsymbol{x}$ 处的梯度和黑塞矩阵.

**解** 设 $\boldsymbol{Q}=(q_{ij})_{n\times n}$，$\boldsymbol{x}=(x_1,x_2,\cdots,x_n)$，$\boldsymbol{b}=(b_1,b_2,\cdots,b_n)$，则式(10.4.14)写成数量形式为

$$f(x_1,x_2,\cdots,x_n)=\frac{1}{2}\sum_{i=1}^{n}\sum_{j=1}^{n}q_{ij}x_ix_j+\sum_{k=1}^{n}b_kx_k+c.$$

将它对各变量 $x_i(i=1,2,\cdots,n)$ 求偏导数，有

$$(\boldsymbol{\nabla}f(\boldsymbol{x}))^{\mathrm{T}}=\begin{pmatrix}\dfrac{\partial f(\boldsymbol{x})}{\partial x_1}\\ \vdots\\ \dfrac{\partial f(\boldsymbol{x})}{\partial x_n}\end{pmatrix}=\begin{pmatrix}\sum\limits_{j=1}^{n}q_{1j}x_j+b_1\\ \vdots\\ \sum\limits_{j=1}^{n}q_{nj}x_j+b_n\end{pmatrix}=\begin{pmatrix}\sum\limits_{j=1}^{n}q_{1j}x_j\\ \vdots\\ \sum\limits_{j=1}^{n}q_{nj}x_j\end{pmatrix}+\begin{pmatrix}b_1\\ \vdots\\ b_n\end{pmatrix},$$

因而得到 $\boldsymbol{\nabla}f(\boldsymbol{x})=\boldsymbol{x}\boldsymbol{Q}+\boldsymbol{b}$.

再对 $\dfrac{\partial f(\boldsymbol{x})}{\partial x_i}=\sum\limits_{j=1}^{n}q_{ij}x_j+b_i(i=1,2,\cdots,n)$ 求偏导，得到

$$\frac{\partial^2 f(\boldsymbol{x})}{\partial x_i\partial x_j}=q_{ij},\quad i,j=1,2,\cdots,n,$$

于是

$$\boldsymbol{\nabla}^2 f(\boldsymbol{x})=\begin{pmatrix}q_{11}&q_{12}&\cdots&q_{1n}\\ q_{21}&q_{22}&\cdots&q_{2n}\\ \vdots&\vdots&&\vdots\\ q_{n1}&q_{n2}&\cdots&q_{nn}\end{pmatrix}=\boldsymbol{Q}.$$

特别地，当 $n=2$ 时，一个二维二次函数

$$f(x_1,x_2)=\frac{1}{2}(q_{11}x_1^2+2q_{12}x_1x_2+q_{22}x_2^2)+b_1x_1+b_2x_2+c,$$

写成向量形式是

$$f(x_1,x_2)=\frac{1}{2}(x_1,x_2)\begin{pmatrix}q_{11}&q_{12}\\ q_{12}&q_{22}\end{pmatrix}\begin{pmatrix}x_1\\ x_2\end{pmatrix}+(b_1,b_2)\begin{pmatrix}x_1\\ x_2\end{pmatrix}+c,$$

它的梯度和黑塞矩阵分别为

$$\boldsymbol{\nabla}f(x_1,x_2)=(x_1,x_2)\begin{pmatrix}q_{11}&q_{12}\\ q_{12}&q_{22}\end{pmatrix}+(b_1,b_2),$$

$$\nabla^2 f(x_1,x_2)=\begin{pmatrix} q_{11} & q_{12} \\ q_{12} & q_{22} \end{pmatrix}.$$

## 2. 泰勒公式

微视频
10-4-9
多元函数的泰勒公式

**定理 10.4.4** 设$f(\boldsymbol{x})$是 $n$ 维函数,$\boldsymbol{x}_0\in\mathbb{R}^n$,如果$f(\boldsymbol{x})$在 $\boldsymbol{x}_0$ 的某邻域内具有二阶连续偏导数,则对于点 $\boldsymbol{x}_0$ 的某邻域内的点 $\boldsymbol{x}$,存在常数 $\theta(0<\theta<1)$,使得

$$f(\boldsymbol{x})=f(\boldsymbol{x}_0)+\nabla f(\boldsymbol{x}_0)(\boldsymbol{x}-\boldsymbol{x}_0)^{\mathrm{T}}+\frac{1}{2}(\boldsymbol{x}-\boldsymbol{x}_0)\nabla^2 f(\boldsymbol{x}_0+\theta(\boldsymbol{x}-\boldsymbol{x}_0))(\boldsymbol{x}-\boldsymbol{x}_0)^{\mathrm{T}}, \tag{10.4.15}$$

称式(10.4.15)为$f(\boldsymbol{x})$在点 $\boldsymbol{x}_0$ 处的一阶带拉格朗日余项的泰勒公式.

**证** 设 $\varphi(t)=f(\boldsymbol{x}_0+t(\boldsymbol{x}-\boldsymbol{x}_0))$,$t\in[0,1]$,则 $\varphi(0)=f(\boldsymbol{x}_0)$,$\varphi(1)=f(\boldsymbol{x})$,且 $\varphi(t)$在$[0,1]$上有二阶连续导数,并有

$$\varphi'(t)=\nabla f(\boldsymbol{x}_0+t(\boldsymbol{x}-\boldsymbol{x}_0))(\boldsymbol{x}-\boldsymbol{x}_0)^{\mathrm{T}}, \tag{10.4.16}$$

$$\varphi''(t)=(\boldsymbol{x}-\boldsymbol{x}_0)\nabla^2 f(\boldsymbol{x}_0+t(\boldsymbol{x}-\boldsymbol{x}_0))(\boldsymbol{x}-\boldsymbol{x}_0)^{\mathrm{T}}. \tag{10.4.17}$$

将 $\varphi(t)$在 $t=0$ 处展开成一阶泰勒公式,有

$$\varphi(t)=\varphi(0)+\varphi'(0)t+\frac{1}{2}\varphi''(\theta)t^2\quad(0<\theta<1). \tag{10.4.18}$$

将式(10.4.16)及式(10.4.17)代入式(10.4.18)中,并令 $t=1$,得

$$f(\boldsymbol{x})=f(\boldsymbol{x}_0)+\nabla f(\boldsymbol{x}_0)(\boldsymbol{x}-\boldsymbol{x}_0)^{\mathrm{T}}+\frac{1}{2}(\boldsymbol{x}-\boldsymbol{x}_0)\nabla^2 f(\boldsymbol{x}_0+\theta(\boldsymbol{x}-\boldsymbol{x}_0))(\boldsymbol{x}-\boldsymbol{x}_0)^{\mathrm{T}}.$$

故式(10.4.15)成立.

由于 $\nabla^2 f(\boldsymbol{x})$的每一分量在点 $\boldsymbol{x}_0$ 处连续,故

$$\frac{\partial^2 f(\boldsymbol{x}_0+\theta(\boldsymbol{x}-\boldsymbol{x}_0))}{\partial x_i\partial x_j}=\frac{\partial^2 f(\boldsymbol{x}_0)}{\partial x_i\partial x_j}+\delta_{ij},\quad i,j=1,2,\cdots,n.$$

其中$\lim\limits_{\boldsymbol{x}\to\boldsymbol{x}_0}\delta_{ij}=0$,于是,式(10.4.15)又可写作

$$f(\boldsymbol{x})=f(\boldsymbol{x}_0)+\nabla f(\boldsymbol{x}_0)(\boldsymbol{x}-\boldsymbol{x}_0)^{\mathrm{T}}+\frac{1}{2}(\boldsymbol{x}-\boldsymbol{x}_0)\nabla^2 f(\boldsymbol{x}_0)(\boldsymbol{x}-\boldsymbol{x}_0)^{\mathrm{T}}+o(|\boldsymbol{x}-\boldsymbol{x}_0|^2). \tag{10.4.19}$$

特别,当 $n=1$ 时,式(10.4.15)、(10.4.19)及(10.4.20)形式上与一元函数的泰勒公式相同.

讨论题
10-4-2
一阶和二阶泰勒多项式的应用价值
利用多元函数的泰勒公式容易得到一阶泰勒多项式和二阶泰勒多项式,能否说出一阶和二阶泰勒多项式在应用上有何意义?

如果假定函数$f(\boldsymbol{x})$在 $\boldsymbol{x}_0$ 处可微,我们有

$$\mathrm{d}f(\boldsymbol{x}_0)=\nabla f(\boldsymbol{x}_0)\Delta\boldsymbol{x}^{\mathrm{T}},$$

且$f(\boldsymbol{x})-f(\boldsymbol{x}_0)=\mathrm{d}f(\boldsymbol{x}_0)+o(|\boldsymbol{x}-\boldsymbol{x}_0|)$,故

$$f(\boldsymbol{x})=f(\boldsymbol{x}_0)+\nabla f(\boldsymbol{x}_0)(\boldsymbol{x}-\boldsymbol{x}_0)^{\mathrm{T}}+o(|\boldsymbol{x}-\boldsymbol{x}_0|). \tag{10.4.20}$$

我们将式(10.4.20)、(10.4.19)分别称为 $f(\boldsymbol{x})$ 在 $\boldsymbol{x}_0$ 处的带佩亚诺余项的一阶及二阶泰勒公式.它们分别表明了在一定条件下,函数 $f(\boldsymbol{x})$ 可以用线性函数和二次函数来近似.

**例 9** 写出函数 $f(x,y)=x^4+xy+(1+y)^2$ 在点(0,0)处的带佩亚诺余项的一阶及二阶泰勒公式.

微视频
10-4-10
近似计算

**解** 由例 6 知,在点(0,0)处,有

$$f(0,0)=1,\quad \nabla f(0,0)=(0,2),\quad \nabla^2 f(0,0)=\begin{pmatrix}0&1\\1&2\end{pmatrix}.$$

由式(10.4.20)知,函数在点(0,0)处的带佩亚诺余项的一阶泰勒公式为

$$f(x,y)=f(0,0)+(0,2)\begin{pmatrix}x\\y\end{pmatrix}+o(\sqrt{x^2+y^2})=1+2y+o(\sqrt{x^2+y^2}).$$

由式(10.4.19)知,函数在点(0,0)处的带佩亚诺余项的二阶泰勒公式为

$$\begin{aligned}f(x,y)&=f(0,0)+(0,2)\begin{pmatrix}x\\y\end{pmatrix}+\frac{1}{2}(x,y)\begin{pmatrix}0&1\\1&2\end{pmatrix}\begin{pmatrix}x\\y\end{pmatrix}+o(x^2+y^2)\\&=1+2y+(xy+y^2)+o(x^2+y^2).\end{aligned}$$

从例 9 看出,一个二元多项式的二阶泰勒展开式实际上就是此多项式中阶数不超过 2 的单项式之和,那些阶数超过 2 的单项式都归入到佩亚诺余项中去了.

# 习题 10.4

## A 基础题

1. 求函数 $z=x^2+y^2$ 在点(1,2)处沿从点(1,2)到点$(2,2+\sqrt{3})$的方向的方向导数.

2. 求函数 $u=xy^2+z^3-xyz$ 在点(1,1,2)处沿方向角为 $\alpha=\frac{\pi}{3},\beta=\frac{\pi}{4},\gamma=\frac{\pi}{3}$ 的方向的方向导数.

3. 设 $f(x,y)$ 是具有一阶连续偏导数的二元函数,考虑 $A(1,3)$,$B(3,3)$,$C(1,7)$,$D(6,15)$,若 $f(x,y)$ 在点 $A$ 处沿 $\overrightarrow{AB}$ 方向的方向导数为 3,沿 $\overrightarrow{AC}$ 方向的方向导数为 26,求 $f(x,y)$ 在点 $A$ 处沿 $\overrightarrow{AD}$ 方向的方向导数.

4. 求函数 $u=x^2+2y^2+3z^2+xy+3x-2y-6z$ 在点(1,1,1)处的梯度和黑塞矩阵.

5. 求函数 $z=\ln\frac{y}{x}$ 在点 $A\left(\frac{1}{2},\frac{1}{4}\right)$ 与 $B(1,1)$ 处的梯度之间的夹角.

6. 求函数 $f(x,y)=2x^2-xy-y^2-6x-3y+5$ 在点(1,-2)处的泰勒公式.

7. 求函数 $f(x,y)=e^x\ln(1+y)$ 在点(0,0)处的带佩亚诺余项的二阶泰勒公式.

## B 综合题

8. 求函数 $z=\ln(x+y)$ 在抛物线 $y^2=4x$ 上点 $(1,2)$ 处,沿着抛物线在该点处与 $x$ 轴正向夹角小于 $\frac{\pi}{2}$ 的切线方向的方向导数.

9. 求函数 $z=1-\left(\frac{x^2}{a^2}+\frac{y^2}{b^2}\right)$ 在点 $\left(\frac{a}{\sqrt{2}},\frac{b}{\sqrt{2}}\right)$ 处沿曲线 $\frac{x^2}{a^2}+\frac{y^2}{b^2}=1$ 在该点的内法线方向的方向导数.

10. 求函数 $u=x^2+y^2+z^2$ 在曲线 $x=t,y=t^2,z=t^3$ 上点 $(1,1,1)$ 处,沿曲线在该点的切线正方向(对应于 $t$ 增大的方向)的方向导数.

11. 求函数 $u=x^2+2y^2+3z^2+2xy-4x+2y-4z$ 在点 $(0,0,0)$ 处的梯度,并求 $u$ 的梯度为零的点.

12. 设函数 $u=f(x,y,z)$ 具有一阶连续偏导数,$\boldsymbol{v}_i=(\cos\alpha_i,\cos\beta_i,\cos\gamma_i)$ $(i=1,2,3)$ 为三个互相垂直的方向. 证明:$(D_{\boldsymbol{v}_1}u)^2+(D_{\boldsymbol{v}_2}u)^2+(D_{\boldsymbol{v}_3}u)^2=\left(\frac{\partial u}{\partial x}\right)^2+\left(\frac{\partial u}{\partial y}\right)^2+\left(\frac{\partial u}{\partial z}\right)^2$.

13. 设 $u=u(x,y,z)$ 由方程 $\frac{x^2}{a^2+u}+\frac{y^2}{b^2+u}+\frac{z^2}{c^2+u}=1$ 所确定,证明

$$|\mathbf{grad}\ u|^2=2(\boldsymbol{r}\cdot\mathbf{grad}\ u),$$

其中 $\boldsymbol{r}=(x,y,z)$,$a,b,c$ 为常数.

## C 应用题

14. 空间温度分布由函数 $f(x,y)=10+6\cos x\cos y+3\cos 2x+4\cos 3y$ 给定,求点 $\left(\frac{\pi}{3},\frac{\pi}{3}\right)$ 处使温度增加最快的方向和温度减少最快的方向.

15. 假设在空间的一定区域内电势 $V$ 由函数 $V(x,y,z)=5x^2-3xy+xyz$ 给出.

(1) 计算点 $P(3,4,5)$ 处沿方向 $\boldsymbol{v}=\boldsymbol{i}+\boldsymbol{j}-\boldsymbol{k}$ 的电势的变化率;

(2) 求使 $V$ 在点 $P$ 处变化率最快的方向;

(3) $P$ 点处电势的最大变化率.

16. 一条鲨鱼在发现血腥味时,总是沿血腥味最浓的方向追寻. 在海面上进行实验表明,如果把坐标原点放在血源处,在海平面上建立直角坐标系,那么点 $(x,y)$ 处血液的浓度 $C$(每百份水中所含血的份数)的近似值为 $C=\mathrm{e}^{-\frac{x^2+2y^2}{10^4}}$. 求鲨鱼从 $(x_0,y_0)$ 出发向血源前进的路线.

## D 实验题

17. 试用 Mathematica 软件求函数 $f(x,y)=2x^2-xy-y^2-6x-3y+5$ 在点 $(0,0)$ 处的一阶和二阶带佩亚诺余项的泰勒公式.

18. 试用 Mathematica 软件求函数 $f(x,y)=x^y$ 在合适位置的一阶和二阶带佩亚诺余项的泰勒公式,并利用相应的多项式分别计算 $1.101^{1.021}$ 的近似值.

19. 设有椭球面形状的光滑玻璃结构建筑物表面,其对应的方程为

$$\frac{x^2}{3\ 600}+\frac{y^2}{900}+\frac{z^2}{900}=1,\quad z\geqslant 5.$$

忽略外部其他因素的影响,试求建筑物表面上某一位置处,初速度为零的雨水从建筑表面流下的路线方程,并用 Mathematica 软件模拟其流动过程.

20. 试用 Mathematica 软件画出曲面 $z=x^4-8xy+2y^2-3$ 的等值线的图形,分析等值线上的点的梯度,并说明梯度与等值线之间的关系.

10.4 测验题

## 10.5 多元函数的极值与条件极值

微视频
10-5-1
问题引入——如何确定曲面的最高点与最低点

微视频
10-5-2
多元函数极值的概念

在一元函数中，导数的一个重要应用是计算函数的极大值和极小值.在这一节，我们要学习如何用偏导数来研究多元函数的最大值和最小值问题，以及与之相关的极值与条件极值问题.

### 10.5.1 多元函数的极值

我们先研究多元函数的极值.为了与一元函数极值相一致，我们采用向量的记号来给多元函数极值下定义.

若在该邻域内任何异于 $\boldsymbol{x}_0$ 的点 $\boldsymbol{x}$ 处恒有

$$f(\boldsymbol{x})<f(\boldsymbol{x}_0),$$

则称 $f(\boldsymbol{x})$ 在 $\boldsymbol{x}_0$ 处取得严格极大值 $f(\boldsymbol{x}_0)$，称 $\boldsymbol{x}_0$ 为 $f(\boldsymbol{x})$ 的严格极大值点.类似地，可以定义严格极小值和严格极小值点.

**定义 10.5.1** 设 $n$ 元函数 $f(\boldsymbol{x})$ 在 $\boldsymbol{x}_0$ 的某邻域内有定义，如果对于该邻域内任何点 $\boldsymbol{x}$，都有

$$f(\boldsymbol{x})\leqslant f(\boldsymbol{x}_0),$$

则称函数 $f(\boldsymbol{x})$ 在点 $\boldsymbol{x}_0$ 处取得极大值 $f(\boldsymbol{x}_0)$，称点 $\boldsymbol{x}_0$ 为 $f(\boldsymbol{x})$ 的极大值点；如果对于该邻域内任何点 $\boldsymbol{x}$，都有

$$f(\boldsymbol{x})\geqslant f(\boldsymbol{x}_0),$$

则称函数 $f(\boldsymbol{x})$ 在 $\boldsymbol{x}_0$ 处取得极小值 $f(\boldsymbol{x}_0)$，称点 $\boldsymbol{x}_0$ 为 $f(\boldsymbol{x})$ 的极小值点.

特别地，当 $n=1$ 时，定义 10.5.1 与一元函数极值定义完全一致.

当 $n=2$ 时，二元函数 $z=f(x,y)$ 在点 $(x_0,y_0)$ 处取严格极大值（极小值）是指对于在该点的某邻域内任何异于该点的点 $(x,y)$，都有

$$f(x,y)<f(x_0,y_0)\ (f(x,y)>f(x_0,y_0)).$$

从几何上看，二元函数的严格极大值点对应其图形的局部峰点，严格极小值点对应其图形的局部谷点.

讨论题
10-5-1
生活中的多元函数极值问题
请列举一些生活中关于多元函数极值或者最值的例子.

**例 1** （1）二元函数 $f(x,y)=x^2+y^2$ 在点 $(0,0)$ 处取极小值.因为当 $(x,y)\neq(0,0)$ 时，$f(x,y)>f(0,0)=0$.从几何上看，点 $(0,0,0)$ 是开口朝上的旋转抛物面 $z=x^2+y^2$ 的顶点，如图 10.5.1(a) 所示.

通常我们不区分严格极值和极值，在下面的例子中，所取的极值均为严格极值.

（2）二元函数 $f(x,y)=\sqrt{1-x^2-y^2}$ 在点 $(0,0)$ 处取极大值.因为在区域 $x^2+y^2\leqslant 1$ 内，当 $(x,y)\neq(0,0)$ 时，$f(x,y)<f(0,0)=1$.从几何上看，点

(0,0,1)是上半球面 $z=\sqrt{1-x^2-y^2}$ 的顶点，如图 10.5.1(b)所示.

(3) 二元函数 $f(x,y)=\sqrt{x^2+y^2}$ 在点(0,0)处取极小值.因为当 $(x,y)\neq(0,0)$ 时，$f(x,y)>f(0,0)=0$.从几何上看，点(0,0,0)为上半圆锥面 $z=\sqrt{x^2+y^2}$ 的顶点，如图 10.5.1(c)所示.

(4) 二元函数 $f(x,y)=x^2-y^2$ 在点(0,0)处不取极值.因为 $f(0,0)=0$，但在点(0,0)附近，总可以取到异于该点的点如 $(x,0)$，其对应的函数值 $f(x,0)=x^2>f(0,0)$，也总可以取到异于该点的点如 $(0,y)$，其对应的函数值 $f(0,y)=-y^2<f(0,0)$.从几何上看，在原点附近，函数 $z=x^2-y^2$ 的图形为马鞍面，所以点(0,0)称为鞍点，它不是极值点，如图 10.5.1(d)所示.

图 10.5.1 还分别给出了这四个函数的等值线图形.读者可以从等值线图中看出函数具有极值点和鞍点的特征.

我们知道，对于一元函数 $f(x)$，如果它在 $x_0$ 处取极值，则要么 $f'(x_0)=0$（或者说曲线 $y=f(x)$ 在 $x_0$ 处有水平切线），要么 $f(x)$ 在 $x_0$ 处不可微.多元函数极值也具有类似的特性.从图 10.5.1 看出，对于可微函数 $z=x^2+y^2$ 及 $z=\sqrt{1-x^2-y^2}$，它们都在原点处取极值，并且在极值点处它们的图形有水平的切平面，即切平面方程

$$z-f(0,0)=f'_x(0,0)(x-0)+f'_y(0,0)(y-0)$$

变成 $z=f(0,0)$，这样就有 $f'_x(0,0)=0, f'_y(0,0)=0$.但是函数 $z=\sqrt{x^2+y^2}$ 在原点处也取极值，该函数在原点处不可微.函数 $z=x^2-y^2$ 在原点处满足 $f'_x(0,0)=0, f'_y(0,0)=0$，但(0,0)不是它的极值点.

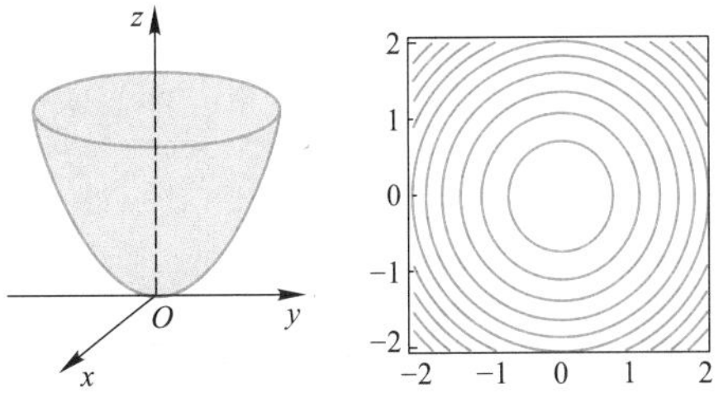

(a) 旋转抛物面的图形及其等值线图

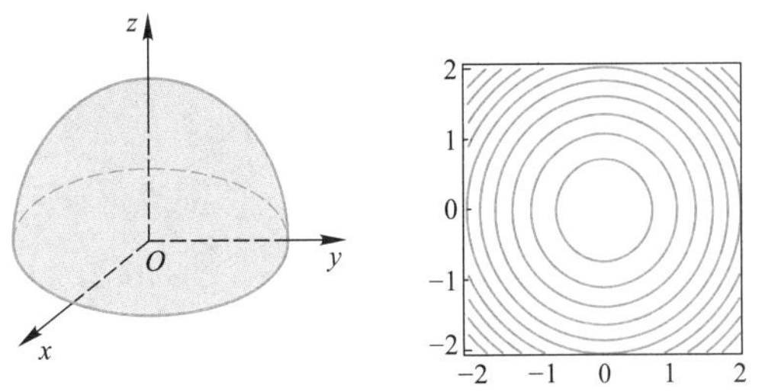

(b) 上半球面的图形及其等值线图

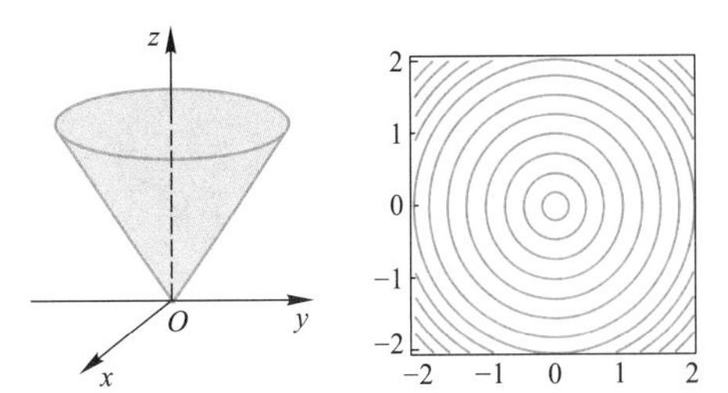

(c) 上半圆锥面的图形及其等值线图

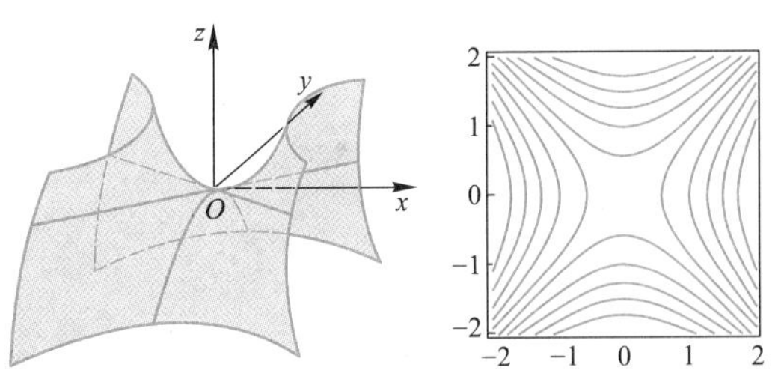

(d) 马鞍面的图形及其等值线图

图 10.5.1 例 1 中四个函数的图形及其等值线图

下面我们一般地给出 $n$ 元函数取极值的必要条件和充分条件，读者可重点掌握二元函数的情况.

**定理 10.5.1**（必要条件） 设 $n$ 元函数 $f(\boldsymbol{x})$ 在点 $\boldsymbol{x}_0$ 处对各个自变量的一阶偏导数都存在，且在点 $\boldsymbol{x}_0$ 处取极值，则有

$$\nabla f(\boldsymbol{x}_0)=\mathbf{0}. \tag{10.5.1}$$

微视频
10-5-3
多元函数极值的必要条件

**证** 不妨以二元函数 $z=f(x,y)$ 在点 $(x_0,y_0)$ 处取极大值为例. 对于在点 $(x_0,y_0)$ 的某邻域内的点 $(x,y)$，都有

$$f(x,y)\leqslant f(x_0,y_0).$$

特别地，在该邻域内，令 $y=y_0$，则有

$$f(x,y_0)\leqslant f(x_0,y_0).$$

这说明 $g(x)=f(x,y_0)$ 在点 $x_0$ 处取极大值，从而 $g'(x_0)=0$，即 $f'_x(x_0,y_0)=0$.

同理可证 $f'_y(x_0,y_0)=0$. 所以，有 $\nabla f(x_0,y_0)=\mathbf{0}$.

称满足条件(10.5.1)的点 $\boldsymbol{x}_0$ 为函数 $f(\boldsymbol{x})$ 的驻点或稳定点，所以，具有一阶导数的 $n$ 元函数，其极值点必定是驻点.

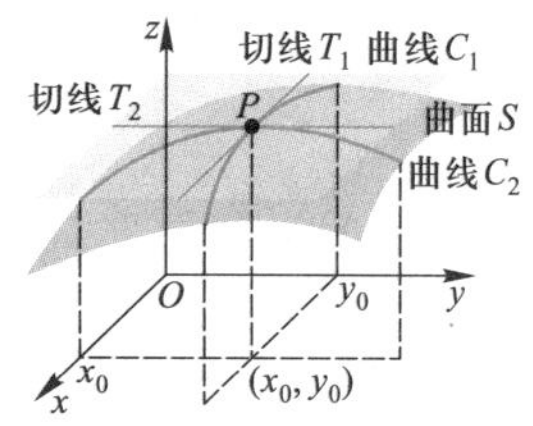


图 10.5.2　若点 $(x_0,y_0)$ 为 $z=f(x,y)$ 的极大值点，则点 $x_0$ 为 $f(x,y_0)$ 的极大值点，点 $y_0$ 为 $f(x_0,y)$ 的极大值点；在点 $(x_0,y_0,z_0)$ 处，曲面的切平面是水平的

图 10.5.2 给出了这一证明过程的直观图示.

假设函数 $f(\boldsymbol{x})$ 在 $\boldsymbol{x}_0$ 处可微，$\boldsymbol{x}_0$ 为 $f(\boldsymbol{x})$ 的驻点，如果在 $\boldsymbol{x}_0$ 处 $f(x)$ 不取极值，则称 $\boldsymbol{x}_0$ 为函数 $f(\boldsymbol{x})$ 的鞍点.

对于二元函数 $z=f(x,y)$，驻点条件(10.5.1)也可写作

$$\begin{cases} f'_x(x_0,y_0)=0, \\ f'_y(x_0,y_0)=0. \end{cases}$$

如果二元函数 $z=f(x,y)$ 在极值点 $(x_0,y_0)$ 处可微，那么它的切平面方程

$$z-z_0=f'_x(x_0,y_0)(x-x_0)+f'_y(x_0,y_0)(y-y_0)$$

成为平行于 $xOy$ 坐标面的平面方程 $z-z_0=0$. 如图 10.5.2 所示.

对于三元函数 $u=f(x,y,z)$，驻点条件(10.5.1)也可写作

$$\begin{cases} f'_x(x_0,y_0,z_0)=0, \\ f'_y(x_0,y_0,z_0)=0, \\ f'_z(x_0,y_0,z_0)=0. \end{cases}$$

微视频
10-5-4
多元函数极值的充分条件——定理的一般形式

**定理 10.5.2**(充分条件)　设 $n$ 元函数 $f(\boldsymbol{x})$ 在点 $\boldsymbol{x}_0$ 处具有二阶连续偏导数，且 $\nabla f(\boldsymbol{x}_0)=\mathbf{0}$，记 $\boldsymbol{H}(\boldsymbol{x}_0)$ 为 $f(\boldsymbol{x})$ 在点 $\boldsymbol{x}_0$ 处的黑塞矩阵.

(1) 如果 $\boldsymbol{H}(\boldsymbol{x}_0)$ 正定，则 $\boldsymbol{x}_0$ 为 $f(\boldsymbol{x})$ 的极小值点；

(2) 如果 $\boldsymbol{H}(\boldsymbol{x}_0)$ 负定，则 $\boldsymbol{x}_0$ 为 $f(\boldsymbol{x})$ 的极大值点；

(3) 如果 $\boldsymbol{H}(\boldsymbol{x}_0)$ 不定，则 $\boldsymbol{x}_0$ 为 $f(\boldsymbol{x})$ 的鞍点.

**证** 由定理 10.4.4 知，函数 $f(\boldsymbol{x})$ 在点 $\boldsymbol{x}_0$ 处的一阶带拉格朗日余项的泰勒公式为

$$f(\boldsymbol{x})=f(\boldsymbol{x}_0)+\nabla f(\boldsymbol{x}_0)(\boldsymbol{x}-\boldsymbol{x}_0)^{\mathrm{T}}+$$

$$\frac{1}{2}(\boldsymbol{x}-\boldsymbol{x}_0)\nabla^2 f(\boldsymbol{x}_0+\theta(\boldsymbol{x}-\boldsymbol{x}_0))(\boldsymbol{x}-\boldsymbol{x}_0)^{\mathrm{T}}.$$

所谓 $\boldsymbol{H}(x_0)$ 不定，即二次型 $\boldsymbol{x}\boldsymbol{H}(\boldsymbol{x}_0)\boldsymbol{x}^{\mathrm{T}}$ 可以取具有相反符号的值.

记 $Q(\boldsymbol{x})=\frac{1}{2}(\boldsymbol{x}-\boldsymbol{x}_0)\nabla^2 f(\boldsymbol{x}_0+\theta(\boldsymbol{x}-\boldsymbol{x}_0))(\boldsymbol{x}-\boldsymbol{x}_0)^{\mathrm{T}}$，它是一个关于 $\boldsymbol{x}-\boldsymbol{x}_0$ 的二次型.

(1) 如果 $\boldsymbol{H}(\boldsymbol{x}_0)=\nabla^2 f(\boldsymbol{x}_0)$ 正定，则由极限的保号性知，$\nabla^2 f(\boldsymbol{x}_0+\theta(\boldsymbol{x}-\boldsymbol{x}_0))$ 正定，从而在 $\boldsymbol{x}_0$ 的某邻域内，对于任何异于 $\boldsymbol{x}_0$ 的点 $\boldsymbol{x}$，$Q(\boldsymbol{x})$ 为正定二次型，即对于非零向量 $\boldsymbol{x}-\boldsymbol{x}_0$，总有 $Q(\boldsymbol{x})>0$，于是都有

$$f(\boldsymbol{x})>f(\boldsymbol{x}_0)+\nabla f(\boldsymbol{x}_0)(\boldsymbol{x}-\boldsymbol{x}_0)^{\mathrm{T}}. \tag{10.5.2}$$

注意到 $\nabla f(\boldsymbol{x}_0)=\mathbf{0}$，所以 $f(\boldsymbol{x})>f(\boldsymbol{x}_0)$，即 $\boldsymbol{x}_0$ 为 $f(\boldsymbol{x})$ 的极小值点.

(2) 如果 $\boldsymbol{H}(\boldsymbol{x}_0)=\nabla^2 f(\boldsymbol{x}_0)$ 负定，则由极限的保号性知，$\nabla^2 f(\boldsymbol{x}_0+\theta(\boldsymbol{x}-\boldsymbol{x}_0))$ 负定，从而在 $\boldsymbol{x}_0$ 的某邻域内，对于任何异于 $\boldsymbol{x}_0$ 的点 $\boldsymbol{x}$，$Q(\boldsymbol{x})$ 为负定二次型，即对于非零向量 $\boldsymbol{x}-\boldsymbol{x}_0$，总有 $Q(\boldsymbol{x})<0$，于是都有

$$f(\boldsymbol{x})<f(\boldsymbol{x}_0)+\nabla f(\boldsymbol{x}_0)(\boldsymbol{x}-\boldsymbol{x}_0)^{\mathrm{T}}. \tag{10.5.3}$$

注意到 $\nabla f(\boldsymbol{x}_0)=\mathbf{0}$，所以 $f(\boldsymbol{x})<f(\boldsymbol{x}_0)$，即 $\boldsymbol{x}_0$ 为 $f(\boldsymbol{x})$ 的极大值点.

(3) 如果 $\boldsymbol{H}(\boldsymbol{x}_0)=\nabla^2 f(\boldsymbol{x}_0)$ 不定，则在 $\boldsymbol{x}_0$ 的任何邻域内，可以找到异于 $\boldsymbol{x}_0$ 的两点 $\boldsymbol{x}_1$ 和 $\boldsymbol{x}_2$，使二次型 $Q(\boldsymbol{x}_1)$ 正定，$Q(\boldsymbol{x}_2)$ 负定，这样就有 $f(\boldsymbol{x}_1)>f(\boldsymbol{x}_0)$ 以及 $f(\boldsymbol{x}_2)<f(\boldsymbol{x}_0)$，所以 $\boldsymbol{x}_0$ 为 $f(\boldsymbol{x})$ 的鞍点.

另外，$\boldsymbol{H}(\boldsymbol{x}_0)$ 还有所谓半定的情形，即半正定或半负定，此时函数可能取极值，也可能不取极值，需要借助其他方法来判定.

(3) 的证明实际上只给出证明的思路，如何由 $H(\boldsymbol{x}_0)$ 不定推出 $Q(\boldsymbol{x})$ 的符号不确定，需要有详细的理论推导，这留给读者去完成.

从定理 10.5.2 及其证明过程可以看出多元函数的黑塞矩阵与一元函数的二阶导数有类似的一些有趣性质.

例如，一元函数 $f(x)$ 在驻点 $x_0$ 处，如果 $f''(x_0)>0$，则 $x_0$ 为极小值点；如果 $f''(x_0)<0$，则 $x_0$ 为极大值点. 多元函数 $f(\boldsymbol{x})$ 在驻点 $\boldsymbol{x}_0$ 处，如果 $\boldsymbol{H}(\boldsymbol{x}_0)$ 正定，则 $\boldsymbol{x}_0$ 为极小值点；如果 $\boldsymbol{H}(\boldsymbol{x}_0)$ 负定，则 $\boldsymbol{x}_0$ 为极大值点. 这也说明多元函数黑塞矩阵的地位相当于一元函数的二阶导数.

另外，一元函数 $f(x)$ 在 $x_0$ 附近，如果 $f''(x)>0$，则它的图形是向下凸的，曲线位于 $x_0$ 处的切线的上方；如果 $f''(x)<0$，则它的图形是向上凸的，曲线位于 $x_0$ 处切线的下方. 对于多元函数 $f(\boldsymbol{x})$，如果它在 $\boldsymbol{x}_0$ 附近，$\boldsymbol{H}(\boldsymbol{x})$ 正定，那么由式(10.5.2)知，曲面位于点 $\boldsymbol{x}_0$ 处的切平面的上方，曲面的图形具有向下凸的特点；如果在 $\boldsymbol{x}_0$ 附近，$\boldsymbol{H}(\boldsymbol{x})$ 负定，那么由式(10.5.3)知，曲面位于点 $\boldsymbol{x}_0$ 处的切平面的下方，曲面的图形具有向上凸的特点. 如图 10.5.3 所示.

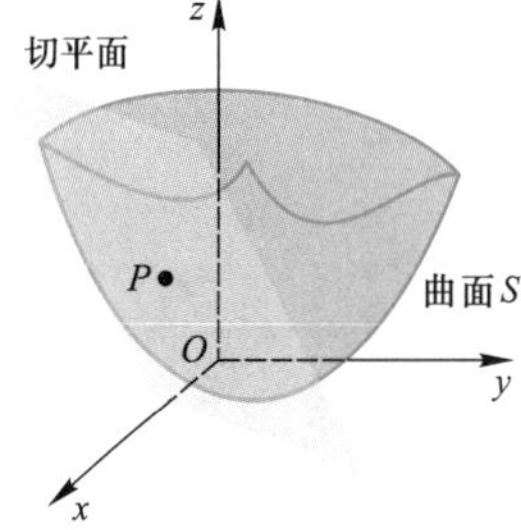

(a) 曲面位于切平面上方

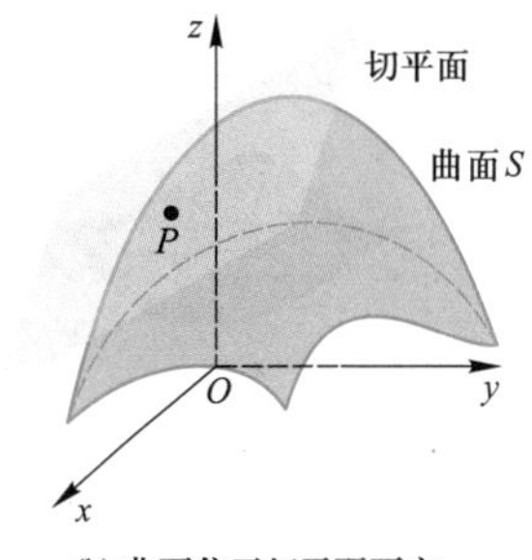

(b) 曲面位于切平面下方

图 10.5.3 黑塞矩阵的符号决定了曲面的弯曲方向

微视频
10-5-5
多元函数极值的充分条件——二元函数的情形

特别地，对于二元函数 $z=f(x,y)$，记 $A=f''_{xx}(x_0,y_0)$，$B=f''_{xy}(x_0,y_0)$，$C=f''_{yy}(x_0,y_0)$，则函数在 $(x_0,y_0)$ 处的黑塞矩阵为

$$\boldsymbol{H}(x_0,y_0)=\begin{pmatrix}A & B\\ B & C\end{pmatrix}.$$

利用线性代数关于矩阵正定的充分条件我们写出如下关于二元函数极值判定的充分条件.

**定理 10.5.3** 设二元函数 $z=f(x,y)$ 在 $(x_0,y_0)$ 处具有二阶连续的偏导数,且 $f'_x(x_0,y_0)=0, f'_y(x_0,y_0)=0$.

(1) 若 $A>0$,且 $AC-B^2>0$,则 $f(x,y)$ 在 $(x_0,y_0)$ 处取极小值;

(2) 若 $A<0$,且 $AC-B^2>0$,则 $f(x,y)$ 在 $(x_0,y_0)$ 处取极大值;

(3) 若 $AC-B^2<0$,则 $f(x,y)$ 在 $(x_0,y_0)$ 处不取极值.

微视频
10-5-6
多元函数极值的充分条件——最大利润问题

利用该定理,我们可以判定例 1 中(1)、(2)、(4)对应的可微函数是否在驻点处取极值.留给读者自己完成.

**例 2** 求函数 $f(x,y)=x^3-y^3+3x^2+3y^2-9x$ 的极值.

**解** 由方程组

$$\begin{cases}f'_x(x,y)=3x^2+6x-9=0,\\ f'_y(x,y)=-3y^2+6y=0,\end{cases}$$

求得函数 $f(x,y)$ 的稳定点为 $(1,0),(1,2),(-3,0),(-3,2)$,且

$$f''_{xx}(x,y)=6x+6,\quad f''_{xy}(x,y)=0,\quad f''_{yy}(x,y)=6-6y.$$

在点 $(1,0)$ 处,$\boldsymbol{H}_1=\begin{pmatrix}12 & 0\\ 0 & 6\end{pmatrix}$,因 $A=12>0, AC-B^2=72>0$,则 $\boldsymbol{H}_1$ 正定,故 $f(x,y)$ 在 $(1,0)$ 处取极小值 $f(1,0)=-5$.

在点 $(1,2)$ 处,$\boldsymbol{H}_2=\begin{pmatrix}12 & 0\\ 0 & -6\end{pmatrix}$,因 $AC-B^2=-72<0$,则 $\boldsymbol{H}_2$ 不定,故 $f(x,y)$ 在 $(1,2)$ 处不取极值.

在点 $(-3,2)$ 处,$\boldsymbol{H}_3=\begin{pmatrix}-12 & 0\\ 0 & -6\end{pmatrix}$,因 $A=-12<0$,且 $AC-B^2=72>0$,则 $\boldsymbol{H}_3$ 负定,故 $f(x,y)$ 在 $(-3,2)$ 处取极大值 $f(-3,2)=31$.

在点 $(-3,0)$ 处,$\boldsymbol{H}_4=\begin{pmatrix}-12 & 0\\ 0 & 6\end{pmatrix}$,因 $AC-B^2=-72<0$,则 $\boldsymbol{H}_4$ 不定,故 $f(x,y)$ 在 $(-3,0)$ 处不取极值.

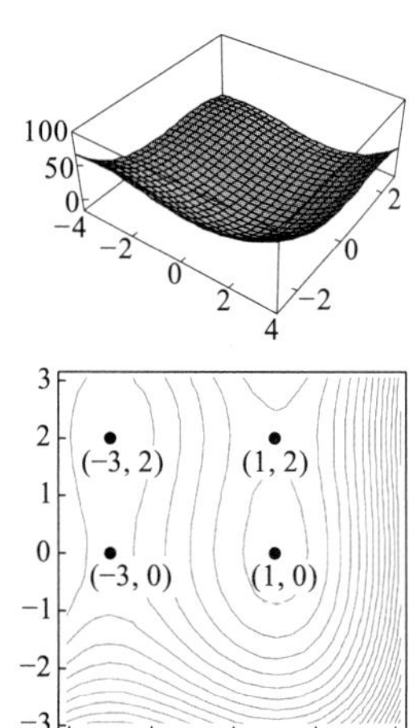

图 10.5.4 函数 $f(x,y)=x^3-y^3+3x^2+3y^2-9x$ 的极值点与非极值点

图 10.5.4 给出了这个函数的图形及其等值线图.

**例 3** 求 $f(x,y)=x^4+y^4-4xy+1$ 的极大值、极小值和鞍点.

**解** 驻点条件为方程组

$$f'_x=4x^3-4y=0,\quad f'_y=4y^3-4x=0.$$

将第一个方程得到的 $y=x^3$ 代入第二个方程,有

$$x^9-x=x(x^8-1)=x(x^4-1)(x^4+1)=x(x^2-1)(x^2+1)(x^4+1)=0,$$

解得 3 个实根 $x=0,1,-1$,驻点为 $(0,0)$,$(1,1)$ 和 $(-1,-1)$.

又 $f''_{xx}=12x^2$,$f''_{xy}=-4$,$f''_{yy}=12y^2$,则

$$\boldsymbol{H}(x,y)=\begin{pmatrix}12x^2 & -4\\ -4 & 12y^2\end{pmatrix}.$$

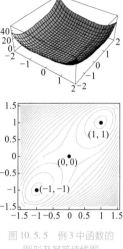

在点 $(0,0)$ 处,$\boldsymbol{H}_1=\boldsymbol{H}(0,0)=\begin{pmatrix}0 & -4\\ -4 & 0\end{pmatrix}$,因为 $\det \boldsymbol{H}_1<0$,所以原点是一个鞍点,即 $f(x,y)$ 在 $(0,0)$ 既没有极大值也没有极小值.

在点 $(1,1)$ 处,$\boldsymbol{H}_2=\boldsymbol{H}(1,1)=\begin{pmatrix}12 & -4\\ -4 & 12\end{pmatrix}$,因为 $A=12>0$,且 $\det \boldsymbol{H}_2>0$,所以 $f(1,1)=-1$ 是极小值.

在点 $(-1,-1)$ 处,$\boldsymbol{H}_3=\boldsymbol{H}(-1,-1)=\begin{pmatrix}12 & -4\\ -4 & 12\end{pmatrix}$,因为 $A=12>0$,且 $\det \boldsymbol{H}_3>0$,所以 $f(-1,-1)=-1$ 也是一个极小值.

图 10.5.5 给出了这个函数的图形及其等值线图.

图 10.5.5 例 3 中函数的图形及其等值线图

## 10.5.2 条件极值与拉格朗日乘子法

在实际中会遇到求一个函数 $f(x,y)$ 在满足约束条件 $g(x,y)=0$ 下的极值问题,我们称之为条件极值问题.通常,称函数 $f(x,y)$ 为目标函数,方程 $g(x,y)=0$ 为约束条件,变量 $x,y$ 为决策变量.相应的,称前面求一个函数的不带条件的极值问题为无条件极值问题.

下面我们从几何上来考察这一问题,从图 10.5.6 中函数 $f(x,y)$ 的等值线的变化,我们看出沿曲线 $g(x,y)=0$ 从点 $A$ 运动到 $B$,函数 $f(x,y)$ 的值减小,再从 $B$ 运动到 $C$,函数 $f(x,y)$ 的值增大,因此在约束条件 $g(x,y)=0$ 的限制下,函数 $f(x,y)$ 在点 $B$ 处取得极小值 10.

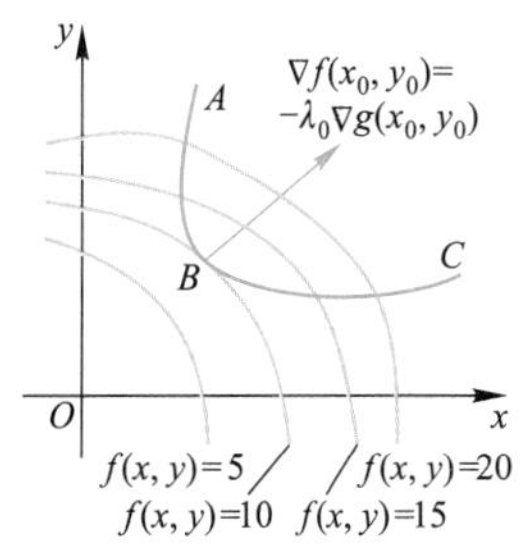

图 10.5.6 条件极值的几何特征

在点 $B$ 处,恰好有一条等值线 $f(x,y)=10$ 与曲线 $g(x,y)=0$ 相切,因此它们的法向量即梯度向量在 $B(x_0,y_0)$ 点处是平行的,从而

$$\nabla f(x_0,y_0)=-\lambda_0\nabla g(x_0,y_0). \tag{10.5.4}$$

如果将式(10.5.4)写成分量形式,并结合约束条件,那么求函数 $f(x,y)$ 在条件 $g(x,y)=0$ 下的极值转化为求解方程组

微视频
10-5-7
问题引入——无条件极值与有条件极值的区别

$$\begin{cases} f'_x(x_0,y_0)+\lambda_0 g'_x(x_0,y_0)=0, \\ f'_y(x_0,y_0)+\lambda_0 g'_y(x_0,y_0)=0, \\ g(x_0,y_0)=0. \end{cases} \tag{10.5.5}$$

现在我们从分析的角度来推导出式(10.5.5).

微视频
10-5-8
条件极值的概念

假定在 $g(x,y)=0$ 条件下,函数 $f(x,y)$ 在 $(x_0,y_0)$ 处取极值,且 $f(x,y)$ 及 $g(x,y)$ 在 $(x_0,y_0)$ 的某邻域内具有一阶连续偏导数,$g(x_0,y_0)=0$,$g'_y(x_0,y_0)\neq 0$,那么由隐函数存在定理,方程 $g(x,y)=0$ 能确定一个在 $x_0$ 的某邻域内具有连续导数的隐函数 $y=y(x)$,这样条件极值问题就转化为求一元函数

$$z=f(x,y(x))$$

的无条件极值问题,函数 $z=f(x,y(x))$ 在点 $x_0$ 处取极值.由一元函数极值的必要条件知

微视频
10-5-9
条件极值的几何判定

$$\left.\frac{\mathrm{d}z}{\mathrm{d}x}\right|_{x=x_0}=f'_x(x_0,y_0)+f'_y(x_0,y_0)\left.\frac{\mathrm{d}y}{\mathrm{d}x}\right|_{x=x_0}=0, \tag{10.5.6}$$

又

$$\left.\frac{\mathrm{d}y}{\mathrm{d}x}\right|_{x=x_0}=-\frac{g'_x(x_0,y_0)}{g'_y(x_0,y_0)},$$

微视频
10-5-10
拉格朗日乘子法——分析推导

代入式(10.5.6)得

$$f'_x(x_0,y_0)-\frac{f'_y(x_0,y_0)}{g'_y(x_0,y_0)}\cdot g'_x(x_0,y_0)=0, \tag{10.5.7}$$

令 $\lambda_0=-\dfrac{f'_y(x_0,y_0)}{g'_y(x_0,y_0)}$,则由式(10.5.7),得到方程组(10.5.5)中的前两个式子.

这个条件极值的必要条件(10.5.5)可以由一个精巧的名为拉格朗日函数

$$L(x,y,\lambda)=f(x,y)+\lambda g(x,y) \tag{10.5.8}$$

的无条件极值问题的必要条件得到,其中参数 $\lambda$ 称为拉格朗日乘子.

事实上,拉格朗日函数 $L(x,y,\lambda)$ 在 $(x_0,y_0,\lambda_0)$ 处取极值的必要条件是

$$\nabla L(x_0,y_0,\lambda_0)=\mathbf{0},$$

即

$$\begin{cases}L'_x(x_0,y_0,\lambda_0)=f'_x(x_0,y_0)+\lambda_0 g'_x(x_0,y_0)=0,\\L'_y(x_0,y_0,\lambda_0)=f'_y(x_0,y_0)+\lambda_0 g'_y(x_0,y_0)=0,\\L'_\lambda(x_0,y_0,\lambda_0)=g(x_0,y_0)=0.\end{cases}$$

微视频
10-5-11
拉格朗日乘子法——简单应用

上式与方程组(10.5.5)是完全一致的,这种将求条件极值问题转化为求拉格朗日函数的无条件极值问题的方法称为拉格朗日乘子法.

**例4** 求函数 $f(x,y)=3x+4y$ 在圆周 $x^2+y^2=1$ 上的极值.

**解** 方法一:记 $g(x,y)=x^2+y^2-1$,作拉格朗日函数

$$L(x,y,\lambda)=3x+4y+\lambda(x^2+y^2-1),$$

令

$$\begin{cases}\dfrac{\partial L}{\partial x}=3+2\lambda x=0,\\[2ex]\dfrac{\partial L}{\partial y}=4+2\lambda y=0,\\[2ex]\dfrac{\partial L}{\partial \lambda}=x^2+y^2-1=0,\end{cases}$$

用拉格朗日乘子法求解极值问题时,通常不需要求 $\lambda$(称为拉格朗日乘子)的值,如例4可以由

$$\begin{cases}\dfrac{\partial L}{\partial x}=3+2\lambda x=0,\\[1ex]\dfrac{\partial L}{\partial y}=4+2\lambda y=0\end{cases}$$

得 $\dfrac{3}{4}=\dfrac{x}{y}$,结合约束条件 $x^2+y^2=1$ 便可求得 $x$ 和 $y$ 的值.

由前两个方程得

$$x=-\frac{3}{2\lambda},\quad y=-\frac{4}{2\lambda}.$$

代入第三个方程得

$$\frac{9}{4\lambda^2}+\frac{16}{4\lambda^2}-1=0.$$

即 $4\lambda^2=25$,解得 $\lambda=\pm\dfrac{5}{2}$.

从而得到两驻点 $\left(-\dfrac{3}{5},-\dfrac{4}{5}\right)$ 及 $\left(\dfrac{3}{5},\dfrac{4}{5}\right)$. 且 $f\left(-\dfrac{3}{5},-\dfrac{4}{5}\right)=-5$, $f\left(\dfrac{3}{5},\dfrac{4}{5}\right)=5$.

由于函数 $f(x,y)$ 在有界闭集 $x^2+y^2=1$ 上连续,所以它一定在圆周 $x^2+y^2=1$ 上取得最大值与最小值.所以函数 $f(x,y)$ 在圆周 $x^2+y^2=1$ 上的最大值为 $f\left(\dfrac{3}{5},\dfrac{4}{5}\right)=5$,最小值为 $f\left(-\dfrac{3}{5},-\dfrac{4}{5}\right)=-5$.

这个结论从几何上可以得到直观的解释.在图10.5.7中,平行移动 $f(x,y)$ 的等值线 $3x+4y=k$,在快要脱离圆周的两点 $A,B$ 处函数分别取到最小值和最大值,我们还能看到在 $A,B$ 两点处 $\nabla f$ 与 $\nabla g$ 平行.

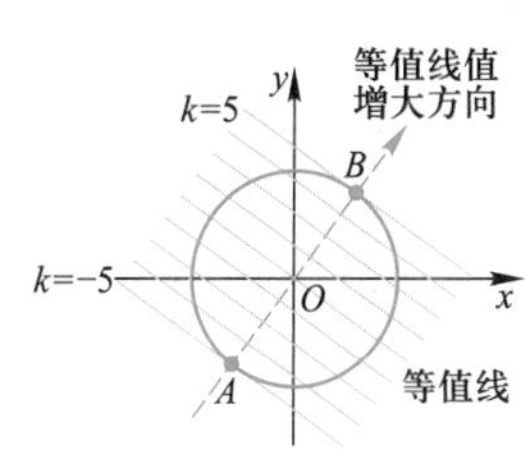

图10.5.7 例4中条件极值的几何特征

方法二:也可以按下述思路来求可能的条件极值点.由

$$\nabla f=(3,4),\quad \nabla g=(2x,2y),$$

在函数 $f(x,y)$ 在圆周 $x^2+y^2=1$ 上的条件极值点 $(x_0,y_0)$ 处,有 $\nabla f$ 与 $\nabla g$ 平行,则

$$\frac{2x_0}{3}=\frac{2y_0}{4},\text{即 } x_0=\frac{3}{4}y_0.$$

又 $x_0^2+y_0^2=1$,解得 $(x_0,y_0)=\left(-\frac{3}{5},-\frac{4}{5}\right)$ 或 $(x_0,y_0)=\left(\frac{3}{5},\frac{4}{5}\right)$.

**例 5** 在抛物线 $y=x^2-4x+\frac{7}{2}$ 上求一点使它到原点的距离最近.

**解** 在抛物线上任取一点 $P(x,y)$,它与原点的距离为 $d=\sqrt{x^2+y^2}$,问题转化为求函数 $f(x,y)=x^2+y^2$ 在条件 $x^2-4x+\frac{7}{2}-y=0$ 下的极值.作拉格朗日函数

$$L(x,y,\lambda)=x^2+y^2+\lambda\left(x^2-4x+\frac{7}{2}-y\right),$$

令

$$\begin{cases}\dfrac{\partial L}{\partial x}=2x+\lambda(2x-4)=0,\\[2ex]\dfrac{\partial L}{\partial y}=2y-\lambda=0,\\[2ex]\dfrac{\partial L}{\partial \lambda}=x^2-4x+\dfrac{7}{2}-y=0,\end{cases}$$

化简得 $x=\frac{4y}{2y+1}$,以及 $8y^3+12y^2+6y-7=0$,则 $y=\frac{1}{2}$,$x=1$.故抛物线上点 $\left(1,\frac{1}{2}\right)$ 到原点距离最近,且其最近距离为 $d=\frac{\sqrt{5}}{2}$.

微视频
10-5-12
问题引入——卫星的预定轨道与实际轨道

拉格朗日乘子法可以推广到自变量多于两个以及约束方程多于一个的情形.

微视频
10-5-13
多个约束条件的极值

对于求函数 $f(x,y,z)$ 在条件 $g(x,y,z)=0$ 下的极值问题,作拉格朗日函数

$$L(x,y,z,\lambda)=f(x,y,z)+\lambda g(x,y,z),$$

将条件极值问题转化为无条件极值问题,驻点条件为 $\nabla L=\mathbf{0}$,即

$$\begin{cases} L'_x = f'_x(x,y,z) + \lambda g'_x(x,y,z) = 0, \\ L'_y = f'_y(x,y,z) + \lambda g'_y(x,y,z) = 0, \\ L'_z = f'_z(x,y,z) + \lambda g'_z(x,y,z) = 0, \\ L'_\lambda = g(x,y,z) = 0. \end{cases}$$

对于求函数 $f(x,y,z)$ 在条件 $g_1(x,y,z)=0$ 与 $g_2(x,y,z)=0$ 下的极值问题,作拉格朗日函数

$$L(x,y,z,\lambda_1,\lambda_2) = f(x,y,z) + \lambda_1 g_1(x,y,z) + \lambda_2 g_2(x,y,z),$$

将条件极值问题转化为无条件极值问题,驻点条件为

$$\nabla L = \mathbf{0}.$$

读者可自己写出驻点条件的分量形式.

**例 6** 要制作一个表面积为 $a^2$ 的无盖长方体箱子,问它的长、宽和高取什么尺寸时,箱子的容积最大?

微视频
10-5-14
条件极值方法的应用

**解** 问题为求函数 $V=xyz$ 在 $xy+2xz+2yz=a^2(x,y,z>0)$ 条件下的条件极值.

方法一:作拉格朗日函数

$$L(x,y,z,\lambda) = xyz + \lambda(xy+2xz+2yz-a^2),$$

由拉格朗日乘子法,令 $\nabla L = \mathbf{0}$,得

$$\begin{cases} \dfrac{\partial L}{\partial x} = yz + \lambda(y+2z) = 0, \\ \dfrac{\partial L}{\partial y} = xz + \lambda(x+2z) = 0, \\ \dfrac{\partial L}{\partial z} = xy + \lambda(2x+2y) = 0, \\ \dfrac{\partial L}{\partial \lambda} = xy+2xz+2yz-a^2 = 0. \end{cases}$$

将前三个方程两边依次乘 $x,y,z$,得

$$xyz + \lambda xy + 2\lambda xz = 0,$$
$$xyz + \lambda xy + 2\lambda yz = 0,$$
$$xyz + 2\lambda xz + 2\lambda yz = 0.$$

再将上述三式两两相减,并注意到 $x,y,z>0$,且 $\lambda \neq 0$,得

$$x = y = 2z,$$

代入驻点方程组中第 4 个方程得唯一驻点:

$$x=y=\frac{a}{\sqrt{3}},\quad z=\frac{a}{2\sqrt{3}}.$$

依据问题的实际意义,无盖箱子在表面积一定条件下确有最大体积存在,所以当底面长、宽均为$\frac{a}{\sqrt{3}}$,高为$\frac{a}{2\sqrt{3}}$时,无盖箱子的体积最大.

方法二:由条件 $xy+2xz+2yz=a^2$ 解得

$$z=\frac{a^2-xy}{2(x+y)}\quad (x,y,z>0),$$

所以,问题等价于求函数

$$V=\frac{xy(a^2-xy)}{2(x+y)},\quad x>0,y>0$$

的最大值.令

$$\frac{\partial V}{\partial x}=\frac{y^2(a^2-x^2-2xy)}{2(x+y)^2}=0,\quad \frac{\partial V}{\partial y}=\frac{x^2(a^2-y^2-2xy)}{2(x+y)^2}=0,$$

得

$$\begin{cases}a^2-x^2-2xy=0,\\ a^2-y^2-2xy=0,\end{cases}$$

解得 $x=y=\frac{a}{\sqrt{3}}$,则 $z=\frac{a}{2\sqrt{3}}$.又因为

$$\frac{\partial^2 V}{\partial x^2}=-\frac{y^2(a^2+y^2)}{(x+y)^3},\quad \frac{\partial^2 V}{\partial y^2}=-\frac{x^2(a^2+x^2)}{(x+y)^3},$$

$$\frac{\partial^2 V}{\partial x\partial y}=-\frac{xy(-a^2+x^2+y^2+3xy)}{(x+y)^3}.$$

在点$\left(\frac{a}{\sqrt{3}},\frac{a}{\sqrt{3}}\right)$处,有

$$A=\frac{\partial^2 V}{\partial x^2}=-\frac{a}{2\sqrt{3}},\quad B=\frac{\partial^2 V}{\partial x\partial y}=-\frac{a}{4\sqrt{3}},\quad C=\frac{\partial^2 V}{\partial y^2}=-\frac{a}{2\sqrt{3}}.$$

因为黑塞矩阵

$$\boldsymbol{H}=\begin{pmatrix}-\frac{a}{2\sqrt{3}} & -\frac{a}{4\sqrt{3}}\\ -\frac{a}{4\sqrt{3}} & -\frac{a}{2\sqrt{3}}\end{pmatrix}$$

为负定矩阵,所以函数 $V(x,y)$ 在唯一驻点$\left(\frac{a}{\sqrt{3}},\frac{a}{\sqrt{3}}\right)$处取得最大值.

请读者思考如何用均值不等式求解此题.

**例7** 平面 $x+y+z=0$ 交圆柱面 $x^2+y^2=1$ 成一个椭圆(图 10.5.8),求这个椭圆上离原点最近和最远的点.

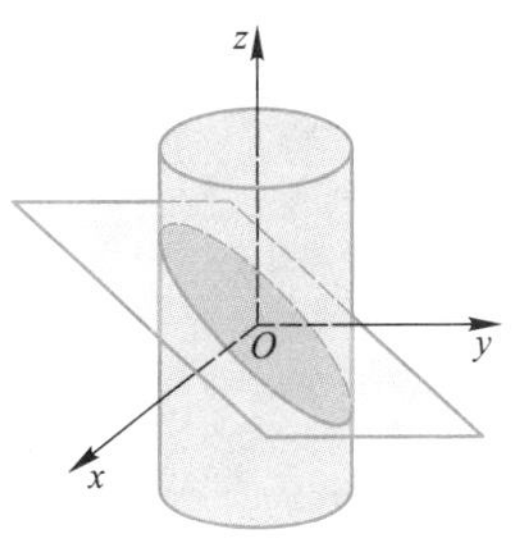


图 10.5.8 平面与圆柱面的交线为椭圆曲线

**解** 求原点到曲线 $\begin{cases}x+y+z=0,\\ x^2+y^2=1\end{cases}$ 上点 $P(x,y,z)$ 的距离 $d=\sqrt{x^2+y^2+z^2}$ 的最大值与最小值,即求函数

$$f(x,y,z)=x^2+y^2+z^2$$

在两个约束条件 $x+y+z=0$ 及 $x^2+y^2=1$ 下的条件极值.

作拉格朗日函数

$$L(x,y,z,\lambda_1,\lambda_2)=x^2+y^2+z^2+\lambda_1(x+y+z)+\lambda_2(x^2+y^2-1),$$

令

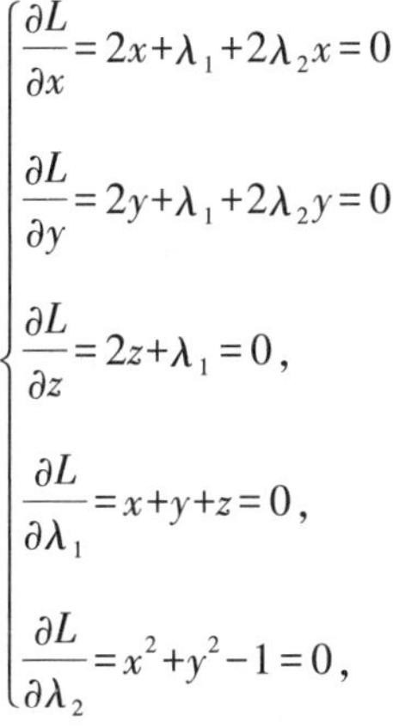

$$\begin{cases}\dfrac{\partial L}{\partial x}=2x+\lambda_1+2\lambda_2 x=0,\\[2mm] \dfrac{\partial L}{\partial y}=2y+\lambda_1+2\lambda_2 y=0,\\[2mm] \dfrac{\partial L}{\partial z}=2z+\lambda_1=0,\\[2mm] \dfrac{\partial L}{\partial \lambda_1}=x+y+z=0,\\[2mm] \dfrac{\partial L}{\partial \lambda_2}=x^2+y^2-1=0,\end{cases}$$

由方程组中第一个方程与第二个方程相减得 $(x-y)(1+\lambda_2)=0$.

(1) 如果 $x=y$,得驻点

$$x=y=\pm\frac{\sqrt{2}}{2},\quad z=\mp\sqrt{2}.$$

此时 $d=\sqrt{3}$.

(2) 如果 $\lambda_2=-1$,则 $\lambda_1=0$,从而 $z=0$,$x=-y$.由 $x^2+y^2=1$ 得驻点:

$$x=\pm\frac{\sqrt{2}}{2},\quad y=\mp\frac{\sqrt{2}}{2},\quad z=0.$$

此时 $d=1$.

由实际问题的意义,原点到椭圆的最小和最大距离都存在,容易知道,该椭圆的中心为原点,故椭圆的长、短半轴分别为 1 和 $\sqrt{3}$,则该椭圆所围闭区域的面积 $A=\sqrt{3}\pi$.

另外,我们知道,椭圆在 $xOy$ 面上的投影为圆周 $x^2+y^2=1$,椭圆所在

讨论题

10-5-2

一个包含圆的椭圆何时面积最小?

在包含圆 $x^2+y^2=2y$ 的所有椭圆 $\frac{x^2}{a^2}+\frac{y^2}{b^2}=1$ 中,当 $a,b$ 为何值时,椭圆的面积最小?

平面的法向量为 $\boldsymbol{n}=(1,1,1)=\sqrt{3}\left(\frac{1}{\sqrt{3}},\frac{1}{\sqrt{3}},\frac{1}{\sqrt{3}}\right)$，其中 $\cos\gamma=\frac{1}{\sqrt{3}}$，因此，椭圆的面积 $\times\frac{1}{\sqrt{3}}=$ 圆的面积 $=\pi$，即椭圆的面积 $=\sqrt{3}\pi$，这与前面得到的结论是一致的.

### 10.5.3　最小二乘法

微视频
10-5-15
最小二乘法

在现实生活中，我们经常需要对通过试验得到的数据进行分析，找出数据满足或者近似满足的关系式，这个过程称为数据拟合，拟合出来的关系式通常称为经验公式.例如，我们在发射卫星时，各个测控点对卫星进行跟踪观测后得到观测数据，然后对这些数据进行拟合，得到一些拟合曲线，最后分析拟合曲线和卫星的预定轨道之间的误差是否在预定的范围内，以便及时对卫星发出修正指令，以调整其实际运行轨道.

在实际应用中，通常是对一组试验数据按照已知类型的经验模型进行拟合(即参数拟合)，然后再讨论当拟合模型和实际观测值之间的误差的平方和达到最小时，求出经验模型中参数的取值，这种方法称为最小二乘法.常用的最小二乘法有线性最小二乘法和非线性最小二乘法.下面我们分别讨论这两种方法的应用.

**例 8**　假设某种合金的含铅量(%)为 $p$，其熔解温度为 $\theta$ ℃，由实验观测到的数值列为表 10.5.1.

表 10.5.1　例 8 的实验观测数据

| 含铅量 $p$/% | 36.9 | 46.7 | 63.7 | 77.8 | 84.0 | 87.5 |
|---|---|---|---|---|---|---|
| 熔解温度 $\theta$/℃ | 181 | 197 | 235 | 270 | 283 | 292 |

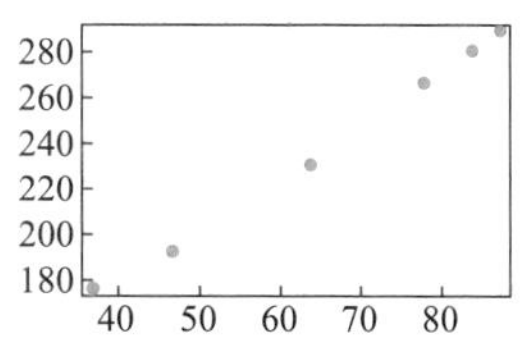

图 10.5.9　实验数据散点图

经验公式为 $\theta=ap+b$.理想的情况是选择常数 $a,b$ 的值，使得直线经过这些点.但实际上，这些点都不在同一条直线上，如图 10.5.9.我们的想法是让这些点尽可能都在直线的附近，即函数 $\theta=ap+b$ 在这些点的函数值与实验数据 $\theta_1,\theta_2,\theta_3,\theta_4,\theta_5,\theta_6$ 相差都很小，即 $\theta(p_1)-\theta_1,\theta(p_2)-\theta_2,\theta(p_3)-\theta_3,\theta(p_4)-\theta_4,\theta(p_5)-\theta_5,\theta(p_6)-\theta_6$ 都很小.注意到这六个差有正，也有负，若将误差相加可能会抵消一部分，因此，用误差的和 $\sum\limits_{i=1}^{6}[\theta(p_i)-\theta_i]$ 来刻画实

验数据跟函数值的偏离程度是不可取的.如果采用误差的绝对值的和来代替误差的和就可以避免这种情况发生.但是,为了便于应用数学方法,在实际应用中,通常选用这些误差的平方和来刻画观测值与实际数值之间的偏离程度,且误差的平方和越小,偏离程度就越小,即求出参数 $a,b$ 的值越准确.这样,问题转化为求参数 $a,b$ 的值,使误差平方和函数

$$M(a,b)=\sum_{i=1}^{6}[\theta(p_i)-\theta_i]^2=\sum_{i=1}^{6}[ap_i+b-\theta_i]^2$$

达到最小值.

由函数最小值的必要条件可知,$a,b$ 的值应满足方程组

$$\begin{cases}\dfrac{\partial M(a,b)}{\partial a}=0,\\ \dfrac{\partial M(a,b)}{\partial b}=0,\end{cases}$$

即

$$\begin{cases}\sum_{i=1}^{6}(ap_i+b-\theta_i)p_i=0,\\ \sum_{i=1}^{6}(ap_i+b-\theta_i)=0.\end{cases} \tag{10.5.9}$$

从方程组(10.5.9)中将 $a,b$ 分离出来,整理后得到

$$\begin{cases}a\sum_{i=1}^{6}p_i^2+b\sum_{i=1}^{6}p_i=\sum_{i=1}^{6}\theta_ip_i,\\ a\sum_{i=1}^{6}p_i+6b=\sum_{i=1}^{6}\theta_i.\end{cases} \tag{10.5.10}$$

又由于 $\sum_{i=1}^{6}p_i^2=28\ 365.28$, $\sum_{i=1}^{6}p_i=396.6$, $\sum_{i=1}^{6}\theta_ip_i=101\ 176.3$, $\sum_{i=1}^{6}\theta_i=1\ 458$,将其代入式(10.5.10)得

$$28\ 365.28a+396.6b=101\ 176.3,\quad 396.6a+6b=1\ 458,$$

解得 $a=2.234$, $b=95.35$. 从而经验公式为

$$\theta=2.234p+95.35.$$

**例9** 已知热敏电阻 $R$ 依赖于温度 $t$ 的函数关系式 $R(t)=ae^{\frac{b}{t+c}}$,其中 $a,b$ 和 $c$ 是待定的参数,通过试验测得一组数据 $(t_i,R_i)$, $i=1,2,\cdots,n$,怎样确定参数 $a,b$ 和 $c$ 呢?

**解** 任意给定参数 $a,b$ 和 $c$ 的一组值,由关系式 $R(t)=ae^{\frac{b}{t+c}}$ 确定了关于 $t$ 的一个函数关系式,它对应于一条曲线,但这条曲线不一定正好

都经过那些观测点，一般都要产生一些“偏差”.通常用偏差的最小平方和来衡量曲线拟合的好坏程度，即误差

$$f(a,b,c)=\sum_{i=1}^{n}\left[R_i-R(t_i)\right]^2$$

越小，说明曲线拟合得越好，参数选得越合理.由于误差 $f(a,b,c)$ 是关于参数 $a,b$ 和 $c$ 的可微函数，所以，通过求解函数 $f(a,b,c)$ 取最小值的条件，即

$$\frac{\partial f(a,b,c)}{\partial a}=0,\quad \frac{\partial f(a,b,c)}{\partial b}=0,\quad \frac{\partial f(a,b,c)}{\partial c}=0,$$

就可确定参数 $a,b$ 和 $c$ 的值.

## 习题 10.5

### A 基础题

1. 求函数 $f(x,y)=x^4+y^4-x^2-2xy-y^2$ 的极大值、极小值和鞍点.
2. 求函数 $f(x,y)=e^{2x}(x+y^2+2y)$ 的极值.
3. 求函数 $z=x^2+y^2$ 满足条件 $\frac{x}{2}+\frac{y}{3}=1$ 的极值.
4. 求三个正数，使它们的和为 100 而乘积最大.
5. 求函数 $z=x^2+y^2-12x+16y$ 在区域 $x^2+y^2\leqslant 25$ 上的最大值和最小值.
6. 在平面 $3x-2z=0$ 上求一点，使它与点 $A(1,1,1)$ 和点 $B(2,3,4)$ 的距离平方和为最小.
7. 求抛物线 $y=x^2$ 到直线 $x-y-2=0$ 之间的最短距离.

### B 综合题

8. 求函数 $z=x^2-xy+y^2$ 在区域 $|x|+|y|\leqslant 1$ 上的最大值和最小值.
9. 求函数 $f(x,y)=1-x^2-y^2\ (x^2+y^2\leqslant 1)$ 在条件 $x^2+y^2-2(x+y)+1=0$ 下的极值，并用图形说明它是极大值还是极小值.
10. 求空间曲线 $\begin{cases}2x-3y+z=0,\\2x^2+3y^2+z^2=30\end{cases}$ 上竖坐标 $z$ 的最大值和最小值.
11. 抛物面 $z=x^2+y^2$ 被平面 $x+y+z=1$ 截成一个椭圆，求原点到该椭圆的最长和最短距离.
12. 在第一卦限内作椭球面 $\frac{x^2}{a^2}+\frac{y^2}{b^2}+\frac{z^2}{c^2}=1$ 的切平面，使得切平面与三坐标面所围成的四面体的体积最小，求该切点的坐标.
13. 过点 $M(1,2)$ 引抛物线 $y=x^2$ 的弦，证明当此弦与抛物线围成的面积为最小时，此弦被点 $M$ 等分.
14. 已知 $x,y,z$ 为实数，且 $e^x+y^2+|z|=3$，用极值的方法证明：$e^xy^2|z|\leqslant 1$.

### C 应用题

15. 有一宽为 24 cm 的长方形铁板，把它沿宽所对应的边折起来做成一个断面为等腰梯形的水槽.问

怎样折才能使断面的面积最大?

16. 一金属板上任一点$(x,y)$处的温度是 $T(x,y)=4x^2-4xy+y^2$,一只蚂蚁在板上沿中心在原点、半径为 5 的圆周漫步,蚂蚁遇到的最高和最低温度是多少?

17. 欲建一个宽与深相同的水池,已知池子四周单位面积材料费是池底单位面积材料费的 1.5 倍,假定底面的单位面积材料费为 $m$ 元,现有 $a$ 元购买材料,问当水池长、宽、深各取何尺寸时,才能使水池的容积最大?

18. 某公司要求设计一个一端带半球面的圆柱形液化气存储罐(半球面的半径与圆柱面底面半径相等),罐装 8 000 $m^3$ 的气体,问怎样设计罐的圆柱形部分的半径和高,使制造罐所用材料最少?

19. 一座长方体建筑物以热量散失最少为标准设计.东面和西面的墙以每天 10 单位/$m^2$ 的速率散热,南面和北面的墙散热速率是每天 8 单位/$m^2$,地板是每天 1 单位/$m^2$,屋顶是每天 5 单位/$m^2$.要求每面墙长至少为 30 m,高至少为 4 m,且建筑物体积必须恰好是 4 000 $m^3$.

(1) 写出散热量作为建筑物墙面长、宽和高的函数的表达式,并指出其定义域;

(2) 求使散热量最少的尺寸;

(3) 如果去掉关于墙的长度的限制,你能否设计出散热量更少的建筑?

## D 实验题

20. 试构建一 Mathematica 函数,对任意输入的二元可微函数的无条件极值存在情况进行判断:如果存在极值,则输出极值存在的位置,并求出相应的极值,以及指出是极大值还是极小值.通过二元函数 $f(x,y)=x^3-y^3+3x^2+3y^2-9x$ 和 $f(x,y)=x^4+y^4-4xy+1$ 进行验证.

21. 试用 Mathematica 软件画出函数 $f(x,y)=x^4+y^2-8x^2-6y+16$ 在长方形区域 $-3\leqslant x\leqslant 3,-6\leqslant y\leqslant 6$ 内的图形,在该长方形内画出几条等值线,求出函数的所有驻点,判断是否为极值点,并根据图形说明极值点和鞍点周围等值线的特点.

22. 平面 $4x-3y+8z=5$ 和圆锥 $z^2=x^2+y^2$ 交于一个椭圆,

(1) 试用 Mathematica 软件画出圆锥、平面和椭圆;

(2) 找出椭圆上的最高点和最低点.

23. 试用 Mathematica 软件求函数 $z=x^2+y^2-4x-2y+7$ 在上半圆域 $x^2+y^2\leqslant 16, y\geqslant 0$ 上的最大值和最小值.

24. 经验得知,彩色显影中形成染料的光学密度 $y$ 与析出银的光学密度 $x$ 由公式

$$y=ae^{\frac{b}{x}}\ (b<0)$$

确定,试验测得如下一批数据:

| $x_i$ | 0.05 | 0.06 | 0.07 | 0.10 | 0.14 | 0.20 | 0.25 | 0.31 | 0.38 | 0.43 | 0.47 |
|---|---|---|---|---|---|---|---|---|---|---|---|
| $y_i$ | 0.10 | 0.14 | 0.23 | 0.37 | 0.59 | 0.79 | 1.00 | 1.12 | 1.19 | 1.25 | 1.29 |

试用最小二乘法思想确定常数 $a,b$ 的值.

10.5 测验题

# 第十一章
# 重积分

在第六章中，我们将求曲边梯形面积等问题的方法归结为“分割取近似，作和求极限”，从而抽象出一元函数定积分的概念.对于定义在平面或空间区域上的多元函数，我们也可以考虑具有类似实际背景的问题，如曲顶柱体的体积、平面非均匀薄片的质量以及空间非均匀物体的质量等，同样用“分割取近似，作和求极限”的办法得到问题的解，由此建立重积分的概念.本章将重点介绍二重积分和三重积分的概念、性质、计算方法及其在几何和物理问题上的应用.

## 11.1 二重积分与三重积分的概念和性质

微视频
11-1-1
问题引入——如何计算不规则几何体的体积

### 11.1.1 几个实际问题

微视频
11-1-2
几个与重积分有关的实际问题——曲顶柱体的体积

**1. 曲顶柱体的体积**

首先，考虑一具体的空间几何体体积的计算问题.如图 11.1.1，该空间几何体 $\Omega$ 是由平面 $z=0, x=0, x=1, y=0, y=1$ 及曲面 $z=3-x^2-y^2$ 所围成，因其顶面为曲面，故称它为曲顶柱体.在第 6.4 节中，我们曾考虑过体积的计算问题，只要知道立体关于其投影轴的截面面积函数，便可将所求体积表示为定积分. 如图 11.1.2，将 $\Omega$ 投影到 $x$ 轴，其投影区间为 $[0,1]$，所对应的截面面积函数为

$$S(x)=\int_0^1(3-x^2-y^2)\,dy=\frac{8}{3}-x^2,$$

因此 $\Omega$ 的体积为

$$V=\int_0^1 S(x)\,\mathrm{d}x=\int_0^1\left(\frac{8}{3}-x^2\right)\mathrm{d}x=\frac{7}{3}=2.333\cdots.$$

下面用“分割取近似,作和求极限”的思路来考虑上述问题.首先,将曲顶柱体 $\Omega$ 的底 $D=\{(x,y)\mid 0\leqslant x,y\leqslant 1\}$ 分割成形如图 11.1.3 的 9 等份 $\Delta\sigma_1,\Delta\sigma_2,\cdots,\Delta\sigma_9$,以这些小正方形为底的小曲顶柱体的体积可由图 11.1.4 的小长方体的体积近似,这些小长方体的体积和为

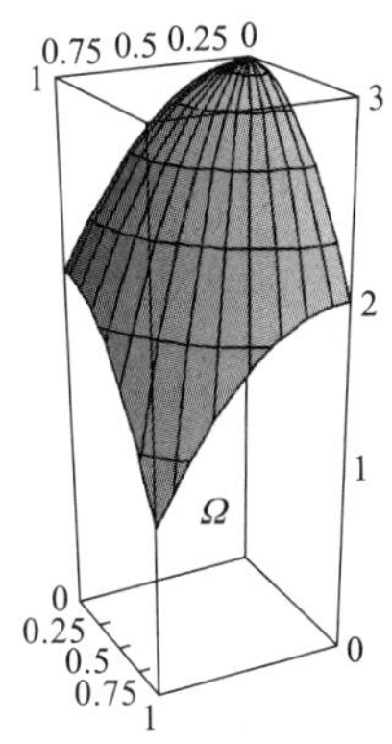

图 11.1.1 一个曲顶柱体

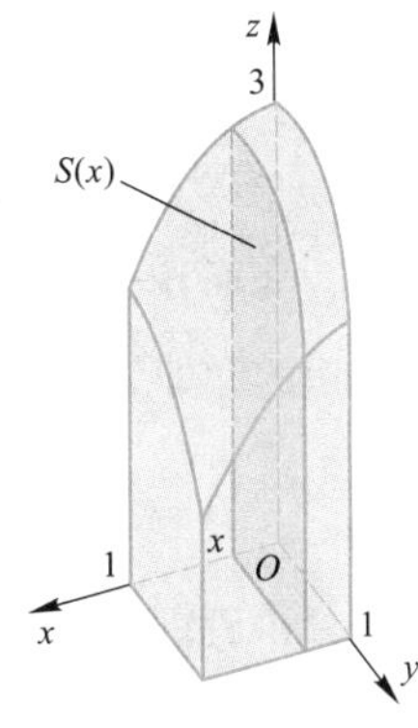

图 11.1.2 曲顶柱体的体积计算

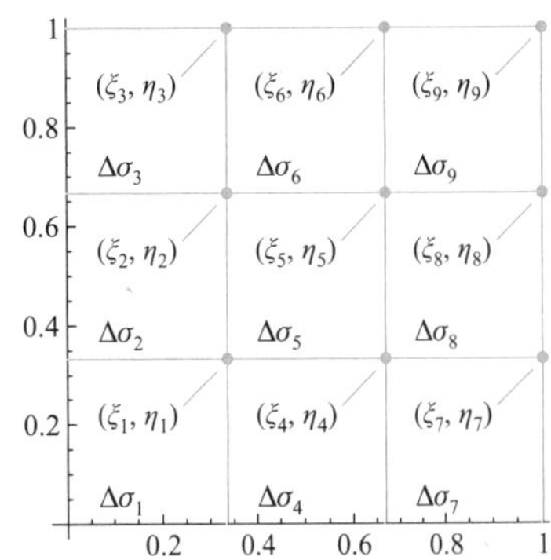

图 11.1.3 曲顶柱体底面区域的分割

$$S_9=\sum_{k=1}^{9} f(\xi_k,\eta_k)\Delta\sigma_k=1.962\ 96,$$

其中 $\Delta\sigma_k(k=1,2,\cdots,9)$ 同时也表示小正方形的面积,即 $\Delta\sigma_k=\frac{1}{3^2}=\frac{1}{9}$.

图 11.1.5 为将 $D$ 分成 100 等份后所对应的小长方体,随着小正方形的直径(对角线的长)减少,这些小长方体的体积和越来越逼近 $V=2.333\cdots$,表 11.1.1 为几个计算结果.

图 11.1.4 曲顶柱体的分割

表 11.1.1 曲顶柱体体积对应不同分割的近似值

| $n$(等份) | $\Delta\sigma_k$ 的直径 | $\sum_{k=1}^{n^2} f(\xi_k,\eta_k)\Delta\sigma_k$ |
|---|---|---|
| 3 | $\frac{\sqrt{2}}{3}$ | 1.962 96 |
| 10 | $\frac{\sqrt{2}}{10}$ | 2.23 |
| 50 | $\frac{\sqrt{2}}{50}$ | 2.313 2 |
| 100 | $\frac{\sqrt{2}}{100}$ | 2.323 3 |

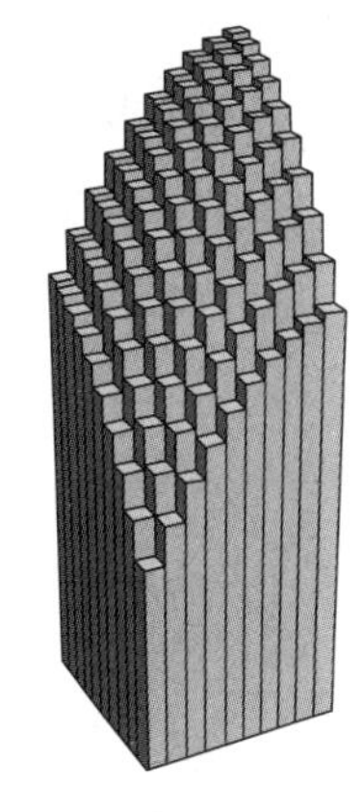
图 11.1.5 曲顶柱体更细的分割

下面我们用另外的方法计算一般曲顶柱体的体积.考察以曲面

$$S: z=f(x,y) \geqslant 0, \quad (x,y) \in D$$

为顶,以 $xOy$ 平面上的区域 $D$ 为底的曲顶柱体,求该曲顶柱体的体积 $V$.

如图 11.1.6,首先用任意划分 $T$ 将区域 $D$ 分成 $n$ 个除边界外互不重叠的闭子区域:

$$\Delta\sigma_1, \Delta\sigma_2, \cdots, \Delta\sigma_k, \cdots, \Delta\sigma_n,$$

相应地,曲顶柱体被分成 $n$ 个小的曲顶柱体.仍然用 $\Delta\sigma_k(k=1,2,\cdots,n)$ 表示子区域 $\Delta\sigma_k$ 的面积,在每个子区域 $\Delta\sigma_k$ 上任取一点 $(\xi_k,\eta_k)$,以 $f(\xi_k,\eta_k)$ 为高,$\Delta\sigma_k$ 为底面作一平顶柱体,其体积为 $f(\xi_k,\eta_k)\Delta\sigma_k(k=1,2,\cdots,n)$,则这些体积的和即为曲顶柱体体积 $V$ 的近似值,即

$$V \approx \sum_{k=1}^{n} f(\xi_k,\eta_k)\Delta\sigma_k.$$

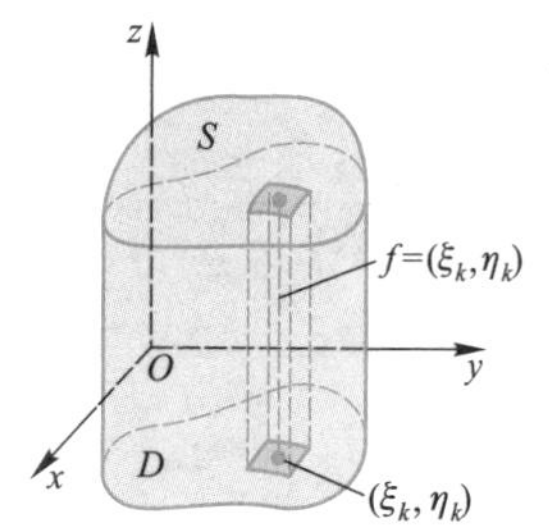

图 11.1.6　曲顶柱体体积计算方案

若将有界闭区域 $D$ 分得越细密,则上述和式越来越接近曲顶柱体的体积 $V$.为了刻画划分区域 $D$ 的细密程度,我们记

$$d(T)=\max\{\Delta\sigma_k \text{ 的直径}, 1 \leqslant k \leqslant n\},$$

其中 $\Delta\sigma_k$ 的直径即为 $\Delta\sigma_k$ 的边界上任意两点距离的最大值.如闭矩形区域的直径为其对角线的长度,闭圆盘的直径为通常圆的直径.那么,当 $d(T)$ 越小,区域 $D$ 分得越细密.若当 $d(T)\to 0$ 时,上述和式极限存在,则该极限为所求曲顶柱体的体积,即

$$V=\lim_{d(T)\to 0}\sum_{k=1}^{n} f(\xi_k,\eta_k)\Delta\sigma_k.$$

### 2. 非均匀物体的质量

微视频
11-1-3
几个与重积分有关的实际问题——平面薄片与立体的质量

先考虑平面薄片的质量.设有平面薄片在 $xOy$ 平面上所占的区域为 $D$,已知其面密度函数为

$$\mu=f(x,y), \quad (x,y) \in D,$$

求该平面薄片的质量 $M$.这里面密度是指单位面积的薄片所含的质量.我们利用类似求曲顶柱体的方法求 $M$.

用任意划分 $T$ 将 $D$ 分成 $n$ 个小的区域

$$\Delta\sigma_1, \Delta\sigma_2, \cdots, \Delta\sigma_k, \cdots, \Delta\sigma_n,$$

在 $\Delta\sigma_k$ 上任取一点 $(\xi_k,\eta_k)$,将 $\Delta\sigma_k$ 所对应的小薄片的质量分布视为均匀的,其密度取为 $f(\xi_k,\eta_k)$,则该小薄片所对应的质量可用 $f(\xi_k,\eta_k)\Delta\sigma_k$ 来近似,其中 $\Delta\sigma_k$ 同时表示相应小区域的面积.于是,该平面薄片的质

量为

$$M=\lim_{d(T)\to 0}\sum_{k=1}^{n} f(\xi_k,\eta_k)\Delta\sigma_k.$$

再考虑空间物体质量.设物体在空间直角坐标系 $Oxyz$ 中所占的有界闭区域为 $\Omega$,所对应的体密度函数为

$$\mu=f(x,y,z),\quad (x,y,z)\in\Omega,$$

这里体密度是指单位体积的物体所含质量.求该空间物体的质量 $M$.

用任意划分 $T$,将 $\Omega$ 分成 $n$ 个除边界外互不重叠的闭子区域

$$\Delta V_1,\Delta V_2,\cdots,\Delta V_k,\cdots,\Delta V_n,$$

我们也用 $\Delta V_k$ 表示该子区域的体积.如图 11.1.7,在每个 $\Delta V_k$ 上任取一点$(\xi_k,\eta_k,\zeta_k)$,将 $\Delta V_k$ 对应的小块视为体密度为$f(\xi_k,\eta_k,\zeta_k)$的均匀物体,则$f(\xi_k,\eta_k,\zeta_k)\Delta V_k$ 为其质量的近似,因此有

$$M\approx\sum_{k=1}^{n} f(\xi_k,\eta_k,\zeta_k)\Delta V_k.$$

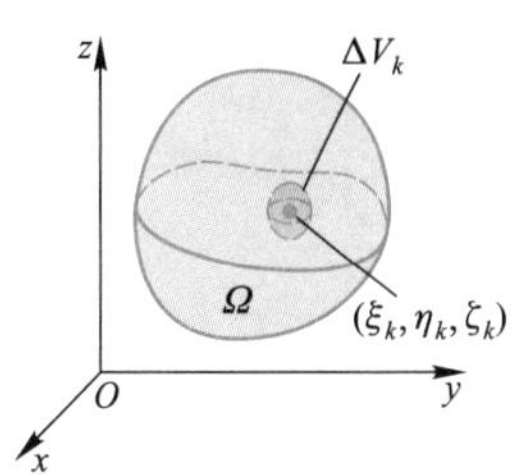

图 11.1.7 空间物体的质量

同样,我们记 $d(T)=\max\{\Delta V_k$ 的直径$,1\leqslant k\leqslant n\}$,则当 $d(T)\to 0$ 时,划分 $T$ 将无限细密,若对应和式趋于一定值,则该定值即为空间物体的质量 $M$,即

$$M=\lim_{d(T)\to 0}\sum_{k=1}^{n} f(\xi_k,\eta_k,\zeta_k)\Delta V_k.$$

### 11.1.2 重积分的定义

前面的实际问题虽然背景不同,但我们采用了与定积分求解类似问题一致的思路,并最终归结为求一种特殊和式的极限.我们撇开问题的实际意义,抽象得到下面的二重积分和三重积分的概念.

**定义 11.1.1** 设函数$f(x,y)$在 $xOy$ 平面上的有界闭区域 $D$ 上有定义.用任意划分 $T$ 将 $D$ 分成 $n$ 个小的区域 $\Delta\sigma_1,\Delta\sigma_2,\cdots,\Delta\sigma_k,\cdots,\Delta\sigma_n$($\Delta\sigma_k$同时表示对应区域的面积),在每个子区域 $\Delta\sigma_k$ 上任取一点$(\xi_k,\eta_k)(k=1,2,\cdots,n)$,作和式

微视频
11-1-4
重积分的定义

$$S_n=\sum_{k=1}^{n} f(\xi_k,\eta_k)\Delta\sigma_k,$$

记 $d(T)=\max\{\Delta\sigma_k$ 的直径$,1\leqslant k\leqslant n\}$,若当 $d(T)\to 0$ 时,$S_n$ 以常数 $I$ 为极限,且 $I$ 与划分 $T$ 和在每个 $\Delta\sigma_k$ 上点$(\xi_k,\eta_k)$的取法无关,则称函数$f(x,y)$在区域 $D$ 上可积,极限值 $I$ 称为函数$f(x,y)$在区域 $D$ 上的二重积

分，记为 $\iint\limits_D f(x,y)\mathrm{d}\sigma$ 或 $\iint\limits_D f(x,y)\mathrm{d}x\mathrm{d}y$，即

$$\iint\limits_D f(x,y)\mathrm{d}\sigma=\lim_{d(T)\to 0}\sum_{k=1}^{n}f(\xi_k,\eta_k)\Delta\sigma_k.$$

称 $f(x,y)$ 为被积函数，$D$ 为积分区域，$\mathrm{d}\sigma$ 为区域 $D$ 的面积元素.

特别地，当 $f(x,y)=1$ 时，二重积分 $\iint\limits_D f(x,y)\mathrm{d}\sigma$ 为平面区域 $D$ 的面积，即

$$\iint\limits_D \mathrm{d}\sigma=D\text{ 的面积}.$$

**定义 11.1.2** 设函数 $f(x,y,z)$ 在空间直角坐标系 $Oxyz$ 中的有界闭区域 $\Omega$ 上有定义.用任意划分 $T$ 将 $\Omega$ 分成 $n$ 个除边界外互不重叠的闭子区域 $\Delta V_1,\Delta V_2,\cdots,\Delta V_k,\cdots,\Delta V_n$（$\Delta V_k$ 同时表示对应子区域的体积），在每个子区域 $\Delta V_k$ 上任取一点 $(\xi_k,\eta_k,\zeta_k)(k=1,2,\cdots,n)$，作和式

$$S_n=\sum_{k=1}^{n}f(\xi_k,\eta_k,\zeta_k)\Delta V_k,$$

记 $d(T)=\max\{\Delta V_k\text{ 的直径},1\leqslant k\leqslant n\}$，若当 $d(T)\to 0$ 时，$S_n$ 以常数 $I$ 为极限，且 $I$ 与划分 $T$ 和在每个 $\Delta V_k$ 上点 $(\xi_k,\eta_k,\zeta_k)$ 的取法无关，则称函数 $f(x,y,z)$ 在区域 $\Omega$ 上可积，极限值 $I$ 称为函数 $f(x,y,z)$ 在区域 $\Omega$ 上的三重积分，记为 $\iiint\limits_\Omega f(x,y,z)\mathrm{d}V$ 或 $\iiint\limits_\Omega f(x,y,z)\mathrm{d}x\mathrm{d}y\mathrm{d}z$，即

$$\iiint\limits_\Omega f(x,y,z)\mathrm{d}V=\lim_{d(T)\to 0}\sum_{k=1}^{n}f(\xi_k,\eta_k,\zeta_k)\Delta V_k.$$

称 $f(x,y,z)$ 为被积函数，$\Omega$ 为积分区域，$\mathrm{d}V$ 为区域 $\Omega$ 的体积元素.

特别地，当 $f(x,y,z)=1$ 时，三重积分 $\iiint\limits_\Omega f(x,y,z)\mathrm{d}V$ 为空间区域 $\Omega$ 的体积，即

$$\iiint\limits_\Omega \mathrm{d}V=\Omega\text{ 的体积}.$$

由重积分的定义，在第 11.1.1 节中我们考虑的曲顶柱体的体积、平面薄片的质量和空间非均匀物体的质量可分别用二重积分和三重积分表示为

$$V=\iint\limits_D f(x,y)\mathrm{d}\sigma,\quad M=\iint\limits_D f(x,y)\mathrm{d}\sigma,\quad M=\iiint\limits_\Omega f(x,y,z)\mathrm{d}V.$$

### 11.1.3 重积分的性质

微视频
11-1-5
重积分的性质

由于二重积分、三重积分都是按照类比一元函数定积分的思路建立起来的概念，所以二重积分、三重积分也具有和定积分相类似的性质.而且，被积函数连续可以保证重积分存在.下面列举几条二重积分的性质，对于三重积分也可得到类似的结论.

**性质 1**（线性性） 设函数 $f(x,y),g(x,y)$ 在有界闭区域 $D$ 上可积，$k$ 为常数，则函数 $f(x,y)\pm g(x,y)$ 和 $kf(x,y)$ 也在 $D$ 上可积，且有

$$\iint_D [f(x,y)\pm g(x,y)]\mathrm{d}\sigma=\iint_D f(x,y)\mathrm{d}\sigma\pm\iint_D g(x,y)\mathrm{d}\sigma,$$

$$\iint_D kf(x,y)\mathrm{d}\sigma=k\iint_D f(x,y)\mathrm{d}\sigma.$$

**性质 2**(对积分区域的可加性)　将有界闭区域 $D$ 分成除边界外互不重叠的两个闭子区域 $D_1$ 和 $D_2$,若函数 $f(x,y)$ 在区域 $D$ 上可积,则 $f(x,y)$ 也在 $D_1$ 和 $D_2$ 上可积,且

$$\iint_D f(x,y)\mathrm{d}\sigma=\iint_{D_1} f(x,y)\mathrm{d}\sigma+\iint_{D_2} f(x,y)\mathrm{d}\sigma.$$

性质 1 和性质 2 对二重积分的计算是非常重要的.

**性质 3**　(1) 若函数 $f(x,y)$ 在有界闭区域 $D$ 上可积且非负,则 $\iint_D f(x,y)\mathrm{d}\sigma\geqslant 0$.进一步,若 $f(x,y)$ 在 $D$ 上连续,则 $\iint_D f(x,y)\mathrm{d}\sigma\equiv 0$ 当且仅当在 $D$ 上有 $f(x,y)=0$.

(2) 若函数 $f(x,y)$,$g(x,y)$ 在有界闭区域 $D$ 上可积,且在 $D$ 上有 $f(x,y)\leqslant g(x,y)$,则 $\iint_D f(x,y)\mathrm{d}\sigma\leqslant\iint_D g(x,y)\mathrm{d}\sigma$.特别有

$$\left|\iint_D f(x,y)\mathrm{d}\sigma\right|\leqslant\iint_D |f(x,y)|\mathrm{d}\sigma.$$

(3) 若函数 $f(x,y)$ 在有界闭区域 $D$ 上可积,且存在常数 $m$ 和 $M$,使得在 $D$ 上,$m\leqslant f(x,y)\leqslant M$ 成立,则有

$$mA\leqslant\iint_D f(x,y)\mathrm{d}\sigma\leqslant MA,$$

其中 $A$ 为区域 $D$ 的面积.

**性质 4**(积分中值定理)　设函数 $f(x,y)$ 在有界闭区域 $D$ 上连续,则存在 $(\xi,\eta)\in D$,使

$$\iint_D f(x,y)\mathrm{d}\sigma=f(\xi,\eta)A,$$

其中 $A$ 为区域 $D$ 的面积.

由性质 2 和性质 3 可知,若函数 $f(x,y)$ 在有界闭区域 $D$ 上连续且非负,$D_1$ 为 $D$ 的闭子区域,则有

$$\iint_{D_1} f(x,y)\mathrm{d}\sigma\leqslant\iint_D f(x,y)\mathrm{d}\sigma.$$

积分中值定理的几何意义是:以曲面 $S:z=f(x,y)$,$(x,y)\in D$ 为顶、$xOy$ 平面上的区域 $D$ 为底的曲顶柱体的体积,等于底为 $D$、高为 $f(\xi,\eta)$ 的平顶柱体的体积,其中 $(\xi,\eta)\in D$.

若函数 $f(x,y)$ 在有界闭区域 $D$ 上可积,$A$ 为 $D$ 的面积,称 $\frac{1}{A}\iint_D f(x,y)\mathrm{d}\sigma$ 为函数 $f(x,y)$ 在区域 $D$ 上的平均值(或积分平均值).

讨论题

11-1-1

如何理解定积分、二重积分、三重积分之间的联系和差别?

请你说说定积分、二重积分、三重积分之间的联系和差别.

# 习题 11.1

## A 基础题

1. 试绘出下列平面区域的图形：

(1) 由 $y=x^2+1, y=2x, x=0$ 所围成；

(2) $x\leqslant y\leqslant\sqrt{2rx-x^2}, 0\leqslant x\leqslant r$.

2. 试绘出下列空间区域的图形：

(1) $r^2\leqslant x^2+y^2+z^2\leqslant R^2, x\geqslant 0, y\geqslant 0, z\geqslant 0(0<r<R)$；

(2) $z=x^2+y^2$ 与 $z^2=x^2+y^2$ 所围成.

3. 用二重积分表示下列曲顶柱体的体积：

(1) 顶面方程为 $z=x^2y$，底面区域 $D$ 是正方形：$0\leqslant x\leqslant 1, 0\leqslant y\leqslant 1$；

(2) 顶面方程为 $z=\sin xy$，底面区域 $D$ 是由圆 $x^2+y^2=1$ 在第二象限的部分与 $x$ 轴、$y$ 轴所围成.

4. 设积分区域 $D$ 由圆 $(x-2)^2+(y-1)^2=1$ 所围成，且

$$I_k=\iint_D (x+y)^k\mathrm{d}x\mathrm{d}y(k=1,2,3),$$

试比较 $I_1, I_2$ 和 $I_3$ 的大小.

5. 设 $D$ 为矩形区域：$0\leqslant x\leqslant 1, 0\leqslant y\leqslant 2$，证明：

$$2\leqslant\iint_D (x+y+1)\mathrm{d}\sigma\leqslant 8.$$

6. 设 $f(x,y,z)$ 为空间有界闭区域 $\Omega$ 上的非负连续函数，证明：$\iiint_\Omega f(x,y,z)\mathrm{d}V=0$ 当且仅当 $f(x,y,z)\equiv 0((x,y,z)\in\Omega)$.

## B 综合题

7. 根据二重积分的性质，比较下列积分的大小：

(1) $\iint_D \ln(x+y)\mathrm{d}\sigma$ 与 $\iint_D [\ln(x+y)]^2\mathrm{d}\sigma$，其中积分区域 $D$ 是三角形闭区域，三顶点坐标分别为 $(1,0),(1,1),(2,0)$；

(2) $\iint_D (x+y)^3\mathrm{d}\sigma$，$\iint_D \sin^3(x+y)\mathrm{d}\sigma$ 和 $\iint_D [\ln(x+y)]^3\mathrm{d}\sigma$，其中积分区域 $D$ 由 $x=0, y=0, x+y=\frac{1}{2}$，$x+y=1$ 所围成.

8. 利用二重积分的性质估计下列积分的值：

(1) $I=\iint_D xy(x+y)\mathrm{d}\sigma$，其中 $D=\{(x,y)\mid 0\leqslant x\leqslant 1, 0\leqslant y\leqslant 1\}$；

(2) $I=\iint_D (x^2+4y^2+9)\mathrm{d}\sigma$，其中 $D=\{(x,y)\mid x^2+y^2\leqslant 4\}$.

9. 设函数 $f(x,y)$ 连续，且 $f(-x,-y)=-f(x,y)$，证明：$\iint_D f(x,y)\mathrm{d}\sigma=0$，其中 $D=\{(x,y)\mid -a\leqslant x\leqslant a, -b\leqslant y\leqslant b\}$ ($a,b$ 为常数).

10. 设 $D: x^2+y^2\leqslant r^2$，计算极限

$$\lim_{r\to 0^+}\frac{1}{\pi r^2}\iint_D \mathrm{e}^{x^2-y^2}\cos(x+y)\mathrm{d}x\mathrm{d}y.$$

## C 应用题

11. 一个宽 20 m，长 30 m 的游泳池中充满了水. 从游泳池的一边开始，每隔 5 m 测量一次水深记录在下面的表格中. 试估计游泳池中水的体积.

| 游泳池的宽/m | 游泳池的长/m | | | | | | |
|---|---|---|---|---|---|---|---|
| | 0 | 5 | 10 | 15 | 20 | 25 | 30 |
| 0 | 2 | 3 | 4 | 6 | 7 | 8 | 8 |
| 5 | 2 | 3 | 4 | 7 | 8 | 10 | 8 |
| 10 | 2 | 4 | 6 | 8 | 10 | 12 | 10 |
| 15 | 2 | 3 | 4 | 5 | 6 | 8 | 7 |
| 20 | 2 | 2 | 2 | 2 | 3 | 4 | 4 |

12. 设有一平面薄片(不计其厚度)占有 $xOy$ 面上的闭区域 $D$，薄片上分布有面密度为 $\mu=\mu(x,y)$ 的电荷，且 $\mu(x,y)$ 在 $D$ 上连续，试用二重积分表示

该薄板上的全部电荷.

## D 实验题

13. 试用 Mathematica 软件绘制习题 11.1 第 1 题和第 2 题中的区域图形.

14. (1) 试用三重积分表示由平面 $y=x, x=1$ 与柱面 $y^2+z^2=1$ 所围成的空间区域在第一卦限中的部分体积;

(2) 试用 Mathematica 软件计算该体积的近似值,精确到小数点后 2 位.

15. 根据二重积分的定义,用 Mathematica 软件估算 $\iint\limits_D e^{-x^2-y^2}dxdy$ 的值,其中 $D=[0,1]\times[0,1]$.要求将边分别分割为 1,2,4,8,16,32 等份计算,并在每个小区域内分别用该区域中心点处和四个角处的函数值近似代替该区域上各点的函数值,比较各种取法计算得到的积分值的大小,同时与利用 Mathematica 软件符号积分和数值积分命令计算的结果进行对比.

16. 试用 Mathematica 软件选用不同的分割数,采用长方体对立体进行分割的方法计算三重积分

$$\iiint\limits_{\Omega}\frac{e^{x+y+z}}{\sqrt{1+x^2+y^2+z^2}}dxdydz$$

的近似值,其中积分区域为 $\Omega:\frac{x^2}{4}+\frac{y^2}{9}+\frac{z^2}{25}\leqslant 1$.

11.1 测验题

# 11.2 直角坐标下重积分的计算

## 11.2.1 二重积分的计算

我们知道,当函数 $f(x,y)$ 在有界闭区域 $D$ 上连续且非负时,二重积分 $\iint\limits_D f(x,y)d\sigma$ 表示曲顶柱体的体积,下面我们借助该几何意义给出二重积分的计算方法.

微视频
11-2-1
问题引入——从截面法求体积到二重积分计算

设 $D$ 为一简单有界闭区域(简称简单区域),即任意平行于 $x$ 轴或 $y$ 轴的直线与 $D$ 的边界至多相交两点,但允许 $D$ 的边界与上述直线重合.如图 11.2.1(a)和(b)所示的有界闭区域 $D$ 是简单区域,而图 11.2.1(c)所示的区域就不是简单区域.下面我们将就积分区域为简单区域的情形给出二重积分的计算方法.如果 $D$ 不是简单区域,总可以用平行于 $x$ 轴

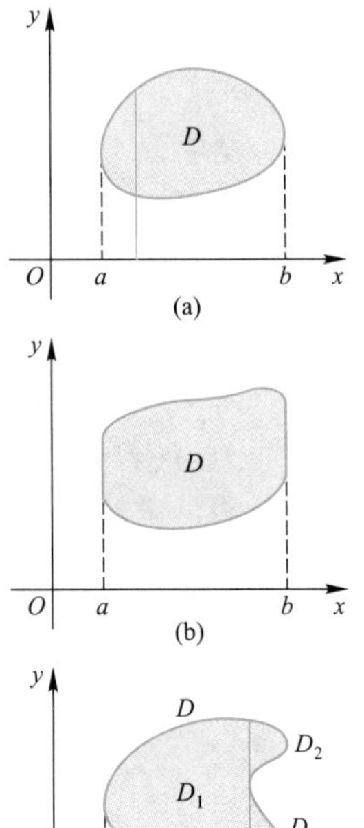

图 11.2.1　简单区域与非简单区域

或 $y$ 轴的直线将 $D$ 分成几个简单子区域,如图 11.2.1(c)中的区域 $D$ 便可分成三个简单子区域 $D_1,D_2$ 和 $D_3$,由二重积分的性质 2 可知,二重积分 $\iint\limits_D f(x,y)\mathrm{d}\sigma$ 的计算可归结为简单区域上二重积分的计算,即

$$\iint\limits_D f(x,y)\mathrm{d}\sigma=\iint\limits_{D_1} f(x,y)\mathrm{d}\sigma+\iint\limits_{D_2} f(x,y)\mathrm{d}\sigma+\iint\limits_{D_3} f(x,y)\mathrm{d}\sigma.$$

设区域 $D$ 由曲线 $y=y_1(x),y=y_2(x)(a\leqslant x\leqslant b)$ 及直线 $x=a,x=b$ 所围成,即

$$D=\{(x,y)\mid y_1(x)\leqslant y\leqslant y_2(x),a\leqslant x\leqslant b\},$$

我们称 $D$ 为 $X$ 型区域,图 11.2.2 是 $X$ 型区域的几种情形.

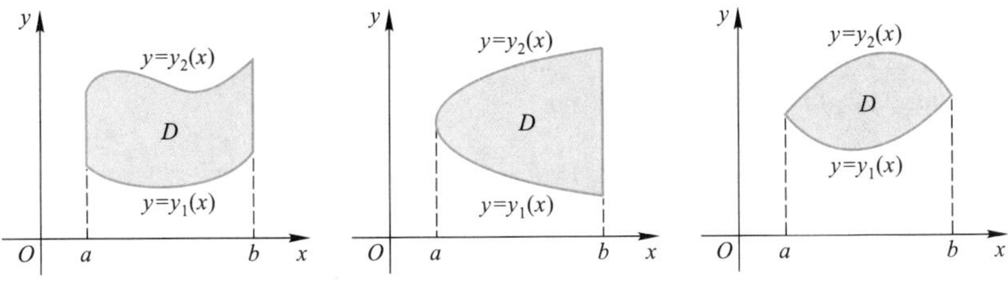

图 11.2.2　$X$ 型区域

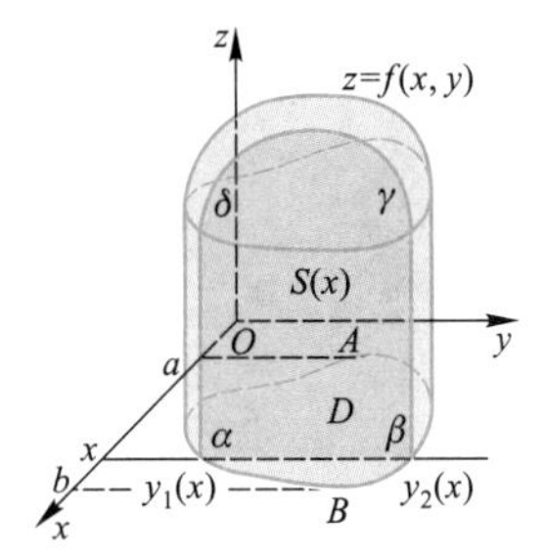

图 11.2.3　$X$ 型区域上的二重积分

微视频
11-2-2
$X$ 型区域上的二重积分计算

如图 11.2.3,在 $[a,b]$ 上任取一点 $x$,过点 $x$ 作一垂直于 $x$ 轴的平面,该平面与曲顶柱体相交的截面为 $\alpha\beta\gamma\delta$(即图中的深色阴影部分),设该截面的面积为 $S(x)(a\leqslant x\leqslant b)$.另一方面,对于固定的 $x$,此截面又可视为 $yOz$ 平面上由直线 $z=y_1(x),z=y_2(x)$ 和曲线 $z=f(x,y)$ 及 $y$ 轴所围成的曲边梯形,因此 $S(x)$ 可以表示为定积分,即

$$S(x)=\int_{y_1(x)}^{y_2(x)} f(x,y)\mathrm{d}y,\quad a\leqslant x\leqslant b,$$

因此曲顶柱体的体积为

$$V=\int_a^b S(x)\mathrm{d}x=\int_a^b\left[\int_{y_1(x)}^{y_2(x)} f(x,y)\mathrm{d}y\right]\mathrm{d}x.$$

上式右端由两个定积分组成,我们称其为累次积分,为书写方便,通常将其写成下面的形式

$$V=\int_a^b\mathrm{d}x\int_{y_1(x)}^{y_2(x)} f(x,y)\mathrm{d}y.$$

这样,我们得到了将二重积分转化为累次积分的计算公式

$$\iint\limits_D f(x,y)\mathrm{d}\sigma=\int_a^b\mathrm{d}x\int_{y_1(x)}^{y_2(x)} f(x,y)\mathrm{d}y.\tag{11.2.1}$$

这种将二重积分转化为累次积分的计算方法称为累次积分法,该方

法的关键是确定积分的上下限.我们将 $X$ 型区域上二重积分的计算步骤总结如下：

(1) 确定积分限

首先作出积分区域 $D$ 的图形,如图 11.2.4,$D$ 在 $x$ 轴上的投影区间为$[a,b]$.考虑关于变量 $y$ 积分时,固定$[a,b]$中的 $x$,过 $x$ 作与 $y$ 轴平行的直线,考察该直线顺着 $y$ 轴的正方向穿过区域 $D$ 的情形.以直线第一次与 $D$ 的边界相交点(入口)的纵坐标 $y_1(x)$ 为积分下限,以直线最后与 $D$ 的边界相交点(出口)的纵坐标 $y_2(x)$ 为积分上限.考虑关于变量 $x$ 积分时,积分区间为$[a,b]$.

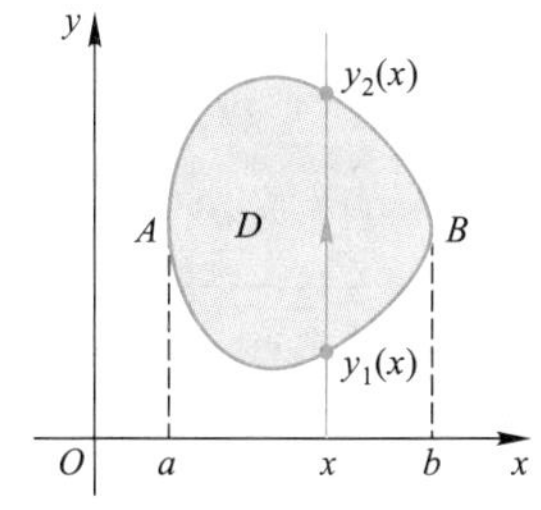

图 11.2.4　X 型区域的入口与出口

(2) 积分的计算

在计算对变量 $y$ 的积分时,$x$ 视为常数,积分结果一般是关于 $x$ 的函数,然后将此结果作为被积函数在区间$[a,b]$上积分,最后得到二重积分的值.

若区域 $D$ 由曲线 $x=x_1(y)$,$x=x_2(y)$ $(c\leqslant y\leqslant d)$ 和直线 $y=c$,$y=d$ 所围成,即

$$D=\{(x,y)\mid x_1(y)\leqslant x\leqslant x_2(y),c\leqslant y\leqslant d\},$$

我们称 $D$ 为 $Y$ 型区域,如图 11.2.5.设函数 $f(x,y)$ 在 $D$ 上可积,类似地,可以将二重积分转化为另一种积分次序的累次积分

$$\iint_D f(x,y)\,\mathrm{d}\sigma=\int_c^d \mathrm{d}y\int_{x_1(y)}^{x_2(y)} f(x,y)\,\mathrm{d}x. \qquad (11.2.2)$$

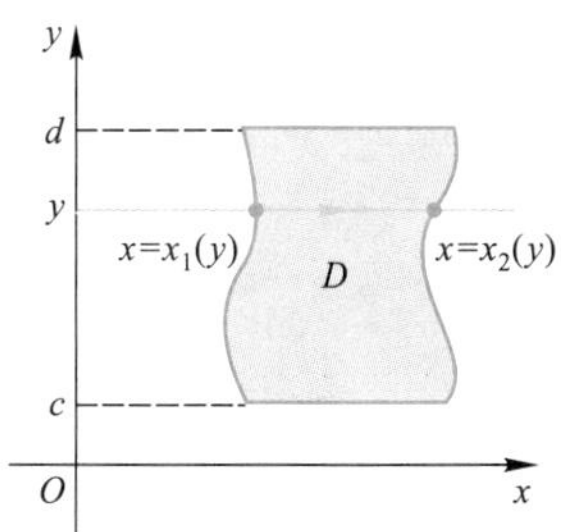


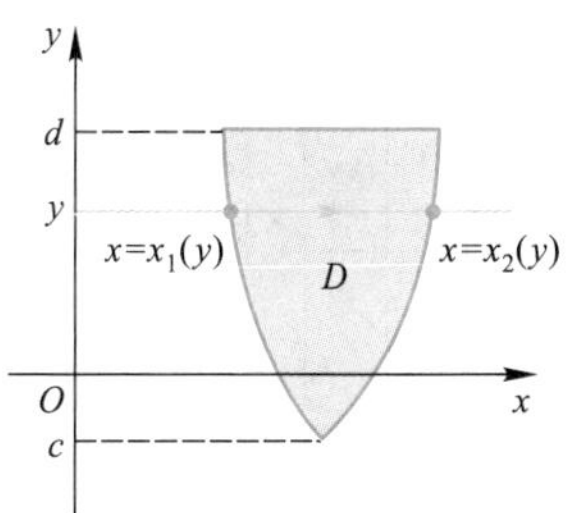

图 11.2.5　Y 型区域及其定限方法

尽管上面将二重积分化为累次积分计算时,除假设函数 $f(x,y)$ 在积分区域 $D$ 上连续外,还要求 $f(x,y)$ 非负,实际上我们可以不受该条件的限制,因为连续函数均可表示为两个非负连续函数的差,具体地,等式

$$f(x,y)=\frac{|f(x,y)|+f(x,y)}{2}-\frac{|f(x,y)|-f(x,y)}{2}=f_1(x,y)-f_2(x,y)$$

成立,其中 $f_1(x,y)=\dfrac{|f(x,y)|+f(x,y)}{2}$ 和 $f_2(x,y)=\dfrac{|f(x,y)|-f(x,y)}{2}$ 均为 $D$ 上非负的连续函数.由重积分性质 1 有

$$\iint_D f(x,y)\,\mathrm{d}\sigma=\iint_D f_1(x,y)\,\mathrm{d}\sigma-\iint_D f_2(x,y)\,\mathrm{d}\sigma.$$

因此,前面对 $X$ 型区域和 $Y$ 型区域建立的化重积分为累次积分的公式(11.2.1)和(11.2.2)对一般连续函数 $f(x,y)$ 也成立.

特别地,若积分区域 $D=\{(x,y)\mid a\leqslant x\leqslant b,c\leqslant y\leqslant d\}$,则有

$$\iint_D f(x,y)\,\mathrm{d}\sigma=\int_a^b \mathrm{d}x\int_c^d f(x,y)\,\mathrm{d}y=\int_c^d \mathrm{d}y\int_a^b f(x,y)\,\mathrm{d}x.$$

微视频
11-2-3
Y 型区域上的二重积分计算

**例 1**　计算二重积分 $\iint\limits_D xy\,\mathrm{d}\sigma$,其中 $D$ 为抛物线 $y=x^2$ 和 $x=y^2$ 所围成

的平面区域.

**解** 如图 11.2.6(a)所示,将积分区域 $D$ 视为 $X$ 型区域.它在 $x$ 轴上的投影区间为$[0,1]$.在$[0,1]$上任取一点 $x$,过 $x$ 作平行于 $y$ 轴的直线,该直线顺 $y$ 轴正方向在区域 $D$ 的入口点的纵坐标为 $y_1=x^2$,出口点的纵坐标为 $y_2=\sqrt{x}$,于是由公式(11.2.1)有

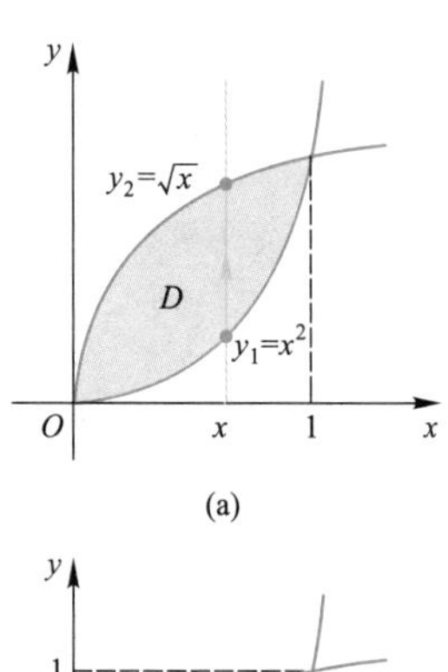


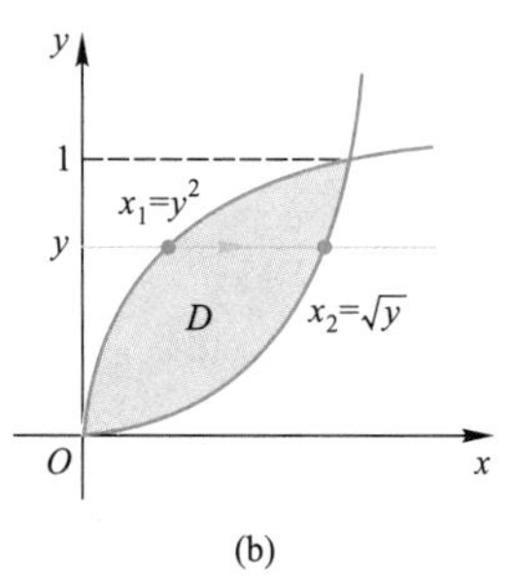


图 11.2.6 例 1 中的积分区域

$$\iint\limits_D xy\mathrm{d}\sigma=\int_0^1\mathrm{d}x\int_{x^2}^{\sqrt{x}}xy\mathrm{d}y=\int_0^1\frac{xy^2}{2}\bigg|_{x^2}^{\sqrt{x}}\mathrm{d}x$$

$$=\frac{1}{2}\int_0^1 x(x-x^4)\,\mathrm{d}x=\frac{1}{12}.$$

同样,若将 $D$ 视为 $Y$ 型区域,如图 11.2.6(b),则有

$$\iint\limits_D xy\mathrm{d}\sigma=\int_0^1\mathrm{d}y\int_{y^2}^{\sqrt{y}}xy\mathrm{d}x=\int_0^1\frac{yx^2}{2}\bigg|_{y^2}^{\sqrt{y}}\mathrm{d}y=\frac{1}{2}\int_0^1 y(y-y^4)\,\mathrm{d}y=\frac{1}{12}.$$

**例 2** 计算二重积分 $\iint\limits_D\frac{x^2}{y^2}\mathrm{d}\sigma$,其中区域 $D$ 由直线 $y=2,y=x$ 和双曲线 $xy=1$ 所围成.

**解** 区域 $D$ 的图形如图 11.2.7 所示,我们将其视为 $X$ 型区域,它在 $x$ 轴上的投影区间为$\left[\frac{1}{2},2\right]$.过$\left[\frac{1}{2},2\right]$上任何一点 $x$ 作平行于 $y$ 轴的直线,在区域 $D$ 的入口点的纵坐标 $y=y_1(x)$的表达式不统一,即当$\frac{1}{2}\leqslant x\leqslant 1$ 时 $y_1(x)=\frac{1}{x}$,当$1\leqslant x\leqslant 2$ 时 $y_1(x)=x$.为了利用公式(11.2.1),我们需要将 $D$ 用直线 $x=1$ 分成两个区域 $D_1$ 和 $D_2$,如图 11.2.7(a).由重积分性质2,有

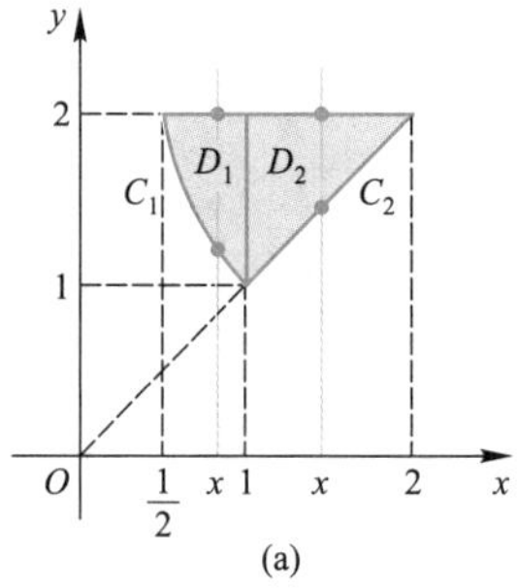


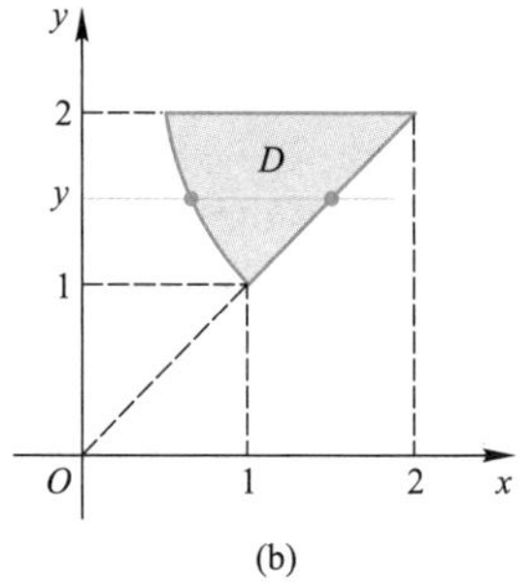


图 11.2.7 例 2 中的积分区域

$$\iint\limits_D\frac{x^2}{y^2}\mathrm{d}\sigma=\iint\limits_{D_1}\frac{x^2}{y^2}\mathrm{d}\sigma+\iint\limits_{D_2}\frac{x^2}{y^2}\mathrm{d}\sigma=\int_{\frac{1}{2}}^1\mathrm{d}x\int_{\frac{1}{x}}^2\frac{x^2}{y^2}\mathrm{d}y+\int_1^2\mathrm{d}x\int_x^2\frac{x^2}{y^2}\mathrm{d}y$$

$$=\int_{\frac{1}{2}}^1 x^2\frac{-1}{y}\bigg|_{\frac{1}{x}}^2\mathrm{d}x+\int_1^2 x^2\frac{-1}{y}\bigg|_x^2\mathrm{d}x$$

$$=\int_{\frac{1}{2}}^1 x^2\left(x-\frac{1}{2}\right)\mathrm{d}x+\int_1^2 x^2\left(\frac{1}{x}-\frac{1}{2}\right)\mathrm{d}x=\frac{27}{64}.$$

如果将 $D$ 视为 $Y$ 型区域,它在 $y$ 轴上的投影区间为$[1,2]$,如图 11.2.7(b)所示.由公式(11.2.2)有

$$\iint\limits_D\frac{x^2}{y^2}\mathrm{d}\sigma=\int_1^2\mathrm{d}y\int_{\frac{1}{y}}^y\frac{x^2}{y^2}\mathrm{d}x=\frac{1}{3}\int_1^2\frac{1}{y^2}\left(y^3-\frac{1}{y^3}\right)\mathrm{d}y=\frac{27}{64}.$$

从上面的例子可以看出，计算二重积分时，首先要作出积分区域的图形，对于同时为 $X$ 型和 $Y$ 型的区域，选择何种积分顺序，主要看转换以后的累次积分的形式是否简单.另外，有时还要兼顾被积函数的特点，保证第一个定积分能够计算出来，请看下面的例子.

**例 3** 计算二重积分 $\iint\limits_D \frac{\sin y}{y}\mathrm{d}\sigma$，其中 $D$ 由直线 $y=x$ 及抛物线 $x=y^2$ 所围成.

微视频
11-2-4
交换累次积分次序方法

**解** 积分区域 $D$ 如图 11.2.8 所示，若将 $D$ 视为 $X$ 型区域，则有

$$\iint\limits_D \frac{\sin y}{y}\mathrm{d}\sigma=\int_0^1\mathrm{d}x\int_x^{\sqrt{x}}\frac{\sin y}{y}\mathrm{d}y.$$

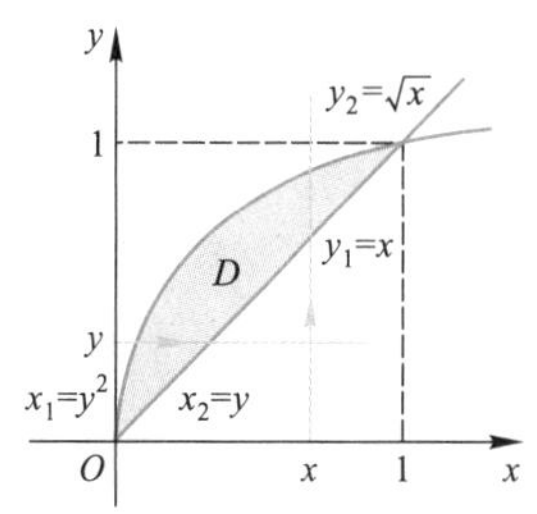

图 11.2.8 例 3 的积分区域

由于被积函数 $\frac{\sin y}{y}$ 的原函数不是初等函数，上式右端第一个积分不能求得，因此无法计算右端的累次积分.

现将 $D$ 视为 $Y$ 型区域，则有

$$\iint\limits_D \frac{\sin y}{y}\mathrm{d}\sigma=\int_0^1\mathrm{d}y\int_{y^2}^{y}\frac{\sin y}{y}\mathrm{d}x=\int_0^1\frac{\sin y}{y}(y-y^2)\,\mathrm{d}y$$

$$=\int_0^1(\sin y-y\sin y)\,\mathrm{d}y=1-\sin 1.$$

我们也可以利用数学软件计算二重积分，但必须首先将其转化为累次积分，表 11.2.1 为 Mathematica 软件计算二重积分的一般命令格式.

表 11.2.1 Mathematica 软件计算二重积分命令的基本格式

| 表达式格式 | 表达式意义 |
| --- | --- |
| Integrate [f(x,y),{x,a,b},{y,y1(x),y2(x)}]<br>或<br>Integrate [f(x,y),{y,c,d},{x,x1(y),x2(y)}] | $\int_a^b\mathrm{d}x\int_{y_1(x)}^{y_2(x)}f(x,y)\,\mathrm{d}y$<br>或<br>$\int_c^d\mathrm{d}y\int_{x_1(y)}^{x_2(y)}f(x,y)\,\mathrm{d}x$ |

例如，下面的命令便可计算例 3 中的积分：

输入 Integrate$\left[\frac{\sin[\mathrm{y}]}{\mathrm{y}},\{\mathrm{x},0,1\},\{\mathrm{y},\mathrm{x},\sqrt{\mathrm{x}}\}\right]$；

或输入 Integrate$\left[\frac{\sin[\mathrm{y}]}{\mathrm{y}},\{\mathrm{y},0,1\},\{\mathrm{x},\mathrm{y}^2,\mathrm{y}\}\right]$

输出结果均为：1−sin[1]

由此，我们看出这些计算累次积分的命令并不是按照给定的积分次序积分，它具有交换积分顺序的功能.

**例 4** 求两个圆柱面 $x^2+y^2=R^2$，$x^2+z^2=R^2$ 相交围成立体的体积 $V$.

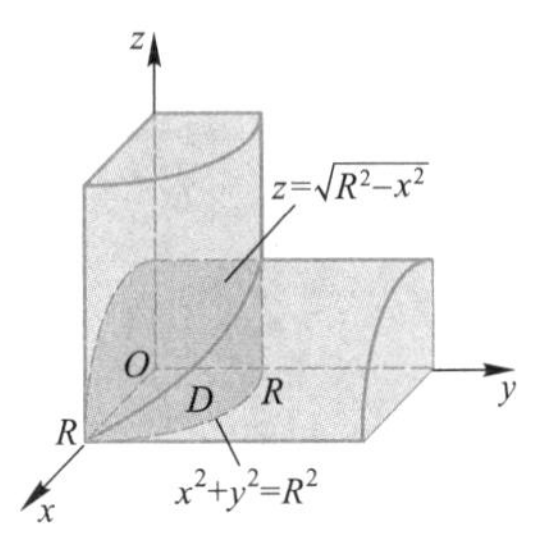

图 11.2.9　第一卦限内两圆柱面直交部分

**解**　由图形的对称性知,只需计算该立体图形在第一卦限部分的体积,即图 11.2.9 中的阴影部分的体积.该部分体积的 8 倍即为所求体积 $V$.我们将上述阴影部分的图形视为曲顶柱体,其底为 $xOy$ 平面上圆盘 $x^2+y^2\leqslant R^2$ 在第一象限的部分,将其记为 $D$,曲顶为柱面片

$$S:z=\sqrt{R^2-x^2},\quad (x,y)\in D.$$

因此,由二重积分的几何意义知

$$V=8\iint_D\sqrt{R^2-x^2}\,\mathrm{d}\sigma.$$

于是,所求体积为

$$\begin{aligned}V&=8\iint_D\sqrt{R^2-x^2}\,\mathrm{d}\sigma=8\int_0^R\mathrm{d}x\int_0^{\sqrt{R^2-x^2}}\sqrt{R^2-x^2}\,\mathrm{d}y\\&=8\int_0^R(R^2-x^2)\,\mathrm{d}x=\frac{16}{3}R^3.\end{aligned}$$

这正是第 6.4 节例 7 所得到的结果.

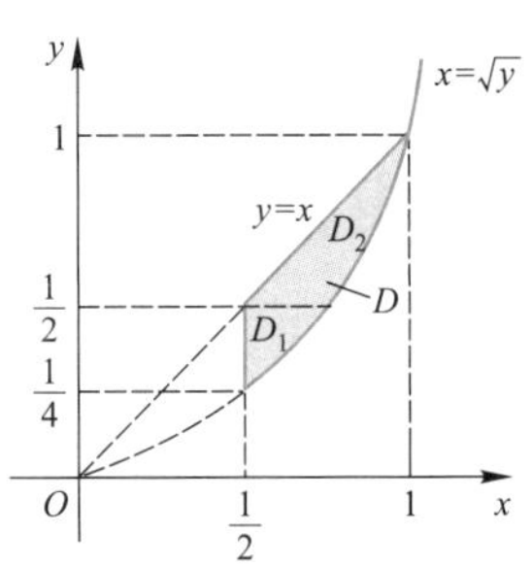

图 11.2.10　例 5 中的积分区域

**例 5**　计算累次积分 $I=\int_{\frac{1}{4}}^{\frac{1}{2}}\mathrm{d}y\int_{\frac{1}{2}}^{\sqrt{y}}\mathrm{e}^{\frac{y}{x}}\mathrm{d}x+\int_{\frac{1}{2}}^{1}\mathrm{d}y\int_{y}^{\sqrt{y}}\mathrm{e}^{\frac{y}{x}}\mathrm{d}x.$

**解**　显然按照累次积分给定的积分次序无法计算积分,因此需要交换积分次序,这需要知道累次积分所对应二重积分的积分区域 $D$,下面我们由累次积分的上下限来确定积分区域.第一个累次积分对应的积分区域 $D_1$ 由直线 $y=\frac{1}{4},y=\frac{1}{2},x=\frac{1}{2}$ 及抛物线 $x=\sqrt{y}$ 所围成,第二个累次积分对应的积分区域 $D_2$ 由直线 $y=\frac{1}{2},y=1,x=y$ 及抛物线 $x=\sqrt{y}$ 所围成,将 $D_1$ 和 $D_2$ 拼接起来即得积分区域 $D$.如图 11.2.10 所示,$D$ 由直线 $x=\frac{1}{2}$,$y=x$ 及抛物线 $y=x^2$ 围成.因此交换积分次序有

$$\begin{aligned}I&=\iint_D\mathrm{e}^{\frac{y}{x}}\mathrm{d}\sigma=\int_{\frac{1}{2}}^{1}\mathrm{d}x\int_{x^2}^{x}\mathrm{e}^{\frac{y}{x}}\mathrm{d}y=\int_{\frac{1}{2}}^{1}x\mathrm{e}^{\frac{y}{x}}\Big|_{x^2}^{x}\mathrm{d}x\\&=\int_{\frac{1}{2}}^{1}x(\mathrm{e}-\mathrm{e}^x)\,\mathrm{d}x=\frac{1}{8}(3\mathrm{e}-4\sqrt{\mathrm{e}}).\end{aligned}$$

讨论题
11-2-1
一个二重积分的计算
记 $[x]$ 表示不超过 $x$ 的最大整数,试根据下列积分区域,分别计算 $\iint_D([x]+[y])\,\mathrm{d}\sigma$.(1) $D$: $|x|\leqslant n,|y|\leqslant n$;(2) $D$: $|x|+|y|\leqslant n$,其中 $n$ 为正整数.

由例 5 看出,要交换累次积分的积分次序,不仅要知道如何将二重积分化为累次积分,而且还要知道如何由累次积分的上、下限来确定积分区域.

微视频
11-2-5
对称区域上的二重积分

## 11.2.2　三重积分的计算

设函数 $f(x,y,z)$ 为空间有界闭区域 $\Omega$ 上的非负连续函数,由第 11.1

节可知，三重积分 $\iiint\limits_{\Omega} f(x,y,z)\,\mathrm{d}V$ 可以视为体密度函数为 $\mu=f(x,y,z)$ $((x,y,z)\in\Omega)$ 的空间物体的质量 $M$. 与二重积分一样，我们也由三重积分的实际意义推出其计算公式.

为简单起见，我们假设积分区域 $\Omega$ 关于 $z$ 轴为简单的，即任何与 $z$ 轴平行的直线如果与 $\Omega$ 的边界曲面相交，除了相交为一条线段外，最多只有两个交点，图 11.2.11 中的 $\Omega$ 是关于 $z$ 轴的简单区域.

微视频
11-2-6
问题引入——从土豆制作菜肴谈起

如图 11.2.12，$\Omega$ 在 $xOy$ 平面的投影区域为 $D_{xy}$，上、下两个曲面分别为 $S_2: z=z_2(x,y),(x,y)\in D_{xy}$ 和 $S_1: z=z_1(x,y),(x,y)\in D_{xy}$，我们用微元法计算质量 $M$. 在 $D_{xy}$ 中取面积微元 $\mathrm{d}\sigma$，设 $(x,y)\in\mathrm{d}\sigma$，在 $\mathrm{d}\sigma$ 所对应的小柱体 $\mathrm{d}V$ 上取小段 $[z,z+\mathrm{d}z]$，该小段的密度为 $f(x,y,z)$，体积为 $\mathrm{d}\sigma\mathrm{d}z$，因此质量为 $f(x,y,z)\,\mathrm{d}\sigma\mathrm{d}z$. 由于小柱体对应的区间（即 $z$ 的变化范围）为 $[z_1(x,y),z_2(x,y)]$，所以它的质量为

微视频
11-2-7
投影区域积分法

$$\mathrm{d}M=\left(\int_{z_1(x,y)}^{z_2(x,y)} f(x,y,z)\,\mathrm{d}z\right)\mathrm{d}\sigma.$$

将每个小柱体的质量相加，便得所求空间物体的质量 $M$，即

$$M=\iint\limits_{D_{xy}}\mathrm{d}M=\iint\limits_{D_{xy}}\left[\int_{z_1(x,y)}^{z_2(x,y)} f(x,y,z)\,\mathrm{d}z\right]\mathrm{d}\sigma. \qquad (11.2.3)$$

上述等式的右端表示先计算关于 $z$ 的定积分，其结果一般为 $x,y$ 的二元函数，然后计算其在区域 $D_{xy}$ 上的二重积分. 为书写方便，我们习惯将式 (11.2.3) 写成下面的形式

$$M=\iint\limits_{D_{xy}}\mathrm{d}\sigma\int_{z_1(x,y)}^{z_2(x,y)} f(x,y,z)\,\mathrm{d}z.$$

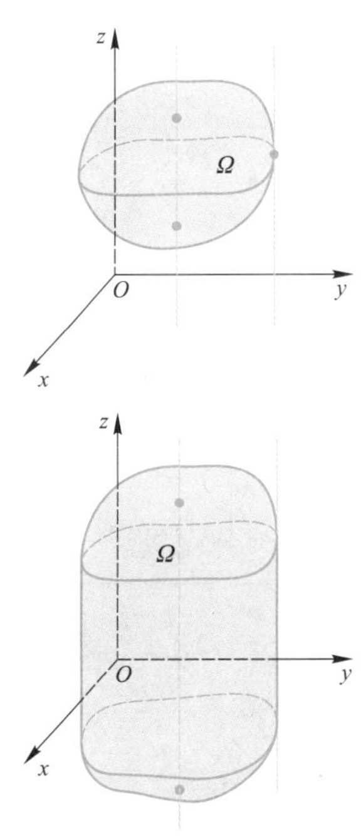

图 11.2.11　关于 $z$ 轴的简单区域

因此，我们得到一个将三重积分转化为先计算一个定积分再计算一个二重积分的公式：

$$\iiint\limits_{\Omega} f(x,y,z)\,\mathrm{d}V=\iint\limits_{D_{xy}}\mathrm{d}\sigma\int_{z_1(x,y)}^{z_2(x,y)} f(x,y,z)\,\mathrm{d}z. \qquad (11.2.4)$$

其具体计算步骤如下：

(1) 作出空间区域 $\Omega$ 的图形，将 $\Omega$ 投影到 $xOy$ 平面上，得到投影区域 $D_{xy}$，然后确定构成 $\Omega$ 的上、下两个曲面 $S_2$ 和 $S_1$. 在 $xOy$ 坐标系中作出投影区域 $D_{xy}$，得到 $D_{xy}$ 的明确描述，即

$$D_{xy}=\{(x,y)\mid y_1(x)\leqslant y\leqslant y_2(x),a\leqslant x\leqslant b\}.$$

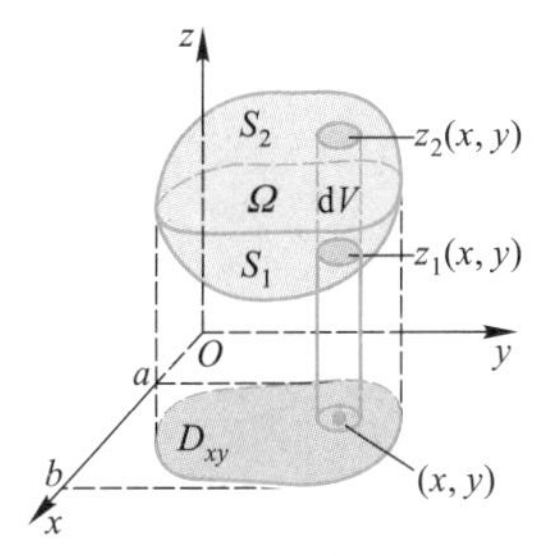

图 11.2.12　微元法示意图

(2) 确定关于变量 $z$ 的积分限，并计算关于 $z$ 的定积分. 首先，在投影区域 $D_{xy}$ 上任取一点 $(x,y)$，过 $(x,y)$ 作平行于 $z$ 轴的直线，该直线顺着

$z$ 轴的方向从曲面 $S_1$ 上点 $(x,y,z_1(x,y))$ 处进入 $\Omega$，在曲面 $S_2$ 上点 $(x,y,z_2(x,y))$ 处离开 $\Omega$，由此得到式(11.2.4)中定积分的下限和上限；然后，计算这个关于 $z$ 的定积分.

(3) 计算由(2)中得到的积分结果为被积函数、$D_{xy}$ 为积分区域的二重积分，从而求得三重积分的值.

以上步骤用公式表示为

$$\iiint_{\Omega} f(x,y,z)\,\mathrm{d}V = \iint_{D_{xy}} \mathrm{d}\sigma \int_{z_1(x,y)}^{z_2(x,y)} f(x,y,z)\,\mathrm{d}z$$

$$= \int_a^b \mathrm{d}x \int_{y_1(x)}^{y_2(x)} \mathrm{d}y \int_{z_1(x,y)}^{z_2(x,y)} f(x,y,z)\,\mathrm{d}z. \quad (11.2.5)$$

特别地，对于立方体积分区域：$\Omega=\{(x,y,z)\mid a\leqslant x\leqslant b, c\leqslant y\leqslant d, m\leqslant z\leqslant n\}$，有

$$\iiint_{\Omega} f(x,y,z)\,\mathrm{d}\sigma = \int_a^b \mathrm{d}x \int_c^d \mathrm{d}y \int_m^n f(x,y,z)\,\mathrm{d}z.$$

与二重积分一样，上述计算三重积分的方法也称为累次积分法，其实质就是将二、三重积分最终转化为定积分的计算. 三重积分除了按照上述顺序化为累次积分外，还有下面的"截痕法"或"截面法".

为了阐述这一做法，我们同样将三重积分视为非均匀空间物体的质量，并用微元法推出这一计算质量 $M$ 的方法.

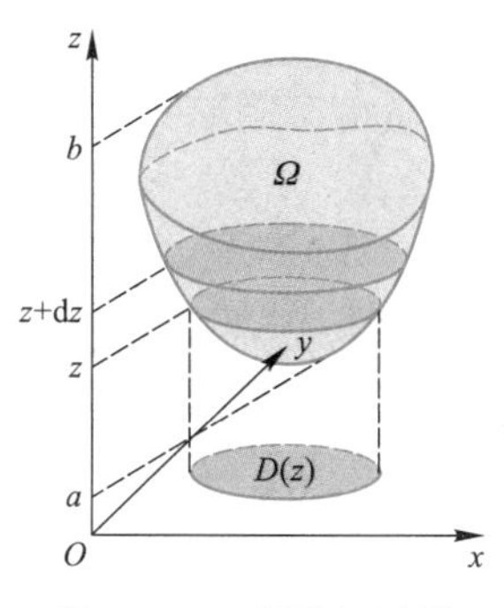

图 11.2.13　截面法示意图

微视频
11-2-8
截面法

设 $\Omega$ 是关于 $z$ 轴为简单的空间有界闭区域. 将 $\Omega$ 投影到 $z$ 轴上，得到 $z$ 轴上的投影区间 $[a,b]$，过 $[a,b]$ 上任意点 $z$ 作垂直于 $z$ 轴的平面，该平面与 $\Omega$ 的截面在 $xOy$ 平面上的投影区域为 $D(z)$，如图 11.2.13. 首先计算 $\Omega$ 中区间 $[z,z+\mathrm{d}z]$ 所对应的小块薄片的质量. 我们在第 11.1 节中已经知道，区间 $[z,z+\mathrm{d}z]$ 所对应的小块薄片的质量为

$$\mathrm{d}M=\left(\iint_{D(z)} f(x,y,z)\,\mathrm{d}\sigma\right)\mathrm{d}z.$$

将这些小块薄片的质量相加便得到 $M$，即有

$$M=\int_a^b \mathrm{d}M=\int_a^b\left[\iint_{D(z)} f(x,y,z)\,\mathrm{d}\sigma\right]\mathrm{d}z.$$

这样，我们得到一个将三重积分转化为先计算一个二重积分再计算一个定积分的公式：

$$\iiint_{\Omega} f(x,y,z)\,\mathrm{d}V=\int_a^b \mathrm{d}z \iint_{D(z)} f(x,y,z)\,\mathrm{d}\sigma. \quad (11.2.6)$$

**例 6**　计算三重积分 $I=\iiint_{\Omega} xyz^2\,\mathrm{d}V$，其中

$$\Omega=\{(x,y,z)\mid 0\leqslant x\leqslant 1, -1\leqslant y\leqslant 2, 0\leqslant z\leqslant 3\}.$$

**解**　由公式(11.2.5)有

$$
\begin{aligned}
I &= \iiint\limits_{\Omega} xyz^2 \mathrm{d}V = \int_0^1 \mathrm{d}x \int_{-1}^{2} \mathrm{d}y \int_0^3 xyz^2 \mathrm{d}z \\
&= \int_0^1 x\mathrm{d}x \int_{-1}^{2} y\mathrm{d}y \int_0^3 z^2 \mathrm{d}z = \int_0^1 x\mathrm{d}x \int_{-1}^{2} y\frac{z^3}{3}\bigg|_0^3 \mathrm{d}y = \int_0^1 x\mathrm{d}x \int_{-1}^{2} 9y\mathrm{d}y \\
&= \int_0^1 x\left(\frac{9}{2}y^2\right)\bigg|_{-1}^{2} \mathrm{d}x = \int_0^1 x\left(18-\frac{9}{2}\right)\mathrm{d}x = \frac{27}{4}.
\end{aligned}
$$

**例 7** 计算三重积分 $I=\iiint\limits_{\Omega}\frac{\mathrm{d}V}{(1+x+y+z)^3}$,其中 $\Omega$ 是平面 $x+y+z=1$ 与三个坐标平面围成的空间闭区域.

**解** 首先作出 $\Omega$ 的图形,如图 11.2.14.$\Omega$ 在 $xOy$ 平面上的投影区域为该平面上直线 $x+y=1$ 与坐标轴所围成的三角形区域.先确定关于 $z$ 的积分限,在 $D_{xy}$ 上任取一点 $(x,y)$,过该点且与 $z$ 轴平行的直线顺着 $z$ 轴正方向进入和离开 $\Omega$ 时,与 $\Omega$ 边界的交点的竖坐标分别为 $z_1=0$ 和 $z_2=1-x-y$.因此,由公式(11.2.5)有

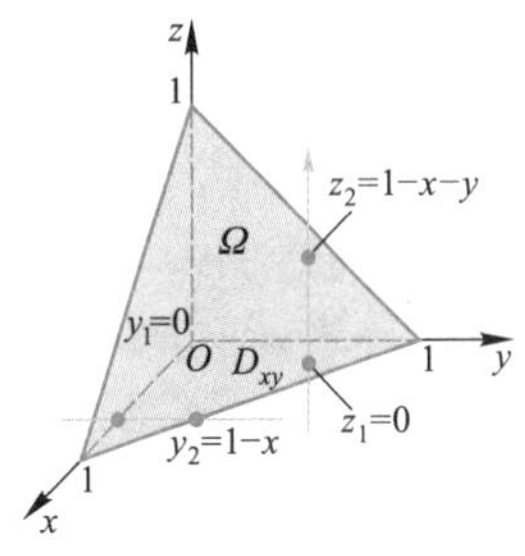

图 11.2.14 例 7 的积分区域

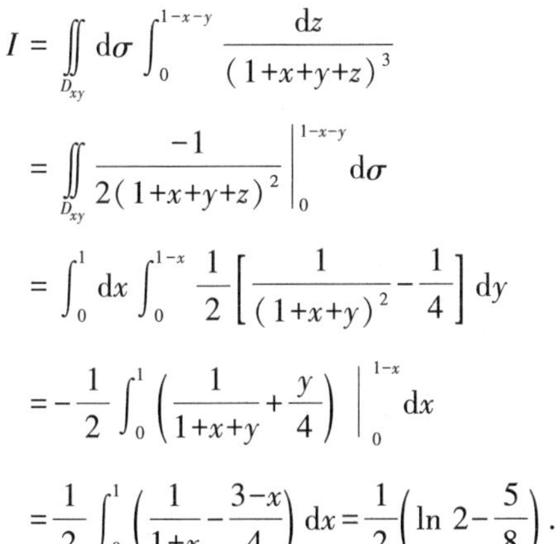

$$
\begin{aligned}
I &= \iint\limits_{D_{xy}} \mathrm{d}\sigma \int_0^{1-x-y} \frac{\mathrm{d}z}{(1+x+y+z)^3} \\
&= \iint\limits_{D_{xy}} \frac{-1}{2(1+x+y+z)^2}\bigg|_0^{1-x-y} \mathrm{d}\sigma \\
&= \int_0^1 \mathrm{d}x \int_0^{1-x} \frac{1}{2}\left[\frac{1}{(1+x+y)^2}-\frac{1}{4}\right]\mathrm{d}y \\
&= -\frac{1}{2}\int_0^1 \left(\frac{1}{1+x+y}+\frac{y}{4}\right)\bigg|_0^{1-x} \mathrm{d}x \\
&= \frac{1}{2}\int_0^1 \left(\frac{1}{1+x}-\frac{3-x}{4}\right)\mathrm{d}x = \frac{1}{2}\left(\ln 2-\frac{5}{8}\right).
\end{aligned}
$$

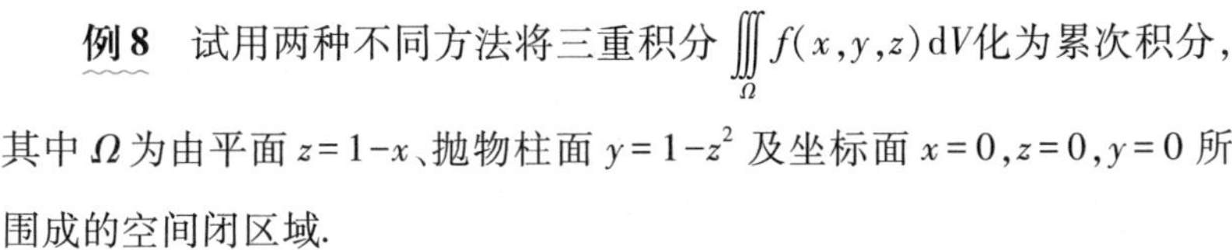

**例 8** 试用两种不同方法将三重积分 $\iiint\limits_{\Omega} f(x,y,z)\mathrm{d}V$ 化为累次积分,其中 $\Omega$ 为由平面 $z=1-x$、抛物柱面 $y=1-z^2$ 及坐标面 $x=0,z=0,y=0$ 所围成的空间闭区域.

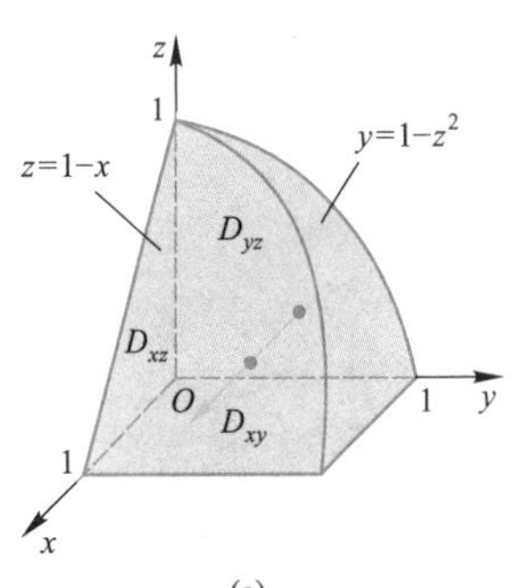

(a)

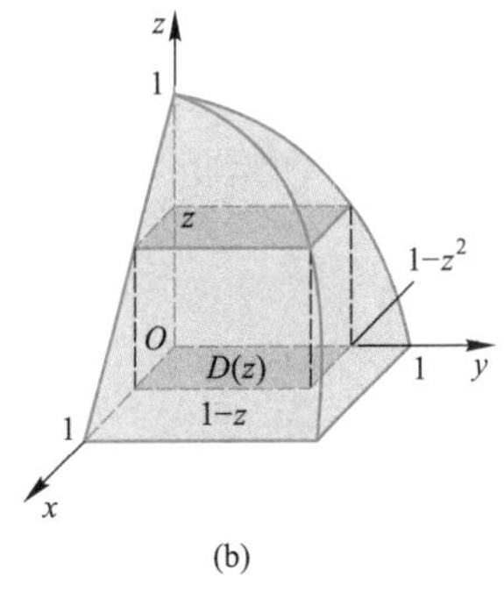

(b)

图 11.2.15 例 8 的积分区域

**解** 积分区域 $\Omega$ 的图形如图 11.2.15(a)所示,它关于 $z$ 轴是简单的,但由于构成 $\Omega$ 的上半曲面由两部分组成,因此不便利用公式(11.2.5)将三重积分化为累次积分.

我们将 $\Omega$ 投影到 $yOz$ 平面,得投影区域

$$
D_{yz}=\{(y,z)\mid 0\leqslant z\leqslant \sqrt{1-y},0\leqslant y\leqslant 1\}.
$$

在 $D_{yz}$ 上任取一点 $(0,y,z)$,过该点且与 $x$ 轴平行的直线顺着 $x$ 轴的正方

向从点$(0,y,z)$处进入 $\Omega$，再从点$(1-z,y,z)$处离开，因此类似公式(11.2.5)，可将三重积分化为如下形式：

$$\iiint\limits_{\Omega} f(x,y,z)\,\mathrm{d}V=\int_0^1 \mathrm{d}y\int_0^{\sqrt{1-y}}\mathrm{d}z\int_0^{1-z} f(x,y,z)\,\mathrm{d}x.$$

如果将 $\Omega$ 投影到 $xOz$ 平面，则投影区域为

$$D_{xz}=\{(x,z)\mid 0\leqslant z\leqslant 1-x,0\leqslant x\leqslant 1\}.$$

同理可得另一形式的累次积分

$$\iiint\limits_{\Omega} f(x,y,z)\,\mathrm{d}V=\int_0^1 \mathrm{d}x\int_0^{1-x}\mathrm{d}z\int_0^{1-z^2} f(x,y,z)\,\mathrm{d}y.$$

从积分的上下限来看，最后一种的累次积分形式最简单. 为了验证三种不同顺序累次积分的正确性，我们假设 $f(x,y,z)=1$，观察计算结果是否相同. 利用 Mathematica 软件计算，分别输入：

```
Integrate[1,{y,0,1},
{z,0,√(1-y)},{x,0,1-z}]
Integrate[1,{x,0,1},
{z,0,1-x},{y,0,1-z²}]
Integrate[1,{z,0,1},
{x,0,1-z},{y,0,1-z²}]
```

计算结果均为$\frac{5}{12}$，此即为空间区域 $\Omega$ 的体积.

我们再用“截痕法”将三重积分转化为累次积分. 将 $\Omega$ 投影到 $z$ 轴上，得到在 $z$ 轴上的投影区间$[0,1]$，再过$[0,1]$上任何一点 $z$ 作垂直于 $z$ 轴的平面，该平面与 $\Omega$ 的截面在 $xOy$ 平面上的投影区域为 $D(z)$，如图 11.2.15(b)所示. 不难知道

$$D(z)=\{(x,y)\mid 0\leqslant x\leqslant 1-z,0\leqslant y\leqslant 1-z^2\},$$

因此，由公式(11.2.6)有

$$\iiint\limits_{\Omega} f(x,y,z)\,\mathrm{d}V=\int_0^1 \mathrm{d}z\iint\limits_{D(z)} f(x,y,z)\,\mathrm{d}\sigma=\int_0^1 \mathrm{d}z\int_0^{1-z}\mathrm{d}x\int_0^{1-z^2} f(x,y,z)\,\mathrm{d}y.$$

微视频
11-2-9
对称区域上的三重积分

**例 9** 计算三重积分 $\iiint\limits_{\Omega}(x+y+2z)\,\mathrm{d}V$，其中 $\Omega$ 为球体 $x^2+y^2+z^2\leqslant R^2(R>0)$在第一卦限中的部分.

**解** $\iiint\limits_{\Omega}(x+y+2z)\,\mathrm{d}V=\iiint\limits_{\Omega}x\,\mathrm{d}V+\iiint\limits_{\Omega}y\,\mathrm{d}V+2\iiint\limits_{\Omega}z\,\mathrm{d}V.$

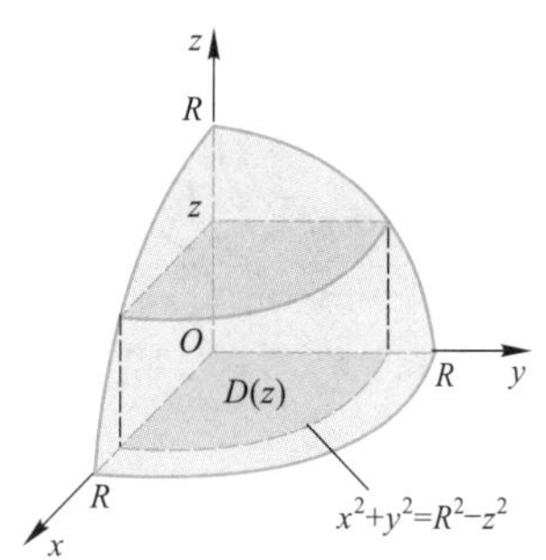


图 11.2.16 例 9 的积分区域

我们利用“截痕法”计算上式右端三个三重积分. 将 $\Omega$ 投影到 $z$ 轴上，其投影区间为$[0,R]$，如图 11.2.16 所示，相应的投影区域为

$$D(z)=\{(x,y)\mid x^2+y^2\leqslant(\sqrt{R^2-z^2})^2,x\geqslant 0,y\geqslant 0\}.$$

由公式(11.2.6)得

$$\iiint\limits_{\Omega}z\,\mathrm{d}V=\int_0^R z\,\mathrm{d}z\iint\limits_{D(z)}\mathrm{d}\sigma=\int_0^R\frac{1}{4}\pi(R^2-z^2)z\,\mathrm{d}z=\frac{\pi}{16}R^4.$$

讨论题
11-2-2
三重积分的对称性
设 $\Omega:x^2+y^2+z^2\leqslant 1,\Omega_1:x^2+y^2+z^2\leqslant 1,z\geqslant 0$，则我们有

$$\iiint\limits_{\Omega}z\,\mathrm{d}V=0,\ \iiint\limits_{\Omega}z^2\,\mathrm{d}V=2\iiint\limits_{\Omega_1}z^2\,\mathrm{d}V.$$

同样，将 $\Omega$ 投影到 $x$ 轴上或 $y$ 轴上，可得

$$\iiint\limits_{\Omega}x\,\mathrm{d}V=\iiint\limits_{\Omega}y\,\mathrm{d}V=\frac{\pi}{16}R^4,$$

因此有

$$\iiint_{\Omega}(x+y+2z)\,\mathrm{d}V=\frac{\pi}{4}R^{4}.$$

这里我们直接利用求 $D(z)$ 的面积得到二重积分的结果，简化了计算过程.在计算三重积分时，若其被积函数是一个变量的函数，则利用“截痕法”可能使计算简便，当然前提是截面的面积能很快求得.

若将例 9 中的积分区域换成整个球体 $\Omega: x^2+y^2+z^2\leqslant R^2$，能否很快知道相应三重积分的结果？请读者思考.

(1) 请你从数学的角度、几何的角度、物理的角度给出三重积分对称性的解释.

(2) 请给出基于对称性得出 $\iiint_{\Omega}f(x,y,z)\,\mathrm{d}V=0$ 情况下，对积分区域 $\Omega$ 及被积函数 $f(x,y,z)$ 特征的一般数学描述.

## 习题 11.2

### A 基础题

1. 计算下列二重积分：

(1) $\iint_D(x^3+3x^2y+y^3)\,\mathrm{d}\sigma$，其中 $D=\{(x,y)\mid 0\leqslant x\leqslant 1,0\leqslant y\leqslant 1\}$；

(2) $\iint_D x\cos(x+y)\,\mathrm{d}\sigma$，其中 $D$ 是顶点分别为 $(0,0),(\pi,0),(\pi,\pi)$ 的三角形闭区域；

(3) $\iint_D xy^2\,\mathrm{d}\sigma$，其中 $D$ 是由圆周 $x^2+y^2=4$ 及 $y$ 轴所围成的右半区域；

(4) $\iint_D \mathrm{e}^{x+y}\,\mathrm{d}\sigma$，其中 $D=\{(x,y)\mid |x|+|y|\leqslant 1\}$.

2. 如果二重积分 $\iint_D f(x,y)\,\mathrm{d}x\mathrm{d}y$ 的被积函数 $f(x,y)=g(x)h(y)$，积分区域 $D=\{(x,y)\mid a\leqslant x\leqslant b,c\leqslant y\leqslant d\}$，证明：

$$\iint_D f(x,y)\,\mathrm{d}x\mathrm{d}y=\left[\int_a^b g(x)\,\mathrm{d}x\right]\cdot\left[\int_c^d h(y)\,\mathrm{d}y\right].$$

3. 化二重积分 $I=\iint_D f(x,y)\,\mathrm{d}x\mathrm{d}y$ 为累次积分（分别列出对两个变量先后次序不同的两个累次积分），其中积分区域 $D$ 分别是

(1) 由直线 $y=x$ 及抛物线 $y^2=4x$ 所围成的闭区域；

(2) 由 $x$ 轴及半圆周 $x^2+y^2=r^2(y\geqslant 0)$ 所围成的闭区域；

(3) 由直线 $y=x,x=2$ 及双曲线 $y=\frac{1}{x}(x>0)$ 所围成的闭区域；

(4) 环形闭区域 $D=\{(x,y)\mid 1\leqslant x^2+y^2\leqslant 4\}$.

4. 化三重积分 $I=\iiint_{\Omega}f(x,y,z)\,\mathrm{d}x\mathrm{d}y\mathrm{d}z$ 为累次积分，其中积分区域分别是

(1) 由曲面 $z=x^2+y^2$ 及平面 $z=1$ 所围成的闭区域；

(2) 由平面 $x=z,z=1$ 及柱面 $x^2+y^2=1$ 所围成的闭区域；

(3) 由曲面 $z=x^2+2y^2$ 及 $z=2-x^2$ 所围成的闭区域；

(4) 由曲面 $cz=xy(c>0),\frac{x^2}{a^2}+\frac{y^2}{b^2}=1,z=0$ 所围成的第一卦限内的闭区域.

5. 改变下列累次积分的次序：

(1) $\int_0^2\mathrm{d}y\int_{y^2}^{2y}f(x,y)\,\mathrm{d}x$；

(2) $\int_1^2\mathrm{d}x\int_{2-x}^{\sqrt{2x-x^2}}f(x,y)\,\mathrm{d}y$；

(3) $\int_1^e \mathrm{d}x \int_0^{\ln x} f(x,y)\,\mathrm{d}y$;

(4) $\int_0^{\pi} \mathrm{d}x \int_{-\sin\frac{x}{2}}^{\sin x} f(x,y)\,\mathrm{d}y$.

6. 计算下列二重积分：

(1) $\iint\limits_D x^2 y\cos(xy^2)\,\mathrm{d}x\mathrm{d}y$,其中

$$D=\left\{(x,y)\,\middle|\,0\leqslant x\leqslant\frac{\pi}{2},0\leqslant y\leqslant 2\right\};$$

(2) $\iint\limits_D \frac{x}{y+1}\mathrm{d}\sigma$,其中 $D$ 是由 $y=x^2+1,y=2x,x=0$ 所围成的闭区域;

(3) $\iint\limits_D y\sqrt{1+x^2+y^2}\,\mathrm{d}\sigma$,其中 $D$ 为直线 $y=x,x=-1,y=1$ 所围成的闭区域.

7. 计算下列三重积分：

(1) $\iiint\limits_{\Omega} z\mathrm{d}x\mathrm{d}y\mathrm{d}z$,其中 $\Omega$ 是由锥面 $z=\frac{h}{R}\sqrt{x^2+y^2}$ 与平面 $z=h(R>0,h>0)$ 所围成的闭区域;

(2) $\iiint\limits_{\Omega} xy^2z^3\mathrm{d}x\mathrm{d}y\mathrm{d}z$,其中 $\Omega$ 是由曲面 $z=xy$ 与平面 $y=x,x=1,z=0$ 所围成的闭区域;

(3) $\iiint\limits_{\Omega} \frac{z\ln(1+x^2+y^2+z^2)}{1+x^2+y^2+z^2}\mathrm{d}x\mathrm{d}y\mathrm{d}z$,其中 $\Omega$ 是由球面 $x^2+y^2+z^2=1$ 所围成的闭区域.

8. 计算 $\iiint\limits_{\Omega} xz\mathrm{d}x\mathrm{d}y\mathrm{d}z$,其中 $\Omega$ 是由平面 $x=0,z=0,z=y,y=1$ 及抛物柱面 $x=\sqrt{y}$ 所围成的闭区域.

9. 计算下列平面曲线围成的图形的面积：

(1) $xy=4,x+y-5=0$;

(2) $y=\mathrm{e}^x,y=\mathrm{e}^{2x},x=1$.

10. 计算由四个平面 $x=0,y=0,x=1,y=1$ 所围成的柱体被平面 $z=0$ 及 $2x+3y+z=6$ 截得的立体的体积.

11. 求由曲面 $z=x^2+2y^2$ 及 $z=6-2x^2-y^2$ 所围立体的体积.

12. 按照被积函数的下列不同情形,分别计算

$$\iiint\limits_{\Omega} f(x,y,z)\,\mathrm{d}x\mathrm{d}y\mathrm{d}z,$$

其中 $\Omega=\left\{(x,y,z)\,\middle|\,\frac{x^2}{a^2}+\frac{y^2}{b^2}+\frac{z^2}{c^2}\leqslant 1\right\}$.

(1) $f(x,y,z)=1$;

(2) $f(x,y,z)=z$;

(3) $f(x,y,z)=x+y+z$;

(4) $f(x,y,z)=z^2$;

(5) $f(x,y,z)=\frac{x^2}{a^2}+\frac{y^2}{b^2}+\frac{z^2}{c^2}$;

(6) $f(x,y,z)=(x+y+z)^2$.

## B 综合题

13. 计算下列累次积分：

(1) $\int_1^5 \mathrm{d}y \int_y^5 \frac{1}{y\ln x}\mathrm{d}x$;

(2) $\int_0^1 \mathrm{d}x \int_0^x x\sqrt{1-x^2+y^2}\,\mathrm{d}y$.

14. 计算 $I=\iint\limits_D \mathrm{e}^{\max\{b^2x^2,a^2y^2\}}\mathrm{d}x\mathrm{d}y$,其中 $D=\{(x,y)\,|\,-a\leqslant x\leqslant a,-b\leqslant y\leqslant b\}$.

15. 计算(1) $\iint\limits_D |y+\sqrt{3}x|\,\mathrm{d}\sigma$,其中 $D=\{(x,y)\,|\,x^2+y^2\leqslant 1\}$;

(2) $\iint\limits_D |y-x^2|\,\mathrm{d}\sigma$, $D=\{(x,y)\,|\,-1\leqslant x\leqslant 1,0\leqslant y\leqslant 2\}$.

16. 求二重积分 $\iint\limits_D y\left(1+x\mathrm{e}^{\frac{x^2+y^2}{2}}\right)\mathrm{d}x\mathrm{d}y$ 的值,其中 $D$ 为直线 $y=x,y=-1$ 及 $x=1$ 所围成的平面区域.

17. 证明 $\int_a^b \mathrm{d}y \int_a^y (y-x)^n f(x)\,\mathrm{d}x=\frac{1}{n+1}\int_a^b (b-x)^{n+1}f(x)\,\mathrm{d}x$,其中 $n$ 为正整数,$f(x)$ 为连续函数,且 $a<b$.

18. 计算二重积分 $\iint\limits_D x\mathrm{e}^{-y^2}\mathrm{d}x\mathrm{d}y$,其中 $D$ 是由曲线 $y=4x^2$ 和 $y=9x^2$ 在第一象限所围成的区域.

19. 设 $f(x,y)$ 连续,且 $f(x,y)=xy+\iint\limits_D f(u,v)\,\mathrm{d}u\mathrm{d}v$,其中 $D$ 是由 $y=0,y=x^2$ 以及 $x=1$ 所围成的闭区域,求 $f(x,y)$.

20. 设 $f(x,y)=\begin{cases}2x,0\leqslant x\leqslant 1,0\leqslant y\leqslant 1,\\0,\text{其他},\end{cases}$ 求 $F(t)=$

$\iint\limits_{x+y\leq t} f(x,y)\mathrm{d}\sigma$ 的表达式.

21. 求由曲面 $z=xy$ 及平面 $x+y+z=1,y=0,x=0$ 所围成的立体的体积.

22. 计算 $\int_0^1 \mathrm{d}x\int_0^{1-x}\mathrm{d}y\int_0^{1-x-y}(1-y)\mathrm{e}^{-(1-y-z)^2}\mathrm{d}z$.

## C 应用题

23. 现有一沙堆,其底在 $xOy$ 平面内由抛物线 $x^2+y=6$ 与直线 $y=x$ 所围成的区域上.沙堆在点 $(x,y)$ 的高度为 $x^2$,试用二重积分和三重积分表示沙堆的体积,并求出该体积.

24. 设平面薄片所占的闭区域 $D$ 由直线 $x+y=2,y=x$ 和 $x$ 轴所围成,它的面密度为 $\mu(x,y)=x^2+y^2$,求该薄片的质量.

25. 一物体占有空间区域 $\Omega$:$0\leqslant x\leqslant 1,0\leqslant y\leqslant 1,0\leqslant z\leqslant 1$,在点 $(x,y,z)$ 处的密度 $\rho(x,y,z)=x+y+z$.试计算该物体的质量.

## D 实验题

26. 用 Mathematica 软件计算二重积分 $\iint\limits_D \mathrm{e}^{-x^2}\mathrm{d}x\mathrm{d}y$,其中 $D=\{(x,y)\mid 0\leqslant x\leqslant 1,0\leqslant y\leqslant x\}$.

27. 设空间闭区域 $\Omega$ 是由柱面 $x=a-y^2$,平面 $x=0,z=0,x+z=a\ (a>0)$ 围成的有界闭区域.试用 Mathematica 软件画出该区域的图形,并分析和绘制该图形在 $xOy$ 面上的投影区域 $D$;在区域 $\Omega$ 内取一点,过该点作平行于 $z$ 轴的直线,考察该直线顺着 $z$ 轴的方向进入和离开 $\Omega$ 的交点坐标;在 $xOy$ 面上作平行于 $y$ 轴的直线穿过投影区域 $D$,考察该直线顺着 $y$ 轴的方向进入和离开 $D$ 的交点坐标;并用 Mathematica 软件计算三重积分

$$\iiint\limits_{\Omega} xy^2z\mathrm{d}x\mathrm{d}y\mathrm{d}z.$$

11.2 测验题

# 11.3 常用坐标变换下重积分的计算

换元法(或称为变量替换法)是计算定积分的常用方法之一,其目的是将被积函数化为较简单的形式,以便求出被积函数的原函数.在上一节中,我们考虑了在直角坐标下的重积分计算,将重积分转化为累次积分时,积分限的繁简直接影响积分计算的难易程度.本节通过用其他坐标描述积分区域,使累次积分限尽量简单,或将被积函数化为更便于积分的形式.

微视频
11-3-1
问题引入——极坐标描述圆域的优势

## 11.3.1 二重积分在极坐标下的计算

在二重积分的计算过程中，为了计算方便，我们有时需要用极坐标来描述积分区域，这是因为对于与圆相关的区域，用极坐标描述比直角坐标简单，例如对于圆盘域

$$D=\{(x,y)\mid x^2+y^2\leqslant 1\},$$

若将其视为 $X$ 型区域，则可将其表示为

$$D=\{(x,y)\mid -\sqrt{1-x^2}\leqslant y\leqslant \sqrt{1-x^2},-1\leqslant x\leqslant 1\}.$$

但若利用极坐标描述，则有下面简单的形式

$$D=\{(\rho,\theta)\mid 0\leqslant \rho\leqslant 1,0\leqslant \theta\leqslant 2\pi\}.$$

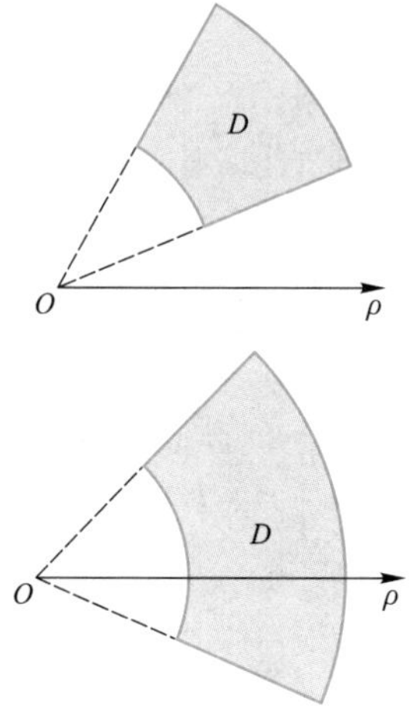

图 11.3.1 极矩形示意图

这相当于直角坐标下的矩形，我们将其称为极矩形，其一般形式是

$$D=\{(\rho,\theta)\mid a\leqslant \rho\leqslant b,\alpha\leqslant \theta\leqslant \beta\},$$

其中 $0<a<b,0\leqslant \alpha<\beta\leqslant 2\pi$ 或 $-\pi\leqslant \alpha<\beta\leqslant \pi$，它表示如图 11.3.1 所示的平面区域.如果能将圆域上的二重积分转化为极矩形上的二重积分，则可使累次积分限变得非常简单.下面我们建立二重积分的极坐标变换公式.

微视频
11-3-2
区域的极坐标描述

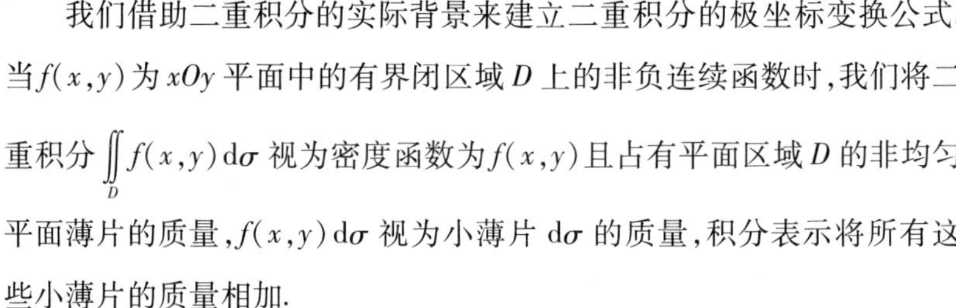

我们借助二重积分的实际背景来建立二重积分的极坐标变换公式.当 $f(x,y)$ 为 $xOy$ 平面中的有界闭区域 $D$ 上的非负连续函数时，我们将二重积分 $\iint\limits_D f(x,y)\mathrm{d}\sigma$ 视为密度函数为 $f(x,y)$ 且占有平面区域 $D$ 的非均匀平面薄片的质量，$f(x,y)\mathrm{d}\sigma$ 视为小薄片 $\mathrm{d}\sigma$ 的质量，积分表示将所有这些小薄片的质量相加.

下面考察不同的分割方式所得到的面积元素 $\mathrm{d}\sigma$.

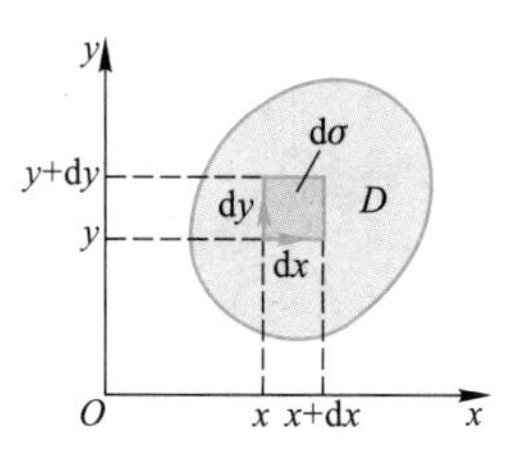

图 11.3.2 直角坐标下的面积元素

在直角坐标下，如图 11.3.2 所示，用过 $x,x+\mathrm{d}x$ 且与 $y$ 轴平行的直线及过 $y,y+\mathrm{d}y$ 且与 $x$ 轴平行的直线分割区域 $D$，所得小矩形的面积为 $\mathrm{d}x\mathrm{d}y$，因此我们亦将二重积分 $\iint\limits_D f(x,y)\mathrm{d}\sigma$ 写成 $\iint\limits_D f(x,y)\mathrm{d}x\mathrm{d}y$ 的形式.将 $\iint\limits_D f(x,y)\mathrm{d}x\mathrm{d}y$ 化为累次积分时，积分的上、下限由区域所允许的 $x$ 和 $y$ 的变化范围确定.

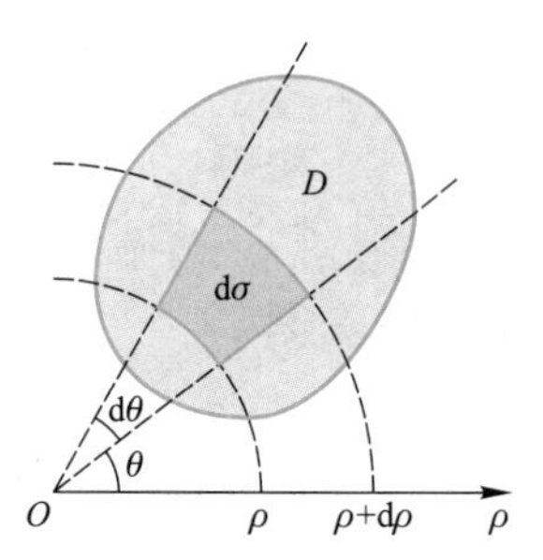

图 11.3.3 极坐标下的面积元素

在极坐标下，如图 11.3.3 所示，用圆弧 $R=\rho,R=\rho+\mathrm{d}\rho$ 和射线 $\Theta=\theta$，$\Theta=\theta+\mathrm{d}\theta$ 分割区域 $D$，所得小四边形的面积近似等于长宽各为 $\mathrm{d}\rho$ 和 $\rho\mathrm{d}\theta$

的矩形面积，即为$\rho d\rho d\theta$，于是有 $d\sigma=\rho d\rho d\theta$. 因此，由直角坐标与极坐标的关系 $x=\rho\cos\theta, y=\rho\sin\theta$，可将二重积分 $\iint\limits_D f(x,y)d\sigma$ 写成 $\iint\limits_D f(\rho\cos\theta,\rho\sin\theta)\rho d\rho d\theta$，将其化为累次积分时，积分的上、下限由区域在极坐标下所允许的 $\rho$ 和 $\theta$ 的变化范围确定.

我们设二重积分的积分区域在极坐标下为简单的，即任何一条过极点的射线和任何一条以极点为圆心的圆弧，分别与区域 $D$ 的边界至多相交于两点，但允许这种射线或圆弧与边界的某一段重合. 图 11.3.4 中的区域在极坐标下均为简单的.

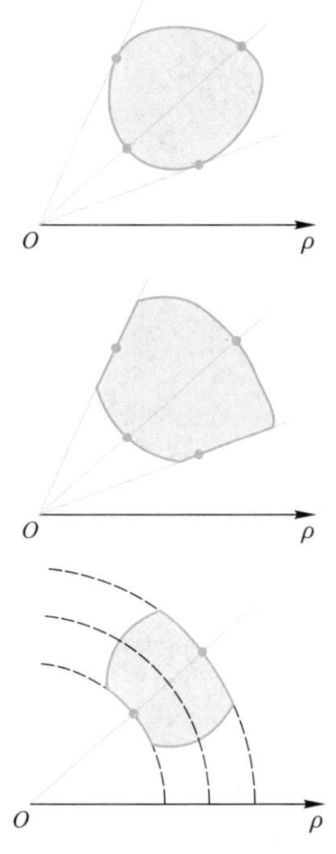

图 11.3.4 极坐标下的简单区域

下面给出简单区域上两种不同顺序的累次积分.

### 1. 先对 $\rho$ 积分，后对 $\theta$ 积分

设积分区域为

$$D=\{(\rho,\theta)\mid\rho_1(\theta)\leqslant\rho\leqslant\rho_2(\theta), \theta_1\leqslant\theta\leqslant\theta_2\},$$

如图 11.3.5 所示. 这里的 $\theta_1, \theta_2$ 和 $\rho_1(\theta), \rho_2(\theta)$ 按下面的方法确定：从射线 $\theta=\theta_1$ 到 $\theta=\theta_2$ 所构成的角形区域正好将区域 $D$ 包含其中，换句话说，区间 $[\theta_1,\theta_2]$ 是区域 $D$ 上的点的极角 $\theta$ 所允许变化的最大范围. 在 $[\theta_1,\theta_2]$ 中任取极角 $\theta$，从极点出发引射线$\theta=\theta$穿过区域 $D$，入口处的极径为 $\rho_1(\theta)$，出口处的极径为$\rho_2(\theta)$. 此时，我们有如下形式的累次积分

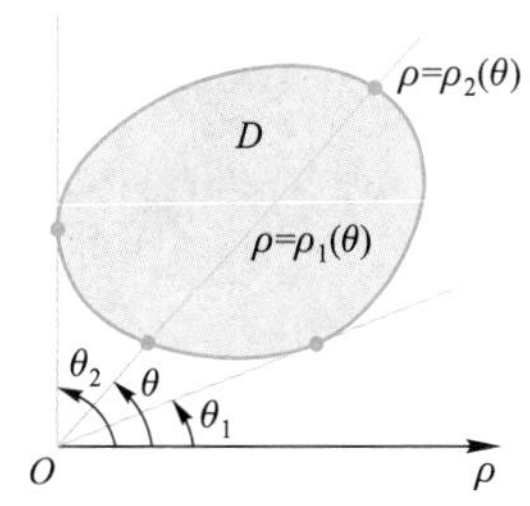

图 11.3.5 先 $\rho$ 后 $\theta$ 的定限方法

$$\iint\limits_D f(x,y)d\sigma=\int_{\theta_1}^{\theta_2}d\theta\int_{\rho_1(\theta)}^{\rho_2(\theta)}f(\rho\cos\theta,\rho\sin\theta)\rho d\rho. \quad (11.3.1)$$

特别地，若积分区域由闭曲线 $C:\rho=\rho(\theta)\ (0\leqslant\theta\leqslant2\pi)$ 所围成（图 11.3.6），则有

$$\iint\limits_D f(x,y)d\sigma=\int_0^{2\pi}d\theta\int_0^{\rho(\theta)}f(\rho\cos\theta,\rho\sin\theta)\rho d\rho. \quad (11.3.2)$$

微视频
11-3-3
极坐标形式的二重积分——极坐标变换公式

### 2. 先对 $\theta$ 积分，后对 $\rho$ 积分

设积分区域为

$$D=\{(\rho,\theta)\mid\theta_1(\rho)\leqslant\theta\leqslant\theta_2(\rho), \rho_1\leqslant\rho\leqslant\rho_2\},$$

其中的 $\rho_1, \rho_2$ 和 $\theta_1(\rho), \theta_2(\rho)$ 按下面的方法确定：由 $\rho=\rho_1$ 和 $\rho=\rho_2$ 构成的圆环正好将区域 $D$ 包含其中，即区间 $[\rho_1,\rho_2]$ 为区域 $D$ 上点的极径 $\rho$ 的最大变化范围. 在闭区间 $[\rho_1,\rho_2]$ 上任取 $\rho$，圆 $\rho=\rho$ 沿逆时针方向穿过区域 $D$，入口处的极角为 $\theta_1(\rho)$，出口处的极角为 $\theta_2(\rho)$，如图 11.3.7 所示.

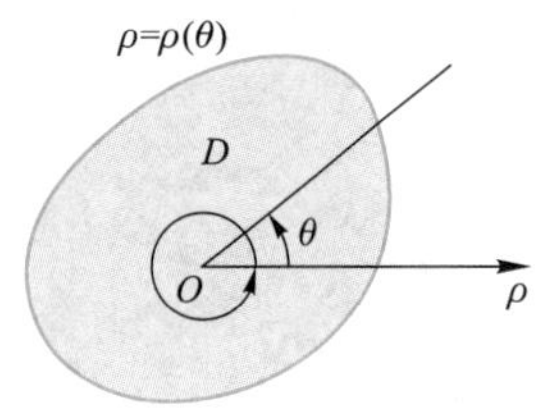

图 11.3.6 一个更简单的积分区域的定限

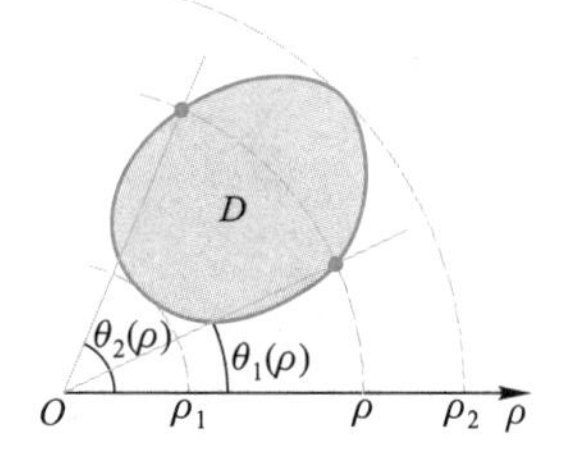


图 11.3.7 先 $\theta$ 后 $\rho$ 的定限方法

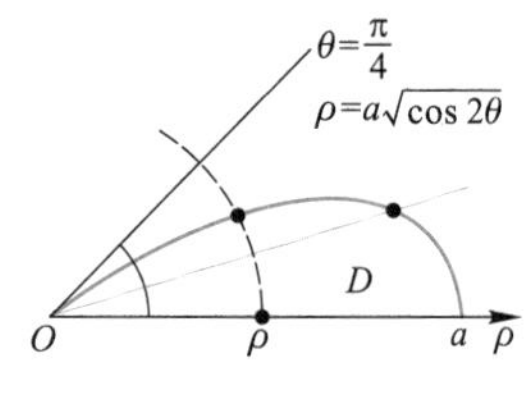


图 11.3.8 例 1 中的积分区域

微视频
11-3-4
极坐标形式的二重积分——利用极坐标变换计算积分

此时,我们有如下形式的累次积分

$$\iint_D f(x,y)\,\mathrm{d}\sigma=\int_{\rho_1}^{\rho_2}\rho\mathrm{d}\rho\int_{\theta_1(\rho)}^{\theta_2(\rho)}f(\rho\cos\theta,\rho\sin\theta)\,\mathrm{d}\theta. \qquad (11.3.3)$$

**例 1** 计算二重积分 $I=\iint\limits_D\arctan\dfrac{y}{x}\mathrm{d}\sigma$,其中积分区域 $D$ 由双纽线

$$(x^2+y^2)^2=a^2(x^2-y^2)\,(a>0)$$

在第一象限的部分与 $x$ 轴所围成.

**解** 画出积分区域 $D$,如图 11.3.8 所示.双纽线 $(x^2+y^2)^2=a^2(x^2-y^2)$ $(a>0)$ 在第一象限部分的极坐标方程为

$$\rho^2=a^2\cos 2\theta\left(0\leqslant\theta\leqslant\frac{\pi}{4}\right) \quad 或 \quad \rho=a\sqrt{\cos 2\theta}\left(0\leqslant\theta\leqslant\frac{\pi}{4}\right).$$

积分区域 $D$ 含于射线 $\theta=0$ 和射线 $\theta=\dfrac{\pi}{4}$ 之间,任取 $\theta\in\left[0,\dfrac{\pi}{4}\right]$,从极点出发的射线 $\theta=\theta$ 穿过区域 $D$ 的入口极径为 $\rho_1=0$,出口极径为 $\rho_2=a\sqrt{\cos 2\theta}$.因此,由公式(11.3.1)有

$$\begin{aligned}I&=\int_0^{\frac{\pi}{4}}\mathrm{d}\theta\int_0^{a\sqrt{\cos 2\theta}}\arctan\left(\frac{\sin\theta}{\cos\theta}\right)\rho\mathrm{d}\rho=\int_0^{\frac{\pi}{4}}\mathrm{d}\theta\int_0^{a\sqrt{\cos 2\theta}}\theta\rho\mathrm{d}\rho\\&=\frac{1}{2}\int_0^{\frac{\pi}{4}}\theta a^2\cos 2\theta\mathrm{d}\theta=\frac{a^2}{8}\left(\frac{\pi}{2}-1\right).\end{aligned}$$

下面我们换一种累次积分的积分顺序.积分区域 $D$ 含于圆 $\rho=a$ 内,任取 $\rho\in[0,a]$,圆弧 $\rho=\rho$ 沿逆时针方向穿过积分区域 $D$,入口极角为 $\theta_1=0$,出口极角由 $\rho=a\sqrt{\cos 2\theta}$,计算得 $\theta_2=\dfrac{1}{2}\arccos\dfrac{\rho^2}{a^2}$,因此,由公式(11.3.3)有

$$I=\int_0^a\rho\mathrm{d}\rho\int_0^{\frac{1}{2}\arccos\frac{\rho^2}{a^2}}\theta\mathrm{d}\theta=\frac{1}{8}\int_0^a\left(\arccos\frac{\rho^2}{a^2}\right)^2\rho\mathrm{d}\rho.$$

令 $\rho^2=a^2\cos t$,则有

$$I=\frac{a^2}{16}\int_0^{\frac{\pi}{2}}t^2\sin t\mathrm{d}t=\frac{a^2}{8}\left(\frac{\pi}{2}-1\right).$$

**例 2** 计算椭圆抛物面 $z=x^2+2y^2$ 与抛物柱面 $z=2-x^2$ 所围成立体的体积.

**解** 由 $\begin{cases}z=x^2+2y^2,\\z=2-x^2\end{cases}$ 消去 $z$ 得 $x^2+y^2=1$,因此两曲面的交线在 $xOy$ 平面上的投影曲线为单位圆周 $x^2+y^2=1$,所围立体在 $xOy$ 平面上的投影区

域为单位圆盘

$$D=\{(x,y)\mid x^2+y^2\leqslant 1\},$$

如图 11.3.9 所示.所求立体的体积为以 $D$ 为底,曲顶分别为抛物柱面 $z=2-x^2$ 和椭圆抛物面 $z=x^2+2y^2$ 的两曲顶柱体的体积之差.因此,由极坐标变换公式,所求体积为

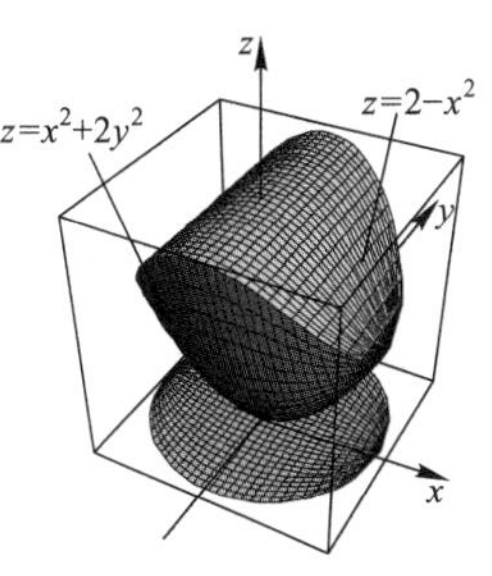

图 11.3.9　例 2 的积分区域

$$\begin{aligned}V&=\iint_D(2-x^2)\,\mathrm{d}\sigma-\iint_D(x^2+2y^2)\,\mathrm{d}\sigma\\&=2\iint_D(1-x^2-y^2)\,\mathrm{d}\sigma\\&=2\int_0^{2\pi}\mathrm{d}\theta\int_0^1(1-\rho^2)\rho\,\mathrm{d}\rho\\&=2\cdot 2\pi\cdot\frac{1}{4}=\pi.\end{aligned}$$

**例 3**　在极坐标系中,如图 11.3.10 所示,曲边扇形区域 $D$ 由射线 $\theta=\theta_1,\theta=\theta_2(\theta_1<\theta_2)$ 和曲线段 $C:\rho=\rho(\theta)(\theta_1\leqslant\theta\leqslant\theta_2)$ 所围成,求区域 $D$ 的面积.由此计算心形线

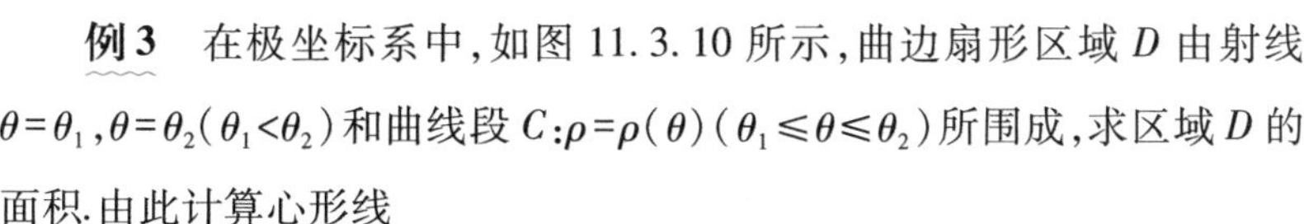

$$C:\rho=a(1+\cos\theta)\quad(0\leqslant\theta\leqslant 2\pi)$$

所围区域的面积.

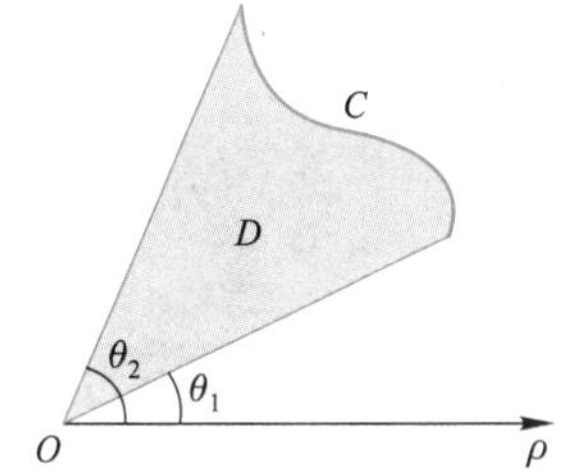

图 11.3.10　曲边扇形

**解**　由二重积分的意义,所求区域面积为

$$A=\iint_D\mathrm{d}\sigma=\int_{\theta_1}^{\theta_2}\mathrm{d}\theta\int_0^{\rho(\theta)}\rho\,\mathrm{d}\rho=\int_{\theta_1}^{\theta_2}\frac{\rho^2}{2}\Bigg|_0^{\rho(\theta)}\mathrm{d}\theta=\frac{1}{2}\int_{\theta_1}^{\theta_2}\rho^2(\theta)\,\mathrm{d}\theta.$$

心形线 $C:\rho=a(1+\cos\theta)(0\leqslant\theta\leqslant 2\pi)$ 所围区域 $D$ 如图 11.3.11 所示,由对称性,它所围区域的面积为

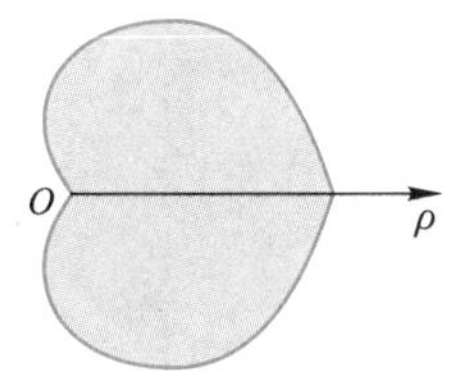

图 11.3.11　心形线

$$\begin{aligned}A&=2\cdot\frac{1}{2}\int_0^{\pi}[a(1+\cos\theta)]^2\mathrm{d}\theta=4a^2\int_0^{\pi}\cos^4\frac{\theta}{2}\mathrm{d}\theta\\&=8a^2\int_0^{\frac{\pi}{2}}\cos^4\varphi\,\mathrm{d}\varphi=8a^2\,\frac{3\cdot 1}{4\cdot 2}\cdot\frac{\pi}{2}=\frac{3\pi}{2}a^2.\end{aligned}$$

**例 4**　计算二重积分 $I_1=\iint_{D_1}\mathrm{e}^{-x^2-y^2}\mathrm{d}\sigma$ 和 $I_2=\iint_{D_2}\mathrm{e}^{-x^2-y^2}\mathrm{d}\sigma$,其中积分区域为:$D_1=\{(x,y)\mid x^2+y^2\leqslant R^2,x\geqslant 0,y\geqslant 0\}$,$D_2=\{(x,y)\mid x^2+y^2\leqslant(\sqrt{2}R)^2,x\geqslant 0,y\geqslant 0\}$,$R>0$ 为常数,并比较 $I_1,I_2$ 与 $I=\iint_D\mathrm{e}^{-x^2-y^2}\mathrm{d}\sigma$ 的大小,其中 $D$ 为矩形区域

$$D=\{(x,y)\mid 0\leqslant x,y\leqslant R\},$$

由此证明概率积分 $\int_0^{+\infty}\mathrm{e}^{-x^2}\mathrm{d}x=\frac{\sqrt{\pi}}{2}$.

**解** 由极坐标变换公式(11.3.1),有

$$I_1=\int_0^{\frac{\pi}{2}}\mathrm{d}\theta\int_0^R \mathrm{e}^{-\rho^2}\rho\mathrm{d}\rho=\frac{\pi}{2}\cdot\frac{-\mathrm{e}^{-\rho^2}}{2}\Bigg|_0^R=\frac{\pi}{4}(1-\mathrm{e}^{-R^2}),$$

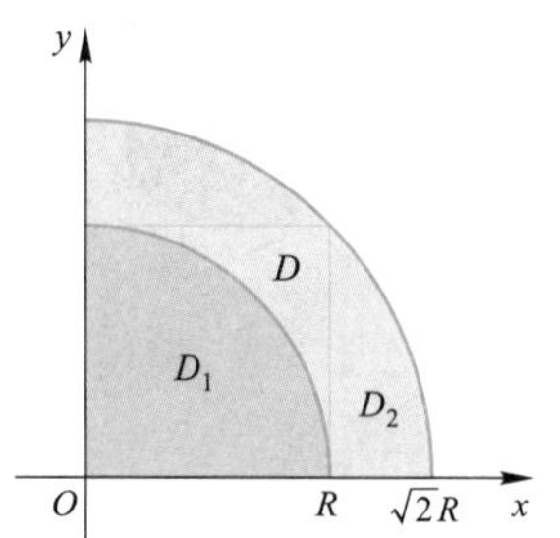

图 11.3.12 例 4 中的积分区域

由此有 $I_2=\frac{\pi}{4}(1-\mathrm{e}^{-(\sqrt{2}R)^2})=\frac{\pi}{4}(1-\mathrm{e}^{-2R^2})$.

由于积分区域有包含关系 $D_1\subset D\subset D_2$,如图 11.3.12 所示,所以有 $I_1<I<I_2$,而

$$\begin{aligned}I&=\int_0^R\mathrm{d}x\int_0^R \mathrm{e}^{-x^2-y^2}\mathrm{d}y\\&=\int_0^R \mathrm{e}^{-x^2}\mathrm{d}x\int_0^R \mathrm{e}^{-y^2}\mathrm{d}y\\&=\left(\int_0^R \mathrm{e}^{-x^2}\mathrm{d}x\right)^2,\end{aligned}$$

讨论题
11-3-1
二重积分何时用极坐标计算方便?请你说说当积分区域和被积函数有何特点时,使用极坐标计算二重积分比较方便?

所以有

$$\frac{\pi}{4}(1-\mathrm{e}^{-R^2})<\left(\int_0^R \mathrm{e}^{-x^2}\mathrm{d}x\right)^2<\frac{\pi}{4}(1-\mathrm{e}^{-2R^2}),$$

即

$$\frac{\sqrt{\pi}}{2}\sqrt{1-\mathrm{e}^{-R^2}}<\int_0^R \mathrm{e}^{-x^2}\mathrm{d}x<\frac{\sqrt{\pi}}{2}\sqrt{1-\mathrm{e}^{-2R^2}}.$$

由夹逼定理,当 $R\to+\infty$ 时有 $\int_0^{+\infty}\mathrm{e}^{-x^2}\mathrm{d}x=\frac{\sqrt{\pi}}{2}$.

微视频
11-3-5
问题引入——从神舟飞船返回舱谈起

## 11.3.2 三重积分在柱坐标下的计算

由三重积分的实际意义,当 $f(x,y,z)$ 为空间有界闭区域 $\Omega$ 上的非负连续函数时,三重积分 $\iiint\limits_{\Omega}f(x,y,z)\mathrm{d}V$ 可视为密度函数为 $f(x,y,z)$ 且在空间中占有区域 $\Omega$ 的非均匀物体的质量,其中 $f(x,y,z)\mathrm{d}V$ 为小块物体 $\mathrm{d}V$ 的质量,积分理解为对所有小块物体质量求和.在直角坐标下,我们用如下平行于坐标平面的三组平面切割 $\Omega$:

$$X=x,\quad X=x+\mathrm{d}x;\quad Y=y,\quad Y=y+\mathrm{d}y;\quad Z=z,\quad Z=z+\mathrm{d}z,$$

得到长、宽、高分别为 $\mathrm{d}x,\mathrm{d}y,\mathrm{d}z$ 的立方体 $\mathrm{d}V$,其体积为 $\mathrm{d}V=\mathrm{d}x\mathrm{d}y\mathrm{d}z$,如图 11.3.13 所示,因此我们可将三重积分 $\iiint\limits_{\Omega}f(x,y,z)\mathrm{d}V$ 记为 $\iiint\limits_{\Omega}f(x,y,z)\mathrm{d}x\mathrm{d}y\mathrm{d}z$.下面我们用另外的方法分割 $\Omega$,由此得到三重积分的另一形式.

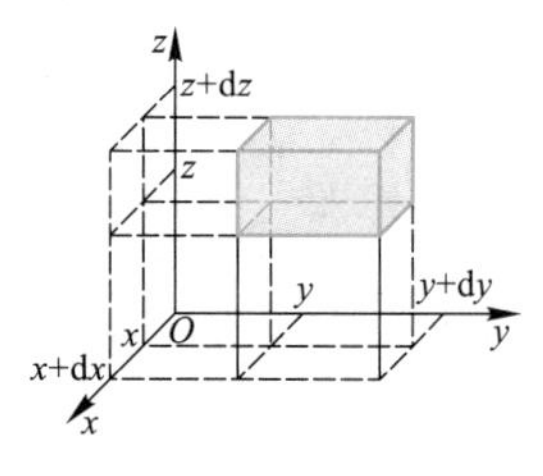

图 11.3.13 直角坐标系下的体积微元

首先引进柱坐标系的概念.所谓柱坐标系,就是在极坐标系的基础上,添加 $z$ 轴所得到的空间坐标系.具体地,在空间直角坐标系 $Oxyz$ 中,首先在坐标平面 $xOy$ 上建立极坐标系,使极点与原点 $O$ 重合,极轴与 $x$ 轴重合且方向一致,而 $z$ 轴保持不变,这样建立的空间坐标系称为空间柱坐标系.设 $P$ 为空间柱坐标系中的一点,它在 $xOy$ 平面上的投影点 $P'$ 的极坐标为$(\rho,\theta)$,投影到 $z$ 轴上点的坐标为 $z$,则有序数$(\rho,\theta,z)$确定了点 $P$ 的位置,称$(\rho,\theta,z)$为 $P$ 的柱坐标,记为$P(\rho,\theta,z)$,如图 11.3.14 所示.若 $P$ 在对应的直角坐标系中的坐标为 $P(x,y,z)$,则点 $P$ 的直角坐标和柱坐标有如下关系:

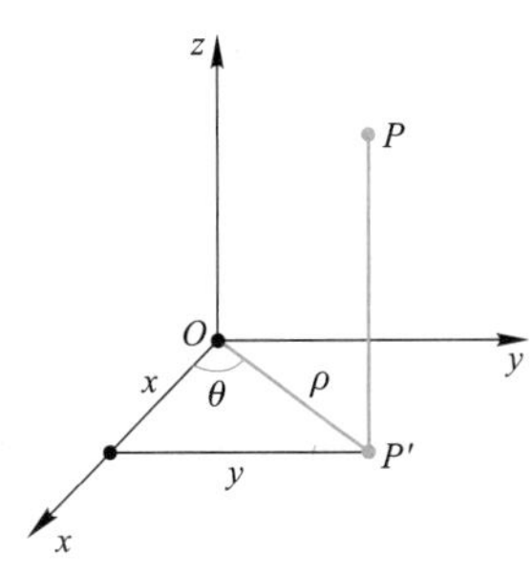

图 11.3.14 柱坐标与直角坐标的关系

微视频
11-3-6
空间区域的柱坐标描述

$$\begin{cases} x=\rho\cos\theta, \\ y=\rho\sin\theta, \\ z=z, \end{cases}$$

其中 $0\leqslant\rho<+\infty$ ,$0\leqslant\theta\leqslant 2\pi$ 或$-\pi\leqslant\theta\leqslant\pi$,$-\infty<z<+\infty$.

在柱坐标系中,空间中点 $P_0(\rho_0,\theta_0,z_0)$的位置由下面三个曲面确定:

$\rho=\rho_0$,表示以 $z$ 轴为中心轴、底面圆半径为 $\rho_0$ 的圆柱面;

$\theta=\theta_0$,表示从 $z$ 轴出发且与 $x$ 轴正向的夹角为 $\theta_0$ 的半平面;

$z=z_0$,表示过 $z$ 轴上点 $z_0$ 且与 $z$ 轴垂直的平面.

上述三曲面称为柱坐标曲面,其交点即为点 $P_0$,如图 11.3.15 所示.

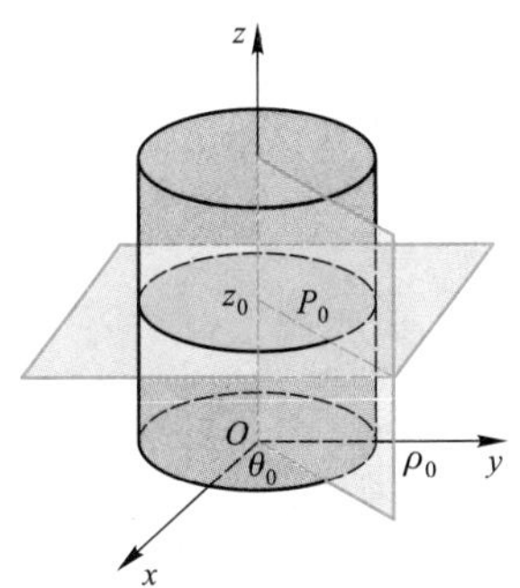

图 11.3.15 柱坐标曲面示意图

下面我们用柱坐标曲面切割空间区域 $\Omega$,得到三重积分的另一表示形式.用柱坐标系中的三组曲面

$$R=\rho,\quad R=\rho+\mathrm{d}\rho;\quad \Theta=\theta,\quad \Theta=\theta+\mathrm{d}\theta\;;\quad Z=z,\quad Z=z+\mathrm{d}z$$

切割 $\Omega$,得小子区域 $\mathrm{d}V$,如图 11.3.16 所示.小子区域 $\mathrm{d}V$ 可视为长、宽、高分别为 $\mathrm{d}\rho,\rho\mathrm{d}\theta,\mathrm{d}z$ 的小立方体,因此其体积近似等于 $\mathrm{d}\rho\cdot(\rho\mathrm{d}\theta)\cdot\mathrm{d}z=\rho\mathrm{d}\theta\mathrm{d}\rho\mathrm{d}z$.将三重积分中的体积元素取为 $\mathrm{d}V=\rho\mathrm{d}\theta\mathrm{d}\rho\mathrm{d}z$,则得到如下三重积分的柱坐标变换公式

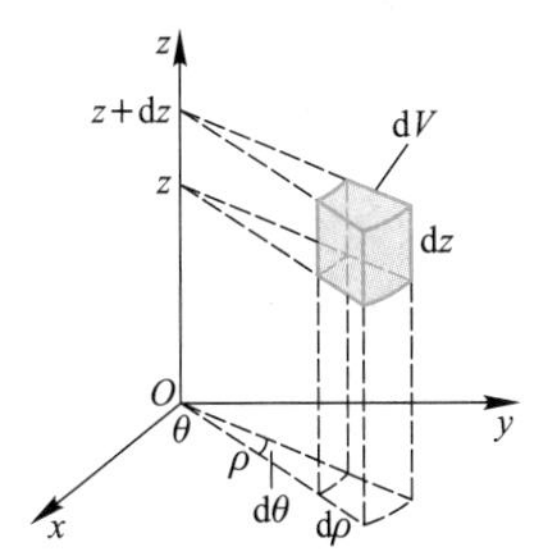

图 11.3.16 柱坐标系的微元

$$\iiint\limits_{\Omega} f(x,y,z)\,\mathrm{d}V=\iiint\limits_{\Omega} f(\rho\cos\theta,\rho\sin\theta,z)\rho\mathrm{d}\theta\mathrm{d}\rho\mathrm{d}z.$$

在具体计算中,我们必须将上述积分转化为累次积分.与直角坐标时的情形一样,这涉及如何将积分区域 $\Omega$ 用柱坐标进行描述.将柱坐标下的三重积分化为累次积分的一般步骤如下:

(1) 将被积函数 $f(x,y,z)$ 改写为 $f(\rho\cos\theta,\rho\sin\theta,z)$,$\mathrm{d}V$ 改写成 $\rho\mathrm{d}\theta\mathrm{d}\rho\mathrm{d}z$.

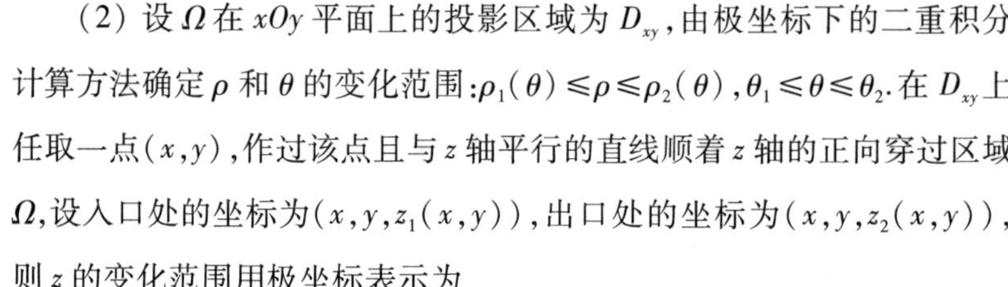

（2）设 $\Omega$ 在 $xOy$ 平面上的投影区域为 $D_{xy}$，由极坐标下的二重积分计算方法确定 $\rho$ 和 $\theta$ 的变化范围：$\rho_1(\theta)\leqslant\rho\leqslant\rho_2(\theta)$，$\theta_1\leqslant\theta\leqslant\theta_2$. 在 $D_{xy}$ 上任取一点 $(x,y)$，作过该点且与 $z$ 轴平行的直线顺着 $z$ 轴的正向穿过区域 $\Omega$，设入口处的坐标为 $(x,y,z_1(x,y))$，出口处的坐标为 $(x,y,z_2(x,y))$，则 $z$ 的变化范围用极坐标表示为

$$z_1(\rho\cos\theta,\rho\sin\theta)\leqslant z\leqslant z_2(\rho\cos\theta,\rho\sin\theta).$$

微视频
11-3-7
柱坐标下三重积分的计算——积分计算的一般步骤

微视频
11-3-8
柱坐标下三重积分的计算——积分计算实例

（3）将三重积分写成如下累次积分的形式

$$\begin{aligned}\iiint\limits_{\Omega} f(x,y,z)\,\mathrm{d}V &= \iiint\limits_{\Omega} f(\rho\cos\theta,\rho\sin\theta,z)\rho\mathrm{d}\theta\mathrm{d}\rho\mathrm{d}z\\ &=\int_{\theta_1}^{\theta_2}\mathrm{d}\theta\int_{\rho_1(\theta)}^{\rho_2(\theta)}\rho\mathrm{d}\rho\int_{z_1(\rho\cos\theta,\rho\sin\theta)}^{z_2(\rho\cos\theta,\rho\sin\theta)} f(\rho\cos\theta,\rho\sin\theta,z)\,\mathrm{d}z.\end{aligned}\tag{11.3.4}$$

（4）在对 $z$ 积分时，$\rho$，$\theta$ 视为常数，积分结果作为对 $\rho$ 积分的被积函数，此时将 $\theta$ 视为常数. 再将积分结果视为对 $\theta$ 积分的被积函数，计算所得结果即为三重积分的值.

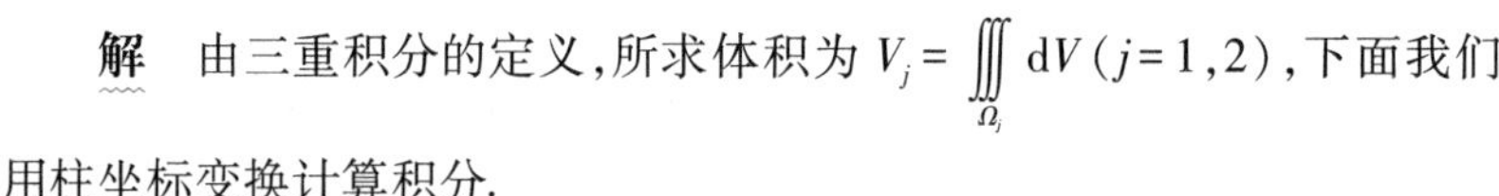

**例 5** 计算旋转抛物面 $z=x^2+y^2$ 分别与 $z=1$ 和 $z=x$ 所围成空间区域 $\Omega_1$ 和 $\Omega_2$ 的体积 $V_1$ 和 $V_2$.

**解** 由三重积分的定义，所求体积为 $V_j=\iiint\limits_{\Omega_j}\mathrm{d}V\,(j=1,2)$，下面我们用柱坐标变换计算积分.

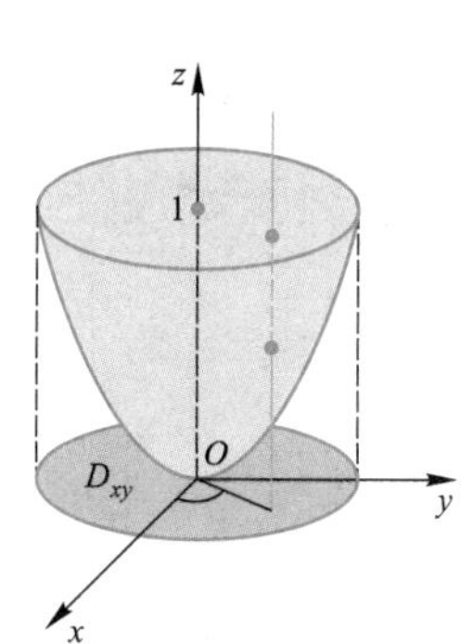


图 11.3.17　例 5 中的积分区域 $\Omega_1$

（1）$\Omega_1$ 在 $xOy$ 平面上的投影为圆域 $D_{xy}$：$x^2+y^2\leqslant 1$，如图 11.3.17. 因此得 $\rho$ 和 $\theta$ 的变化范围：

$$0\leqslant\rho\leqslant 1,\quad 0\leqslant\theta\leqslant 2\pi.$$

过 $D_{xy}$ 中的任一点 $(x,y)$ 且平行于 $z$ 轴的直线顺着 $z$ 轴的正向从旋转抛物面 $z=x^2+y^2$ 上的点 $(x,y,x^2+y^2)$ 穿入 $\Omega_1$，再从平面 $z=1$ 上的点 $(x,y,1)$ 穿出 $\Omega_1$，因此 $\Omega_1$ 上点的 $z$ 坐标变化范围为

$$x^2+y^2\leqslant z\leqslant 1,\quad 即\ \rho^2\leqslant z\leqslant 1.$$

所以，由公式（11.3.4）有

$$V_1=\iiint\limits_{\Omega_1}\mathrm{d}V=\int_0^{2\pi}\mathrm{d}\theta\int_0^1\rho\mathrm{d}\rho\int_{\rho^2}^1\mathrm{d}z=2\pi\int_0^1\rho(1-\rho^2)\,\mathrm{d}\rho=\frac{\pi}{2}.$$

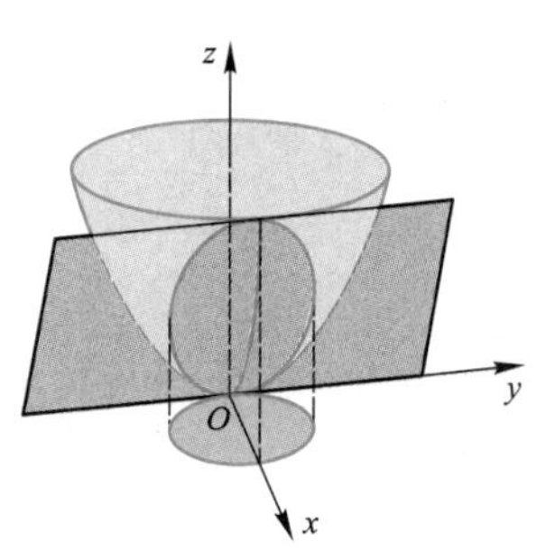


图 11.3.18　例 5 中的积分区域 $\Omega_2$

（2）由 $\begin{cases}z=x^2+y^2,\\ z=x\end{cases}$ 得 $x^2+y^2-x=0$，因此 $\Omega_2$ 在 $xOy$ 平面上的投影区域 $D_{xy}$ 为圆 $x^2+y^2-x=0$ 所围成的闭圆盘域，如图 11.3.18. 圆周 $x^2+y^2-x=0$

的极坐标方程为$\rho=\cos\theta$,所以$\rho$和$\theta$的变化范围为

$$0\leqslant\rho\leqslant\cos\theta,\quad -\frac{\pi}{2}\leqslant\theta\leqslant\frac{\pi}{2}.$$

过$D_{xy}$中的任一点$(x,y)$且平行于$z$轴的直线顺着$z$轴的正方向从旋转抛物面$z=x^2+y^2$上的点$(x,y,x^2+y^2)$穿入$\Omega_2$,再从平面$z=x$上的点$(x,y,x)$穿出$\Omega_2$,因此$\Omega_2$上点的$z$坐标变化范围为

$$x^2+y^2\leqslant z\leqslant x,\quad 即\ \rho^2\leqslant z\leqslant\rho\cos\theta.$$

所以,由公式(11.3.4)有

$$\begin{aligned}V_2&=\iiint_{\Omega}\mathrm{d}V=\int_{-\frac{\pi}{2}}^{\frac{\pi}{2}}\mathrm{d}\theta\int_0^{\cos\theta}\rho\mathrm{d}\rho\int_{\rho^2}^{\rho\cos\theta}\mathrm{d}z\\&=\int_{-\frac{\pi}{2}}^{\frac{\pi}{2}}\mathrm{d}\theta\int_0^{\cos\theta}\rho(\rho\cos\theta-\rho^2)\mathrm{d}\rho=\int_{-\frac{\pi}{2}}^{\frac{\pi}{2}}\left(\frac{\rho^3}{3}\cos\theta-\frac{\rho^4}{4}\right)\Bigg|_0^{\cos\theta}\mathrm{d}\theta\\&=\frac{1}{12}\int_{-\frac{\pi}{2}}^{\frac{\pi}{2}}\cos^4\theta\mathrm{d}\theta=\frac{1}{6}\int_0^{\frac{\pi}{2}}\cos^4\theta\mathrm{d}\theta=\frac{1}{6}\cdot\frac{3\cdot1}{4\cdot2}\cdot\frac{\pi}{2}=\frac{\pi}{32}.\end{aligned}$$

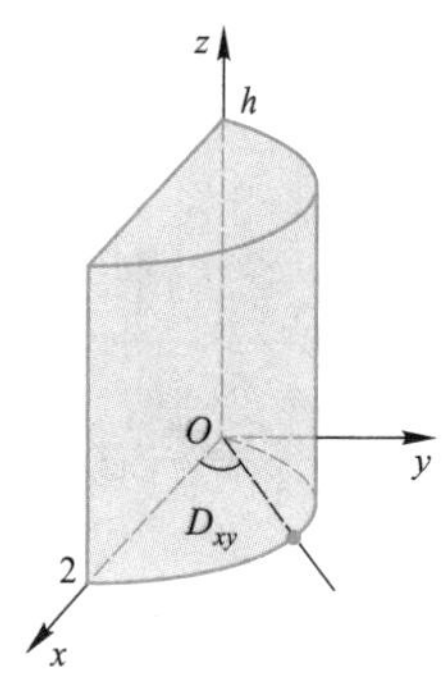

图 11.3.19　例 6 中的积分区域

**例 6**　计算三重积分$\iiint_{\Omega}(x^2+z^2)\mathrm{d}V$,其中$\Omega$为由柱面$x^2+y^2=2x$及平面$z=0$,$z=h(h>0)$所围成的区域在第一卦限中的部分.

**解**　积分区域$\Omega$的图形如图 11.3.19 所示.$\Omega$在$xOy$平面上的投影区域$D_{xy}$为圆盘域$(x-1)^2+y^2\leqslant1$在第一象限中的部分.$D_{xy}$的极坐标描述为

$$0\leqslant\rho\leqslant2\cos\theta,\quad 0\leqslant\theta\leqslant\frac{\pi}{2}.$$

由前例方法可得$z$的变化范围为$0\leqslant z\leqslant h$,因此有

$$\begin{aligned}\iiint_{\Omega}(x^2+z^2)\mathrm{d}V&=\int_0^{\frac{\pi}{2}}\mathrm{d}\theta\int_0^{2\cos\theta}\rho\mathrm{d}\rho\int_0^h[(\rho\cos\theta)^2+z^2]\mathrm{d}z\\&=\int_0^{\frac{\pi}{2}}\mathrm{d}\theta\int_0^{2\cos\theta}\rho\left[(\rho\cos\theta)^2z+\frac{z^3}{3}\right]\Bigg|_0^h\mathrm{d}\rho\\&=\int_0^{\frac{\pi}{2}}\mathrm{d}\theta\int_0^{2\cos\theta}\rho\left[(\rho\cos\theta)^2h+\frac{h^3}{3}\right]\mathrm{d}\rho\\&=\int_0^{\frac{\pi}{2}}2h\left(2\cos^6\theta+\frac{h^2}{3}\cos^2\theta\right)\mathrm{d}\theta=\pi h\left(\frac{5}{8}+\frac{h^2}{6}\right).\end{aligned}$$

讨论题
11-3-2
截面法与柱坐标的对比

试计算三重积分$\iiint_{\Omega}(x^2+y^2)\mathrm{d}V$.

(1) $\Omega$为曲面$z=x^2+y^2$与$z=1$所围成的空间闭区域.

(2) $\Omega$为曲线$\begin{cases}y^2-z^2=1,\\x=0\end{cases}$绕$z$轴旋转而成的曲面与平面$z=-1$,$z=1$围成的空间闭区域.

从这两个例子总结用截面法与柱坐标计算三重积分的特点.

三重积分的柱坐标变换实质上是二重积分的极坐标变换.以例 6 为例,由第 11.2 节中的公式(11.2.4)有

$$\begin{aligned}\iiint_{\Omega}(x^2+z^2)\mathrm{d}V&=\iint_{D_{xy}}\mathrm{d}\sigma\int_0^h(x^2+z^2)\mathrm{d}z\\&=\iint_{D_{xy}}\left(x^2h+\frac{h^3}{3}\right)\mathrm{d}\sigma,\end{aligned}$$

然后再用极坐标计算二重积分,效果与使用柱坐标相同.另外,在计算积分时,直接利用我们在定积分计算中得到的$\int_0^{\frac{\pi}{2}}\sin^n\varphi\mathrm{d}\varphi$和$\int_0^{\frac{\pi}{2}}\cos^n\varphi\mathrm{d}\varphi$的结果是方便的,即

$$\int_0^{\frac{\pi}{2}}\sin^n\varphi\mathrm{d}\varphi=\int_0^{\frac{\pi}{2}}\cos^n\varphi\mathrm{d}\varphi=\begin{cases}\dfrac{(n-1)!!}{n!!}\cdot1, & 当\ n\ 为奇数时,\\\dfrac{(n-1)!!}{n!!}\cdot\dfrac{\pi}{2}, & 当\ n\ 为偶数时.\end{cases}$$

## 11.3.3　三重积分在球坐标下的计算

下面我们用球坐标系中的曲面切割积分区域$\Omega$,得到体积元素 dV

的另一形式，从而得到三重积分 $\iiint\limits_{\Omega} f(x,y,z)\,\mathrm{d}V$ 的球坐标变换公式.

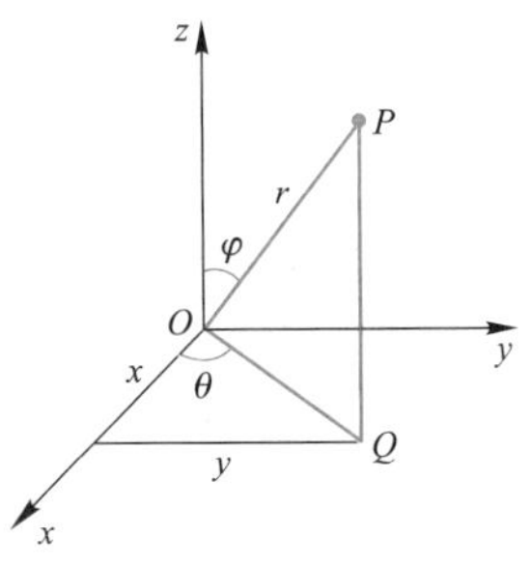

图 11.3.20 球坐标与直角坐标的关系

首先我们介绍球坐标.设 $P$ 为空间直角坐标系中任一点，记 $r=|\overrightarrow{OP}|$，$\varphi(0\leqslant\varphi\leqslant\pi)$ 为 $\overrightarrow{OP}$ 与 $z$ 轴正向的夹角，$\theta(0\leqslant\theta\leqslant 2\pi)$ 表示 $\overrightarrow{OP}$ 在 $xOy$ 平面上的投影 $\overrightarrow{OQ}$ 与 $x$ 轴正向的夹角，如图 11.3.20 所示.点 $P$ 可由有序数 $(r,\varphi,\theta)$ 确定，称 $(r,\varphi,\theta)$ 为点 $P$ 的球坐标，相应的坐标系称为球坐标系.设点 $P$ 的直角坐标和球坐标分别为 $P(x,y,z)$ 和 $P(r,\varphi,\theta)$，则它们之间有如下关系：

$$\begin{cases} x=r\sin\varphi\cos\theta, \\ y=r\sin\varphi\sin\theta, \\ z=r\cos\varphi, \end{cases}$$

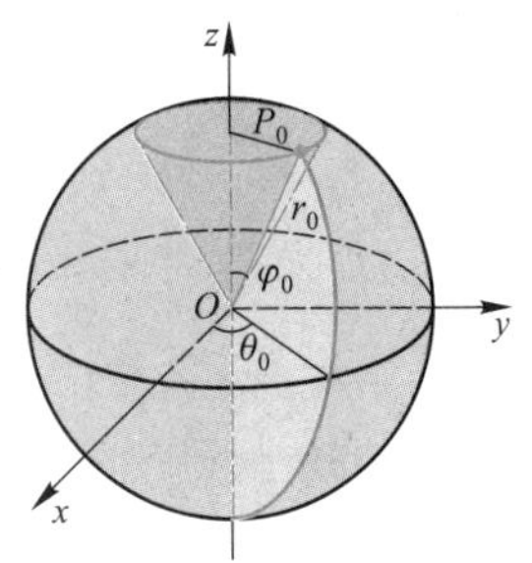

图 11.3.21 球坐标曲面的示意图

其中 $0\leqslant r<+\infty$，$0\leqslant\varphi\leqslant\pi$，$0\leqslant\theta\leqslant 2\pi$.相反地，有

$$\begin{cases} r=\sqrt{x^2+y^2+z^2}, \\ \cos\varphi=\dfrac{z}{\sqrt{x^2+y^2+z^2}}, \\ \tan\theta=\dfrac{y}{x}. \end{cases}$$

微视频
11-3-9
问题引入——柱坐标也有力不从心的时候

微视频
11-3-10
空间区域的球坐标描述

在球坐标系，点 $P_0(r_0,\varphi_0,\theta_0)$ 由下面三个曲面确定：

$r=r_0$，表示中心在原点、半径为 $r_0$ 的球面；

$\varphi=\varphi_0$，表示以 $z$ 轴为中心轴、顶点在原点、从原点出发的母线与 $z$ 轴正向成 $\varphi_0$ 角的半圆锥面；

$\theta=\theta_0$，表示从 $z$ 轴出发且与 $x$ 轴正向夹角为 $\theta_0$ 的半平面.

上述三个曲面称为球坐标曲面，$P_0$ 为它们的交点，如图 11.3.21.

下面我们用球坐标曲面切割空间区域 $\Omega$，得到体积元素 $\mathrm{d}V$ 的球坐标形式.用球坐标系中的三组曲面：

$$R=r,\quad R=r+\mathrm{d}r\ \ (\mathrm{d}r>0);\quad \Phi=\varphi,\quad \Phi=\varphi+\mathrm{d}\varphi\ \ (\mathrm{d}\varphi>0);$$

$$\Theta=\theta,\quad \Theta=\theta+\mathrm{d}\theta\ \ (\mathrm{d}\theta>0)$$

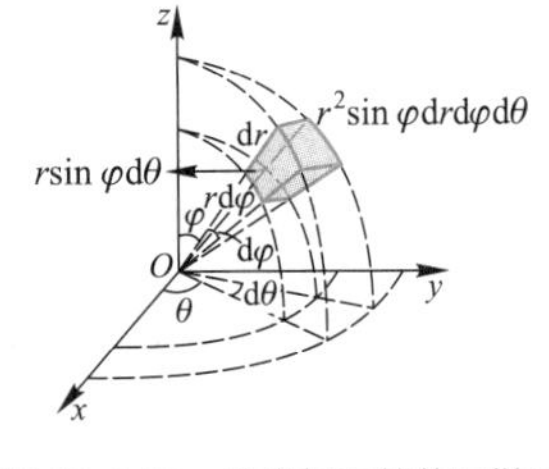

图 11.3.22 球坐标下的体积微元

切割 $\Omega$，得小子区域 $\mathrm{d}V$，如图 11.3.22 所示.我们将 $\mathrm{d}V$ 视为长、宽、高分别为 $r\sin\varphi\mathrm{d}\theta$，$r\mathrm{d}\varphi$，$\mathrm{d}r$ 的长方体，因此得其体积为

$$\mathrm{d}V=(r\sin\varphi\mathrm{d}\theta)\cdot(r\mathrm{d}\varphi)\cdot\mathrm{d}r=r^2\sin\varphi\mathrm{d}r\mathrm{d}\varphi\mathrm{d}\theta.$$

于是，我们有如下三重积分的球坐标变换公式：

$$\iiint\limits_{\Omega} f(x,y,z)\,\mathrm{d}V=\iiint\limits_{\Omega} f(r\sin\varphi\cos\theta,r\sin\varphi\sin\theta,r\cos\varphi)\,r^2\sin\varphi\mathrm{d}r\mathrm{d}\varphi\mathrm{d}\theta.$$

如图 11.3.23 所示，一般将上述球坐标下的三重积分化为累次积分的步骤是：

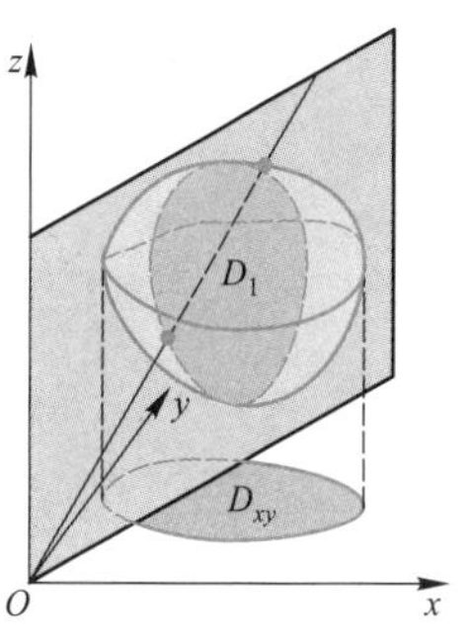

图 11.3.23　球坐标下的定限

（1）将积分区域 $\Omega$ 投影到 $xOy$ 平面，由投影区域 $D_{xy}$ 确定 $\theta$ 的变化范围为

$$\theta_1 \leqslant \theta \leqslant \theta_2;$$

（2）对 $[\theta_1, \theta_2]$ 中的任意 $\theta$，从 $z$ 轴出发且与 $x$ 轴正向成 $\theta$ 角的半平面截 $\Omega$ 得截面 $D_1$，由 $D_1$ 确定 $\varphi$ 的变化范围：

$$\varphi_1(\theta) \leqslant \varphi \leqslant \varphi_2(\theta);$$

（3）对于 $[\theta_1, \theta_2]$ 中任意给定的 $\theta$ 和 $[\varphi_1(\theta), \varphi_2(\theta)]$ 中任意给定的 $\varphi$，在 $D_1$ 所在的半平面内，作从原点出发且与 $z$ 轴成 $\varphi$ 角的射线穿过 $\Omega$，在 $\Omega$ 上的入口与原点的距离为 $r_1(\theta, \varphi)$，出口离原点的距离为 $r_2(\theta, \varphi)$，由此得到 $r$ 的变化范围：

$$r_1(\theta, \varphi) \leqslant r \leqslant r_2(\theta, \varphi);$$

微视频
11-3-11
球坐标下三重积分的计算——积分计算的一般步骤

（4）综上，得到三重积分所对应的累次积分：

微视频
11-3-12
球坐标下三重积分的计算——积分计算实例

$$\begin{aligned}&\iiint\limits_{\Omega} f(x, y, z)\,\mathrm{d}V\\ =&\iiint\limits_{\Omega} f(r\sin\varphi\cos\theta, r\sin\varphi\sin\theta, r\cos\varphi)\,r^2\sin\varphi\,\mathrm{d}r\mathrm{d}\varphi\mathrm{d}\theta\\ =&\int_{\theta_1}^{\theta_2}\mathrm{d}\theta\int_{\varphi_1(\theta)}^{\varphi_2(\theta)}\sin\varphi\,\mathrm{d}\varphi\int_{r_1(\theta,\varphi)}^{r_2(\theta,\varphi)} f(r\sin\varphi\cos\theta, r\sin\varphi\sin\theta, r\cos\varphi)\,r^2\,\mathrm{d}r.\end{aligned} \tag{11.3.5}$$

**例 7**　求圆锥面 $z=\sqrt{x^2+y^2}$ 与半球面 $z=\sqrt{2-x^2-y^2}$ 所围成的空间立体 $\Omega$ 的体积 $V$.

**解**　所求体积为三重积分 $V=\iiint\limits_{\Omega}\mathrm{d}V$，下面用球坐标变换求积分值.

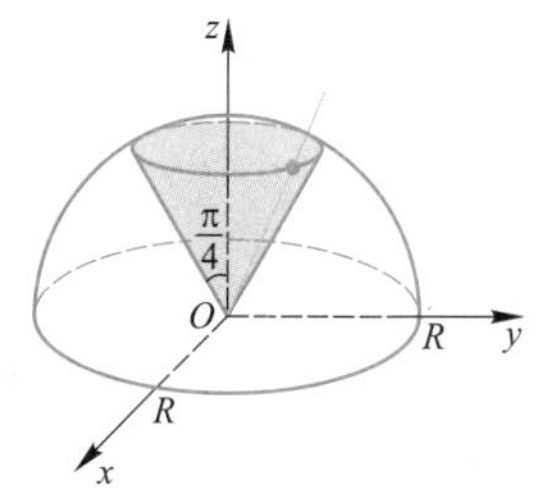

图 11.3.24　例 7 中的积分区域

如图 11.3.24 所示，由 $\begin{cases} z=\sqrt{x^2+y^2}, \\ z=\sqrt{2-x^2-y^2} \end{cases}$ 得 $x^2+y^2=1$，因此 $\Omega$ 在 $xOy$ 平面上的投影区域为圆域：

$$D_{xy}: x^2+y^2 \leqslant 1.$$

由此知 $\theta$ 的变化范围：$0 \leqslant \theta \leqslant 2\pi$. 从 $z$ 轴出发且与 $x$ 轴成 $\theta$ 角的半平面与 $\Omega$ 所截得扇形区域 $D_1$，由此知 $\varphi$ 的变化范围：$0 \leqslant \varphi \leqslant \frac{\pi}{4}$. 从原点出发的射线穿过 $\Omega$，入口处在原点，出口处在球面上，因此得 $r$ 的范围：$0 \leqslant r \leqslant \sqrt{2}$.

于是,由公式(11.3.5)有

$$V=\iiint_{\Omega}\mathrm{d}V=\int_0^{2\pi}\mathrm{d}\theta\int_0^{\frac{\pi}{4}}\sin\varphi\mathrm{d}\varphi\int_0^{\sqrt{2}}r^2\mathrm{d}r$$

$$=2\pi\cdot\frac{2\sqrt{2}}{3}\int_0^{\frac{\pi}{4}}\sin\varphi\mathrm{d}\varphi=\frac{4\pi}{3}(\sqrt{2}-1).$$

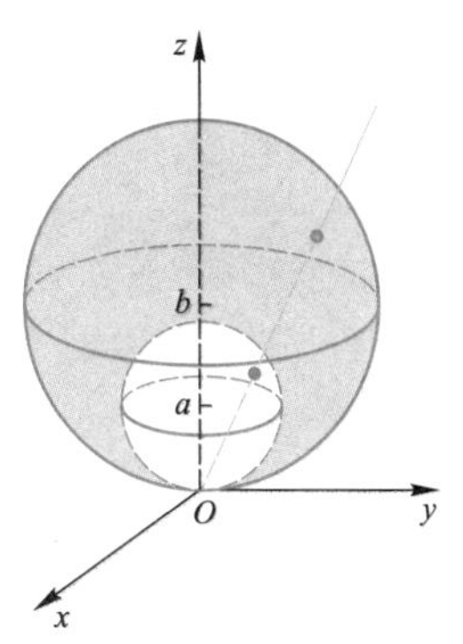

图 11.3.25 例 8 中的积分区域

**例 8** 计算三重积分 $I=\iiint_{\Omega}(x^2+y^2)\mathrm{d}V$,其中 $\Omega$ 是由两个球面

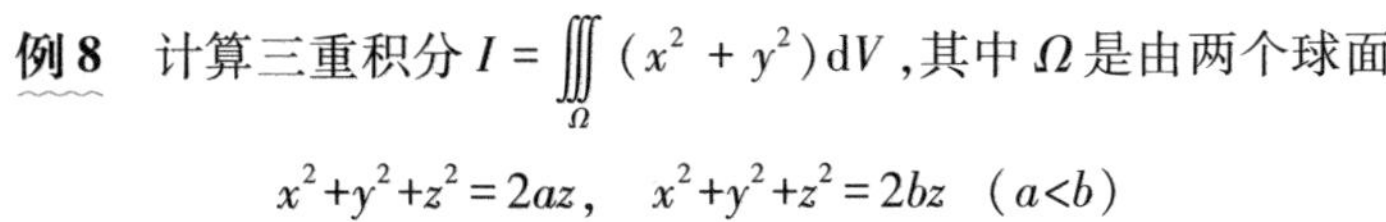

$$x^2+y^2+z^2=2az,\quad x^2+y^2+z^2=2bz\quad(a<b)$$

所围成的部分,如图 11.3.25 所示.

**解** 积分区域 $\Omega$ 在 $xOy$ 平面上的投影区域为圆域:

$$D_{xy}:x^2+y^2\leqslant b^2,$$

由此得到 $\theta$ 的变化范围:$0\leqslant\theta\leqslant2\pi$.从 $z$ 轴出发的半平面截 $\Omega$ 得截面 $D_1$,由此知 $\varphi$ 的变化范围:$0\leqslant\varphi\leqslant\frac{\pi}{2}$.从原点出发的射线从小球面 $x^2+y^2+z^2=2az$ 穿入 $\Omega$,再从大球面 $x^2+y^2+z^2=2bz$ 穿出 $\Omega$,由于两球面的球坐标方程分别为

$$r=2a\cos\varphi\quad 和\quad r=2b\cos\varphi,$$

因此得 $r$ 的变化范围:$2a\cos\varphi\leqslant r\leqslant2b\cos\varphi$.

于是,由公式(11.3.5)有

$$I=\iiint_{\Omega}(x^2+y^2)\mathrm{d}V$$

$$=\int_0^{2\pi}\mathrm{d}\theta\int_0^{\frac{\pi}{2}}\sin\varphi\mathrm{d}\varphi\int_{2a\cos\varphi}^{2b\cos\varphi}[(r\sin\varphi\cos\theta)^2+(r\sin\varphi\sin\theta)^2]r^2\mathrm{d}r$$

$$=\int_0^{2\pi}\mathrm{d}\theta\int_0^{\frac{\pi}{2}}\sin^3\varphi\mathrm{d}\varphi\int_{2a\cos\varphi}^{2b\cos\varphi}r^4\mathrm{d}r$$

$$=\frac{64\pi}{5}(b^5-a^5)\int_0^{\frac{\pi}{2}}\sin^3\varphi\cos^5\varphi\mathrm{d}\varphi=\frac{8\pi}{15}(b^5-a^5).$$

在直角坐标系下,三重积分化为累次积分还有所谓的“截面法”.实际上,利用截面法计算上述积分更直接些.记 $\Omega_a$ 为球面 $x^2+y^2+z^2=2az$ 所围成的球体,我们只需计算积分 $I_a=\iiint_{\Omega_a}(x^2+y^2)\mathrm{d}V$.由截面法有

$$I_a=\int_0^{2a}\mathrm{d}z\iint_{D(z)}(x^2+y^2)\mathrm{d}\sigma,$$

其中 $D(z):x^2+y^2\leqslant2az-z^2$.于是,由极坐标变换有

$$\begin{aligned}I_a &= \int_0^{2a} \mathrm{d}z \int_0^{2\pi} \mathrm{d}\theta \int_0^{\sqrt{2az-z^2}} \rho^2 \cdot \rho \mathrm{d}\rho \\ &= 2\pi \int_0^{2a} \frac{1}{4}(2az-z^2)^2 \mathrm{d}z \\ &= \frac{\pi}{2} \int_0^{2a} (4a^2z^2-4az^3+z^4)\mathrm{d}z \\ &= \frac{\pi}{2}\left(\frac{4a^2}{3}z^3-az^4+\frac{z^5}{5}\right)\Bigg|_0^{2a} = \frac{8\pi}{15}a^5.\end{aligned}$$

因此,所求积分为

$$I = I_b - I_a = \frac{8\pi}{15}(b^5-a^5).$$

将三重积分化为球坐标下的累次积分时,较难确定的是 $\varphi$ 的变化范围.上面两例中 $\varphi$ 的变化区间与 $\theta$ 无关,但实际上很多情况下 $\varphi$ 的范围具有形式:$\varphi_1(\theta) \leqslant \varphi \leqslant \varphi_2(\theta)$,那么如何确定 $\varphi_1(\theta)$ 和 $\varphi_2(\theta)$ 呢?请看下面的例子.

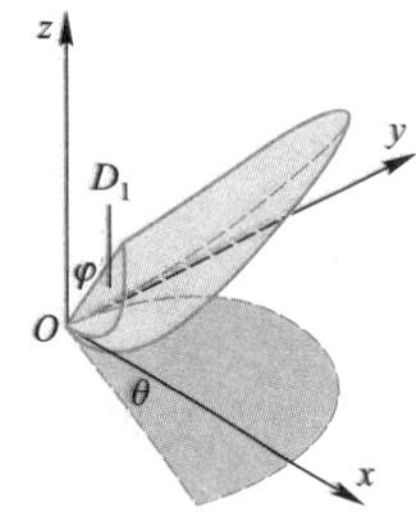


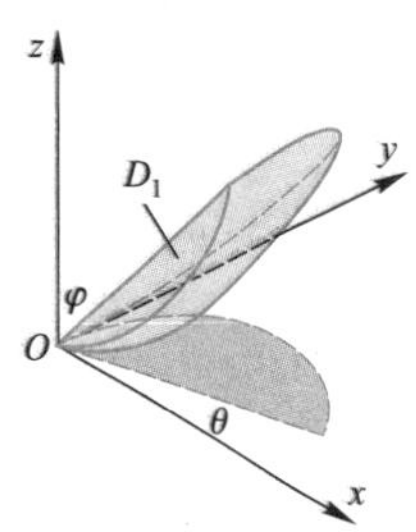


图 11.3.26 从不同角度观察截面 $D_1$

**例 9** 设 $\Omega$ 是由旋转抛物面 $z=x^2+y^2$ 与平面 $z=x$ 围成的闭空间区域,$f(x,y,z)$ 为 $\Omega$ 上的连续函数,试将三重积分 $\iiint\limits_{\Omega} f(x,y,z)\mathrm{d}V$ 化为球坐标下的累次积分.

**解** 积分区域 $\Omega$ 的图形如图 11.3.18 所示.$\Omega$ 在 $xOy$ 平面上的投影区域为圆域:

$$D_{xy}:\left(x-\frac{1}{2}\right)^2+y^2 \leqslant \frac{1}{4},$$

由此得到 $\theta$ 的变化范围:$-\frac{\pi}{2} \leqslant \theta \leqslant \frac{\pi}{2}$.从 $z$ 轴出发且与 $x$ 轴成 $\theta$ 角的半平面截 $\Omega$ 得截面 $D_1$,如图 11.3.26.此时,$\varphi_2(\theta)=\frac{\pi}{2}$,而 $\varphi_1(\theta)$ 与 $\theta$ 有关,它由平面方程 $z=x$ 求出.将球坐标代入方程 $z=x$,得 $r\cos\varphi = r\sin\varphi\cos\theta$,由此求得 $\varphi = \operatorname{arccot}(\cos\theta)$,即 $\varphi_1(\theta)=\operatorname{arccot}(\cos\theta)$,所以得到 $\varphi$ 的变化范围:$\operatorname{arccot}(\cos\theta) \leqslant \varphi \leqslant \frac{\pi}{2}$.

从原点出发的射线从原点进入 $\Omega$,再从旋转抛物面 $z=x^2+y^2$ 上离开 $\Omega$,将球坐标代入方程 $z=x^2+y^2$ 得 $r=\frac{\cos\varphi}{\sin^2\varphi}$,由此知 $r$ 的变化范围:$0 \leqslant r \leqslant \frac{\cos\varphi}{\sin^2\varphi}$.因此,三重积分 $\iiint\limits_{\Omega} f(x,y,z)\mathrm{d}V$ 在球坐标下的累次积分为

这里只介绍了重积分在极坐标、柱坐标和球坐标下的计算,对重积分的一般坐标变换内容可参见微视频 11-3-13.

微视频
11-3-13
重积分的一般变换

讨论题
11-3-3
球坐标下三重积分的计算
试计算由曲面 $\Sigma:(x^2+y^2+z^2)^2=a^2(x^2+y^2-z^2)(a>0)$所围空间立体的体积.并问:
(1) 当你画不出空间区域时,如何定限?
(2) 这个曲面的图形究竟是什么?你能用 Mathematica 软件画出来吗?

$$\iiint_{\Omega} f(x,y,z)\,\mathrm{d}V$$

$$=\int_{-\frac{\pi}{2}}^{\frac{\pi}{2}}\mathrm{d}\theta\int_{\operatorname{arccot}(\cos\theta)}^{\frac{\pi}{2}}\sin\varphi\,\mathrm{d}\varphi\int_0^{\frac{\cos\varphi}{\sin^2\varphi}} f(r\sin\varphi\cos\theta, r\sin\varphi\sin\theta, r\cos\varphi)r^2\,\mathrm{d}r.$$

取被积函数为 $f(x,y,z)=1$,我们利用 Mathematica 软件验证上述累次积分的正确性:

$$\text{Integrate}\left[\text{r}^2\sin[\varphi],\left\{\theta,-\frac{\text{Pi}}{2},\frac{\text{Pi}}{2}\right\},\left\{\varphi,\text{arccot}[\text{Cos}[\theta]],\frac{\text{Pi}}{2}\right\},\left\{\text{r},0,\frac{\cos[\varphi]}{\sin[\varphi]^2}\right\}\right]$$

运算结果为 $\frac{\pi}{32}$,此为区域 $\Omega$ 的体积,它与例 5 的结果一致.

# 习题 11.3

## A 基础题

1. 画出积分区域,把积分 $\iint_D f(x,y)\,\mathrm{d}x\mathrm{d}y$ 表示为极坐标形式的累次积分,其中积分区域为

(1) $\{(x,y)\mid x^2+y^2\leqslant a^2\}(a>0)$;

(2) $\{(x,y)\mid x^2+y^2\leqslant 2x\}$;

(3) $\{(x,y)\mid a^2\leqslant x^2+y^2\leqslant b^2\}(b>a>0)$;

(4) $\{(x,y)\mid 0\leqslant y\leqslant 1-x, 0\leqslant x\leqslant 1\}$.

2. 将下列直角坐标系形式的累次积分化为极坐标系下先 $\rho$ 后 $\theta$ 的累次积分:

(1) $\int_0^1\mathrm{d}x\int_0^1 f(x,y)\,\mathrm{d}y$;

(2) $\int_0^2\mathrm{d}x\int_x^{\sqrt{3}x} f(\sqrt{x^2+y^2})\,\mathrm{d}y$;

(3) $\int_0^1\mathrm{d}x\int_{1-x}^{\sqrt{1-x^2}} f(x,y)\,\mathrm{d}y$;

(4) $\int_0^1\mathrm{d}x\int_0^{x^2} f(x,y)\,\mathrm{d}y$.

3. 计算下列二重积分:

(1) $\iint_D \mathrm{e}^{x^2+y^2}\mathrm{d}\sigma$,其中 $D$ 是由圆周 $x^2+y^2=4$ 所围成的闭区域;

(2) $\iint_D \ln(1+x^2+y^2)\,\mathrm{d}\sigma$,其中 $D$ 是由圆周 $x^2+y^2=1$ 及坐标轴所围成的在第一象限内的闭区域;

(3) $\iint_D \arctan\frac{y}{x}\mathrm{d}\sigma$,其中 $D$ 是由圆周 $x^2+y^2=4$, $x^2+y^2=1$ 及直线 $y=0, y=x$ 所围成的在第一象限内的闭区域.

4. 用柱面坐标计算下列三重积分:

(1) $\iiint_\Omega z\,\mathrm{d}V$,其中 $\Omega$ 是由曲面 $z=\sqrt{2-x^2-y^2}$ 及 $z=x^2+y^2$ 所围成的闭区域;

(2) $\iiint_\Omega (x^2+y^2)\,\mathrm{d}V$,其中 $\Omega$ 是由曲面 $x^2+y^2=2z$ 及平面 $z=2$ 所围成的闭区域.

5. 用球面坐标计算下列三重积分:

(1) $\iiint_\Omega (x^2+y^2+z^2)\,\mathrm{d}V$,其中 $\Omega$ 是由球面 $x^2+y^2+$

$z^2=1$ 所围成的闭区域；

(2) $\iiint\limits_{\Omega} z\mathrm{d}V$，其中 $\Omega$ 是由不等式 $x^2+y^2+(z-a)^2 \leqslant a^2, x^2+y^2 \leqslant z^2$ 所确定的闭区域.

6. 用三重积分计算下列曲面所围成立体的体积：

(1) $z=6-x^2-y^2$ 及 $z=\sqrt{x^2+y^2}$；

(2) $x^2+y^2+z^2=2az(a>0)$ 及 $x^2+y^2=z^2$（含有 $z$ 轴的部分）；

(3) $z=\sqrt{5-x^2-y^2}$ 及 $x^2+y^2=4z$.

## B 综合题

7. 把下列积分化为极坐标形式，并计算积分值：

(1) $\int_0^a \mathrm{d}y \int_0^{\sqrt{a^2-y^2}} (x^2+y^2)\mathrm{d}x$；

(2) $\int_0^a \mathrm{d}x \int_0^x \sqrt{x^2+y^2}\mathrm{d}y$；

(3) $\int_0^1 \mathrm{d}x \int_{x^2}^x (x^2+y^2)^{-\frac{1}{2}}\mathrm{d}y$；

(4) $\int_0^{2a} \mathrm{d}x \int_0^{\sqrt{2ax-x^2}} (x^2+y^2)\mathrm{d}y$.

8. 计算下列二重积分：

(1) $\iint\limits_{D} \sin\sqrt{x^2+y^2}\,\mathrm{d}\sigma$，其中 $D$ 为 $\pi^2 \leqslant x^2+y^2 \leqslant 4\pi^2$；

(2) $\iint\limits_{D} \sqrt{\dfrac{1-x^2-y^2}{1+x^2+y^2}}\mathrm{d}\sigma$，其中 $D$ 是 $x^2+y^2 \leqslant 1$ 的第一象限部分；

(3) $\iint\limits_{D} \sqrt{a^2-x^2-y^2}\,\mathrm{d}\sigma$，其中 $D$ 为双纽线 $(x^2+y^2)^2=a^2(x^2-y^2)(a>0)$ 的右半部分所围成的闭区域.

9. 计算 $\iint\limits_{D} \left(\dfrac{x^2}{a^2}+\dfrac{y^2}{b^2}\right)\mathrm{d}\sigma$，其中 $D$ 是由圆周 $x^2+y^2=1$ 所围成的闭区域.

10. 证明：$\iint\limits_{D} f(\sqrt{x^2+y^2})\mathrm{d}\sigma = 2\pi\int_0^1 xf(x)\mathrm{d}x$，其中 $D$ 为 $x^2+y^2 \leqslant 1$.

11. 选择适当的坐标系计算下列三重积分：

(1) $\iiint\limits_{\Omega} xy\mathrm{d}V$，其中 $\Omega$ 为柱面 $x^2+y^2=1$ 及平面 $z=1, z=0, x=0, y=0$ 所围成的在第一卦限内的闭区域；

(2) $\iiint\limits_{\Omega} \sqrt{x^2+y^2+z^2}\,\mathrm{d}V$，其中 $\Omega$ 是由球面 $x^2+y^2+z^2=z$ 所围成的闭区域；

(3) $\iiint\limits_{\Omega} (x^2+y^2)\mathrm{d}V$，其中 $\Omega$ 是由曲面 $4z^2=25(x^2+y^2)$ 及平面 $z=5$ 所围成的闭区域；

(4) $\iiint\limits_{\Omega} (x^2+y^2)\mathrm{d}V$，其中 $\Omega$ 由不等式 $0<a \leqslant \sqrt{x^2+y^2+z^2} \leqslant A, z \geqslant 0$ 所确定.

12. 设函数 $f(x)$ 在 $(-\infty,+\infty)$ 上连续，且满足

$$f(t)=2\iint\limits_{x^2+y^2\leqslant t^2}(x^2+y^2)f(\sqrt{x^2+y^2})\mathrm{d}x\mathrm{d}y+t^4,$$

求 $f(x)$.

13. 设函数 $f(u)$ 具有连续导数，且 $f(0)=0, f'(0)=2$，求极限

$$\lim_{t\to 0}\frac{1}{\pi t^4}\iiint\limits_{\Omega} f(\sqrt{x^2+y^2+z^2})\mathrm{d}x\mathrm{d}y\mathrm{d}z,$$

其中 $\Omega$ 为 $x^2+y^2+z^2 \leqslant t^2$.

14. 计算 $\iiint\limits_{\Omega} (x^2+y^2)\mathrm{d}V$，其中 $\Omega$ 是由 $yOz$ 面上的抛物线 $z=\dfrac{y^2}{4}$ 与直线 $z=1, z=2$ 所围成的平面图形绕 $z$ 轴旋转一周所得的立体.

15. 求曲面 $(x^2+y^2+z^2)^2=a^2(x^2+y^2-z^2)$ 所围成的立体的体积.

## C 应用题

16. 设平面薄片所占的区域 $D$ 是由两直线 $y=x, x=0$ 及两圆周 $x^2+y^2=2ay, x^2+y^2=2by(0<a<b)$ 所围成的闭区域，它的面密度为 $\mu(x,y)=kxy(k>0)$，求该薄片的质量.

17. 设有一内壁形状为 $z=x^2+y^2$ 的容器，原来盛有 $8\pi$ cm$^3$ 的水，后来又注入 $64\pi$ cm$^3$ 的水，问水面比原来升高了多少？

18. 一个火山的形状可以用曲面 $z=he^{-\frac{\sqrt{x^2+y^2}}{4h}}(h>0)$ 来表示，在第一次火山爆发后，有体积为 $V$ 的熔

岩黏附在山上，使它具有原来一样的形状，求火山高度 $h$ 变化的百分比.

19. 设有一半径为 $R$，高为 $H$ 的圆柱形容器盛有 $\frac{2}{3}H$ 高的水，放在离心机上高速旋转，因受离心力的作用，水面呈抛物面形状，问：当水刚要溢出容器时，水面最低点在何处？

## D 实验题

20. 设 $\Omega$ 为 $x^2+y^2+z^2\leqslant 2z$ 描述的空间区域，用 Mathematica 软件验证积分 $\iiint\limits_{\Omega} x^2\mathrm{d}V=\frac{4}{15}\pi$ 的正确性.

21. 设立体图形 $\Omega$ 是由锥面 $x^2+y^2=z^2$ 及平面 $z=1$ 所围成的区域，试用 Mathematica 软件画出 $\Omega$ 的图形，确定该图形的边界曲面和边界曲线，并在柱坐标系下计算三重积分

$$\iiint\limits_{\Omega}(x^2+y^2+z)\,\mathrm{d}x\mathrm{d}y\mathrm{d}z.$$

11.3　测验题

# 11.4　重积分应用

微视频
11-4-1
问题引入——从实际中来，到实际中去

本节我们将考虑重积分在非均匀平面薄片和空间物体的质量、质心及转动惯量和质点与空间物体的引力等问题中的应用，与定积分的应用一样，微元法在重积分的应用中也发挥同样重要的作用.

微视频
11-4-2
平面薄片与立体的质心

## 11.4.1　质量

我们知道，二重积分和三重积分可视为平面薄片和空间物体的质量.下面我们给出求质量的实际例子.

**例 1**　设一平面薄片在 $xOy$ 平面上所占区域为以 $O(0,0)$，$A(1,0)$，$B(0,1)$为顶点的闭三角形区域 $D$，在$(x,y)$处的面密度为 $\mu(x,y)=x^2+y^2$，求该平面薄片的质量 $M$.

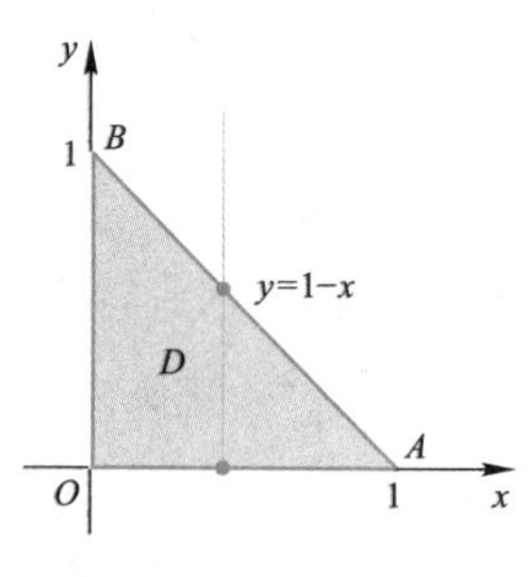


图 11.4.1　例 1 的积分区域

**解**　区域 $D$ 的图形如图 11.4.1 所示，由直角坐标下二重积分的计算方法可知

$$
\begin{aligned}
M &= \iint_D \mu(x,y)\,d\sigma = \iint_D (x^2+y^2)\,d\sigma \\
&= \int_0^1 dx \int_0^{1-x} (x^2+y^2)\,dy \\
&= \int_0^1 \left(x^2 y+\frac{y^3}{3}\right) \Big|_0^{1-x} dx \\
&= \int_0^1 \left[x^2(1-x)+\frac{(1-x)^3}{3}\right] dx \\
&= \int_0^1 \left(\frac{1}{3}-x+2x^2-\frac{4}{3}x^3\right) dx \\
&= \frac{1}{3}-\frac{1}{2}+\frac{2}{3}-\frac{1}{3}=\frac{1}{6}.
\end{aligned}
$$

顺便指出，利用对称性或者物理意义，得 $\iint_D x^2 d\sigma = \iint_D y^2 d\sigma$，于是

$$
M=2\iint_D x^2 d\sigma = 2\int_0^1 dx \int_0^{1-x} x^2 dy = 2\int_0^1 x^2(1-x)\,dx = \frac{1}{6}.
$$

还有其他与密度有关的物理量也可用这个方法求得.例如，设区域 $D$ 上分布电荷，在 $(x,y)$ 处的电荷密度（单位：$C/m^2$）为 $\mu(x,y)$，则整个区域 $D$ 的带电量为

$$
Q=\iint_D \mu(x,y)\,d\sigma \ (C).
$$

质量或电量等物理量与密度相关，一般来说，密度为单位体积所含物质的质量或电量，但根据所考虑物质的几何形状（如细棒、平面薄片或空间物体）通常分为线密度、面密度或体密度.

**例 2** 设一物体在空间中所占区域为圆锥面 $z=\sqrt{x^2+y^2}$ 与平面 $z=1$，$z=2$ 围成的圆台 $\Omega$，且在 $(x,y,z)$ 处的体密度为 $\rho(x,y,z)=z$，求该物体的质量 $M$.

**解** $M$ 可表示为三重积分

$$
M=\iiint_\Omega \rho(x,y,z)\,dV = \iiint_\Omega z\,dV.
$$

积分区域 $\Omega$ 如图 11.4.2 所示，我们用"截面法"求上述三重积分.设 $D(z): x^2+y^2\leqslant z^2$，则有

$$
M=\iiint_\Omega z\,dV = \int_1^2 z\,dz \iint_{D(z)} d\sigma = \int_1^2 z\cdot \pi z^2\,dz = \frac{15}{4}\pi.
$$

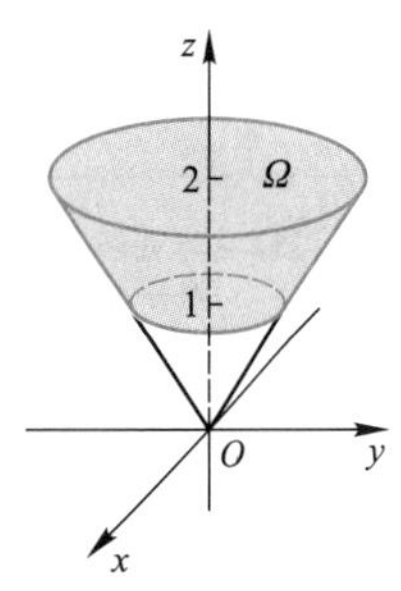

图 11.4.2 例 2 的积分区域

**例 3** 试用二重积分的物理意义推导二重积分化为累次积分的公式 (11.2.1).

**解** 将 $\iint_D f(x,y)\,d\sigma$ 视为在 $xOy$ 平面上占有区域

$$
D=\{(x,y) \mid y_1(x)\leqslant y\leqslant y_2(x), a\leqslant x\leqslant b\}
$$

且在 $(x,y)$ 处的密度为 $f(x,y)$ 的平面薄片的质量，如图 11.4.3.先考虑 $[x,x+dx]$ 所对应的小条形，由定积分的实际意义，可知该小条形的质量为

$$
dM=\int_{y_1(x)}^{y_2(x)} (f(x,y)\,dx\,dy) = \left[\int_{y_1(x)}^{y_2(x)} f(x,y)\,dy\right] dx,
$$

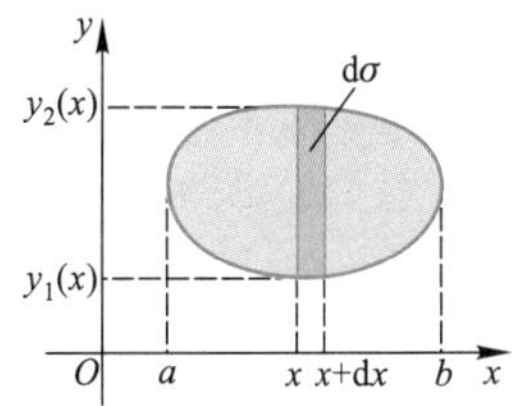

图 11.4.3 例 3 中的积分区域

将所有小条形的质量相加即得所求质量,这相当于在$[a,b]$上积分,因此有

$$\iint_D f(x,y)\,\mathrm{d}\sigma=\int_a^b\left[\int_{y_1(x)}^{y_2(x)}f(x,y)\,\mathrm{d}y\right]\mathrm{d}x=\int_a^b\mathrm{d}x\int_{y_1(x)}^{y_2(x)}f(x,y)\,\mathrm{d}y,$$

此即公式(11.2.1).

## 11.4.2 质心

### 1. 质点组的质心

质心又称为重心,它与物体的平衡状态有关,在研究该物体的有关力学系统的某些问题时,等价于研究将物体的质量全部集中在质心的质点的相关力学问题.

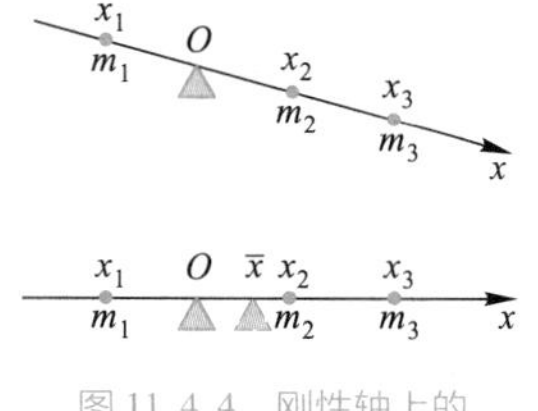

图 11.4.4 刚性轴上的质点组的质心

将一组质量为$m_j(j=1,2,\cdots,n)$的质点,放置在一有支撑点的刚性轴上,在该轴上以支撑点为原点建立坐标轴,设质点在轴上所占位置的坐标分别为$x_j(j=1,2,\cdots,n)$,如图 11.4.4 所示.我们寻找位置$\bar{x}$,使得刚性轴以$\bar{x}$为支撑点时,系统处于平衡状态.由力矩等效性,我们有

$$\left(\sum_{j=1}^{n}m_j\right)\cdot\bar{x}=\sum_{j=1}^{n}m_jx_j,\quad 由此得\ \bar{x}=\frac{\sum\limits_{j=1}^{n}m_jx_j}{\sum\limits_{j=1}^{n}m_j}=\frac{M_0}{M},$$

刚性轴上以$\bar{x}$为坐标的点即质点组的质心.在这里我们不考虑地球引力的作用.

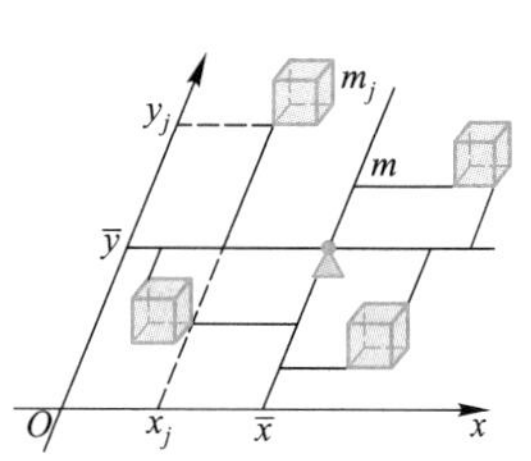

图 11.4.5 刚性平面上的质点的质心

若将$xOy$平面视为刚性平面,在其上有一组质量为$m_j(j=1,2,\cdots,n)$的质点,它们在坐标系中所占位置为$(x_j,y_j)(j=1,2,\cdots,n)$,如图 11.4.5 所示.设$x=\bar{x}$和$y=\bar{y}$为质点组达到平衡时的支撑轴,则由力矩等效性,有

$$\left(\sum_{j=1}^{n}m_j\right)\cdot\bar{x}=\sum_{j=1}^{n}m_jx_j,\quad\left(\sum_{j=1}^{n}m_j\right)\cdot\bar{y}=\sum_{j=1}^{n}m_jy_j,$$

由此求得

$$\bar{x}=\frac{\sum\limits_{j=1}^{n}m_jx_j}{\sum\limits_{j=1}^{n}m_j}=\frac{M_y}{M},\quad\bar{y}=\frac{\sum\limits_{j=1}^{n}m_jy_j}{\sum\limits_{j=1}^{n}m_j}=\frac{M_x}{M},$$

其中 $M_x$ 和 $M_y$ 分别为质点组关于 $x$ 轴和 $y$ 轴的力矩，$M$ 为质点组的总质量.

同样，若在 $Oxyz$ 空间中的位置 $(x_j, y_j, z_j)$ 有质量为 $m_j(j=1,2,\cdots,n)$ 的质点，设 $(\bar{x},\bar{y},\bar{z})$ 为该质点组的质点坐标，则有

$$\bar{x}=\frac{M_{yz}}{M},\quad \bar{y}=\frac{M_{xz}}{M},\quad \bar{z}=\frac{M_{xy}}{M},$$

其中 $M=\sum\limits_{j=1}^{n} m_j$ 为质点组的总质量，$M_{yz}, M_{xz}, M_{xy}$ 分别为质点组关于 $yOz$，$xOz$，$xOy$ 平面的力矩，即

$$M_{yz}=\sum_{j=1}^{n} m_j x_j,\quad M_{xz}=\sum_{j=1}^{n} m_j y_j,\quad M_{xy}=\sum_{j=1}^{n} m_j z_j.$$

下面考虑平面薄片和空间物体的质心计算问题.我们将它们分别视为平面上的质点组和空间中的质点组，并用积分代替求和.

### 2. 平面薄片的质心

设一平面薄片（不计厚度），它在 $xOy$ 平面上占有区域 $D$，其面密度函数为 $\mu=\mu(x,y)$，则该薄片的质量为

$$M=\iint_D \mu(x,y)\,\mathrm{d}\sigma.$$

取薄片上的小片 $\mathrm{d}\sigma$，将其视为 $(x,y)$ 处的质点，如图 11.4.6 所示，则它关于 $x$ 轴和 $y$ 轴的力矩分别为

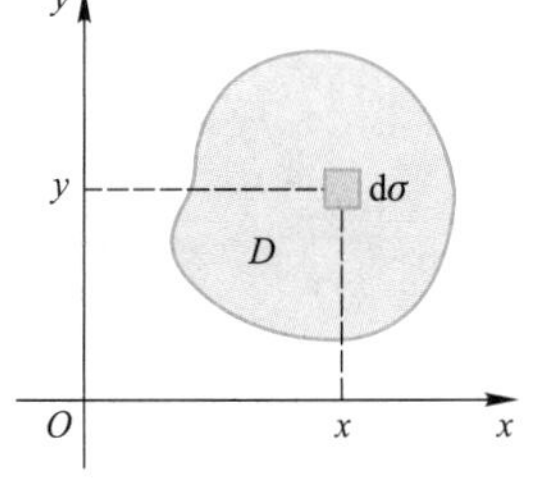

图 11.4.6 平面薄片微元关于坐标轴的质心

$$\mathrm{d}M_x=y\mu(x,y)\,\mathrm{d}\sigma,\quad \mathrm{d}M_y=x\mu(x,y)\,\mathrm{d}\sigma.$$

因此，该薄片关于 $x$ 轴和 $y$ 轴的力矩分别为

$$M_x=\iint_D y\mu(x,y)\,\mathrm{d}\sigma,\quad M_y=\iint_D x\mu(x,y)\,\mathrm{d}\sigma.$$

于是，得到平面薄片的质心坐标公式

$$\bar{x}=\frac{M_y}{M}=\frac{1}{M}\iint_D x\mu(x,y)\,\mathrm{d}\sigma,\quad \bar{y}=\frac{M_x}{M}=\frac{1}{M}\iint_D y\mu(x,y)\,\mathrm{d}\sigma,\tag{11.4.1}$$

其中 $M=\iint\limits_D \mu(x,y)\,\mathrm{d}\sigma$.特别地，当 $\mu(x,y)=\mu_0$ 为常数，即平面薄片密度分布均匀时，得到

$$\bar{x}=\frac{1}{A}\iint_D x\,\mathrm{d}\sigma,\quad \bar{y}=\frac{1}{A}\iint_D y\,\mathrm{d}\sigma,$$

其中 $A$ 为该薄片的面积.此时的质心只与薄片的几何形状有关，因此称 $(\bar{x},\bar{y})$ 为平面薄片的形心，$\bar{x}$ 和 $\bar{y}$ 分别为函数 $f(x,y)=x$ 和 $g(x,y)=y$ 在

区域 $D$ 上的平均值.

**例 4** 设半径为 $R$ 的半圆形薄片在每一点的面密度与该点到圆心的距离成正比,求该薄片的质心.

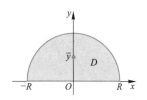

图 11.4.7 半圆形薄片的质心

**解** 以半圆圆心为坐标原点,半圆直径为 $x$ 轴建立直角坐标系,薄片所占的区域记为 $D$,如图 11.4.7 所示.由题设知,薄片在 $(x,y)$ 处的面密度为

$$\mu=K\sqrt{x^2+y^2},$$

其中 $K$ 为正常数.用极坐标变换计算薄片质量 $M$,即

$$\begin{aligned}M&=\iint\limits_D \mu(x,y)\,\mathrm{d}\sigma=\iint\limits_D K\sqrt{x^2+y^2}\,\mathrm{d}\sigma\\&=K\int_0^{\pi}\mathrm{d}\theta\int_0^R\rho\cdot\rho\,\mathrm{d}\rho=\frac{KR^3}{3}\pi.\end{aligned}$$

设薄片的质心坐标为 $(\bar{x},\bar{y})$,由对称性知质点在 $y$ 轴上,即 $\bar{x}=0$.由公式(11.4.1)

$$\begin{aligned}\bar{y}&=\frac{1}{M}\iint\limits_D y\mu(x,y)\,\mathrm{d}\sigma=\frac{K}{M}\iint\limits_D y\sqrt{x^2+y^2}\,\mathrm{d}\sigma\\&=\frac{K}{M}\int_0^{\pi}\mathrm{d}\theta\int_0^R\rho\sin\theta\cdot\rho\cdot\rho\,\mathrm{d}\rho=\frac{K}{M}\int_0^{\pi}\sin\theta\,\mathrm{d}\theta\int_0^R\rho^3\,\mathrm{d}\rho\\&=\frac{K}{M}\cdot\frac{R^4}{2}=\frac{3R}{2\pi}.\end{aligned}$$

所以,薄片的质心为 $\left(0,\dfrac{3R}{2\pi}\right)$.

**例 5** 设质量分布均匀的薄片在 $xOy$ 坐标平面上所占的区域为曲边梯形

$$D=\{(x,y)\mid 0\leqslant y\leqslant f(x),a\leqslant x\leqslant b\},$$

其中函数 $f(x)$ 在 $[a,b]$ 上连续,如图 11.4.8.试推导该平面薄片的形心坐标公式.

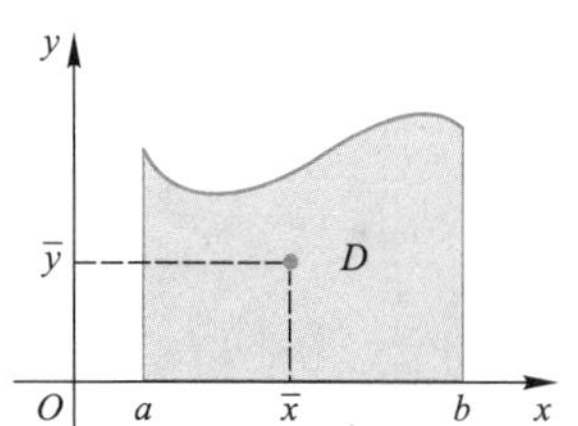

图 11.4.8 均匀平面薄片的形心

**解** 设 $(\bar{x},\bar{y})$ 为形心坐标,由公式(11.4.1),有

$$\bar{x}=\frac{\iint\limits_D x\,\mathrm{d}\sigma}{\iint\limits_D \mathrm{d}\sigma}=\frac{\int_a^b\mathrm{d}x\int_0^{f(x)}x\,\mathrm{d}y}{\int_a^b\mathrm{d}x\int_0^{f(x)}\mathrm{d}y}=\frac{\int_a^b xf(x)\,\mathrm{d}x}{\int_a^b f(x)\,\mathrm{d}x},$$

$$\bar{y}=\frac{\iint\limits_D y\,\mathrm{d}\sigma}{\iint\limits_D \mathrm{d}\sigma}=\frac{\int_a^b\mathrm{d}x\int_0^{f(x)}y\,\mathrm{d}y}{\int_a^b\mathrm{d}x\int_0^{f(x)}\mathrm{d}y}=\frac{\frac{1}{2}\int_a^b f^2(x)\,\mathrm{d}x}{\int_a^b f(x)\,\mathrm{d}x},$$

即

$$\bar{x}=\frac{1}{A}\int_a^b xf(x)\,\mathrm{d}x,\quad \bar{y}=\frac{1}{2A}\int_a^b f^2(x)\,\mathrm{d}x,$$

其中 $A=\int_a^b f(x)\,\mathrm{d}x$ 为曲边梯形 $D$ 的面积.

由此可得区域 $D$ 绕 $x$ 轴旋转一周所得旋转体的体积 $V$ 的另一计算方法:

$$V=\pi\int_a^b f^2(x)\,\mathrm{d}x=A(2\pi\bar{y}),$$

即体积 $V$ 等于区域 $D$ 的面积 $A$ 与其形心在旋转过程中所走路程 $2\pi\bar{y}$ 的乘积. 该结论可推广为一般平面区域绕该区域外且在区域所在平面内的直线旋转的情形，即得到通常所说的古尔丁定理，利用该定理可以得到第 6.4 节例 11 的另一种解法.

### 3. 空间物体的质心

设物体在空间直角坐标系 $Oxyz$ 中占有空间有界闭区域 $\Omega$,在 $(x,y,z)$ 处的体密度为 $\mu(x,y,z)$. 设 $(\bar{x},\bar{y},\bar{z})$ 为该物体的质心,类似平面薄片的情形,可以推导出质心坐标公式

$$\bar{x}=\frac{M_{yz}}{M},\quad \bar{y}=\frac{M_{xz}}{M},\quad \bar{z}=\frac{M_{xy}}{M},\tag{11.4.2}$$

其中 $M=\iiint\limits_{\Omega}\mu(x,y,z)\,\mathrm{d}V$ 为物体的质量, $M_{yz},M_{xz},M_{xy}$ 分别为物体关于 $yOz,xOz,xOy$ 坐标平面的力矩,即

$$M_{yz}=\iiint\limits_{\Omega}x\mu(x,y,z)\,\mathrm{d}V,\quad M_{xz}=\iiint\limits_{\Omega}y\mu(x,y,z)\,\mathrm{d}V,\quad M_{xy}=\iiint\limits_{\Omega}z\mu(x,y,z)\,\mathrm{d}V.$$

同样,当物体的密度为常数时,我们将质心 $(\bar{x},\bar{y},\bar{z})$ 称为物体的形心,此时 $\bar{x},\bar{y},\bar{z}$ 分别为函数 $f(x,y,z)=x,g(x,y,z)=y,h(x,y,z)=z$ 在区域 $\Omega$ 上的平均值,即

$$\bar{x}=\frac{1}{V}\iiint\limits_{\Omega}x\,\mathrm{d}V,\quad \bar{y}=\frac{1}{V}\iiint\limits_{\Omega}y\,\mathrm{d}V,\quad \bar{z}=\frac{1}{V}\iiint\limits_{\Omega}z\,\mathrm{d}V,\tag{11.4.3}$$

其中 $V$ 为区域 $\Omega$ 的体积.

**例 6** 求均匀半球壳 $\Omega: a^2\leqslant x^2+y^2+z^2\leqslant b^2(z\geqslant 0)\ (0<a<b)$ 的形心.

**解** 如图 11.4.9,半球壳的体积为 $V=\frac{2}{3}\pi(b^3-a^3)$. 由对称性可知形心在 $z$ 轴上,因此 $\bar{x}=\bar{y}=0$.

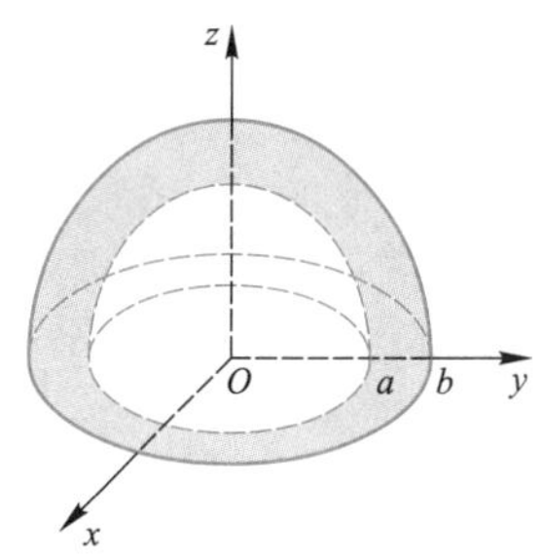

图 11.4.9 均匀半球壳的形心

由公式(11.4.3)及球坐标变换公式,有

$$\begin{aligned}\bar{z}&=\frac{1}{V}\iiint\limits_{\Omega}z\,\mathrm{d}V\\&=\frac{1}{V}\int_0^{2\pi}\mathrm{d}\theta\int_0^{\frac{\pi}{2}}\sin\varphi\,\mathrm{d}\varphi\int_a^b r\cos\varphi\cdot r^2\,\mathrm{d}r\\&=\frac{1}{V}\cdot 2\pi\int_0^{\frac{\pi}{2}}\sin\varphi\cos\varphi\,\mathrm{d}\varphi\int_a^b r^3\,\mathrm{d}r\end{aligned}$$

$$=\frac{1}{V}\cdot\frac{(b^4-a^4)\pi}{4}$$

$$=\frac{3}{8}\frac{b^4-a^4}{b^3-a^3}.$$

因此,均匀半球壳的形心为$\left(0,0,\frac{3}{8}\frac{b^4-a^4}{b^3-a^3}\right)$.

微视频
11-4-3
转动惯量

## 11.4.3 转动惯量

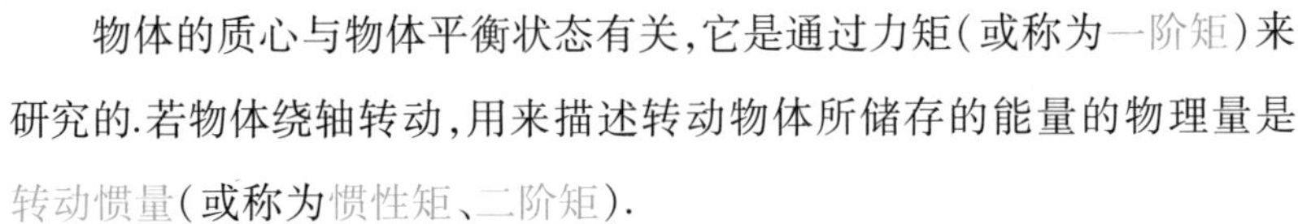

物体的质心与物体平衡状态有关,它是通过力矩(或称为一阶矩)来研究的.若物体绕轴转动,用来描述转动物体所储存的能量的物理量是转动惯量(或称为惯性矩、二阶矩).

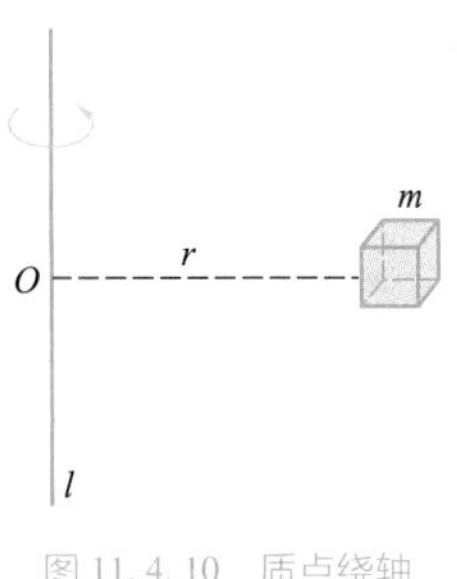

图 11.4.10 质点绕轴转动的转动惯量

如图 11.4.10,若质量为 $m$ 的质点与轴 $l$ 的距离为 $r$,则该质点绕轴 $l$ 转动所产生的转动惯量为

$$I=mr^2.$$

由于关于同一轴的转动惯量具有可加性,因此我们可以利用重积分,来计算平面薄片和空间物体关于某一轴的转动惯量.

设平面薄片在 $xOy$ 平面所占的区域为 $D$,其密度函数为 $\mu(x,y)$,在 $(x,y)$ 处取小片 $\mathrm{d}\sigma$,它关于 $x$ 轴的转动惯量为 $\mathrm{d}I_x=y^2\mu(x,y)\mathrm{d}\sigma$. 于是,平面薄片关于 $x$ 轴的转动惯量为

$$I_x=\iint_D y^2\mu(x,y)\mathrm{d}\sigma.$$

同样,平面薄片关于 $y$ 轴和过原点且与 $xOy$ 平面垂直的轴的转动惯量分别为

$$I_y=\iint_D x^2\mu(x,y)\mathrm{d}\sigma \text{和} I_0=\iint_D (x^2+y^2)\mu(x,y)\mathrm{d}\sigma.$$

使得 $I_x=MR_x^2,I_y=MR_y^2,I_0=MR_0^2$ 成立的 $R_x,R_y,R_0$ 称为平面薄片关于相应轴的旋转半径,其中 $M=\iint_D\mu(x,y)\mathrm{d}\sigma$为平面薄片的质量.

对于在 $Oxyz$ 坐标系中占有空间区域 $\Omega$ 的空间物体,若其在任一点 $(x,y,z)$ 处的体密度为 $\mu(x,y,z)$,则该物体关于三坐标轴的转动惯量分别为

$$I_x=\iiint_\Omega (y^2+z^2)\mu(x,y,z)\mathrm{d}V,$$

$$I_y=\iiint_{\Omega}(x^2+z^2)\mu(x,y,z)\,\mathrm{d}V,$$

$$I_z=\iiint_{\Omega}(x^2+y^2)\mu(x,y,z)\,\mathrm{d}V.$$

**例 7** 求例 4 中的半圆形薄片关于其直径的转动惯量和旋转半径.

**解** 按例 4 的方法建立直角坐标系,薄片密度函数为 $\mu(x,y)=K\sqrt{x^2+y^2}$.该半圆形薄片关于直径的转动惯量

$$\begin{aligned}I_x&=\iint_D y^2\mu(x,y)\,\mathrm{d}\sigma=\iint_D y^2K\sqrt{x^2+y^2}\,\mathrm{d}\sigma\\&=K\int_0^{\pi}\mathrm{d}\theta\int_0^R(\rho\sin\theta)^2\rho\cdot\rho\mathrm{d}\rho=K\int_0^{\pi}\sin^2\theta\mathrm{d}\theta\int_0^R\rho^4\mathrm{d}\rho\\&=K\cdot\frac{\pi}{2}\cdot\frac{R^5}{5}=\frac{K\pi}{10}R^5.\end{aligned}$$

注意,我们在例 4 中求得薄片的质心为 $\left(0,\frac{3R}{2\pi}\right)$,若将其质量集中在质心形成质点,则该质点关于直径的转动惯量为 $I=M\bar{y}^2=\frac{KR^3}{3}\pi\cdot\left(\frac{3R}{2\pi}\right)^2=\frac{3KR^5}{4\pi}$,它不同于 $I_x$.

由例 4 知薄片的质量为 $M=\frac{K\pi}{3}R^3$,所以由 $I_x=MR_x^2$ 得旋转半径为

$$R_x=\sqrt{\frac{I_x}{M}}=\sqrt{\frac{K\pi}{10}R^5\cdot\frac{3}{K\pi R^3}}=\sqrt{\frac{3}{10}}R.$$

**例 8**(平行轴定理) 设 $L_c$ 为通过物体 $\Omega$ 质心的直线,$L_t$ 是平行于 $L_c$ 的直线,且两直线的距离为 $d$.试证明:物体 $\Omega$ 关于轴 $L_t$ 的转动惯量 $I_t$ 与物体关于轴 $L_c$ 的转动惯量 $I_c$ 之间存在如下关系

$$I_t=I_c+Md^2,$$

其中 $M$ 为物体 $\Omega$ 的质量.

**证** 将物体 $\Omega$ 的质心取作原点,$L_c$ 和 $L_t$ 所在的平面取作 $yOz$ 平面,轴 $L_c$ 取作 $y$ 轴,建立空间直角坐标系,如图 11.4.11 所示.轴 $L_t$ 的方程为 $\begin{cases}x=0,\\z=d.\end{cases}$

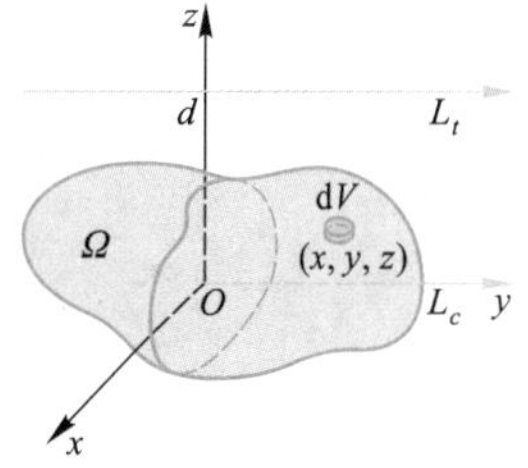

图 11.4.11 平行轴定理

在物体 $\Omega$ 中 $(x,y,z)$ 处取小块 $\mathrm{d}V$,它关于轴 $L_t$ 的转动惯量为

$$\mathrm{d}I_t=[x^2+(z-d)^2]\mu\mathrm{d}V,$$

其中 $\mu=\mu(x,y,z)$ 表示物体在 $(x,y,z)$ 处的体密度.于是,物体关于轴 $L_t$ 的转动惯量为

$$\begin{aligned}I_t&=\iiint_{\Omega}[x^2+(z-d)^2]\mu\mathrm{d}V\\&=\iiint_{\Omega}(x^2+z^2)\mu\mathrm{d}V-2d\iiint_{\Omega}z\mu\mathrm{d}V+d^2\iiint_{\Omega}\mu\mathrm{d}V.\end{aligned}$$

由于物体质心取为原点，所以有

$$\iiint_{\Omega} z\mu \mathrm{d}V=\bar{z}\cdot\iiint_{\Omega}\mu \mathrm{d}V=0,$$

因此

$$I_t=\iiint_{\Omega}(x^2+z^2)\mu \mathrm{d}V+d^2\iiint_{\Omega}\mu \mathrm{d}V=I_c+Md^2.$$

## 11.4.4 物体对质点的引力

微视频
11-4-4
物体对质点的引力

由于求平面薄片对质点引力的方法与求空间物体对质点引力的方法类似，而且后者可以退化为前者，因此这里我们只考虑空间物体对质点的引力. 设物体 $\Omega$ 在点 $P(x,y,z)$ 处的体密度为 $\mu=\mu(x,y,z)$，另有一质量为 $m$ 的质点位于 $\Omega$ 外一点 $P_0(a,b,c)$ 处，求物体 $\Omega$ 对质点的引力 $\boldsymbol{F}$.

物体 $\Omega$ 在 $(x,y,z)$ 处的小块 $\mathrm{d}V$ 与质点之间的引力大小为

$$\mathrm{d}F=\frac{Km\mu \mathrm{d}V}{r^2},$$

其中 $r=\sqrt{(x-a)^2+(y-b)^2+(z-c)^2}$，$K$ 为引力常数. 该引力在三个坐标轴方向的分量大小分别为

$$\mathrm{d}F_x=\mathrm{d}F\cdot\cos\alpha,\quad \mathrm{d}F_y=\mathrm{d}F\cdot\cos\beta,\quad \mathrm{d}F_z=\mathrm{d}F\cdot\cos\gamma,$$

其中 $\cos\alpha,\cos\beta,\cos\gamma$ 表示向量 $\overrightarrow{P_0P}$ 的方向余弦，分别为

$$\cos\alpha=\frac{x-a}{r},\quad \cos\beta=\frac{y-b}{r},\quad \cos\gamma=\frac{z-c}{r},$$

因此有

$$\mathrm{d}F_x=Km\mu\frac{x-a}{r^3}\mathrm{d}V,\quad \mathrm{d}F_y=Km\mu\frac{y-b}{r^3}\mathrm{d}V,\quad \mathrm{d}F_z=Km\mu\frac{z-c}{r^3}\mathrm{d}V.$$

于是，物体对质点的引力在三个坐标轴方向分量的大小分别为

$$F_x=\iiint_{\Omega}Km\mu\frac{x-a}{r^3}\mathrm{d}V,\quad F_y=\iiint_{\Omega}Km\mu\frac{y-b}{r^3}\mathrm{d}V,\quad F_z=\iiint_{\Omega}Km\mu\frac{z-c}{r^3}\mathrm{d}V.$$

因此，物体对质点的引力为 $\boldsymbol{F}=(F_x,F_y,F_z)$，其大小为

$$|\boldsymbol{F}|=\sqrt{F_x^2+F_y^2+F_z^2},$$

方向余弦为

$$\cos\alpha=\frac{F_x}{|\boldsymbol{F}|},\quad \cos\beta=\frac{F_y}{|\boldsymbol{F}|},\quad \cos\gamma=\frac{F_z}{|\boldsymbol{F}|}.$$

**例 9** 求高为 $H$、底半径为 $R$ 且密度均匀的圆柱体，对圆柱底面中心一单位质点的引力 $\boldsymbol{F}$.

**解** 如图 11.4.12 所示，以单位质点所在位置为坐标原点、圆柱的中心轴为 $z$ 轴建立空间直角坐标系 $Oxyz$，该圆柱体为

$$\Omega:\ x^2+y^2\leqslant R^2,\quad 0\leqslant z\leqslant H.$$

由于圆柱体为密度均匀的，根据对称性可知 $F_x=F_y=0$，而

$$\begin{aligned}F_z&=\iiint\limits_{\Omega}K\mu\frac{z-0}{(x^2+y^2+z^2)^{\frac{3}{2}}}\mathrm{d}V\\&=\int_0^{2\pi}\mathrm{d}\theta\int_0^R\rho\mathrm{d}\rho\int_0^H\frac{K\mu z}{(\rho^2+z^2)^{\frac{3}{2}}}\mathrm{d}z\\&=-2\pi K\mu\int_0^R\rho(\rho^2+z^2)^{-\frac{1}{2}}\Big|_0^H\mathrm{d}\rho\\&=2\pi K\mu\int_0^R\left(1-\frac{\rho}{\sqrt{\rho^2+H^2}}\right)\mathrm{d}\rho\\&=2\pi K\mu(R+H-\sqrt{R^2+H^2}).\end{aligned}$$

因此，所求引力为

$$\boldsymbol{F}=(0,0,2\pi K\mu(R+H-\sqrt{R^2+H^2})).$$

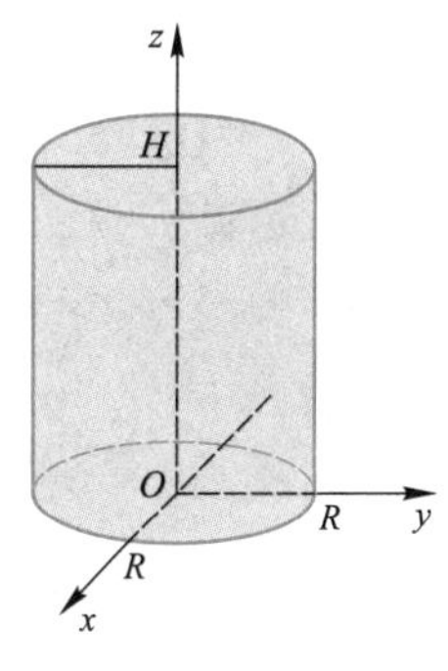


图 11.4.12 圆柱对底面中心的引力

请读者思考：如果将单位质点放在 $(0,0,a)$ $(a>0)$ 处，圆柱对该质点的引力是多少？试通过计算得出结果，并给出物理解释.

讨论题
11-4-1
漏水的木桶

一个底半径为 1，高为 6 的开口圆柱形水桶，在距底为 2 处有两个小孔，两小孔的连线与水桶轴线相交，试问该桶最多能盛多少水？

## 习题 11.4

### A 基础题

1. 球心在原点，半径为 $R$ 的球体，在其上任一点处的体密度与这点到球心的距离成正比，求该球体的质量.

2. 设平面薄片所占的闭区域 $D$ 由螺线 $\rho=2\theta$ 上的一段弧 $\left(0\leqslant\theta\leqslant\frac{\pi}{2}\right)$ 与直线 $\theta=\frac{\pi}{2}$ 所围成，它的面密度 $\mu(\rho,\theta)=\rho^2$，求这薄片的质量.

3. 求下列均匀平面薄片的形心，其所占区域分别为

(1) $y=\sqrt{2px}$，$x=x_0(x_0>0)$，$y=0$ 所围成；

(2) 四分之一圆域 $x^2+y^2\leqslant a^2$，$x\geqslant0$，$y\geqslant0$；

(3) 半圆环 $1\leqslant x^2+y^2\leqslant4$，$y\geqslant0$.

4. 设平面薄片所占的区域 $D$ 是由抛物线 $y=x^2$ 及直线 $y=x$ 所围成，在点 $(x,y)$ 处的面密度 $\rho(x,y)=x^2y$，求该薄片的质心.

5. 利用三重积分计算下列曲面所围均匀立体的形心：

(1) $z^2=x^2+y^2$，$z=1$；

(2) $z=x^2+y^2, x+y=a, x=0, y=0, z=0$.

6. 设均匀平面薄片(密度 $\mu(x,y)=1$)所占区域如下,求指定的转动惯量:

(1) $y^2=4ax, y=2a(a>0)$ 及 $y$ 轴所围图形的 $I_0$, $I_x, I_y$;

(2) $\rho=2a\cos\theta(a>0)$ 所围图形的 $I_0$.

7. 求底面半径为 $a$,高为 $h$ 的均匀圆柱体对其中心轴的转动惯量(密度 $\mu=1$).

## B 综合题

8. 球体 $x^2+y^2+z^2\leqslant 2Rz$ 内,各点处的体密度等于该点到坐标原点距离的平方,试求该球体的质心.

9. 一均匀物体(密度 $\mu$ 为常数)占有的闭区域 $\Omega$ 由曲面 $z=x^2+y^2$ 和平面 $z=0$, $|x|=a$, $|y|=a$ 所围成,

(1) 求物体的体积;

(2) 求物体的质心;

(3) 求物体关于 $z$ 轴的转动惯量.

10. 求一半径为 $R$ 的均匀圆盘在挖去两个彼此相切的半径为 $\dfrac{R}{2}$ 的小圆后对盘心的转动惯量.

11. 试求高为 $h$,底半径为 $R$,体密度为常数 $\mu$ 的圆柱体对通过其中心轴的任一直线的转动惯量.

12. 求密度均匀的半圆环对位于圆心的一单位质点的引力,其中半圆环的内、外半径分别为 $r, R$.

13. 设面密度为 $\mu$ 的匀质半圆形平面薄片占有区域 $D=\{(x,y,0)\mid R_1\leqslant\sqrt{x^2+y^2}\leqslant R_2, x\geqslant 0\}$,求它对位于 $z$ 轴上的点 $M_0(0,0,a)(a>0)$ 处单位质量的质点的引力 $\boldsymbol{F}$ 的大小.

## C 应用题

14. 半径为 $R$ 的球形行星的大气密度为 $\mu=\mu_0 e^{-ch}$,其中 $h$ 为行星表面上方的高度,$\mu_0$ 是在海平面的大气密度,$c$ 为正常数,求行星大气的质量.

15. 在某一生产过程中,在均匀半圆形平面薄片的直径上,要接上一个一边与直径等长的均匀矩形薄片,为了使整个均匀薄片的质心恰好落在圆心上,问接上去的均匀矩形薄片的另一边长度应是多少?

16. 在一个底半径为 $R$ 的均匀半球底面,拼接一个材料相同、同半径共底的高为 $H$ 的均匀圆锥体,要使立体的重心落在球心处,求 $H$ 与 $R$ 的关系.

## D 实验题

17. 某立体由平面 $y+z=2$、柱面 $x=4-y^2$ 以及三个坐标面所围成,假设该立体各点处的密度为 $\mu(x,y,z)=2y+5$,试用 Mathematica 软件画出该立体的图形,并求出该立体的质量.

18. 设均匀柱体密度为 $\rho$,占有闭区域 $\Omega=\{(x,y,z)\mid x^2+y^2\leqslant R^2, 0\leqslant z\leqslant h\}$,试用 Mathematica 软件求它对位于点 $M_0(0,0,a)(a>h)$ 处的单位质量质点的引力.

11.4 测验题

# 第十二章 曲线积分与曲面积分

对于平面或空间中“体”上有关量的“求和”问题，重积分为我们提供了强有力的工具.在实际问题中，有些量分布在曲线(包括平面曲线和空间曲线)或曲面上，为解决这些量或与之相关量的计算问题，必须引进新的数学方法.通过这一章的学习，我们将知道如何求曲线的弧长和曲面的面积、非均匀的曲线和曲面的质量、变力沿曲线所做的功等，同时为研究物理中各种场中的计算问题提供理论依据.

课程思政案例
格林公式与面积测量仪

课程思政案例
卫星的覆盖面积问题

## 12.1 曲线积分的概念与计算

### 12.1.1 对弧长曲线积分的概念

#### 1. 曲线的弧长

微视频
12-1-1
问题引入——球面与圆柱面相交的几何问题

在第 5.5 节中我们给出了弧微分的概念，即对曲线的弧长函数求微分，不过当时并未对弧长给出明确的定义.下面以一条具体的曲线为例，说明定义曲线弧长的方法.

设有螺旋曲线 $C:\boldsymbol{r}=\boldsymbol{r}(t)\ (0\leqslant t\leqslant 3\pi)$，其中

$$\boldsymbol{r}(t)=\left(\cos t,\sin t,\frac{1}{3}t\right),$$

现在计算 $C$ 的长度.将 $[0,3\pi]$ 进行 $n$ 等分：

$$0=t_0<t_1<\cdots<t_k<\cdots<t_n=3\pi,$$

它们分别对应曲线上的点

$$P_k=\boldsymbol{r}(t_k)\quad(k=0,1,\cdots,n),$$

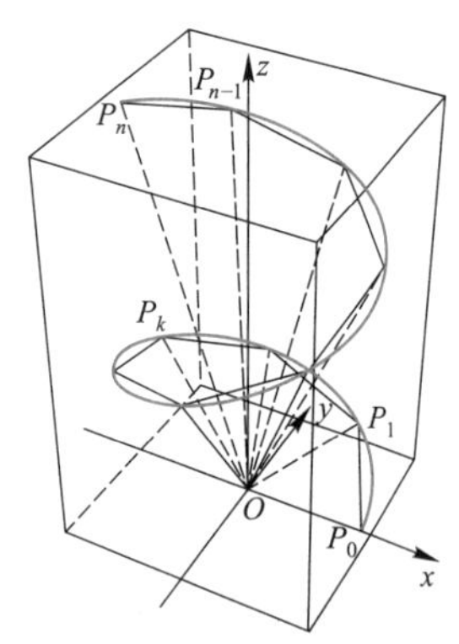

图 12.1.1 螺旋曲线的折线近似

如图 12.1.1 所示,这些点构成的折线长为

$$\sigma_n=\sum_{k=1}^{n}|P_{k-1}P_k|=\sum_{k=1}^{n}|\boldsymbol{r}(t_k)-\boldsymbol{r}(t_{k-1})|.$$

表 12.1.1 曲线长度的近似

| $n$ | $\sigma_n$ |
|---|---|
| 10 | 9.607 94 |
| 50 | 9.921 36 |
| 100 | 9.931 28 |
| 200 | 9.933 76 |

表 12.1.1 是几个数值计算的结果,可以看出随着 $n$ 的增加,$\sigma_n$ 趋于一固定的数,这个数便是曲线 $C$ 的长度,即曲线的弧长为

$$s=\lim_{n\to\infty}\sigma_n=\lim_{n\to\infty}\sum_{k=1}^{n}|P_{k-1}P_k|.$$

对于一般曲线,下面给出其弧长的定义.

**定义 12.1.1** 设 $L$ 为空间中以 $A,B$ 为端点的曲线,从 $A$ 开始,在曲线 $L$ 中顺次插入 $n-1$ 个点 $P_1,P_2,\cdots,P_{n-1}$,记 $P_0=A,P_n=B,\lambda=\max\limits_{1\leqslant k\leqslant n}|P_{k-1}P_k|$,若当 $\lambda\to0$ 时,和式

$$\sigma_n=\sum_{k=1}^{n}|P_{k-1}P_k|$$

趋于有限数 $s$,且与 $L$ 上分点的插入方式无关,则称曲线 $L$ 是可求长的,$s$ 称为曲线 $L$ 的长度(或弧长),即

$$s=\lim_{\lambda\to0}\sum_{k=1}^{n}|P_{k-1}P_k|.$$

设 $L:\boldsymbol{r}=\boldsymbol{r}(t)\,(a\leqslant t\leqslant b)$ 为光滑曲线,则有如下计算弧长 $s$ 的公式

$$s=\int_a^b|\boldsymbol{r}'(t)|\,\mathrm{d}t.\tag{12.1.1}$$

下面形式地推导该公式.

对$[a,b]$作任一划分 $a=t_0<t_1<\cdots<t_{n-1}<t_n=b$,该划分对应曲线上的一组点

$$P_k=\boldsymbol{r}(t_k)\quad(k=0,1,\cdots,n).$$

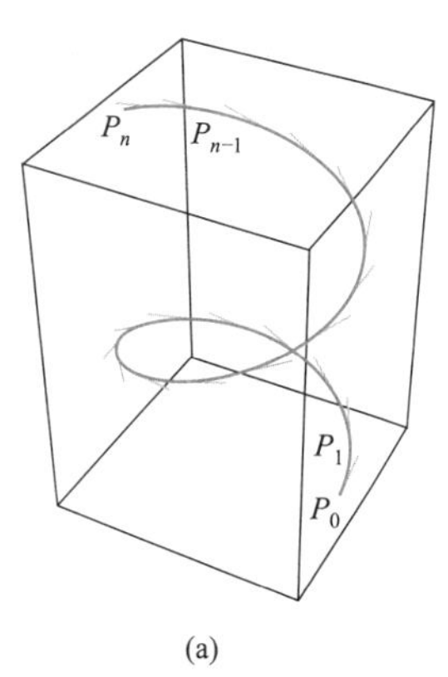

(a)

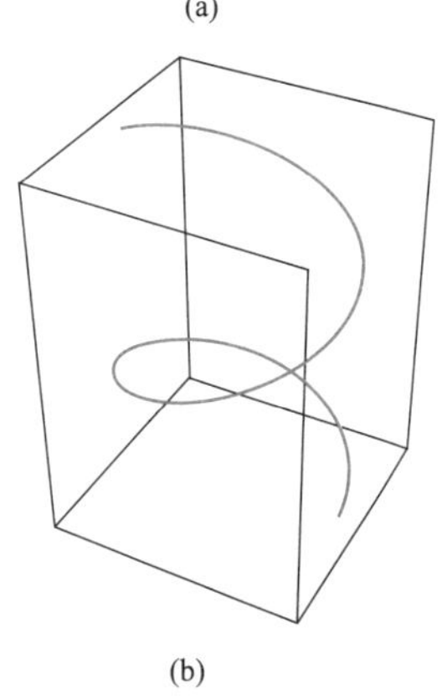
(b)

图 12.1.2 随着 $\Delta t_k\to0$,切线段逐渐逼近曲线

我们知道,$L$ 在 $P_{k-1}=\boldsymbol{r}(t_{k-1})$ 处的切向量为 $\boldsymbol{r}'(t_{k-1})$,因此 $L$ 在 $P_{k-1}$ 处的切线方程为

$$\boldsymbol{r}_1(t)=\boldsymbol{r}'(t_{k-1})(t-t_{k-1})+\boldsymbol{r}(t_{k-1}).$$

观察图 12.1.2,直观上有下面的近似等式

$$|P_{k-1}P_k|=|\boldsymbol{r}(t_k)-\boldsymbol{r}(t_{k-1})|\approx|\boldsymbol{r}_1(t_k)-\boldsymbol{r}_1(t_{k-1})|=|\boldsymbol{r}'(t_{k-1})|(t_k-t_{k-1}),$$

因此

$$\sum_{k=1}^{n}|P_{k-1}P_k|\approx\sum_{k=1}^{n}|\boldsymbol{r}'(t_{k-1})|(t_k-t_{k-1})=\sum_{k=1}^{n}|\boldsymbol{r}'(t_{k-1})|\Delta t_k,$$

其中 $\Delta t_k=t_k-t_{k-1}$. 记 $d=\max\limits_{1\leqslant k\leqslant n}\Delta t_k$,由 $\boldsymbol{r}'(t)$ 的连续性及定积分的定义,我们有

$$\lim_{d\to 0}\sum_{k=1}^{n}|\boldsymbol{r}'(t_{k-1})|\Delta t_k=\int_a^b|\boldsymbol{r}'(t)|\mathrm{d}t.$$

由 $\boldsymbol{r}(t)$ 的连续性，当 $d\to 0$ 时有 $\lambda=\max\limits_{1\leqslant k\leqslant n}|P_{k-1}P_k|\to 0$，所以有

$$\int_a^b|\boldsymbol{r}'(t)|\mathrm{d}t=\lim_{\lambda\to 0}\sum_{k=1}^{n}|P_{k-1}P_k|=s.$$

对于分段光滑曲线，可先求出每一段光滑曲线的弧长，然后相加即得给定曲线弧长.

**例 1** 计算螺旋曲线 $L:\boldsymbol{r}(t)=\left(\cos t,\sin t,\frac{1}{3}t\right)(0\leqslant t\leqslant 3\pi)$ 的弧长.

**解** $\boldsymbol{r}'(t)=\left((\cos t)',(\sin t)',\left(\frac{1}{3}t\right)'\right)=\left(-\sin t,\cos t,\frac{1}{3}\right)$，由公式(12.1.1)得所求弧长

$$s=\int_0^{3\pi}|\boldsymbol{r}'(t)|\mathrm{d}t=\int_0^{3\pi}\sqrt{(-\sin t)^2+(\cos t)^2+\left(\frac{1}{3}\right)^2}\,\mathrm{d}t$$

$$=\frac{\sqrt{10}}{3}3\pi=\sqrt{10}\pi\approx 9.934\ 59.$$

这与表 12.1.1 中的结果一致.

设曲线 $L$ 的方程为

$$\boldsymbol{r}(t)=(x(t),y(t),z(t))\quad(a\leqslant t\leqslant b),$$

则可将公式(12.1.1)写成下面的形式

$$s=\int_a^b\sqrt{x'^2(t)+y'^2(t)+z'^2(t)}\,\mathrm{d}t.\tag{12.1.2}$$

对于 $xOy$ 平面上的曲线 $L:x=x(t),y=y(t)(a\leqslant t\leqslant b)$，它可以视为方程为

$$\boldsymbol{r}(t)=(x(t),y(t),0)\quad(a\leqslant t\leqslant b)$$

的空间曲线，因此有平面参数曲线的弧长公式

$$s=\int_a^b\sqrt{x'^2(t)+y'^2(t)}\,\mathrm{d}t.\tag{12.1.3}$$

特别地，若曲线对应的平面直角坐标方程为 $L:y=f(x)(a\leqslant x\leqslant b)$，则有如下弧长公式

$$s=\int_a^b\sqrt{1+f'^2(x)}\,\mathrm{d}x.\tag{12.1.4}$$

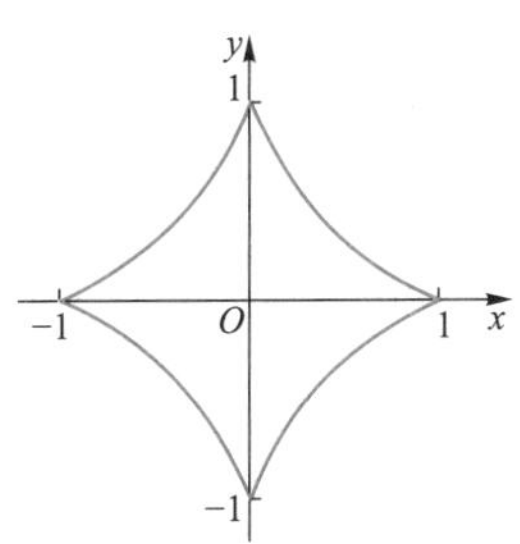

图 12.1.3 星形曲线

**例 2** 求星形曲线 $x=\cos^3 t,y=\sin^3 t(0\leqslant t\leqslant 2\pi)$ 的弧长.

**解** 如图 12.1.3 所示，曲线具有对称性，我们只需计算在第一象限

的弧段，即 $t\in\left[0,\frac{\pi}{2}\right]$ 对应的部分弧长. 由公式(12.1.3)有

$$\begin{aligned}s&=4\int_0^{\frac{\pi}{2}}\sqrt{x'^2(t)+y'^2(t)}\,\mathrm{d}t\\&=4\int_0^{\frac{\pi}{2}}\sqrt{(-3\cos^2t\sin t)^2+(3\sin^2t\cos t)^2}\,\mathrm{d}t\\&=4\int_0^{\frac{\pi}{2}}3\,|\sin t\cos t|\,\mathrm{d}t=12\int_0^{\frac{\pi}{2}}\sin t\cos t\mathrm{d}t=6.\end{aligned}$$

## 2. 非均匀曲线物质的质量

设 $L$ 是以 $A,B$ 为端点的光滑或分段光滑的非均匀的空间曲线物质，将其记为 $L=\overset{\frown}{AB}$，如图 12.1.4 所示. 设曲线 $L$ 在其上任一点 $P(x,y,z)$ 处的线密度为 $\mu(x,y,z)$，求该曲线物质的质量 $M$(以下简称曲线的质量).

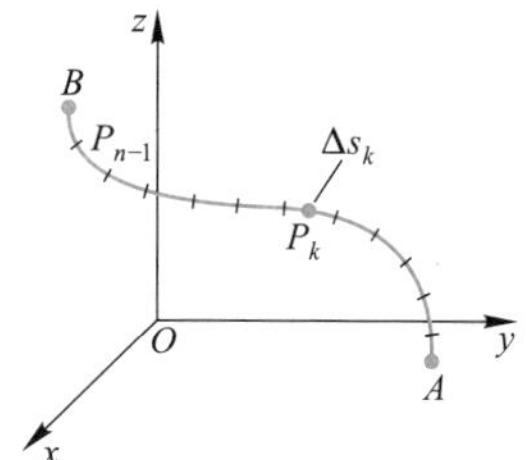

图 12.1.4　非均匀曲线物质

通过任一划分，将曲线 $L$ 分成 $n$ 个小弧段

$$\Delta s_1,\Delta s_2,\cdots,\Delta s_k,\cdots,\Delta s_n.$$

在每一小弧段 $\Delta s_k$(也用 $\Delta s_k$ 表示其弧长)上取一点 $P_k(\xi_k,\eta_k,\zeta_k)$ $(k=1,2,\cdots,n)$，用密度函数在该点处的值 $\mu(\xi_k,\eta_k,\zeta_k)$ 作为 $\Delta s_k$ 的密度，则 $\Delta s_k$ 的质量可近似地表示为

$$\Delta m_k\approx\mu(\xi_k,\eta_k,\zeta_k)\Delta s_k\quad(k=1,2,\cdots,n).$$

于是，得到质量 $M$ 的近似

$$M\approx\sigma_n=\sum_{k=1}^{n}\mu(\xi_k,\eta_k,\zeta_k)\Delta s_k.$$

当由曲线 $L$ 分成的每一小弧段的长度趋于零时，应该有 $\sigma_n\to M$，这只需要密度函数 $\mu(x,y,z)$ 连续. 记 $\lambda=\max\limits_{1\leqslant k\leqslant n}\Delta s_k$，则当 $\lambda\to0$ 时，有 $\sigma_n\to M$，即

$$M=\lim_{\lambda\to0}\sum_{k=1}^{n}\mu(\xi_k,\eta_k,\zeta_k)\Delta s_k.$$

## 3. 对弧长曲线积分的定义及性质

微视频
12-1-2
对弧长曲线积分的概念——积分的定义

如果将密度函数 $\mu(x,y,z)$ 抽象成一般定义在曲线 $L$ 上的函数，则上述计算曲线的质量的过程可改写成对弧长曲线积分的定义.

**定义 12.1.2**　设 $L=\overset{\frown}{AB}$ 为 $Oxyz$ 空间中以 $A,B$ 为端点的光滑或分段光滑的曲线，$f(x,y,z)$ 为定义在 $L$ 上的函数. 将曲线 $L$ 任意分成 $n$ 个小弧段

$$\Delta s_1,\Delta s_2,\cdots,\Delta s_k,\cdots,\Delta s_n,$$

在每一小弧段 $\Delta s_k$ 上任取一点 $P_k(\xi_k,\eta_k,\zeta_k)(k=1,2,\cdots,n)$，同时也用 $\Delta s_k$ 表示其弧长，作和数

$$\sigma_n=\sum_{k=1}^{n}f(\xi_k,\eta_k,\zeta_k)\Delta s_k.$$

记 $\lambda=\max\limits_{1\leqslant k\leqslant n}\Delta s_k$，若当 $\lambda\to 0$ 时 $\sigma_n$ 趋于有限数 $I$，且 $I$ 与 $L$ 的划分和 $P_k$ 在弧段上的取法无关，则称函数 $f(x,y,z)$ 在曲线 $L$ 上对弧长是可积的，极限值 $I$ 称为函数 $f(x,y,z)$ 在曲线 $L$ 上对弧长的曲线积分，记为 $\int_L f(x,y,z)\mathrm{d}s$，即

$$\int_L f(x,y,z)\mathrm{d}s=\lim_{\lambda\to 0}\sum_{k=1}^{n}f(\xi_k,\eta_k,\zeta_k)\Delta s_k,$$

其中 $L$ 称为积分路径，$f(x,y,z)$ 称为被积函数，$\mathrm{d}s$ 称为弧长元素.

特别地，若 $L$ 为 $xOy$ 平面上的光滑或分段光滑曲线，$f(x,y)$ 为 $L$ 上的函数，则 $f(x,y)$ 在曲线 $L$ 上对弧长的曲线积分定义为

$$\int_L f(x,y)\mathrm{d}s=\lim_{\lambda\to 0}\sum_{k=1}^{n}f(\xi_k,\eta_k)\Delta s_k,$$

其中 $(\xi_k,\eta_k)$ 和 $\Delta s_k$ 及 $\lambda$ 具有与空间情形类似的意义.

若在曲线 $L$ 上有 $f(x,y,z)\equiv C$，$C$ 为常数，由定义有

$$\int_L f(x,y,z)\mathrm{d}s=\lim_{\lambda\to 0}\sum_{k=1}^{n}f(\xi_k,\eta_k,\zeta_k)\Delta s_k=\lim_{\lambda\to 0}\sum_{k=1}^{n}C\Delta s_k=C\lim_{\lambda\to 0}\sum_{k=1}^{n}\Delta s_k=C\cdot s,$$

即 $\int_L C\mathrm{d}s=C\cdot s$，特别地，$\int_L \mathrm{d}s=s$，其中 $s$ 为曲线 $L$ 的弧长.

对弧长的曲线积分有类似于定积分和重积分的性质，同时，被积函数的连续性可以保证对弧长的曲线积分存在.下面仅给出对弧长的曲线积分的运算性质.

微视频
12-1-3
对弧长曲线积分的概念——实际意义与性质

**性质 1**（线性性）　设函数 $f(x,y,z)$，$g(x,y,z)$ 在曲线 $L$ 上对弧长的曲线积分存在，$\alpha,\beta$ 为常数，则有

$$\int_L[\alpha f(x,y,z)+\beta g(x,y,z)]\mathrm{d}s=\alpha\int_L f(x,y,z)\mathrm{d}s+\beta\int_L g(x,y,z)\mathrm{d}s.$$

**性质 2**（对积分曲线的可加性）　设曲线 $L$ 由两段曲线 $L_1,L_2$ 组成，记为 $L=L_1\cup L_2$，若函数 $f(x,y,z)$ 在曲线 $L$ 上的积分存在，则在曲线 $L_1,L_2$ 上的积分也存在，且有

$$\int_L f(x,y,z)\mathrm{d}s=\int_{L_1}f(x,y,z)\mathrm{d}s+\int_{L_2}f(x,y,z)\mathrm{d}s.$$

一般地，若 $f(x,y,z)$ 在 $L=L_1\cup L_2\cup\cdots\cup L_n$ 上积分存在，则有

$$\int_L f(x,y,z)\mathrm{d}s=\int_{L_1}f(x,y,z)\mathrm{d}s+\int_{L_2}f(x,y,z)\mathrm{d}s+\cdots+\int_{L_n}f(x,y,z)\mathrm{d}s.$$

## 12.1.2　对坐标曲线积分的概念

微视频
12-1-4
问题引入——从常力做功到变力做功

### 1. 变力沿曲线路径所做的功

我们知道，若物体在常力 $\boldsymbol{F}$ 的作用下移动的位移为 $\boldsymbol{r}$，则力 $\boldsymbol{F}$ 所做

的功为$W=\boldsymbol{F}\cdot\boldsymbol{r}$.如果物体移动的路径不是直线段而是曲线,且力$\boldsymbol{F}$与路径上点的位置有关,那么如何计算所做的功?这是一个变力做功的问题,下面我们给出此问题的解决方案.

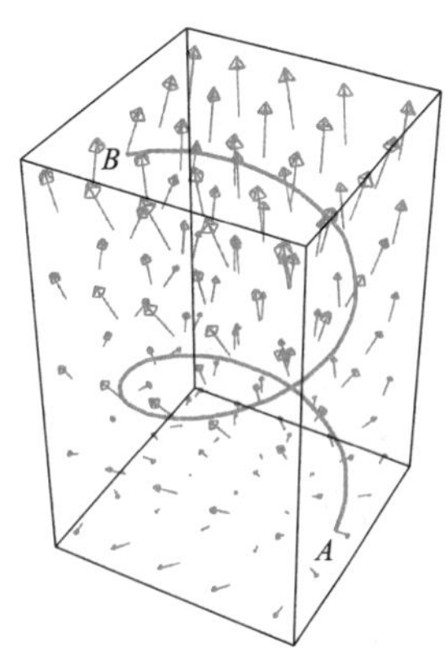

图 12.1.5　向量场

先介绍向量场的概念.所谓向量场,就是空间某区域中的向量分布,即该区域中的每一点上都指定了一个向量.这些向量可能与位置和时间有关,这里我们假设向量只与位置有关,而与时间无关,这样的向量场称为定常向量场,如图 12.1.5 所示.设空间中有向量场

$$\boldsymbol{F}(x,y,z)=P(x,y,z)\boldsymbol{i}+Q(x,y,z)\boldsymbol{j}+R(x,y,z)\boldsymbol{k},$$

或写成如下形式

$$\boldsymbol{F}(x,y,z)=(P(x,y,z),Q(x,y,z),R(x,y,z)).$$

我们不妨将其视为重力场或电磁场.在力场中有一光滑或分段光滑的曲线$L=\overset{\frown}{AB}$,$L$以$A$为起点、$B$为终点,求力$\boldsymbol{F}$沿曲线$L$从$A$移动到$B$所做的功$W$.

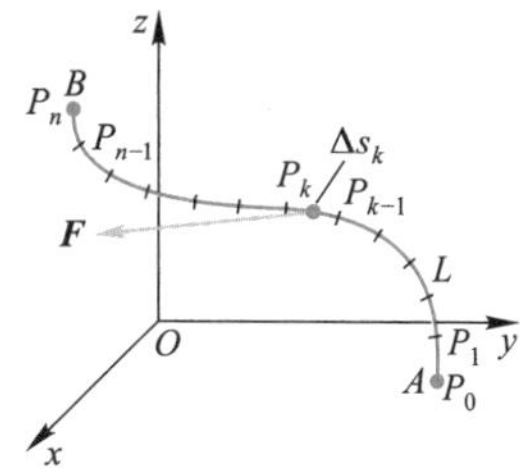

图 12.1.6　变力做功

如图 12.1.6 所示,在$L$上从$A$至$B$顺次插入$n-1$个点$P_k(k=1,2,\cdots,n-1)$,记$P_0=A,P_n=B$,各点坐标分别为$P_k(x_k,y_k,z_k)(k=0,1,\cdots,n)$.现在考虑力沿$L$从$P_{k-1}$到$P_k$所做的功$W_k(k=1,2,\cdots,n)$,图 12.1.7 为图 12.1.6 的局部放大.

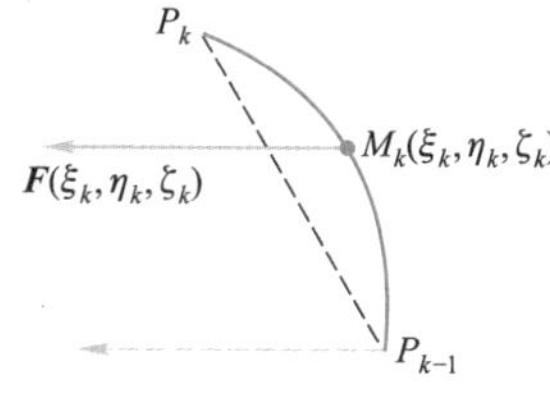

图 12.1.7　变力做功的近似

在小弧段$\overset{\frown}{P_{k-1}P_k}$上,我们用常力沿直线段做功来近似,即取弧段$\Delta s_k=\overset{\frown}{P_{k-1}P_k}$上一点$M_k(\xi_k,\eta_k,\zeta_k)$,在该小弧段上,把力视为常力$\boldsymbol{F}(\xi_k,\eta_k,\zeta_k)$,位移视为有向线段$\overrightarrow{P_{k-1}P_k}$,则有$W_k$的近似

$$W_k\approx\boldsymbol{F}(\xi_k,\eta_k,\zeta_k)\cdot\overrightarrow{P_{k-1}P_k}.$$

由于

$$\boldsymbol{F}(\xi_k,\eta_k,\zeta_k)=(P(\xi_k,\eta_k,\zeta_k),Q(\xi_k,\eta_k,\zeta_k),R(\xi_k,\eta_k,\zeta_k)),$$
$$\overrightarrow{P_{k-1}P_k}=(x_k-x_{k-1},y_k-y_{k-1},z_k-z_{k-1})=(\Delta x_k,\Delta y_k,\Delta z_k),$$

所以有

$$W_k\approx\boldsymbol{F}\cdot\overrightarrow{P_{k-1}P_k}=P(\xi_k,\eta_k,\zeta_k)\Delta x_k+Q(\xi_k,\eta_k,\zeta_k)\Delta y_k+R(\xi_k,\eta_k,\zeta_k)\Delta z_k.$$

将力沿各段弧所做的功相加,即得$W$的近似

$$W=\sum_{k=1}^{n}W_k\approx\sum_{k=1}^{n}[P(\xi_k,\eta_k,\zeta_k)\Delta x_k+Q(\xi_k,\eta_k,\zeta_k)\Delta y_k+R(\xi_k,\eta_k,\zeta_k)\Delta z_k].$$

令$\lambda=\max\limits_{1\leqslant k\leqslant n}\Delta s_k$,则有

$$W=\lim_{\lambda\to0}\sum_{k=1}^{n}[P(\xi_k,\eta_k,\zeta_k)\Delta x_k+Q(\xi_k,\eta_k,\zeta_k)\Delta y_k+R(\xi_k,\eta_k,\zeta_k)\Delta z_k].\tag{12.1.5}$$

## 2. 对坐标曲线积分的定义

为简单起见,我们借助上面求变力做功的问题,直观地给出对坐标曲线积分的定义.上面计算变力做功最终归结为计算式(12.1.5)右端的极限,我们将其拆开为三部分:

微视频
12-1-5
对坐标曲线积分的概念

$$\lim_{\lambda\to 0}\sum_{k=1}^{n} P(\xi_k,\eta_k,\zeta_k)\Delta x_k,\quad \lim_{\lambda\to 0}\sum_{k=1}^{n} Q(\xi_k,\eta_k,\zeta_k)\Delta y_k,$$

$$\lim_{\lambda\to 0}\sum_{k=1}^{n} R(\xi_k,\eta_k,\zeta_k)\Delta z_k.$$

若上述极限存在,且与对 $L$ 的划分和在每一弧段上点 $M_k$ 的取法无关,则称函数

$$P(x,y,z),\quad Q(x,y,z),\quad R(x,y,z)$$

在曲线 $L$ 上分别对坐标 $x,y,z$ 的曲线积分存在,相应的极限值称为对坐标的曲线积分,分别用下面的符号表示

$$\int_L P(x,y,z)\,\mathrm{d}x=\lim_{\lambda\to 0}\sum_{k=1}^{n} P(\xi_k,\eta_k,\zeta_k)\Delta x_k,$$

$$\int_L Q(x,y,z)\,\mathrm{d}y=\lim_{\lambda\to 0}\sum_{k=1}^{n} Q(\xi_k,\eta_k,\zeta_k)\Delta y_k,$$

$$\int_L R(x,y,z)\,\mathrm{d}z=\lim_{\lambda\to 0}\sum_{k=1}^{n} R(\xi_k,\eta_k,\zeta_k)\Delta z_k.$$

因此,变力 $\boldsymbol{F}$ 沿曲线 $L$ 所做的功可表示为

$$W=\int_L P(x,y,z)\,\mathrm{d}x+\int_L Q(x,y,z)\,\mathrm{d}y+\int_L R(x,y,z)\,\mathrm{d}z.$$

通常我们简记为

$$W=\int_L P(x,y,z)\,\mathrm{d}x+Q(x,y,z)\,\mathrm{d}y+R(x,y,z)\,\mathrm{d}z,$$

称之为组合型的曲线积分.在具体问题中,可能是关于某个坐标的曲线积分,如 $f(x,y,z)$ 在曲线 $L$ 上关于 $x$ 坐标的曲线积分为 $\int_L f(x,y,z)\,\mathrm{d}x$.若 $L$ 为闭曲线,我们通常将 $\int_L f(x,y,z)\,\mathrm{d}x$ 写成 $\oint_L f(x,y,z)\,\mathrm{d}x$.

二元函数 $f(x,y)$ 在 $xOy$ 平面的曲线 $L$ 上对坐标的曲线积分,可以作为上述情形的特例,如 $f(x,y)$ 在 $L$ 上对坐标 $y$ 的曲线积分为

$$\int_L f(x,y)\,\mathrm{d}y=\lim_{\lambda\to 0}\sum_{k=1}^{n} f(\xi_k,\eta_k)\Delta y_k,$$

其中 $(\xi_k,\eta_k)$,$\Delta y_k$ 及 $\lambda$ 有与空间情形类似的意义.函数 $P(x,y)$,$Q(x,y)$ 在平面曲线 $L$ 上分别对坐标 $x,y$ 的曲线积分的组合形式为

$$\int_L P(x,y)\,\mathrm{d}x + Q(x,y)\,\mathrm{d}y,$$

我们将看到,将曲线积分写成组合形式对某些公式的表述是方便的.

### 3. 对坐标曲线积分的性质

与对弧长的曲线积分一样,若被积函数在积分曲线上连续,则相应的对各坐标的曲线积分存在.不同的是,由对坐标的曲线积分的实际意义知,它的值与积分曲线的方向有关.若力 $\boldsymbol{F}$ 沿曲线 $L=\widehat{AB}$ 从 $A$ 到 $B$ 所做的功为 $W$,则力 $\boldsymbol{F}$ 沿曲线 $L$ 从 $B$ 到 $A$ 所做的功为 $-W$.以平面曲线的情形为例,有

$$\int_L P(x,y)\,\mathrm{d}x+Q(x,y)\,\mathrm{d}y=-\int_{L^-} P(x,y)\,\mathrm{d}x+Q(x,y)\,\mathrm{d}y, \quad (12.1.6)$$

这里 $L^-$ 表示与 $L$ 路径相同但方向相反的曲线.因此,在被积函数不变的条件下,若改变积分曲线的方向,则相应对坐标的曲线积分值改变符号.

对于由若干段曲线构成的曲线 $L=L_1\cup L_2\cup\cdots\cup L_n$,亦有积分曲线的可加性

$$\int_L P(x,y)\,\mathrm{d}x+Q(x,y)\,\mathrm{d}y$$

$$=\sum_{k=1}^{n}\int_{L_k} P(x,y)\,\mathrm{d}x + Q(x,y)\,\mathrm{d}y.$$

值得注意的是,这里要求 $L$ 的方向与 $L_k(k=1,2,\cdots,n)$ 的方向一致.

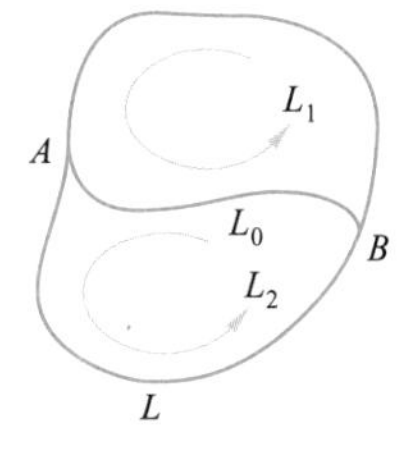

图 12.1.8　闭曲线的分割

如图 12.1.8 所示,$L$ 为闭曲线,在 $L$ 上任取两点 $A,B$,用曲线段 $L_0$ 将 $A,B$ 相连,则曲线 $L$ 上的两段弧与 $L_0$ 分别组成闭曲线 $L_1,L_2$,设 $L$ 与 $L_1,L_2$ 均为逆时针方向,则有

$$\oint_L P(x,y)\,\mathrm{d}x+Q(x,y)\,\mathrm{d}y$$

$$=\oint_{L_1} P(x,y)\,\mathrm{d}x+Q(x,y)\,\mathrm{d}y+\oint_{L_2} P(x,y)\,\mathrm{d}x+Q(x,y)\,\mathrm{d}y.$$

## 12.1.3　曲线积分的计算

无论是对弧长的曲线积分,还是对坐标的曲线积分,我们通常将它们转化为定积分来计算,下面分别给出两类曲线积分的计算方法.

## 1. 对弧长曲线积分的计算

设光滑曲线 $L$ 的方程为 $\boldsymbol{r}=\boldsymbol{r}(t)\ (a\leqslant t\leqslant b)$，其中

$$\boldsymbol{r}(t)=(x(t),y(t),z(t))\quad(a\leqslant t\leqslant b),$$

函数 $f(x,y,z)$ 在曲线 $L$ 上连续，则 $f(x,y,z)$ 在 $L$ 上对弧长的曲线积分存在，且

$$\int_L f(x,y,z)\,\mathrm{d}s=\int_a^b f(x(t),y(t),z(t))\,|\boldsymbol{r}'(t)|\,\mathrm{d}t,\quad(12.1.7)$$

或有下面的等价形式

$$\int_L f(x,y,z)\,\mathrm{d}s=\int_a^b f(x(t),y(t),z(t))\sqrt{x'^2(t)+y'^2(t)+z'^2(t)}\,\mathrm{d}t.$$

(12.1.8)

微视频
12-1-6
对弧长曲线积分的计算

若 $L$ 为 $xOy$ 平面上的光滑曲线，其方程为 $\boldsymbol{r}(t)=(x(t),y(t))\ (a\leqslant t\leqslant b)$，$f(x,y)$ 为 $L$ 上的连续函数，则函数 $f(x,y)$ 在曲线 $L$ 上对弧长的曲线积分为

$$\int_L f(x,y)\,\mathrm{d}s=\int_a^b f(x(t),y(t))\sqrt{x'^2(t)+y'^2(t)}\,\mathrm{d}t.\quad(12.1.9)$$

特别地，若曲线方程为 $L:y=y(x)\ (a\leqslant x\leqslant b)$，或 $L:x=x(y)\ (c\leqslant y\leqslant d)$，则在 $L$ 上的连续函数 $f(x,y)$ 对弧长的曲线积分为

$$\int_L f(x,y)\,\mathrm{d}s=\int_a^b f(x,y(x))\sqrt{1+y'^2(x)}\,\mathrm{d}x,\qquad(12.1.10)$$

或

$$\int_L f(x,y)\,\mathrm{d}s=\int_c^d f(x(y),y)\sqrt{x'^2(y)+1}\,\mathrm{d}y.\qquad(12.1.11)$$

请注意，这些将对弧长的曲线积分转化为定积分的公式中，均要求定积分的上限大于下限.

**例 3** 计算对弧长的曲线积分 $\int_L \frac{z^2}{x^2+y^2}\mathrm{d}s$，其中 $L$ 的方程为

$$\boldsymbol{r}(t)=(a\cos t,a\sin t,at)\quad(0\leqslant t\leqslant 2\pi),$$

其中 $a>0$ 为常数.

**解** 由于 $|\boldsymbol{r}'(t)|=|(-a\sin t,a\cos t,a)|=\sqrt{(-a\sin t)^2+(a\cos t)^2+a^2}=\sqrt{2}a$，所以由公式(12.1.7)有

$$\int_L \frac{z^2}{x^2+y^2}\mathrm{d}s=\int_0^{2\pi}\frac{(at)^2}{(a\cos t)^2+(a\sin t)^2}\cdot\sqrt{2}a\,\mathrm{d}t$$

$$=\sqrt{2}a\int_0^{2\pi}t^2\,\mathrm{d}t=\frac{8\sqrt{2}}{3}\pi^3 a.$$

**例 4** 如图 12.1.9，设有点 $A(1,1,0)$ 和点 $B(1,1,1)$，$L$ 为线段 $OA$，

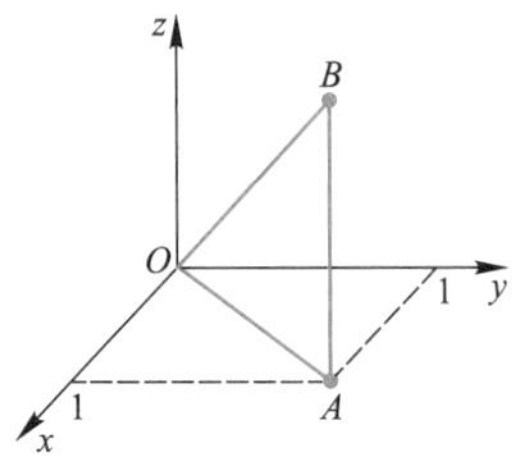

图 12.1.9 积分曲线为折线

$AB$ 和 $BO$ 组成的闭曲线,计算对弧长的曲线积分 $\oint_L (x-3y^2+z)\,\mathrm{d}s$.

**解** 如图 12.1.9,线段 $OA$,$AB$ 和 $BO$ 的方程和 $|\boldsymbol{r}'(t)|$ 分别为

$$OA:\boldsymbol{r}(t)=(t,t,0)\,(0\leqslant t\leqslant 1),\ |\boldsymbol{r}'(t)|=\sqrt{2},$$

$$AB:\boldsymbol{r}(t)=(1,1,t)\,(0\leqslant t\leqslant 1),\ |\boldsymbol{r}'(t)|=1,$$

$$BO:\boldsymbol{r}(t)=(t,t,t)\,(0\leqslant t\leqslant 1),\ |\boldsymbol{r}'(t)|=\sqrt{3}.$$

所以由公式(12.1.7),函数 $f(x,y,z)=x-3y^2+z$ 在这些线段上对弧长的曲线积分分别为

$$\int_{OA} f(x,y,z)\,\mathrm{d}s=\int_0^1 (t-3t^2)\sqrt{2}\,\mathrm{d}t=\sqrt{2}\left(\frac{t^2}{2}-t^3\right)\Bigg|_0^1=-\frac{\sqrt{2}}{2},$$

$$\int_{AB} f(x,y,z)\,\mathrm{d}s=\int_0^1 (1-3+t)\,\mathrm{d}t=\left(-2t+\frac{t^2}{2}\right)\Bigg|_0^1=-\frac{3}{2},$$

$$\int_{BO} f(x,y,z)\,\mathrm{d}s=\int_0^1 (t-3t^2+t)\sqrt{3}\,\mathrm{d}t=\sqrt{3}\,(t^2-t^3)\Big|_0^1=0.$$

因此,由积分曲线的可加性有

$$\begin{aligned}\oint_L (x-3y^2+z)\,\mathrm{d}s&=\int_{OA} f(x,y,z)\,\mathrm{d}s+\int_{AB} f(x,y,z)\,\mathrm{d}s+\int_{BO} f(x,y,z)\,\mathrm{d}s\\&=\left(-\frac{\sqrt{2}}{2}\right)+\left(-\frac{3}{2}\right)+0=-\frac{3+\sqrt{2}}{2}.\end{aligned}$$

**例 5** 试验证 $\int_L f(x,y)\,\mathrm{d}s=\int_{L^-} f(x,y)\,\mathrm{d}s$,即对弧长的曲线积分与积分曲线的方向无关.

**证** 设 $L=\widehat{AB}$ 为光滑曲线,其方程为 $\boldsymbol{r}(t)=(x(t),y(t))\,(a\leqslant t\leqslant b)$,$t$ 增加的方向与 $L$ 的方向一致,即当 $t$ 由 $a$ 变化至 $b$ 时,点 $(x(t),y(t))$ 由 $A$ 沿曲线 $L$ 变化至 $B$.由公式(12.1.9)有

$$\int_L f(x,y)\,\mathrm{d}s=\int_a^b f(x(t),y(t))\sqrt{x'^2(t)+y'^2(t)}\,\mathrm{d}t.$$

曲线 $L^-=\widehat{BA}$ 的方程为 $\boldsymbol{r}(t)=(x(a+b-t),y(a+b-t))\,(a\leqslant t\leqslant b)$,所以有

$$\int_{L^-} f(x,y)\,\mathrm{d}s=\int_a^b f(x(a+b-t),y(a+b-t))\sqrt{x'^2(a+b-t)+y'^2(a+b-t)}\,\mathrm{d}t,$$

令 $a+b-t=u$,则有

$$\begin{aligned}\int_{L^-} f(x,y)\,\mathrm{d}s&=\int_b^a f(x(u),y(u))\sqrt{x'^2(u)+y'^2(u)}\,(-\mathrm{d}u)\\&=\int_a^b f(x(u),y(u))\sqrt{x'^2(u)+y'^2(u)}\,\mathrm{d}u.\end{aligned}$$

讨论题
12-1-1
一个对弧长的曲线积分计算的综合题

设 $f(x)$ 为连续函数,$\Omega$ 为曲面 $\Sigma_1: z=x^2+y^2$ 与 $\Sigma_2: z=t\,(t>0)$ 所围成的立体,$L$ 为曲面 $\Sigma_1$ 与 $\Sigma_2$ 的交线,已知对任意实数 $t>0$,都有

$$\iiint_\Omega f(z)\,\mathrm{d}V=\pi f(t)+\oint_L (x^2+y^2)^{\frac{3}{2}}\,\mathrm{d}s.$$

求函数 $f(x)$ 的表达式.

因此，有 $\int_L f(x,y)\,\mathrm{d}s=\int_{L^-} f(x,y)\,\mathrm{d}s$.

### 2. 对坐标的曲线积分计算

设 $L$ 为有向曲线，其方程为

$$\boldsymbol{r}(t)=(x(t),y(t),z(t))\quad(a\leqslant t\leqslant b),$$

假设 $L$ 的方向与 $t$ 由 $a$ 变化至 $b$ 的方向一致，此时切向量 $\boldsymbol{r}'(t)$ 的方向也是顺着 $L$ 的方向，如图 12.1.10 所示.同样以力场为例，给出对坐标曲线积分的计算公式.设

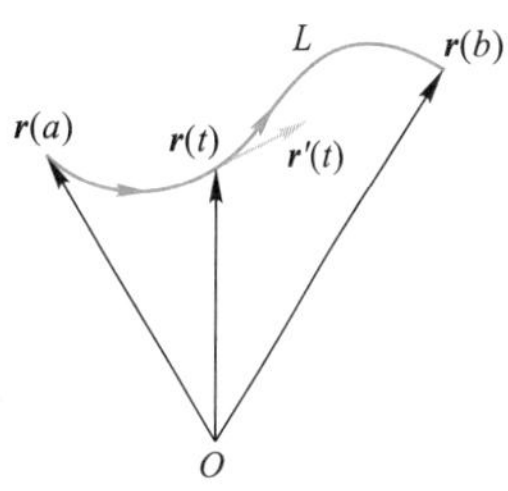

图 12.1.10 切向量与 $L$ 方向一致

$$\boldsymbol{F}(x,y,z)=(P(x,y,z),Q(x,y,z),R(x,y,z)),$$

则有下面的形式推导

$$\begin{aligned}W&=\int_L P(x,y,z)\,\mathrm{d}x+Q(x,y,z)\,\mathrm{d}y+R(x,y,z)\,\mathrm{d}z\\&=\int_L (P(x,y,z),Q(x,y,z),R(x,y,z))\cdot(\mathrm{d}x,\mathrm{d}y,\mathrm{d}z)\\&=\int_L \boldsymbol{F}(x,y,z)\cdot\mathrm{d}\boldsymbol{r}\\&=\int_a^b \boldsymbol{F}(x(t),y(t),z(t))\cdot\boldsymbol{r}'(t)\,\mathrm{d}t.\end{aligned}\tag{12.1.12}$$

微视频
12-1-7
对坐标曲线积分的计算

若 $\boldsymbol{F}(x,y)=(P(x,y),Q(x,y))$，$L:\boldsymbol{r}(t)=(x(t),y(t))(a\leqslant t\leqslant b)$，则有

$$\int_L P(x,y)\,\mathrm{d}x+Q(x,y)\,\mathrm{d}y=\int_a^b \boldsymbol{F}(x(t),y(t))\cdot\boldsymbol{r}'(t)\,\mathrm{d}t.\tag{12.1.13}$$

关于某一坐标的曲线积分，可以视为公式(12.1.12)和(12.1.13)的特殊情形.

例如，若令 $\boldsymbol{F}=(P(x,y,z),0,0)$，则由公式(12.1.12)有

$$\begin{aligned}&\int_L P(x,y,z)\,\mathrm{d}x\\&=\int_a^b \boldsymbol{F}(x(t),y(t),z(t))\cdot\boldsymbol{r}'(t)\,\mathrm{d}t\\&=\int_a^b (P(x(t),y(t),z(t)),0,0)\cdot(x'(t),y'(t),z'(t))\,\mathrm{d}t\\&=\int_a^b P(x(t),y(t),z(t))\,x'(t)\,\mathrm{d}t,\end{aligned}$$

即

$$\int_L P(x,y,z)\,\mathrm{d}x=\int_a^b P(x(t),y(t),z(t))x'(t)\,\mathrm{d}t,\tag{12.1.14}$$

这样我们建立了对不同坐标曲线积分的计算公式，它们类似于对定积分进行换元.另外，注意公式(12.1.14)—(12.1.17)中定积分的上、下限与 $L$ 方向的对应关系，即 $t$ 由 $a$ 变至 $b$ 的方向与 $L$ 的方向一致.若考虑曲线 $L^-$ 上的积分，则 $t$ 从 $b$ 变至 $a$ 的方向与 $L^-$ 的方向一致，因此有

$$\begin{aligned}&\int_{L^-} P(x,y,z)\,\mathrm{d}x\\&=\int_b^a P(x(t),y(t),z(t))x'(t)\,\mathrm{d}t\\&=-\int_a^b P(x(t),y(t),z(t))x'(t)\,\mathrm{d}t\\&=-\int_L P(x,y,z)\,\mathrm{d}x,\end{aligned}$$

这就是我们前面强调的，即对坐标的曲线积分与积分曲线的方向有关.

同样有

$$\int_L Q(x,y,z)\mathrm{d}y=\int_a^b Q(x(t),y(t),z(t))y'(t)\mathrm{d}t, \quad (12.1.15)$$

$$\int_L R(x,y,z)\mathrm{d}z=\int_a^b R(x(t),y(t),z(t))z'(t)\mathrm{d}t. \quad (12.1.16)$$

对于平面曲线 $L:\boldsymbol{r}(t)=(x(t),y(t))(a\leqslant t\leqslant b)$，也有相应的公式，如

$$\int_L P(x,y)\mathrm{d}x=\int_a^b P(x(t),y(t))x'(t)\mathrm{d}t. \quad (12.1.17)$$

微视频
12-1-8
两类曲线积分的关系

尽管两类曲线积分的背景和计算方法均不相同，但它们之间存在着密切的联系. 将曲线 $L$ 的切向量 $\boldsymbol{r}'(t)$ 化为单位向量 $\boldsymbol{T}=\dfrac{\boldsymbol{r}'(t)}{|\boldsymbol{r}'(t)|}=(\cos\alpha,\cos\beta,\cos\gamma)$，则由公式(12.1.12)及对弧长的曲线积分计算公式(12.1.7)，我们有

$$\begin{aligned} W&=\int_L P(x,y,z)\mathrm{d}x+Q(x,y,z)\mathrm{d}y+R(x,y,z)\mathrm{d}z\\ &=\int_a^b \boldsymbol{F}(x(t),y(t),z(t))\cdot\frac{\boldsymbol{r}'(t)}{|\boldsymbol{r}'(t)|}\cdot|\boldsymbol{r}'(t)|\mathrm{d}t\\ &=\int_a^b [\boldsymbol{F}(x(t),y(t),z(t))\cdot\boldsymbol{T}]|\boldsymbol{r}'(t)|\mathrm{d}t\\ &=\int_L \boldsymbol{F}(x,y,z)\cdot\boldsymbol{T}\mathrm{d}s, \end{aligned}$$

即有

$$\int_L \boldsymbol{F}(x,y,z)\cdot\mathrm{d}\boldsymbol{r}=\int_L \boldsymbol{F}(x,y,z)\cdot\boldsymbol{T}\mathrm{d}s, \quad (12.1.18)$$

其中 $\boldsymbol{T}=\boldsymbol{T}(x,y,z)$ 为积分曲线 $L$ 在 $(x,y,z)$ 处的单位切向量，其方向为顺着积分曲线 $L$ 的方向.

**例 6** 计算对坐标的曲线积分 $\oint_L x\mathrm{d}x+y\mathrm{d}y+z\mathrm{d}z$，其中积分曲线 $L$ 由例 4 给出，方向为 $O\to A\to B\to O$.

**解** 由公式(12.1.12)分段计算. 利用例 4 的结果，对线段 $OA$，有

$$\boldsymbol{r}'(t)=(1,1,0), \quad \boldsymbol{F}(x,y,z)=(x,y,z)=(t,t,0),$$

$$\boldsymbol{F}(x(t),y(t),z(t))\cdot\boldsymbol{r}'(t)=(t,t,0)\cdot(1,1,0)=2t.$$

所以，由公式(12.1.12)有

$$\int_{OA} x\mathrm{d}x+y\mathrm{d}y+z\mathrm{d}z=\int_0^1 2t\mathrm{d}t=1.$$

对线段 $AB$，有

$$\boldsymbol{r}'(t)=(0,0,1),\quad \boldsymbol{F}(x,y,z)=(x,y,z)=(1,1,t),$$

$$\boldsymbol{F}(x(t),y(t),z(t))\cdot\boldsymbol{r}'(t)=(1,1,t)\cdot(0,0,1)=t,$$

所以有

$$\int_{AB} x\mathrm{d}x+y\mathrm{d}y+z\mathrm{d}z=\int_0^1 t\mathrm{d}t=\frac{1}{2}.$$

对线段 $BO$,其方程为 $\boldsymbol{r}(t)=(1-t,1-t,1-t)(0\leqslant t\leqslant 1)$,由于

$$\boldsymbol{r}'(t)=(-1,-1,-1),\quad \boldsymbol{F}(x,y,z)=(x,y,z)=(1-t,1-t,1-t),$$

$$\boldsymbol{F}(x(t),y(t),z(t))\cdot\boldsymbol{r}'(t)=(1-t,1-t,1-t)\cdot(-1,-1,-1)=3(t-1),$$

所以

$$\int_{BO} x\mathrm{d}x+y\mathrm{d}y+z\mathrm{d}z=\int_0^1 3(t-1)\mathrm{d}t=-\frac{3}{2}.$$

因此,由曲线积分的可加性,有

$$\oint_L x\mathrm{d}x+y\mathrm{d}y+z\mathrm{d}z=1+\frac{1}{2}+\left(-\frac{3}{2}\right)=0.$$

**例 7** 计算曲线积分 $\int_L xy\mathrm{d}x$,如图 12.1.11,积分曲线 $L$ 分别为

(1) 由 $O(0,0)$ 沿抛物线 $y^2=x$ 至 $A(1,1)$;

(2) 由 $O(0,0)$ 沿曲线 $y=x^3$ 至 $A(1,1)$.

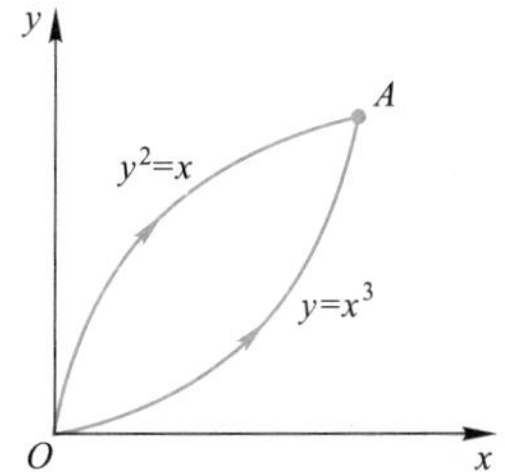

图 12.1.11 积分曲线有相同的起点和终点,但路径不同

**解** (1) 曲线 $L:x=t^2,y=t(0\leqslant t\leqslant 1)$,由公式(12.1.17)有

$$\int_L xy\mathrm{d}x=\int_0^1 t^2\cdot t\cdot 2t\mathrm{d}t=\frac{2}{5}.$$

(2) 曲线 $L:x=t,y=t^3(0\leqslant t\leqslant 1)$,于是有

$$\int_L xy\mathrm{d}x=\int_0^1 t\cdot t^3\mathrm{d}t=\frac{1}{5}.$$

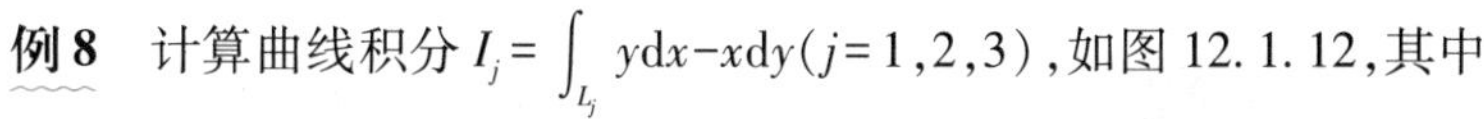

**例 8** 计算曲线积分 $I_j=\int_{L_j} y\mathrm{d}x-x\mathrm{d}y(j=1,2,3)$,如图 12.1.12,其中

(1) $L_1$ 为 $A(0,-1)$ 沿 $x=\sqrt{1-y^2}$ 至 $B(0,1)$ 的右半单位圆周;

(2) $L_2$ 为 $A(0,-1)$ 沿 $x=-\sqrt{1-y^2}$ 至 $B(0,1)$ 的左半单位圆周;

(3) $L_3$ 为逆时针方向的单位圆周 $x^2+y^2=1$.

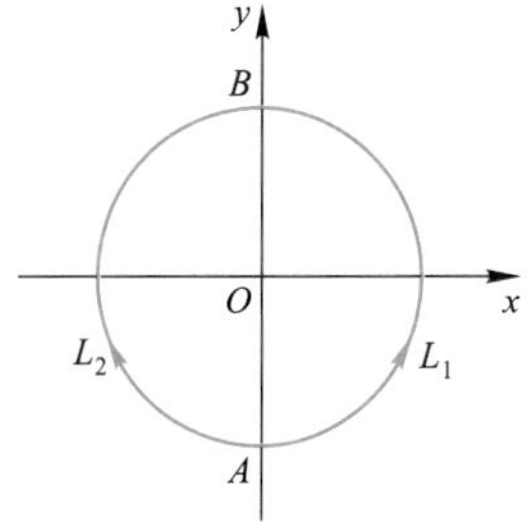

图 12.1.12 例 8 示意图

**解** (1) 曲线 $L_1$ 的方程为 $\boldsymbol{r}(t)=(\cos t,\sin t)\left(-\frac{\pi}{2}\leqslant t\leqslant\frac{\pi}{2}\right)$,注意

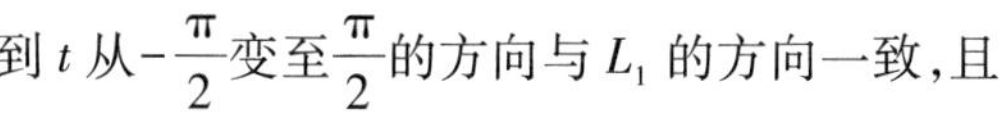

到 $t$ 从 $-\frac{\pi}{2}$ 变至 $\frac{\pi}{2}$ 的方向与 $L_1$ 的方向一致,且

$$\boldsymbol{r}'(t)=(-\sin t,\cos t),$$

$$F(x(t),y(t))=(y(t),-x(t))=(\sin t,-\cos t),$$

所以,由公式(12.1.13)有

$$I_1=\int_{L_1}y\mathrm{d}x-x\mathrm{d}y=\int_{-\frac{\pi}{2}}^{\frac{\pi}{2}}(\sin t,-\cos t)\cdot(-\sin t,\cos t)\mathrm{d}t$$

$$=-\int_{-\frac{\pi}{2}}^{\frac{\pi}{2}}(\sin^2 t+\cos^2 t)\mathrm{d}t=-\pi.$$

对于闭曲线上的积分,我们可以选取曲线上任一点作为起点和终点.对于例 8 中的曲线 $L_3$,我们取$A(0,-1)$为起点和终点,则有

$L_3:\boldsymbol{r}(t)$

$=(\cos t,\sin t)\left(-\frac{\pi}{2}\leqslant t\leqslant\frac{3\pi}{2}\right)$,

于是

$I_3=\int_{L_3}y\mathrm{d}x-x\mathrm{d}y$

$=\int_{-\frac{\pi}{2}}^{\frac{3\pi}{2}}\boldsymbol{F}(x(t),y(t))\cdot\boldsymbol{r}'(t)\mathrm{d}t$

$=-\int_{-\frac{\pi}{2}}^{\frac{3\pi}{2}}(\sin^2 t+\cos^2 t)\mathrm{d}t=-2\pi.$

(2) 曲线 $L_2$ 的方程为 $\boldsymbol{r}(t)=(\cos t,\sin t)\left(\frac{3\pi}{2}\sim t\sim\frac{\pi}{2}\right)$,这里$\frac{3\pi}{2}\sim t\sim\frac{\pi}{2}$表示 $t$ 由$\frac{3\pi}{2}$变至$\frac{\pi}{2}$,此时 $t$ 的变化方向与 $L_2$ 的方向一致.由(1)的结论,有

$$I_2=\int_{L_2}y\mathrm{d}x-x\mathrm{d}y=\int_{\frac{3\pi}{2}}^{\frac{\pi}{2}}\boldsymbol{F}(x(t),y(t))\cdot\boldsymbol{r}'(t)\mathrm{d}t$$

$$=-\int_{\frac{3\pi}{2}}^{\frac{\pi}{2}}(\sin^2 t+\cos^2 t)\mathrm{d}t=\pi.$$

讨论题
12-1-2
曲线积分的计算

设曲线 $L$: $|x|+|y|=1$,试计算曲线积分 $\int_L(x+y)^n\mathrm{d}x+(x-y)^n\mathrm{d}y$,其中 $n$ 为正整数.

(3) 曲线 $L_3$ 由 $L_1$ 和 $L_2^-$ 组成,所以由曲线积分的可加性和(1)、(2)的结果有

$$I_3=\int_{L_3}y\mathrm{d}x-x\mathrm{d}y=\int_{L_1}y\mathrm{d}x-x\mathrm{d}y+\int_{L_2^-}y\mathrm{d}x-x\mathrm{d}y$$

$$=I_1-I_2=-\pi-\pi=-2\pi.$$

## 12.1.4 曲线积分的应用

根据两类曲线积分的实际意义,我们可以利用曲线积分解决非均匀曲线的质量和变力沿曲线所做的功的计算问题.除此以外,我们还可以求非均匀曲线的质心、转动惯量、对质点的引力等,另外还可以求向量场中的环量和流量.下面通过具体的例子说明计算方法.

微视频
12-1-9
对弧长曲线积分的应用——面积与质心

微视频
12-1-10
对弧长曲线积分的应用——对质点的引力

**例 9** 设半圆 $L:x^2+y^2=1(y\geqslant 0)$形状的曲线在$(x,y)$处的密度为$\mu=|xy|$,求曲线的质量 $M$、质心$(\bar{x},\bar{y})$及关于 $y$ 轴的转动惯量.

**解** (1) 曲线 $L$ 的方程为 $\boldsymbol{r}(t)=(\cos t,\sin t)(0\leqslant t\leqslant\pi)$,

$$|\boldsymbol{r}'(t)|=|(-\sin t,\cos t)|=\sqrt{\sin^2 t+\cos^2 t}=1,$$

于是

$$M=\int_L\mu\mathrm{d}s=\int_L|xy|\mathrm{d}s=\int_0^{\pi}|\cos t\cdot\sin t|\mathrm{d}t$$

$$=2\int_0^{\frac{\pi}{2}}\cos t\ \sin t\mathrm{d}t=\sin^2 t\ \Big|_0^{\frac{\pi}{2}}=1.$$

（2）与利用重积分计算平面薄片和空间物体的质心一样，可以导出如下曲线的质心坐标公式

$$\bar{x}=\frac{M_y}{M},\quad \bar{y}=\frac{M_x}{M},$$

其中 $M$ 为曲线的质量，$M_x, M_y$ 分别为曲线关于 $x, y$ 轴的力矩，由下式给出

$$M_x=\int_L \mu y\mathrm{d}s,\quad M_y=\int_L \mu x\mathrm{d}s.$$

$$M_x=\int_L |xy|y\mathrm{d}s=\int_0^{\pi}|\cos t\ \sin t|\sin t\mathrm{d}t=\int_0^{\pi}\sin^2 t\,|\cos t|\,\mathrm{d}t$$

$$=\int_0^{\frac{\pi}{2}}\sin^2 t\cos t\mathrm{d}t-\int_{\frac{\pi}{2}}^{\pi}\sin^2 t\cos t\mathrm{d}t=\frac{\sin^3 t}{3}\Big|_0^{\frac{\pi}{2}}-\frac{\sin^3 t}{3}\Big|_{\frac{\pi}{2}}^{\pi}=\frac{2}{3},$$

$$M_y=\int_L |xy|x\mathrm{d}s=\int_0^{\pi}|\cos t\ \sin t|\cos t\mathrm{d}t$$

$$=\int_0^{\frac{\pi}{2}}\sin t\cos^2 t\mathrm{d}t-\int_{\frac{\pi}{2}}^{\pi}\sin t\cos^2 t\mathrm{d}t=\frac{1}{3}-\frac{1}{3}=0.$$

因此，

$$\bar{x}=\frac{M_y}{M}=0,\quad \bar{y}=\frac{M_x}{M}=\frac{2}{3},$$

即质心坐标为$\left(0,\dfrac{2}{3}\right)$.

（3）曲线关于 $y$ 轴的转动惯量为

$$I_y=\int_L \mu x^2\mathrm{d}s=\int_L |xy|x^2\mathrm{d}s=\int_0^{\pi}|\cos t\ \sin t|\cos^2 t\mathrm{d}t$$

$$=\int_0^{\frac{\pi}{2}}\sin t\cos^3 t\mathrm{d}t-\int_{\frac{\pi}{2}}^{\pi}\sin t\cos^3 t\mathrm{d}t$$

$$=\left(-\frac{\cos^4 t}{4}\right)\Big|_0^{\frac{\pi}{2}}-\left(-\frac{\cos^4 t}{4}\right)\Big|_{\frac{\pi}{2}}^{\pi}=\frac{1}{2}.$$

设在平面上某区域 $D$ 中分布一向量场

$$\boldsymbol{v}=(P(x,y),Q(x,y)),\quad (x,y)\in D. \tag{12.1.19}$$

$L$ 为 $D$ 内的简单光滑闭曲线，其方程为 $L:\boldsymbol{r}=\boldsymbol{r}(t)\ (a\leqslant t\leqslant b)$，$t$ 由 $a$ 变至 $b$ 对应 $L$ 的逆时针方向.称积分

$$\oint_L \boldsymbol{v}\cdot \boldsymbol{T}\mathrm{d}s \text{ 和 } \oint_L \boldsymbol{v}\cdot \boldsymbol{n}\mathrm{d}s$$

分别为场沿曲线 $L$ 的环量和通过 $L$ 的流量，其中 $\boldsymbol{T}$ 为 $L$ 在 $(x,y)$ 处与 $L$ 方向一致的单位切向量，即 $\boldsymbol{T}=\dfrac{\boldsymbol{r}'(t)}{|\boldsymbol{r}'(t)|}$，$\boldsymbol{n}$ 为 $L$ 在 $(x,y)$ 处指向外侧的单位法向量，如图 12.1.13 所示. 假设向量场 $\boldsymbol{v}$ 为流速场，则环量和流量分别刻画了向量场沿曲线 $L$ 的流动速度和通过 $L$ 的流动速度.

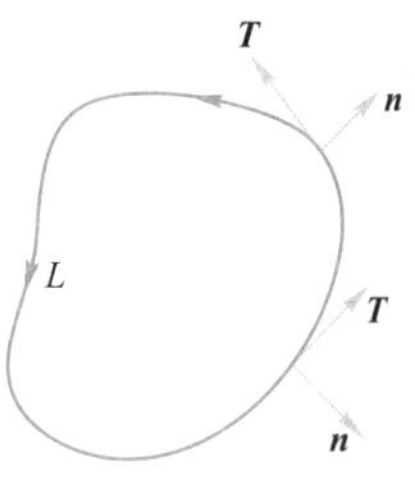


图 12.1.13　切向量与外法向量的关系

微视频
12-1-11
对坐标曲线积分的应用——变力做功

微视频
12-1-12
对坐标曲线积分的应用——平面场的环量与流量

由公式(12.1.13)，环量可表示成下面对坐标曲线积分的形式

$$\begin{aligned}\oint_L \boldsymbol{v}\cdot\boldsymbol{T}\mathrm{d}s &= \int_a^b \boldsymbol{v}\cdot\boldsymbol{T}\,|\boldsymbol{r}'(t)|\,\mathrm{d}t\\ &= \int_a^b \boldsymbol{v}\cdot\frac{\boldsymbol{r}'(t)}{|\boldsymbol{r}'(t)|}\,|\boldsymbol{r}'(t)|\,\mathrm{d}t\\ &= \int_a^b \boldsymbol{v}\cdot\boldsymbol{r}'(t)\,\mathrm{d}t\\ &= \oint_L P(x,y)\,\mathrm{d}x+Q(x,y)\,\mathrm{d}y.\end{aligned}$$

由于 $L$ 上的外侧单位法向量 $\boldsymbol{n}$ 为

$$\boldsymbol{n}=\frac{(y'(t),-x'(t))}{|\boldsymbol{r}'(t)|},$$

所以，再由公式(12.1.13)，流量亦可表示为对坐标的曲线积分

$$\begin{aligned}\oint_L \boldsymbol{v}\cdot\boldsymbol{n}\mathrm{d}s &= \int_a^b \boldsymbol{v}\cdot\frac{(y'(t),-x'(t))}{|\boldsymbol{r}'(t)|}\,|\boldsymbol{r}'(t)|\,\mathrm{d}t\\ &= \int_a^b \boldsymbol{v}\cdot(y'(t),-x'(t))\,\mathrm{d}t\\ &= \oint_L -Q(x,y)\,\mathrm{d}x+P(x,y)\,\mathrm{d}y.\end{aligned}$$

因此，对于向量场(12.1.19)，沿场中闭曲线 $L$ 的环量和通过 $L$ 的流量分别为

$$\oint_L \boldsymbol{v}\cdot\boldsymbol{T}\mathrm{d}s=\oint_L P(x,y)\,\mathrm{d}x+Q(x,y)\,\mathrm{d}y, \tag{12.1.20}$$

$$\oint_L \boldsymbol{v}\cdot\boldsymbol{n}\mathrm{d}s=\oint_L -Q(x,y)\,\mathrm{d}x+P(x,y)\,\mathrm{d}y. \tag{12.1.21}$$

**例 10**　分别计算向量场

$$\boldsymbol{v}_1(x,y)=(x,y) \text{ 和 } \boldsymbol{v}_2(x,y)=(-y,x)$$

沿场中单位圆 $L: x^2+y^2=1$ 的环量和通过 $L$ 的流量，其中 $L$ 为逆时针方向.

**解** (1) 对于向量场 $\boldsymbol{v}_1$,曲线 $L$ 的向量方程为 $\boldsymbol{r}(t)=(\cos t,\sin t)$ $(0\leqslant t\leqslant 2\pi)$,由此 $\boldsymbol{r}'(t)=(-\sin t,\cos t)$,于是环量为

$$\oint_L P(x,y)\mathrm{d}x+Q(x,y)\mathrm{d}y$$

$$=\oint_L x\mathrm{d}x+y\mathrm{d}y$$

$$=\int_0^{2\pi}(\cos t,\sin t)\cdot(-\sin t,\cos t)\mathrm{d}t=0,$$

流量为

$$\oint_L -Q(x,y)\mathrm{d}x+P(x,y)\mathrm{d}y=\oint_L -y\mathrm{d}x+x\mathrm{d}y$$

$$=\int_0^{2\pi}(-\sin t,\cos t)\cdot(-\sin t,\cos t)\mathrm{d}t=2\pi.$$

(2) 对于向量场 $\boldsymbol{v}_2$,由(1)的结论,所求环量为

$$\oint_L P(x,y)\mathrm{d}x+Q(x,y)\mathrm{d}y=\oint_L -y\mathrm{d}x+x\mathrm{d}y=2\pi,$$

所求流量为

$$\oint_L -Q(x,y)\mathrm{d}x+P(x,y)\mathrm{d}y=\oint_L -x\mathrm{d}x-y\mathrm{d}y=0.$$

图 12.1.14 对上述计算结果给出了形象直观的解释,我们将其视为流速场.图 12.1.14(a)为流速场 $\boldsymbol{v}_1$,在场中流体不绕 $L$ 旋转,而是径直向外穿过 $L$,因此环量为零,而流量大于零.图 12.1.14(b)为流速场 $\boldsymbol{v}_2$,在场中只有流体顺着 $L$ 的方向旋转,而无流体穿过 $L$,因此环量大于零,而流量等于零.

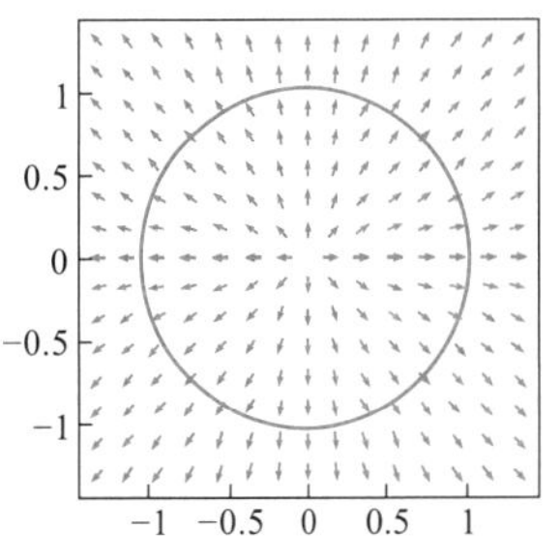


(a) 流量大于零,环量等于零

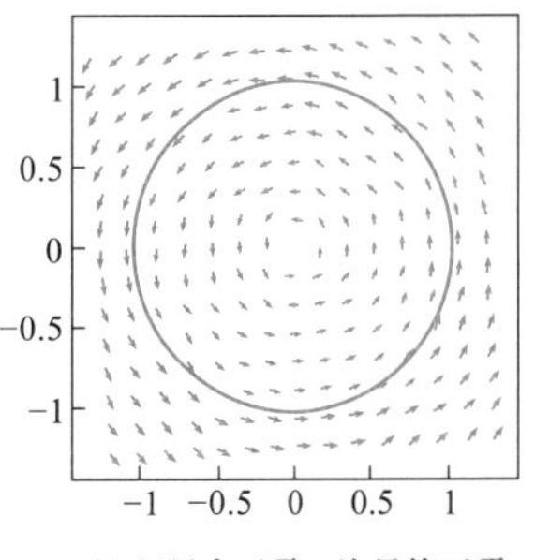


(b) 环量大于零,流量等于零

图 12.1.14 例 10 中的流速场

## 习题 12.1

### A 基础题

1. 计算曲线 $y=\ln(1-x^2)$ 上对应 $0\leqslant x\leqslant\dfrac{1}{2}$ 的一段弧的长度.
2. 计算曲线 $y=\dfrac{\sqrt{x}}{3}(3-x)$ 上对应 $1\leqslant x\leqslant 3$ 的一段弧的长度.
3. 求曲线 $y=\ln\cos x$ 上对应 $0\leqslant x\leqslant\dfrac{\pi}{4}$ 的一段弧的长度.
4. 求星形线 $x^{\frac{2}{3}}+y^{\frac{2}{3}}=a^{\frac{2}{3}}(a>0)$ 的全长.
5. 计算空间曲线 $x=3t,y=3t^2,z=2t^3$ 上从点 $O(0,0,0)$ 到点 $A(3,3,2)$ 的弧长.

6. 设 $L$ 是圆周 $x^2+y^2=1$ 在第一象限内的部分,计算 $\int_L (3x+2y)\,ds$.

7. 计算 $\int_C y\,ds$,其中 $C$ 是

(1) 抛物线 $y^2=2px(p>0)$ 上从点 $(x_0,y_0)$ 到点 $(0,0)$ 的一段;

(2) 抛物线 $y^2=2px(p>0)$ 上从点 $(x_0,y_0)$ 到点 $(x_0,-y_0)$ 的一段.

8. 计算 $\oint_C e^{\sqrt{x^2+y^2}}\,ds$,其中 $C$ 是圆周 $x^2+y^2=a^2$,直线 $y=x$ 及 $x$ 轴在第一象限中所围成图形的边界.

9. 计算 $\int_\Gamma \frac{1}{x^2+y^2+z^2}\,ds$,其中 $\Gamma$ 是曲线段 $x=e^t\cos t$, $y=e^t\sin t, z=e^t\ (0\leqslant t\leqslant 2)$.

10. 计算下列对坐标的曲线积分:

(1) $\int_L (y-x)\,dx+2x\,dy$,其中 $L$ 是抛物线 $y=x^2$ 上从点 $O(0,0)$ 到 $A(2,4)$ 的一段弧;

(2) $\int_L y\,dx-x\,dy$,其中 $L$ 是椭圆 $\frac{x^2}{a^2}+\frac{y^2}{b^2}=1(a,b>0)$ 在第一象限内从点 $O(a,0)$ 到 $A(0,b)$ 的一段弧;

(3) $\int_L (y^2-x)\,dx+(x^2-y)\,dy$,其中 $L$ 是下半圆周 $y=-\sqrt{1-x^2}$ 从点 $A(-1,0)$ 到 $B(1,0)$ 的一段弧.

11. 计算 $\oint_C y\,dx$,其中 $C$ 是由直线 $x=0, y=0, x=2, y=4$ 所围成的按逆时针绕行的矩形回路.

12. 计算 $\oint_{ABCDA} \frac{dx+dy}{|x|+|y|}$,其中 $ABCDA$ 是以 $A(1,0), B(0,1), C(-1,0), D(0,-1)$ 为顶点的正方形.

13. 计算 $\oint_L \frac{(x+y)\,dx-(x-y)\,dy}{x^2+y^2}$,其中 $L$ 是圆周 $x^2+y^2=a^2$(按逆时针方向绕行).

14. 计算 $\int_{(0,0)}^{(1,1)} xy\,dx+(y-x)\,dy$ 沿下列不同曲线所对应的值:

(1) $y=x$;(2) $y=x^2$;(3) $y^2=x$.

15. 求向量场 $\boldsymbol{A}=-y\boldsymbol{i}+x\boldsymbol{j}+c\boldsymbol{k}$($c$ 为常数)沿下列曲线的环量,曲线方向为从 $z$ 轴正向看去的逆时针方向:

(1) 沿圆周 $x^2+y^2=R^2, z=0$;

(2) 沿圆周 $(x-2)^2+y^2=1, z=0$.

## B 综合题

16. 计算 $\int_C (x^2+y^2+z^2)\,ds$,其中曲线 $C$ 为

(1) $x=a\cos t, y=a\sin t, z=bt(0\leqslant t\leqslant 2\pi)$;

(2) 球面 $x^2+y^2+z^2=a^2$ 与平面 $x+y+z=0$ 的交线.

17. 计算 $\oint_C \frac{x\,dy-y\,dx}{[(\alpha x+\beta y)^2+(\gamma x+\delta y)^2]^n}(\alpha\delta-\beta\gamma\neq 0)$,其中 $C$ 是椭圆:

$$(\alpha x+\beta y)^2+(\gamma x+\delta y)^2=1,$$

方向为逆时针方向.

18. 计算 $I=\oint_L (x\sin\sqrt{x^2+y^2}+x^2+3y^2-5y)\,ds$,其中 $L: \frac{x^2}{3}+(y-1)^2=1$,其周长为 $a$.

19. 证明:若 $L$ 为平面上的封闭曲线,$\boldsymbol{m}$ 为任意方向向量,则 $\oint_L \cos(\boldsymbol{m},\boldsymbol{n})\,ds=0$,其中 $\boldsymbol{n}$ 为曲线 $L$ 的外法线方向.

20. 已知力场 $\boldsymbol{F}=(yz,zx,xy)$ 将质点从原点 $O$ 沿直线移动到曲面 $\frac{x^2}{a^2}+\frac{y^2}{b^2}+\frac{z^2}{c^2}=1$ 在第一卦限内的点 $P$ 处,问当 $P$ 处于何处时,力 $\boldsymbol{F}$ 所做的功最大?

## C 应用题

21. 设圆柱螺线 $x=\cos t, y=\sin t, z=t\left(0\leqslant t\leqslant\frac{\pi}{2}\right)$ 的密度分布与 $x,y$ 无关而与 $z$ 成正比,求这一段螺线的质量和质心.

22. 设螺旋形弹簧一圈的方程为 $x=a\cos t, y=a\sin t, z=\frac{h}{2\pi}t(0\leqslant t\leqslant 2\pi)$,线密度为 $\mu(x,y,z)=x^2+y^2+$

$z^2$,求它对 $z$ 轴的转动惯量 $I_z$.

23. 设 $z$ 轴与重力的方向一致,求质量为 $m$ 的点从位置$(x_1,y_1,z_1)$沿直线移动到$(x_2,y_2,z_2)$时重力所做的功.

24. (1) 一个重 80 kg 的人运一桶 15 kg 的油漆上楼梯,楼梯以螺旋状环绕一个地窖,半径为 5 m.如果地窖高 45 m,且那人准确地转了三圈,那人爬到顶时克服重力做了多少功?

(2) 在(1)中,如果油漆桶上有一个洞,且那人在爬楼过程中,共有 6 kg 的油漆匀速流出油漆桶,那人爬到顶时克服重力作了多少功?

25. 一粒子沿光滑曲线 $C:y=f(t)$ 从$(a,f(a))$移动到$(b,f(b))$.移动粒子的力的大小为常数 $k$,而且总指向从原点向外的方向.证明力所做的功为

$$\int_C \boldsymbol{F}\cdot\boldsymbol{T}\mathrm{d}s=k[(b^2+(f(b))^2)^{1/2}-(a^2+(f(a))^2)^{1/2}].$$

26. 若地球的质量为 $m=5.97\times10^{24}$ kg,太阳的质量为 $M=1.99\times10^{30}$ kg,由牛顿万有引力定律知地球与太阳间的引力为 $\boldsymbol{F}=-G\dfrac{mM\boldsymbol{r}}{|\boldsymbol{r}|^3}$,试计算地球从远日点(离太阳最远距离为 $1.52\times10^8$ km)运动到近日点(离太阳最近距离为$1.47\times10^8$ km)引力场所做的功(其中引力常数 $G=6.67\times10^{-11}\ \mathrm{N}\cdot\mathrm{m}^2/\mathrm{kg}^2$).

## D 实验题

27. 用 Mathematica 软件计算 $\int_C xy\mathrm{d}s$,其中 $C$ 是椭圆 $x^2+\dfrac{y^2}{4}=1$ 在第一象限的部分.

28. 用 Mathematica 软件计算 $\oint_C \dfrac{x\mathrm{d}y-y\mathrm{d}x}{x^2+y^2}$,其中 $C$ 是闭曲线

$$x=\cos t,\quad y=2\sin t\quad(0\leqslant t\leqslant 2\pi),$$

方向为逆时针方向.

29. 用 Mathematica 软件绘制球面 $x^2+y^2+z^2=a^2$ 与平面 $x+y+z=0$ 的交线,并计算交线的长度.

30. 画出曲线 $x^{2n}+y^{2n}=1(n=1,2,\cdots,10)$的图形,用积分表示其弧长并给出随 $n$ 变化趋势的说明.

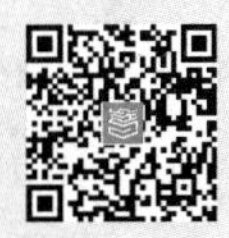

12.1 测验题

# 12.2 格林公式与保守场

## 12.2.1 格林公式

在上一节,我们通过求变力沿曲线路径所做的功,引进了对坐标的曲线积分的概念.通常变力做功是与位移路径有关的,那么何时做功只与路径的起点和终点有关,而与位移的路径无关?格林公式为回答这一

问题提供了重要工具.另外,格林公式作为微积分理论中的重要公式,在其他问题中也有着广泛的应用.

微视频
12-2-1
问题引入——GPS 面积测量仪的数学原理

微视频
12-2-2
简单区域的格林公式

### 1. 简单区域上的格林公式

我们在第 11.2 节中知道,对于 $xOy$ 平面上的闭区域 $D$(本节均假设 $D$ 为有界区域),若任何与 $x$ 轴或 $y$ 轴平行的直线与 $D$ 的边界最多只有两个交点,则 $D$ 为简单闭区域.我们先证明简单闭区域上的格林公式.

**定理 12.2.1**(简单区域上的格林公式) 设 $xOy$ 平面上的区域 $D$ 为简单闭区域,其边界 $L=\partial D$ 为光滑或分段光滑曲线,函数 $P(x,y)$, $Q(x,y)$ 在 $D$ 上有连续的偏导数,则有

$$\oint_L P(x,y)\,\mathrm{d}x+Q(x,y)\,\mathrm{d}y=\iint_D\left(\frac{\partial Q}{\partial x}-\frac{\partial P}{\partial y}\right)\mathrm{d}x\mathrm{d}y, \qquad (12.2.1)$$

其中 $L$ 为逆时针方向.公式(12.2.1)称为格林公式.

**证** 我们分别证明下面两等式

$$\oint_L P(x,y)\,\mathrm{d}x=-\iint_D\frac{\partial P}{\partial y}\mathrm{d}x\mathrm{d}y,$$

$$\oint_L Q(x,y)\,\mathrm{d}y=\iint_D\frac{\partial Q}{\partial x}\mathrm{d}x\mathrm{d}y.$$

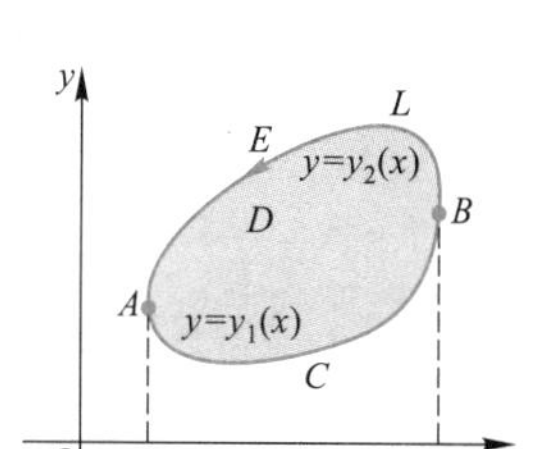

图 12.2.1 将 $D$ 视为 $X$ 型区域计算二重积分

由于区域 $D$ 为简单闭区域,因此我们可以将其边界 $L$ 分成如图 12.2.1 中的两部分:$\overset{\frown}{ACB}$和$\overset{\frown}{BEA}$,设它们的直角坐标方程分别为

$$\overset{\frown}{ACB}: y=y_1(x)\,(a\sim x\sim b),$$

$$\overset{\frown}{BEA}: y=y_2(x)\,(b\sim x\sim a).$$

由对坐标的曲线积分计算方法,有

$$\int_{\overset{\frown}{ACB}}P(x,y)\,\mathrm{d}x=\int_a^b P(x,y_1(x))\,\mathrm{d}x,$$

$$\int_{\overset{\frown}{BEA}}P(x,y)\,\mathrm{d}x=\int_b^a P(x,y_2(x))\,\mathrm{d}x$$

$$=-\int_a^b P(x,y_2(x))\,\mathrm{d}x.$$

所以,有

$$\oint_L P(x,y)\,\mathrm{d}x=\int_{\overset{\frown}{ACB}}P(x,y)\,\mathrm{d}x+\int_{\overset{\frown}{BEA}}P(x,y)\,\mathrm{d}x$$

$$=\int_a^b P(x,y_1(x))\,\mathrm{d}x-\int_a^b P(x,y_2(x))\,\mathrm{d}x$$

$$= \int_a^b [P(x,y_1(x))-P(x,y_2(x))]\,\mathrm{d}x. \quad (12.2.2)$$

另一方面,由二重积分的计算方法和牛顿-莱布尼茨公式,有

$$-\iint_D \frac{\partial P}{\partial y}\mathrm{d}x\mathrm{d}y = -\int_a^b \mathrm{d}x \int_{y_1(x)}^{y_2(x)} \frac{\partial P}{\partial y}\mathrm{d}y = -\int_a^b P(x,y)\Big|_{y_1(x)}^{y_2(x)}\mathrm{d}x$$

$$= \int_a^b [P(x,y_1(x))-P(x,y_2(x))]\,\mathrm{d}x. \quad (12.2.3)$$

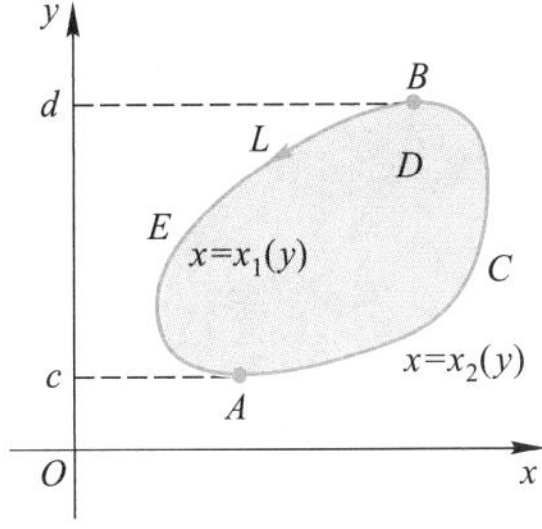

图 12.2.2　将 $D$ 视为 $Y$ 型区域计算二重积分

因此,由式(12.2.2)和式(12.2.3)可知

$$\oint_L P(x,y)\,\mathrm{d}x = -\iint_D \frac{\partial P}{\partial y}\mathrm{d}x\mathrm{d}y.$$

第二个等式的证明方法与第一个类似.此时,我们将 $L$ 分成如图 12.2.2 中的两部分:$\widehat{ACB}$和$\widehat{BEA}$,然后左右两端的曲线积分和二重积分化为相同的定积分.详细推导留给读者.

利用格林公式,我们可以非常简单地计算一些对坐标的曲线积分.例如上节中的例 10,积分曲线 $L$ 为逆时针方向单位圆周 $x^2+y^2=1$,因此有

$$\oint_L x\mathrm{d}x+y\mathrm{d}y = \iint_D \left(\frac{\partial y}{\partial x}-\frac{\partial x}{\partial y}\right)\mathrm{d}x\mathrm{d}y = \iint_D 0\mathrm{d}x\mathrm{d}y = 0,$$

$$\oint_L -y\mathrm{d}x+x\mathrm{d}y = \iint_D \left(\frac{\partial x}{\partial x}-\frac{\partial(-y)}{\partial y}\right)\mathrm{d}x\mathrm{d}y$$

$$= \iint_D [1-(-1)]\,\mathrm{d}x\mathrm{d}y = 2\pi.$$

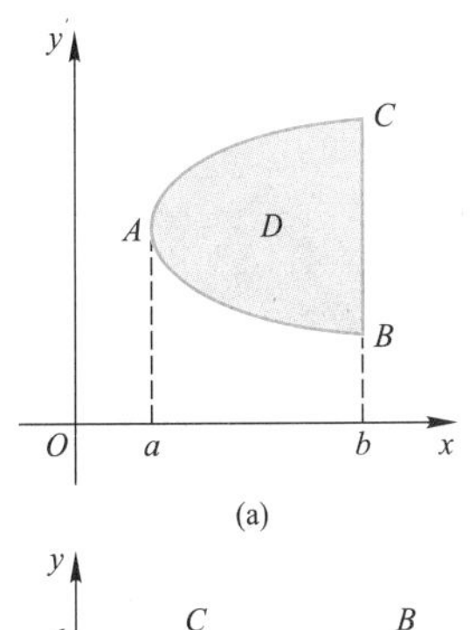

(a)

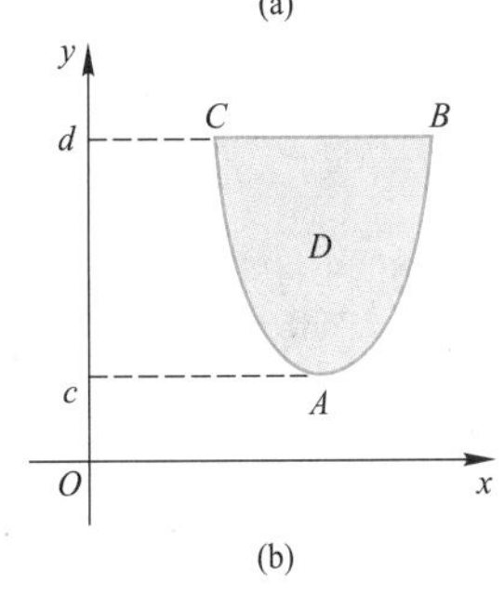

(b)

图 12.2.3　区域边界包含与坐标轴平行的直线段

容易将简单区域的格林公式稍作推广,即可以允许平行于 $x$ 轴或 $y$ 轴的直线与区域 $D$ 的部分边界重合.对于图 12.2.3(a)的情形,注意 $\int_{\overline{BC}} P(x,y)\,\mathrm{d}x=0$;而在图 12.2.3(b)中,有 $\int_{\overline{BC}} Q(x,y)\,\mathrm{d}y=0$.

### 2. 单连通区域与多连通区域上的格林公式

我们知道,所谓区域(这里指的是平面区域),就是平面上连通的开集.若区域 $D$ 内的任何一条闭曲线 $L$ 内部的所有点均在区域 $D$ 内,则称 $D$ 为单连通区域,否则称 $D$ 为多连通区域.图 12.2.4(a)和(b)为单连通区域,而图 12.2.4(c)为多连通区域.包含边界的单连通区域或多连通区域称为闭单连通区域或闭多连通区域.

微视频
12-2-3
一般区域的格林公式

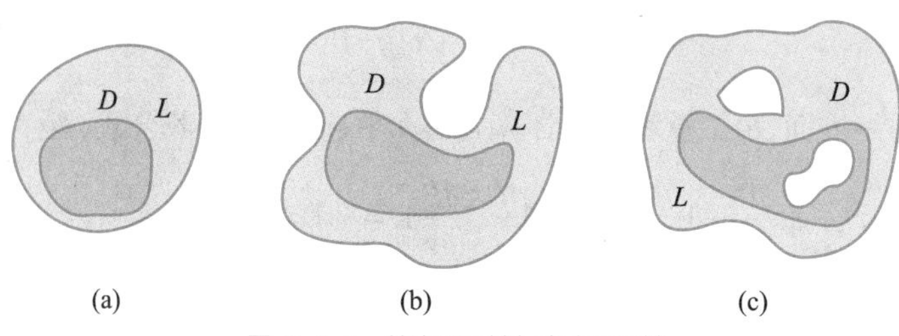

图 12.2.4　单连通区域与多连通区域

**定理 12.2.2**（单连通区域上的格林公式）　设 $D$ 为 $xOy$ 平面上的闭单连通区域，其边界 $L=\partial D$ 为光滑或分段光滑的闭曲线，函数 $P(x,y)$，$Q(x,y)$ 在 $D$ 上有连续的一阶偏导数，则有

$$\oint_L P(x,y)\,dx+Q(x,y)\,dy=\iint_D\left(\frac{\partial Q}{\partial x}-\frac{\partial P}{\partial y}\right)dxdy,$$

其中 $L$ 为逆时针方向.

简单闭区域是闭单连通区域，因此定理 12.2.2 是定理 12.2.1 的推广. 对于非简单的闭单连通区域 $D$，我们可以通过分割的方法，将 $D$ 分成若干简单区域，格林公式对每一简单区域成立，然后利用二重积分对区域的可加性得到非简单区域情形的格林公式. 以图 12.2.5 中的区域为例，用平行于 $y$ 轴的线段 $AC$ 将区域 $D$ 分成三部分 $D_1$，$D_2$ 和 $D_3$，它们均为简单区域推广后的情形，即图 12.2.3(a) 的情形，因此在这些区域上格林公式成立，即有

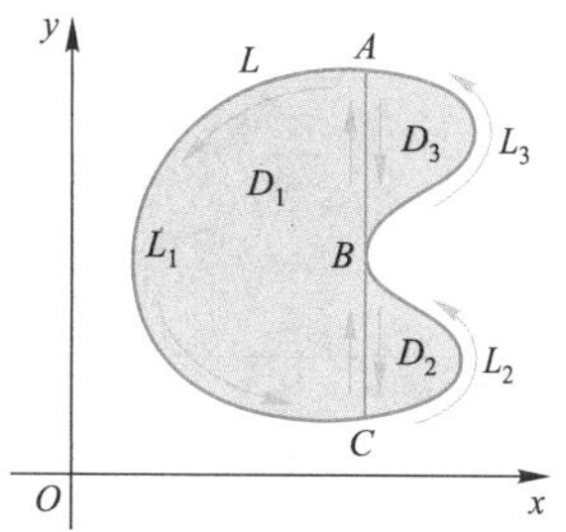

图 12.2.5　单连通区域分割成简单区域

一般我们将单连通区域边界的逆时针方向作为正向. 对于多连通区域 $D$ 的边界 $L$，我们用“左手法则”确定 $L$ 的正向，即我们沿着 $L$ 的正向行走，区域 $D$ 总在我们的左手一侧，如图 12.2.6 所示.

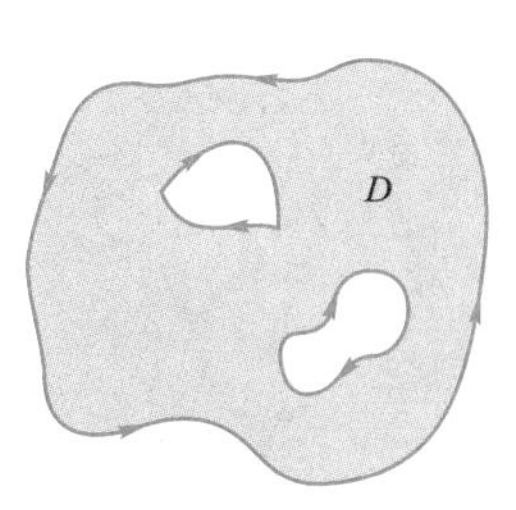

图 12.2.6　多连通区域边界正向的确定

$$\oint_{L_j} P(x,y)\,dx+Q(x,y)\,dy=\iint_{D_j}\left(\frac{\partial Q}{\partial x}-\frac{\partial P}{\partial y}\right)dxdy\quad(j=1,2,3),\tag{12.2.4}$$

其中 $L_j$ 为子区域 $D_j$ 的边界，其方向均为逆时针方向. 由图 12.1.8 所示的对坐标曲线积分的性质，有

$$\sum_{j=1}^{3}\oint_{L_j} P(x,y)\,dx+Q(x,y)\,dy=\oint_L P(x,y)\,dx+Q(x,y)\,dy,$$

因此，由二重积分对区域的可加性，将(12.2.4)中的三式相加即得

$$\oint_L P(x,y)\,dx+Q(x,y)\,dy=\sum_{j=1}^{3}\iint_{D_j}\left(\frac{\partial Q}{\partial x}-\frac{\partial P}{\partial y}\right)dxdy=\iint_D\left(\frac{\partial Q}{\partial x}-\frac{\partial P}{\partial y}\right)dxdy.$$

**定理 12.2.3**（多连通区域上的格林公式）　设 $D$ 为 $xOy$ 平面上的闭多连通区域，其边界 $L=\partial D$ 为光滑或分段光滑的曲线，$L$ 由若干闭曲线组成，函数 $P(x,y)$，$Q(x,y)$ 在 $D$ 上有连续的一阶偏导数，则有

$$\oint_{L} P(x,y)\,\mathrm{d}x+Q(x,y)\,\mathrm{d}y=\iint_{D}\left(\frac{\partial Q}{\partial x}-\frac{\partial P}{\partial y}\right)\mathrm{d}x\mathrm{d}y,$$

其中 $L$ 的方向为关于区域 $D$ 的正方向.

我们以图 12.2.7 中的区域为例说明格林公式成立,其他情形可以仿照进行.区域 $D$ 为多连通区域,其边界为闭曲线 $L_1$ 和 $L_2$,若无特殊说明,简单闭曲线的正向通常为逆时针方向,因此 $L_1^-,L_2^-$ 的方向为顺时针方向,区域 $D$ 的正向边界 $L$ 由 $L_1$ 和 $L_2^-$ 组成,记为 $L=L_1+L_2^-$.在 $L_1$ 和 $L_2$ 上各取一点 $A$ 和 $B$,使线段$\overline{AB}$落在 $D$ 内,用$\overline{AB}$将区域 $D$ 分割成单连通区域 $\widetilde{D}$,$\widetilde{D}$ 的边界为

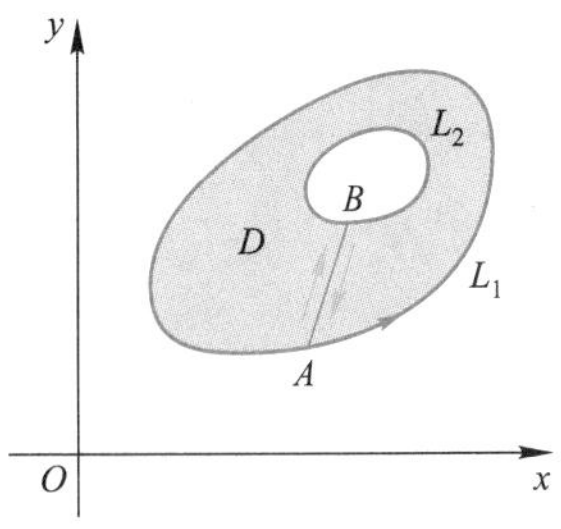

$$\widetilde{L}=\overline{AB}+L_2^-+\overline{BA}+L_1=\overline{AB}+\overline{BA}+L.$$

图 12.2.7 多连通区域分割成单连通区域

所以,在单连通区域 $\widetilde{D}$上应用定理 12.2.2 有

$$\oint_{\widetilde{L}} P(x,y)\,\mathrm{d}x+Q(x,y)\,\mathrm{d}y=\iint_{\widetilde{D}}\left(\frac{\partial Q}{\partial x}-\frac{\partial P}{\partial y}\right)\mathrm{d}x\mathrm{d}y. \qquad (12.2.5)$$

一方面,由于

$$\int_{\overline{AB}} P(x,y)\,\mathrm{d}x+Q(x,y)\,\mathrm{d}y+\int_{\overline{BA}} P(x,y)\,\mathrm{d}x+Q(x,y)\,\mathrm{d}y=0,$$

所以,有

$$\oint_{\widetilde{L}} P(x,y)\,\mathrm{d}x+Q(x,y)\,\mathrm{d}y=\oint_{L} P(x,y)\,\mathrm{d}x+Q(x,y)\,\mathrm{d}y.$$

另一方面,由二重积分的性质,有

$$\iint_{\widetilde{D}}\left(\frac{\partial Q}{\partial x}-\frac{\partial P}{\partial y}\right)\mathrm{d}x\mathrm{d}y=\iint_{D}\left(\frac{\partial Q}{\partial x}-\frac{\partial P}{\partial y}\right)\mathrm{d}x\mathrm{d}y.$$

所以,由式(12.2.5)即知在区域 $D$ 上的格林公式成立.

### 3. 格林公式的简单应用

**例 1** 计算对坐标的曲线积分 $I=\oint_{L}(1-x^2)y\mathrm{d}x+(1+y^2)x\mathrm{d}y$,其中积分曲线 $L$ 为正向圆周 $x^2+y^2=R^2(R>0)$.

**解** 令 $P(x,y)=(1-x^2)y,Q(x,y)=(1+y^2)x,P(x,y),Q(x,y)$ 在 $L$ 所围成的闭圆盘上有连续的偏导数,且

$$\frac{\partial Q}{\partial x}=1+y^2,\quad \frac{\partial P}{\partial y}=1-x^2.$$

由格林公式及二重积分的极坐标变换,有

由格林公式可以得到由对坐标的曲线积分求平面区域面积的公式.设 $D$ 为 $xOy$ 平面的有界闭区域,其边界 $L$ 为光滑或分段光滑曲线,则区域 $D$ 的面积 $A$ 可以表示为

$$A=\oint_L x\mathrm{d}y=-\oint_L y\mathrm{d}x=\frac{1}{2}\oint_L -y\mathrm{d}x+x\mathrm{d}y.$$

微视频
12-2-4
区域面积的计算

$$I=\iint_D\left(\frac{\partial Q}{\partial x}-\frac{\partial P}{\partial y}\right)\mathrm{d}x\mathrm{d}y=\iint_D[(1+y^2)-(1-x^2)]\mathrm{d}x\mathrm{d}y$$

$$=\iint_D(x^2+y^2)\mathrm{d}x\mathrm{d}y=\int_0^{2\pi}\mathrm{d}\theta\int_0^R\rho^2\cdot\rho\mathrm{d}\rho$$

$$=2\pi\cdot\frac{\rho^4}{4}\bigg|_0^R=\frac{\pi R^4}{2}.$$

**例 2** 计算椭圆盘 $\dfrac{x^2}{a^2}+\dfrac{y^2}{b^2}\leqslant 1(a>0,b>0)$ 的面积 $A$.

**解** 椭圆的方程为 $\boldsymbol{r}(t)=(a\cos t,b\sin t)(0\leqslant t\leqslant 2\pi)$,所以

$$\boldsymbol{r}'(t)=(-a\sin t,b\cos t),$$

于是有

$$A=\frac{1}{2}\oint_L(-y\mathrm{d}x+x\mathrm{d}y)=\frac{1}{2}\int_0^{2\pi}(-b\sin t,a\cos t)\cdot(-a\sin t,b\cos t)\mathrm{d}t$$

$$=\frac{1}{2}\int_0^{2\pi}ab(\sin^2t+\cos^2t)\mathrm{d}t=\pi ab.$$

**例 3** 设有流速场 $\boldsymbol{v}(x,y)=\left(\dfrac{x}{x^2+y^2},\dfrac{y}{x^2+y^2}\right)(x^2+y^2\neq 0)$,求通过场中闭曲线 $L$ 的流量,其中 $L$ 分别为

(1) 不过原点且不包含原点的任一条光滑闭曲线;

(2) 圆周 $x^2+y^2=R^2$;

(3) 椭圆周 $\dfrac{x^2}{a^2}+\dfrac{y^2}{b^2}=1(a>0,b>0)$.

**解** 由式(12.1.21)可知,向量场 $\boldsymbol{v}=(P(x,y),Q(x,y))$ 通过场中闭曲线 $L$ 的流量为

$$\Phi=\oint_L -Q(x,y)\mathrm{d}x+P(x,y)\mathrm{d}y.$$

因此,所求流量可以表示为

$$\Phi=\oint_L\frac{-y}{x^2+y^2}\mathrm{d}x+\frac{x}{x^2+y^2}\mathrm{d}y.$$

下面就 $L$ 的不同情形计算 $\Phi$.

(1) 设 $L$ 所围成的闭区域为 $D$,则 $D$ 不包含原点,因此函数

$$P_1(x,y)=-\frac{y}{x^2+y^2},\quad Q_1(x,y)=\frac{x}{x^2+y^2}$$

在 $D$ 上有连续的偏导数,且

$$\frac{\partial Q_1}{\partial x}=\frac{\partial P_1}{\partial y}=\frac{y^2-x^2}{(x^2+y^2)^2},\quad (x,y)\in D. \tag{12.2.6}$$

由格林公式，有

$$\Phi=\iint_D\left(\frac{\partial Q_1}{\partial x}-\frac{\partial P_1}{\partial y}\right)\mathrm{d}x\mathrm{d}y=\iint_D 0\mathrm{d}x\mathrm{d}y=0.$$

（2）由于此时 $L$ 所围成的区域 $D$ 包含原点，而 $P(x,y)$，$Q(x,y)$ 在原点没有定义（称原点为场的奇点），因此不能利用格林公式计算 $\Phi$，下面直接将 $\Phi$ 转化为定积分计算.

由于 $L$ 的方程为 $\boldsymbol{r}(t)=(R\cos t,R\sin t)(0\leqslant t\leqslant 2\pi)$，由此

$$\boldsymbol{r}'(t)=(-R\sin t,R\cos t),$$

所以有

$$\Phi=\int_0^{2\pi}\left(\frac{-R\sin t}{(R\cos t)^2+(R\sin t)^2},\frac{R\cos t}{(R\cos t)^2+(R\sin t)^2}\right)\cdot(-R\sin t,R\cos t)\mathrm{d}t=2\pi.$$

（3）对于一般椭圆 $\frac{x^2}{a^2}+\frac{y^2}{b^2}=1$，用（2）的方法计算却碰到了麻烦！由于 $P_1(x,y)$ 与 $Q_1(x,y)$ 满足式（12.2.6），我们可以利用格林公式将在椭圆上的积分转化为圆周上的积分. 如图 12.2.8 所示，作小圆 $L_\varepsilon:x^2+y^2=\varepsilon^2$ $(\varepsilon>0)$，使 $L_\varepsilon$ 包含在 $L$ 的内部，设介于 $L$ 和 $L_\varepsilon$ 之间的闭区域为 $\tilde{D}$，则 $P_1(x,y)$，$Q_1(x,y)$ 在 $\tilde{D}$ 上有一阶连续偏导数. 因此，在区域 $\tilde{D}$ 上应用格林公式，有

$$\oint_{L+L_\varepsilon^-}P_1(x,y)\mathrm{d}x+Q_1(x,y)\mathrm{d}y=\iint_{\tilde{D}}\left(\frac{\partial Q_1}{\partial x}-\frac{\partial P_1}{\partial y}\right)\mathrm{d}x\mathrm{d}y=0,$$

由此及（2）的结果，有

$$\begin{aligned}\Phi&=\oint_L P_1(x,y)\mathrm{d}x+Q_1(x,y)\mathrm{d}y\\&=\oint_{L_\varepsilon}P_1(x,y)\mathrm{d}x+Q_1(x,y)\mathrm{d}y\\&=\oint_{L_\varepsilon}-Q(x,y)\mathrm{d}x+P(x,y)\mathrm{d}y\\&=2\pi.\end{aligned}$$

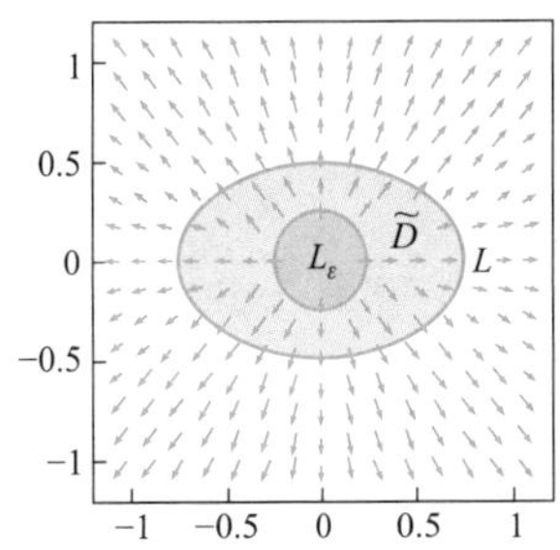

图 12.2.8 向量场有奇点的情形

图 12.2.8 为例 3 中场的分布情况，我们可以对上述结果给出解释：（1）的结果说明场中流进 $L$ 内的流体和流出的流体相同，因此整个流量为零；（2）和（3）的结果说明，在 $\tilde{D}$ 中没有流体产生或流失，因此通过 $L$ 和 $L_\varepsilon$ 的流体总量相同.（3）中用 $L_\varepsilon$ 挖去奇点后，再在多连通闭区域 $\tilde{D}$ 上使用格林公式. 我们形象地称这一做法为“挖奇点”法.

**例 4** 计算曲线积分 $I=\int_L(x\mathrm{e}^{2y}+xy)\mathrm{d}x+(x^2\mathrm{e}^{2y}+2y)\mathrm{d}y$，其中 $L$ 是从原点 $O$ 沿抛物线 $y=2x-x^2$ 到点 $A(2,0)$ 的一段弧.

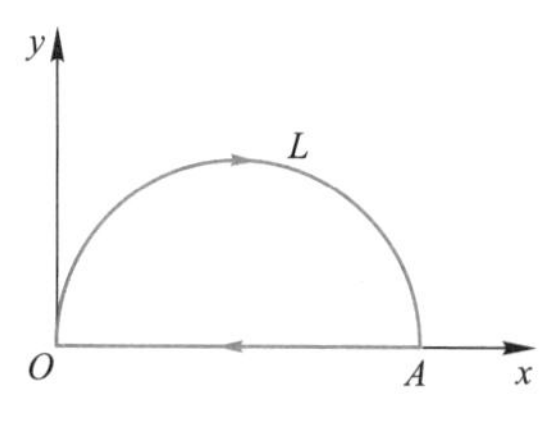

图 12.2.9　例 4 的图

像例 4 这样通过添加一条有向弧段与原积分曲线构成封闭曲线，使之能用格林公式计算对坐标的曲线积分，可以达到简化计算的目的.我们形象地称这一方法为“补线”法.

**解**　积分曲线 $L$ 如图 12.2.9 所示.若直接计算曲线积分 $I$ 是比较麻烦的.为了能用格林公式，添加有向线段 $AO$ 与 $L$ 构成封闭曲线 $C^-=L+AO$，其方向是顺时针的.记

$$P=xe^{2y}+xy,\quad Q=x^2e^{2y}+2y,$$

则
$$\frac{\partial Q}{\partial x}=2xe^{2y},\quad \frac{\partial P}{\partial y}=2xe^{2y}+x,$$

故
$$\frac{\partial Q}{\partial x}-\frac{\partial P}{\partial y}=-x.$$由格林公式知

$$\begin{aligned}I_1&=\oint_{C^-}P(x,y)\,dx+Q(x,y)\,dy=-\oint_{C^+}P(x,y)\,dx+Q(x,y)\,dy\\&=-\iint_D\left(\frac{\partial Q}{\partial x}-\frac{\partial P}{\partial y}\right)d\sigma=\iint_D x\,d\sigma\\&=\int_0^2dx\int_0^{2x-x^2}x\,dy=\int_0^2(2x^2-x^3)\,dx=\frac{4}{3}.\end{aligned}$$

于是
$$I=I_1-\int_{AO}(xe^{2y}+xy)\,dx+(x^2e^{2y}+2y)\,dy.$$

又
$$AO:y=0(2\sim x\sim 0),$$则
$$I=\frac{4}{3}-\int_2^0x\,dx=\frac{4}{3}+2=\frac{10}{3}.$$

### 4. 向量场中的格林公式

现在我们考虑区域 $D$ 上的向量场，假设该向量场为流速场

$$\boldsymbol{v}=(P(x,y),Q(x,y)),\quad (x,y)\in D,$$

其中 $D$ 和 $P(x,y)$，$Q(x,y)$ 满足定理 12.2.3 的所有条件.设 $\boldsymbol{n}$ 为区域 $D$ 的边界上任一点 $(x,y)$ 处指向区域外的单位法向量，则有

$$\oint_L\boldsymbol{v}\cdot\boldsymbol{n}\,ds=\iint_D\left(\frac{\partial P}{\partial x}+\frac{\partial Q}{\partial y}\right)dx\,dy.$$

这是因为 $\oint_L\boldsymbol{v}\cdot\boldsymbol{n}\,ds=\oint_L-Q(x,y)\,dx+P(x,y)\,dy$，因此，由定理 12.2.3 中的格林公式，有

$$\oint_L\boldsymbol{v}\cdot\boldsymbol{n}\,ds=\oint_L-Q(x,y)\,dx+P(x,y)\,dy=\iint_D\left(\frac{\partial P}{\partial x}+\frac{\partial Q}{\partial y}\right)dx\,dy.$$

称 $\frac{\partial P}{\partial x}+\frac{\partial Q}{\partial y}$ 为向量场 $\boldsymbol{v}$ 的散度，记为 $\operatorname{div}\boldsymbol{v}$.因此，格林公式可以表示为如下向量形式

$$\oint_L \boldsymbol{v}\cdot\boldsymbol{n}\mathrm{d}s=\iint_D \operatorname{div}\boldsymbol{v}\mathrm{d}x\mathrm{d}y. \tag{12.2.7}$$

若向量场 $\boldsymbol{v}$ 在场中每一点处的散度为零,即 $\operatorname{div}\boldsymbol{v}=\dfrac{\partial P}{\partial x}+\dfrac{\partial Q}{\partial y}=0$,则称该向量场为无源场.由向量形式的格林公式(12.2.7)可知,若在单连通区域 $D$ 上的向量场为无源场,则通过场中任何闭曲线的流量为零.

**例5** 求向量场 $\boldsymbol{F}(x,y)=(x^2-y,xy-y^2)$ 的散度.

**解** 由散度的定义,有

$$\operatorname{div}\boldsymbol{F}=\frac{\partial P}{\partial x}+\frac{\partial Q}{\partial y}=\frac{\partial}{\partial x}(x^2-y)+\frac{\partial}{\partial y}(xy-y^2)=2x+x-2y=3x-2y.$$

由于 $\operatorname{div}\boldsymbol{F}$ 仅在直线 $3x-2y=0$ 上等于零,因此在整个 $xOy$ 平面上,$\boldsymbol{F}$ 不是无源场.

讨论题
12-2-1
用格林公式计算对坐标的曲线积分

计算曲线积分

$$I=\oint_L \frac{x\mathrm{d}y-y\mathrm{d}x}{Ax^2+2Bxy+Cy^2},$$

其中 $A>0,C>0,AC-B^2>0$,$L$ 为圆周 $x^2+y^2=R^2(R>0)$,且取逆时针方向.

另一方面,设 $\boldsymbol{T}$ 为区域 $D$ 边界上任一点 $(x,y)$ 处的单位切向量,其方向与边界的正向一致,则有

$$\oint_L \boldsymbol{v}\cdot\boldsymbol{T}\mathrm{d}s=\oint_L P(x,y)\mathrm{d}x+Q(x,y)\mathrm{d}y$$

$$=\iint_D\left(\frac{\partial Q}{\partial x}-\frac{\partial P}{\partial y}\right)\mathrm{d}x\mathrm{d}y.$$

在向量场 $\boldsymbol{v}$ 中,若 $\dfrac{\partial Q}{\partial x}=\dfrac{\partial P}{\partial y}$,则称向量场 $\boldsymbol{v}$ 为无旋场.若向量场 $\boldsymbol{v}$ 为单连通区域上的无旋场,则该向量场沿场中任何一条闭曲线的环量等于零.

## 12.2.2 保守场和积分与路径无关

微视频
12-2-5
问题引入——保守场的特性

微视频
12-2-6
保守场

### 1. 保守场的概念

设有平面向量场

$$\boldsymbol{F}(x,y)=(P(x,y),Q(x,y)),\quad (x,y)\in D,$$

如引力场、电磁力场等.设 $A,B$ 为场中任意两点,$L_1$ 和 $L_2$ 为场 $D$ 中任意两条同时以 $A$ 为起点、$B$ 为终点的光滑或分段光滑曲线,如图 12.2.10 所示.若 $\boldsymbol{F}$ 为力场,则由对坐标曲线积分的意义,$\boldsymbol{F}$ 沿曲线 $L_1$ 和 $L_2$ 所做的功分别为

$$\int_{L_j} P(x,y)\mathrm{d}x+Q(x,y)\mathrm{d}y \quad (j=1,2).$$

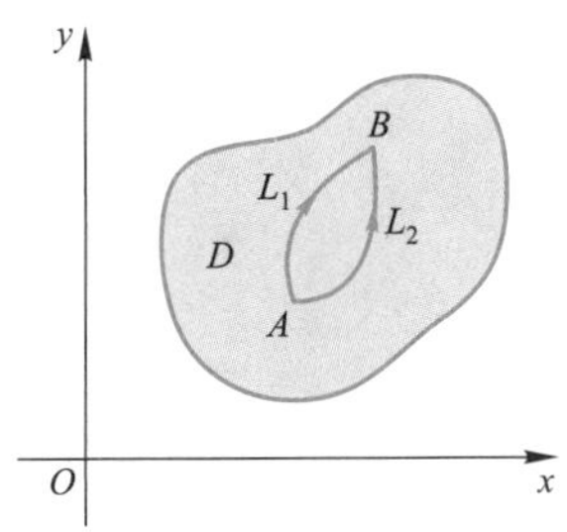

图 12.2.10 有相同起点和终点的曲线路径

若对于任何这样的曲线 $L_1$ 和 $L_2$,均有

$$\int_{L_1} P(x,y)\,\mathrm{d}x+Q(x,y)\,\mathrm{d}y$$

$$=\int_{L_2} P(x,y)\,\mathrm{d}x+Q(x,y)\,\mathrm{d}y, \qquad (12.2.8)$$

则称 $\boldsymbol{F}$ 为保守力场,它沿场中任何曲线所做的功称为保守力做功.满足上述性质的向量场称为(平面)保守场.对空间向量场

$$\boldsymbol{F}=(P(x,y,z),Q(x,y,z),R(x,y,z)),\quad (x,y,z)\in\Omega,$$

同样可以由类似式(12.2.8)的等式定义保守场.

那么如何判断一个向量场是不是保守场?由上面的定义,保守力做功相当于对坐标的曲线积分.

$$\int_{\widehat{AB}} P(x,y)\,\mathrm{d}x+Q(x,y)\,\mathrm{d}y$$

的值只与 $A,B$ 有关,而与积分路径无关.下面我们给出积分与路径无关的几个等价条件,从而得到保守场的判定方法.

### 2. 积分与路径无关的等价刻画

在计算定积分 $\int_a^b f(x)\,\mathrm{d}x$ 时,通常先计算 $f(x)$ 的原函数 $F(x)$,然后利用牛顿-莱布尼茨公式,将积分的计算转化为原函数 $F(x)$ 在 $x=a,b$ 两点值的计算,即

$$\int_a^b f(x)\,\mathrm{d}x=F(x)\Big|_a^b=F(b)-F(a).$$

证明牛顿-莱布尼茨公式的关键,是定义变上限积分 $\Phi(x)=\int_a^x f(t)\,\mathrm{d}t$,然后验证 $\Phi(x)$ 正好为 $f(x)$ 的原函数,这里假设函数 $f(x)$ 在 $[a,b]$ 上连续.

对于积分 $\int_{\widehat{AB}} P(x,y)\,\mathrm{d}x+Q(x,y)\,\mathrm{d}y$,当它与路径无关时,我们也希望存在函数 $u(x,y)$,使积分值可以表示为函数 $u(x,y)$ 在 $A$ 和 $B$ 两点处函数值的差,而且 $u(x,y)$ 也可以表示为类似变上限积分的形式.下面的定理将给予证实,并且,为了表述和证明的方便,我们将几个结论表述在一个定理之中.

微视频
12-2-7
积分与路径无关的等价刻画

**定理 12.2.4** 设 $D$ 为 $xOy$ 平面上的单连通区域,函数 $P(x,y)$,$Q(x,y)$ 在 $D$ 内有连续的一阶偏导数,则下面的四种说法等价:

(1) 在区域 $D$ 内存在可微函数 $u(x,y)$,使得

$$\mathrm{d}u(x,y)=P(x,y)\,\mathrm{d}x+Q(x,y)\,\mathrm{d}y,\quad (x,y)\in D;$$

(2) 在区域 $D$ 内成立 $\dfrac{\partial P}{\partial y}=\dfrac{\partial Q}{\partial x}$;

(3) 对于任何一条完全落在区域 $D$ 内的光滑或分段光滑的闭曲线 $L$,有

$$\oint_L P(x,y)\,\mathrm{d}x+Q(x,y)\,\mathrm{d}y=0;$$

(4) 对于区域 $D$ 内的任何两点 $A,B$,积分

$$\int_{\widehat{AB}} P(x,y)\,\mathrm{d}x+Q(x,y)\,\mathrm{d}y$$

的值只与 $A,B$ 两点的位置有关,而与 $\widehat{AB}$ 在区域 $D$ 内的路径无关.

**证** 我们按照(1)⇒(2)⇒(3)⇒(4)⇒(1)的顺序证明.

(1)⇒(2).一方面,由已知条件,存在 $D$ 内的可微函数 $u(x,y)$,使得

$$\mathrm{d}u(x,y)=P(x,y)\,\mathrm{d}x+Q(x,y)\,\mathrm{d}y,\quad (x,y)\in D.$$

另一方面,由全微分计算公式,有

$$\mathrm{d}u(x,y)=\frac{\partial u}{\partial x}\mathrm{d}x+\frac{\partial u}{\partial y}\mathrm{d}y,\quad (x,y)\in D.$$

比较两式得

$$P(x,y)=\frac{\partial u}{\partial x},\quad Q(x,y)=\frac{\partial u}{\partial y}.$$

由于 $P(x,y),Q(x,y)$ 在 $D$ 内有一阶连续的偏导数,所以有

$$\frac{\partial^2 u}{\partial x\partial y}=\frac{\partial P}{\partial y},\quad \frac{\partial^2 u}{\partial y\partial x}=\frac{\partial Q}{\partial x}.$$

由此知 $u(x,y)$ 在 $D$ 内的二阶混合偏导数连续,因而 $\dfrac{\partial^2 u}{\partial x\partial y}=\dfrac{\partial^2 u}{\partial y\partial x}$, $(x,y)\in D$,因此有

$$\frac{\partial P}{\partial y}=\frac{\partial Q}{\partial x},\quad (x,y)\in D,$$

即由(1)可以推得(2).

(2)⇒(3).由于 $D$ 为单连通区域,所以 $D$ 内的任何闭曲线 $L$ 所围成的闭区域 $\widetilde{D}$ 均在 $D$ 内,因此由格林公式及已知条件(2),有

$$\oint_L P(x,y)\,\mathrm{d}x+Q(x,y)\,\mathrm{d}y=\iint\limits_{\widetilde{D}}\left(\frac{\partial Q}{\partial x}-\frac{\partial P}{\partial y}\right)\mathrm{d}x\mathrm{d}y=0.$$

(3)⇒(4). 设 $L_1$ 和 $L_2$ 为 $D$ 内同以 $A$ 为起点、$B$ 为终点的曲线，它们除端点外互不相交，如图 12.2.10. 曲线 $L_1$ 与 $L_2^-$ 组成 $D$ 内逆时针方向的闭曲线$L=L_1+L_2^-$，由已知条件(3)有

$$\oint_{L_1+L_2^-} P(x,y)\,\mathrm{d}x + Q(x,y)\,\mathrm{d}y = \oint_L P(x,y)\,\mathrm{d}x + Q(x,y)\,\mathrm{d}y = 0\ ,$$

由此得

$$\int_{L_1} P(x,y)\,\mathrm{d}x + Q(x,y)\,\mathrm{d}y = \int_{L_2} P(x,y)\,\mathrm{d}x + Q(x,y)\,\mathrm{d}y. \tag{12.2.9}$$

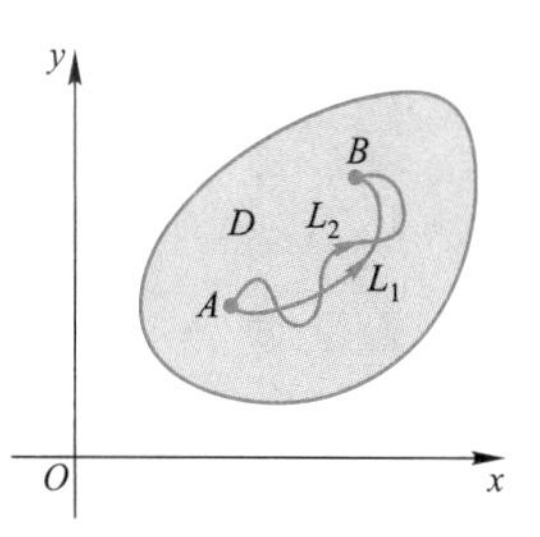

图 12.2.11　互相相交路径可以分解为若干简单闭曲线

另外，等式(12.2.9)对于图 12.2.11 中互相相交的曲线 $L_1$ 和 $L_2$ 也成立，即积分

$$\int_{\widehat{AB}} P(x,y)\,\mathrm{d}x + Q(x,y)\,\mathrm{d}y$$

与路径无关，此时我们可以将此积分写成如下形式：

$$\int_A^B P(x,y)\,\mathrm{d}x + Q(x,y)\,\mathrm{d}y.$$

(4)⇒(1). 由于积分 $\int_{\widehat{AB}} P(x,y)\,\mathrm{d}x + Q(x,y)\,\mathrm{d}y$ 与路径无关，取 $A$ 为 $D$ 内的一定点$A(x_0,y_0)$，而 $B$ 为 $D$ 内任一点 $B(x,y)$，类似变上限积分，可以构造函数$u(x,y)$为

$$u(x,y) = \int_{A(x_0,y_0)}^{B(x,y)} P(x,y)\,\mathrm{d}x + Q(x,y)\,\mathrm{d}y\ , \tag{12.2.10}$$

该积分的值由 $A(x_0,y_0)$ 和 $B(x,y)$ 唯一确定，因此 $u(x,y)$ 为定义在区域 $D$ 内的二元函数. 可以证明，$u(x,y)$ 在区域 $D$ 内可微，且有

$$\mathrm{d}u(x,y) = P(x,y)\,\mathrm{d}x + Q(x,y)\,\mathrm{d}y.$$

即由(4)可以导出(1). 上述证明留给读者，这样便完成了定理的证明.

因此，对于单连通区域 $D$ 内的向量场

$$\boldsymbol{F} = (P(x,y), Q(x,y)),$$

只要 $P(x,y)$ 和 $Q(x,y)$ 有连续的偏导数，我们可以通过验证$\dfrac{\partial Q}{\partial x}=\dfrac{\partial P}{\partial y}$来判定向量场 $\boldsymbol{F}$ 是否为保守场，保守场所做的功可以由 $u(x,y)$ 在起点和终点的函数值求得，即

$$W = \int_{\widehat{AB}} P(x,y)\,\mathrm{d}x + Q(x,y)\,\mathrm{d}y = u(x,y)\Big|_A^B = u(x,y)\Big|_B - u(x,y)\Big|_A,$$

这里$u(x,y)\big|_A$ 表示 $u(x,y)$在点 $A$ 处的函数值. 下面我们将给出 $u(x,y)$

的计算方法.

### 3. 原函数与势函数的计算

对于单连通区域 $D$ 上的微分式 $P(x,y)\mathrm{d}x+Q(x,y)\mathrm{d}y$，若存在 $D$ 上的可微函数 $u(x,y)$ 使得

$$\mathrm{d}u(x,y)=P(x,y)\mathrm{d}x+Q(x,y)\mathrm{d}y,$$

则称函数 $u(x,y)$ 为微分式 $P(x,y)\mathrm{d}x+Q(x,y)\mathrm{d}y$ 的原函数.若将微分式与向量场

$$\boldsymbol{F}=(P(x,y),Q(x,y)),\quad (x,y)\in D$$

对应，则亦称 $u(x,y)$ 为向量场 $\boldsymbol{F}$ 的势函数.由于 $u(x,y)$ 的梯度为 $\nabla u(x,y)=\left(\dfrac{\partial u}{\partial x},\dfrac{\partial u}{\partial y}\right)$，故向量场 $\boldsymbol{F}$ 和势函数有如下关系

$$\boldsymbol{F}(x,y)=\nabla u(x,y).\tag{12.2.11}$$

微视频
12-2-8
原函数的计算

对于空间向量场

$$\boldsymbol{F}=(P(x,y,z),Q(x,y,z),R(x,y,z)),\quad (x,y,z)\in\Omega,$$

若存在函数 $u(x,y,z)$ 使得

$$\boldsymbol{F}(x,y,z)=\nabla u(x,y,z)=\left(\frac{\partial u}{\partial x},\frac{\partial u}{\partial y},\frac{\partial u}{\partial z}\right),\tag{12.2.12}$$

则称 $u(x,y,z)$ 为微分式 $P(x,y,z)\mathrm{d}x+Q(x,y,z)\mathrm{d}y+R(x,y,z)\mathrm{d}z$ 的原函数，或称为向量场 $\boldsymbol{F}$ 的势函数，此时向量场 $\boldsymbol{F}$ 也为保守场.由于

$$P(x,y,z)=\frac{\partial u}{\partial x},\quad Q(x,y,z)=\frac{\partial u}{\partial y},\quad R(x,y,z)=\frac{\partial u}{\partial z},$$

若 $P(x,y,z),Q(x,y,z),R(x,y,z)$ 在 $\Omega$ 内有连续的一阶偏导数，则有

$$\frac{\partial P}{\partial y}=\frac{\partial^2 u}{\partial x\partial y},\quad \frac{\partial Q}{\partial x}=\frac{\partial^2 u}{\partial y\partial x},$$

由此有 $\dfrac{\partial P}{\partial y}=\dfrac{\partial Q}{\partial x}$，同理可得 $\dfrac{\partial P}{\partial z}=\dfrac{\partial R}{\partial x},\dfrac{\partial Q}{\partial z}=\dfrac{\partial R}{\partial y}$，这是判定 $\boldsymbol{F}$ 为保守场的条件.在第 12.4 节中将要介绍的斯托克斯公式将进一步证实这一点.

由于原函数可由式(12.2.10)给出，且积分与路径无关，当取特殊的积分路径时，我们可将 $u(x,y)$ 表示为定积分的形式.如图 12.2.12，选取与坐标轴平行的直线段组成的折线作为积分路径，则有

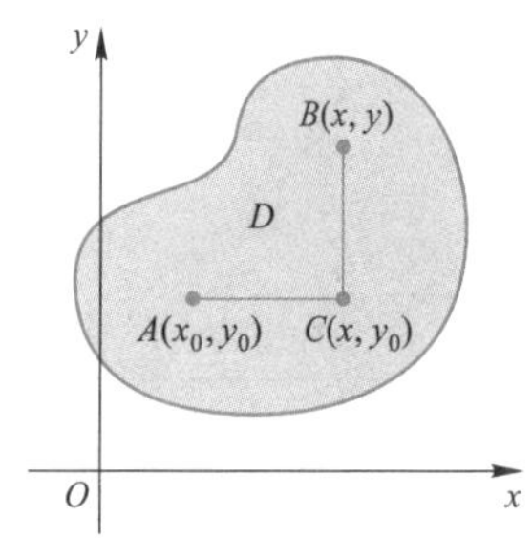

图 12.2.12 选取折线作为积分路径

$$u(x,y)=\int_{\widehat{AB}}P(x,y)\mathrm{d}x+Q(x,y)\mathrm{d}y$$

$$= \int_{\overline{AC}} P(x,y)\,\mathrm{d}x + Q(x,y)\,\mathrm{d}y + \int_{\overline{CB}} P(x,y)\,\mathrm{d}x + Q(x,y)\,\mathrm{d}y$$

$$= \int_{x_0}^{x} P(x,y_0)\,\mathrm{d}x + \int_{y_0}^{y} Q(x,y)\,\mathrm{d}y,$$

即有

$$u(x,y) = \int_{x_0}^{x} P(x,y_0)\,\mathrm{d}x + \int_{y_0}^{y} Q(x,y)\,\mathrm{d}y. \tag{12.2.13}$$

因此,所有形如 $u(x,y)+C$($C$ 为常数)的函数均为微分式 $P(x,y)\,\mathrm{d}x+Q(x,y)\,\mathrm{d}y$ 的原函数.同理,可得到 $u(x,y)$的另一表示

$$u(x,y) = \int_{y_0}^{y} Q(x_0,y)\,\mathrm{d}y + \int_{x_0}^{x} P(x,y)\,\mathrm{d}x. \tag{12.2.14}$$

若 $u(x,y,z)$为微分式 $P(x,y,z)\,\mathrm{d}x+Q(x,y,z)\,\mathrm{d}y+R(x,y,z)\,\mathrm{d}z$ 的原函数,则亦有类似(12.2.13)和(12.2.14)的公式,如

$$u(x,y,z)= \int_{A(x_0,y_0,z_0)}^{B(x,y,z)} P(x,y,z)\,\mathrm{d}x+Q(x,y,z)\,\mathrm{d}y+R(x,y,z)\,\mathrm{d}z$$

$$= \int_{x_0}^{x} P(x,y_0,z_0)\,\mathrm{d}x+ \int_{y_0}^{y} Q(x,y,z_0)\,\mathrm{d}y+ \int_{z_0}^{z} R(x,y,z)\,\mathrm{d}z, \tag{12.2.15}$$

其中连接 $A(x_0,y_0,z_0)$和 $B(x,y,z)$的折线路径如图 12.2.13 所示.

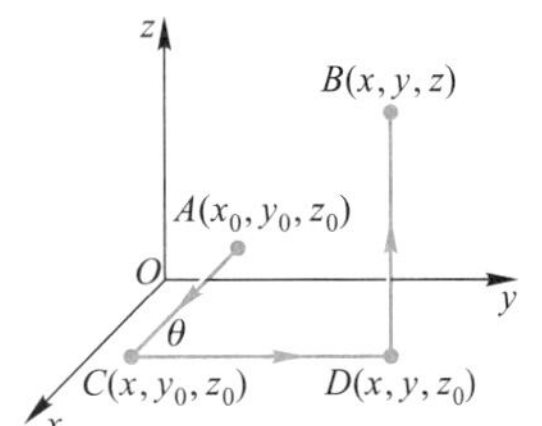

图 12.2.13　空间折线路径的选取

**例 6**　验证向量场

$$\boldsymbol{F}=(4x^3y^3-3y^2+5,3x^4y^2-6xy-4)$$

为 $xOy$ 平面上的保守场,并计算 $\boldsymbol{F}$ 沿以(0,1)为起点、(1,2)为终点的路径所做的功.

**解**　令 $P(x,y)=4x^3y^3-3y^2+5$, $Q(x,y)=3x^4y^2-6xy-4$,则在 $xOy$ 平面上有

$$\frac{\partial Q}{\partial x}=12x^3y^2-6y=\frac{\partial P}{\partial y},$$

因此向量场 $\boldsymbol{F}$ 为 $xOy$ 平面上的保守场,图 12.2.14 为场的分布.

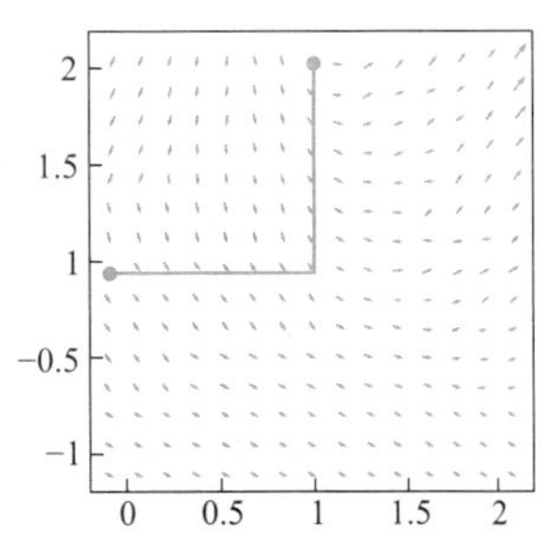

图 12.2.14　保守场中的折线路径

由公式(12.2.13)有

$$W = \int_{(0,1)}^{(1,2)} P(x,y)\,\mathrm{d}x + Q(x,y)\,\mathrm{d}y$$

$$= \int_0^1 P(x,1)\,\mathrm{d}x+ \int_1^2 Q(1,y)\,\mathrm{d}y$$

$$= \int_0^1 (4x^3+2)\,\mathrm{d}x+ \int_1^2 (3y^2-6y-4)\,\mathrm{d}y$$

$$=(x^4+2x)\Big|_0^1+(y^3-3y^2-4y)\Big|_1^2$$

$$=3+(-6)=-3.$$

**例 7** 计算对坐标的曲线积分 $I=\int_L (1+xe^{2y})\,dx+(x^2e^{2y}-y)\,dy$,其中 $L$ 为以 $O(0,0)$ 为起点、$A(4,0)$ 为终点的半圆 $(x-2)^2+y^2=4(y\geqslant 0)$.

**解** 若利用半圆的参数方程 $L: x=2+2\cos t, y=2\sin t(\pi\sim t\sim 0)$ 将 $I$ 转化为定积分计算是徒劳的.但是,若此时积分与路径无关,则我们可以选取更便于积分计算的路径.令

$$P(x,y)=1+xe^{2y}, Q(x,y)=x^2e^{2y}-y,$$

由于

$$\frac{\partial Q}{\partial x}=2xe^{2y}=\frac{\partial P}{\partial y},$$

所以满足积分与路径无关的条件,取有向线段 $\overline{OA}$ 作为积分路径,如图 12.2.15,则有

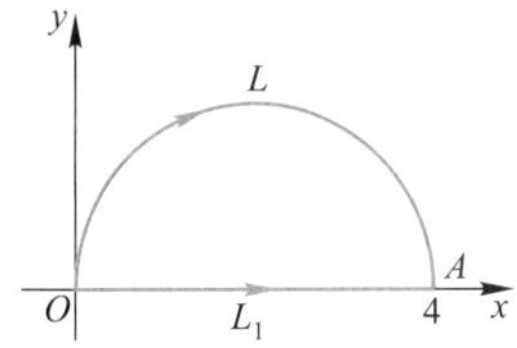

图 12.2.15 用直线段路径代替半圆路径

$$\begin{aligned} I &= \int_{\overline{OA}} (1+xe^{2y})\,dx+(x^2e^{2y}-y)\,dy \\ &= \int_0^4 (1+xe^{2\cdot 0})\,dx=\int_0^4 (1+x)\,dx=12. \end{aligned}$$

**例 8** 验证 $\boldsymbol{F}=\left(x^2, yz, \frac{y^2}{2}\right)$ 为保守场,并计算 $\boldsymbol{F}$ 沿以 $O(0,0,0)$ 为起点、$A(0,3,4)$ 为终点的路径所做的功.

**解** 方法一:令 $P(x,y,z)=x^2, Q(x,y,z)=yz, R(x,y,z)=\frac{y^2}{2}$,因为

$$\frac{\partial P}{\partial y}=0=\frac{\partial Q}{\partial x}, \quad \frac{\partial P}{\partial z}=0=\frac{\partial R}{\partial x}, \quad \frac{\partial Q}{\partial z}=y=\frac{\partial R}{\partial y},$$

所以,$\boldsymbol{F}$ 为保守场.$\boldsymbol{F}$ 沿 $\widehat{OA}$ 所做的功为

$$W=\int_{O(0,0,0)}^{A(0,3,4)} P(x,y,z)\,dx+Q(x,y,z)\,dy+R(x,y,z)\,dz,$$

由公式(12.2.15)有

$$\begin{aligned} W &= \int_0^0 P(x,0,0)\,dx+\int_0^3 Q(0,y,0)\,dy+\int_0^4 R(0,3,z)\,dz \\ &= \int_0^3 0\,dy+\int_0^4 \frac{9}{2}\,dz=18. \end{aligned}$$

方法二:
$$\begin{aligned} W &= \int_{O(0,0,0)}^{A(0,3,4)} x^2\,dx+yz\,dy+\frac{y^2}{2}\,dz \\ &= \int_{O(0,0,0)}^{A(0,3,4)} d\left(\frac{x^3}{3}+\frac{y^2z}{2}\right) \end{aligned}$$

讨论题
12-2-2
积分与路径无关条件

已知 $\int_{(0,0)}^{(t,t^2)} f(x,y)\,dx + x\cos y\,dy = t^2$,其中 $f(x,y)$ 具有一阶连续偏导数,曲线积分 $\int f(x,y)\,dx+x\cos y\,dy$ 与路径无关,求 $f(x,y)$.

微视频
12-2-9
全微分方程

$$=\left(\frac{x^3}{3}+\frac{y^2z}{2}\right)\Bigg|_{(0,0,0)}^{(0,3,4)}=18-0=18.$$

## 12.2.3 全微分方程

### 1. 全微分方程的概念

在第七章中我们介绍了一阶常微分方程

$$F(x,y,y')=0 \tag{12.2.16}$$

的几种求解方法,下面给出一阶方程的另一解法.将式(12.2.16)写成对称式形式

$$P(x,y)\mathrm{d}x+Q(x,y)\mathrm{d}y=0, \tag{12.2.17}$$

若存在函数 $u(x,y)$ 使得

$$\mathrm{d}u(x,y)=P(x,y)\mathrm{d}x+Q(x,y)\mathrm{d}y,$$

则称方程(12.2.17)为全微分方程.此时,方程(12.2.17)等价于

$$\mathrm{d}u(x,y)=0,$$

因此,方程(12.2.16)的通解为 $u(x,y)=C$,其中 $C$ 为任意常数.

由定理 12.2.4 可知,当 $P(x,y)$,$Q(x,y)$ 为单连通区域 $D$ 上有一阶连续偏导数的函数时,方程(12.2.17)在区域 $D$ 上为全微分方程,当且仅当在 $D$ 内成立

$$\frac{\partial P}{\partial y}=\frac{\partial Q}{\partial x}.$$

此时 $u(x,y)$ 由公式(12.2.13)或(12.2.14)给出,因此求得全微分方程的通解.

**例 9** 求微分方程

$$(3x^2+6xy^2)\mathrm{d}x+(6x^2y+4y^3)\mathrm{d}y=0 \tag{12.2.18}$$

的通解.

**解** 设 $P(x,y)=3x^2+6xy^2$,$Q(x,y)=6x^2y+4y^3$,因为

$$\frac{\partial P}{\partial y}=12xy=\frac{\partial Q}{\partial x},$$

所以,方程为全微分方程.

方法一:在公式(12.2.13)中取 $x_0=0$,$y_0=0$,得

$$u(x,y)=\int_0^x 3x^2\mathrm{d}x+\int_0^y(6x^2y+4y^3)\mathrm{d}y=x^3+3x^2y^2+y^4,$$

因此,原方程的通解为 $x^3+3x^2y^2+y^4=C$.

方法二:将方程(12.2.18)适当分组,使得每一组恰好是某个函数的全微分,得到如下形式

称方法二为分组凑微分法.该方法对求解较简单的全微分方程是十分方便的.

$$3x^2dx+(6xy^2dx+6x^2ydy)+4y^3dy=0,$$

即 $d(x^3+3x^2y^2+y^4)=0$,所以,原方程的通解为 $x^3+3x^2y^2+y^4=C$.

**2. 积分因子**

形如式(12.2.17)的方程通常不是全微分方程,例如方程

$$ydx-xdy=0,$$

但若将方程两边同时乘$\dfrac{1}{y^2}$,则得

$$\frac{ydx-xdy}{y^2}=0,\quad 即\frac{1}{y}dx-\frac{x}{y^2}dy=0,$$

容易验证该方程为全微分方程,并且求得通解为$\dfrac{x}{y}=C$.一般地,若存在非零函数$\mu(x,y)$,将方程(12.2.17)两边同乘$\mu(x,y)$,得到全微分方程

$$\mu(x,y)P(x,y)dx+\mu(x,y)Q(x,y)dy=0,$$

此时称$\mu(x,y)$为方程(12.2.17)的积分因子.

对较简单的方程,我们可以通过观察的方法得到积分因子,这要求我们熟记全微分公式和一些较简单函数的全微分,例如

$$du\pm dv=d(u\pm v),\qquad udv+vdu=d(uv),$$

$$udu+vdv=\frac{1}{2}d(u^2+v^2),\qquad \frac{udv-vdu}{u^2}=d\left(\frac{v}{u}\right),$$

$$\frac{udv-vdu}{u^2+v^2}=d\left(\arctan\frac{v}{u}\right),\qquad \frac{udu+vdv}{\sqrt{u^2+v^2}}=d(\sqrt{u^2+v^2}),$$

$$\frac{udu+vdv}{u^2+v^2}=d\left[\frac{1}{2}\ln(u^2+v^2)\right].$$

**例 10** 求方程$(x-y)dx+(x+y)dy=0$的通解.

**解** 将方程写成

$$(xdx+ydy)-(ydx-xdy)=0.$$

由上面罗列的公式,我们发现$\mu(x,y)=\dfrac{1}{x^2+y^2}$为方程的积分因子,将方程

两边同乘 $\mu(x,y)$ 得

$$\frac{x\mathrm{d}x+y\mathrm{d}y}{x^2+y^2}-\frac{y\mathrm{d}x-x\mathrm{d}y}{x^2+y^2}=0,$$

即

$$\mathrm{d}\left[\frac{1}{2}\ln(x^2+y^2)\right]+\mathrm{d}\left(\arctan\frac{y}{x}\right)=0,$$

或

$$\mathrm{d}\left[\frac{1}{2}\ln(x^2+y^2)+\arctan\frac{y}{x}\right]=0.$$

因此原方程的通解为

$$\frac{1}{2}\ln(x^2+y^2)+\arctan\frac{y}{x}=C.$$

通常，靠观察来发现积分因子是比较困难的，我们自然想到是否存在求积分因子的公式. 一般来讲，这样的公式不存在，但若积分因子是一元函数，则可以给出其计算公式，有兴趣的读者可参考其他教材，在此不做介绍.

## 习题 12.2

### A 基础题

1. 下面的论证是否正确，为什么？

设 $P(x,y)=-\frac{y}{x^2+y^2}$，$Q(x,y)=\frac{x}{x^2+y^2}$，封闭曲线 $C$：$\begin{cases}x=2\cos t,\\ y=3\sin t,\end{cases}$ $0\leqslant t\leqslant 2\pi$，$D$ 是曲线 $C$ 所围闭区域，因为 $\frac{\partial P}{\partial y}=\frac{\partial Q}{\partial x}=\frac{y^2-x^2}{(x^2+y^2)^2}$，所以由格林公式有

$$\oint_C P\mathrm{d}x+Q\mathrm{d}y=\iint_D\left(\frac{\partial Q}{\partial x}-\frac{\partial P}{\partial y}\right)\mathrm{d}x\mathrm{d}y=0.$$

2. 计算 $\oint_C (x+y)\mathrm{d}x-(x-y)\mathrm{d}y$，其中 $C$ 是椭圆 $\frac{x^2}{a^2}+\frac{y^2}{b^2}=1$ 的正向.

3. 计算 $\oint_C (x+y)^2\mathrm{d}x-(x^2+y^2)\mathrm{d}y$，其中 $C$ 是以 $A(1,1)$，$B(3,2)$，$C(2,5)$ 为顶点的三角形的正向边界.

4. 计算 $\int_C (\mathrm{e}^x\sin 2y-y)\mathrm{d}x+(2\mathrm{e}^x\cos 2y-100)\mathrm{d}y$，其中 $C$ 是单位圆 $x^2+y^2=1$ 从点 $A(1,0)$ 到点 $B(-1,0)$ 的上半圆周.

5. 验证下列积分与路径无关，并求它们的值：

(1) $\int_{(0,0)}^{(1,1)}(x-y)(\mathrm{d}x-\mathrm{d}y)$；

(2) $\int_{(2,1)}^{(1,2)}\frac{y\mathrm{d}x-x\mathrm{d}y}{x^2}$ 沿任何右半平面的路线；

(3) $\int_{(2,1)}^{(1,2)}\varphi(x)\mathrm{d}x+\psi(y)\mathrm{d}y$，其中 $\varphi,\psi$ 为连续函数.

6. 求下列全微分的原函数：

(1) $(x^2+2xy-y^2)\mathrm{d}x+(x^2-2xy-y^2)\mathrm{d}y$；

(2) $\mathrm{e}^x[\mathrm{e}^y(x-y+2)+y]\mathrm{d}x+\mathrm{e}^x[\mathrm{e}^y(x-y)+1]\mathrm{d}y$；

(3) $f(\sqrt{x^2+y^2})x\mathrm{d}x+f(\sqrt{x^2+y^2})y\mathrm{d}y$.

7. 计算 $\oint_C x\mathrm{d}y$，其中 $C$ 是半径为 $r$ 的圆在第一象限内的部分与两坐标轴围成的闭曲线，$C$ 取逆时针方向.

8. 确定下列向量场是否为保守场，若是，则求其势函数：

(1) $\boldsymbol{F}=(xz-y,x^2y+z^3,3xz^2-xy)$；

（2）$\boldsymbol{F}=(yz(2x+y+z),xz(x+2y+z),xy(x+y+2z))$.

9. 求解下列全微分方程：

（1）$(x-y^2)\mathrm{d}x-2xy\mathrm{d}y=0$；

（2）$\mathrm{e}^x(x+y)\mathrm{d}x+(\mathrm{e}^x+y)\mathrm{d}y=0$.

10. 求微分方程$\dfrac{\mathrm{d}y}{\mathrm{d}x}=\dfrac{2x-y+1}{x+y^2+3}$的通解.

## B 综合题

11. 将$\oint_C \sqrt{x^2+y^2}\,\mathrm{d}x+y[xy+\ln(x+\sqrt{x^2+y^2})]\mathrm{d}y$化为曲线 $C$ 所围闭区域 $D$ 上的二重积分，式中的 $C$ 依逆时针方向，且 $D$ 不含原点.

12. 已知 $C$ 是平面上任意一条不经过原点的简单闭曲线，问常数 $a$ 等于何值时，曲线积分$\oint_C \dfrac{x\mathrm{d}x-ay\mathrm{d}y}{x^2+y^2}=0$，并说明理由.

13. 设 $G$ 是平面上光滑闭曲线 $C$ 所围成的区域，函数 $u=u(x,y)$ 在 $G$ 和 $C$ 上有直到二阶的连续偏导数，证明：

$$\iint_G\left[\left(\frac{\partial u}{\partial x}\right)^2+\left(\frac{\partial u}{\partial y}\right)^2\right]\mathrm{d}x\mathrm{d}y$$

$$=-\iint_G u\left(\frac{\partial^2 u}{\partial x^2}+\frac{\partial^2 u}{\partial y^2}\right)\mathrm{d}x\mathrm{d}y+\oint_C u\frac{\partial u}{\partial \boldsymbol{n}}\mathrm{d}s,$$

其中$\dfrac{\partial u}{\partial \boldsymbol{n}}$为沿此围线的外法线的方向函数.

14. 证明$\int_C (x-y)(\mathrm{d}x-\mathrm{d}y)$只与 $C$ 的起点有关，而与所取的路线无关，并求$\int_{(1,-1)}^{(1,1)}(x-y)(\mathrm{d}x-\mathrm{d}y)$.

15. 设 $\varphi(x)$ 三次可微，$\varphi(1)=1$，$\varphi'(1)=7$，求 $u(x,y)$，使得

$$\mathrm{d}u=[x^2\varphi'(x)-11x\varphi(x)]\mathrm{d}y-32y\varphi(x)\mathrm{d}x.$$

16. 选取 $a,b$ 使$\dfrac{(y^2+2xy+ax^2)\mathrm{d}x-(x^2+2xy+by^2)\mathrm{d}y}{(x^2+y^2)^2}$为某一函数 $u=u(x,y)$ 的全微分，并求 $u(x,y)$.

17. 利用全微分计算曲线积分：

（1）$\int_{(1,1,1)}^{(2,3,-4)} x\mathrm{d}x+y^2\mathrm{d}y-z^3\mathrm{d}z$；

（2）$\int_{(x_1,y_1,z_1)}^{(x_2,y_2,z_2)}\alpha(x)\mathrm{d}x+\beta(y)\mathrm{d}y+\gamma(z)\mathrm{d}z$，其中 $\alpha(x),\beta(y),\gamma(z)$ 为连续函数；

（3）$\int_{(x_1,y_1,z_1)}^{(x_2,y_2,z_2)} f(x+y+z)(\mathrm{d}x+\mathrm{d}y+\mathrm{d}z)$，其中 $f$ 为连续函数.

18. 设 $f(x)$ 具有二阶连续导数，且满足

$$\oint_C\left[\frac{\ln x}{x}-\frac{1}{x}f'(x)\right]y\mathrm{d}x+f'(x)\mathrm{d}y=0,$$

其中 $C$ 为 $xOy$ 平面第一象限内任一条闭曲线，已知 $f(1)=f'(1)=0$，求 $f(x)$.

## C 应用题

19. 一力场的大小与作用点到 $z$ 轴的距离成反比，方向垂直且朝向该轴，试求当一质量为 $m$ 的动点沿着圆周 $x=\cos t, y=1, z=\sin t$，由点 $M(1,1,0)$ 沿正向移动到点 $N(0,1,1)$ 时场力所做的功.

20. 电流 $I$ 通过直导线，$l$ 为垂直于导线的平面上包围着导线的任一闭曲线，试证：单位磁荷沿 $l$ 运动一周，磁场所做的功为一常数.

## D 实验题

21. 用 Mathematica 软件计算$\oint_C (x+y)\mathrm{d}x+(x-y)\mathrm{d}y$，其中 $C$ 是圆 $x^2+y^2=a^2$ 的上半部与 $x$ 轴所构成的闭合曲线依顺时针形成的路径.

22. 用 Mathematica 软件计算质点沿着 $xOy$ 平面内的椭圆 $C$ 运动一周（逆时针方向）场力所做的功，其中椭圆的中心在原点，长半轴和短半轴分别为 4 和 3，焦点在 $x$ 轴上，力场

$$\boldsymbol{F}=(3x-4y+2z)\boldsymbol{i}+(4x+2y-3z^2)\boldsymbol{j}+(2xz-4y^2+z^3)\boldsymbol{k}.$$

23. 试用 Mathematica 软件判断下列微分方程是不是全微分方程，并求通解. 利用求得的通解，通过取

不同的任意常数值绘制其相应的积分曲线：

(1) $\frac{dy}{dx}=\frac{x(1-y^2)}{y(x^2-1)}$； (2) $\frac{dy}{dx}=\left(\frac{y+2}{x+y-1}\right)^2$.

24. 利用格林公式或二重积分方法计算平面区域的面积时，一般需要知道其边界曲线方程，而在实际生活中，这样的边界曲线方程是很难知道的，因此无法使用它们来完成对面积的精确计算. GPS 面积测量仪则给出了比较好的平面区域的近似计算方法.我们只要手持测量仪绕行测量区域一周，仪器通过设定的时间间隔自动记录行进路线的坐标，通过这些坐标就可以计算所围绕区域的近似面积.试借助格林公式解释 GPS 面积测量仪的面积计算数学原理，并通过取不同间隔，在椭圆 $16x^2+9y^2=144$ 上取点模拟 GPS 面积测量仪求椭圆的近似面积.

12.2 测验题

# 12.3 曲面积分的概念与计算

## 12.3.1 对面积曲面积分的概念

### 1. 曲面面积

微视频
12-3-1
问题引入——从杂技演员的顶缸表演谈起

微视频
12-3-2
曲面的面积

从规则的几何图形——矩形的面积计算，到一般的曲边梯形的面积计算，定积分的概念应运而生.自然地，对于空间曲面，我们能否通过平面来定义它的面积？请看下面的例子.

设有抛物柱面片 $\Sigma: z=2-\frac{y^2}{2}, (x,y)\in D_{xy}=\{(x,y)\mid 0\leqslant x\leqslant 1, 0\leqslant y\leqslant 1\}$，我们可以用网格法计算 $\Sigma$ 面积的近似值.

如图 12.3.1(a)，将柱面片 $\Sigma$ 在 $xOy$ 平面上的投影区域 $D_{xy}$ 分成 9 个小的正方形 $\Delta\sigma_k(k=1,2,\cdots,9)$，以每个小正方形的顶点对应在曲面 $\Sigma$ 上的点为顶点，作空间小四边形 $\Delta S_k(k=1,2,\cdots,9)$，这样相当于在曲面 $\Sigma$ 下搭建了一个网格支架.可以看出，当网格支架越密，它们与曲面 $\Sigma$ 越吻合，如图12.3.1(b).因此，可以用每个网格(四边形)的面积之和作为曲面面积的近似，表 12.3.1 是几个计算结果.随着 $n$ 的增加，$S_n$ 趋于一定值 $S$，此即曲面片 $\Sigma$ 的面积.

表 12.3.1　一个曲面面积的近似

| $n$ | $S_n=\sum\limits_{k=1}^{n}\Delta S_k$ | $n$ | $S_n=\sum\limits_{k=1}^{n}\Delta S_k$ |
| --- | --- | --- | --- |
| 3 | 1.144 51 | 50 | 1.147 78 |
| 10 | 1.147 5 | 100 | 1.147 79 |

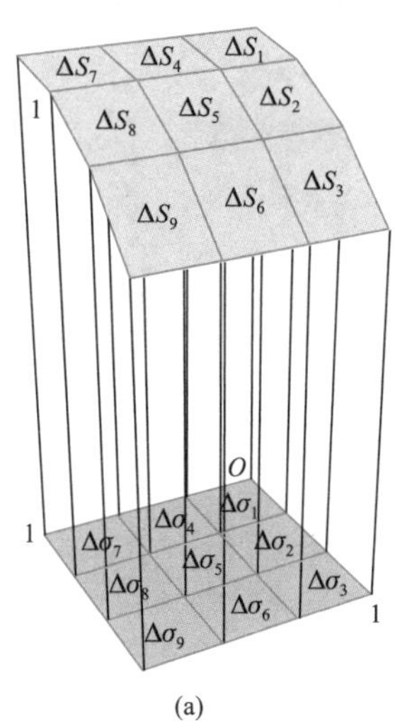

(a)

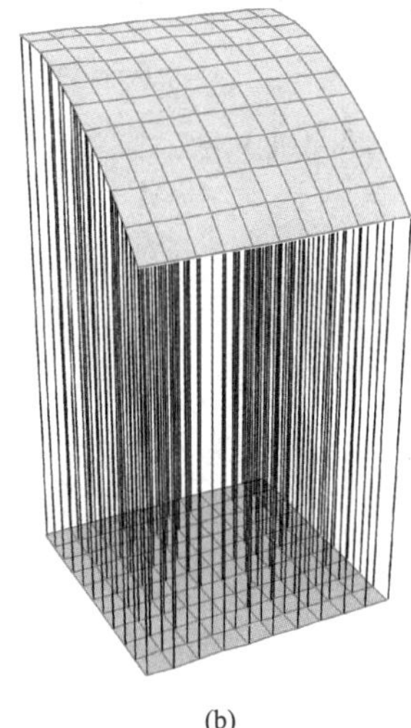
(b)

图 12.3.1　利用网格近似曲面是绘制曲面常用的办法

这个例子较好地表达了一个简单的光滑柱面面积可以用“网格支架”的面积来近似.这个做法能否推广到一般光滑曲面?

回忆在第 12.1 节中,我们既可以用割线折线长,也可以用切线折线长来近似光滑曲线的长度,当分割无限细密时,它们都有同一极限值,即曲线的长度.但是,对于一般光滑曲面,用小割平面的面积和(即内接多面片的面积)来近似曲面面积时,可能出现极限不存在的情况(参考本节习题 27).但是,用小切平面的面积和近似曲面面积,当分割无限细密时,可以得到一个确定的极限.在几何上,好像用“鱼鳞”似的小切平面搭在一起,构成了曲面面积的一个近似.下面,我们按照这一思路来建立曲面面积的概念.

一般地,对于曲面 $\Sigma: z=f(x,y),(x,y)\in D_{xy}$,其中 $D_{xy}$ 为 $xOy$ 平面上的有界闭区域,函数 $f(x,y)$ 在区域 $D_{xy}$ 上有连续的一阶偏导数,这样的曲面称为光滑曲面.同样将 $D_{xy}$ 分成若干小区域,每一小区域 $\mathrm{d}\sigma$ 对应曲面 $\Sigma$ 上的小曲面片,将其用一平面片 $\mathrm{d}S$ 来近似,那么 $\mathrm{d}S$ 该如何选取?我们在考虑曲线弧长时,是利用切线段来近似弧线段,这给我们以启示,即用切平面片来近似曲面片.

设$(x,y)$为 $d\sigma$ 上一点,对应曲面 $\Sigma$ 上的点为 $P(x,y,f(x,y))$,在点 $P$ 处作曲面 $\Sigma$ 的切平面片 $dS$,使 $dS$ 在 $xOy$ 平面上的投影正好为 $d\sigma$,如图 12.3.2(a)所示.同样用 $d\sigma$ 和 $dS$ 表示相应图形的面积,下面我们给出二者之间的关系.设曲面 $\Sigma$ 在 $P$ 处且指向上侧的单位法向量为

$$\boldsymbol{n}=(\cos\alpha,\cos\beta,\cos\gamma),$$

则由图 12.3.2(b),有

$$d\sigma=\cos\gamma dS;$$

若曲面的法向量 $\boldsymbol{n}$ 是指向下侧的,则有

$$d\sigma=-\cos\gamma dS.$$

一般地,我们有 $dS$ 和 $d\sigma$ 的关系

$$d\sigma=|\cos\gamma|dS,$$

或

$$\cos\gamma dS=\pm d\sigma. \tag{12.3.1}$$

由于 $\Sigma$ 的方程为 $z=f(x,y)$,其法向量为$\pm(-f_x',-f_y',1)$,由此有

$$\cos\gamma=\pm\frac{1}{\sqrt{1+f_x'^2(x,y)+f_y'^2(x,y)}}.$$

故得 $dS$ 和 $d\sigma$ 之间的关系

$$dS=\sqrt{1+f_x'^2(x,y)+f_y'^2(x,y)}\,d\sigma. \tag{12.3.2}$$

由二重积分的意义,将所有切平面片 $dS$ 的面积相加,即在 $\Sigma$ 的投影区域 $D_{xy}$上积分,于是便得曲面 $\Sigma$ 的面积

$$S=\iint_{\Sigma}dS=\iint_{D_{xy}}\sqrt{1+f_x'^2(x,y)+f_y'^2(x,y)}\,d\sigma,$$

或

$$S=\iint_{\Sigma}dS=\iint_{D_{xy}}\sqrt{1+\left(\frac{\partial z}{\partial x}\right)^2+\left(\frac{\partial z}{\partial y}\right)^2}\,d\sigma. \tag{12.3.3}$$

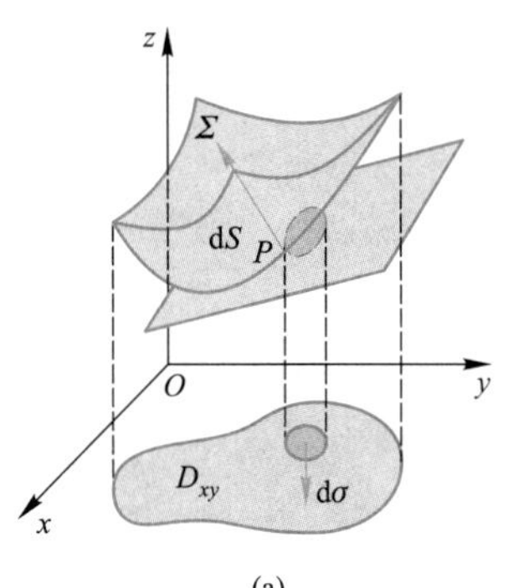

(a)

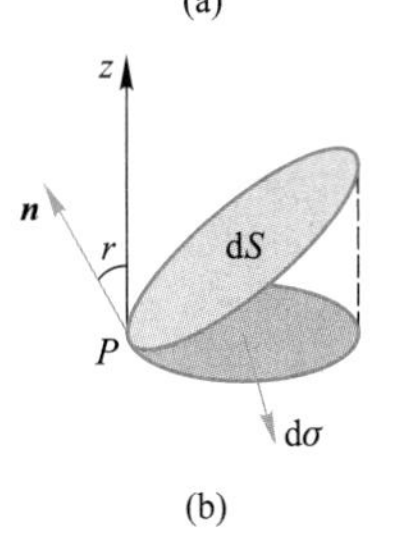

(b)

图 12.3.2　曲面片用切平面片近似

公式(12.3.3)的积分区域 $D_{xy}$ 是曲面 $\Sigma$ 在 $xOy$ 平面的投影,此时要求投影不发生重叠,即任何与 $z$ 轴平行的直线与曲面最多只有一个交点.若曲面不具有这样的性质,可以将曲面分割,或向其他坐标曲面投影,此时亦可建立类似式(12.3.3)的公式.

特别地,若 $z=0,(x,y)\in D_{xy}$,则 $\Sigma$ 与 $xOy$ 平面上区域 $D_{xy}$重合,由公式(12.3.3)有 $S=\iint\limits_{D_{xy}}\sqrt{1+0+0}\,d\sigma=\iint\limits_{D_{xy}}d\sigma$,$S$ 为区域 $D_{xy}$的面积.

**例 1**　计算抛物柱面片 $\Sigma: z=2-\dfrac{y^2}{2},(x,y)\in D_{xy}=\{(x,y)\mid 0\leqslant x\leqslant 1,0\leqslant y\leqslant 1\}$的面积,由此验证前面数值计算的结果.

**解**　曲面方程为 $\Sigma: z=f(x,y)=2-\dfrac{y^2}{2}$,由此得$f_x'(x,y)=0,f_y'(x,y)=-y$.由公式(12.3.3),所求面积为

$$S=\iint\limits_{D_{xy}}\sqrt{1+0^2+(-y)^2}\,\mathrm{d}\sigma=\int_0^1\mathrm{d}x\int_0^1\sqrt{1+y^2}\,\mathrm{d}y=\int_0^1\sqrt{1+y^2}\,\mathrm{d}y$$

$$=\frac{1}{2}\left[y\sqrt{1+y^2}+\ln\left(y+\sqrt{1+y^2}\right)\right]\Big|_0^1=\frac{1}{2}\left[\sqrt{2}+\ln\left(1+\sqrt{2}\right)\right]\approx 1.147\ 79.$$

此与表 12. 3. 1 中数值计算的结果一致.

在第六章中我们给出了旋转体体积的计算方法,下面我们利用公式(12. 3. 3)导出旋转体侧面积的计算公式.

**例 2** 设 $y=f(x)$ 为区间 $[a,b]$ 上的正连续函数,将其对应的曲线段绕 $x$ 轴旋转一周得到旋转曲面 $\Sigma$. 试证明:旋转曲面 $\Sigma$ 的面积为

$$S=2\pi\int_a^b f(x)\sqrt{1+f'^2(x)}\,\mathrm{d}x. \tag{12.3.4}$$

**解** 曲线段 $y=f(x)\ (a\leqslant x\leqslant b)$ 如图 12. 3. 3(a)所示,它绕 $x$ 轴旋转一周所得到的旋转曲面方程为

$$\Sigma:\sqrt{y^2+z^2}=f(x),\text{或 }\Sigma:z=\pm\sqrt{f^2(x)-y^2},\quad (x,y)\in D_{xy},$$

其中 $D_{xy}=\{(x,y)\mid -f(x)\leqslant y\leqslant f(x),a\leqslant x\leqslant b\}$,如图 12. 3. 3(b). 取 $\Sigma$ 在 $xOy$ 平面的上半部分 $\Sigma_1$. 由于 $\Sigma_1:z=\sqrt{f^2(x)-y^2}$,$(x,y)\in D_{xy}$,

$$\frac{\partial z}{\partial x}=\frac{f(x)f'(x)}{\sqrt{f^2(x)-y^2}},\quad \frac{\partial z}{\partial y}=-\frac{y}{\sqrt{f^2(x)-y^2}}.$$

所以,由公式(12. 3. 3),曲面 $\Sigma_1$ 的面积为

$$S_1=\iint\limits_{D_{xy}}\sqrt{1+\left(\frac{f(x)f'(x)}{\sqrt{f^2(x)-y^2}}\right)^2+\left(-\frac{y}{\sqrt{f^2(x)-y^2}}\right)^2}\,\mathrm{d}\sigma$$

$$=\iint\limits_{D_{xy}}\frac{f(x)\sqrt{1+f'^2(x)}}{\sqrt{f^2(x)-y^2}}\,\mathrm{d}\sigma$$

$$=\int_a^b f(x)\sqrt{1+f'^2(x)}\,\mathrm{d}x\int_{-f(x)}^{f(x)}\frac{1}{\sqrt{f^2(x)-y^2}}\,\mathrm{d}y$$

$$=\int_a^b f(x)\sqrt{1+f'^2(x)}\arcsin\frac{y}{f(x)}\Bigg|_{-f(x)}^{f(x)}\mathrm{d}x$$

$$=\pi\int_a^b f(x)\sqrt{1+f'^2(x)}\,\mathrm{d}x,$$

由对称性知 $\Sigma$ 的面积为

$$S=2S_1=2\pi\int_a^b f(x)\sqrt{1+f'^2(x)}\,\mathrm{d}x.$$

由公式(12. 3. 4)可以计算具体的旋转曲面的面积. 例如球面 $\Sigma:x^2+y^2+z^2=R^2$ 可以视为半圆 $y=\sqrt{R^2-x^2}\ (-R\leqslant x\leqslant R)$ 绕 $x$ 轴旋转一周所得到

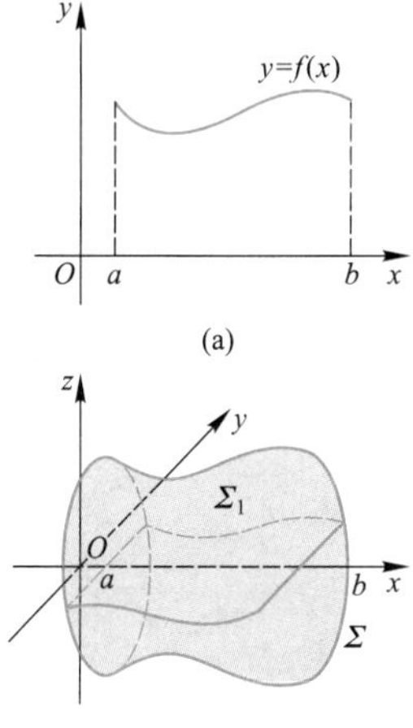


图 12. 3. 3 曲线段绕 $x$ 轴旋转一周得到旋转曲面 $\Sigma$,$\Sigma_1$ 为上半部分

讨论题
12-3-1
为什么要用外切于曲面的切平面片的和来逼近曲面的面积呢?

对一般的曲线来说,用内接于曲线的直线段或用外切于曲线的切线段的和来逼近曲线的长度是没有差别的.

对曲面的情形,用其外切的切平面片的和来逼近曲面的面积或者用其内接的多边形平面片的和来逼近曲面的面积,这两者是等价的吗?正确的方式应该是哪一种?

的旋转曲面,因此球面面积为

$$S=2\pi\int_{-R}^{R}\sqrt{R^2-x^2}\sqrt{1+\left(\frac{-x}{\sqrt{R^2-x^2}}\right)^2}\,\mathrm{d}x=2\pi\int_{-R}^{R}R\mathrm{d}x=4\pi R^2.$$

### 2. 非均匀曲面片的质量

设空间一曲面片 $\Sigma$ 上点 $(x,y,z)$ 处的面密度为 $\mu(x,y,z)$,现在我们寻求计算该曲面片质量 $M$ 的方法.

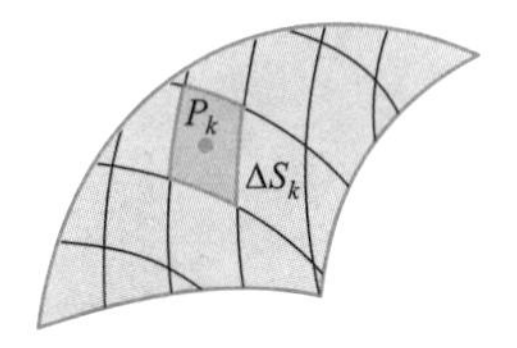


图 12.3.4　将曲面分割成小曲面片,每一片的面密度视为常数

用任意一种分法,将 $\Sigma$ 分成 $n$ 个互不重叠的小曲面片 $\Delta S_k(k=1,2,\cdots,n)$,同样我们也用 $\Delta S_k$ 表示相应曲面片的面积.如图 12.3.4,在 $\Delta S_k$ 上任取一点 $P_k(\xi_k,\eta_k,\zeta_k)$,用 $\mu(\xi_k,\eta_k,\zeta_k)$ 作为曲面片 $\Delta S_k$ 的面密度,则得到该曲面片质量的近似值 $\mu(\xi_k,\eta_k,\zeta_k)\Delta S_k$.于是,曲面片 $\Sigma$ 质量的近似值为

$$M\approx\sum_{k=1}^{n}\mu(\xi_k,\eta_k,\zeta_k)\Delta S_k.$$

记 $\lambda=\max\limits_{1\leqslant k\leqslant n}\{\Delta S_k$ 的直径$\}$,这里"$\Delta S_k$ 的直径"表示能够将 $\Delta S_k$ 放入的最小球的直径,则得到曲面片 $\Sigma$ 的质量为

$$M=\lim_{\lambda\to 0}\sum_{k=1}^{n}\mu(\xi_k,\eta_k,\zeta_k)\Delta S_k.$$

### 3. 对面积的曲面积分的定义及性质

微视频
12-3-3
对面积的曲面积分的概念

设曲面 $\Sigma$ 为有界的光滑或分片光滑的曲面,若无特别说明,我们均假设所给曲面具有此性质.将上述曲面的面密度 $\mu(x,y,z)$,抽象为定义在曲面 $\Sigma$ 上的一般函数 $f(x,y,z)$,便得到对面积的曲面积分的概念.对于 $\Sigma$ 的上述划分和 $P_k(\xi_k,\eta_k,\zeta_k)$ 的相应取法,若极限

$$\lim_{\lambda\to 0}\sum_{k=1}^{n}f(\xi_k,\eta_k,\zeta_k)\Delta S_k,$$

存在,且极限值与对 $\Sigma$ 的划分 $\Delta S_k(k=1,2,\cdots,n)$ 和在 $\Delta S_k$ 上点 $P_k$ 的取法无关,则称函数 $f(x,y,z)$ 在 $\Sigma$ 上对面积的曲面积分存在,且将上述极限值称为函数 $f(x,y,z)$ 在 $\Sigma$ 上对面积的曲面积分,记为

$$\iint_{\Sigma}f(x,y,z)\,\mathrm{d}S=\lim_{\lambda\to 0}\sum_{k=1}^{n}f(\xi_k,\eta_k,\zeta_k)\Delta S_k,$$

其中 $f(x,y,z)$ 称为被积函数,$\Sigma$ 为积分曲面,$\mathrm{d}S$ 称为曲面面积元素或面积微元.

若 $\Sigma$ 为闭曲面，则将 $\iint\limits_{\Sigma} f(x,y,z)\,\mathrm{d}S$ 记为 $\oiint\limits_{\Sigma} f(x,y,z)\,\mathrm{d}S$. 特别地，若 $f(x,y,z)\equiv 1$，则有

$$\iint\limits_{\Sigma}\mathrm{d}S=\Sigma \text{ 的面积}.$$

这样，密度函数为 $\mu(x,y,z)$ 的非均匀曲面 $\Sigma$ 的质量可以表示为如下对面积的曲面积分：

$$M=\iint\limits_{\Sigma}\mu(x,y,z)\,\mathrm{d}S.$$

对面积的曲面积分有与定积分类似的性质，同时，被积函数的连续性可以保证对面积的曲面积分存在. 我们仅列出对面积的曲面积分的两个运算性质.

**性质 1**(线性性) 设函数 $f(x,y,z)$，$g(x,y,z)$ 在曲面 $\Sigma$ 上对面积的曲面积分存在，$\alpha,\beta$ 为常数，则有

$$\iint\limits_{\Sigma}[\alpha f(x,y,z)+\beta g(x,y,z)]\,\mathrm{d}S=\alpha\iint\limits_{\Sigma} f(x,y,z)\,\mathrm{d}S+\beta\iint\limits_{\Sigma} g(x,y,z)\,\mathrm{d}S.$$

**性质 2**(对积分曲面的可加性) 设曲面 $\Sigma$ 由曲面 $\Sigma_1$ 和 $\Sigma_2$ 组成，若 $f(x,y,z)$ 在 $\Sigma$ 上对面积的曲面积分存在，则有

$$\iint\limits_{\Sigma} f(x,y,z)\,\mathrm{d}S=\iint\limits_{\Sigma_1} f(x,y,z)\,\mathrm{d}S+\iint\limits_{\Sigma_2} f(x,y,z)\,\mathrm{d}S.$$

## 12.3.2 对坐标曲面积分的概念

### 1. 空间向量场中通过一曲面的流量

在曲线积分中，我们讨论过平面向量场中通过一闭曲线的流量，下面对空间向量场讨论相关的问题. 假设在 $Oxyz$ 空间中有一不可压缩的流体作稳定流动，这里的不可压缩是指流体密度 $\mu$ 为常数，不妨设 $\mu=1$. 由于流体作稳定流动，即在每一点的流速与时间无关，因此我们可假设流速场为

微视频
12-3-4
问题引入——如何计算不规则河流的流量

$$\boldsymbol{v}=\boldsymbol{v}(M)=P(x,y,z)\boldsymbol{i}+Q(x,y,z)\boldsymbol{j}+R(x,y,z)\boldsymbol{k}, \qquad (12.3.5)$$

其中 $M$ 表示点 $(x,y,z)$. 设 $\Sigma$ 为场中的一曲面，求流体通过 $\Sigma$ 的流量，即单位时间内流过 $\Sigma$ 的流体的体积(或质量)，这里我们特指质量. 为了区别流体流过 $\Sigma$ 的方向，我们规定沿 $\Sigma$ 给定的法向量流过 $\Sigma$ 的流量为正，反之为负.

首先我们考虑如何确定曲面 $\Sigma$ 的法向量. 设 $M$ 为 $\Sigma$ 上任意一点，$\boldsymbol{n}$ 为 $\Sigma$ 在 $M$ 处的一个法向量，当点 $M$ 在曲面 $\Sigma$ 上作连续移动时，相应的法向量也随之移动. 若只要 $M$ 不越过 $\Sigma$ 的边界，当点 $M$ 回到原处时，相

应的法向量不改变方向，则称 $\Sigma$ 为双侧曲面，如图 12.3.5.双侧曲面既可以为曲面片，也可以为闭曲面.若双侧曲面为曲面片，则我们取其一侧的法向量作为曲面的正向，另一方向为负向，如图 12.3.5(a)；若双侧曲面为闭曲面，则我们通常选取外法向为曲面的正向，内法向为负向，如图 12.3.5(b).双侧曲面 $\Sigma$ 对应的正向曲面和负向曲面分别记为 $\Sigma^+$ 和 $\Sigma^-$，其中 $\Sigma^+$ 有时也用 $\Sigma$ 表示.

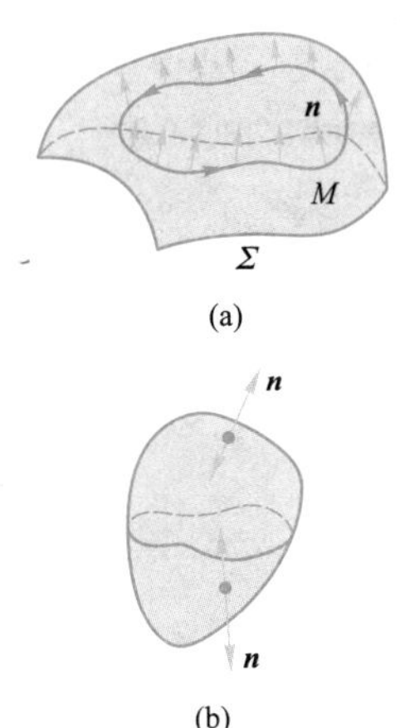

(a)

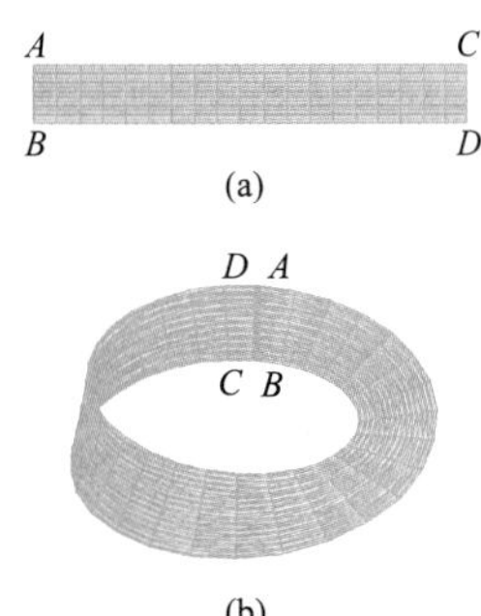

(b)

图 12.3.5　双侧曲面片和闭双侧曲面

若曲面非双侧曲面，则称其为单侧曲面，我们可以制作一个单侧曲面的模型.将如图 12.3.6(a)所示的长方形纸条的一端 $CD$ 扭转 180°，再与 $AB$ 端黏合，黏合以后的纸带称为默比乌斯带，如图 12.3.6(b)所示，默比乌斯带便是一个单侧曲面.以后我们考虑的曲面均为双侧曲面.

(a)

(b)

图 12.3.6　默比乌斯带的制作

下面假设 $\Sigma$ 为流速场 $\boldsymbol{v}=\boldsymbol{v}(M)$ 中的双侧曲面，取定一侧的法向量方向为曲面的正向，现计算通过 $\Sigma$ 的流量 $\Phi$.如图 12.3.7 所示，在曲面 $\Sigma$ 上取面积微元 $\mathrm{d}S$，$M$ 为 $\mathrm{d}S$ 上的一点，$\Sigma$ 在 $M$ 处的单位法向量为 $\boldsymbol{n}$.图中的斜柱体的体积为单位时间通过 $\mathrm{d}S$ 的流体体积，因此通过 $\mathrm{d}S$ 的流量即该斜柱体的体积.如图 12.3.8 所示，$\boldsymbol{v}(M)$ 在 $\boldsymbol{n}$ 上的投影为 $\boldsymbol{v}(M)\cdot\boldsymbol{n}$，于是流体通过 $\mathrm{d}S$ 的流量为

$$\mathrm{d}\Phi=[\boldsymbol{v}(M)\cdot\boldsymbol{n}]\mathrm{d}S.$$

因此，由对面积的曲面积分的意义，通过曲面 $\Sigma$ 的流量为

$$\Phi=\iint\limits_{\Sigma}[\boldsymbol{v}(M)\cdot\boldsymbol{n}]\mathrm{d}S.$$

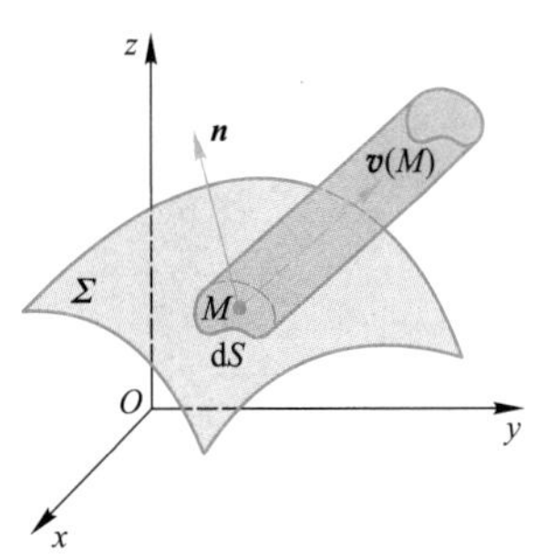

图 12.3.7　通过曲面 Σ 的流量

设 $\boldsymbol{n}=(\cos\alpha,\cos\beta,\cos\gamma)$，由于 $\boldsymbol{v}(M)$ 由式(12.3.5)给出，因此流量 $\Phi$ 又可表示为

$$\Phi=\iint\limits_{\Sigma}[P(x,y,z)\cos\alpha+Q(x,y,z)\cos\beta+R(x,y,z)\cos\gamma]\mathrm{d}S. \tag{12.3.6}$$

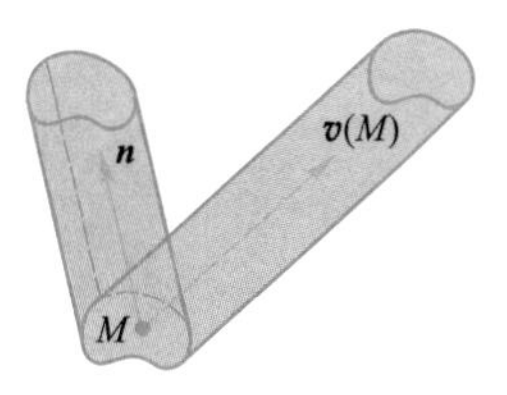

图 12.3.8　斜柱体的体积等于直柱体的体积

## 2. 对坐标的曲面积分的概念与性质

尽管上面所求得的流量 $\Phi$ 从本质上来讲是对面积的曲面积分，但由式(12.3.1)可知，$\cos\gamma\mathrm{d}S$ 为 $\mathrm{d}S$ 在 $xOy$ 平面上投影区域的面积(或面积反号)，如图 12.3.9 所示.因此我们将式(12.3.6)中对面积的曲面积分

$$\iint\limits_{\Sigma}R(x,y,z)\cos\gamma\mathrm{d}S$$

称为 $R(x,y,z)$ 在曲面 $\Sigma$ 上对坐标 $x,y$ 的曲面积分，记为

$$\iint_{\Sigma} R(x,y,z)\,\mathrm{d}x\mathrm{d}y = \iint_{\Sigma} R(x,y,z)\cos\gamma\,\mathrm{d}S. \qquad (12.3.7)$$

微视频

12-3-5

对坐标的曲面积分的概念

同样,将式(12.3.6)中对面积的曲面积分

$$\iint_{\Sigma} P(x,y,z)\cos\alpha\,\mathrm{d}S \text{ 和 } \iint_{\Sigma} Q(x,y,z)\cos\beta\,\mathrm{d}S$$

分别称为 $P(x,y,z)$ 和 $Q(x,y,z)$ 在曲面 $\Sigma$ 上对坐标 $y,z$ 和坐标 $z,x$ 的曲面积分,记为

$$\iint_{\Sigma} P(x,y,z)\,\mathrm{d}y\mathrm{d}z = \iint_{\Sigma} P(x,y,z)\cos\alpha\,\mathrm{d}S \qquad (12.3.8)$$

和

$$\iint_{\Sigma} Q(x,y,z)\,\mathrm{d}z\mathrm{d}x = \iint_{\Sigma} Q(x,y,z)\cos\beta\,\mathrm{d}S. \qquad (12.3.9)$$

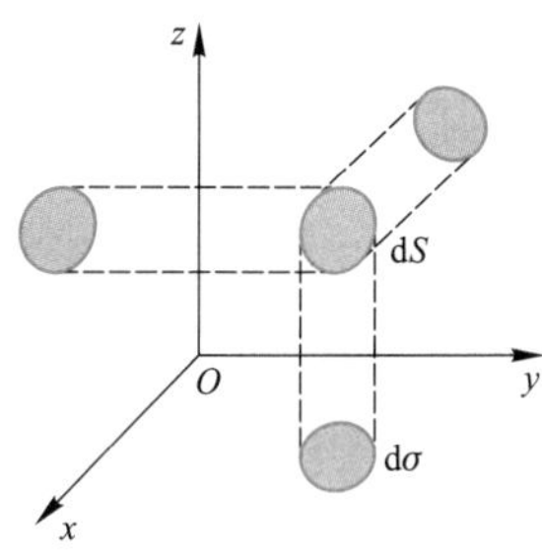


图 12.3.9 d$S$ 在三坐标平面的投影

因此,我们可以将流量 $\Phi$ 表示为对坐标的曲面积分

$$\Phi = \iint_{\Sigma} P(x,y,z)\,\mathrm{d}y\mathrm{d}z + \iint_{\Sigma} Q(x,y,z)\,\mathrm{d}z\mathrm{d}x + \iint_{\Sigma} R(x,y,z)\,\mathrm{d}x\mathrm{d}y,$$

简记为

$$\Phi = \iint_{\Sigma} P(x,y,z)\,\mathrm{d}y\mathrm{d}z + Q(x,y,z)\,\mathrm{d}z\mathrm{d}x + R(x,y,z)\,\mathrm{d}x\mathrm{d}y,$$

称之为组合型的曲面积分.

除被积函数的连续性能保证对坐标的曲面积分存在外,同样也有线性性和积分对曲面的可加性,在此不再赘述,下面给出两个与曲面方向有关的曲面积分性质.

**性质 3** 若改变积分曲面的方向,则相应的对坐标曲面积分改变符号,即有

$$\iint_{\Sigma^+} P\mathrm{d}y\mathrm{d}z + Q\mathrm{d}z\mathrm{d}x + R\mathrm{d}x\mathrm{d}y = -\iint_{\Sigma^-} P\mathrm{d}y\mathrm{d}z + Q\mathrm{d}z\mathrm{d}x + R\mathrm{d}x\mathrm{d}y.$$

这是因为,若用 $\boldsymbol{n} = (\cos\alpha, \cos\beta, \cos\gamma)$ 表示 $\Sigma$ 在点 $M(x,y,z)$ 的正向法向量,则 $\Sigma$ 在 $M$ 处的负向法向量为 $\boldsymbol{n}^- = -\boldsymbol{n} = -(\cos\alpha, \cos\beta, \cos\gamma)$,因此

$$\begin{aligned} &\iint_{\Sigma^+} P\mathrm{d}y\mathrm{d}z + Q\mathrm{d}z\mathrm{d}x + R\mathrm{d}x\mathrm{d}y \\ &= \iint_{\Sigma} \boldsymbol{v}(M)\cdot\boldsymbol{n}\,\mathrm{d}S \\ &= -\iint_{\Sigma} \boldsymbol{v}(M)\cdot\boldsymbol{n}^-\,\mathrm{d}S \\ &= -\iint_{\Sigma^-} P\mathrm{d}y\mathrm{d}z + Q\mathrm{d}z\mathrm{d}x + R\mathrm{d}x\mathrm{d}y, \end{aligned}$$

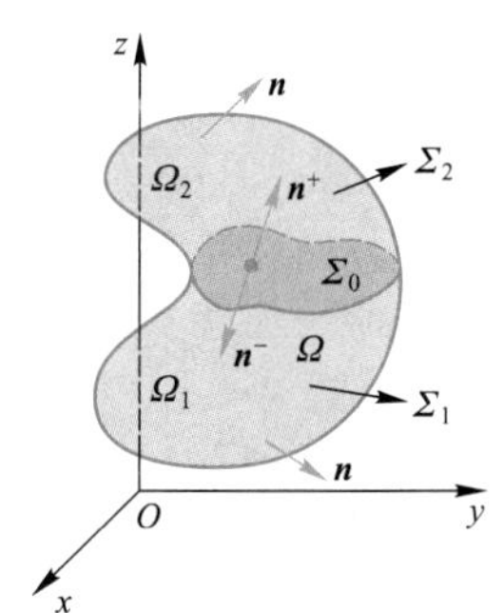


图 12.3.10 $\Sigma_0$ 为 $\Sigma_1$ 和 $\Sigma_2$ 的公共部分,但在各闭曲面中对应的方向相反

微视频

12-3-6

对面积的曲面积分的计算

其中 $\boldsymbol{v} = (P(x,y,z), Q(x,y,z), R(x,y,z)) = (P,Q,R)$.

**性质 4** 如图 12.3.10 所示,曲面 $\Sigma_0$ 将空间区域 $\Omega$ 分成两部分 $\Omega_1$

和 $\Omega_2$,设 $\Sigma$ 为 $\Omega$ 的边界曲面,$\Sigma_k(k=1,2)$ 为 $\Omega_k(k=1,2)$ 的边界曲面,$\Sigma$ 和$\Sigma_k$ 的法向量均指向外侧,则有

$$\begin{aligned}&\oint\!\!\!\oint_{\Sigma} P\mathrm{d}y\mathrm{d}z+Q\mathrm{d}z\mathrm{d}x+R\mathrm{d}x\mathrm{d}y\\=&\sum_{k=1}^{2}\oint\!\!\!\oint_{\Sigma_k} P\mathrm{d}y\mathrm{d}z+Q\mathrm{d}z\mathrm{d}x+R\mathrm{d}x\mathrm{d}y.\end{aligned}$$

## 12.3.3 曲面积分的计算

### 1. 对面积的曲面积分的计算

设 $\mu(x,y,z)$ 为曲面 $\Sigma$ 上的连续函数,我们利用对面积曲面积分的实际意义来推导积分 $\iint\limits_{\Sigma}\mu(x,y,z)\mathrm{d}S$ 的计算公式.设曲面 $\Sigma$ 的方程为

$$\Sigma: z=f(x,y),\quad (x,y)\in D_{xy},\tag{12.3.10}$$

$\mathrm{d}S$ 为 $\Sigma$ 上的曲面面积微元,$M(x,y,f(x,y))$ 为 $\mathrm{d}S$ 上的一点.将 $\mathrm{d}S$ 视为面密度为常数的曲面片,其面密度为 $\mu(x,y,f(x,y))$,则得 $\mathrm{d}S$ 的质量

$$\mathrm{d}M=\mu(x,y,f(x,y))\mathrm{d}S,$$

于是利用式(12.3.2)得

$$\mathrm{d}M=\mu(x,y,f(x,y))\sqrt{1+f_x'^2(x,y)+f_y'^2(x,y)}\,\mathrm{d}\sigma.$$

根据二重积分的意义,我们得到

$$M=\iint\limits_{D_{xy}}\mu(x,y,f(x,y))\sqrt{1+f_x'^2(x,y)+f_y'^2(x,y)}\,\mathrm{d}\sigma.$$

于是推得对面积曲面积分的计算公式

$$\iint\limits_{\Sigma}\mu(x,y,z)\mathrm{d}S=\iint\limits_{D_{xy}}\mu(x,y,f(x,y))\sqrt{1+f_x'^2(x,y)+f_y'^2(x,y)}\,\mathrm{d}\sigma.\tag{12.3.11}$$

该公式要求曲面方程具有式(12.3.10)的形式,若 $\Sigma$ 不能表示成此形式,还应将曲面进行分割,或将曲面方程写成如下的形式

$$x=g(y,z),\quad (y,z)\in D_{yz}$$

或

$$y=h(x,z),\quad (x,z)\in D_{xz},$$

对此亦有类似式(12.3.11)的公式,请读者自己给出.

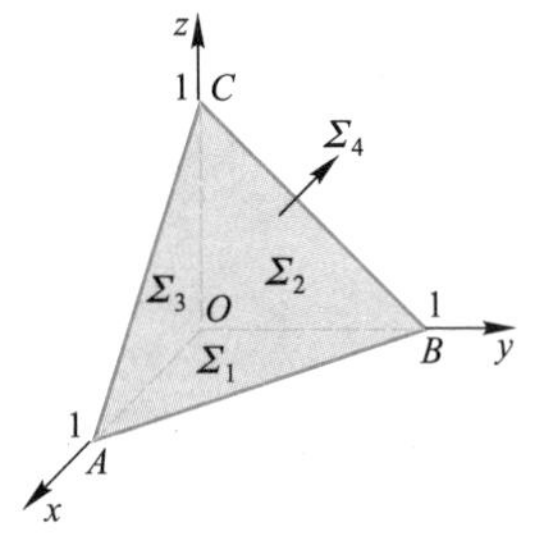

图 12.3.11　闭曲面 Σ 由四个三角形组成

**例 3**　计算曲面积分 $I=\oint\!\!\!\oint_{\Sigma}x^2\mathrm{d}S$,其中 $\Sigma$ 为由平面 $x+y+z=1,x=0,y=0,z=0$ 围成空间立体的边界曲面,如图 12.3.11 所示.

**解** 如图 12.3.11 所示，四个小三角形 $\Sigma_k(k=1,2,3,4)$ 组成积分曲面 $\Sigma$，由积分对曲面的可加性，有 $\oiint\limits_{\Sigma} x^2\mathrm{d}S=\sum\limits_{k=1}^{4}\iint\limits_{\Sigma_k} x^2\mathrm{d}S$，下面分别计算 $\iint\limits_{\Sigma_k} x^2\mathrm{d}S(k=1,2,3,4)$.

对 $\Sigma_1$，其方程为

$$\Sigma_1: z=0,(x,y)\in D_{xy}=\{(x,y)\mid 0\leqslant y\leqslant 1-x,0\leqslant x\leqslant 1\}.$$

于是，由公式(12.3.11)有

$$\iint\limits_{\Sigma_1} x^2\mathrm{d}S=\iint\limits_{D_{xy}} x^2\sqrt{1+0^2+0^2}\,\mathrm{d}\sigma=\int_0^1\mathrm{d}x\int_0^{1-x}x^2\mathrm{d}y=\frac{1}{12}.$$

对 $\Sigma_2$，其方程为

$$\Sigma_2: x=0,\quad (y,z)\in D_{yz}=\{(y,z)\mid 0\leqslant z\leqslant 1-y,0\leqslant y\leqslant 1\},$$

于是有

$$\iint\limits_{\Sigma_2} x^2\mathrm{d}S=\int_0^1\mathrm{d}y\int_0^{1-y}0\sqrt{1+0^2+0^2}\,\mathrm{d}z=0.$$

对于 $\Sigma_3$，其方程为

$$\Sigma_3: y=0,(x,z)\in D_{xz}=\{(x,z)\mid 0\leqslant z\leqslant 1-x,0\leqslant x\leqslant 1\},$$

因此有

$$\iint\limits_{\Sigma_3} x^2\mathrm{d}S=\int_0^1\mathrm{d}x\int_0^{1-x}x^2\sqrt{1+0^2+0^2}\,\mathrm{d}z=\frac{1}{12}.$$

对于 $\Sigma_4$，其方程为

$$\Sigma_4: z=1-x-y,\quad (x,y)\in D_{xy}=\{(x,y)\mid 0\leqslant y\leqslant 1-x,0\leqslant x\leqslant 1\},$$

所以有

$$\iint\limits_{\Sigma_4} x^2\mathrm{d}S=\int_0^1\mathrm{d}x\int_0^{1-x}x^2\sqrt{1+(-1)^2+(-1)^2}\,\mathrm{d}y=\frac{\sqrt{3}}{12}.$$

综上得到所求曲面积分

$$I=\sum_{k=1}^{4}\iint\limits_{\Sigma_k} x^2\mathrm{d}S=\frac{1}{12}+\frac{1}{12}+0+\frac{\sqrt{3}}{12}=\frac{2+\sqrt{3}}{12}.$$

**例 4** 计算对面积的曲面积分 $I=\iint\limits_{\Sigma} z\mathrm{d}S$，其中 $\Sigma$ 是柱面 $x^2+y^2=1$ 夹在两平面 $z=0,z=1+x$ 之间的部分.

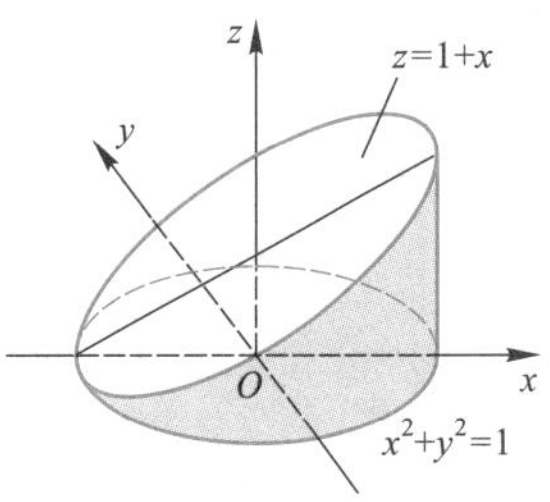

图 12.3.12 例 4 的积分曲面

**解** 如图 12.3.12，用平面 $y=0$ 将 $\Sigma$ 分成两部分 $\Sigma_1$ 和 $\Sigma_2$，分别计算 $\iint\limits_{\Sigma_k} z\mathrm{d}S\ (k=1,2)$.

对于 $\Sigma_1$，其方程为

$$\Sigma_1: y=\sqrt{1-x^2}, \quad (x,z)\in D_{xz}=\{(x,z)\mid 0\leqslant z\leqslant 1+x,-1\leqslant x\leqslant 1\},$$

于是有

$$\begin{aligned}\iint_{\Sigma_1} z\mathrm{d}S &= \iint_{D_{xz}} z\sqrt{1+\left(\frac{\partial y}{\partial x}\right)^2+\left(\frac{\partial y}{\partial z}\right)^2}\,\mathrm{d}\sigma\\ &=\int_{-1}^{1}\mathrm{d}x\int_0^{1+x} z\sqrt{1+\left(\frac{-x}{\sqrt{1-x^2}}\right)^2+0^2}\,\mathrm{d}z\\ &=\int_{-1}^{1}\frac{1}{\sqrt{1-x^2}}\mathrm{d}x\int_0^{1+x} z\mathrm{d}z\\ &=\frac{1}{2}\int_{-1}^{1}\frac{(1+x)^2}{\sqrt{1-x^2}}\mathrm{d}x=\frac{1}{2}\int_{-1}^{1}\frac{1+x^2}{\sqrt{1-x^2}}\mathrm{d}x\\ &=\int_0^1\frac{1+x^2}{\sqrt{1-x^2}}\mathrm{d}x.\end{aligned}$$

令 $x=\sin t$，则有

$$\iint_{\Sigma_1} z\mathrm{d}S=\int_0^{\frac{\pi}{2}}\frac{1+\sin^2 t}{\sqrt{1-\sin^2 t}}\cos t\mathrm{d}t=\int_0^{\frac{\pi}{2}}(1+\sin^2 t)\mathrm{d}t=\frac{\pi}{2}+\frac{\pi}{4}=\frac{3\pi}{4}.$$

若视 $\iint\limits_{\Sigma} z\mathrm{d}S$ 为密度为 $\mu(x,y,z)=z$ 的曲面片 $\Sigma$ 的质量，则由对称性知 $\iint\limits_{\Sigma} z\mathrm{d}S=2\iint\limits_{\Sigma_1} z\mathrm{d}S$，这样可简化计算.

对于 $\Sigma_2$，其方程为

$$\Sigma_2: y=-\sqrt{1-x^2}, \quad (x,z)\in D_{xz}=\{(x,z)\mid 0\leqslant z\leqslant 1+x,-1\leqslant x\leqslant 1\},$$

同样的方法可计算得

$$\iint_{\Sigma_2} z\mathrm{d}S=\iint_{D_{xz}} z\sqrt{1+\left(\frac{\partial y}{\partial x}\right)^2+\left(\frac{\partial y}{\partial z}\right)^2}\,\mathrm{d}\sigma=\frac{3\pi}{4},$$

微视频
12-3-7
对坐标的曲面积分的计算

因此所求积分为

$$I=\iint_{\Sigma_1} z\mathrm{d}S+\iint_{\Sigma_2} z\mathrm{d}S=\frac{3\pi}{4}+\frac{3\pi}{4}=\frac{3\pi}{2}.$$

## 2. 对坐标的曲面积分的计算

我们首先考虑对坐标 $x,y$ 的曲面积分的计算.设曲面 $\Sigma$ 的方程为

$$\Sigma: z=z(x,y), \quad (x,y)\in D_{xy}, \tag{12.3.12}$$

$\Sigma$ 的方向是指向上侧的法线方向，即 $\Sigma$ 上每一点的法向量 $\boldsymbol{n}$ 与 $z$ 轴正向成锐角，如图 12.3.13 所示.设函数 $R(x,y,z)$ 在曲面 $\Sigma$ 上连续，由对坐标曲面积分的定义有

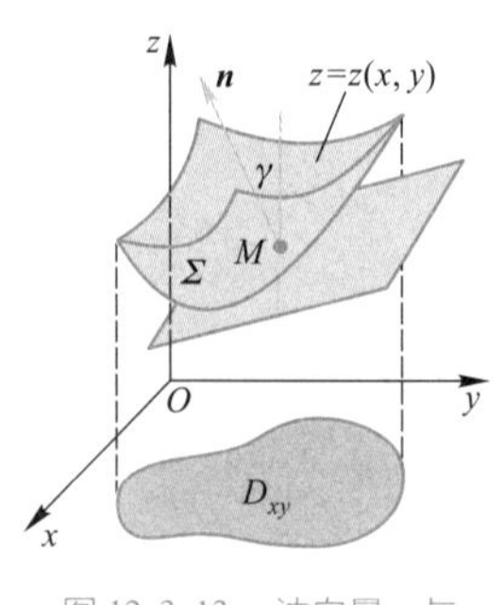

图 12.3.13　法向量 $\boldsymbol{n}$ 与 $z$ 轴正向成锐角

$$\iint_{\Sigma} R(x,y,z)\mathrm{d}x\mathrm{d}y=\iint_{\Sigma} R(x,y,z)\cos\gamma\mathrm{d}S,$$

其中 $\cos\gamma$ 由 $\Sigma$ 在 $M(x,y,z)$ 处的单位法向量 $\boldsymbol{n}=(\cos\alpha,\cos\beta,\cos\gamma)$ 给出.由于

$$\cos\gamma=\frac{1}{\sqrt{1+z_x'^2+z_y'^2}},$$

所以由对面积的曲面积分的计算公式(12.3.7)有

$$\begin{aligned}&\iint_{\Sigma}R(x,y,z)\,\mathrm{d}x\mathrm{d}y\\=&\iint_{\Sigma}R(x,y,z)\frac{1}{\sqrt{1+z_x'^2+z_y'^2}}\mathrm{d}S\\=&\iint_{D_{xy}}R(x,y,z(x,y))\frac{1}{\sqrt{1+z_x'^2+z_y'^2}}\sqrt{1+z_x'^2+z_y'^2}\,\mathrm{d}\sigma\\=&\iint_{D_{xy}}R(x,y,z(x,y))\,\mathrm{d}\sigma.\end{aligned}$$

若取 $\Sigma$ 另一侧的法线方向,即 $\boldsymbol{n}$ 与 $z$ 轴正向成钝角,则有

$$\iint_{\Sigma}R(x,y,z)\,\mathrm{d}x\mathrm{d}y=-\iint_{D_{xy}}R(x,y,z(x,y))\,\mathrm{d}\sigma.$$

因此,对于由方程(12.3.12)所给出的曲面 $\Sigma$,有如下对坐标的曲面积分的计算公式

$$\iint_{\Sigma}R(x,y,z)\,\mathrm{d}x\mathrm{d}y=\pm\iint_{D_{xy}}R(x,y,z(x,y))\,\mathrm{d}\sigma$$

或

$$\iint_{\Sigma}R(x,y,z)\,\mathrm{d}x\mathrm{d}y=\pm\iint_{D_{xy}}R(x,y,z(x,y))\,\mathrm{d}x\mathrm{d}y,\qquad(12.3.13)$$

请注意式(12.3.13)两端的区别,左端为对坐标的曲面积分,而右端为在投影区域 $D_{xy}$ 上的二重积分,曲面积分通常转化为二重积分来计算.

其中上式右端的符号由曲面给定的法线方向确定,当法向量 $\boldsymbol{n}$ 与 $z$ 轴的正向成锐角时取"+",否则取"-",或者说,上式右端的符号与 $\cos\gamma$ 的符号一致.

特别地,若曲面 $\Sigma$ 在 $xOy$ 平面上的投影是一条曲线,此时曲面在其上每一点处的法向量 $\boldsymbol{n}$ 与 $z$ 轴垂直,即 $\gamma=\dfrac{\pi}{2}$,如图 12.3.14 所示.因此

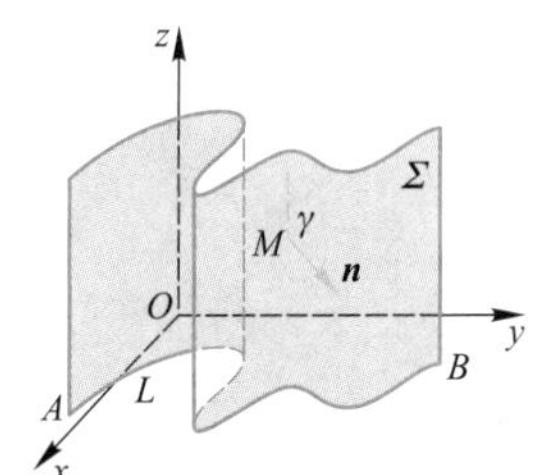

图 12.3.14　曲面 $\Sigma$ 在 $xOy$ 平面上的投影为曲线 $L$

$$\begin{aligned}&\iint_{\Sigma}R(x,y,z)\,\mathrm{d}x\mathrm{d}y\\=&\iint_{\Sigma}R(x,y,z)\cos\gamma\,\mathrm{d}S=0.\end{aligned}$$

同样可以建立对坐标 $y,z$ 和 $z,x$ 的曲面积分转化为二重积分的公式.

若曲面 $\Sigma$ 的方程为

$$\Sigma: x=x(y,z),\quad (y,z)\in D_{yz},$$

函数 $P(x,y,z)$ 在曲面 $\Sigma$ 上连续，则有

$$\iint\limits_{\Sigma} P(x,y,z)\,\mathrm{d}y\mathrm{d}z = \pm\iint\limits_{D_{yz}} P(x(y,z),y,z)\,\mathrm{d}y\mathrm{d}z,$$

其中上式右端的符号由曲面给定的法线方向确定，当法向量 $\boldsymbol{n}$ 与 $x$ 轴的正向成锐角时取“+”，否则取“-”，或者说，上式右端的符号与 $\cos\alpha$ 的符号一致.

微视频
12-3-8
两类曲面积分之间的关系

特别地，当 $\Sigma$ 在 $yOz$ 平面上的投影为一条曲线时，也有

$$\iint\limits_{\Sigma} P(x,y,z)\,\mathrm{d}y\mathrm{d}z = \iint\limits_{\Sigma} P(x,y,z)\cos\alpha\,\mathrm{d}S = 0.$$

若曲面 $\Sigma$ 的方程为

$$\Sigma: y = y(x,z),\quad (x,z)\in D_{xz},$$

函数 $Q(x,y,z)$ 在曲面 $\Sigma$ 上连续，则有

$$\iint\limits_{\Sigma} Q(x,y,z)\,\mathrm{d}z\mathrm{d}x = \pm\iint\limits_{D_{zx}} Q(x,y(x,z),z)\,\mathrm{d}z\mathrm{d}x,$$

其中上式右端的符号由曲面给定的法线方向确定，当法向量 $\boldsymbol{n}$ 与 $y$ 轴的正向成锐角时取“+”，否则取“-”，或者说，上式右端的符号与 $\cos\beta$ 的符号一致.

特别地，当 $\Sigma$ 在 $xOz$ 平面上的投影为一条曲线时，也有

$$\iint\limits_{\Sigma} Q(x,y,z)\,\mathrm{d}z\mathrm{d}x = \iint\limits_{\Sigma} Q(x,y,z)\cos\beta\,\mathrm{d}S = 0.$$

**例 5** 计算曲面积分 $I = \oiint\limits_{\Sigma^+} xyz\,\mathrm{d}x\mathrm{d}y$，其中 $\Sigma^+$ 为四分之一球面 $x^2+y^2+z^2=1\ (x\geqslant 0, y\geqslant 0)$ 与 $x=0$ 和 $y=0$ 所围成的空间区域的边界曲面，法线方向指向外侧.

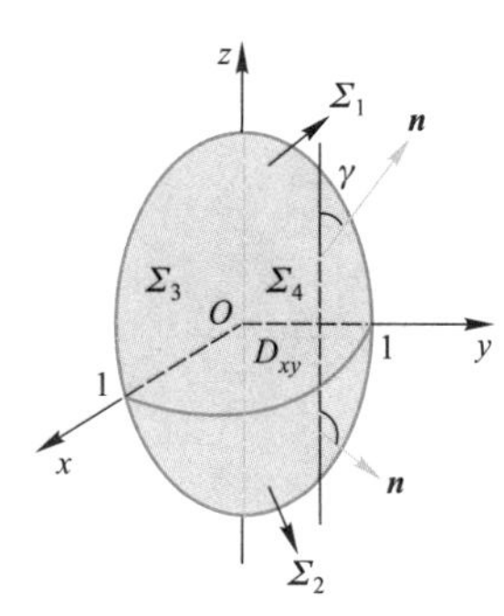


图 12.3.15　曲面 $\Sigma$ 由四部分构成

**解** 将闭曲面 $\Sigma^+$ 分成如图 12.3.15 的四部分 $\Sigma_k\ (k=1,2,3,4)$，各部分保持原来的法线方向. 由积分对曲面的可加性，有

$$I = \oiint\limits_{\Sigma^+} xyz\,\mathrm{d}x\mathrm{d}y = \sum_{k=1}^{4}\iint\limits_{\Sigma_k} xyz\,\mathrm{d}x\mathrm{d}y.$$

由于 $\Sigma_3$ 和 $\Sigma_4$ 在 $xOy$ 平面上的投影为线段，因此有

$$\iint\limits_{\Sigma_4} xyz\,\mathrm{d}x\mathrm{d}y = 0,\quad \iint\limits_{\Sigma_3} xyz\,\mathrm{d}x\mathrm{d}y = 0.$$

对于 $\Sigma_1$，其方程为

$$\Sigma_1: z=\sqrt{1-x^2-y^2},\quad (x,y)\in D_{xy}=\{(x,y)\mid x^2+y^2\leqslant 1, x\geqslant 0, y\geqslant 0\},$$

其法向量 $\boldsymbol{n}$ 与 $z$ 轴正向的夹角 $\gamma$ 为锐角. 因此，由公式(12.3.13)有

$$\iint_{\Sigma_1} xyz\mathrm{d}x\mathrm{d}y = \iint_{D_{xy}} xy\sqrt{1-x^2-y^2}\,\mathrm{d}x\mathrm{d}y.$$

对于 $\Sigma_2$，其方程为

$$\Sigma_2: z=-\sqrt{1-x^2-y^2}, \quad (x,y)\in D_{xy}=\{(x,y)\mid x^2+y^2\leqslant 1, x\geqslant 0, y\geqslant 0\}.$$

法向量 $\boldsymbol{n}$ 与 $z$ 轴正向的夹角 $\gamma$ 为钝角.因此，

$$\iint_{\Sigma_1} xyz\mathrm{d}x\mathrm{d}y = -\iint_{D_{xy}} xy(-\sqrt{1-x^2-y^2})\,\mathrm{d}x\mathrm{d}y = \iint_{D_{xy}} xy\sqrt{1-x^2-y^2}\,\mathrm{d}x\mathrm{d}y.$$

综上所述，有

$$\begin{aligned} I &= \oiint_{\Sigma^+} xyz\mathrm{d}x\mathrm{d}y = \sum_{k=1}^{4}\iint_{\Sigma_k} xyz\mathrm{d}x\mathrm{d}y \\ &= 2\iint_{D_{xy}} xy\sqrt{1-x^2-y^2}\,\mathrm{d}x\mathrm{d}y = 2\int_0^{\frac{\pi}{2}}\mathrm{d}\theta\int_0^1 \rho\cos\theta\cdot\rho\sin\theta\sqrt{1-\rho^2}\,\rho\mathrm{d}\rho \\ &= 2\int_0^{\frac{\pi}{2}}\sin\theta\cos\theta\mathrm{d}\theta\int_0^1 \rho^3\sqrt{1-\rho^2}\,\mathrm{d}\rho = \frac{2}{15}. \end{aligned}$$

## 12.3.4 曲面积分的应用

微视频
12-3-9
对面积的曲面积分的应用

**例 6** 设密度为 $\mu$（$\mu$ 为常数）的半球壳 $\Sigma$ 占据 $Oxyz$ 空间中的半球面 $x^2+y^2+z^2=R^2(z\geqslant 0)$，求：

（1）半球壳的质心；

（2）半球壳关于 $z$ 轴的转动惯量.

**解** （1）设半球壳的质心坐标为 $(\bar{x},\bar{y},\bar{z})$，由对称性知 $\bar{x}=\bar{y}=0$，下面计算 $\bar{z}$.与重积分的情形类似，可以推得 $\bar{z}=\dfrac{M_{xy}}{M}$，其中 $M$ 为半球壳的质量，$M_{xy}$ 为半球壳关于 $xOy$ 平面的力矩.易知

$$M=\iint_{\Sigma}\mu\mathrm{d}S=2\mu\pi R^2, M_{xy}=\iint_{\Sigma}\mu z\mathrm{d}S=\mu\iint_{\Sigma}z\mathrm{d}S.$$

由于 $\Sigma$ 的方程为

$$\Sigma: z=\sqrt{R^2-x^2-y^2}, \quad (x,y)\in D_{xy}=\{(x,y)\mid x^2+y^2\leqslant R^2\},$$

且 $\sqrt{1+z_x'^2+z_y'^2}=\dfrac{R}{\sqrt{R^2-x^2-y^2}}$，所以有

$$M_{xy}=\mu\iint_{\Sigma}z\mathrm{d}S=\mu\iint_{D_{xy}}\sqrt{R^2-x^2-y^2}\,\frac{R}{\sqrt{R^2-x^2-y^2}}\mathrm{d}\sigma=\mu\pi R^3.$$

于是

$$\bar{z}=\frac{M_{xy}}{M}=\frac{\mu\pi R^3}{2\mu\pi R^2}=\frac{R}{2}.$$

因此半球壳的质心为$\left(0,0,\frac{R}{2}\right)$.

（2）半球壳关于 $z$ 轴的转动惯量为

$$\begin{aligned}I_z&=\iint_{\Sigma}(x^2+y^2)\mu\mathrm{d}S=\mu\iint_{\Sigma}(x^2+y^2)\mathrm{d}S\\&=\mu\iint_{D_{xy}}(x^2+y^2)\frac{R}{\sqrt{R^2-x^2-y^2}}\mathrm{d}x\mathrm{d}y\\&=\mu\int_0^{2\pi}\mathrm{d}\theta\int_0^R\rho^2\frac{R}{\sqrt{R^2-\rho^2}}\rho\mathrm{d}\rho\\&=2\mu\pi R\int_0^R\frac{\rho^3}{\sqrt{R^2-\rho^2}}\mathrm{d}\rho.\end{aligned}$$

令 $\rho=R\sin\varphi$，则有

$$\begin{aligned}I_z&=2\mu\pi R\int_0^{\frac{\pi}{2}}\frac{(R\sin\varphi)^3}{\sqrt{R^2-(R\sin\varphi)^2}}\cdot R\cos\varphi\mathrm{d}\varphi\\&=2\mu\pi R^4\int_0^{\frac{\pi}{2}}\sin^3\varphi\mathrm{d}\varphi=2\mu\pi R^4\cdot\frac{2}{3}=\frac{4}{3}\pi R^4\mu.\end{aligned}$$

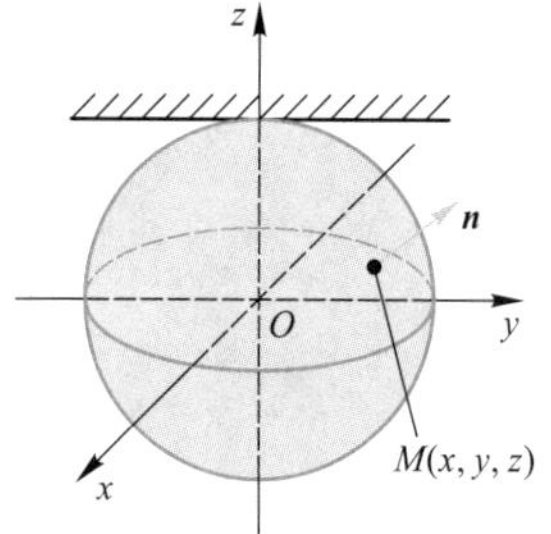

图 12.3.16　置于水中的球

**例 7**　将半径为 $R$ 的球体置于水中，球与水面相切，求球的上半部分所受水的压力.

**解**　以球心为原点建立空间直角坐标系，如图 12.3.16 所示. 在球面上点 $M(x,y,z)$ 处取曲面微元 $\mathrm{d}S$，则 $\mathrm{d}S$ 所受水的压力大小为

$$\mathrm{d}F=\mu g(R-z)\mathrm{d}S,$$

其中 $\mu$ 为水的密度，$g$ 为重力加速度. 由对称性，球面上半部分所受压力的水平方向的分量的合力为 0，因此我们只需考虑压力的垂直分量. 设 $\Sigma$ 在 $M$ 处的外单位法向量为 $\boldsymbol{n}=(\cos\alpha,\cos\beta,\cos\gamma)$，则 $\mathrm{d}F$ 的垂直分量大小为

$$\mathrm{d}F_z=\mu g(R-z)\cos\gamma\mathrm{d}S.$$

因此，上半球面所受压力的垂直分量为

$$F_z=\iint_{\Sigma}\mu g(R-z)\cos\gamma\mathrm{d}S,$$

其中 $\Sigma$ 为上半球面

$$\Sigma: z=\sqrt{R^2-x^2-y^2},\quad (x,y)\in D_{xy}=\{(x,y)\mid x^2+y^2\leqslant R^2\}.$$

由于 $\cos\gamma\mathrm{d}S=\mathrm{d}\sigma$，所以有

$$F_z=\mu g\iint_{D_{xy}}(R-\sqrt{R^2-x^2-y^2})\mathrm{d}\sigma$$
$$=\mu g\int_0^{2\pi}\mathrm{d}\theta\int_0^R(R-\sqrt{R^2-\rho^2})\rho\mathrm{d}\rho$$
$$=\mu g2\pi\frac{R^3}{6}=\frac{1}{3}\mu g\pi R^3.$$

**例 8** 设有流速场 $\boldsymbol{v}=(0,yz,z^2)$，求穿过曲面 $\Sigma$ 的流量. 这里 $\Sigma$ 为柱面 $y^2+z^2=1(z\geqslant 0)$ 被平面 $x=0$ 和 $x=1$ 截下的部分，法向量指向上侧，如图 12.3.17 所示.

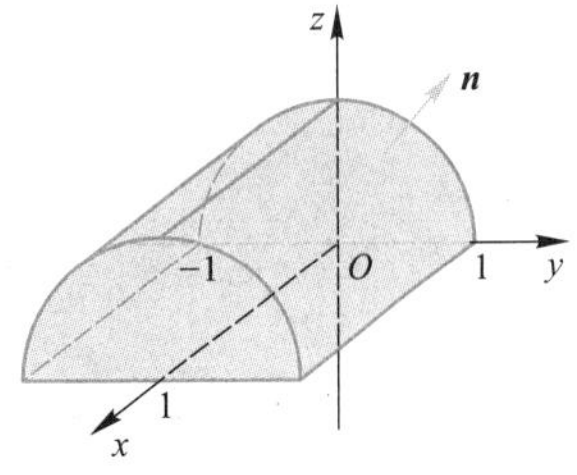

图 12.3.17 部分圆柱面

**解** 由对坐标的曲面积分的意义，所求流量为

$$\Phi=\iint_\Sigma 0\mathrm{d}y\mathrm{d}z+yz\mathrm{d}z\mathrm{d}x+z^2\mathrm{d}x\mathrm{d}y=\iint_\Sigma yz\mathrm{d}z\mathrm{d}x+z^2\mathrm{d}x\mathrm{d}y.$$

若分别计算 $\iint_\Sigma yz\mathrm{d}z\mathrm{d}x$ 和 $\iint_\Sigma z^2\mathrm{d}x\mathrm{d}y$，则过程比较烦琐. 若用对面积的曲面积分计算，则要简单得多. 设 $\Sigma$ 在其上 $(x,y,z)$ 处的单位法向量为 $\boldsymbol{n}=(\cos\alpha,\cos\beta,\cos\gamma)$，由于 $\Sigma$ 的方程为

$$\Sigma: z=\sqrt{1-y^2},\quad (x,y)\in D_{xy}=\{(x,y)\mid 0\leqslant x\leqslant 1,-1\leqslant y\leqslant 1\},$$

则

$$\boldsymbol{n}=\frac{1}{\sqrt{y^2+z^2}}(0,y,z)=(0,y,z)=(\cos\alpha,\cos\beta,\cos\gamma).$$

于是

$$\Phi=\iint_\Sigma \boldsymbol{v}\cdot\boldsymbol{n}\mathrm{d}S=\iint_\Sigma(0,yz,z^2)\cdot(0,y,z)\mathrm{d}S=\iint_\Sigma z(y^2+z^2)\mathrm{d}S=\iint_\Sigma z\mathrm{d}S$$
$$=\iint_{D_{xy}}\sqrt{1-y^2}\sqrt{1+0^2+\left(\frac{-y}{\sqrt{1-y^2}}\right)^2}\mathrm{d}\sigma=\iint_{D_{xy}}\mathrm{d}\sigma=2.$$

讨论题
12-3-2
用多种方法计算对坐标的曲面积分

计算 $\oint\!\!\!\oint_\Sigma\frac{\mathrm{d}y\mathrm{d}z}{x}+\frac{\mathrm{d}z\mathrm{d}x}{y}+\frac{\mathrm{d}x\mathrm{d}y}{z}$，其中 $\Sigma$ 为曲面 $\frac{x^2}{a^2}+\frac{y^2}{b^2}+\frac{z^2}{c^2}=1$ 的外侧.

## 习题 12.3

### A 基础题

1. 求抛物面壳 $z=\frac{1}{2}(x^2+y^2)(0\leqslant z\leqslant 1)$ 的质量，此壳的密度函数为 $\mu=z$.

2. 计算 $\iint_\Sigma |xyz|\mathrm{d}S$，其中 $\Sigma$ 是

(1) 由 $|x|+|y|+|z|=1$ 围成的曲面；(2) 由 $z=x^2+y^2(0\leqslant z\leqslant 1)$ 所确定的曲面.

3. 计算$\oiint\limits_{\Sigma}\frac{\mathrm{d}S}{(1+x+y)^2}$，其中$\Sigma$是平面$x+y+z=1$及三个坐标面围成的四面体表面.

4. 计算$\oiint\limits_{\Sigma}(x^2+y^2+z^2)\mathrm{d}S$，其中$\Sigma$是$x^2+y^2+z^2=R^2$及曲面$x^2+y^2+z^2=2Rz$所围成的立体的表面.

5. 计算$\oiint\limits_{\Sigma}(z+1)^2\mathrm{d}S$，其中$\Sigma$为球面$x^2+y^2+z^2=R^2$.

6. 计算$\oiint\limits_{\Sigma}(x+1)^2\mathrm{d}y\mathrm{d}z+(z+1)^2\mathrm{d}x\mathrm{d}y$，其中$\Sigma$为球面$x^2+y^2+z^2=R^2$的外侧.

7. 计算$\iint\limits_{\Sigma}x^3\mathrm{d}y\mathrm{d}z$，其中$\Sigma$是椭球面$\frac{x^2}{a^2}+\frac{y^2}{b^2}+\frac{z^2}{c^2}=1$上$x\geqslant 0$的部分，取椭球面外侧为正侧.

8. 计算$\oiint\limits_{\Sigma}(x\mathrm{d}y\mathrm{d}z+y\mathrm{d}z\mathrm{d}x+z\mathrm{d}x\mathrm{d}y)$，其中$\Sigma$是球面$x^2+y^2+z^2=a^2$的外侧.

9. 计算$\oiint\limits_{\Sigma}y(x-z)\mathrm{d}y\mathrm{d}z+x^2\mathrm{d}z\mathrm{d}x+(y^2+xz)\mathrm{d}x\mathrm{d}y$，其中$\Sigma$是平行六面体$0\leqslant x\leqslant a,0\leqslant y\leqslant b,0\leqslant z\leqslant c$的外表面.

10. 求向量$\boldsymbol{r}=x\boldsymbol{i}+y\boldsymbol{j}+z\boldsymbol{k}$的流量：

(1) 穿过圆锥形$x^2+y^2\leqslant z^2(0\leqslant z\leqslant h)$的外侧表面；(2) 穿过该圆锥形的顶面上侧.

## B 综合题

11. 曲面$z=13-x^2-y^2$将球面$x^2+y^2+z^2=25$分成三部分，求这三部分的曲面面积之比.

12. 设$\Omega$是一空间区域，$S$是区域$\Omega$的边界曲面，函数$u(x,y,z)$，$v(x,y,z)$在区域$\Omega$上有连续的二阶偏导数，求证：

$$\iiint\limits_{\Omega}u\Delta v=\oiint\limits_{S}u\frac{\partial v}{\partial \boldsymbol{n}}\mathrm{d}S-\iiint\limits_{\Omega}\left(\frac{\partial u}{\partial x}\frac{\partial v}{\partial x}+\frac{\partial u}{\partial y}\frac{\partial v}{\partial y}+\frac{\partial u}{\partial z}\frac{\partial v}{\partial z}\right)\mathrm{d}x\mathrm{d}y\mathrm{d}z,$$

其中$\Delta v=\frac{\partial^2 v}{\partial x^2}+\frac{\partial^2 v}{\partial y^2}+\frac{\partial^2 v}{\partial z^2}$，$\frac{\partial v}{\partial \boldsymbol{n}}$代表$v$沿$S$的外法线方向的方向导数.

13. 计算$\oiint\limits_{\Sigma}\frac{\mathrm{e}^z}{\sqrt{x^2+y^2}}\mathrm{d}x\mathrm{d}y$，其中$\Sigma$是由锥面$z=\sqrt{x^2+y^2}$及平面$z=1,z=2$所围成的立体表面的外侧.

14. 求向量$\boldsymbol{A}=\boldsymbol{i}+z\boldsymbol{j}+\frac{\mathrm{e}^z}{\sqrt{x^2+y^2}}\boldsymbol{k}$穿过由$z=\sqrt{x^2+y^2}$，$z=1$及$z=2$所围成圆台的外侧面(不包括上、下底)的流量.

15. 把对坐标的曲面积分$\iint\limits_{\Sigma}P(x,y,z)\mathrm{d}y\mathrm{d}z+Q(x,y,z)\mathrm{d}z\mathrm{d}x+R(x,y,z)\mathrm{d}x\mathrm{d}y$化成对面积的曲面积分，其中：

(1) $\Sigma$是平面$3x+2y+2\sqrt{3}z=6$在第一卦限的部分的上侧；

(2) $\Sigma$是抛物面$z=8-(x^2+y^2)$在$xOy$平面上方的部分的上侧.

16. 设$y=f(x)$为区间$[a,b]$上的正值连续函数，将其对应的曲线段绕$x$轴旋转一周得到旋转曲面$\Sigma$.试用微元法推导：旋转曲面$\Sigma$的面积为$S=2\pi\int_L f(x)\mathrm{d}s$；并进一步证明公式

$$S=2\pi\int_a^b f(x)\sqrt{1+f'^2(x)}\,\mathrm{d}x.$$

17. (1) 设$z=f(x,y)$是定义在$xOy$平面上的光滑曲线$L$上的正值连续函数，则对弧长的曲线积分$\int_L f(x,y)\mathrm{d}s$在几何上可以解释为：以$L$为准线，母线平行于$z$轴，高为$z=f(x,y)$的柱面的侧面积.

(2) 求椭圆柱面$\frac{x^2}{5}+\frac{y^2}{9}=1(z\geqslant 0,y\geqslant 0)$被平面$z=y$所截下的部分的面积.

## C 应用题

18. 求密度均匀的曲面$z=\sqrt{x^2+y^2}$被曲面$x^2+y^2=ax$所割下部分的重心坐标.

19. 有一密度均匀的半球面，半径为$R$，面密度为$\rho$，求它对位于球心处质量为$m$的质点的引力.

20. 求密度为$\rho$的均匀锥面壳$\frac{x^2}{a^2}+\frac{y^2}{a^2}-\frac{z^2}{b^2}=0(0\leqslant$

$z\leqslant b$)对直线$\frac{x}{1}=\frac{y}{0}=\frac{z-b}{0}$的转动惯量.

21. 半径为 $R$,面密度为 $\rho$ 的均匀球壳以角速度 $\boldsymbol{\omega}$ 绕其直径旋转,求此球的动能.

22. 设有高度为 $h(t)$($t$ 为时间)的雪堆,在融化过程中,其侧面满足方程 $z=h(t)-\frac{2(x^2+y^2)}{h(t)}$(设长度单位为 cm,时间单位为 h),已知体积减小的速率与侧面积成正比(比例系数为 0.9),问:高度为 130 cm 的雪堆全部融化需要多少小时?

23. 一颗地球同步轨道通信卫星的轨道位于地球的赤道平面内,且可近似认为圆轨道,通信卫星运行的角速度与地球自转的角速度速率相同,即人们看到它在天空不动.若地球半径取 $R=6\ 400$ km,问卫星距地面高度 $h$ 应为多少?试计算通信卫星的覆盖面积.

## D 实验题

24. 用 Mathematica 软件计算 $\iint\limits_{\Sigma} x\mathrm{d}y\mathrm{d}z+y\mathrm{d}x\mathrm{d}z+z\mathrm{d}x\mathrm{d}y$,其中 $\Sigma$ 为锥面 $z^2=x^2+y^2$ 被平面 $z=0,z=h(h>0)$ 所截部分的外侧.

25. 用 Mathematica 软件计算球面三角形块的质量,其中球面三角形块由球面 $x^2+y^2+z^2=1$,取 $A(1,0,0)$,$B(0,1,0)$,$C\left(\frac{1}{\sqrt{2}},0,\frac{1}{\sqrt{2}}\right)$ 三点为顶点的球面三角形组成,球面密度为 $\rho=x^2+z^2$.

26. 用 Mathematica 软件绘制球面 $x^2+y^2+z^2=R^2$ 和 $x^2+y^2+z^2=2Rz$ 所围成的立体图形,并求其表面积.

27. 我们知道,一个半径为 $R$ 的圆内接正 $n$ 边形的周长为 $2nR\sin\frac{\pi}{n}$,而其外接正 $n$ 边形的周长为 $2nR\tan\frac{\pi}{n}$.当 $n$ 趋于无穷大时,两者的极限同为 $2\pi R$.对一般的曲线来说,用内接于曲线的直线段或用外切于曲线的切线段的和来逼近曲线的长度是没有差别的.对曲面的情形,自然会猜测用其外切的切平面的和来逼近曲面的面积(这就是教材中所采用的方式)与用其内接的多边形平面片面积的和来逼近曲面的面积是等价的.不幸的是,1883 年施瓦茨指出后者是行不通的.施瓦茨的例子如下:

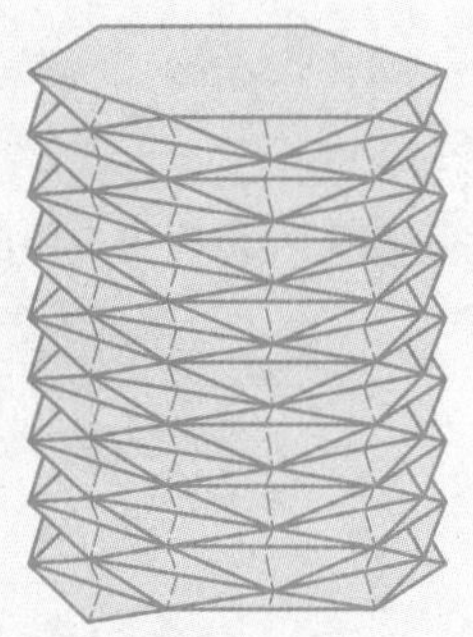

第 27 题图

设 $\Sigma$ 是一个底面半径为 $R$,高为 $H$ 的圆柱面.按下述方式在其中作内接多边形:首先将圆柱面的高分为 $m$ 等分,通过每一分点作垂直于中心轴的平面,如此在$\Sigma$ 上得到 $m+1$ 个圆周(包括圆柱面上、下两底的圆周),将这些圆周每个分成 $n$ 等分,使上一圆周的分点恰与下一圆周的弧的中点相对;其次作出所有各段圆弧的弦,并将每条弦的两端点和在上、下两圆周上与该弦中点相对应的分点用线段连接起来(见上图),如此得到 $2mn$ 个全等的三角形,它们合起来就形成一个 $\Sigma$ 的内接多边形平面片$\Sigma_{m,n}$.

(1) 证明 $\Sigma_{m,n}$的面积为

$$2Rn\sin\frac{\pi}{n}\sqrt{R^2m^2\left(1-\cos\frac{\pi}{n}\right)^2+H^2};$$

(2) 用 Mathematica 软件作出函数

$$f(x,y)=\sqrt{\frac{1}{x^2}(1-\cos y)^2+1}\quad((x,y)\in(0,5)\times(0,5))$$

的图形,并观察$(x,y)\to(0,0)$时,$f(x,y)$的趋势;

(3) 用 Mathematica 软件计算 $n=1,10,10^2,10^3,10^4,10^5$ 时,$\Sigma_{n^2,n}$ 与 $\Sigma_{2n^2,n}$ 的值,并比较当 $n\to\infty$ 时,$\Sigma_{n^2,n}$ 与 $\Sigma_{2n^2,n}$ 的变化趋势;

(4) 证明:若 $\lim\limits_{m,n\to\infty}\frac{m}{n^2}=q$,则

$$\lim_{m,n\to\infty}\Sigma_{m,n}=2\pi R\sqrt{\frac{1}{4}\pi^4R^2q^2+H^2}.$$

这样我们可以看出,$\Sigma_{m,n}$的极限存在与否依赖于 $m,n$ 同时增大的方式.例如,当 $q=0$ 时,并且也只有在此情况下,$\Sigma_{m,n}$的极限为 $2\pi RH$(这就是初等几何中所得到的面积值);当 $q\to\infty$ 时,$\Sigma_{m,n}$ 也为无穷大.按此观点,在 $m,n$ 独立增至无穷大时,$\Sigma_{m,n}$没有极限,即不能按内接多边形的方式来定义圆柱面的面积.产生这样的差异的原因在于,对光滑曲线而言,割线的极限就是切线,而曲面的内接多边形平面片,即使在内接多边形直径无限小的前提下,也无法保证此多边形在空间中的位置会与切平面吻合.该习题就是一个很好的说明.圆柱面的切平面完全是垂直的,而当 $q$ 很大时,内接于圆柱面的三角形几乎成为水平的了,这样就形成了许多细微的皱褶,将这些皱褶抚平所得到的面积当然会远远大于柱面的按切平面方式定义的面积.

12.3 测验题

# 12.4 高斯公式与斯托克斯公式

微视频
12-4-1
问题引入——从格林公式到高斯公式

## 12.4.1 高斯公式与散度

对于平面向量场 $\boldsymbol{v}=(P(x,y),Q(x,y))$,由式(12.2.7)给出了向量形式的格林公式

$$\oint_L \boldsymbol{v}\cdot\boldsymbol{n}\mathrm{d}s=\iint_D \operatorname{div}\boldsymbol{v}\mathrm{d}x\mathrm{d}y,$$

其中 $L$ 为场中的闭曲线,$\operatorname{div}\boldsymbol{v}=\frac{\partial P}{\partial x}+\frac{\partial Q}{\partial y}$为向量场 $\boldsymbol{v}$ 的散度.公式左端表示平面向量场通过闭曲线 $L$ 的流量(或通量).如果我们考虑空间向量场(流速场)

$$\boldsymbol{v}=(P(x,y,z),Q(x,y,z),R(x,y,z)),$$

它通过场中闭曲面 $\boldsymbol{\Sigma}$ 的流量为

$$\boldsymbol{\Phi}=\oiint_{\Sigma}\boldsymbol{v}\cdot\boldsymbol{n}\mathrm{d}S,$$

对此同样可以建立类似式(12.2.7)的公式

$$\oiint_{\Sigma} \boldsymbol{v}\cdot\boldsymbol{n}\mathrm{d}S=\iiint_{\Omega}\mathrm{div}\boldsymbol{v}\mathrm{d}V,$$

其中 $\Omega$ 为 $\Sigma$ 所围成的空间区域，$\mathrm{div}\ \boldsymbol{v}=\dfrac{\partial P}{\partial x}+\dfrac{\partial Q}{\partial y}+\dfrac{\partial R}{\partial z}$ 为向量场的散度.这就是下面要介绍的在场论中有着重要应用的高斯公式.

## 1. 高斯公式

设 $\Omega$ 为 $Oxyz$ 空间的有界闭区域，若任何平行于坐标轴的直线与 $\Omega$ 的边界最多只有两个交点，则称区域 $\Omega$ 为简单闭区域.例如，球体 $\Omega:(x-a)^2+(y-b)^2+(z-c)^2\leqslant R^2$ 为简单闭区域，其他形式的简单闭区域不妨想象成球体的某种变形.下面给出简单闭区域上的高斯公式及其证明.

微视频
12-4-2
高斯公式

**定理 12.4.1**（高斯定理） 设 $\Omega$ 为 $Oxyz$ 空间的简单闭区域，其边界为光滑或分片光滑的闭曲面 $\Sigma$，$\Sigma^+$ 的法线方向指向外侧.设函数 $P(x,y,z)$，$Q(x,y,z)$，$R(x,y,z)$ 在 $\Omega$ 上有连续的一阶偏导数，则有

$$\oiint_{\Sigma^+} P\mathrm{d}y\mathrm{d}z+Q\mathrm{d}z\mathrm{d}x+R\mathrm{d}x\mathrm{d}y=\iiint_{\Omega}\left(\frac{\partial P}{\partial x}+\frac{\partial Q}{\partial y}+\frac{\partial R}{\partial z}\right)\mathrm{d}V, \qquad (12.4.1)$$

或

$$\oiint_{\Sigma^+} \boldsymbol{v}\cdot\boldsymbol{n}\mathrm{d}S=\iiint_{\Omega}\mathrm{div}\ \boldsymbol{v}\mathrm{d}V, \qquad (12.4.2)$$

其中 $\boldsymbol{v}=(P,Q,R)$，$\boldsymbol{n}$ 为 $\Sigma^+$ 在 $(x,y,z)$ 点处给定的单位法向量，$P,Q,R$ 为函数 $P(x,y,z)$，$Q(x,y,z)$，$R(x,y,z)$ 的简略记号.称式(12.4.1)和式(12.4.2)为高斯公式.

**证** 与证明格林公式一样，将式(12.4.1)分解成如下三个等式

$$\oiint_{\Sigma^+} P\mathrm{d}y\mathrm{d}z=\iiint_{\Omega}\frac{\partial P}{\partial x}\mathrm{d}V,\quad \oiint_{\Sigma^+} Q\mathrm{d}z\mathrm{d}x=\iiint_{\Omega}\frac{\partial Q}{\partial y}\mathrm{d}V,\quad \oiint_{\Sigma^+} R\mathrm{d}x\mathrm{d}y=\iiint_{\Omega}\frac{\partial R}{\partial z}\mathrm{d}V.$$

每个等式的证明方法类似，这里只给出第三个等式的证明.

如图 12.4.1 所示，将 $\Sigma$ 分成上、下两部分 $\Sigma_1$ 和 $\Sigma_2$，其方程分别为

$$\Sigma_k: z=z_k(x,y),\ (x,y)\in D_{xy}\quad (k=1,2),$$

且 $\Sigma_1$ 的法线方向指向上侧，$\Sigma_2$ 的法线方向指向下侧.由式(12.3.13)有

$$\iint_{\Sigma_1} R(x,y,z)\mathrm{d}x\mathrm{d}y=\iint_{D_{xy}} R(x,y,z_1(x,y))\mathrm{d}\sigma,$$

$$\iint_{\Sigma_2} R(x,y,z)\mathrm{d}x\mathrm{d}y=-\iint_{D_{xy}} R(x,y,z_2(x,y))\mathrm{d}\sigma.$$

因此，

$$\oiint_{\Sigma^+} R\mathrm{d}x\mathrm{d}y=\iint_{D_{xy}}[R(x,y,z_1(x,y))-R(x,y,z_2(x,y))]\mathrm{d}\sigma. \tag{12.4.3}$$

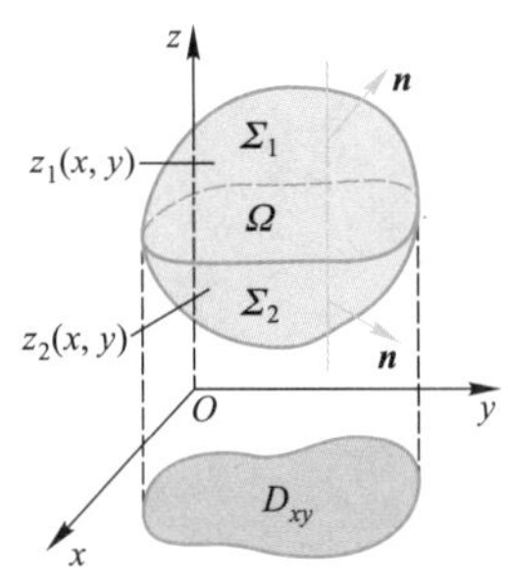

图 12.4.1　闭曲面 $\Sigma$ 由上、下两个曲面 $\Sigma_1$ 和 $\Sigma_2$ 组成

另一方面,由三重积分的计算方法及牛顿-莱布尼茨公式,有

$$\begin{aligned}\iiint_{\Omega}\frac{\partial R}{\partial z}\mathrm{d}V&=\iint_{D_{xy}}\mathrm{d}\sigma\int_{z_2(x,y)}^{z_1(x,y)}\frac{\partial R}{\partial z}\mathrm{d}z=\iint_{D_{xy}}R(x,y,z)\Big|_{z_2(x,y)}^{z_1(x,y)}\mathrm{d}\sigma\\&=\iint_{D_{xy}}[R(x,y,z_1(x,y))-R(x,y,z_2(x,y))]\mathrm{d}\sigma.\end{aligned} \tag{12.4.4}$$

由式(12.4.3)和式(12.4.4)便知

$$\oiint_{\Sigma^+} R\mathrm{d}x\mathrm{d}y=\iiint_{\Omega}\frac{\partial R}{\partial z}\mathrm{d}V.$$

用同样的方法可以证明其他两个等式,这样,便完成了简单区域上高斯公式的证明.

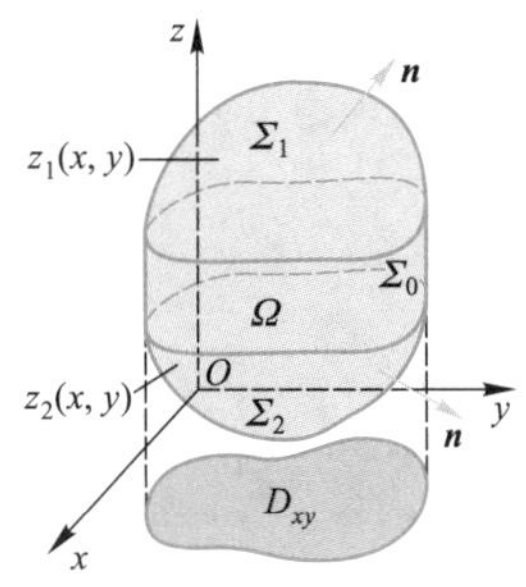

图 12.4.2　闭曲面 $\Sigma$ 由上、下两个曲面 $\Sigma_1$ 和 $\Sigma_2$ 及中间的柱面片 $\Sigma_0$ 组成

对于图 12.4.2 所示的区域,同样可以证明 $\oiint_{\Sigma^+} R\mathrm{d}x\mathrm{d}y=\iiint_{\Omega}\frac{\partial R}{\partial z}\mathrm{d}V$.这是因为$\Sigma_0$ 为母线平行于 $z$ 轴的柱面,它在 $xOy$ 平面上的投影为曲线,因此有 $\iint_{\Sigma_0} R(x,y,z)\,\mathrm{d}x\mathrm{d}y=0$.因此,我们可以将高斯公式成立的区域进行推广,允许区域的边界曲面包含母线平行于坐标轴的柱面片.

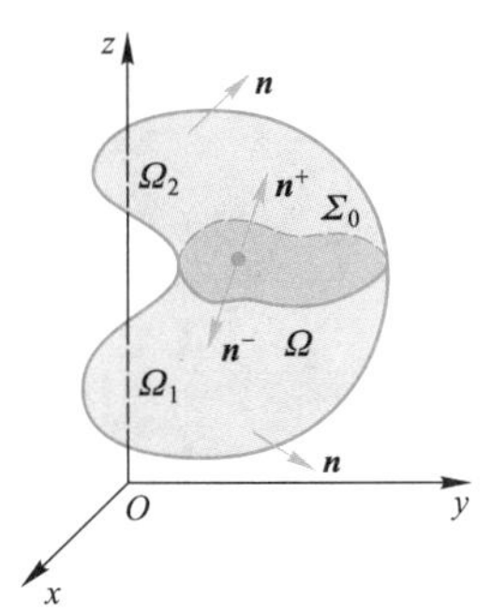

图 12.4.3　区域 $\Omega$ 被曲面片 $\Sigma_0$ 分成两个简单区域 $\Omega_1$ 和 $\Omega_2$

实际上,高斯公式对一般区域亦成立.对于如图 12.4.3 所示的区域,可以将其分割成简单区域(允许边界包含柱面片),由对坐标曲面积分的性质 2,有

$$\oiint_{\Sigma^+} P\mathrm{d}y\mathrm{d}z+Q\mathrm{d}z\mathrm{d}x+R\mathrm{d}x\mathrm{d}y=\sum_{k=1}^{2}\oiint_{\Sigma_k^+} P\mathrm{d}y\mathrm{d}z+Q\mathrm{d}z\mathrm{d}x+R\mathrm{d}x\mathrm{d}y,$$

其中 $\Sigma_k(k=1,2)$ 为小区域 $\Omega_k(k=1,2)$ 的边界曲面.然后在每个小区域上应用高斯公式(12.4.1),利用三重积分对区域的可加性,便得

$$\begin{aligned}\oiint_{\Sigma^+} P\mathrm{d}y\mathrm{d}z+Q\mathrm{d}z\mathrm{d}x+R\mathrm{d}x\mathrm{d}y&=\sum_{k=1}^{2}\iiint_{\Omega_k}\left(\frac{\partial P}{\partial x}+\frac{\partial Q}{\partial y}+\frac{\partial R}{\partial z}\right)\mathrm{d}V\\&=\iiint_{\Omega}\left(\frac{\partial P}{\partial x}+\frac{\partial Q}{\partial y}+\frac{\partial R}{\partial z}\right)\mathrm{d}V.\end{aligned}$$

即高斯公式对图 12.4.3 所示的区域 $\Omega$ 亦成立.

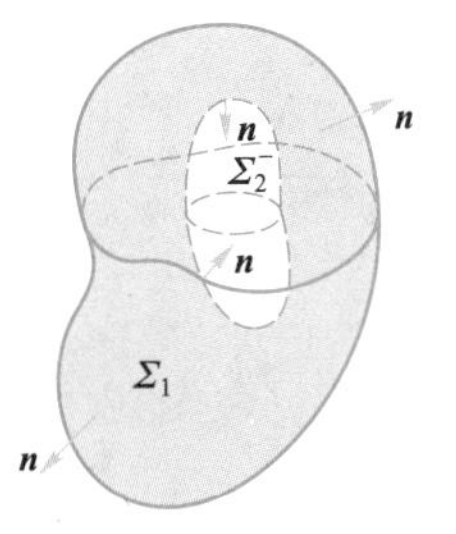

图 12.4.4　区域 $\Omega$ 的边界曲面 $\Sigma$ 由两闭曲面 $\Sigma_1$ 和 $\Sigma_2$ 组成,法线方向指向区域 $\Omega$ 的外侧

对于形如图 12.4.4 的“空洞”区域 $\Omega$,不论是一个“空洞”还是多个“空洞”,高斯公式依然成立.

综上所述,高斯公式在一般的空间区域上成立.

利用高斯公式我们可以得到如下重要结果：

**定理 12.4.2** 设空间有界闭区域 $\Omega$ 夹于两闭曲面 $\Sigma_1$ 和 $\Sigma_2$ 之间，如图 12.4.4 所示.若函数 $P(x,y,z)$，$Q(x,y,z)$，$R(x,y,z)$ 在闭区域 $\Omega$ 上有一阶连续偏导数，且

$$\frac{\partial P}{\partial x}+\frac{\partial Q}{\partial y}+\frac{\partial R}{\partial z}=0,\quad (x,y,z)\in\Omega, \tag{12.4.5}$$

则有

$$\oint\!\!\!\oint_{\Sigma_1} P\mathrm{d}y\mathrm{d}z+Q\mathrm{d}z\mathrm{d}x+R\mathrm{d}x\mathrm{d}y=\oint\!\!\!\oint_{\Sigma_2} P\mathrm{d}y\mathrm{d}z+Q\mathrm{d}z\mathrm{d}x+R\mathrm{d}x\mathrm{d}y, \tag{12.4.6}$$

其中 $\Sigma_1$ 和 $\Sigma_2$ 的法线方向为通常闭曲面的正向.

**证** 区域 $\Omega$ 的边界曲面为 $\Sigma^+=\Sigma_1+\Sigma_2^-$，其法线方向指向区域 $\Omega$ 的外侧.由高斯公式及条件(12.4.5)有

$$\oint\!\!\!\oint_{\Sigma^+} P\mathrm{d}y\mathrm{d}z+Q\mathrm{d}z\mathrm{d}x+R\mathrm{d}x\mathrm{d}y=\iiint_{\Omega}\left(\frac{\partial P}{\partial x}+\frac{\partial Q}{\partial y}+\frac{\partial R}{\partial z}\right)\mathrm{d}V=\iiint_{\Omega}0\mathrm{d}V=0,$$

由积分对曲面的可加性有

$$\left(\oint\!\!\!\oint_{\Sigma_1}+\oint\!\!\!\oint_{\Sigma_2^-}\right)P\mathrm{d}y\mathrm{d}z+Q\mathrm{d}z\mathrm{d}x+R\mathrm{d}x\mathrm{d}y=0.$$

于是

$$\begin{aligned}\oint\!\!\!\oint_{\Sigma_1} P\mathrm{d}y\mathrm{d}z+Q\mathrm{d}z\mathrm{d}x+R\mathrm{d}x\mathrm{d}y&=-\oint\!\!\!\oint_{\Sigma_2^-} P\mathrm{d}y\mathrm{d}z+Q\mathrm{d}z\mathrm{d}x+R\mathrm{d}x\mathrm{d}y\\&=\oint\!\!\!\oint_{\Sigma_2} P\mathrm{d}y\mathrm{d}z+Q\mathrm{d}z\mathrm{d}x+R\mathrm{d}x\mathrm{d}y.\end{aligned}$$

高斯公式除了揭示对坐标的曲面积分与三重积分之间的关系外，它还为我们提供了一种计算对坐标的曲面积分的方法.例如，第 12.3 节中的例 5 可利用高斯公式来计算：

$$\begin{aligned}&\oint\!\!\!\oint_{\Sigma^+} xyz\mathrm{d}x\mathrm{d}y\\&=\iiint_{\Omega}\frac{\partial}{\partial z}(xyz)\mathrm{d}V\\&=\iiint_{\Omega}xy\mathrm{d}V\\&=\iint_{D_{xy}}xy\mathrm{d}\sigma\int_{-\sqrt{1-x^2-y^2}}^{\sqrt{1-x^2-y^2}}\mathrm{d}z\\&=2\iint_{D_{xy}}xy\sqrt{1-x^2-y^2}\,\mathrm{d}x\mathrm{d}y\\&=\frac{2}{15}.\end{aligned}$$

**例 1** 设 $P(x,y,z)=x$，$Q(x,y,z)=y$，$R(x,y,z)=z$，$\Sigma$ 为球面 $x^2+y^2+z^2=R^2$，$\Sigma^+$ 的法线方向指向外侧，试对给出的 $P,Q,R$ 和 $\Sigma^+$ 验证高斯公式(12.4.1).

**解** 设 $\Sigma$ 所围成的球体为 $\Omega$.一方面，

$$\iiint_{\Omega}\left(\frac{\partial P}{\partial x}+\frac{\partial Q}{\partial y}+\frac{\partial R}{\partial z}\right)\mathrm{d}V=\iiint_{\Omega}(1+1+1)\mathrm{d}V=3\iiint_{\Omega}\mathrm{d}V=3\cdot\frac{4}{3}\pi R^3=4\pi R^3.$$

另一方面，由于 $\boldsymbol{n}=\left(\frac{x}{r},\frac{y}{r},\frac{z}{r}\right)$ $(r=\sqrt{x^2+y^2+z^2})$，所以

$$\begin{aligned}&\oint\!\!\!\oint_{\Sigma^+} P\mathrm{d}y\mathrm{d}z+Q\mathrm{d}z\mathrm{d}x+R\mathrm{d}x\mathrm{d}y=\oint\!\!\!\oint_{\Sigma^+} x\mathrm{d}y\mathrm{d}z+y\mathrm{d}z\mathrm{d}x+z\mathrm{d}x\mathrm{d}y\\&=\oint\!\!\!\oint_{\Sigma}(x,y,z)\cdot\left(\frac{x}{r},\frac{y}{r},\frac{z}{r}\right)\mathrm{d}S=\oint\!\!\!\oint_{\Sigma}\left(\frac{x^2}{r}+\frac{y^2}{r}+\frac{z^2}{r}\right)\mathrm{d}S\end{aligned}$$

$$= \oiint_{\Sigma} \frac{r^2}{r} \mathrm{d}S = \oiint_{\Sigma} r \mathrm{d}S = \oiint_{\Sigma} R \mathrm{d}S = R \cdot \oiint_{\Sigma} \mathrm{d}S = R \cdot 4\pi R^2 = 4\pi R^3.$$

因以上两式结果相等，故验证了高斯公式成立.

**例 2** 求流速场 $\boldsymbol{v}=(x,y,z)$ 流过柱面 $x^2+y^2=R^2(0\leqslant z\leqslant H)$ 的侧面 $\Sigma$ 的流量，$\Sigma$ 的法线方向指向外侧.

**解** 由对坐标曲面积分的意义，所求流量为

$$\Phi = \iint_{\Sigma} x\mathrm{d}y\mathrm{d}z + y\mathrm{d}z\mathrm{d}x + z\mathrm{d}x\mathrm{d}y.$$

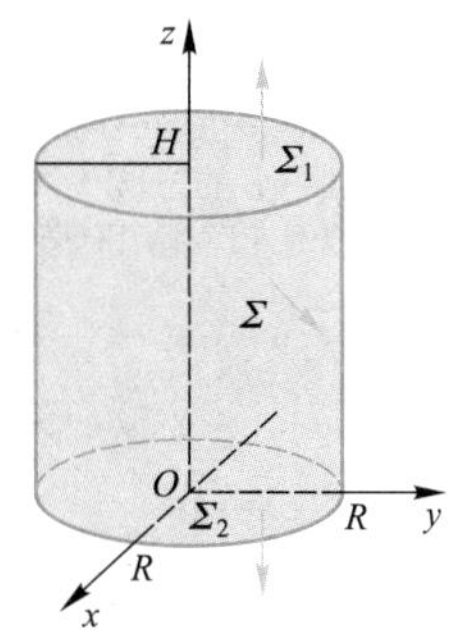


图 12.4.5 将圆柱体的侧面添补上下圆面得到闭曲面

由于 $\Sigma$ 不是闭曲面，为了应用高斯公式，将 $\Sigma$ 补成闭曲面，如图 12.4.5 所示，取两个圆面

$$\Sigma_1 : z = H, \quad (x,y)\in D_{xy}$$

和

$$\Sigma_2 : z = 0, \quad (x,y)\in D_{xy},$$

其中 $D_{xy}=\{(x,y)\mid x^2+y^2\leqslant R^2\}$，$\Sigma_1$ 和 $\Sigma_2$ 的法线方向分别指向上侧和下侧. 于是得到闭曲面 $\widetilde{\Sigma}=\Sigma+\Sigma_1+\Sigma_2$，设 $\widetilde{\Sigma}$ 所围成的圆柱体为 $\Omega$，由高斯公式有

$$\begin{aligned}\oiint_{\widetilde{\Sigma}} x\mathrm{d}y\mathrm{d}z + y\mathrm{d}z\mathrm{d}x + z\mathrm{d}x\mathrm{d}y &= \iiint_{\Omega} (1+1+1)\mathrm{d}V \\ &= 3\iiint_{\Omega} \mathrm{d}V = 3\pi R^2 H.\end{aligned}$$

像例 2 这样，通过添加合适的曲面使之与原曲面构成封闭曲面，再用高斯公式来简化计算的方法，我们形象地称之为“补面”法.

另外，

$$\iint_{\Sigma_1} x\mathrm{d}y\mathrm{d}z + y\mathrm{d}z\mathrm{d}x + z\mathrm{d}x\mathrm{d}y = \iint_{\Sigma_1} z\mathrm{d}x\mathrm{d}y = \iint_{D_{xy}} H\mathrm{d}\sigma = \pi R^2 H,$$

$$\iint_{\Sigma_2} x\mathrm{d}y\mathrm{d}z + y\mathrm{d}z\mathrm{d}x + z\mathrm{d}x\mathrm{d}y = \iint_{\Sigma_2} z\mathrm{d}x\mathrm{d}y = -\iint_{D_{xy}} 0\mathrm{d}\sigma = 0.$$

于是

$$\begin{aligned}\Phi &= \left(\oiint_{\widetilde{\Sigma}} - \iint_{\Sigma_1} - \iint_{\Sigma_2}\right) x\mathrm{d}y\mathrm{d}z + y\mathrm{d}z\mathrm{d}x + z\mathrm{d}x\mathrm{d}y \\ &= 3\pi R^2 H - \pi R^2 H - 0 = 2\pi R^2 H.\end{aligned}$$

在引进对坐标的曲面积分的概念时，我们考虑了流速场中通过曲面的流量问题，若考虑的是电场，其电场强度为

$$\boldsymbol{E} = (P(x,y,z), Q(x,y,z), R(x,y,z)),$$

则通过场中曲面 $\Sigma$ 的电通量同样可以表示为曲面积分

$$N = \iint_{\Sigma} \boldsymbol{E}\cdot\boldsymbol{n}\mathrm{d}S = \iint_{\Sigma} P(x,y,z)\mathrm{d}y\mathrm{d}z + Q(x,y,z)\mathrm{d}z\mathrm{d}x + R(x,y,z)\mathrm{d}x\mathrm{d}y.$$

**例 3** 设静电场中仅有一带电量为 $e$ 的点电荷,该电荷位于原点.求通过闭曲面 $\Sigma$ 的电通量 $N$,这里 $\Sigma$ 是椭球面 $\frac{x^2}{a^2}+\frac{y^2}{b^2}+\frac{z^2}{c^2}=1$,方向为外侧法向量.

微视频
12-4-3
高斯公式的应用

**解** 点电荷产生电场的电场强度为

$$\boldsymbol{E}=\boldsymbol{E}(M)=(P,Q,R)=\left(\frac{ex}{r^3},\frac{ey}{r^3},\frac{ez}{r^3}\right),$$

其中 $r=\sqrt{x^2+y^2+z^2}\neq 0$.于是所求电通量为

$$N=\oint\!\!\!\oint_{\Sigma}\frac{ex}{r^3}\mathrm{d}y\mathrm{d}z+\frac{ey}{r^3}\mathrm{d}z\mathrm{d}x+\frac{ez}{r^3}\mathrm{d}x\mathrm{d}y.$$

由于函数 $P=\frac{ex}{r^3},Q=\frac{ey}{r^3},R=\frac{ez}{r^3}$ 在原点没有定义,因此不能用高斯公式计算上述积分.但由于

$$\frac{\partial P}{\partial x}=\frac{e(r^2-3x^2)}{r^5},\quad \frac{\partial Q}{\partial y}=\frac{e(r^2-3y^2)}{r^5},\quad \frac{\partial R}{\partial z}=\frac{e(r^2-3z^2)}{r^5},$$

由此有

$$\frac{\partial P}{\partial x}+\frac{\partial Q}{\partial y}+\frac{\partial R}{\partial z}=\frac{e[3r^2-3(x^2+y^2+z^2)]}{r^5}=\frac{e[3r^2-3r^2]}{r^5}=0.$$

作小球面 $\Sigma_\varepsilon:x^2+y^2+z^2=\varepsilon^2$ 使 $\Sigma_\varepsilon$ 含于 $\Sigma$ 中,如图 12.4.6 所示,由定理 12.4.2 有

$$\begin{aligned}N&=\oint\!\!\!\oint_{\Sigma}\frac{ex}{r^3}\mathrm{d}y\mathrm{d}z+\frac{ey}{r^3}\mathrm{d}z\mathrm{d}x+\frac{ez}{r^3}\mathrm{d}x\mathrm{d}y\\&=\oint\!\!\!\oint_{\Sigma_\varepsilon}\frac{ex}{r^3}\mathrm{d}y\mathrm{d}z+\frac{ey}{r^3}\mathrm{d}z\mathrm{d}x+\frac{ez}{r^3}\mathrm{d}x\mathrm{d}y.\end{aligned}$$

下面计算最右端的积分,将其转化为对面积的曲面积分,有

$$N=\oint\!\!\!\oint_{\Sigma_\varepsilon}\boldsymbol{E}\cdot\boldsymbol{n}\mathrm{d}S.$$

而 $\Sigma_\varepsilon$ 的外单位法向量为 $\boldsymbol{n}=\left(\frac{x}{r},\frac{y}{r},\frac{z}{r}\right)$,因此

$$\begin{aligned}N&=\oint\!\!\!\oint_{\Sigma_\varepsilon}\boldsymbol{E}\cdot\boldsymbol{n}\mathrm{d}S=\oint\!\!\!\oint_{\Sigma_\varepsilon}\left(\frac{ex}{r^3},\frac{ey}{r^3},\frac{ez}{r^3}\right)\cdot\left(\frac{x}{r},\frac{y}{r},\frac{z}{r}\right)\mathrm{d}S\\&=\oint\!\!\!\oint_{\Sigma_\varepsilon}\frac{e(x^2+y^2+z^2)}{r^4}\mathrm{d}S=e\oint\!\!\!\oint_{\Sigma_\varepsilon}\frac{1}{r^2}\mathrm{d}S=\frac{e}{\varepsilon^2}\oint\!\!\!\oint_{\Sigma_\varepsilon}\mathrm{d}S\\&=\frac{e}{\varepsilon^2}\cdot 4\pi\varepsilon^2=4\pi e.\end{aligned}$$

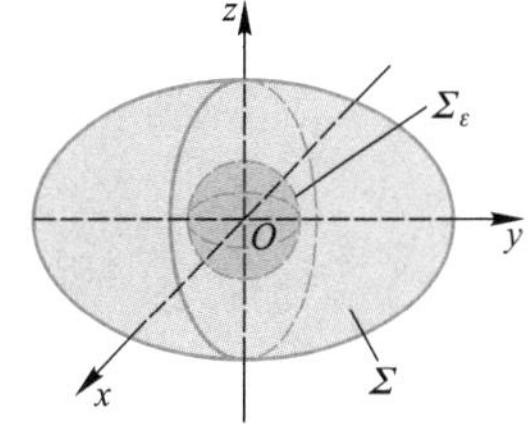


图 12.4.6 球面 $\Sigma_\varepsilon$ 包含在椭球面 $\Sigma$ 内

例 3 为静电学中高斯定理的简单情形.不难发现,当 $\Sigma$ 为包含原点的简单曲面时,上述结果依然成立.由于电场为点电荷产生的静电场,其电场线是从原点出发的射线,所以穿过一般曲面 $\Sigma$ 和球面 $\Sigma_\varepsilon$ 的电场线的条数相等,因此通过 $\Sigma$ 和 $\Sigma_\varepsilon$ 的电通量相等.

讨论题
12-4-1
对面积的曲面积分如何用高斯公式求解

请用多种方法计算 $\oint\!\!\!\oint_{\Sigma}(x^2+2y^2+3z^2)\mathrm{d}S$,其中 $\Sigma: x^2+y^2+z^2=2y$,并体会对面积的曲面积分如何用高斯公式求解.

像例 3 这样，当曲面包含奇点，且$\frac{\partial P}{\partial x}+\frac{\partial Q}{\partial y}+\frac{\partial R}{\partial z}=0$时，可用一合适曲面“挖去”奇点，再用高斯公式简化计算.我们形象地称这一做法为“挖奇点”法.

微视频
12-4-4
散度

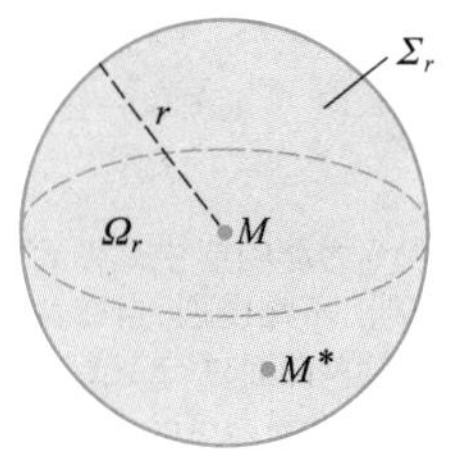


图 12.4.7　$M^*$为球体$\Omega_r$中的一点

## 2. 散度

前面我们知道，对于向量场

$$\boldsymbol{v}=\boldsymbol{v}(M)=(P(x,y,z),Q(x,y,z),R(x,y,z)),$$

称 $\operatorname{div}\boldsymbol{v}=\left(\frac{\partial P}{\partial x}+\frac{\partial Q}{\partial y}+\frac{\partial R}{\partial z}\right)\Bigg|_M$ 为向量场 $\boldsymbol{v}$ 在点 $M$ 处的散度.下面我们以 $\boldsymbol{v}$ 为流速场来说明散度 $\operatorname{div}\boldsymbol{v}$ 的意义.这里假设 $P(x,y,z)$，$Q(x,y,z)$，$R(x,y,z)$ 均有连续的一阶偏导数.

设 $M(x,y,z)$ 为场中一点，在场中作以 $M$ 为球心、$r$ 为半径的球面 $\Sigma_r$，$\Sigma_r$ 所围成的球体记为 $\Omega_r$，如图 12.4.7 所示.由高斯公式(12.4.2)和积分中值定理，通过小球面 $\Sigma_r$ 的流量可表示为

$$\oiint_{\Sigma_r}\boldsymbol{v}\cdot\boldsymbol{n}\mathrm{d}S=\iiint_{\Omega_r}\operatorname{div}\boldsymbol{v}\mathrm{d}V=(\operatorname{div}\boldsymbol{v}|_{M^*})V_r,$$

其中 $V_r=\frac{4}{3}\pi r^3$ 为小球 $\Omega_r$ 的体积，$M^*$ 为 $\Omega_r$ 中的一点，由此

$$\lim_{r\to0}\frac{1}{V_r}\oiint_{\Sigma_r}\boldsymbol{v}\cdot\boldsymbol{n}\mathrm{d}S=\lim_{r\to0}(\operatorname{div}\boldsymbol{v})|_{M^*}=(\operatorname{div}\boldsymbol{v})|_M.$$

因此，$\boldsymbol{v}$ 在 $M$ 处的散度 $(\operatorname{div}\boldsymbol{v})|_M$ 表示流量关于流体体积的变化率，它刻画了流体从 $M$ 点处流出或流入量的强度.$(\operatorname{div}\boldsymbol{v})|_M>0$ 表示流体从 $M$ 处流出，称流速场 $\boldsymbol{v}$ 在 $M$ 处有源；$(\operatorname{div}\boldsymbol{v})|_M<0$ 表示流体从 $M$ 处流入，称流速场 $\boldsymbol{v}$ 在 $M$ 处有汇.若在场中每一点均有 $\operatorname{div}\boldsymbol{v}=0$，则称 $\boldsymbol{v}$ 为无源场.

设 $\boldsymbol{A}=\boldsymbol{A}(M)=(P(x,y,z),Q(x,y,z),R(x,y,z))$ 为一般向量场，$u=u(x,y,z)$ 为可微函数，$C$ 为常数，则不难证明如下运算性质：

(1) $\operatorname{div}(C\boldsymbol{A})=C\operatorname{div}\boldsymbol{A}$；　　(2) $\operatorname{div}(u\boldsymbol{A})=u\operatorname{div}\boldsymbol{A}+\boldsymbol{A}\cdot\mathbf{grad}\,u$.

最后我们再看一例，在计算中很好地利用了定理 12.4.1 和定理 12.4.2.

**例 4**　计算高斯积分

$$I(x,y,z)=\oiint_{\Sigma^+}\frac{\cos(\boldsymbol{r},\boldsymbol{n})}{r^2}\mathrm{d}S,$$

其中 $\Sigma$ 为不经过 $P(x,y,z)$ 的光滑曲面，$\boldsymbol{n}$ 为曲面 $\Sigma$ 上任一点 $M(\xi,\eta,\zeta)$ 处的外法向单位向量，$\boldsymbol{r}=\overrightarrow{MP}=(x-\xi,y-\eta,z-\zeta)$，$r=|\boldsymbol{r}|$.

**证**　因为 $\cos(\boldsymbol{r},\boldsymbol{n})=\frac{\boldsymbol{r}\cdot\boldsymbol{n}}{r}$，所以有

$$I=\oiint\limits_{\Sigma^+}\frac{\boldsymbol{r}\cdot\boldsymbol{n}}{r^3}\mathrm{d}S=\oiint\limits_{\Sigma^+}\frac{\boldsymbol{r}}{r^3}\cdot\boldsymbol{n}\mathrm{d}S.$$

(1) 若 $\Sigma$ 不含点 $P$,如图 12.4.8 所示,由高斯公式(12.4.2)有

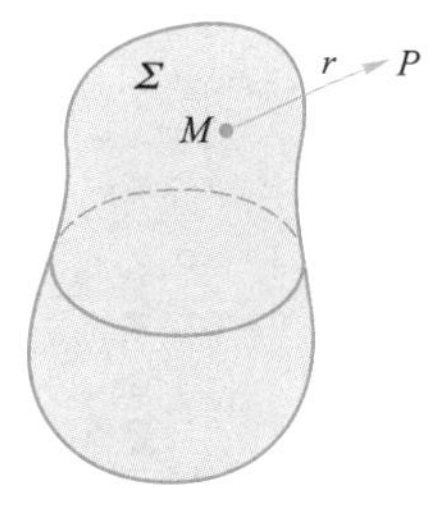

图 12.4.8 点 $P$ 位于 $\Sigma$ 围成的区域 $\Omega$ 之外

$$I=\oiint\limits_{\Sigma^+}\frac{\boldsymbol{r}}{r^3}\cdot\boldsymbol{n}\mathrm{d}S=\iiint\limits_{\Omega}\mathrm{div}\,\frac{\boldsymbol{r}}{r^3}\mathrm{d}V,$$

其中 $\Omega$ 为 $\Sigma$ 所围成的有界闭区域.由于

$$\begin{aligned}\mathrm{div}\,\frac{\boldsymbol{r}}{r^3}&=\frac{\partial}{\partial\xi}\left(\frac{x-\xi}{r^3}\right)+\frac{\partial}{\partial\eta}\left(\frac{y-\eta}{r^3}\right)+\frac{\partial}{\partial\zeta}\left(\frac{z-\zeta}{r^3}\right)\\&=\frac{-r^2+3(x-\xi)^2}{r^5}+\frac{-r^2+3(y-\eta)^2}{r^5}+\frac{-r^2+3(z-\zeta)^2}{r^5}\\&=\frac{-3r^2+3[(x-\xi)^2+(y-\eta)^2+(z-\zeta)^2]}{r^5}=0,\end{aligned}$$

因此,$I=\iiint\limits_{\Omega}\mathrm{div}\,\frac{\boldsymbol{r}}{r^3}\mathrm{d}V=\iiint\limits_{\Omega}0\mathrm{d}V=0.$

(2) 若 $\Sigma$ 包含 $P$ 点,作以 $P$ 为球心和 $\rho$ 为半径的小球面 $\Sigma_\rho$,使 $\Sigma_\rho$ 含于 $\Sigma$ 内,如图 12.4.9 所示.由于 $\mathrm{div}\,\frac{\boldsymbol{r}}{r^3}=0$,应用定理 12.4.2 有

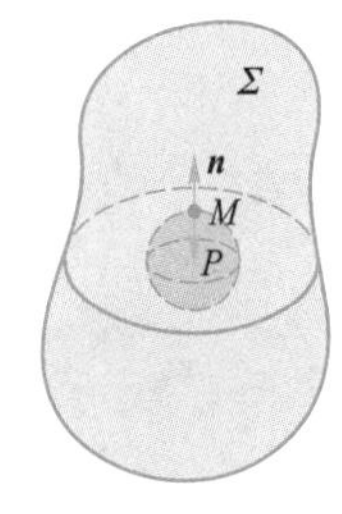

图 12.4.9 点 $P$ 位于 $\Sigma$ 之内

$$\begin{aligned}I&=\oiint\limits_{\Sigma^+}\frac{\boldsymbol{r}}{r^3}\cdot\boldsymbol{n}\mathrm{d}S=\oiint\limits_{\Sigma_\rho^+}\frac{\boldsymbol{r}}{r^3}\cdot\boldsymbol{n}\mathrm{d}S=\frac{1}{\rho^3}\oiint\limits_{\Sigma_\rho^+}\boldsymbol{r}\cdot\boldsymbol{n}\mathrm{d}S\\&=-\frac{1}{\rho^3}\oiint\limits_{\Sigma_\rho^+}r\mathrm{d}S=-\frac{1}{\rho^2}\oiint\limits_{\Sigma_\rho^+}\mathrm{d}S=-\frac{1}{\rho^2}\cdot4\pi\rho^2=-4\pi.\end{aligned}$$

这里用到了 $\boldsymbol{r}=\overrightarrow{MP}$ 与 $\boldsymbol{n}$ 在 $P$ 处方向正好相反的性质,因此有 $\boldsymbol{r}\cdot\boldsymbol{n}=r\cos(\boldsymbol{r},\boldsymbol{n})=-r$.

## 12.4.2 斯托克斯公式与旋度

微视频
12-4-5
问题引入——如何在水中放入蹼轮可以转得快

通常,我们将格林公式写成如下的形式

$$\oint_L P(x,y)\mathrm{d}x+Q(x,y)\mathrm{d}y=\iint\limits_D\left(\frac{\partial Q}{\partial x}-\frac{\partial P}{\partial y}\right)\mathrm{d}x\mathrm{d}y,$$

微视频
12-4-6
斯托克斯公式

公式左端表示平面向量场 $\boldsymbol{v}=(P(x,y),Q(x,y))$ 沿闭曲线 $L$ 的环量.对于空间向量场 $\boldsymbol{v}=(P(x,y,z),Q(x,y,z),R(x,y,z))$,定义沿场中的空间闭曲线 $L$ 的环量为

$$\oint_L P(x,y,z)\mathrm{d}x+Q(x,y,z)\mathrm{d}y+R(x,y,z)\mathrm{d}z,$$

那么该环量能否表示成以 $L$ 为边界的“区域”上的积分？这就是斯托克斯公式要回答的问题.

### 1. 斯托克斯公式

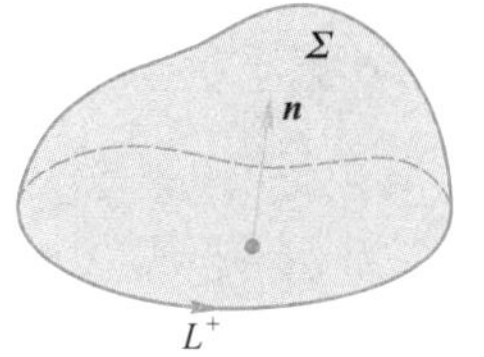

图 12.4.10　$L^+$的方向与法向量 $n$ 构成右手系

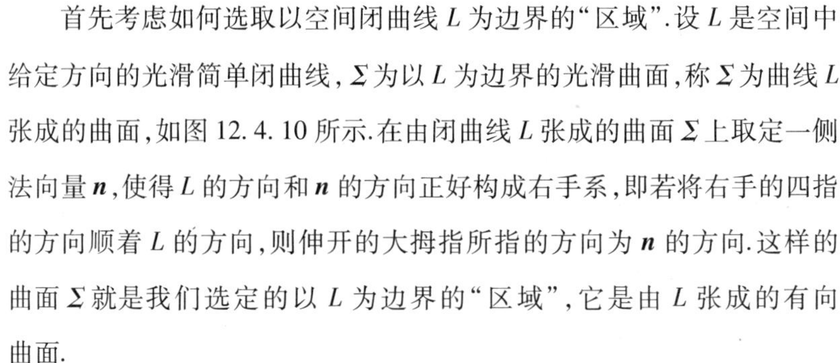
首先考虑如何选取以空间闭曲线 $L$ 为边界的“区域”.设 $L$ 是空间中给定方向的光滑简单闭曲线，$\Sigma$ 为以 $L$ 为边界的光滑曲面，称 $\Sigma$ 为曲线 $L$ 张成的曲面，如图 12.4.10 所示.在由闭曲线 $L$ 张成的曲面 $\Sigma$ 上取定一侧法向量 $\boldsymbol{n}$，使得 $L$ 的方向和 $\boldsymbol{n}$ 的方向正好构成右手系，即若将右手的四指的方向顺着 $L$ 的方向，则伸开的大拇指所指的方向为 $\boldsymbol{n}$ 的方向.这样的曲面 $\Sigma$ 就是我们选定的以 $L$ 为边界的“区域”，它是由 $L$ 张成的有向曲面.

**定理 12.4.3**（斯托克斯定理）　设函数 $P(x,y,z)$，$Q(x,y,z)$，$R(x,y,z)$ 在空间有界闭区域 $\Omega$ 内有连续的一阶偏导数，$L$ 为 $\Omega$ 中的光滑有向闭曲线，$\Sigma$ 是 $\Omega$ 中由 $L$ 张成的光滑曲面，且 $L$ 的方向和 $\Sigma^+$ 的法线方向构成右手系，则有

$$\oint_L P\mathrm{d}x+Q\mathrm{d}y+R\mathrm{d}z$$

$$=\iint_{\Sigma^+}\left(\frac{\partial R}{\partial y}-\frac{\partial Q}{\partial z}\right)\mathrm{d}y\mathrm{d}z+\left(\frac{\partial P}{\partial z}-\frac{\partial R}{\partial x}\right)\mathrm{d}z\mathrm{d}x+\left(\frac{\partial Q}{\partial x}-\frac{\partial P}{\partial y}\right)\mathrm{d}x\mathrm{d}y.\qquad(12.4.7)$$

称式(12.4.7)为斯托克斯公式，它是格林公式在空间的推广.实际上，若取 $L$ 为 $xOy$ 平面上的闭曲线，令 $R(x,y,z)=0$，由 $L$ 张成的曲面 $\Sigma$ 取成 $xOy$ 平面上以 $L$ 为边界的区域 $D$，则由于 $\Sigma$ 在 $xOz$ 和 $yOz$ 平面上的投影为线段，因此

请读者思考，该式将对坐标的曲面积分 $\iint_{\Sigma}\left(\frac{\partial Q}{\partial x}-\frac{\partial P}{\partial y}\right)\mathrm{d}x\mathrm{d}y$ 转化为二重积分 $\iint_{D}\left(\frac{\partial Q}{\partial x}-\frac{\partial P}{\partial y}\right)\mathrm{d}x\mathrm{d}y$ 时，为什么选择“+”？

$$\iint_{\Sigma^+}\left(\frac{\partial R}{\partial y}-\frac{\partial Q}{\partial z}\right)\mathrm{d}y\mathrm{d}z=\iint_{\Sigma^+}\left(\frac{\partial P}{\partial z}-\frac{\partial R}{\partial x}\right)\mathrm{d}z\mathrm{d}x=0.$$

于是由式(12.4.7)有

$$\oint_L P\mathrm{d}x+Q\mathrm{d}y=\iint_{\Sigma}\left(\frac{\partial Q}{\partial x}-\frac{\partial P}{\partial y}\right)\mathrm{d}x\mathrm{d}y=\iint_{D}\left(\frac{\partial Q}{\partial x}-\frac{\partial P}{\partial y}\right)\mathrm{d}x\mathrm{d}y,$$

此即格林公式.

实际上，斯托克斯公式的证明依赖于格林公式.我们略去证明过程，仅用一个例子验证斯托克斯公式的正确性.

**例 5**　对下面的情形验证斯托克斯公式(12.4.7)成立：设 $P=-z$，

$Q=y,R=x,L$ 为圆 $\begin{cases}x^2+z^2=1,\\y=2,\end{cases}$ 其方向为从 $y$ 轴正向看去的逆时针方向，$\Sigma$ 为以 $L$ 为边界的圆盘，$\Sigma$ 的方向为与 $y$ 轴正向一致的法线方向，如图 12.4.11 所示.

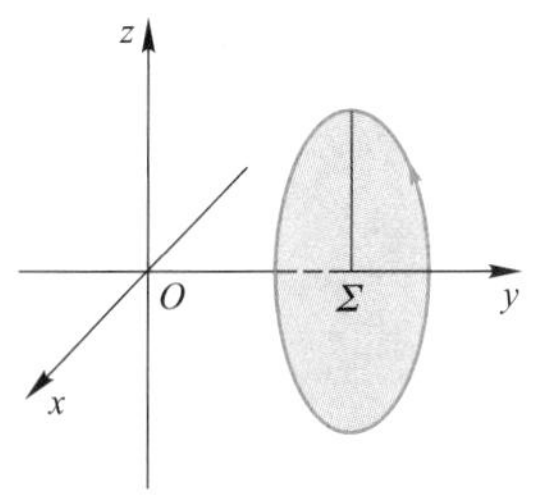

图 12.4.11　圆盘 $\Sigma$ 的法线方向指向右侧

**解**　一方面，曲线 $L$ 的方程为 $\boldsymbol{r}(t)=(\cos t,2,\sin t)(2\pi\sim t\sim 0)$，因此

$$\begin{aligned}\oint_L P\mathrm{d}x+Q\mathrm{d}y+R\mathrm{d}z&=\int_{2\pi}^{0}(-z,y,x)\cdot\boldsymbol{r}'(t)\mathrm{d}t\\&=\int_{2\pi}^{0}(-\sin t,2,\cos t)\cdot(-\sin t,0,\cos t)\mathrm{d}t\\&=\int_{2\pi}^{0}(\sin^2t+\cos^2t)\mathrm{d}t=-2\pi.\end{aligned}$$

另一方面，

$$\begin{aligned}&\iint_{\Sigma^+}\left(\frac{\partial R}{\partial y}-\frac{\partial Q}{\partial z}\right)\mathrm{d}y\mathrm{d}z+\left(\frac{\partial P}{\partial z}-\frac{\partial R}{\partial x}\right)\mathrm{d}z\mathrm{d}x+\left(\frac{\partial Q}{\partial x}-\frac{\partial P}{\partial y}\right)\mathrm{d}x\mathrm{d}y\\=&\iint_{\Sigma^+}\left(\frac{\partial P}{\partial z}-\frac{\partial R}{\partial x}\right)\mathrm{d}z\mathrm{d}x=-2\iint_{\Sigma^+}\mathrm{d}z\mathrm{d}x=-2\iint_{D_{xz}}\mathrm{d}z\mathrm{d}x=-2\pi,\end{aligned}$$

所以，此时有式(12.4.7)成立.

**例 6**　计算曲线积分 $I=\oint_L x^2y\mathrm{d}x+y^2\mathrm{d}y+z\mathrm{d}z$，其中 $L$ 是圆柱面 $x^2+y^2=1$ 与平面 $x+z=1$ 的交线，从 $z$ 轴的正向看去，$L$ 为逆时针方向.

**解**　如图 12.4.12，取 $L$ 所围的椭圆盘 $\Sigma$ 作为 $L$ 张成的曲面，$\Sigma$ 的法线方向指向上侧，由斯托克斯公式有

微视频
12-4-7
斯托克斯公式的应用

$$\begin{aligned}I&=\iint_{\Sigma}-x^2\mathrm{d}x\mathrm{d}y=-\iint_{D_{xy}}x^2\mathrm{d}x\mathrm{d}y\\&=-\int_0^{2\pi}\mathrm{d}\theta\int_0^1(\rho\cos\theta)^2\cdot\rho\mathrm{d}\rho\\&=-\int_0^{2\pi}\cos^2\theta\mathrm{d}\theta\int_0^1\rho^3\mathrm{d}\rho\\&=-\frac{\pi}{4}.\end{aligned}$$

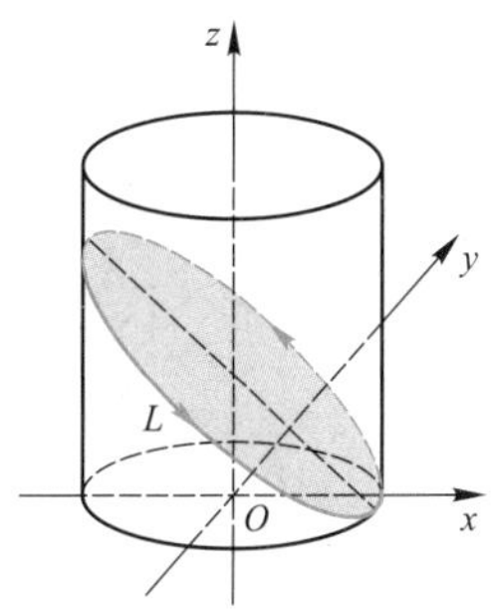

图 12.4.12　由 $L$ 张成的曲面 $\Sigma$ 的法线方向指向上侧

在第 12.2 节中，我们考虑了平面曲线上的积分与路径无关的条件，当时指出了空间曲线上的积分也有相应的结论. 现在，我们能够用斯托克斯公式来阐明其理由. 为了将问题简化，我们在整个 $\mathbb{R}^3$ 空间上考虑.

**定理 12.4.4**（积分与路径无关的条件） 设 $P(x,y,z)$，$Q(x,y,z)$，$R(x,y,z)$ 在空间 $\mathbb{R}^3$ 中有一阶连续偏导数，若

$$\frac{\partial R}{\partial y}=\frac{\partial Q}{\partial z},\quad \frac{\partial P}{\partial z}=\frac{\partial R}{\partial x},\quad \frac{\partial Q}{\partial x}=\frac{\partial P}{\partial y}, \tag{12.4.8}$$

则对于空间中的任何两点 $A$，$B$，设 $\widehat{AB}$ 为以 $A$ 为起点、$B$ 为终点的光滑曲线，对坐标的曲线积分

$$\int_{\widehat{AB}} P\mathrm{d}x+Q\mathrm{d}y+R\mathrm{d}z$$

讨论题
12-4-2
格林公式与斯托克斯公式
试阐述格林公式与斯托克斯公式的联系.

只与 $A$，$B$ 有关，而与积分的路径无关. 换句话说，对于任何两条以 $A$ 为起点、$B$ 为终点的光滑曲线 $L_1$ 和 $L_2$，有

$$\int_{L_1} P\mathrm{d}x+Q\mathrm{d}y+R\mathrm{d}z=\int_{L_2} P\mathrm{d}x+Q\mathrm{d}y+R\mathrm{d}z.$$

读者可由斯托克斯公式给出其证明.

### 2. 旋度

微视频
12-4-8
旋度

对于向量场（流速场）

$$\boldsymbol{v}=(P(x,y,z),Q(x,y,z),R(x,y,z)),$$

我们定义了散度

$$\operatorname{div}\,\boldsymbol{v}=\frac{\partial P}{\partial x}+\frac{\partial Q}{\partial y}+\frac{\partial R}{\partial z}.$$

利用散度一方面可以将高斯公式写成非常简洁的形式，另一方面也可以刻画流体在局部流出或流入的强度. 下面引进旋度的概念，用它可以刻画流速场在局部的旋转强度. 称

$$\boldsymbol{R}=\left(\frac{\partial R}{\partial y}-\frac{\partial Q}{\partial z},\frac{\partial P}{\partial z}-\frac{\partial R}{\partial x},\frac{\partial Q}{\partial x}-\frac{\partial P}{\partial y}\right)\bigg|_M$$

为向量场 $\boldsymbol{v}$ 在 $M$ 处的旋度，将 $\boldsymbol{R}$ 记为 $\mathbf{curl}\ \boldsymbol{v}|_M$ 或 $\mathbf{curl}\ \boldsymbol{v}$ 或 $\mathbf{rot}\ \boldsymbol{v}$.

**例 7** 求向量场 $\boldsymbol{A}=(x^2yz,xy^2z,xyz^2)$ 的散度 $\operatorname{div}\boldsymbol{A}$ 和旋度 $\mathbf{curl}\ \boldsymbol{A}$.

**解** 由定义，

$$\operatorname{div}\boldsymbol{A}=\frac{\partial}{\partial x}(x^2yz)+\frac{\partial}{\partial y}(xy^2z)+\frac{\partial}{\partial z}(xyz^2)=2xyz+2xyz+2xyz=6xyz,$$

$$\begin{aligned}\mathbf{curl}\ \boldsymbol{A}&=\left(\frac{\partial}{\partial y}(xyz^2)-\frac{\partial}{\partial z}(xy^2z),\frac{\partial}{\partial z}(x^2yz)-\frac{\partial}{\partial x}(xyz^2),\frac{\partial}{\partial x}(xy^2z)-\frac{\partial}{\partial y}(x^2yz)\right)\\&=(xz^2-xy^2,x^2y-yz^2,y^2z-x^2z).\end{aligned}$$

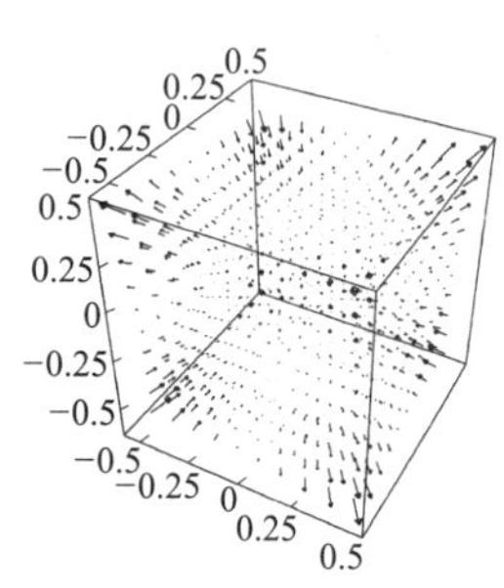

图 12.4.13 向量场 $\boldsymbol{A}$ 在空间区域上的局部分布

图 12.4.13 为向量场 $\boldsymbol{A}$ 的分布.

**例 8** 如图 12.4.14 所示,刚体绕坐标原点 $O$ 的某一轴 $l$ 以角速度 $\boldsymbol{\omega}$ 旋转,求线速度 $\boldsymbol{v}$ 的旋度.

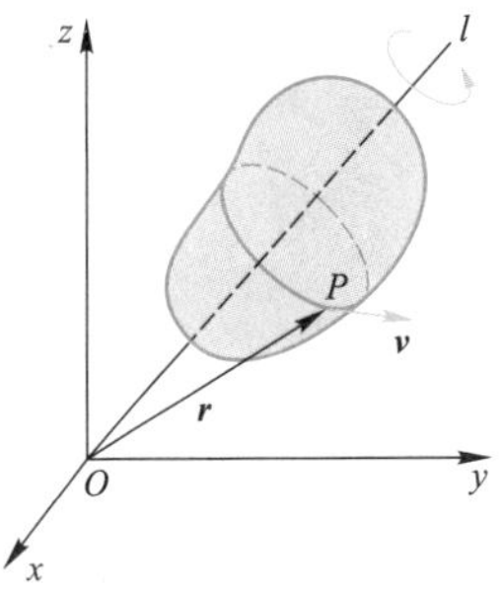

图 12.4.14 $\boldsymbol{\omega}$ 的方向为从原点出发沿 $l$ 的方向

**解** 设角速度为 $\boldsymbol{\omega}=(\omega_x,\omega_y,\omega_z)$,其中 $\omega_x,\omega_y,\omega_z$ 均为常数,$\boldsymbol{r}=\overrightarrow{OP}=(x,y,z)$,则线速度为

$$\boldsymbol{v}=\boldsymbol{\omega}\times\boldsymbol{r}=(z\omega_y-y\omega_z,x\omega_z-z\omega_x,y\omega_x-x\omega_y),$$

因此

$$\begin{aligned}\mathbf{curl}\ \boldsymbol{v}=&\left(\frac{\partial}{\partial y}(y\omega_x-x\omega_y)-\frac{\partial}{\partial z}(x\omega_z-z\omega_x),\frac{\partial}{\partial z}(z\omega_y-y\omega_z)-\frac{\partial}{\partial x}(y\omega_x-x\omega_y),\right.\\&\left.\frac{\partial}{\partial x}(x\omega_z-z\omega_x)-\frac{\partial}{\partial y}(z\omega_y-y\omega_z)\right)\\=&(2\omega_x,2\omega_y,2\omega_z)=2\boldsymbol{\omega}.\end{aligned}$$

下面以流速场 $\boldsymbol{v}=(P,Q,R)$ 为例解释旋度 $\mathbf{curl}\ \boldsymbol{v}$ 的意义.在场中一点 $M(x,y,z)$ 处取定一单位向量 $\boldsymbol{n}$,以 $M$ 为圆心作一半径为 $r$ 的圆盘 $\Sigma_r$,使 $\boldsymbol{n}$ 为 $\Sigma_r$ 的法向量,选取 $\Sigma_r$ 的边界 $L_r$ 的方向,使其与 $\boldsymbol{n}$ 的方向构成右手系,如图 12.4.15 所示.由斯托克斯公式和积分中值定理,向量场沿 $L_r$ 的环量可表示为

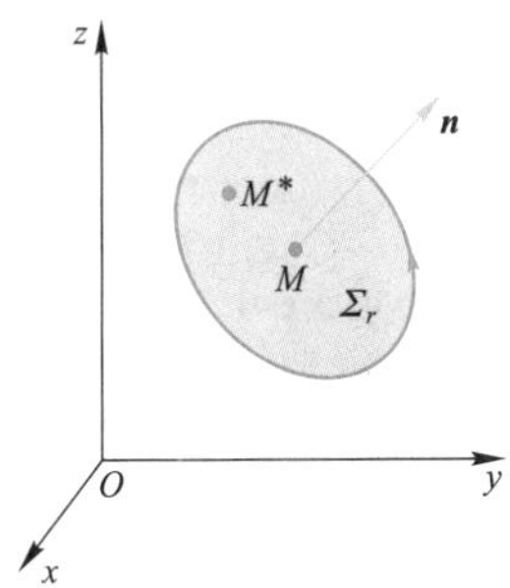

图 12.4.15 $\Sigma_r$ 为空间上的圆盘

$$\begin{aligned}&\oint_{L_r}P\mathrm{d}x+Q\mathrm{d}y+R\mathrm{d}z\\=&\iint_{\Sigma_r}\left(\frac{\partial R}{\partial y}-\frac{\partial Q}{\partial z}\right)\mathrm{d}y\mathrm{d}z+\left(\frac{\partial P}{\partial z}-\frac{\partial R}{\partial x}\right)\mathrm{d}z\mathrm{d}x+\left(\frac{\partial Q}{\partial x}-\frac{\partial P}{\partial y}\right)\mathrm{d}x\mathrm{d}y\\=&\iint_{\Sigma_r}\mathbf{curl}\ \boldsymbol{v}\cdot\boldsymbol{n}\mathrm{d}S=(\mathbf{curl}\ \boldsymbol{v}|_{M^*}\cdot\boldsymbol{n})S_r,\end{aligned}$$

其中 $S_r=\pi r^2$ 为圆盘 $\Sigma_r$ 的面积,$M^*$ 为圆盘 $\Sigma_r$ 上的一点.因此

$$\lim_{r\to0}\frac{1}{S_r}\oint_{L_r}P\mathrm{d}x+Q\mathrm{d}y+R\mathrm{d}z=\lim_{r\to0}(\mathbf{curl}\ \boldsymbol{v}|_{M^*}\cdot\boldsymbol{n})=\mathbf{curl}\ \boldsymbol{v}|_M\cdot\boldsymbol{n},$$

它表示单位面积对应的环量(或环量关于面积的变化率),刻画了向量场在点 $M$ 处沿与 $\boldsymbol{n}$ 垂直方向的旋转强度.当 $\boldsymbol{n}$ 与 $\mathbf{curl}\ \boldsymbol{v}|_M$ 同向时,$\boldsymbol{v}$ 在 $M$ 处的旋转强度达到最大值.若在场 $\boldsymbol{v}$ 中的旋度处处为 $\mathbf{0}$,则称向量场 $\boldsymbol{v}$ 为无旋场.例 7 和例 8 所对应的向量场均不是无旋场.

设 $\boldsymbol{A}=(P(x,y,z),Q(x,y,z),R(x,y,z))$ 为向量场,$u=u(x,y,z)$ 为实值函数,$C$ 为常数,则有如下运算性质:

(1) $\mathbf{curl}(C\boldsymbol{A})=C\,\mathbf{curl}\ \boldsymbol{A}$;

(2) $\mathbf{curl}(u\boldsymbol{A})=u\,\mathbf{curl}\ \boldsymbol{A}+\mathbf{grad}\ u\times\boldsymbol{A}$.

我们将证明留给读者.

### 3. 向量形式的斯托克斯公式

设有向量场 $\boldsymbol{A}=(P(x,y,z),Q(x,y,z),R(x,y,z))$，$L$ 为场中的简单光滑闭曲线，$\Sigma$ 为 $L$ 张成的曲面，且 $L^{+}$ 的方向与 $\Sigma^{+}$ 的法线方向构成右手系，则可将斯托克斯公式写成如下向量的形式

$$\oint_{L^{+}} \boldsymbol{A}\cdot \mathrm{d}\boldsymbol{r}=\iint_{\Sigma^{+}} \mathbf{curl}\,\boldsymbol{A}\cdot \mathrm{d}\boldsymbol{S}. \tag{12.4.9}$$

假设 $L^{+}$ 在 $(x,y,z)$ 处的单位切向量为 $\boldsymbol{e}_T=(\cos a,\cos b,\cos c)$，则公式(12.4.9)的左端积分可表示为

$$\begin{aligned}\oint_{L} \boldsymbol{A}\cdot \mathrm{d}\boldsymbol{r}&=\oint_{L} \boldsymbol{A}\cdot \boldsymbol{e}_T\mathrm{d}s\\&=\oint_{L}[P(x,y,z)\cos a+Q(x,y,z)\cos b+R(x,y,z)\cos c]\mathrm{d}s\\&=\oint_{L}P(x,y,z)\mathrm{d}x+Q(x,y,z)\mathrm{d}y+R(x,y,z)\mathrm{d}z.\end{aligned}$$

又设 $\boldsymbol{n}=(\cos\alpha,\cos\beta,\cos\gamma)$ 为曲面 $\Sigma^{+}$ 在 $(x,y,z)$ 处的单位法向量，则式(12.4.9)的右端积分可表示为

$$\begin{aligned}\iint_{\Sigma^{+}} \mathbf{curl}\,\boldsymbol{A}\cdot \mathrm{d}\boldsymbol{S}&=\iint_{\Sigma} \mathbf{curl}\,\boldsymbol{A}\cdot \boldsymbol{n}\mathrm{d}S\\&=\iint_{\Sigma_r}\left[\left(\frac{\partial R}{\partial y}-\frac{\partial Q}{\partial z}\right)\cos\alpha+\left(\frac{\partial P}{\partial z}-\frac{\partial R}{\partial x}\right)\cos\beta+\left(\frac{\partial Q}{\partial x}-\frac{\partial P}{\partial y}\right)\cos\gamma\right]\mathrm{d}S\\&=\iint_{\Sigma}\left(\frac{\partial R}{\partial y}-\frac{\partial Q}{\partial z}\right)\mathrm{d}y\mathrm{d}z+\left(\frac{\partial P}{\partial z}-\frac{\partial R}{\partial x}\right)\mathrm{d}z\mathrm{d}x+\left(\frac{\partial Q}{\partial x}-\frac{\partial P}{\partial y}\right)\mathrm{d}x\mathrm{d}y.\end{aligned}$$

因此，由斯托克斯公式(12.4.7)可知公式(12.4.9)成立.

公式(12.4.9)解释为：向量场 $\boldsymbol{A}$ 沿场中一条闭曲线 $L$ 的环量，等于 $\boldsymbol{A}$ 的旋度场 $\mathbf{curl}\,\boldsymbol{A}$ 通过场中曲面 $\Sigma$ 的流量(或通量)，其中 $\Sigma$ 为 $L$ 张成的曲面，且 $L^{+}$ 的方向与 $\Sigma^{+}$ 的法线方向构成右手系.

有关向量场的格林公式、高斯公式及斯托克斯公式可参考微视频12-4-9～微视频 12-4-13.

微视频
12-4-9~12-4-13
向量场的微积分基本定理

## 习题 12.4

### A 基础题

1. 计算 $\oiint_{\Sigma} yz\mathrm{d}y\mathrm{d}z+xz\mathrm{d}z\mathrm{d}x+xy\mathrm{d}x\mathrm{d}y$，其中 $\Sigma$ 是光滑的闭曲面.

2. 计算 $\oiint_{\Sigma} x^2\mathrm{d}y\mathrm{d}z+y^2\mathrm{d}z\mathrm{d}x+z^2\mathrm{d}x\mathrm{d}y$，其中 $\Sigma$ 是由平面 $x=0,y=0,z=0,x=a,y=a,z=a$ 所围成的立体的表面的外侧.

3. 计算 $\oiint_{\Sigma} x^3\mathrm{d}y\mathrm{d}z+y^3\mathrm{d}z\mathrm{d}x+z^3\mathrm{d}x\mathrm{d}y$，其中 $\Sigma$ 是

(1) 球面 $x^2+y^2+z^2=a^2$ 的外侧；

(2) 由曲面 $z^2=x^2+y^2,z=4,z=2$ 所围成的立体的表面的外侧.

4. 计算曲线积分 $\oint_{C} y\mathrm{d}x+z\mathrm{d}y+x\mathrm{d}z$，其中 $C$ 为圆周 $x^2+y^2+z^2=a^2,x+y+z=0$，从 $x$ 轴的正方向看时，圆周为逆时针方向.

5. 计算 $\int_{\widehat{AB}}(x^2-yz)\mathrm{d}x+(y^2-xz)\mathrm{d}y+(z^2-xy)\mathrm{d}z$,其中 $\widehat{AB}$是螺旋线 $x=a\cos\varphi, y=a\sin\varphi, z=\dfrac{h}{2\pi}\varphi$ 上从点 $A(a,0,0)$ 到点 $B(a,0,h)$ 的一段.

6. 计算 $\oint_C(y+z)\mathrm{d}x+(z+x)\mathrm{d}y+(x+y)\mathrm{d}z$,其中 $C$ 是椭圆(取参数 $t$ 增大的方向)$x=a\sin^2 t, y=2a\sin t\cos t, z=a\cos^2 t(0\leqslant t\leqslant\pi)$.

7. 物体以一定的角速度 $\boldsymbol{\omega}$ 围绕轴 $l$(其方向余弦为 $\cos\alpha,\cos\beta,\cos\gamma$)旋转,求速度向量 $\boldsymbol{v}$ 在时刻 $t$ 处于点 $M(x,y,z)$ 的旋度.

8. 证明:

(1) $\operatorname{div}(\boldsymbol{a}+\boldsymbol{b})=\operatorname{div}\boldsymbol{a}+\operatorname{div}\boldsymbol{b}$;

(2) $\operatorname{div}(u\boldsymbol{c})=\boldsymbol{c}\cdot\mathbf{grad}\,u$($\boldsymbol{c}$ 为常向量);

(3) $\operatorname{div}(u\boldsymbol{a})=u\operatorname{div}\boldsymbol{a}+\boldsymbol{a}\cdot\mathbf{grad}\,u$;

(4) $\mathbf{curl}(\boldsymbol{a}+\boldsymbol{b})=\mathbf{curl}\,\boldsymbol{a}+\mathbf{curl}\,\boldsymbol{b}$;

(5) $\mathbf{curl}(u\boldsymbol{a})=u\,\mathbf{curl}\,\boldsymbol{a}+\mathbf{grad}\,u\times\boldsymbol{a}$.

## B 综合题

9. 计算 $\oiint_\Sigma xz\mathrm{d}y\mathrm{d}z+yz\mathrm{d}z\mathrm{d}x+z\sqrt{x^2+y^2}\,\mathrm{d}x\mathrm{d}y$,其中 $\Sigma$ 是球面 $x^2+y^2+z^2=a^2, x^2+y^2+z^2=4a^2$ 及上半锥面 $x^2+y^2=z^2$ 所围成的立体的表面的外侧.

10. 计算 $\oiint_\Sigma\boldsymbol{F}\cdot\boldsymbol{n}\mathrm{d}S$,其中 $\boldsymbol{F}=(z^2-x)\boldsymbol{i}-xy\boldsymbol{j}+3z\boldsymbol{k}$,曲面 $\Sigma$ 是由 $z=4-y^2, x=0, x=3$ 和 $xOy$ 面所围成的区域 $\Omega$ 的表面.

11. 证明:由曲面 $\Sigma$ 所围立体的体积为 $V=\dfrac{1}{3}\oiint_\Sigma(x\cos\alpha+y\cos\beta+z\cos\gamma)\mathrm{d}S$,其中 $\cos\alpha,\cos\beta,\cos\gamma$ 是曲面 $\Sigma$ 的外法线方向余弦.

12. 计算 $\iint_\Sigma[(z^n-y^n)\cos\alpha+(x^n-z^n)\cos\beta+(y^n-x^n)\cos\gamma]\mathrm{d}S$,其中 $\Sigma$ 是上半球面 $x^2+y^2+z^2=a^2(z\geqslant 0)$,$\alpha,\beta,\gamma$ 为球面外法线向量的方向角.

13. 计算 $\oint_C(y^2-z^2)\mathrm{d}x+(z^2-x^2)\mathrm{d}y+(x^2-y^2)\mathrm{d}z$,其中 $C$ 是用平面 $x+y+z=\dfrac{3}{2}a$ 切立体 $0<x<a, 0<y<a, 0<z<a$ 的表面所得的切痕,从 $x$ 轴的正方向看时,是依逆时针方向进行.

14. 求证:向量场 $\boldsymbol{F}(x,y,z)$ 的旋度的散度恒为零.

15. 质点 $P(x,y,z)$ 以一定的角速度 $\boldsymbol{\omega}$ 按逆时针方向绕 $z$ 轴旋转,求速度向量 $\boldsymbol{v}$ 和加速度向量 $\boldsymbol{a}$ 的散度.

## C 应用题

16. 球心在原点,半径为 $R$ 的带电的球,其电荷面密度为常数 $\rho$.求点 $A(0,0,a)(a>0)$ 的电位.

17. 利用高斯公式推证阿基米德原理:浸没在液体中的物体所受液体的压力的合力(即浮力)的方向铅直向上,大小等于该物体所排开的液体所受的重力.

18. 在点电荷 $q$ 所产生的电场中,已知任意点 $M$ 处的电位移向量为 $\boldsymbol{D}=\dfrac{q}{4\pi r^2}\boldsymbol{r}$,其中 $r$ 是点电荷 $q$ 到点 $M$ 的距离,$\boldsymbol{r}$ 是从点电荷 $q$ 指向 $M$ 的单位向量,以点电荷为中心,以 $R$ 为半径的球面为 $S$,那么

(1) 求球面 $S$ 内所产生的电通量;

(2) 求电位移 $\boldsymbol{D}$ 在任一点 $M$ 的散度.

## D 实验题

19. 用 Mathematica 软件计算 $\oiint_\Sigma x(x^2+1)\mathrm{d}y\mathrm{d}z+y(y^2+2)\mathrm{d}z\mathrm{d}x+z(z^2+3)\mathrm{d}x\mathrm{d}y$,其中 $\Sigma$ 是球面 $x^2+y^2+z^2=1$ 外侧.

20. 用 Mathematica 软件计算 $\oint_C y^2\mathrm{d}x+z^2\mathrm{d}y+x^2\mathrm{d}z$,其中 $C$ 是曲线 $x^2+y^2+z^2=R^2, x^2+y^2=Rx(R>0,z\geqslant 0)$,从 $x$ 轴的正方向看时,曲线为顺时针方向.

21. 设数量场 $u=xy^2+yz^3$,试求该数量场在各点处的

梯度向量，并绘制由梯度向量描述的向量场.

22. 设向量场 $\boldsymbol{v}=(x+y^2,y-z^3,xy)$，试求该向量场在点$(1,-1,2)$处的散度.

23. 设向量场 $\boldsymbol{v}=(xy^2,xy-z^3,x+y)$，试求该向量场在各点处的旋度，并绘制由旋度向量所描述的向量场.

12.4 测验题

# 第十三章
# 幂级数与傅里叶级数

在第二章中,我们将有限个数的求和运算推广到无限个数的求和,建立了无穷(数项)级数及其收敛性的概念,并给出了无穷级数收敛性的若干判定方法.自然地,有限个函数的求和也可以推广至无穷,得到函数项级数,我们同样可以建立函数项级数收敛的概念.当然,如果对被求和的函数不加任何限制,要判断函数项级数的收敛性是非常困难的,因此一般假设被求和的函数具有比较简单的形式.本章首先考虑一般函数项级数及其收敛性,然后重点研究幂级数和三角级数,前者是一类幂函数的无穷求和,后者是一类三角函数(正弦函数和余弦函数)的无穷求和.之所以考虑这两类函数项级数,一方面,我们比较容易研究这两类函数项级数的性质;另一方面,也是最主要的方面,我们可以通过它们来表示许多其他的函数,这在实际问题中有着非常广泛的应用.

**课程思政案例**
由圆弓面积计算到幂级数的产生

**课程思政案例**
傅里叶级数的提出与严谨化

## 13.1 函数项级数

### 13.1.1 函数项级数的收敛域

**微视频**
13-1-1
问题引入——数值级数收敛概念及判别法回顾

设函数 $u_k(x)(k=1,2,\cdots)$ 在区间 $I$ 上有定义,称

$$\sum_{k=1}^{\infty} u_k(x)=u_1(x)+u_2(x)+\cdots+u_k(x)+\cdots \tag{13.1.1}$$

为定义在区间 $I$ 上的函数项级数.

**定义 13.1.1** 对于区间 $I$ 中的一点 $x_0$,若数项级数

$$\sum_{k=1}^{\infty} u_k(x_0)=u_1(x_0)+u_2(x_0)+\cdots+u_k(x_0)+\cdots$$

微视频
13-1-2
函数项级数收敛概念

收敛(发散),则称函数项级数(13.1.1)在 $x_0$ 处收敛(发散),称点 $x_0$ 为函数项级数(13.1.1)的收敛点(发散点).函数项级数(13.1.1)的一切收敛点所组成的集合 $D$,称为函数项级数(13.1.1)的收敛域.

**例 1** 求函数项级数

$$\sum_{k=1}^{\infty}\frac{k}{x^k}=\frac{1}{x}+\frac{2}{x^2}+\cdots+\frac{k}{x^k}+\cdots$$

的收敛域.

**解** 记 $u_k(x)=\dfrac{k}{x^k}$.由于当 $x\neq 0$ 时,

$$\lim_{k\to\infty}\frac{|u_{k+1}(x)|}{|u_k(x)|}=\lim_{k\to\infty}\left|\frac{k+1}{x^{k+1}}\frac{x^k}{k}\right|=\frac{1}{|x|},$$

故由比值判别法知,当 $\dfrac{1}{|x|}<1$,即 $|x|>1$ 时,级数 $\sum\limits_{k=1}^{\infty}\dfrac{k}{x^k}$ 绝对收敛;当 $\dfrac{1}{|x|}>1$,即 $0<|x|<1$ 时,级数 $\sum\limits_{k=1}^{\infty}\dfrac{k}{x^k}$ 发散;当 $x=1$ 或 $-1$ 时,级数 $\sum\limits_{k=1}^{\infty}k$ 或 $\sum\limits_{k=1}^{\infty}(-1)^k k$ 都是发散的.因此,函数项级数 $\sum\limits_{k=1}^{\infty}\dfrac{k}{x^k}$ 的收敛域为 $(-\infty,-1)\cup(1,+\infty)$.

由定义 13.1.1 可知,对于函数项级数(13.1.1)的收敛域 $D$ 内的每一点 $x$,函数项级数成为一收敛的数项级数,因而有一确定的和 $S$.因此,函数项级数(13.1.1)在其收敛域 $D$ 上定义了一个 $x$ 的函数,这个函数称为函数项级数(13.1.1)的和函数,记为 $S(x)$.显然,和函数 $S(x)$ 的定义域就是函数项级数(13.1.1)的收敛域.把函数项级数(13.1.1)的前 $n$ 项部分和记作 $S_n(x)$,则有

$$\sum_{k=1}^{\infty}u_k(x)=\lim_{n\to\infty}S_n(x)=\lim_{n\to\infty}\sum_{k=1}^{n}u_k(x)=S(x),\quad x\in D.$$

**例 2** 求函数项级数 $\sum\limits_{k=1}^{\infty}(x^k-x^{k-1})$ 的收敛域与和函数.

**解** 先求收敛域.记 $u_k(x)=x^k-x^{k-1}$.显然,当 $x=0$ 时,级数 $\sum\limits_{k=1}^{\infty}u_k(0)=-1$ 收敛.由于当 $x\neq 0$ 时,

$$\lim_{k\to\infty}\frac{|u_{k+1}(x)|}{|u_k(x)|}=\lim_{k\to\infty}\left|\frac{x^{k+1}-x^k}{x^k-x^{k-1}}\right|=|x|,$$

故由比值判别法知,当 $|x|<1$ 时,级数 $\sum\limits_{k=1}^{\infty}(x^k-x^{k-1})$ 绝对收敛;当 $|x|>1$

时，级数 $\sum_{k=1}^{\infty}(x^k-x^{k-1})$ 发散；当 $x=1$ 时，级数 $\sum_{k=1}^{\infty}u_k(1)=0$ 收敛；当 $x=-1$ 时，级数 $\sum_{k=1}^{\infty}[(-1)^k-(-1)^{k-1}]$ 发散.因此，函数项级数 $\sum_{k=1}^{\infty}(x^k-x^{k-1})$ 的收敛域为 $(-1,1]$.

再求和函数.因为

$$S_n(x)=\sum_{k=1}^{n}(x^k-x^{k-1})=(x-1)+(x^2-x)+\cdots+(x^n-x^{n-1})$$
$$=x^n-1\quad(-1<x\leqslant 1),$$

所以和函数 $S(x)$ 为

$$S(x)=\lim_{n\to\infty}S_n(x)=\begin{cases}-1, & |x|<1,\\ 0, & x=1.\end{cases}$$

## 13.1.2 函数项级数的一致收敛性

我们知道，有限个函数之和仍保持各相加函数许多重要的分析性质.例如，有限个连续函数之和仍为连续函数，有限个可导（可积）函数之和的导数（积分）等于各个函数的导数（积分）之和.然而，对于函数项级数这种无穷多个函数相加求和的情况来说，有限个函数之和的这些性质不一定成立.例如第 13.1.1 小节的例 2，虽然函数项级数的每一项 $u_k(x)=x^k-x^{k-1}(k=1,2,\cdots)$ 在 $(-1,1]$ 上都连续，但它的和函数

微视频
13-1-3
函数项级数一致收敛概念

$$S(x)=\begin{cases}-1, & |x|<1,\\ 0, & x=1\end{cases}$$

在 $x=1$ 处间断.

这就提出了这样一个问题：满足什么条件的函数项级数才具有像有限个函数之和那样的分析性质呢？换句话说，对什么样的函数项级数，能够从级数每一项的连续性得出它的和函数的连续性，从级数每一项的导数（积分）所构成的新的函数项级数得出原来级数的和函数的导数（积分）呢？为此，引入一个重要概念——函数项级数的一致收敛性概念.

### 1. 函数项级数的一致收敛性

我们知道，函数项级数 $\sum_{k=1}^{\infty}u_k(x)$ 在其收敛域 $D$ 上处处收敛于 $S(x)$，

即对于任意的 $x\in D$，都有$\lim\limits_{n\to\infty}S_n(x)=\lim\limits_{n\to\infty}\sum\limits_{k=1}^{n}u_k(x)=S(x)$.用 $\varepsilon$-$N$ 语言来表述，就是 $\forall\varepsilon>0$，$\exists N\in\mathbb{N}_+$，当 $n>N$ 时，恒有

$$|S_n(x)-S(x)|<\varepsilon.$$

一般来说，这里的正整数 $N$ 不仅与 $\varepsilon$ 有关，而且与 $x$ 有关，通常记成 $N=N(\varepsilon,x)$.如果存在只依赖于 $\varepsilon$，而不依赖于收敛域 $D$ 中的点 $x$ 的正整数 $N$（记为 $N(\varepsilon)$），即对于任意的 $x\in D$，只要 $n>N(\varepsilon)$，就恒有 $|S_n(x)-S(x)|<\varepsilon$，则称这种收敛性为一致收敛.

**定义 13.1.2** 设函数项级数 $\sum\limits_{k=1}^{\infty}u_k(x)$ 在区间 $I$ 上收敛，和函数为 $S(x)$.若对于任意给定的正数 $\varepsilon$，均存在一个只依赖于 $\varepsilon$ 的正整数 $N$，当 $n>N$ 时，对于任意的 $x\in I$，恒有

$$|S_n(x)-S(x)|<\varepsilon,$$

则称函数项级数 $\sum\limits_{k=1}^{\infty}u_k(x)$ 在 $I$ 上一致收敛于 $S(x)$.否则，称函数项级数 $\sum\limits_{k=1}^{\infty}u_k(x)$ 在 $I$ 上不一致收敛.

**例 3** 证明函数项级数

$$x+(x^2-x)+(x^3-x^2)+\cdots+(x^k-x^{k-1})+\cdots$$

在开区间$(0,r)(0<r<1)$内一致收敛.

**证** 首先，因

$$S_n(x)=x+(x^2-x)+\cdots+(x^n-x^{n-1})=x^n,$$

故当 $x\in(0,r)(0<r<1)$时，有

$$\lim_{n\to\infty}S_n(x)=\lim_{n\to\infty}x^n=0,$$

即该函数项级数在开区间$(0,r)$内收敛，且和函数 $S(x)=0,x\in(0,r)$.

下面证明该函数项级数在开区间$(0,r)(0<r<1)$内一致收敛.

对于任意给定的正数 $\varepsilon$（不妨设 $\varepsilon<1$），对$(0,r)$内的一切 $x$，要使

$$|S_n(x)-S(x)|=|x^n-0|<r^n<\varepsilon,$$

只要 $n\ln r<\ln\varepsilon$，即 $n>\dfrac{\ln\varepsilon}{\ln r}$即可.取正整数 $N=\left[\dfrac{\ln\varepsilon}{\ln r}\right]+1$，则当 $n>N$ 时，对于$(0,r)$内的一切 $x$，恒有

$$|S_n(x)-S(x)|=|x^n-0|<\varepsilon,$$

故该函数项级数在$(0,r)$内一致收敛.

对例 3 中的函数项级数，我们还可以进一步讨论它在开区间$(0,1)$内

的一致连续性.该函数项级数在(0,1)内处处收敛于$S(x)=0$,但并不一致收敛.事实上,对$\varepsilon_0=\frac{1}{4}$,不论$n$多么大,在(0,1)内总存在$x_n=\frac{1}{\sqrt[n]{2}}$,使得

$$|S_n(x_n)-S(x_n)|=\left|\left(\frac{1}{\sqrt[n]{2}}\right)^n-0\right|=\frac{1}{2}>\varepsilon_0,$$

因此例3中的函数项级数在开区间(0,1)内是不一致收敛的.

例3以及其后的讨论说明一致收敛性与所讨论的区间有关,而且函数项级数在某一区间内处处收敛,并不一定在这个区间内一致收敛.

### 2. 函数项级数一致收敛性的判别法

直接用定义来判别函数项级数在区间$I$上是否一致收敛有时是不方便的,因此,需要建立在使用上较方便的判别法.

微视频
13-1-4
一致收敛级数的判别法

**定理13.1.1**(柯西准则) 函数项级数$\sum_{k=1}^{\infty}u_k(x)$在区间$I$上一致收敛的充要条件是:对于任意给定的正数$\varepsilon$,总存在一个只依赖于$\varepsilon$的正整数$N$,当$n>N$时,对于任意的$x\in I$和任何正整数$p$,恒有

$$|S_{n+p}(x)-S_n(x)|=\left|\sum_{k=n+1}^{n+p}u_k(x)\right|<\varepsilon.$$

根据柯西准则,可以得到一个如下简单而适用的判别法.

**定理13.1.2**(魏尔斯特拉斯(Weierstrass)判别法,简称$M$判别法) 若函数项级数$\sum_{k=1}^{\infty}u_k(x)$在区间$I$上满足条件:

(1) $|u_k(x)|\leqslant M_k,k=1,2,\cdots$;

(2) 正项级数$\sum_{k=1}^{\infty}M_k$收敛,

则函数项级数$\sum_{k=1}^{\infty}u_k(x)$在区间$I$上一致收敛.

**证** 由条件(2)及数列收敛的柯西收敛准则知,对于任意给定的正数$\varepsilon$,总存在正整数$N$,当$n>N$时,对任意的正整数$p$,恒有

$$|M_{n+1}+M_{n+2}+\cdots+M_{n+p}|=M_{n+1}+M_{n+2}+\cdots+M_{n+p}<\varepsilon.$$

由条件(1),当$n>N$时,对于任意的$x\in I$及任意的正整数$p$,有

$$\begin{aligned}|u_{n+1}(x)+u_{n+2}(x)+\cdots+u_{n+p}(x)|&\leqslant|u_{n+1}(x)|+|u_{n+2}(x)|+\cdots+|u_{n+p}(x)|\\&\leqslant M_{n+1}+M_{n+2}+\cdots+M_{n+p}<\varepsilon.\end{aligned}$$

根据定理13.1.1知,函数项级数$\sum_{k=1}^{\infty}u_k(x)$在区间$I$上一致收敛.

**例4** 证明函数项级数$\sum_{k=1}^{\infty}\frac{\cos kx}{k^2}$在$(-\infty,+\infty)$内一致收敛.

**证** 由于在$(-\infty,+\infty)$内

$$\left|\frac{\cos kx}{k^2}\right|\leqslant\frac{1}{k^2},\quad k=1,2,\cdots,$$

而级数 $\sum_{k=1}^{\infty}\frac{1}{k^2}$收敛,故由 $M$ 判别法知 $\sum_{k=1}^{\infty}\frac{\cos kx}{k^2}$在$(-\infty,+\infty)$内一致收敛.

### 3. 一致收敛级数的基本性质

一致收敛的函数项级数具有像有限个函数之和那样的分析性质.

**定理 13.1.3**(和函数的连续性) 如果函数项级数 $\sum_{k=1}^{\infty}u_k(x)$ 满足条件:

(1) $u_k(x)(k=1,2,\cdots)$在$[a,b]$上都连续;

(2) 函数项级数(13.1.1)在$[a,b]$上一致收敛,

则函数项级数 $\sum_{k=1}^{\infty}u_k(x)$ 的和函数 $S(x)$在$[a,b]$上连续.

**证** 任取 $x_0\in[a,b]$,要证 $S(x)$在 $x_0$ 处连续.

由条件(2),函数项级数 $\sum_{k=1}^{\infty}u_k(x)$ 在$[a,b]$上一致收敛于 $S(x)$,故对于任意给定的正数 $\varepsilon$,必存在正整数 $N=N(\varepsilon)$,使得当 $n>N$ 时,对任意 $x\in[a,b]$,恒有

$$|S_n(x)-S(x)|<\frac{\varepsilon}{3}.$$

特别地,有 $|S_{N+1}(x)-S(x)|<\frac{\varepsilon}{3}$.因 $x_0\in[a,b]$,当然亦有 $|S_{N+1}(x_0)-S(x_0)|<\frac{\varepsilon}{3}$.从而

$$\begin{aligned}|S(x)-S(x_0)|&=|S(x)-S_{N+1}(x)+S_{N+1}(x)-S_{N+1}(x_0)+S_{N+1}(x_0)-S(x_0)|\\&\leqslant|S_{N+1}(x)-S(x)|+|S_{N+1}(x)-S_{N+1}(x_0)|+|S_{N+1}(x_0)-S(x_0)|\\&\leqslant\frac{\varepsilon}{3}+|S_{N+1}(x)-S_{N+1}(x_0)|+\frac{\varepsilon}{3},\end{aligned}$$

注意到 $S_{N+1}(x)=u_1(x)+u_2(x)+\cdots+u_{N+1}(x)$是有限个连续函数之和,显然 $S_{N+1}(x)$在 $x_0$ 处连续,故对上述 $\varepsilon>0$,存在 $\delta>0$,当 $|x-x_0|<\delta$ 时,有

$$|S_{N+1}(x)-S_{N+1}(x_0)|<\frac{\varepsilon}{3}.$$

于是,当 $|x-x_0|<\delta$ 时,有

$$|S(x)-S(x_0)|\leqslant\frac{\varepsilon}{3}+|S_{N+1}(x)-S_{N+1}(x_0)|+\frac{\varepsilon}{3}<\frac{\varepsilon}{3}+\frac{\varepsilon}{3}+\frac{\varepsilon}{3}=\varepsilon.$$

因此 $S(x)$在 $x_0$ 处连续.由 $x_0\in[a,b]$的任意性知,和函数 $S(x)$在$[a,b]$上连续.

由定理 13.1.3 的证明过程可见，定理中的闭区间改为开区间、无穷区间等，定理仍成立.

**例 5** 证明函数项级数 $\sum_{k=1}^{\infty}\frac{\cos kx}{k^2}$ 的和函数在 $(-\infty,+\infty)$ 内连续.

**证** 因 $\frac{\cos kx}{k^2}(k=1,2,\cdots)$ 在 $(-\infty,+\infty)$ 内都连续，且由例 4 知 $\sum_{k=1}^{\infty}\frac{\cos kx}{k^2}$ 在 $(-\infty,+\infty)$ 内一致连续，故由定理 13.1.3 知，$\sum_{k=1}^{\infty}\frac{\cos kx}{k^2}$ 的和函数在 $(-\infty,+\infty)$ 内连续.

**定理 13.1.4**（逐项积分定理） 若函数项级数 $\sum_{k=1}^{\infty}u_k(x)$ 满足条件：

（1）$u_k(x)(k=1,2,\cdots)$ 在 $[a,b]$ 上都连续；

（2）函数项级数 $\sum_{k=1}^{\infty}u_k(x)$ 在 $[a,b]$ 上一致收敛于 $S(x)$，

则函数项级数 $\sum_{k=1}^{\infty}u_k(x)$ 在 $[a,b]$ 上可以逐项积分，即

$$\int_{x_0}^{x}S(x)\,dx=\int_{x_0}^{x}\sum_{k=1}^{\infty}u_k(x)\,dx=\sum_{k=1}^{\infty}\int_{x_0}^{x}u_k(x)\,dx,$$

其中 $a\leqslant x_0<x\leqslant b$.

**证** 首先由题设条件，根据定理 13.1.3 知，函数项级数 $\sum_{k=1}^{\infty}u_k(x)$ 的和函数 $S(x)$ 在 $[a,b]$ 上连续，从而 $S(x)$ 在 $[a,b]$ 上可积，当然对 $[a,b]$ 上的任意两点 $x_0<x$，$S(x)$ 在 $[x_0,x]$ 可积.

由条件(2)，对于任意给定的正数 $\varepsilon$，必存在正整数 $N=N(\varepsilon)$，使得当 $n>N$ 时，对任意 $x\in[a,b]$，恒有

$$|S(x)-S_n(x)|<\frac{\varepsilon}{b-a}.$$

因此，当 $n>N$ 时，有

$$\left|\int_{x_0}^{x}[S(x)-S_n(x)]\,dx\right|\leqslant\int_{x_0}^{x}|S(x)-S_n(x)|\,dx<\frac{\varepsilon}{b-a}(x-x_0)\leqslant\varepsilon.$$

根据极限定义，有

$$\lim_{n\to\infty}\int_{x_0}^{x}[S(x)-S_n(x)]\,dx=0,$$

即 $\int_{x_0}^{x}S(x)\,dx=\lim_{n\to\infty}\int_{x_0}^{x}S_n(x)\,dx=\sum_{k=1}^{\infty}\int_{x_0}^{x}u_k(x)\,dx.$

**定理 13.1.5**（逐项微分定理） 如果函数项级数 $\sum_{k=1}^{\infty}u_k(x)$ 满足条件：

(1) $u_k(x)(k=1,2,\cdots)$ 在$[a,b]$上有连续的导函数 $u'_k(x)(k=1,2,\cdots)$；

(2) 函数项级数 $\sum_{k=1}^{\infty} u_k(x)$ 在$[a,b]$上收敛于 $S(x)$；

(3) 导函数级数 $\sum_{k=1}^{\infty} u'_k(x)$ 在$[a,b]$上一致收敛，

则函数项级数 $\sum_{k=1}^{\infty} u_k(x)$ 在$[a,b]$上可以逐项求导，即

$$S'(x)=\left(\sum_{k=1}^{\infty} u_k(x)\right)'=\sum_{k=1}^{\infty} u'_k(x).$$

**证** 由于 $\sum_{k=1}^{\infty} u'_k(x)$ 在$[a,b]$上一致收敛，设其和函数为 $\varphi(x)$，即

$$\varphi(x)=\sum_{k=1}^{\infty} u'_k(x)=u'_1(x)+u'_2(x)+\cdots+u'_k(x)+\cdots,\quad a\leqslant x\leqslant b.$$

根据定理 13.1.3 知，$\varphi(x)$ 在$[a,b]$上连续，根据定理 13.1.4 知，$\varphi(x)$ 在$[a,b]$上可逐项积分，故对于$[a,b]$上的任意两点 $x_0<x$，有

$$\begin{aligned}\int_{x_0}^{x}\varphi(x)\mathrm{d}x&=\int_{x_0}^{x}u'_1(x)\mathrm{d}x+\int_{x_0}^{x}u'_2(x)\mathrm{d}x+\cdots+\int_{x_0}^{x}u'_k(x)\mathrm{d}x+\cdots\\&=[u_1(x)-u_1(x_0)]+[u_2(x)-u_2(x_0)]+\cdots+[u_k(x)\\&\quad-u_k(x_0)]+\cdots\\&=S(x)-S(x_0).\end{aligned}$$

上式两端对 $x$ 求导，得

$$S'(x)=\varphi(x)=\sum_{k=1}^{\infty} u'_k(x),x\in[a,b].$$

## 习题 13.1

### A 基础题

1. 求下列函数项级数的收敛域：

(1) $\sum_{k=1}^{\infty}\frac{x^k}{\sqrt{k}}$； (2) $\sum_{k=1}^{\infty}(\ln x)^k$；

(3) $\sum_{k=1}^{\infty}\left[\frac{(x+k)x}{k}\right]^k$； (4) $\sum_{k=1}^{\infty}\frac{1}{1+x^k}$.

2. 证明函数项级数 $\sum_{k=1}^{\infty}k!\left(\frac{x}{k}\right)^k$ 在$(-\mathrm{e},\mathrm{e})$内处处收敛.

3. 利用 $M$ 判别法证明下列级数在给定区间上的一致收敛性：

(1) $\sum_{k=1}^{\infty}\frac{\cos kx}{k!},x\in(-\infty,+\infty)$；

(2) $\sum_{k=1}^{\infty}\frac{\cos kx}{\sqrt[3]{k^4+x^4}},x\in(-\infty,+\infty)$；

(3) $\sum_{k=1}^{\infty}\arctan\frac{2x}{x^2+k^3},x\in(-\infty,+\infty)$；

(4) $\sum_{k=1}^{\infty}\frac{\mathrm{e}^{-k^2x^2}}{2^k},x\in(-\infty,+\infty)$；

(5) $\sum_{k=1}^{\infty} kx^k, x\in[-q,q]\ (0<q<1)$;

(6) $\sum_{k=1}^{\infty} x^k(1-x)^2, x\in[0,1]$.

## B 综合题

4. 若函数项级数 $\sum_{k=1}^{\infty} |u_k(x)|$ 在区间 $I$ 上一致收敛，证明函数项级数 $\sum_{k=1}^{\infty} u_k(x)$ 在区间 $I$ 上也一致收敛.并举例说明其反之不真.

5. 已知函数项级数 $\sum_{k=1}^{\infty} u_k(x)$ 在区间 $(a,b)$ 内一致收敛，函数 $v(x)$ 在 $(a,b)$ 内有界，证明函数项级数 $\sum_{k=1}^{\infty} v(x)u_k(x)$ 在区间 $(a,b)$ 内也一致收敛.

6. 若函数项级数 $\sum_{k=1}^{\infty} u_k(x)$ 在开区间 $(a,b)$ 内的任一闭子区间上一致收敛，则称该级数在 $(a,b)$ 内内闭一致收敛.试证明：若函数项级数 $\sum_{k=1}^{\infty} u_k(x)$ 在 $(a,b)$ 内内闭一致收敛，则其和函数在 $(a,b)$ 内连续.

7. 证明函数项级数 $\sum_{k=1}^{\infty} x^2 e^{-nx}$ 在 $[0,+\infty)$ 上一致收敛.

8. 证明函数项级数

$$f(x)=\sum_{k=1}^{\infty}\frac{\cos kx}{10^k}$$

的和函数在 $(-\infty,+\infty)$ 内连续，并求 $f(0)$ 和 $\lim\limits_{x\to\frac{\pi}{2}} f(x)$.

## C 应用题

9. 根据等式

$$\frac{1}{1+x^2}=1-x^2+x^4-\cdots+(-1)^{k-1}x^{2k-2}+\cdots,\quad -1<x<1$$

可导出公式

$$\arctan x=x-\frac{x^3}{3}+\frac{x^5}{5}-\cdots+(-1)^{k-1}\frac{x^{2k-1}}{2k-1}+\cdots,\quad -1<x<1.$$

用多项式 $x-\frac{x^3}{3}+\frac{x^5}{5}$ 作为 $\arctan x$ 在开区间 $(-1,1)$ 内的近似表达式，试估计其误差.

## D 实验题

10. 在第 9 题导出的公式中令 $x=1$，可得 $\frac{\pi}{4}=\sum_{k=1}^{\infty}\frac{(-1)^{k-1}}{2k-1}$，从而可得计算无理数 $\pi$ 的一个公式：$\pi=4\sum_{k=1}^{\infty}\frac{(-1)^{k-1}}{2k-1}$.分别取 $k=100,300,500,700,900$，用 Mathematica 软件求出 $\pi$ 的近似值及误差.

11. 从第 10 题可以看出，公式 $\pi=4\sum_{k=1}^{\infty}\frac{(-1)^{k-1}}{2k-1}$ 中的级数收敛速度极慢，为此考虑如下加速算法：令 $x=\tan\alpha=\frac{1}{5}$，则 $\alpha=\arctan\frac{1}{5}$，从而

$$\tan 2\alpha=\frac{2\tan\alpha}{1-\tan^2\alpha}=\frac{5}{12},$$

$$\tan 4\alpha=\frac{2\tan 2\alpha}{1-\tan^2 2\alpha}=\frac{120}{119}\approx 1.$$

因此 $4\alpha\approx\frac{\pi}{4}$，$\beta=4\alpha-\frac{\pi}{4}\approx 0$.

$$\tan\beta=\tan\left(4\alpha-\frac{\pi}{4}\right)=\frac{\tan\alpha-1}{1+\tan 4\alpha\cdot 1}=\frac{1}{239},$$

故有如下计算无理数 $\pi$ 的公式：

$$\begin{aligned}\pi&=16\alpha-4\beta=16\arctan\frac{1}{5}-4\arctan\frac{1}{239}\\&=16\sum_{k=1}^{\infty}\frac{(-1)^{k-1}}{2k-1}\frac{1}{5^{2k-1}}\\&\quad-4\sum_{k=1}^{\infty}\frac{(-1)^{k-1}}{2k-1}\frac{1}{239^{2k-1}}.\end{aligned}$$

分别取 $k=5,10,15,20,25$，用 Mathematica 软件求出 $\pi$ 的近似值及误差.

## 13.2 幂级数及其应用

### 13.2.1 幂级数的收敛域与和函数

微视频
13-2-1
问题引入——从有穷次多项式到无穷次多项式

#### 1. 幂级数及其收敛域

形式最简单、应用最广泛的一类函数项级数，就是各项由幂函数组成的幂级数，它的一般形式是

$$\sum_{k=0}^{\infty} a_k(x-x_0)^k=a_0+a_1(x-x_0)+a_2(x-x_0)^2+\cdots+a_k(x-x_0)^k+\cdots. \quad (13.2.1)$$

微视频
13-2-2
幂级数的概念

特别地，令 $x_0=0$，式(13.2.1)变为

$$\sum_{k=0}^{\infty} a_k x^k=a_0+a_1x+a_2x^2+\cdots+a_kx^k+\cdots, \quad (13.2.2)$$

其中 $a_0,a_1,a_2,\cdots,a_k,\cdots$都是实常数，称之为幂级数的系数.通过简单的变换$x-x_0=t$，可以将幂级数的一般形式(13.2.1)化为形如式(13.2.2)的幂级数.因此，下面只就形如式(13.2.2)的幂级数进行讨论.

**例 1** 在(13.2.2)中，如果令所有系数都为1，则得到下面的几何级数(等比级数)

$$\sum_{k=0}^{\infty} x^k=1+x+x^2+\cdots+x^n+\cdots, \quad (13.2.3)$$

它的部分和函数列为

$$S_n(x)=\sum_{k=0}^{n} x^k=\frac{1-x^{n+1}}{1-x}, \quad n=0,1,2,\cdots.$$

容易知道，当且仅当$-1<x<1$时，部分和函数列$\{S_n(x)\}$收敛，极限值为$S(x)=\dfrac{1}{1-x}$，即

$$\lim_{n\to\infty}\sum_{k=0}^{n} x^k=\lim_{n\to\infty}(1+x+x^2+\cdots+x^n)=\frac{1}{1-x}, \quad -1<x<1.$$

这样，几何级数(13.2.3)的收敛域为$(-1,1)$，其和函数为$S(x)=\dfrac{1}{1-x}$，因此有

$$\frac{1}{1-x}=1+x+x^2+\cdots+x^n+\cdots, \quad -1<x<1. \quad (13.2.4)$$

对于幂级数 $\sum_{k=0}^{\infty} a_k x^k$，我们首先研究它的收敛域. 显然，对于 $x=0$，不论各项系数 $a_0, a_1, a_2, \cdots$ 如何，该幂级数总是收敛的；但是，对于 $x \neq 0$，该幂级数的敛散性就会有各种情况发生，请看下面几个例子.

**例 2** 幂级数

$$1+x+2^2x^2+\cdots+k^kx^k+\cdots$$

除 $x=0$ 外处处发散. 事实上，当 $x\neq 0$ 时，只要 $k>\frac{1}{|x|}$，就有

$$|k^kx^k| = |kx|^k = (k\cdot|x|)^k>1.$$

这就是说，当 $x\neq 0$ 时，幂级数的一般项 $k^kx^k$ 在 $k\to\infty$ 时不可能以零为极限，故该幂级数在 $x\neq 0$ 时发散. 至于 $x=0$ 时，显见幂级数是收敛的.

**例 3** 幂级数

$$\sum_{k=0}^{\infty} \frac{x^k}{k!} = 1+x+\frac{x^2}{2!}+\cdots+\frac{x^k}{k!}+\cdots$$

在整个数轴上都是收敛的. 事实上，记 $u_k(x)=\frac{x^k}{k!}$，$k=0,1,2,\cdots$，则

$$\lim_{k\to\infty}\left|\frac{u_{k+1}(x)}{u_k(x)}\right| = \lim_{k\to\infty}\left|\frac{\frac{x^{k+1}}{(k+1)!}}{\frac{x^k}{k!}}\right| = \lim_{k\to\infty}\frac{|x|}{k+1}=0.$$

由比值判别法知，该幂级数对于任意实数 $x$ 都是收敛的，因而它在整个数轴上收敛.

**例 4** 幂级数

$$\sum_{k=1}^{\infty} \frac{x^{k-1}}{k} = 1+x+\frac{x^2}{2}+\cdots+\frac{x^{k-1}}{k}+\cdots$$

在半开区间 $[-1,1)$ 上是收敛的. 事实上，因为

$$\lim_{k\to\infty}\left|\frac{u_{k+1}(x)}{u_k(x)}\right| = \lim_{k\to\infty}\left|\frac{\frac{x^{k}}{k+1}}{\frac{x^{k-1}}{k}}\right| = \lim_{k\to\infty}\frac{k}{k+1}|x| = |x|,$$

所以，由比值判别法知，当 $|x|<1$ 时，该幂级数 $\sum_{k=1}^{\infty}\frac{x^{k-1}}{k}$ 收敛；当 $|x|>1$ 时，该幂级数发散.

当 $x=-1$ 时,该幂级数成为交错级数 $\sum_{k=1}^{\infty}\frac{(-1)^{k-1}}{k}$,由莱布尼茨判别法易知它是收敛的;当 $x=1$ 时,该幂级数成为调和级数 $\sum_{k=1}^{\infty}\frac{1}{k}$,它是发散的.

综上所述,该幂级数的收敛域是$[-1,1)$.

从上面的几个例子看出,其对应的幂级数的收敛域是一个以原点为中心的区间.事实上,这是幂级数 $\sum_{k=0}^{\infty}a_kx^k$ 的一个共性.下面的阿贝尔定理刻画了幂级数收敛域的这个特征.

微视频
13-2-3
阿贝尔定理

**定理 13.2.1**(阿贝尔定理) (1) 若幂级数 $\sum_{k=0}^{\infty}a_kx^k$ 在点 $x=a(a\neq 0)$ 处收敛,则它对于满足不等式 $|x|<|a|$ 的一切 $x$ 都绝对收敛;

(2) 若幂级数 $\sum_{k=0}^{\infty}a_kx^k$ 在点 $x=a$ 处发散,则它对于满足不等式 $|x|>|a|$ 的一切 $x$ 都发散.

**证** 先证(1).由条件知,数值级数 $\sum_{k=0}^{\infty}a_ka^k$ 收敛,因而有 $\lim\limits_{k\to\infty}a_ka^k=0$,故必存在正数 $C$,使得

$$|a_ka^k|<C\quad(k=0,1,2,\cdots),$$

于是

$$|a_kx^k|=\left|a_ka^k\frac{x^k}{a^k}\right|=|a_ka^k|\cdot\left|\frac{x^k}{a^k}\right|<C\left|\frac{x}{a}\right|^k,\quad k=0,1,2,\cdots.$$

因为 $|x|<|a|$,即 $\left|\frac{x}{a}\right|<1$,所以等比级数 $\sum_{k=0}^{\infty}C\left|\frac{x}{a}\right|^k$ 收敛,由正项级数的比较判别法知幂级数 $\sum_{k=0}^{\infty}|a_kx^k|$ 也收敛,从而幂级数 $\sum_{k=0}^{\infty}a_kx^k$ 当 $|x|<|a|$ 时绝对收敛.

再证(2).用反证法.假设有一点 $x_1$ 满足 $|x_1|>|a|$,而使级数 $\sum_{k=0}^{\infty}a_kx_1^k$ 收敛,则根据(1)的结论,幂级数 $\sum_{k=0}^{\infty}a_kx^k$ 必在 $x=a$ 处绝对收敛,从而在 $x=a$ 处收敛.这与假设矛盾.

阿贝尔定理告诉我们,如果 $x=a(a\neq 0)$ 是幂级数 $\sum_{k=0}^{\infty}a_kx^k$ 的收敛点,则它在区间 $(-|a|,|a|)$ 内绝对收敛;如果 $x=b(b\neq 0)$ 是幂级数 $\sum_{k=0}^{\infty}a_kx^k$ 的发散点,则它在区间 $[-|b|,|b|]$ 以外的一切点都发散.如

图 13.2.1 所示.

这就说明,除去两种极端的情况(收敛域仅为 $x=0$ 或为整个数轴)外,必存在一个分界点 $R(R>0)$,使得幂级数 $\sum\limits_{k=0}^{\infty} a_k x^k$ 在区间 $(-R,R)$ 内部处处收敛,在区间 $[-R,R]$ 之外处处发散,在分界点 $x=R$ 和 $x=-R$ 处幂级数 $\sum\limits_{k=0}^{\infty} a_k x^k$ 可能是收敛的,也可能是发散的.综上所述,得到下面的定理.

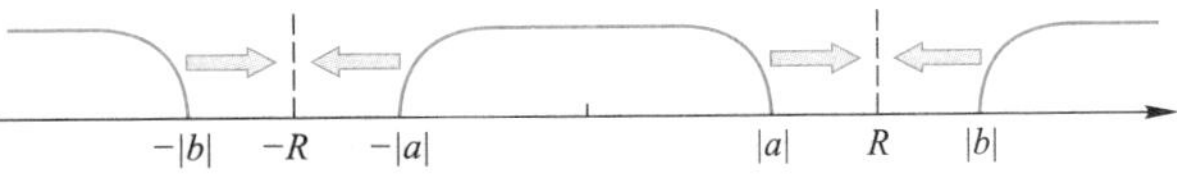

图 13.2.1　阿贝尔定理示意图

**定理 13.2.2**　如果幂级数 $\sum\limits_{k=0}^{\infty} a_k x^k$ 既有不等于零的收敛点,又有发散点,则必存在唯一的正数 $R(0<R<+\infty)$,使得当 $|x|<R$ 时,该幂级数绝对收敛;当 $|x|>R$ 时,该幂级数发散.

这个正数 $R$ 称为幂级数 $\sum\limits_{k=0}^{\infty} a_k x^k$ 的收敛半径,而以原点为中心的对称区间 $(-R,R)$ 称为幂级数 $\sum\limits_{k=0}^{\infty} a_k x^k$ 的收敛区间.若需要进一步求出幂级数 $\sum\limits_{k=0}^{\infty} a_k x^k$ 的收敛域,还需要辨明幂级数 $\sum\limits_{k=0}^{\infty} a_k x^k$ 在 $x=\pm R$ 处的敛散性.易知幂级数 $\sum\limits_{k=0}^{\infty} a_k x^k$ 的收敛域必为 $(-R,R)$,$[-R,R)$,$(-R,R]$,$[-R,R]$ 诸区间之一.

微视频
13-2-4
收敛半径与收敛区域

特别地,当幂级数 $\sum\limits_{k=0}^{\infty} a_k x^k$ 只在 $x=0$ 处收敛时,规定其收敛半径 $R=0$;当它在整个数轴上都收敛时,规定其收敛半径 $R=+\infty$.

关于幂级数收敛半径的计算,有下面的定理:

**定理 13.2.3**　对于幂级数 $\sum\limits_{k=0}^{\infty} a_k x^k$,假设其系数 $a_k \neq 0(k=1,2,\cdots)$,若

$$\lim_{k\to\infty}\left|\frac{a_{k+1}}{a_k}\right|=L \quad (0\leqslant L\leqslant +\infty),$$

则幂级数的收敛半径 $R$ 可确定如下:

(1) 当 $0<L<+\infty$ 时,$R=\dfrac{1}{L}$;

(2) 当 $L=0$ 时,$R=+\infty$;

(3) 当 $L=+\infty$ 时,$R=0$.

**证**　(1) 当 $0<L<+\infty$ 时,对于任何 $x\neq 0$,由比值判别法有

$$\lim_{k\to\infty}\left|\frac{a_{k+1}x^{k+1}}{a_kx^k}\right|=\lim_{k\to\infty}\left|\frac{a_{k+1}}{a_k}\right|\cdot|x|=L|x|,$$

于是,当 $L|x|<1$,即 $|x|<\dfrac{1}{L}$时,幂级数 $\sum\limits_{k=0}^{\infty}a_kx^k$ 收敛;当 $|x|>\dfrac{1}{L}$时,幂级数 $\sum\limits_{k=0}^{\infty}a_kx^k$ 发散,所以其收敛半径 $R=\dfrac{1}{L}$.

(2) 当 $L=0$ 时,对于任何 $x\neq0$,都有

$$\lim_{k\to\infty}\left|\frac{a_{k+1}x^{k+1}}{a_kx^k}\right|=L|x|=0\cdot|x|=0<1,$$

于是,幂级数 $\sum\limits_{k=0}^{\infty}a_kx^k$ 对于任何 $x$ 都收敛,所以其收敛半径 $R=+\infty$.

(3) 当 $L=+\infty$ 时,对于任何 $x\neq0$,都有

$$\lim_{k\to\infty}\left|\frac{a_{k+1}x^{k+1}}{a_kx^k}\right|=+\infty,$$

于是,幂级数 $\sum\limits_{k=0}^{\infty}a_kx^k$ 对于任何 $x\neq0$ 的点都发散,但幂级数 $\sum\limits_{k=0}^{\infty}a_kx^k$ 在 $x=0$ 处显然收敛,所以其收敛半径 $R=0$.

**定理 13.2.4** 对于幂级数 $\sum\limits_{k=0}^{\infty}a_kx^k$,若

$$\lim_{k\to\infty}\sqrt[k]{|a_k|}=L\quad(0\leqslant L\leqslant+\infty),$$

则幂级数的收敛半径 $R$ 可确定如下:

(1) 当 $0<L<+\infty$ 时,$R=\dfrac{1}{L}$;

(2) 当 $L=0$ 时,$R=+\infty$;

(3) 当 $L=+\infty$ 时,$R=0$.

该定理的证明留给读者完成.

**例 5** 求幂级数

$$\sum_{k=1}^{\infty}\frac{(-1)^{k-1}x^k}{k2^k}=\frac{x}{2}-\frac{x^2}{2\cdot2^2}+\frac{x^3}{3\cdot2^3}-\cdots+\frac{(-1)^{k-1}x^k}{k\cdot2^k}+\cdots$$

的收敛域.

**解** 先求收敛半径 $R$.因

$$L=\lim_{k\to\infty}\left|\frac{a_{k+1}}{a_k}\right|=\lim_{k\to\infty}\frac{k2^k}{(k+1)2^{k+1}}=\frac{1}{2},$$

故 $R=\dfrac{1}{L}=2$.

当 $x=2$ 时,原级数为交错级数 $\sum\limits_{k=1}^{\infty}\dfrac{(-1)^{k-1}}{k}$,由莱布尼茨判别法知它是收敛的;当$x=-2$时,原级数为级数$-\sum\limits_{k=1}^{\infty}\dfrac{1}{k}$,熟知它是发散的.

故该级数的收敛域为$(-2,2]$.

**例6** 求幂级数 $\sum\limits_{k=1}^{\infty}\dfrac{x^k}{k^k}$ 的收敛域.

**解** 因$\lim\limits_{k\to\infty}\sqrt[k]{|a_k|}=\lim\limits_{k\to\infty}\dfrac{1}{\sqrt[k]{k^k}}=\lim\limits_{k\to\infty}\dfrac{1}{k}=0$,所以它的收敛半径 $R=+\infty$,故该幂级数的收敛域为$(-\infty,+\infty)$.

值得注意的是,上述求收敛半径的办法,不适用于有缺项(缺无穷多项)的幂级数.对于这类幂级数可以仿照证明定理 13.2.3(或定理 13.2.4)的方法求其收敛半径.

**例7** 求幂级数 $\sum\limits_{k=1}^{\infty}2^kx^{2k}$的收敛半径.

**解** 这是一个有缺项的幂级数,由于

$$\lim_{k\to\infty}\left|\frac{u_{k+1}(x)}{u_k(x)}\right|=\lim_{k\to\infty}\frac{2^{k+1}x^{2(k+1)}}{2^kx^{2k}}=2x^2,$$

由比值判别法知,当 $2x^2<1$,即 $|x|<\dfrac{1}{\sqrt{2}}$时,幂级数收敛;当 $2x^2>1$,即 $|x|>\dfrac{1}{\sqrt{2}}$时,幂级数发散,所以它的收敛半径 $R=\dfrac{1}{\sqrt{2}}$.

**例8** 求幂级数 $\sum\limits_{k=0}^{\infty}\dfrac{(-1)^kx^{2k}}{2^{2k}(k!)^2}$ 的收敛域.

**解** 这是一个有缺项的幂级数,由于

$$\lim_{k\to\infty}\left|\frac{u_{k+1}(x)}{u_k(x)}\right|=\lim_{k\to\infty}\left|\frac{(-1)^{k+1}x^{2(k+1)}}{2^{2(k+1)}[(k+1)!]^2}\frac{2^{2k}(k!)^2}{(-1)^kx^{2k}}\right|=\lim_{k\to\infty}\frac{x^2}{4(k+1)^2}=0,$$

由比值判别法知,幂级数对于所有实数 $x$ 都收敛,即它的收敛域为$(-\infty,+\infty)$.

该幂级数的和函数定义了一个新的函数,称它为0次贝塞尔函数,记作

$$J_0(x)=\sum_{k=0}^{\infty}\frac{(-1)^kx^{2k}}{2^{2k}(k!)^2},$$

$-\infty<x<+\infty$.

贝塞尔函数是德国天文学家、数学家贝塞尔在解决行星运动的开普勒方程时提出的,后来发现贝塞尔函数在物理学中非常有用,如圆盘上的温度分布和振动的鼓膜的形状.

### 2. 幂级数的运算与和函数的性质

在实际应用中,经常遇到求幂级数的和函数问题.下面介绍对求幂级数的和函数有用的一些运算和性质.

**性质1**(幂级数的加法运算) 设幂级数 $\sum\limits_{k=0}^{\infty}a_kx^k$ 的收敛区间为$(-R_1,R_1)$,$\sum\limits_{k=0}^{\infty}b_kx^k$ 的收敛区间为$(-R_2,R_2)$,记 $R=\min\{R_1,R_2\}$,则 $\sum\limits_{k=0}^{\infty}(a_k+b_k)x^k$ 在$(-R,R)$内收敛,且有

微视频 13-2-5 幂级数的运算性质

$$\sum_{k=0}^{\infty} a_k x^k + \sum_{k=0}^{\infty} b_k x^k = \sum_{k=0}^{\infty} (a_k+b_k)x^k, \quad -R<x<R. \qquad (13.2.5)$$

**证** 依题意，对于区间$(-R,R)$内任何一点$x_0$，对应的数值级数$\sum_{k=0}^{\infty} a_k x_0^k$与$\sum_{k=0}^{\infty} b_k x_0^k$都收敛，由数值级数的收敛性质可知，$\sum_{k=0}^{\infty}(a_k x_0^k + b_k x_0^k)$也收敛，并且其和为$\sum_{k=0}^{\infty} a_k x_0^k + \sum_{k=0}^{\infty} b_k x_0^k$. 所以，$\sum_{k=0}^{\infty}(a_k + b_k)x^k$在$(-R,R)$内收敛，且式(13.2.5)成立.

性质 1 表明：两个幂级数相加，在它们较小的收敛区间内可以逐项相加.

**例 9** 由(13.2.4)知，

$$\frac{1}{1-x}=1+x+x^2+\cdots+x^n+\cdots, \quad -1<x<1,$$

再在上式中将$x$换成$-x$，则得

$$\frac{1}{1+x}=1-x+x^2-\cdots+(-1)^n x^n+\cdots, \quad -1<x<1,$$

将以上两式相加得

$$\frac{1}{1-x}+\frac{1}{1+x}=2(1+x^2+\cdots+x^{2n}+\cdots), \quad -1<x<1,$$

整理得

$$\frac{1}{1-x^2}=1+x^2+\cdots+x^{2n}+\cdots, \quad -1<x<1.$$

这个式子也可以在式(13.2.4)中将$x$换成$x^2$得到.

下面介绍幂级数的两种重要的分析运算及和函数的性质.

对幂级数$\sum_{k=0}^{\infty} a_k x^k$的每一项$a_k x^k$先求微分，再求和得到级数$\sum_{k=1}^{\infty} k a_k x^{k-1}$，称为对该幂级数逐项求导；对幂级数$\sum_{k=0}^{\infty} a_k x^k$的每一项$a_k x^k$先在$[0,x]$上积分，再求和得到级数$\sum_{k=0}^{\infty} \frac{a_k}{k+1} x^{k+1}$，称为对该幂级数逐项积分.

下面的定理告诉我们，逐项求导与逐项积分不改变幂级数的收敛半径.

**定理 13.2.5** 幂级数$\sum_{k=0}^{\infty} a_k x^k$与其逐项求导和逐项积分所对应的级数$\sum_{k=1}^{\infty} k a_k x^{k-1}$和$\sum_{k=0}^{\infty} \frac{a_k}{k+1} x^{k+1}$的收敛半径相等.

**证** 设$\sum_{k=0}^{\infty} a_k x^k$和$\sum_{k=1}^{\infty} k a_k x^{k-1}$的收敛半径分别为$R$与$R_1$. 先证$R \leqslant$

$R_1$，只要证明对于$(-R,R)$中的任意点$x_0(x_0\neq 0)$，级数$\sum\limits_{k=0}^{\infty} ka_k x_0^{k-1}$收敛.

事实上，对于$x_0$，存在$x_1$满足$0<|x_0|<|x_1|<R$，于是$\sum\limits_{k=0}^{\infty}|a_k x_1^k|$收敛. 对于级数$\sum\limits_{k=0}^{\infty} k\left|\frac{x_0}{x_1}\right|^k$，因为

$$\frac{(k+1)\left|\frac{x_0}{x_1}\right|^{k+1}}{k\left|\frac{x_0}{x_1}\right|^{k}}=\left(1+\frac{1}{k}\right)\left|\frac{x_0}{x_1}\right|\to\left|\frac{x_0}{x_1}\right|<1\quad(k\to\infty),$$

由比值判别法知其收敛，从而$\lim\limits_{k\to\infty} k\left|\frac{x_0}{x_1}\right|^k=0$，于是存在正常数$M$，使得

$$k\left|\frac{x_0}{x_1}\right|^k<M|x_0|,$$

故

$$|ka_k x_0^{k-1}|=\frac{1}{|x_0|}k\left|\frac{x_0}{x_1}\right|^k|a_k x_1^k|<M|a_k x_1^k|,\quad k=1,2,\cdots.$$

又$\sum\limits_{k=0}^{\infty} M|a_k x_1^k|$收敛，所以，由比较判别法知$\sum\limits_{k=1}^{\infty}|ka_k x_0^{k-1}|$收敛，于是$\sum\limits_{k=1}^{\infty} ka_k x_0^{k-1}$收敛.

其次，用类似的方法可证$R_1\geqslant R$，于是$R_1=R$，即$\sum\limits_{k=1}^{\infty} ka_k x^{k-1}$与$\sum\limits_{k=0}^{\infty} a_k x^k$的收敛半径相同. 根据这一结论，级数$\sum\limits_{k=0}^{\infty}\frac{a_k}{k+1}x^{k+1}$与它逐项求导得到的级数$\sum\limits_{k=0}^{\infty} a_k x^k$的收敛半径相同. 因此，这三个级数的收敛半径相同.

值得指出的是，尽管这三个级数的收敛半径相同，但在收敛区间的端点的收敛性未必相同，因此，它们的收敛域未必相同.

为了研究幂级数的和函数的性质，先证明幂级数的一致收敛性定理.

讨论题
13-2-1
幂级数的收敛半径

已知幂级数$\sum\limits_{n=0}^{\infty} a_n x^n$与$\sum\limits_{n=0}^{\infty} b_n x^n$的收敛半径分别为$R_a$和$R_b$，试讨论幂级数$\sum\limits_{n=0}^{\infty}(a_n+b_n)x^n$的收敛半径.

**定理 13.2.6**（幂级数在其收敛区间的内闭一致收敛性） 设幂级数$\sum\limits_{k=0}^{\infty} a_k x^k$的收敛半径为$R$，$0<R\leqslant+\infty$，则它在收敛区间$(-R,R)$内的任何闭子区间$[a,b]$上都是一致收敛的.

**证** 任取闭区间$[a,b]\subset(-R,R)$，令$r=\max\{|a|,|b|\}$，显然$0<r<R$. 由于当$|x|\leqslant r$时，有

反复应用上述结论可得：幂级数$\sum\limits_{k=0}^{\infty} a_k x^k$的和函数$S(x)$在其收敛区间$(-R,R)$内具有任意阶导数.

$$|a_kx^k|\leqslant|a_k|r^k,\quad k=0,1,2,\cdots,$$

而由定理 13.2.2,知级数 $\sum\limits_{k=0}^{\infty}a_kr^k$ 绝对收敛,即级数 $\sum\limits_{k=0}^{\infty}|a_k|r^k$ 收敛.根据定理 13.1.2 的 $M$ 判别法,知幂级数 $\sum\limits_{k=0}^{\infty}a_kx^k$ 在$[-r,r]$上一致收敛.因为$-r\leqslant a<b\leqslant r$,所以 $\sum\limits_{k=0}^{\infty}a_kx^k$ 在$[a,b]$上一致收敛.

进一步还可以证明,若幂级数 $\sum\limits_{k=0}^{\infty}a_kx^k$ 在收敛区间的端点处收敛,则一致收敛的区间可扩大到包含端点.

**性质 2**(幂级数的和函数的连续性) 幂级数 $\sum\limits_{k=0}^{\infty}a_kx^k$ 的和函数 $S(x)$在其收敛域上连续.

**证** 设幂级数 $\sum\limits_{k=0}^{\infty}a_kx^k$ 的收敛域为 $D$,对于任意 $x_0\in D$,总可以找到一个闭区间$[a,b]\subseteq D$,使 $x_0\in[a,b]$.根据定理 13.2.6,幂级数 $\sum\limits_{k=0}^{\infty}a_kx^k$ 在$[a,b]$上一致收敛于其和函数 $S(x)$.又由于幂级数 $\sum\limits_{k=0}^{\infty}a_kx^k$ 的每一项 $a_kx^k(k=0,1,2,\cdots)$都连续,根据定理 13.1.3,$S(x)$在$[a,b]$上连续,从而在 $x_0$ 处连续.由 $x_0\in D$ 的任意性,可知幂级数 $\sum\limits_{k=0}^{\infty}a_kx^k$ 的和函数 $S(x)$在其收敛域 $D$ 上连续.

**性质 3**(幂级数可逐项积分) 幂级数 $\sum\limits_{k=0}^{\infty}a_kx^k$ 的和函数 $S(x)$在其收敛区间$(-R,R)$内可积,且对$(-R,R)$内的任一点 $x$,有逐项积分公式:

$$\int_0^x S(x)\,\mathrm{d}x=\int_0^x\Big(\sum_{k=0}^{\infty}a_kx^k\Big)\,\mathrm{d}x=\sum_{k=0}^{\infty}\int_0^x a_kx^k\mathrm{d}x=\sum_{k=0}^{\infty}\frac{a_k}{k+1}x^{k+1}.$$

**证** 对$(-R,R)$内的任一点 $x$,不妨设 $x>0$,则$[0,x]\subset(-R,R)$.根据定理 13.2.6,幂级数 $\sum\limits_{k=0}^{\infty}a_kx^k$ 在$[0,x]$上一致收敛.又由于幂级数 $\sum\limits_{k=0}^{\infty}a_kx^k$ 的每一项 $a_kx^k(k=0,1,2,\cdots)$都连续,根据定理 13.1.4,幂级数 $\sum\limits_{k=0}^{\infty}a_kx^k$ 在$[0,x]$上可以逐项积分,即

$$\int_0^x S(x)\,\mathrm{d}x=\int_0^x\Big(\sum_{k=0}^{\infty}a_kx^k\Big)\,\mathrm{d}x=\sum_{k=0}^{\infty}\int_0^x a_kx^k\mathrm{d}x=\sum_{k=0}^{\infty}\frac{a_k}{k+1}x^{k+1}.$$

**性质 4**(幂级数可逐项求导) 幂级数 $\sum\limits_{k=0}^{\infty}a_kx^k$ 的和函数 $S(x)$在其

收敛区间$(-R,R)$内可导，且对$(-R,R)$内的任一点 $x$，有逐项求导公式：

$$S'(x)=\left(\sum_{k=0}^{\infty}a_kx^k\right)'=\sum_{k=0}^{\infty}(a_kx^k)'=\sum_{k=1}^{\infty}ka_kx^{k-1}.$$

**证** 由定理 13.2.5，幂级数 $\sum\limits_{k=0}^{\infty}a_kx^k$ 与其逐项求导所对应的级数 $\sum\limits_{k=1}^{\infty}ka_kx^{k-1}$有相同的收敛半径，或即有相同的收敛区间$(-R,R)$. 对$(-R,R)$内的任一点 $x$，同样设 $x>0$，则$[0,x]\subset(-R,R)$. 根据定理 13.2.6，$\sum\limits_{k=1}^{\infty}ka_kx^{k-1}$在$[0,x]$上一致收敛. 又由于幂级数 $\sum\limits_{k=0}^{\infty}a_kx^k$ 的每一项 $a_kx^k$ $(k=0,1,2,\cdots)$都有连续的导函数，根据定理 13.1.5，幂级数 $\sum\limits_{k=0}^{\infty}a_kx^k$ 在$[0,x]$上可以逐项求导，从而在点 $x$ 处可以逐项求导. 由点 $x\in(-R,R)$的任意性，幂级数 $\sum\limits_{k=0}^{\infty}a_kx^k$ 在收敛区间$(-R,R)$内可逐项求导，即

$$S'(x)=\left(\sum_{k=0}^{\infty}a_kx^k\right)'=\sum_{k=0}^{\infty}(a_kx^k)'=\sum_{k=1}^{\infty}ka_kx^{k-1},\quad -R<x<R.$$

利用幂级数逐项求导与逐项积分的运算性质，容易求得某些幂级数的和函数.

**例 10** 求幂级数

$$\sum_{k=1}^{\infty}\frac{(-1)^{k-1}}{k}x^k=x-\frac{x^2}{2}+\frac{x^3}{3}-\frac{x^4}{4}+\cdots$$

的收敛域与和函数.

**解** 因为 $L=\lim\limits_{k\to\infty}\left|\dfrac{a_{k+1}}{a_k}\right|=\lim\limits_{k\to\infty}\left|\dfrac{k}{k+1}\right|=1$，所以幂级数的收敛半径为$R=\dfrac{1}{L}=1$，收敛区间为$(-1,1)$. 当 $x=-1$ 时，级数为 $-\sum\limits_{k=1}^{\infty}\dfrac{1}{k}$，它是发散的；当 $x=1$ 时，级数为 $\sum\limits_{k=1}^{\infty}\dfrac{(-1)^{k-1}}{k}$，它是收敛的. 因此，该幂级数的收敛域为$(-1,1]$.

记 $S(x)=\sum\limits_{k=1}^{\infty}\dfrac{(-1)^{k-1}}{k}x^k,\ -1<x\leqslant 1$，则由性质 4 知

$$\begin{aligned}S'(x)&=\left(\sum_{k=1}^{\infty}\frac{(-1)^{k-1}}{k}x^k\right)'=\sum_{k=1}^{\infty}(-1)^{k-1}x^{k-1}\\&=\frac{1}{1+x},\quad -1<x<1.\end{aligned}$$

因此，将上式积分得

$$S(x)-S(0)=\int_0^x S'(x)\,\mathrm{d}x=\int_0^x \frac{1}{1+x}\mathrm{d}x=\ln(1+x),$$

注意到 $S(0)=0$,则 $S(x)=\ln(1+x)$,$-1<x\leqslant 1$(由和函数的连续性,在$x=1$处该式也成立).因此,有

$$\ln(1+x)=x-\frac{x^2}{2}+\frac{x^3}{3}-\frac{x^4}{4}+\cdots,\quad -1<x\leqslant 1.$$

特别地,令 $x=1$,即得到我们曾在第 2.5 节中提到的结论:

$$\ln 2=1-\frac{1}{2}+\frac{1}{3}-\frac{1}{4}+\cdots+(-1)^{k-1}\frac{1}{k}+\cdots.$$

**例 11** 求幂级数 $\sum\limits_{n=1}^{\infty} n^2x^n$ 的收敛域与和函数,并求数值级数 $\sum\limits_{n=1}^{\infty}\frac{n^2}{2^n}$ 的和.

**解** 容易求得该幂级数的收敛域为$(-1,1)$.由几何级数公式

$$\sum_{n=0}^{\infty} x^n=\frac{1}{1-x},\quad -1<x<1,$$

逐项求导,得

$$\sum_{n=1}^{\infty} nx^{n-1}=\frac{1}{(1-x)^2},\quad -1<x<1.$$

在上式中,注意用求和号表示时,首项的变化.将上式两端同乘常数 $x$,整理得

$$\sum_{n=1}^{\infty} nx^n=\frac{x}{(1-x)^2},\quad -1<x<1,$$

再逐项求导,得

$$\sum_{n=1}^{\infty} n^2x^{n-1}=\frac{1+x}{(1-x)^3},\quad -1<x<1.$$

最后,由上式两端同乘常数 $x$,整理得

$$\sum_{n=1}^{\infty} n^2x^n=\frac{x(1+x)}{(1-x)^3},\quad -1<x<1.$$

特别地,令 $x=\frac{1}{2}$得, $\sum\limits_{n=1}^{\infty}\frac{n^2}{2^n}=6.$

请读者用逐项积分的方法求幂级数 $\sum\limits_{n=1}^{\infty} nx^{n-1}$的和函数,并与本题方法加以对照.

请读者思考如何求幂级数 $\sum\limits_{k=1}^{\infty}\frac{(-1)^{k-1}}{k}x^{k-1}=1-\frac{x}{2}+\frac{x^2}{3}-\frac{x^3}{4}+\cdots$的和函数?

**例 12** 求幂级数 $\sum\limits_{k=0}^{\infty}\frac{x^k}{k!}=1+x+\frac{x^2}{2!}+\cdots+\frac{x^k}{k!}+\cdots$的和函数.

**解** 我们在例 3 中求得了该幂级数的收敛域为$(-\infty,+\infty)$，下面求它的和函数.

记 $S(x)=1+x+\frac{x^2}{2!}+\cdots+\frac{x^k}{k!}+\cdots,-\infty<x<+\infty$，对其逐项求导，得

$$S'(x)=1+x+\frac{x^2}{2!}+\cdots+\frac{x^{k-1}}{(k-1)!}+\cdots=S(x).$$

又 $S(0)=1$，解微分方程 $S'(x)=S(x)$ 得 $S(x)=\mathrm{e}^x$. 因此，有

$$\mathrm{e}^x=1+x+\frac{x^2}{2!}+\cdots+\frac{x^k}{k!}+\cdots,-\infty<x<+\infty.$$

特别地，令 $x=1$ 得

$$\mathrm{e}=1+1+\frac{1}{2!}+\frac{1}{3!}+\cdots+\frac{1}{k!}+\cdots.$$

## 13.2.2 函数的幂级数展开

以上都是对给定的幂级数讨论其收敛性及和函数的性质. 但在实际应用中，往往提出相反的问题，当给出一个函数$f(x)$时，是否存在一个幂级数 $\sum\limits_{k=0}^{\infty}a_kx^k$，以$f(x)$为其和函数，即

$$f(x)=\sum_{k=0}^{\infty}a_kx^k,x\in(-R,R);\qquad(13.2.6)$$

或更一般地，是否存在一个一般形式的幂级数 $\sum\limits_{k=0}^{\infty}a_k(x-x_0)^k$，在某收敛区间$(x_0-R,x_0+R)$内以$f(x)$为其和函数，即

$$f(x)=\sum_{k=0}^{\infty}a_k(x-x_0)^k,\ |x-x_0|<R.\qquad(13.2.7)$$

如果式(13.2.6)成立，则称函数$f(x)$在 $x=0$ 处可展开为幂级数 $\sum\limits_{k=0}^{\infty}a_kx^k$，或者说 $\sum\limits_{k=0}^{\infty}a_kx^k$ 是$f(x)$在 $x=0$ 处的幂级数展开式. 同样，如果式(13.2.7)成立，则称函数 $f(x)$在 $x=x_0$ 处可展开为幂级数 $\sum\limits_{k=0}^{\infty}a_k(x-x_0)^k$，或者说 $\sum\limits_{k=0}^{\infty}a_k(x-x_0)^k$ 是$f(x)$ 在 $x=x_0$ 处的幂级数展开式.

这里，需要考虑下面的问题：

(1) 函数$f(x)$具有怎样的条件才能展开为幂级数？

(2) 如果$f(x)$能够展开为幂级数，那么它的系数 $a_k(k=0,1,2,\cdots)$

讨论题
13-2-2
幂级数的收敛域与和函数

求幂级数 $\sum\limits_{n=0}^{\infty}\frac{x^{3n}}{(3n)!}$的收敛域与和函数.

讨论题
13-2-3
幂级数的运算

已知

$$u=1+\frac{x^3}{3!}+\frac{x^6}{6!}+\frac{x^9}{9!}+\cdots,$$

$$v=x+\frac{x^4}{4!}+\frac{x^7}{7!}+\frac{x^{10}}{10!}+\cdots,$$

$$w=\frac{x^2}{2!}+\frac{x^5}{5!}+\frac{x^8}{8!}+\cdots,$$

证明：$u^3+v^3+w^3-3uvw=1$.

微视频
13-2-6
问题引入——从幂级数求和到函数展开成幂级数

应如何确定?

(3) 函数$f(x)$的幂级数展开式是不是唯一的?

(4) 怎样确定展开式的收敛半径?

下面来讨论这些问题.

### 1. 函数的泰勒级数

先研究问题(2),即如果$f(x)$能够展开为幂级数,那么幂级数的系数应如何确定?

**定理 13.2.7** 设函数$f(x)$在$(-R,R)$内有定义,如果存在幂级数$\sum\limits_{k=0}^{\infty} a_k x^k$使得

$$f(x)=\sum_{k=0}^{\infty} a_k x^k,\quad x\in(-R,R),\tag{13.2.8}$$

则函数$f(x)$在区间$(-R,R)$中必有任意阶导数,且

$$a_k=\frac{f^{(k)}(0)}{k!},\quad k=0,1,2,\cdots.\tag{13.2.9}$$

**证** 根据幂级数的逐项求导的性质,式(13.2.8)中的幂级数在其收敛区间内可逐项求导任意次,我们有

$$f'(x)=a_1+2a_2x+\cdots+ka_kx^{k-1}+\cdots,$$

$$f''(x)=2a_2+3\cdot 2a_3x+\cdots+k(k-1)a_kx^{k-2}+\cdots,$$

$$\cdots$$

$$f^{(k)}(x)=k!\,a_k+(k+1)k\cdots 3\cdot 2a_{k+1}x+\cdots,\quad k=1,2,\cdots.$$

于是,当$x=0$时,得

$$f^{(k)}(0)=k!\,a_k,\quad k=1,2,\cdots.$$

若记$f^{(0)}(0)=f(0)$,则得

$$a_k=\frac{f^{(k)}(0)}{k!},\quad k=0,1,2,\cdots.$$

微视频
13-2-7
泰勒级数的概念

**定义 13.2.1** 如果函数$f(x)$在$x=0$处任意阶可导,则称幂级数

$$f(0)+f'(0)x+\frac{f''(0)}{2!}x^2+\cdots+\frac{f^{(k)}(0)}{k!}x^k+\cdots\tag{13.2.10}$$

为函数$f(x)$在$x=0$处的泰勒级数,或称为函数$f(x)$的麦克劳林级数,记作

$$f(x)\sim f(0)+f'(0)x+\frac{f''(0)}{2!}x^2+\cdots+\frac{f^{(k)}(0)}{k!}x^k+\cdots.\tag{13.2.11}$$

由上面的讨论,可得如下一些结论:

(1) 如果函数$f(x)$可展开为幂级数式(13.2.8),则它的各项系数$a_k$必由式(13.2.9)来确定,从而这个幂级数必定是函数$f(x)$在$x=0$处的泰勒级数,即式(13.2.10).

(2) 函数$f(x)$的幂级数展开式是唯一的.

(3) 函数$f(x)$在$x=0$处存在任意阶导数是$f(x)$在$x=0$处能展开为泰勒级数的必要条件.

必须注意,以上讨论是在假定函数$f(x)$可以展开为幂级数$\sum\limits_{k=0}^{\infty} a_k x^k$的前提下进行的.如果没有这个前提,即使$f^{(k)}(0)$ $(k=0,1,2,\cdots)$都存在,也可以形式地做出函数$f(x)$在$x=0$处的泰勒级数式(13.2.10),仍不能说这个泰勒级数是收敛的,即使收敛也不能说它收敛于函数$f(x)$.这就是在式(13.2.11)中我们写"~"而不写"="的原因.那么,在什么条件下可以写"="号呢?下面来研究这个问题.

### 2. 函数$f(x)$可展开为泰勒级数的条件

由定理5.3.2,可以得到函数展开成幂级数的充要条件.

微视频
13-2-8
泰勒级数展开的条件

**定理13.2.8**(函数$f(x)$可展开为泰勒级数的充要条件) 设函数$f(x)$在区间$(-R,R)$内有任意阶导数,则$f(x)$在区间$(-R,R)$内可展开为$x=0$处的泰勒级数式(13.2.10),即

$$f(x)=f(0)+f'(0)x+\frac{f''(0)}{2!}x^2+\cdots+\frac{f^{(k)}(0)}{k!}x^k+\cdots, \quad x\in(-R,R) \tag{13.2.12}$$

的充分必要条件是:$f(x)$在区间$(-R,R)$内关于$x=0$处的$n$阶泰勒公式的余项$R_n(x)$当$n\to\infty$时趋于零,即

$$\lim_{n\to\infty} R_n(x)=0, \quad x\in(-R,R). \tag{13.2.13}$$

**证** 因为$f(x)$在$(-R,R)$内有任意阶导数,则$f(x)$在$(-R,R)$内可以表示为$n$阶泰勒公式

$$f(x)=S_n(x)+R_n(x)=\sum_{k=0}^{n}\frac{f^{(k)}(0)}{k!}x^k+R_n(x), \quad x\in(-R,R),$$

其中$R_n(x)=\dfrac{f^{(n+1)}(\xi)}{(n+1)!}x^{n+1}$($\xi$介于0与$x$).由此可见,式(13.2.12)在$(-R,R)$中成立的充分必要条件是

$$\lim_{n\to\infty} S_n(x)=f(x),\quad x\in(-R,R),$$

即

$$\lim_{n\to\infty}[f(x)-S_n(x)]=0,\quad x\in(-R,R),$$

亦即

$$\lim_{n\to\infty} R_n(x)=0,\quad x\in(-R,R).$$

这个定理不仅指出式(13.2.12)成立的条件,也指出了式(13.2.12)成立的范围.然而定理应用起来并不方便,下面给出更便于应用的一个结论.

**定理 13.2.9**(函数可展为泰勒级数的充分条件) 设函数 $f(x)$ 在区间 $(-R,R)$ 内有任意阶导数,如果存在正常数 $C$,使得对于一切 $x\in(-R,R)$,恒有

$$|f^{(k)}(x)|\leqslant C\quad(k=0,1,2,\cdots),$$

则函数 $f(x)$ 在区间 $(-R,R)$ 内的点 $x=0$ 处可展成泰勒级数式(13.2.12).

**证** 由定理 13.2.8,只需证明

$$\lim_{n\to\infty} R_n(x)=0,\quad x\in(-R,R).$$

由条件有

$$|R_n(x)|=\left|\frac{f^{(n+1)}(\xi)}{(n+1)!}x^{n+1}\right|<C\cdot\frac{R^{n+1}}{(n+1)!},\quad x\in(-R,R).$$

对于确定的 $R>0$,有 $\lim\limits_{n\to\infty}\dfrac{R^{n+1}}{(n+1)!}=0$(请读者说明理由),所以必有

$$\lim_{n\to\infty} R_n(x)=0,x\in(-R,R).$$

微视频
13-2-9
泰勒级数展开的方法

### 3. 函数展开成幂级数的方法

先讨论下面五个初等函数

$$\mathrm{e}^x,\sin x,\cos x,\ln(1+x),(1+x)^\alpha\quad(\alpha \text{ 为任意实数})$$

在 $x=0$ 处展成泰勒级数(麦克劳林级数)的问题.然后以这五个基本初等函数的麦克劳林展开式为基础,介绍其他一些初等函数在指定点处展开成泰勒级数的方法.

1) 泰勒公式法

**例 13** 将函数 $f(x)=\mathrm{e}^x$ 展开为麦克劳林级数.

**解** 任取正数 $R$,$\mathrm{e}^x$ 在区间 $(-R,R)$ 上有任意阶导数,即

$$f^{(k)}(x)=\mathrm{e}^x,k=1,2,\cdots,\quad x\in(-R,R),$$

并且对一切 $x\in(-R,R)$，恒有

$$|f^{(k)}(x)|=|e^x|<e^R,\quad k=1,2,\cdots.$$

由定理 13.2.9 知，对于任意的 $R>0$，函数 $e^x$ 可在 $(-R,R)$ 内展开为麦克劳林级数.再由 $R>0$ 的任意性，知 $e^x$ 在 $(-\infty,+\infty)$ 内可以展为麦克劳林级数.

由于

$$f^{(k)}(0)=e^x\Big|_{x=0}=1,\quad k=0,1,2,\cdots,$$

根据定理 13.2.8，$e^x$ 在 $(-\infty,+\infty)$ 中的麦克劳林级数的展开式为

$$e^x=1+x+\frac{x^2}{2!}+\cdots+\frac{x^n}{n!}+\cdots,\quad x\in(-\infty,+\infty).\qquad(13.2.14)$$

这与我们在例 12 得到的结果是一致的.

**例 14** 将函数 $f(x)=\sin x$ 展开为麦克劳林级数.

**解** $\sin x$ 在 $(-\infty,+\infty)$ 内有任意阶导数

$$f^{(k)}(x)=\sin\left(x+\frac{k\pi}{2}\right),k=0,1,2,\cdots,\quad x\in(-\infty,+\infty),$$

且恒有

$$|f^{(k)}(x)|=\left|\sin\left(x+\frac{k\pi}{2}\right)\right|\leqslant1,k=0,1,2,\cdots,\quad x\in(-\infty,+\infty).$$

故 $\sin x$ 可以在 $(-\infty,+\infty)$ 内展开为麦克劳林级数.由于

$$f^{(k)}(0)=\sin\left(x+\frac{k\pi}{2}\right)\Big|_{x=0}=\sin\frac{k\pi}{2},\quad k=0,1,2,\cdots.$$

即当 $k=2m(m\in\mathbb{N})$ 时，$f^{(2m)}(0)=0$，当 $k=2m+1(m\in\mathbb{N})$ 时，$f^{(2m+1)}(0)=(-1)^m$.故 $\sin x$ 在 $(-\infty,+\infty)$ 内的麦克劳林级数的展开式为

$$\sin x=x-\frac{x^3}{3!}+\frac{x^5}{5!}-\cdots+(-1)^m\frac{x^{2m+1}}{(2m+1)!}+\cdots,\quad x\in(-\infty,+\infty).$$

(13.2.15)

通过上面两个例子，可总结出用泰勒公式法将函数展为麦克劳林级数的步骤：

(1) 检验函数 $f(x)$ 在含有原点的某区间上是否任意阶可导，若任意阶可导，则求出

$$f^{(k)}(x),k=0,1,2,\cdots;$$

(2) 判定是否存在正数 $C$,对于上述区间上的一切 $x$ 以及一切的非负整数 $k$,恒有

$$|f^{(k)}(x)|\leqslant C, k=0,1,2,\cdots;$$

(3) 求出 $f^{(k)}(0), k=0,1,2,\cdots;$

(4) 写出 $f(x)$ 在某区间内的麦克劳林级数展开式.

值得注意的是,这个方法计算量大,而且,有时上述步骤第(2)条未必成立.例如函数

$$f(x)=\frac{1}{1+x},$$

当 $x>-1$ 时,由于

$$f^{(k)}(x)=\frac{(-1)^k k!}{(1+x)^{k+1}}\to\infty \quad (k\to\infty),$$

因而要找到使 $|f^{(k)}(x)|\leqslant C$ 的正数 $C$ 是不可能的.然而,熟知当 $|x|<1$ 时,有

$$\frac{1}{1+x}=1-x+x^2-\cdots+(-1)^k x^k+\cdots,$$

因此,必须寻求函数展为泰勒级数的其他方法.由函数的幂级数展开式的唯一性知,用不同方法所得到的幂级数必然都是这个函数的麦克劳林级数.

2) 逐项积分法与逐项求导法

这个方法是在已知一些函数的幂级数展开式的基础上,利用幂级数的可逐项积分或可逐项求导的性质,将已给函数展开成幂级数.

**例 15** 将函数 $f(x)=\ln(1+x)$ 展开为麦克劳林级数.

**解** 因 $f'(x)=\dfrac{1}{1+x}$,又

$$\frac{1}{1+x}=1-x+x^2-\cdots+(-1)^k x^k+\cdots, \quad -1<x<1.$$

由于幂级数在其收敛区间内可逐项积分,故

$$\ln(1+x)=\int_0^x\frac{\mathrm{d}t}{1+t}=x-\frac{1}{2}x^2+\frac{1}{3}x^3-\cdots+\frac{(-1)^k}{k+1}x^{k+1}+\cdots, \quad -1<x<1.$$

易知,当 $x=-1$ 时,级数发散;当 $x=1$ 时,级数收敛.于是得

$$\ln(1+x)=x-\frac{1}{2}x^2+\frac{1}{3}x^3-\cdots+\frac{(-1)^k}{k+1}x^{k+1}+\cdots, \quad -1<x\leqslant 1. \quad (13.2.16)$$

**例 16** 将函数 $f(x)=\cos x$ 展开为麦克劳林级数.

**解** 因 $(\sin x)'=\cos x$，且知

$$\sin x=x-\frac{x^3}{3!}+\frac{x^5}{5!}-\cdots+(-1)^k\frac{x^{2k+1}}{(2k+1)!}+\cdots,\quad x\in(-\infty,+\infty),$$

逐项求导，得

$$\cos x=1-\frac{x^2}{2!}+\frac{x^4}{4!}-\cdots+(-1)^k\frac{x^{2k}}{(2k)!}+\cdots,\quad x\in(-\infty,+\infty).\tag{13.2.17}$$

3）待定系数法

**例 17** 将函数 $f(x)=(1+x)^{\alpha}$（$\alpha$ 为任意实数）展开为麦克劳林级数.

**解** 设 $f(x)=a_0+a_1x+a_2x^2+\cdots+a_kx^k+\cdots$，其中 $a_k(k=0,1,2,\cdots)$ 为待定系数. 下面利用所给函数的某些属性来确定系数 $a_k, k=0,1,2,\cdots$. 易知，所给函数有下述两个性质：

(1) $f(0)=1$；

(2) $(1+x)f'(x)=\alpha f(x)\ (x\neq-1)$.

首先由(1)，得 $a_0=1$. 再由(2)，有

$$\begin{aligned}&(1+x)(a_1+2a_2x+\cdots+ka_kx^{k-1}+\cdots)\\=&\alpha(1+a_1x+a_2x^2+\cdots+a_kx^k+\cdots),\quad x\in(-1,1),\end{aligned}$$

于是有

$$\begin{aligned}&a_1+(a_1+2a_2)x+\cdots+[ka_k+(k+1)a_{k+1}]x^k+\cdots\\=&\alpha+\alpha a_1x+\alpha a_2x^2+\cdots+\alpha a_kx^k+\cdots,\quad x\in(-1,1),\end{aligned}$$

比较等号两边 $x$ 同次幂的系数，得

$$a_k=\frac{\alpha(\alpha-1)\cdots[\alpha-(k-1)]}{k!},\quad k=1,2,3,\cdots.$$

若 $\alpha$ 等于零或任何一个正整数，则系数 $a_k(k=0,1,2,\cdots)$ 必从某个序号以后均为零. 此时，$f(x)$ 的展开式就是牛顿二项式公式. 当 $\alpha$ 不是这些值时，得

$$(1+x)^{\alpha}=1+\alpha x+\frac{\alpha(\alpha-1)}{2!}x^2+\cdots+\frac{\alpha(\alpha-1)\cdots(\alpha-k+1)}{k!}x^k+\cdots,$$

这是牛顿二项式公式的推广，右端幂级数的收敛半径为

$$R=\lim_{k\to\infty}\left|\frac{a_k}{a_{k+1}}\right|=\lim_{k\to+\infty}\left|\frac{k+1}{\alpha-k}\right|=1.$$

讨论题
13-2-4
幂级数的和函数与函数展开成幂级数

试求幂级数 $\sum\limits_{n=0}^{\infty}\frac{(2n)!!}{(2n+1)!!}x^{2n}$ 的收敛域与和函数，并将函数 $y=(\arcsin x)^2, x\in(-1,1)$ 展开成幂级数.

所以在$(-1,1)$内成立

这5个初等函数的麦克劳林级数（从式（13.2.14）到式（13.2.18））应用广泛，读者应将其作为公式来熟记.

$$(1+x)^{\alpha}=1+\alpha x+\frac{\alpha(\alpha-1)}{2!}x^2+\cdots+\frac{\alpha(\alpha-1)\cdots(\alpha-k+1)}{k!}x^k+\cdots. \tag{13.2.18}$$

4）变量替换法

**例 18** 将函数$f(x)=\ln\left(1+\dfrac{x}{2}\right)$展开为麦克劳林级数.

**解** 令$t=\dfrac{x}{2}$，有$\ln\left(1+\dfrac{x}{2}\right)=\ln(1+t)$，而

$$\ln(1+t)=t-\frac{1}{2}t^2+\frac{1}{3}t^3-\cdots+\frac{(-1)^{k-1}}{k}t^k+\cdots \quad (-1<t\leqslant 1),$$

于是$\ln\left(1+\dfrac{x}{2}\right)$的麦克劳林级数为

$$\ln\left(1+\frac{x}{2}\right)=\frac{1}{2}x-\frac{1}{2\cdot 2^2}x^2+\frac{1}{3\cdot 2^3}x^3-\cdots+\frac{(-1)^{k-1}}{k\cdot 2^k}x^k+\cdots \quad (-2<x\leqslant 2).$$

5）其他方法

**例 19** 将函数$f(x)=\cos\left(x-\dfrac{\pi}{4}\right)$展开为$x$的麦克劳林级数.

**解** 因$\cos\left(x-\dfrac{\pi}{4}\right)=\cos\dfrac{\pi}{4}\cos x+\sin\dfrac{\pi}{4}\sin x=\dfrac{\sqrt{2}}{2}(\cos x+\sin x)$，而

$$\cos x=1-\frac{x^2}{2!}+\frac{x^4}{4!}-\cdots+(-1)^k\frac{x^{2k}}{(2k)!}+\cdots,\quad x\in(-\infty,+\infty),$$

$$\sin x=x-\frac{x^3}{3!}+\frac{x^5}{5!}-\cdots+(-1)^k\frac{x^{2k+1}}{(2k+1)!}+\cdots,\quad x\in(-\infty,+\infty),$$

又由于$\cos x,\sin x$的麦克劳林级数的收敛区间都是$(-\infty,+\infty)$，于是

$$\cos x+\sin x=1+x-\frac{x^2}{2!}-\frac{x^3}{3!}+\cdots+(-1)^k\frac{x^{2k}}{(2k)!}+(-1)^k\frac{x^{2k+1}}{(2k+1)!}+\cdots,\quad x\in(-\infty,+\infty),$$

故

$$\cos\left(x-\frac{\pi}{4}\right)=\frac{\sqrt{2}}{2}\left[1+x-\frac{x^2}{2!}-\frac{x^3}{3!}+\cdots+(-1)^k\frac{x^{2k}}{(2k)!}+(-1)^k\frac{x^{2k+1}}{(2k+1)!}+\cdots\right],\quad x\in(-\infty,+\infty).$$

**例 20** 将 $f(x)=\dfrac{3}{1+x-2x^2}$ 展开为 $x$ 的麦克劳林级数.

**解** 因 $f(x)=\dfrac{1}{1-x}+\dfrac{2}{1+2x}$，而

$$\frac{1}{1-x}=1+x+x^2+\cdots+x^k+\cdots \quad (-1<x<1),$$

$$\frac{2}{1+2x}=2[1-2x+(2x)^2-\cdots+(-2x)^k+\cdots] \quad (-1<2x<1),$$

即

$$\frac{2}{1+2x}=2-2^2x+2^3x^2-2^4x^3+\cdots+(-1)^k2^{k+1}x^k+\cdots \quad \left(-\frac{1}{2}<x<\frac{1}{2}\right).$$

为了得到所给函数的麦克劳林级数，只需在它们的共同收敛区间内，将上面两式相加即可得

$$\begin{aligned}\frac{3}{1+x-2x^2}&=(1+2)+(1-2^2)x+(1+2^3)x^2+\cdots+[1+(-1)^k2^{k+1}]x^k+\cdots\\&=3-3x+9x^2-\cdots+[1+(-1)^k2^{k+1}]x^k+\cdots \quad \left(-\frac{1}{2}<x<\frac{1}{2}\right).\end{aligned}$$

**例 21** 将函数 $f(x)=\ln(1+x)$ 在 $x=1$ 处展成泰勒级数.

**解** 因 $\ln(1+x)=\ln[2+(x-1)]=\ln 2\left(1+\dfrac{x-1}{2}\right)=\ln 2+\ln\left(1+\dfrac{x-1}{2}\right)$，

令 $t=\dfrac{x-1}{2}$，即 $x=1+2t$，于是 $\ln\left(1+\dfrac{x-1}{2}\right)=\ln(1+t)$，而

$$\ln(1+t)=t-\frac{1}{2}t^2+\frac{1}{3}t^3-\cdots+\frac{(-1)^{k-1}}{k}t^k+\cdots \quad (-1<t\leqslant 1).$$

将 $t=\dfrac{x-1}{2}$ 代入上式得

$$\begin{aligned}\ln\left(1+\frac{x-1}{2}\right)=&\frac{x-1}{2}-\frac{1}{2}\left(\frac{x-1}{2}\right)^2+\frac{1}{3}\left(\frac{x-1}{2}\right)^3-\cdots+\\&\frac{(-1)^{k-1}}{k}\left(\frac{x-1}{2}\right)^k+\cdots \quad \left(-1<\frac{x-1}{2}\leqslant 1\right).\end{aligned}$$

所以 $\ln(1+x)$ 在 $x=1$ 处展成泰勒级数为

$$\begin{aligned}\ln(1+x)=&\ln 2+\frac{1}{2}(x-1)-\frac{1}{2\cdot 2^2}(x-1)^2+\cdots+\\&\frac{(-1)^{k-1}}{k\cdot 2^k}(x-1)^k+\cdots \quad (-1<x\leqslant 3).\end{aligned}$$

## 13.2.3 幂级数的应用

微视频
13-2-10
泰勒级数的应用

已经看到,一个可微分任意次的函数,只要在某一区间上满足一定条件,总可以在该区间上展开成幂级数.这不仅在函数的研究上有着重大的价值,而且能用多项式(即函数的幂级数展开式的前 $n$ 项部分和)来近似地表示函数,从而有可能利用幂级数来做近似计算.

### 1. 函数值的近似计算

用幂级数来计算函数值的近似值,无非是基于这样的事实:如果函数 $f(x)$ 在 $(-R,R)$ 上能展成幂级数

$$f(x)=a_0+a_1x+a_2x^2+\cdots+a_kx^k+\cdots \quad (-R<x<R),$$

那么不管预先给定一个怎样小的误差 $\varepsilon>0$,只要 $n$ 充分大,用幂级数的前 $n$ 项的部分和 $S_n(x)$ 去代替函数 $f(x)$,可以达到任何预期的准确程度,即 $|f(x)-S_n(x)|<\varepsilon$.在应用中常用这种观点,得出函数的近似公式.例如,当 $|x|$ 甚小时,

$$\sin x\approx x \quad (\text{用级数的前一项}),$$

或

$$\sin x\approx x-\frac{x^3}{3!} \quad (\text{用级数的前两项}),$$

$$(1+x)^{\alpha}\approx 1+\alpha x \quad (\text{用级数的前两项}),$$

或

$$(1+x)^{\alpha}\approx 1+\alpha x+\frac{\alpha(\alpha-1)}{2!}x^2 \quad (\text{用级数的前三项}).$$

下面举例说明近似公式的应用.

**例 22** 用近似公式 $\sin x\approx x-\dfrac{x^3}{3!}$ 计算 $\sin 18^\circ$ 的值,并估计误差.

**解** 先换成弧度 $18^\circ=\dfrac{\pi}{10}$,则

$$\sin\frac{\pi}{10}\approx\frac{\pi}{10}-\frac{1}{3!}\left(\frac{\pi}{10}\right)^3\approx 0.314\ 16-0.005\ 16=0.309\ 0.$$

所用近似公式是级数

$$\sin x\approx x-\frac{x^3}{3!}+\frac{x^5}{5!}-\cdots$$

的前两项.由交错级数的性质知,其误差(截断误差)为

$$\delta=\left|R_3\left(\frac{\pi}{10}\right)\right|<\frac{1}{5!}\left(\frac{\pi}{10}\right)^5<0.5\times10^{-4}<10^{-4}.$$

### 2. 积分值的近似计算

**例 23** 计算积分 $I=\int_0^1 \mathrm{e}^{-x^2}\mathrm{d}x$ 的近似值,使之准确到 $10^{-4}$.

**解** 令 $F(x)=\int_0^x \mathrm{e}^{-t^2}\mathrm{d}t$,因

$$\mathrm{e}^{-t^2}=1-t^2+\frac{t^4}{2!}+\cdots+\frac{(-1)^k t^{2k}}{k!}+\cdots,\quad t\in(-\infty,+\infty),$$

所以

$$F(x)=\int_0^x \mathrm{e}^{-t^2}\mathrm{d}t=x-\frac{1}{3}x^3+\frac{1}{2!}\cdot\frac{1}{5}x^5-\cdots+$$

$$\frac{(-1)^k}{k!}\cdot\frac{1}{2k+1}x^{2k+1}+\cdots,\quad x\in(-\infty,+\infty).$$

取 $n=7$,其截断误差为

$$\delta=|R_7(1)|<\frac{1}{(2\times7+1)\times7!}=\frac{1}{75\ 600}<10^{-4}.$$

于是,取级数的前 7 项算得

$$\int_0^1 \mathrm{e}^{-x^2}\mathrm{d}x\approx0.743\ 97.$$

### 3. 解微分方程

我们知道,能够求出初等函数形式解的微分方程非常有限,因此想到是否能给出方程解的一种近似.幂级数为我们提供了这种可能,因为如果能将微分方程的解表示成幂级数,则其部分和就可作为微分方程的近似解.下面我们通过一个例子介绍微分方程的幂级数解法.实际上,我们在前面用待定系数法求函数$f(x)=(1+x)^\alpha$的麦克劳林级数时,就用到了这种方法,相当于用幂级数的方法,求解微分方程 $(1+x)f'(x)=\alpha f(x)$, $f(0)=0$.

**例 24** 解微分方程初值问题 $xy''+y'+xy=0, y|_{x=0}=1$.

**解** 设微分方程存在幂级数形式的解

$$y=\sum_{k=0}^{\infty}C_k x^k,\quad x\in(-R,R),$$

由于

$$y'=\sum_{k=1}^{\infty}kC_kx^{k-1}=\sum_{k=0}^{\infty}(k+1)C_{k+1}x^k=C_1+\sum_{k=0}^{\infty}(k+2)C_{k+2}x^{k+1},$$

$$y''=\sum_{k=2}^{\infty}k(k-1)C_kx^{k-2}=\sum_{k=0}^{\infty}(k+2)(k+1)C_{k+2}x^k,$$

将 $y$, $y'$, $y''$的级数形式代入原方程,得

$$x\sum_{k=0}^{\infty}(k+2)(k+1)C_{k+2}x^k+C_1+\sum_{k=0}^{\infty}(k+2)C_{k+2}x^{k+1}+x\sum_{k=0}^{\infty}C_kx^k=0,$$

整理得

$$C_1+\sum_{k=0}^{\infty}[(k+2)^2C_{k+2}+C_k]x^{k+1}=0,$$

比较得

$$C_1=0,(k+2)^2C_{k+2}+C_k=0,\quad k=0,1,2,\cdots. \tag{13.2.19}$$

由于 $C_1=0$,由式(13.2.19)知 $C_3=C_5=\cdots=0$. 又 $C_0=y|_{x=0}=1$,所以由式(13.2.19)有

$$C_2=-\frac{1}{2^2}C_0=-\frac{1}{2^2},$$

$$C_4=-\frac{1}{(2+2)^2}C_2=\frac{(-1)^2}{2^2\cdot4^2},$$

$$C_6=-\frac{1}{(4+2)^2}C_4=\frac{(-1)^3}{2^2\cdot4^2\cdot6^2},$$

依此下去,可推得

$$C_{2n}=\frac{(-1)^n}{2^2\cdot4^2\cdot\cdots\cdot(2n)^2}=\frac{(-1)^n}{(n!)^2}\cdot\frac{1}{2^{2n}}\quad(n=1,2,\cdots),$$

因此,原方程的解为

$$y=\sum_{k=0}^{\infty}C_kx^k=\sum_{n=0}^{\infty}C_{2n}x^{2n}=\sum_{n=0}^{\infty}\frac{(-1)^n}{(n!)^2}\left(\frac{x}{2}\right)^{2n},$$

或 $y=\sum\limits_{k=0}^{\infty}\frac{(-1)^k}{(k!)^2}\left(\frac{x}{2}\right)^{2k}$,这正是我们在本节例 8 中考虑的 0 次贝塞尔函数,它的收敛半径 $R=+\infty$.

## 习题 13.2

### A 基础题

1. 求下列幂级数的收敛半径:

(1) $1+x+\frac{x^2}{2^2}+\cdots+\frac{x^n}{n^2}+\cdots$;

(2) $\frac{x}{2}+\frac{x^2}{2\cdot 4}+\frac{x^3}{2\cdot 4\cdot 6}+\cdots+\frac{x^n}{2\cdot 4\cdot 6\cdot\cdots\cdot(2n)}+\cdots$.

2. 求下列幂级数的收敛域:

(1) $\frac{2}{2}x+\frac{2^2}{5}x^2+\frac{2^3}{10}x^3+\cdots+\frac{2^n}{n^2+1}x^n+\cdots$;

(2) $\sum\limits_{n=1}^{\infty}(-1)^n\frac{x^{2n+1}}{2n+1}$;

(3) $\sum\limits_{n=1}^{\infty}\frac{(x-5)^n}{\sqrt{n}}$.

3. 利用逐项求导或逐项积分,求下列级数的和函数:

(1) $\sum\limits_{n=1}^{\infty}nx^{n-1}$; (2) $\sum\limits_{n=1}^{\infty}\frac{x^{2n+1}}{2n+1}$;

(3) $\sum\limits_{n=0}^{\infty}(-1)^n\frac{x^{2n+1}}{2n+1}$; (4) $\sum\limits_{n=0}^{\infty}\frac{x^{4n}}{4n+1}$.

4. 将下列函数展开成 $x$ 的幂级数,并求出这些幂级数的收敛区间:

(1) $\ln(e+x)$; (2) $\sin^2 x$;

(3) $\int_0^x e^{-t^2}dt$; (4) $\arctan x$;

(5) $xe^{-x}$; (6) $x\ln(1+x^2)$;

(7) $\int_0^x \frac{\sin t}{t}dt$; (8) $\frac{x}{\sqrt{1+x^2}}$.

5. 将函数 $f(x)=\frac{1}{x^2}$ 展开成 $(x-2)$ 的幂级数.

6. 将函数 $f(x)=\frac{1}{x^2+4x+3}$ 展开成 $(x-1)$ 的幂级数.

7. 将 $f(x)=\frac{x-1}{4-x}$ 展开成 $(x-1)$ 的幂级数,并求 $f^{(n)}(1)$.

8. 将函数 $f(x)=\cos x$ 展开成 $\left(x+\frac{\pi}{3}\right)$ 的幂级数.

9. 利用函数 $e^x$, $\sin x$, $\cos x$ 的幂级数展开式,验证欧拉公式:

$$e^{ix}=\cos x+i\sin x.$$

根据这一公式,我们还能得到 $e^{i\pi}=-1$.

### B 综合题

10. 确定级数 $\sum\limits_{n=1}^{\infty}\frac{x^n}{(1+x)(1+x^2)\cdots(1+x^n)}(x\neq -1)$ 的收敛域.

11. 将函数 $f(x)=\frac{1}{4}\ln\frac{1+x}{1-x}+\frac{1}{2}\arctan x-x$ 展开成 $x$ 的幂级数.

12. 求级数 $\frac{1}{1\cdot 3}+\frac{1}{2\cdot 3^2}+\frac{1}{3\cdot 3^3}+\frac{1}{4\cdot 3^4}+\cdots+\frac{1}{n\cdot 3^n}+\cdots$ 的和.

13. 求幂级数 $\sum\limits_{n=1}^{\infty}\frac{(-1)^n}{n\cdot 2^n}(x-1)^{3n}$ 的收敛域与和函数.

14. 求下列级数的和:

(1) $1+\frac{1}{3!}+\frac{1}{5!}+\frac{1}{7!}+\cdots$;

(2) $1-\frac{1}{3}+\frac{1}{5}-\frac{1}{7}+\cdots$.

15. 求级数 $\sum\limits_{n=0}^{\infty}(-1)^n\frac{n^2-n+1}{2^n}$ 的和.

16. 求幂级数 $\sum\limits_{n=0}^{\infty}\frac{x^{3n}}{(3n)!}$ 的收敛域与和函数.

17. 设幂级数 $\sum\limits_{n=1}^{\infty}a_nx^n$ 的收敛半径为 3,求 $\sum\limits_{n=1}^{\infty}na_n(x-1)^{n+1}$ 的收敛区间.

18. 将 $f(x)=\arctan\frac{1-2x}{1+2x}$ 展开成 $x$ 的幂级数,并求级数 $\sum\limits_{n=0}^{\infty}\frac{(-1)^n}{2n+1}$ 的和.

19. 将函数 $f(x)=\arccos x$ 展开为 $x$ 的幂级数,写出收敛区间,并利用所得级数,导出一个求圆周率 $\pi$ 的公式.

20. 设 $y$ 由隐函数方程 $\int_0^x e^{-x^2}dx = ye^{-x^2}$ 确定，

（1）证明：$y$ 满足微分方程 $y'-2xy=1$；

（2）把 $y$ 展为 $x$ 的幂级数；

（3）写出它的收敛域.

21. 按参数 $k(0\leqslant k<1)$ 的正整数幂展开第一型完全椭圆积分

$$F(k)=\int_0^{\frac{\pi}{2}}\frac{d\varphi}{\sqrt{1-k^2\sin^2\varphi}}.$$

22. 按参数 $k(0\leqslant k<1)$ 的正整数幂展开第二型完全椭圆积分

$$E(k)=\int_0^{\frac{\pi}{2}}\sqrt{1-k^2\sin^2\varphi}\,d\varphi.$$

23. 一次贝塞尔函数定义为 $J_1(x)=\sum\limits_{n=0}^{\infty}\dfrac{(-1)^n x^{2n+1}}{n!\,(n+1)!\,2^{2n+1}}$，

（1）证明 $J_1(x)$ 满足

$$x^2J_1''(x)+xJ_1'(x)+(x^2-1)J_1(x)=0;$$

（2）证明 $J_0'(x)=-J_1(x)$.

## C 应用题

24. 两端悬挂在电线杆上的电缆的形状称为悬链线，可以用函数 $y=a\cosh\dfrac{x}{a}$ 表示.工程实践中常用下面的近似公式

$$s=l\left(1+\frac{8}{3}\frac{f^2}{l^2}\right)$$

来表示悬链线的跨度 $l$，线长 $s$ 和垂度 $f$ 之间的关系(如题图).

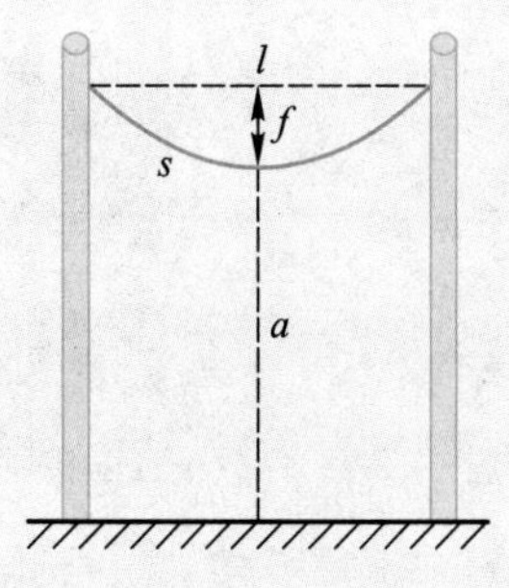


第 24 题图

（1）计算悬链线上从点 $(0,a)$ 到点 $\left(\dfrac{l}{2},a\cosh\dfrac{l}{2a}\right)$ 之间的弧段之长.

（2）利用 $\sinh x,\cosh x$ 的一阶近似公式证明上述近似公式.

25. 距离地球表面高 $h$ 处质量为 $m$ 的物体受到的重力为

$$F=\frac{mgR^2}{(R+h)^2},$$

式中 $R$ 为地球半径，$g$ 是重力加速度.

（1）将 $F$ 表示为 $\dfrac{h}{R}$ 的幂级数；

（2）观察当 $h$ 远远小于地球半径 $R$ 时，我们可以使用级数的第一项近似 $F$，即我们经常使用的表达式 $F\approx mg$.使用交错级数估计当近似式 $F\approx mg$ 的精度在 1% 以内时，$h$ 的取值范围(选用 $R=$ 6 400 km).

26. 在上册第 2.2 节的第 18 题中我们介绍了斐波那契数列：

$$F_0=F_1=1,F_{n+1}=F_n+F_{n-1}\quad(n=1,2,\cdots),$$

若记 $f(x)=F_0+F_1x+F_2x^2+\cdots+F_nx^n+\cdots$，那么

$$\begin{aligned}f(x)&=1+x+\sum_{n=0}^{\infty}F_{n+2}x^{n+2}=1+x+\sum_{n=0}^{\infty}(F_{n+1}+F_n)x^{n+2}\\&=1+x+x(f(x)-1)+x^2f(x),\end{aligned}$$

整理后得到 $f(x)=\dfrac{1}{1-x-x^2}$.试利用 $f(x)$ 的幂级数展开式证明：

$$F_n=\frac{1}{\sqrt{5}}\left[\left(\frac{1+\sqrt{5}}{2}\right)^{n+1}-\left(\frac{1-\sqrt{5}}{2}\right)^{n+1}\right]\ (n=0,1,2,\cdots).$$

## D 实验题

27. 利用合适的函数的幂级数展开式计算下列各数的近似值：

（1）ln 3(误差不超过 0.000 1)；

(2) $\sqrt{e}$(误差不超过 0.001);

(3) $\sqrt[9]{225}$(误差不超过 0.000 01);

(4) $\cos 2°$(误差不超过 0.000 1).

28. 利用被积函数的幂级数展开式计算下列定积分的近似值:

(1) $\int_0^{0.5}\frac{dx}{1+x^2}$(误差不超过 0.001);

(2) $\int_0^{0.5}\frac{\arctan x}{x}dx$(误差不超过 0.001).

29. 利用 Mathematica 软件画出下列函数的图形,然后在同一图形区域画出用 $n$ 次多项式($n=1,2,3,\cdots$)来近似代替对应函数的图形.通过观察图形,你能得出什么结论?

(1) $e^x=1+x+\frac{x^2}{2!}+\cdots+\frac{x^n}{n!}+\cdots$;

(2) $\sin x=x-\frac{x^3}{3!}+\frac{x^5}{5!}\cdots+(-1)^{n-1}\frac{x^{2n-1}}{(2n-1)!}+\cdots$.

30. 试用 Mathematica 软件求本节习题第 1 题、第 2 题和第 3 题各幂级数的和函数.

13.2 测验题

# 13.3 傅里叶级数

在科学与工程中,常常要研究周期运动或周期现象,即每经过一定的时间 $T$ 后恢复到原状的运动或现象,时间 $T$ 称为周期.最简单的周期运动莫过于简谐振动,例如我们在第 7.4 节中考虑的弹簧振动,悬挂的物体受弹力作用上下往复运动.通过解微分方程,得到物体离开平衡位置的位移 $s(t)$ 与时间 $t$ 之间的关系

微视频
13-3-1
问题引入——从自然界中的周期现象谈起

$$s(t)=A\sin(\omega t+\varphi), \tag{13.3.1}$$

其中 $A$ 为振幅,$\omega$ 为圆频率,$\varphi$ 为初相位.此时,物体的往复运动就是以 $\frac{2\pi}{\omega}$ 为周期的运动,即简谐振动.如果物体受两个弹性力作用,则物体运动由两个简谐振动叠加而成

$$s(t)=A_1\sin(\omega_1 t+\varphi_1)+A_2\sin(\omega_2 t+\varphi_2).$$

若 $\omega_1\neq\omega_2$($\omega_1,\omega_2$ 是有理数),则 $s(t)$ 仍是周期函数,即物体运动仍然是周期运动.上述结论不难推广到若干个简谐运动叠加的情况.

现在考虑相反的问题.对于一个周期运动,能否将其视为若干简谐振动的叠加？换句话说，一个周期函数 $f(x)$，是否可以表示成若干形如式(13.3.1)的三角函数之和？这些问题的研究起源于 18 世纪，至 1808 年，傅里叶完成了著作《热的解析理论》.在该著作中，傅里叶详细地研究了怎样将一个函数表示成"三角级数"的问题，并利用三角级数解决了许多与热传导有关的问题.

## 13.3.1 傅里叶级数及其收敛性

首先，让我们观察几个三角函数的图形.如图 13.3.1，从函数

$$\sin x, \sin x+\frac{\sin 3x}{3}, \sin x+\frac{\sin 3x}{3}+\frac{\sin 5x}{5}, \sin x+\frac{\sin 3x}{3}+\frac{\sin 5x}{5}+\frac{\sin 7x}{7}$$

的图形看到一个变化趋势，随着求和项数的增加，函数的图形与函数 $f(x)$（类似符号函数）的图形越来越接近.由此可以猜测，函数 $f(x)$ 可以表示成这样一些三角函数的和.自然要问，这些三角函数是如何"凑巧"知道的，其他周期函数能否表示成类似三角函数的和？下面我们回答这些问题.

微视频
13-3-2
三角函数系的正交性

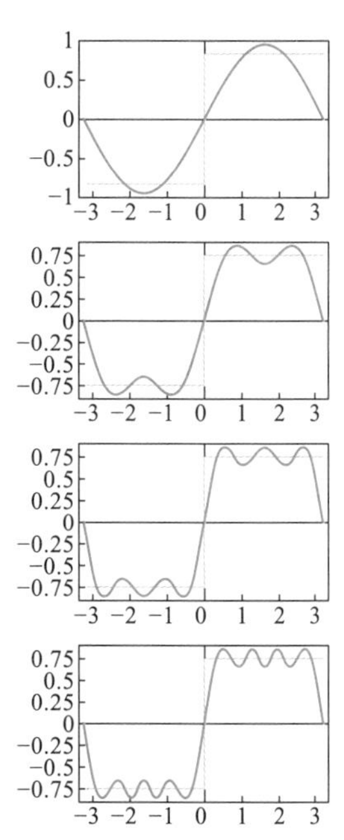


图 13.3.1 当 $n=1,2,3,4$ 时函数 $S_n(x)=\sum\limits_{k=1}^{n}\frac{\sin(2k-1)x}{2k-1}$ 的图形

设有两列实数 $\{a_k\}$，$\{b_k\}$，作函数项级数

$$\frac{a_0}{2}+\sum_{k=1}^{\infty}(a_k\cos kx+b_k\sin kx), \tag{13.3.2}$$

称形如式(13.3.2)的函数项级数为三角级数，而称 $a_0, a_k, b_k(k=1, 2,\cdots)$ 为此三角级数的系数.

首先，如果三角级数(13.3.2)在 $[-\pi,\pi]$ 上的和函数为 $f(x)$，我们考察系数 $\{a_k\}$，$\{b_k\}$ 与和函数 $f(x)$ 的关系.注意，三角级数(13.3.2)由下列三角函数组成

$$1, \cos x, \sin x, \cos 2x, \sin 2x, \cdots, \cos kx, \sin kx, \cdots, \tag{13.3.3}$$

这些三角函数具有所谓的"正交性"，此性质有利于我们找出级数(13.3.2)的和函数 $f(x)$ 与系数 $\{a_k\}$，$\{b_k\}$ 的关系.

**性质 1**(正交性) 对于式(13.3.3)中的三角函数，有

$$\int_{-\pi}^{\pi}\sin kx\cos nx\mathrm{d}x=0, \tag{13.3.4}$$

$$\int_{-\pi}^{\pi}\sin kx\sin nx\mathrm{d}x=\begin{cases}0, & k\neq n,\\ \pi, & k=n\neq 0,\end{cases} \tag{13.3.5}$$

$$\int_{-\pi}^{\pi}\cos kx\cos nx\mathrm{d}x=\begin{cases}0, & k\neq n,\\ \pi, & k=n\neq 0,\end{cases}\qquad(13.3.6)$$

其中 $n,k$ 均为非负整数.

**证** 我们只给出式(13.3.6)的证明,其他留给读者.当 $k\neq n$ 时,利用积化和差公式,有

$$\cos kx\cos nx=\frac{1}{2}[\cos(k+n)x+\cos(k-n)x],$$

于是

$$\begin{aligned}\int_{-\pi}^{\pi}\cos kx\cos nx\mathrm{d}x&=\frac{1}{2}\int_{-\pi}^{\pi}[\cos(k+n)x+\cos(k-n)x]\mathrm{d}x\\&=\frac{1}{2}\left[\frac{1}{k+n}\sin(k+n)x+\frac{1}{k-n}\sin(k-n)x\right]\Bigg|_{-\pi}^{\pi}=0.\end{aligned}$$

当 $k=n\neq 0$ 时,

$$\int_{-\pi}^{\pi}\cos kx\cos nx\mathrm{d}x=\int_{-\pi}^{\pi}\cos^2kx\mathrm{d}x=\frac{1}{2}\int_{-\pi}^{\pi}(1+\cos 2kx)\mathrm{d}x=\pi,$$

因此式(13.3.6)得证.

为了求得三角级数的系数与其和函数的关系,我们设三角级数

$$\frac{a_0}{2}+\sum_{k=1}^{\infty}(a_k\cos kx+b_k\sin kx)$$

在闭区间$[-\pi,\pi]$上一致收敛于和函数$f(x)$,即在$[-\pi,\pi]$上成立

$$f(x)=\frac{a_0}{2}+\sum_{k=1}^{\infty}(a_k\cos kx+b_k\sin kx),\qquad(13.3.7)$$

且上述三角级数在$[-\pi,\pi]$上可以逐项积分,即积分与求和可以交换顺序.在等式(13.3.7)的两端各乘 $\cos nx\ (n=0,1,2,\cdots)$,并分别在$[-\pi,\pi]$上对 $x$ 积分,得到

$$\begin{aligned}&\int_{-\pi}^{\pi}f(x)\cos nx\mathrm{d}x\\=&\frac{a_0}{2}\int_{-\pi}^{\pi}\cos nx\mathrm{d}x+\sum_{k=1}^{\infty}a_k\int_{-\pi}^{\pi}\cos kx\cos nx\mathrm{d}x+\sum_{k=1}^{\infty}b_k\int_{-\pi}^{\pi}\sin kx\cos nx\mathrm{d}x.\end{aligned}$$

利用式(13.3.4)—式(13.3.6),可得

$$\int_{-\pi}^{\pi}f(x)\cos nx\mathrm{d}x=\pi a_n,\quad n=0,1,2,\cdots,$$

于是有

$$a_n=\frac{1}{\pi}\int_{-\pi}^{\pi}f(x)\cos nx\mathrm{d}x,\quad n=0,1,2,\cdots.$$

同理，在式(13.3.7)两端乘有界函数 $\sin nx$ $(n=1,2,\cdots)$，再在$[-\pi,\pi]$上逐项积分，可得

$$b_n=\frac{1}{\pi}\int_{-\pi}^{\pi}f(x)\sin nx\mathrm{d}x,\quad n=1,2,3,\cdots.$$

我们将上面的结果总结成下面的性质.

**性质 2**(系数公式)　若$f(x)$可展开成形如式(13.3.7)右端的三角级数，且该三角级数在$[-\pi,\pi]$上一致收敛于$f(x)$，则该三角级数的系数必定由下式确定：

$$\begin{cases}a_k=\dfrac{1}{\pi}\displaystyle\int_{-\pi}^{\pi}f(x)\cos kx\mathrm{d}x,\quad k=0,1,2,\cdots,\\ b_k=\dfrac{1}{\pi}\displaystyle\int_{-\pi}^{\pi}f(x)\sin kx\mathrm{d}x,\quad k=1,2,\cdots.\end{cases}\tag{13.3.8}$$

因此，如果三角级数(13.3.2)的系数由式(13.3.8)给出，那么该三角级数有可能收敛于函数$f(x)$，即$f(x)$可以展开成形如式(13.3.2)的三角级数.

微视频
13-3-3
傅里叶系数与傅里叶级数

**定义 13.3.1**　设函数$f(x)$在$(-\infty,\infty)$上有定义，且以$2\pi$为周期，又在$[-\pi,\pi]$上可积，称由公式(13.3.8)所确定的$a_0,a_k,b_k(k=1,2,\cdots)$为函数$f(x)$的傅里叶系数.以$f(x)$的傅里叶系数为系数而作出的三角级数

$$\frac{a_0}{2}+\sum_{k=1}^{\infty}(a_k\cos kx+b_k\sin kx)$$

称为函数$f(x)$的傅里叶级数，记作

$$f(x)\sim\frac{a_0}{2}+\sum_{k=1}^{\infty}(a_k\cos kx+b_k\sin kx).\tag{13.3.9}$$

由此定义可知，对于每一个在$[-\pi,\pi]$上可积的函数$f(x)$，都可以作出它的傅里叶级数.但是，如果对函数$f(x)$除在$[-\pi,\pi]$上可积外不做进一步要求，一般来说，$f(x)$的傅里叶级数未必收敛；即使收敛，是否恰好收敛于$f(x)$等这些问题还有待进一步研究.所以关系式(13.3.9)中的记号“~”是不能随便换成“=”的.由性质 2 可知，如果在$[-\pi,\pi]$上函数$f(x)$能表示成一个收敛的三角级数，且这个三角级数可逐项积分，则这个三角级数一定是$f(x)$的傅里叶级数.例如，下列函数的傅里叶级数就是该函数本身

$$\sin x,\frac{1}{2}\cos 2x,\sin x-2\cos 2x,1+\sin x-\cos x+2\cos 2x+\frac{1}{3}\sin 2x,$$

等等.

对于奇函数和偶函数,它们的傅里叶级数具有比较简单的形式.设 $f(x)$ 是在 $[-\pi,\pi]$ 上的分段连续的偶函数,且以 $2\pi$ 为周期,则 $f(x)\cos kx$ 为偶函数,$f(x)\sin kx$ 为奇函数,由定积分性质,有

$$a_k=\frac{2}{\pi}\int_0^{\pi}f(x)\cos kx\mathrm{d}x,\quad k=0,1,2,\cdots,$$

$$b_k=0,\quad k=1,2,\cdots.$$

于是,偶函数 $f(x)$ 的傅里叶级数为

$$f(x)\sim\frac{a_0}{2}+\sum_{k=1}^{\infty}a_k\cos kx.$$

因此,偶函数的傅里叶级数为余弦级数.

同理,设 $f(x)$ 为 $(-\pi,\pi)$ 上的分段连续的奇函数,且以 $2\pi$ 为周期,则得

$$a_k=0,\quad k=0,1,2,\cdots,$$

$$b_k=\frac{2}{\pi}\int_0^{\pi}f(x)\sin kx\mathrm{d}x,\quad k=1,2,\cdots.$$

于是,奇函数 $f(x)$ 的傅里叶级数为

$$f(x)\sim\sum_{k=1}^{\infty}b_k\sin kx.$$

因此,奇函数的傅里叶级数为正弦级数.

**例 1** 已知函数 $f(x)$ 在 $(-\infty,\infty)$ 上以 $2\pi$ 为周期,且

$$f(x)=\begin{cases}0, & -\pi\leqslant x<0,\\ 1, & 0\leqslant x<\pi,\end{cases}$$

试求函数 $f(x)$ 的傅里叶级数.

微视频
13-3-4
傅里叶级数的计算

**解** 先计算 $f(x)$ 的傅里叶系数,

$$a_0=\frac{1}{\pi}\int_{-\pi}^{\pi}f(x)\mathrm{d}x=\frac{1}{\pi}\int_0^{\pi}\mathrm{d}x=1,$$

$$a_k=\frac{1}{\pi}\int_{-\pi}^{\pi}f(x)\cos kx\mathrm{d}x=\frac{1}{\pi}\int_0^{\pi}\cos kx\mathrm{d}x=0,\quad k=1,2,\cdots,$$

$$b_k=\frac{1}{\pi}\int_{-\pi}^{\pi}f(x)\sin kx\mathrm{d}x=\frac{1}{\pi}\int_0^{\pi}\sin kx\mathrm{d}x$$

$$=\frac{1}{k\pi}(1-\cos k\pi)=\begin{cases}0, & k=2m,\\ \dfrac{2}{(2m-1)\pi}, & k=2m-1,\end{cases}\quad m=1,2,\cdots.$$

于是得函数 $f(x)$ 的傅里叶级数

$$f(x)\sim\frac{1}{2}+\frac{2}{\pi}\sum_{m=1}^{\infty}\frac{\sin\,(2m-1)x}{2m-1}.$$

**例 2** 设函数 $f(x)$ 在 $(-\infty,\infty)$ 上以 $2\pi$ 为周期,且

$$f(x)=\begin{cases}-\dfrac{\pi}{4}, & -\pi\leqslant x<0,\\[2ex] \dfrac{\pi}{4}, & 0\leqslant x<\pi,\end{cases}$$

试求函数 $f(x)$ 的傅里叶级数.

**解** 由于该函数 $f(x)$ 在 $(-\pi,\pi)$ 中除去 $x=0$ 处的值以外是奇函数,所以

$$a_k=0,\quad k=0,1,2,\cdots,$$

$$b_k=\frac{2}{\pi}\int_0^{\pi}f(x)\sin kx\mathrm{d}x=\frac{2}{\pi}\int_0^{\pi}\frac{\pi}{4}\sin kx\mathrm{d}x$$

$$=\frac{1}{2k}(1-\cos k\pi)=\frac{1}{2k}[1-(-1)^k],\quad k=1,2,\cdots.$$

从而

$$b_k=\begin{cases}0, & k=2m,\\[1ex] \dfrac{1}{2m-1}, & k=2m-1,\end{cases}\quad m=1,2,\cdots,$$

故函数 $f(x)$ 的傅里叶级数为

$$f(x)\sim\sum_{m=1}^{\infty}\frac{\sin\,(2m-1)x}{2m-1}.\qquad(13.3.10)$$

由例 2 的结果可知,前面"凑巧"知道的函数

$$\sin x,\sin x+\frac{\sin 3x}{3},\sin x+\frac{\sin 3x}{3}+\frac{\sin 5x}{5},\sin x+\frac{\sin 3x}{3}+\frac{\sin 5x}{5}+\frac{\sin 7x}{7}$$

就是傅里叶级数(13.3.10)前几项的和.

讨论题

13-3-1

函数的傅里叶级数展开

设函数 $f(x)$ 是以 $2\pi$ 为周期的周期函数,且 $f(x)=\mathrm{e}^{\alpha x}(0\leqslant x<2\pi)$,其中 $\alpha\neq0$,试将 $f(x)$ 展开成傅里叶级数,并求数值级数 $\sum\limits_{n=1}^{\infty}\frac{1}{1+n^2}$ 的和.

**例 3** 求函数

$$\begin{cases}f(x)=|x|, & -\pi\leqslant x<\pi,\\ f(x+2\pi)=f(x), & -\infty<x<\infty\end{cases}$$

的傅里叶级数.

**解** 由于 $f(x)$ 是偶函数,所以

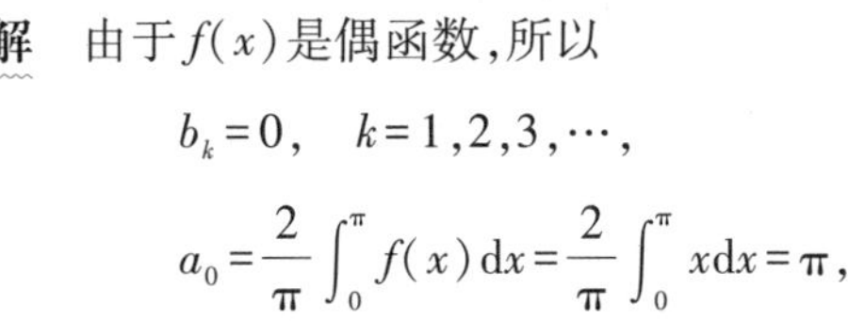

$$b_k=0,\quad k=1,2,3,\cdots,$$

$$a_0=\frac{2}{\pi}\int_0^{\pi}f(x)\mathrm{d}x=\frac{2}{\pi}\int_0^{\pi}x\mathrm{d}x=\pi,$$

$$a_k=\frac{2}{\pi}\int_0^{\pi}f(x)\cos kx\mathrm{d}x=\frac{2}{\pi}\int_0^{\pi}x\cos kx\mathrm{d}x$$

$$=\frac{2}{\pi}\left[\frac{1}{k}x\sin kx+\frac{1}{k^2}\cos kx\right]\Bigg|_0^{\pi}=\frac{2}{\pi k^2}[(-1)^k-1]$$

$$=\begin{cases}0, & k=2m\ , \\ \dfrac{-4}{\pi(2m-1)^2}, & k=2m-1,\end{cases}\quad m=1,2,\cdots,$$

故函数 $f(x)$ 的傅里叶级数为

$$f(x)\sim\frac{\pi}{2}-\frac{4}{\pi}\sum_{m=1}^{\infty}\frac{\cos(2m-1)x}{(2m-1)^2}.$$

上面说过，函数 $f(x)$ 的傅里叶级数不一定收敛，即使收敛，也未必一定收敛于函数 $f(x)$. 下面介绍判断傅里叶级数收敛的一个充分条件（证明从略），它解决了这样的问题：函数 $f(x)$ 具备什么条件时，它的傅里叶级数收敛，进而，在什么条件下收敛于函数 $f(x)$.

微视频
13-3-5
问题引入——如何确定傅里叶级数的收敛性

**定理 13.3.1**（狄利克雷收敛定理） 设在 $(-\infty,\infty)$ 上以 $2\pi$ 为周期的函数 $f(x)$ 在闭区间 $[-\pi,\pi]$ 上分段连续，并且 $f(x)$ 在 $[-\pi,\pi]$ 上只有有限个严格极值点，则函数 $f(x)$ 的傅里叶级数在 $[-\pi,\pi]$ 上收敛，并且

微视频
13-3-6
傅里叶级数的收敛定理

$$\frac{a_0}{2}+\sum_{k=1}^{\infty}(a_k\cos kx+b_k\sin kx)=\begin{cases}\dfrac{f(x+0)+f(x-0)}{2}, & x\in(-\pi,\pi), \\ \dfrac{f(-\pi+0)+f(\pi-0)}{2}, & x=\pm\pi,\end{cases}$$

其中 $f(x+0)$ 和 $f(x-0)$ 分别为函数 $f(x)$ 在点 $x$ 处的右极限与左极限.

由于在连续点 $x$ 处有 $f(x+0)=f(x-0)=f(x)$，所以，当 $f(x)$ 满足狄利克雷收敛定理的条件时，$f(x)$ 的傅里叶级数在连续点 $x$ 处收敛于 $f(x)$. 因此，对于在 $[-\pi,\pi]$ 上满足狄利克雷收敛定理条件的连续函数，我们可以将其展开成傅里叶级数.

若 $f(x)$ 在某一区间上分段连续，并且 $f(x)$ 在该区间上只有有限个严格极值点，则称函数 $f(x)$ 在该区间上满足狄利克雷定理条件. 由于满足狄利克雷定理条件的函数是较为广泛的一类函数，在实际问题中遇到的函数通常都满足狄利克雷定理的条件. 因此，将函数展开成傅里叶级数的方法，对很多实际问题都适用.

由于我们讨论的函数 $f(x)$ 为以 $2\pi$ 为周期的周期函数，如果 $f(x)$ 在

$[-\pi,\pi]$上满足狄利克雷收敛定理的条件，则在$(-\infty,\infty)$上也有$f(x)$的傅里叶级数的收敛性，即在连续点处收敛于函数本身，在间断点处收敛于该点左、右极限的算术平均值.

根据狄利克雷收敛定理，不难得出前三例所得傅里叶级数的收敛性. 对于例 1 中的函数$f(x)$，在$[-\pi,\pi]$上$f(x)$以$x=0$为跳跃间断点，且

$$f(0-0)=0,\quad f(0+0)=1,\quad f(-\pi+0)=0,\quad f(\pi-0)=1,$$

因此有

$$\frac{1}{2}+\frac{2}{\pi}\sum_{m=1}^{\infty}\frac{\sin(2m-1)x}{2m-1}=\begin{cases}0, & -\pi<x<0,\\ \dfrac{1}{2}, & x=0,\pm\pi,\\ 1, & 0<x<\pi.\end{cases}$$

对于例 2，$f(x)$在$[-\pi,\pi]$上有间断点$x=0$，且

$$f(0-0)=-\frac{\pi}{4},\quad f(0+0)=\frac{\pi}{4},\quad f(-\pi+0)=-\frac{\pi}{4},\quad f(\pi+0)=\frac{\pi}{4},$$

因此有

$$\sum_{k=1}^{\infty}\frac{\sin(2k-1)x}{2k-1}=\begin{cases}-\dfrac{\pi}{4}, & -\pi<x<0,\\ 0, & x=0,\pm\pi,\\ \dfrac{\pi}{4}, & 0<x<\pi.\end{cases}$$

例 3 中的函数$f(x)$在$(-\infty,\infty)$上连续，因此有

$$\frac{\pi}{2}-\frac{4}{\pi}\sum_{m=1}^{\infty}\frac{\cos(2m-1)x}{(2m-1)^2}=|x|,\quad -\pi\leqslant x\leqslant\pi.$$

特别地，令$x=0$，则得$\sum\limits_{k=1}^{\infty}\dfrac{1}{(2k-1)^2}=\dfrac{\pi^2}{8}$，由此可推得$\sum\limits_{k=1}^{\infty}\dfrac{1}{k^2}=\dfrac{\pi^2}{6}$. 因此，与幂级数一样，傅里叶级数也为我们提供了数值级数求和的一种方法.

从图 13.3.2—图 13.3.4 中我们发现，傅里叶级数的部分和有很好的整体逼近性质，这是与幂级数不同的地方. 幂级数的局部逼近性质比较好，因此可以用于近似计算. 另外，将函数展开成幂级数和傅里叶级数的条件不同，前者需要函数有很好的“光滑性”，而后者对“光滑性”的要求较低.

讨论题
13-3-2
两个函数的傅里叶级数系数的关系

设函数$f(x)$与$\varphi(x)$都是以$2\pi$为周期的函数，它们对应的傅里叶系数分别为$a_n,b_n$与$\alpha_n,\beta_n$，试根据下列关系，讨论这两组系数的关系：(1)$f(x)=\varphi(x)+\varphi(-x)$，(2)$f(-x)=\varphi(x)$，并请你进一步考虑当两个函数具有其他关系时，对应的傅里叶级数的系数之间的关系如何？

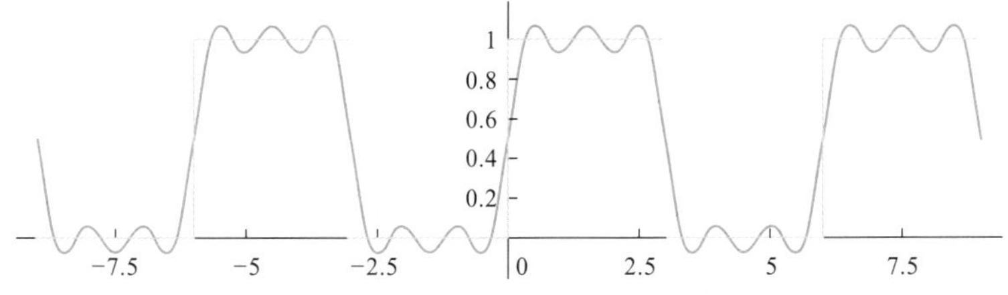

图 13.3.2　例 1 中函数 $f(x)$ 的图形与其傅里叶级数部分和的图形的比较

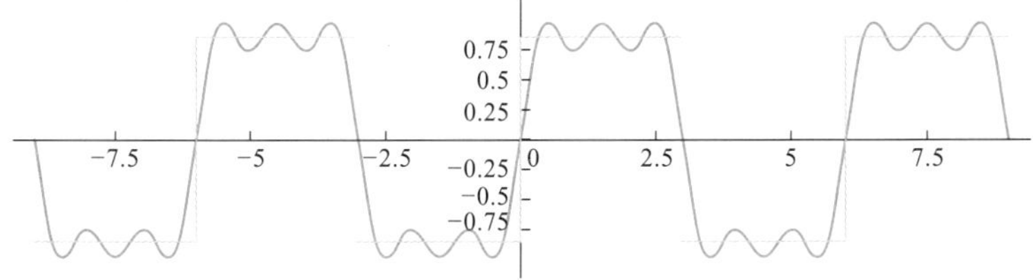

图 13.3.3　例 2 中函数 $f(x)$ 的图形与其傅里叶级数部分和的图形的比较

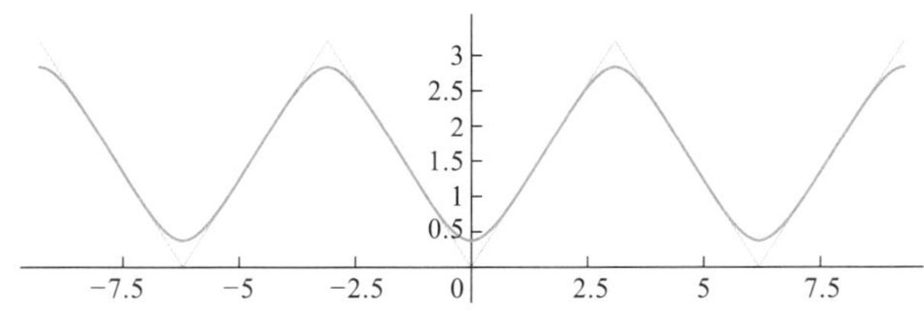

图 13.3.4　例 3 中函数 $f(x)$ 的图形与其傅里叶级数部分和的图形的比较

## 13.3.2　正弦级数与余弦级数

微视频
13-3-7
正弦级数与余弦级数

上一小节中,我们已讨论到当以 $2\pi$ 为周期的函数 $f(x)$ 分别为奇函数和偶函数时,$f(x)$ 的傅里叶级数分别为正弦级数和余弦级数.如果函数 $f(x)$ 只定义在有限区间 $(0,\pi)$ 上,试问:在一定条件下能否求得三角级数

$$\frac{a_0}{2}+\sum_{k=1}^{\infty}\left(a_k\cos kx+b_k\sin kx\right),$$

使它在区间 $(0,\pi)$ 上收敛于 $f(x)$? 是否还可要求上述三角级数为正弦级数或余弦级数?

如果 $f(x)$ 是定义在 $(-\infty,\infty)$ 上,根据上节的讨论似乎可以马上给予否定的回答,因为三角级数本身是具有周期性的,一个非周期函数怎能展开成三角级数呢? 如果我们并不要求在整个数轴上将函数展开成三角级数,而仅仅要求在某一有限区间(比如 $(0,\pi)$)内把函数展开成三角级数,这是完全可能做得到的.我们先将 $f(x)$ 延拓为以 $2\pi$ 为周期的辅

助周期函数 $F(x)$，使其在 $(0,\pi)$ 内有 $F(x)=f(x)$，然后利用狄利克雷收敛定理，将 $F(x)$ 在 $(-\infty,+\infty)$ 上展开成傅里叶级数，再把它限制在 $(0,\pi)$ 内时，就得到 $f(x)$ 的三角级数.

### 1. 函数的周期性延拓

设 $f(x)$ 在 $(0,\pi)$ 内有定义，且在 $(0,\pi)$ 内满足狄利克雷收敛定理的条件，作函数

$$F(x)=\begin{cases}f(x), & x\in(0,\pi),\\ g(x), & x\in[-\pi,0],\end{cases}$$

且令

$$F(x+2\pi)=F(x),-\infty<x<+\infty,$$

其中 $g(x)(-\pi\leqslant x\leqslant 0)$ 是使 $F(x)$ 在 $[-\pi,\pi]$ 上满足狄利克雷收敛定理条件的任一函数. 于是，$F(x)$ 可展成傅里叶级数，即有

$$\frac{a_0}{2}+\sum_{k=1}^{\infty}(a_k\cos kx+b_k\sin kx)=\frac{F(x+0)+F(x-0)}{2}, \tag{13.3.11}$$

其中

$$\begin{cases}a_k=\dfrac{1}{\pi}\displaystyle\int_{-\pi}^{\pi}F(x)\cos kx\mathrm{d}x, & k=0,1,2,\cdots,\\ b_k=\dfrac{1}{\pi}\displaystyle\int_{-\pi}^{\pi}F(x)\sin kx\mathrm{d}x, & k=1,2,\cdots.\end{cases} \tag{13.3.12}$$

因为式(13.3.11)在 $(-\infty,+\infty)$ 中成立，故在 $(0,\pi)$ 中也成立，但当 $x\in(0,\pi)$ 时，$F(x)=f(x)$，所以

$$\frac{a_0}{2}+\sum_{k=1}^{\infty}(a_k\cos kx+b_k\sin kx)=\frac{f(x+0)+f(x-0)}{2},\quad x\in(0,\pi),$$

其中 $a_k,b_k$ 仍由式(13.3.12)决定.

这样，就解决了本节前面提出的将函数 $f(x)$，$x\in(0,\pi)$ 展开成三角级数的问题. 具有以上性质的周期函数 $F(x)$ 称为函数 $f(x)$ 的周期性延拓.

值得注意的是：在解决上面的问题时，由于对 $[-\pi,0]$ 部分的函数 $g(x)$ 可以任意选择（只要使 $F(x)$ 满足狄利克雷收敛定理的条件即可），这给工程技术上带来了方便. 例如，先将 $f(x)$，$x\in(0,\pi)$ 延拓成 $[-\pi,\pi)$ 上的奇函数，再做周期延拓，则可得到 $f(x)$，$x\in(0,\pi)$ 的正弦级数展开. 如果先将 $f(x)$，$x\in(0,\pi)$ 延拓成 $[-\pi,\pi)$ 上的偶函数，再做周期延拓，则可得到 $f(x)$，$x\in(0,\pi)$ 的余弦级数展开. 下面来介绍这两种常用的延拓

方法，即奇性延拓和偶性延拓.

**2. 函数的奇延拓**

设函数 $f(x)$ 在 $(0,\pi)$ 内满足狄利克雷定理的条件.

首先，选择在 $[-\pi,0]$ 上的函数 $g(x)$，使 $F(x)$ 在 $(-\pi,\pi)$ 内成为奇函数，并给出 $F(x)$ 在 $x=-\pi$ 的值，得

$$F(x)=\begin{cases} f(x), & 0<x<\pi, \\ 0, & x=0,-\pi, \\ -f(-x), & -\pi<x<0. \end{cases}$$

其次，将 $F(x)$ 延拓为 $(-\infty,+\infty)$ 内的以 $2\pi$ 为周期的周期函数，即对任意实数$x$，令 $F(x+2\pi)=F(x)$. 易知 $F(x)$ 就是 $(-\infty,+\infty)$ 内的一个奇周期函数，周期为 $2\pi$. 此时式(13.3.11)中的系数

$$a_k=\frac{1}{\pi}\int_{-\pi}^{\pi} F(x)\cos kx\mathrm{d}x=0,\quad k=0,1,2,\cdots$$

$$b_k=\frac{1}{\pi}\int_{-\pi}^{\pi} F(x)\sin kx\mathrm{d}x=\frac{2}{\pi}\int_0^{\pi} f(x)\sin kx\mathrm{d}x,\quad k=1,2,\cdots.$$

由于在 $(0,\pi)$ 上，$F(x)=f(x)$，又 $f(x)$ 在 $(0,\pi)$ 上满足狄利克雷定理的条件，故有

$$\sum_{k=1}^{\infty} b_k\sin kx=\frac{f(x+0)+f(x-0)}{2},\quad x\in(0,\pi).$$

**例 4** 设函数 $f(x)=x+1\ (0<x<\pi)$，试将函数 $f(x)$ 在 $(0,\pi)$ 上展开成正弦级数.

**解** 因为要求将所给函数展开成正弦级数，所以需作奇性周期延拓. 为此，取

$$F(x)=\begin{cases} x+1, & 0<x<\pi, \\ 0, & x=0,\pi, \\ x-1, & -\pi<x<0. \end{cases}$$

再令 $F(x+2\pi)=F(x)$，$-\infty<x<+\infty$，于是，

$$a_k=0,\quad k=0,1,2,\cdots,$$

$$\begin{aligned} b_k &=\frac{2}{\pi}\int_0^{\pi} f(x)\sin kx\mathrm{d}x=\frac{2}{\pi}\int_0^{\pi}(x+1)\sin kx\mathrm{d}x \\ &=\frac{2}{k\pi}\{[1-(-1)^k]-\pi(-1)^k\},\quad k=1,2,\cdots, \end{aligned}$$

从而,得到

$$F(x)\sim\sum_{k=1}^{\infty}\frac{2}{k\pi}\{[1-(-1)^k]-\pi(-1)^k\}\sin kx.$$

由于 $F(x)$ 在 $[-\pi,\pi]$ 上满足狄利克雷定理的条件,所以 $F(x)$ 的傅里叶级数在 $[-\pi,\pi]$ 上收敛,且有

$$\frac{2}{\pi}\sum_{k=1}^{\infty}\frac{1}{k}\{[1-(-1)^k]-\pi(-1)^k\}\sin kx=\begin{cases}x-1, & -\pi<x<0,\\ 0, & x=0,\\ x+1, & 0<x<\pi,\\ 0, & x=\pm\pi.\end{cases}$$

图 13.3.5 反映了傅里叶级数收敛于右端函数的性质.特别在 $(0,\pi)$ 上有

$$\frac{2}{\pi}\sum_{k=1}^{\infty}\frac{1}{k}\{[1-(-1)^k]-\pi(-1)^k\}\sin kx=x+1,\quad 0<x<\pi.$$

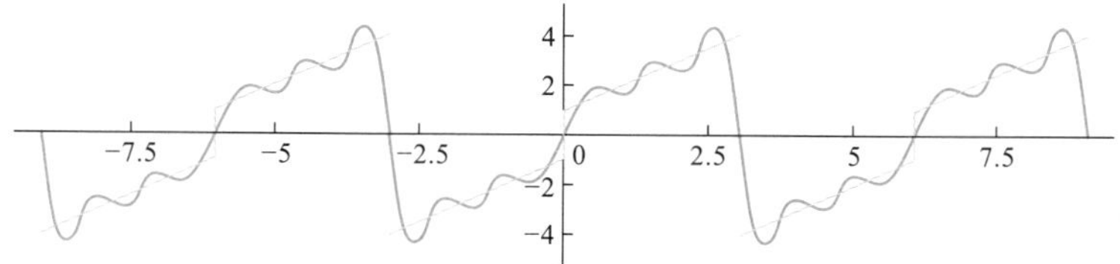


图 13.3.5　例 4 中函数 $F(x)$ 的图形与其傅里叶级数部分和的图形的比较

**3. 函数的偶延拓**

设函数 $f(x)$ 在 $[0,\pi]$ 上满足狄利克雷定理的条件.

首先,选择在 $[-\pi,0]$ 上的函数 $g(x)$,使 $F(x)$ 在 $[-\pi,\pi]$ 上成为偶函数,即

$$F(x)=\begin{cases}f(x), & 0\leqslant x\leqslant\pi,\\ f(-x), & -\pi\leqslant x<0.\end{cases}$$

其次,将 $F(x)$ 延拓为 $(-\infty,+\infty)$ 内的以 $2\pi$ 为周期的周期函数,令

$$F(x+2\pi)=F(x),\quad -\infty<x<+\infty,$$

易知 $F(x)$ 就是 $(-\infty,+\infty)$ 内的一个偶性周期函数,周期为 $2\pi$.此时式(13.3.11)中的系数为

$$b_k=0,\quad k=1,2,\cdots,$$

$$a_k=\frac{1}{\pi}\int_{-\pi}^{\pi}F(x)\cos kx\mathrm{d}x=\frac{2}{\pi}\int_0^{\pi}f(x)\cos kx\mathrm{d}x,\quad k=0,1,2,\cdots.$$

由于在$[0,\pi]$上,$F(x)=f(x)$,又$f(x)$在$[0,\pi]$上满足狄利克雷定理的条件,故有

$$\frac{a_0}{2}+\sum_{k=1}^{\infty}a_k\cos kx=\frac{f(x+0)+f(x-0)}{2},\quad x\in[0,\pi],$$

其中

$$a_k=\frac{2}{\pi}\int_0^{\pi}f(x)\cos kx\mathrm{d}x,\quad k=0,1,2,\cdots.$$

**例 5** 设函数$f(x)=x+1,0\leqslant x\leqslant\pi$,试将函数$f(x)$在$(0,\pi)$内展开成余弦级数.

**解** 由题意可知须将$f(x)$作偶性周期延拓.为此,取

$$F(x)=\begin{cases}x+1, & 0\leqslant x\leqslant\pi,\\ -x+1, & -\pi<x<0,\end{cases}$$

再令

$$F(x+2\pi)=F(x),\quad -\infty<x<+\infty,$$

于是,

$$b_k=0,\quad k=0,1,2,\cdots,$$

$$a_0=\frac{2}{\pi}\int_0^{\pi}(x+1)\mathrm{d}x=\pi+2,$$

$$a_k=\frac{2}{\pi}\int_0^{\pi}(x+1)\cos kx\mathrm{d}x=\frac{2}{\pi k^2}[(-1)^k-1],\quad k=1,2,\cdots.$$

从而,

$$F(x)\sim\frac{\pi}{2}+1+\frac{2}{\pi}\sum_{k=1}^{\infty}\frac{[(-1)^k-1]}{k^2}\cos kx.$$

由于$F(x)$在$[-\pi,\pi]$上满足狄利克雷定理的条件,所以$F(x)$的傅里叶级数在$[-\pi,\pi]$上收敛,且收敛于$F(x)$.特别地,在$[0,\pi]$上有

$$\frac{\pi}{2}+1+\frac{2}{\pi}\sum_{k=1}^{\infty}\frac{[(-1)^k-1]}{k^2}\cos kx=x+1=f(x),\quad 0\leqslant x\leqslant\pi.$$

微视频
13-3-8
吉布斯现象

微视频
13-3-9
问题引入——傅里叶级数是"拼接"分段函数的工具

微视频
13-3-10
一般函数的傅里叶级数

### 13.3.3 周期为 $2l$ 的函数的傅里叶级数

如果周期函数$f(x)$的周期不是$2\pi$,而是$2l$,这里$l$为实数,如何将函

数 $f(x)$ 表示成三角级数呢？

具体一点，设函数 $f(x)$ 在 $(-\infty,+\infty)$ 上有定义，以 $2l$ 为周期，且在 $[-l,l]$ 上满足狄利克雷定理的条件. 为了把 $f(x)$ 展开成三角级数，一个自然的想法是通过变量替换将 $f(x)$ 变换成一个以 $2\pi$ 为周期的周期函数. 考虑将区间 $[-l,l]$ 变换为区间 $[-\pi,\pi]$ 的线性变换 $x=\lambda t$，要求满足 $x=-l$ 时，$t=-\pi$；$x=l$ 时，$t=\pi$. 因此，$\lambda=\dfrac{l}{\pi}$. 于是，线性变换 $x=\dfrac{l}{\pi}t$ 将区间 $[-l,l]$ 变换为区间 $[-\pi,\pi]$. 若记 $f(x)=f\left(\dfrac{l}{\pi}t\right)=F(t)$，则函数 $F(t)$ 在 $(-\infty,+\infty)$ 上有定义，且满足狄利克雷定理的条件，其周期为 $2\pi$. 因此，对函数 $F(t)$ 有

$$\frac{a_0}{2}+\sum_{k=1}^{\infty}(a_k\cos kt+b_k\sin kt)=\begin{cases}\dfrac{F(t+0)+F(t-0)}{2}, & t\in(-\pi,\pi),\\[2ex] \dfrac{F(-\pi+0)+F(\pi-0)}{2}, & t=\pm\pi,\end{cases}\tag{13.3.13}$$

其中 $a_k(k=0,1,2,\cdots)$，$b_k(k=1,2,\cdots)$ 是 $F(t)$ 的傅里叶系数，即

$$\begin{cases}a_k=\dfrac{1}{\pi}\displaystyle\int_{-\pi}^{\pi}F(t)\cos kt\mathrm{d}t, & k=0,1,2,\cdots,\\[2ex] b_k=\dfrac{1}{\pi}\displaystyle\int_{-\pi}^{\pi}F(t)\sin kt\mathrm{d}t, & k=1,2,\cdots.\end{cases}\tag{13.3.14}$$

将式(13.3.13)和式(13.3.14)中的变量 $t$ 以 $t=\dfrac{\pi}{l}x$ 替换，便可从式(13.3.13)得到

$$\frac{a_0}{2}+\sum_{k=1}^{\infty}\left(a_k\cos\frac{k\pi}{l}x+b_k\sin\frac{k\pi}{l}x\right)=\begin{cases}\dfrac{f(x+0)+f(x-0)}{2}, & x\in(-l,l),\\[2ex] \dfrac{f(-l+0)+f(l-0)}{2}, & x=\pm l.\end{cases}\tag{13.3.15}$$

而式(13.3.14)中的系数成为

$$\begin{cases}a_k=\dfrac{1}{l}\displaystyle\int_{-l}^{l}f(x)\cos\frac{k\pi}{l}x\mathrm{d}x, & k=0,1,2,\cdots,\\[2ex] b_k=\dfrac{1}{l}\displaystyle\int_{-l}^{l}f(x)\sin\frac{k\pi}{l}x\mathrm{d}x, & k=1,2,\cdots.\end{cases}\tag{13.3.16}$$

这样,我们就将周期为 $2l$ 的函数表示成了形如

$$\frac{a_0}{2}+\sum_{k=1}^{\infty}\left(a_k\cos\frac{k\pi}{l}x+b_k\sin\frac{k\pi}{l}x\right)$$

的傅里叶级数,又称为"一般的三角级数",其中 $l$ 是正常数.显然,当 $l=\pi$ 时,就是前面讨论的三角级数.

**例 6** 将函数 $f(x)=x,-l<x<l$ 用一般的三角级数来表示.

**解** 因为在 $(-l,l)$ 上,$f(x)=x$ 是奇函数,由式(13.3.16),可得傅里叶系数

$$a_k=0,\quad k=0,1,2,\cdots,$$

$$b_k=\frac{2}{l}\int_0^l x\sin\frac{k\pi}{l}x\mathrm{d}x=\frac{2l}{\pi}\frac{(-1)^{k-1}}{k},\quad k=1,2,\cdots.$$

由于函数 $f(x)=x$ 在 $(-l,l)$ 上满足狄利克雷定理的条件,所以

$$x=\frac{2l}{\pi}\sum_{k=1}^{\infty}\frac{(-1)^{k-1}}{k}\sin\frac{k\pi}{l}x,\quad -l<x<l.$$

**例 7** 将函数 $f(x)=x,0<x<l$ 用一般的三角级数来表示,且要求在级数中只含有余弦项.

**解** 用类似于上节所述的方法,将所给函数 $f(x)=x,0<x<l$ 进行偶延拓,然后对偶延拓后的函数运用式(13.3.16),计算出傅里叶系数.由于延拓后的函数为偶函数,所以

$$b_k=0,\quad k=1,2,\cdots.$$

而

$$a_0=\frac{2}{l}\int_0^l x\mathrm{d}x=l,$$

$$a_k=\frac{2}{l}\int_0^l x\cos\frac{k\pi}{l}x\mathrm{d}x=\frac{2l}{k^2\pi^2}[(-1)^k-1],\quad k=1,2,\cdots.$$

于是,得到偶延拓后的函数的傅里叶级数为

$$\frac{l}{2}+\frac{2l}{\pi^2}\sum_{k=1}^{\infty}\frac{[(-1)^k-1]}{k^2}\cos\frac{k\pi}{l}x.$$

特别地,在区间 $(0,l)$ 上有

$$x=\frac{l}{2}+\frac{2l}{\pi^2}\sum_{k=1}^{\infty}\frac{[(-1)^k-1]}{k^2}\cos\frac{k\pi}{l}x,\quad 0<x<l.$$

微视频
13-3-11
傅里叶级数的复数形式

微视频
13-3-12
傅里叶变换的概念

# 习题 13.3

## A 基础题

1. 试将以 $2\pi$ 为周期的函数 $f(x)$ 展开成傅里叶级数，其中$f(x)$在$(-\pi,\pi)$上的表达式为

(1) $f(x)=|x-1|,-\pi\leqslant x<\pi$；

(2) $f(x)=3x^2+1(-\pi\leqslant x<\pi)$；

(3) $f(x)=\begin{cases}1,-\pi\leqslant x<0,\\3,0\leqslant x<\pi;\end{cases}$

(4) $f(x)=\begin{cases}-1,-\pi<x\leqslant 0,\\x^2+1,0<x\leqslant\pi.\end{cases}$

2. (1) 试求三角多项式

$$T_n(x)=\frac{\alpha_0}{2}+\sum_{k=1}^{n}(\alpha_k\cos kx+\beta_k\sin kx)$$

的傅里叶级数，其中 $\alpha_0,\alpha_k,\beta_k(k=1,2,\cdots,n)$ 为常数；

(2) 将$f(x)=\cos^2 x$ 展开成傅里叶级数.

3. 试将下列函数展开成傅里叶级数：

(1) $f(x)=2\sin\dfrac{x}{3}(-\pi\leqslant x\leqslant\pi)$；

(2) $f(x)=\begin{cases}e^x,-\pi\leqslant x<0,\\1,0\leqslant x\leqslant\pi.\end{cases}$

4. 试将函数 $f(x)=\dfrac{\pi-x}{2}(0\leqslant x\leqslant\pi)$ 展开成正弦级数.

5. 试将函数 $f(x)=2x^2(0\leqslant x\leqslant\pi)$ 分别展开成正弦级数和余弦级数.

6. 将下列周期函数展开成傅里叶级数：

(1) $f(x)=|\sin x|$；

(2) $f(x)=\left|\sin\dfrac{x}{2}\right|$；

(3) $f(x)=x-[x]$（其中 $[x]$ 为不超过 $x$ 的最大整数）.

7. 将下列函数分别展开成正弦级数和余弦级数：

(1) $f(x)=\begin{cases}x,0\leqslant x<\dfrac{l}{2},\\l-x,\dfrac{l}{2}\leqslant x\leqslant l;\end{cases}$

(2) $f(x)=x^2(0\leqslant x\leqslant 2)$.

8. 设函数 $f(x)=\begin{cases}-1,-\pi<x\leqslant 0,\\1+x^2,0<x\leqslant\pi,\end{cases}$ 则$f(x)$以 $2\pi$ 为周期的延拓函数的傅里叶级数在点 $x=0,x=\pi,x=\dfrac{\pi}{2},x=10,x=-10,x=-10\pi$ 处分别收敛于何值?

## B 综合题

9. 将函数$f(x)=2+|x|(-1\leqslant x\leqslant 1)$展开成以 2 为周期的傅里叶级数，并由此求级数 $\sum\limits_{n=1}^{\infty}\dfrac{1}{n^2}$的和.

10. 设$f(x)$是周期为 $2\pi$ 的周期函数，它在 $[-\pi,\pi)$ 上的表达式为

$$f(x)=\begin{cases}-\dfrac{\pi}{2}, & -\pi\leqslant x<-\dfrac{\pi}{2},\\ x, & -\dfrac{\pi}{2}\leqslant x<\dfrac{\pi}{2},\\ \dfrac{\pi}{2}, & \dfrac{\pi}{2}\leqslant x<\pi,\end{cases}$$

将$f(x)$展开成傅里叶级数.

11. 证明：当 $0\leqslant x\leqslant\pi$ 时，$\sum\limits_{n=1}^{\infty}\dfrac{\cos n\pi x}{n^2}=\dfrac{x^2}{4}-\dfrac{\pi x}{2}+\dfrac{\pi^2}{6}$.

12. 设$f(x)$是以 $2\pi$ 为周期的连续函数，证明：

(1) 如果$f(x-\pi)=-f(x)$，则$f(x)$的傅里叶系数 $a_0=0,a_{2k}=0,b_{2k}=0\ (k=1,2,\cdots)$；

(2) 如果$f(x-\pi)=f(x)$，则$f(x)$的傅里叶系数 $a_{2k+1}=0,b_{2k+1}=0(k=0,1,2,\cdots)$.

13. 将函数$f(x)=e^x$在$(-\pi,\pi)$内展开成傅里叶级数,并求级数$\sum\limits_{n=1}^{\infty}\frac{1}{1+n^2}$的和.

## C 应用题

14. 将一电感为$L$的线圈接到矩形波电源上,其电压为10 V,基波频率为10 Hz,试求电路中电流的有效值.

$\left(提示:u=\frac{40}{\pi}\left(\sin 20\pi t+\frac{1}{3}\sin 60\pi t+\frac{1}{5}\sin 100\pi t+\cdots\right).\right)$

15. 在如题图所示电路中,电源$u_i$为全波整流电压,其峰值$U_m=310$ V,频率$f=50$ Hz,$L=10$ h,$C=20$ μF,$R=2$ kΩ,试求负载电阻$R$的电压$u_0$的瞬时值及电阻$R$吸收的功率(计算到四次谐波).

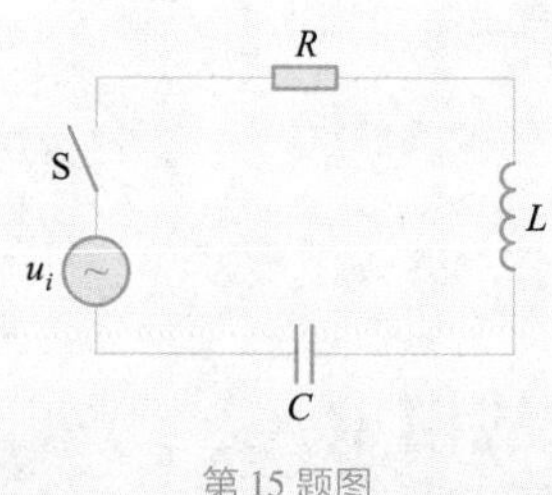


第15题图

## D 实验题

16. 设$f(x)$的周期为$2\pi$,在$[-\pi,\pi)$上有

$$f(x)=\begin{cases}-\frac{\pi}{4}, & -\pi\leqslant x<0,\\ \frac{\pi}{4}, & 0\leqslant x<\pi,\end{cases}$$

试用Mathematica软件求解如下问题:

(1) 使用教材提供的系数计算公式,求$f(x)$的傅里叶级数.

(2) 通过在$[-6\pi,6\pi]$内绘制函数$f(x)$与对应傅里叶级数部分和函数的图形,观察部分和项数与部分和函数收敛性之间的关系,项数分别取1,3,5,8,12,20,30,60.

(3) 观察、分析在间断点处逼近的特点,并对比将函数在$[-\pi,\pi)$上的表达式改为$f(x)=|x|$,$-\pi\leqslant x<\pi$后,是否会有类似情况出现,分析其原因.

17. 试使用系数计算公式和Mathematica软件内部傅里叶级数展开命令,分别将函数$f(x)=10-x(5<x<15)$展开成傅里叶级数,画出展开式中前若干项的和的图形,并观察它们逼近函数$f(x)$的情况,同时比较两种展开方式的异同.

13.3 测验题

# 第十四章

# 军事应用中的微分方程模型及其定性分析

许多军事模型都可以用微分方程(组)或差分方程(组)来描述,对这些微分方程组或差分方程组进行分析,可以预测这些模型的性态,分析战争中的各种因素对战争效果的影响,并可以从中提炼出战争策略.但是很多微分方程(组)是不能求解的,如何在不求解的前提下,直接从微分方程本身去研究其解的主要特征和性质,这就是微分方程的定性分析方法要解决的问题.在这一章,我们首先介绍兰彻斯特陆战的连续模型和特拉法尔加海战的离散模型;然后,通过对这些模型的细致分析,阐述微分方程定性理论的基本概念和方法;最后再对军备竞赛模型进行分析,阐述稳定性的基本概念和方法.

## 14.1 两个典型的军事作战模型

微视频
14-1-1
问题引入——军事模型中的微分方程

在这一节,我们介绍两个经典的军事战斗模型,一个是兰彻斯特陆战的连续模型;一个是特拉法尔加海战的离散模型.我们将对特拉法尔加海战的离散模型进行数值分析.对兰彻斯特陆战的连续模型的定性分析将在第 14.2 节中给出.

### 14.1.1 兰彻斯特陆战模型

微视频
14-1-2
线性微分方程组模型

在第一次世界大战期间,兰彻斯特从他所建立的陆战数学模型研究中得出了“兰彻斯特平方定律”,由此阐明了“军队的集中在战争中的重要性”的观点.下面我们用微分方程建立兰彻斯特陆战模型.

在甲、乙双方的一次战役中,甲、乙双方在开始时投入战士数分别为 $x_0$ 和 $y_0$,$t$ 时刻甲、乙双方战士数分别为 $x(t)$ 与 $y(t)$,甲、乙双方战斗的有效系数(包括士气、武器装备、指挥艺术等)分别为 $b(b>0)$ 和 $a(a>0)$,即甲方(乙方)部队中平均一个士兵使乙方(甲方)士兵在单位时间内的减员数为 $b(a)$.如果把士兵病故、逃亡等因素忽略不计,假设双方没有兵力增援,那么两支正规部队作战的数学模型为

$$\begin{cases}\dfrac{\mathrm{d}x}{\mathrm{d}t}=-ay,\\[2mm] \dfrac{\mathrm{d}y}{\mathrm{d}t}=-bx,\\[2mm] x(0)=x_0,\quad y(0)=y_0.\end{cases}\tag{14.1.1}$$

称式(14.1.1)为兰彻斯特基本战斗模型.由于负的战斗力量是没有意义的,因此我们总假设 $x\geqslant0,y\geqslant0$.

将系统(14.1.1)的第二个方程关于 $t$ 求导得到

$$\frac{\mathrm{d}^2y}{\mathrm{d}t^2}=-b\frac{\mathrm{d}x}{\mathrm{d}t}.$$

再将式(14.1.1)的第一个方程代入上式,得到一个二阶常系数微分方程

$$\frac{\mathrm{d}^2y}{\mathrm{d}t^2}-aby=0.$$

由第 7.4 节的方法求得初值问题的解为

$$y(t)=y_0\cosh\sqrt{ab}\,t-x_0\sqrt{\frac{a}{b}}\sinh\sqrt{ab}\,t.\tag{14.1.2}$$

将式(14.1.2)两边关于 $t$ 求导,得到

$$x(t)=\frac{a}{b}x_0\cosh\sqrt{ab}\,t-y_0\sqrt{\frac{a}{b}}\sinh\sqrt{ab}\,t.$$

将式(14.1.2)整理成

$$\frac{y(t)}{y_0}=\cosh\sqrt{ab}\,t-\left(\frac{x_0}{y_0}\right)\sqrt{\frac{a}{b}}\sinh\sqrt{ab}\,t.\tag{14.1.3}$$

式(14.1.3)是乙方的现有战斗力和初始的战斗力之比,称为正规化的战斗力水平.从式(14.1.3)可以看出,正规化的战斗力依赖于交战参数 $E=\left(\frac{x_0}{y_0}\right)\sqrt{\frac{a}{b}}$ 和时间参数 $T=\sqrt{ab}\,t$,其中常数 $\sqrt{ab}$ 代表战斗的剧烈程度和战斗持续时间的控制能力,比率 $\sqrt{\frac{a}{b}}$ 代表双方战士的相对效能.

如果我们设在 $t$ 时刻甲、乙双方部队士兵的增援率分别为 $f(t)$ 与 $g(t)$，则得到下面模型

$$\begin{cases}\dfrac{\mathrm{d}x}{\mathrm{d}t}=-ay+f(t),\\ \dfrac{\mathrm{d}y}{\mathrm{d}t}=-bx+g(t),\\ x(0)=x_0,\quad y(0)=y_0.\end{cases}\tag{14.1.4}$$

我们通过日军与美军的硫磺岛战役来讨论非齐次模型(14.1.4).硫磺岛位于东京以南 1 080 km.第二次世界大战中，美日双方在此岛上进行了一个月的激烈战斗，成为第二次世界大战中最大的战役之一.美军 1945 年 2 月 19 日开始登陆进攻硫磺岛，到 1945 年 3 月 26 日结束战斗.有关资料表明，战斗开始时，岛上的日军有 21 500 人，以后未补充；而美军登陆士兵数目如下：第一天 54 000 人，第二天未增援，第三天增援 6 000人，第四、五天未增援，第六天增援 13 000 人，以后未再增援.战斗结束时，美军生还人数为 52 735 人，而日军全军覆没.

下面来建立其战斗模型.设 $t$ 时刻美军、日军的存活数分别为 $x(t)$ 与 $y(t)$，美、日两军的战斗有效系数分别为 $b$ 和 $a$，由兰彻斯特陆战模型有

$$\begin{cases}\dfrac{\mathrm{d}x}{\mathrm{d}t}=-ay+f(t),\\ \dfrac{\mathrm{d}y}{\mathrm{d}t}=-bx,\\ x(0)=0,\quad y(0)=21\ 500,\end{cases}\tag{14.1.5}$$

其中美军的增援函数为

$$f(t)=\begin{cases}54\ 000, & 0\leqslant t<1,\\ 0, & 1\leqslant t<2,\\ 6\ 000, & 2\leqslant t<3,\\ 0, & 3\leqslant t<5,\\ 13\ 000, & 5\leqslant t<6,\\ 0, & t\geqslant 6.\end{cases}$$

方程组(14.1.5)是一阶非齐次线性微分方程组的初值问题，可以求得解为

$$\begin{cases} x(t) = -\sqrt{\dfrac{b}{a}}\, y_0 \sinh \sqrt{ab}\, t + \displaystyle\int_0^t f(s) \cosh \sqrt{ab}\,(t-s)\,\mathrm{d}s, \\ y(t) = y_0 \cosh \sqrt{ab}\, t - \sqrt{\dfrac{b}{a}} \displaystyle\int_0^t f(s) \sinh \sqrt{ab}\,(t-s)\,\mathrm{d}s. \end{cases} \tag{14.1.6}$$

为求出战斗有效系数 $b$ 和 $a$，将式(14.1.5)中的第二个方程两端从 0 到 $t$ 积分得

$$y(t)-y(0)=(-b)\int_0^t x(s)\,\mathrm{d}s. \tag{14.1.7}$$

令 $t=36$，由美军保存的硫磺岛战役中美军每日战斗减员的统计资料可以计算出 $\sum_{i=1}^{36} x(i)=2\ 037\ 000$，我们近似地取 $\int_0^{36} x(t)\,\mathrm{d}t \approx \sum_{i=1}^{36} x(i) = 2\ 037\ 000$.

由于日军在战斗前的士兵人数为 $y(0)=21\ 500$，到第 36 天战斗结束时日军士兵全部阵亡，即 $y(36)=0$，从而由式(14.1.7)得到

$$b=\frac{y(0)-y(36)}{\sum_{i=1}^{36} x(i)}=\frac{21\ 500}{2\ 037\ 000}\approx 0.010\ 6.$$

再将式(14.1.5)中的第一个方程两端从 0 到 36 积分得到

$$x(36)-x(0)=-a\int_0^{36} y(t)\,\mathrm{d}t+\int_0^{36} f(t)\,\mathrm{d}t.$$

已知 $x(0)=0$，$x(36)=52\ 735$，由 $f(t)$ 的表达式计算出 $\int_0^{36} f(t)\,\mathrm{d}t = 73\ 000$，从而得到 $a=\dfrac{73\ 000-52\ 735}{\int_0^{36} y(t)\,\mathrm{d}t}=\dfrac{20\ 265}{\int_0^{36} y(t)\,\mathrm{d}t}$. 我们近似地计算 $\int_0^{36} y(t)\,\mathrm{d}t \approx \sum_{j=1}^{36} y(j)$. 由于没有日军的减员记录，为计算 $y(j)$，需要利用美军的存活数目来计算. 我们从式(14.1.7)来推算，

$$y(j)=y(0)-b\int_0^j x(s)\,\mathrm{d}s=21\ 500-b\int_0^j x(s)\,\mathrm{d}s\approx 21\ 500-b\sum_{i=1}^{j} x(i),$$

因此，

$$\int_0^{36} y(t)\,\mathrm{d}t \approx \sum_{j=1}^{36} y(j)=\sum_{j=1}^{36}\left(21\ 500-b\sum_{i=1}^{j} x(i)\right)=372\ 500,$$

于是，$a=\dfrac{20\ 265}{372\ 500}\approx 0.054\ 4$.

把求得的 $a$，$b$ 的值代入式(14.1.6)便可逐日计算出日军士兵生还

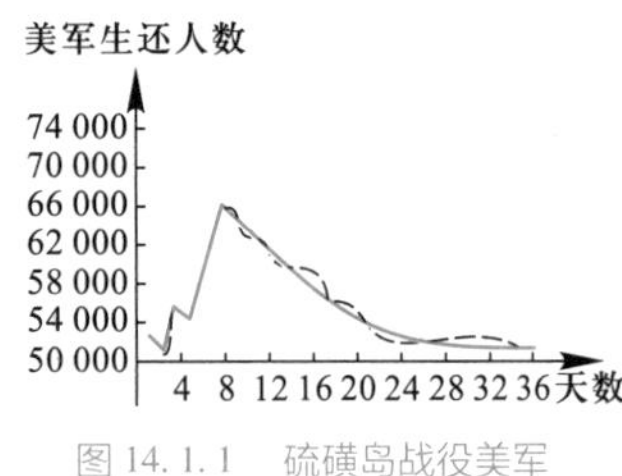

图 14.1.1　硫磺岛战役美军士兵生还人数

人数.例如美军生还人数如图 14.1.1 所示,我们用上面分析得到的美军生还人数和通过美军保留的资料加以比较,其中实线是利用模型计算得到的,虚线是实际的统计数据,通过比较可以发现两者吻合较好.由此可见,兰彻斯特陆战模型能很好地反映出两军在有支援时的战斗状况,具有较高的使用价值.

### 14.1.2　特拉法尔加战斗模型

微视频
14-1-3
线性微分方程组基本概念

微视频
14-1-4
线性微分方程组的解法

在 1805 年的特拉法尔加战斗中,由维尔纳夫为主帅的法国、西班牙海军联军和由海军中将纳尔逊指挥的英国海军作战.一开始,法西联军有 33 艘战舰,而英军有 27 艘战舰,假设在一次遭遇战中双方的战舰损失都是对方战舰的 10%,分数值表示有一艘或多艘战舰不能全力以赴地参加战斗.令 $n$ 表示战斗过程中遭遇战的阶段,$B_n$ 表示第 $n$ 阶段英军的战舰数,$F_n$ 表示第 $n$ 阶段法西联军的战舰数,那么在第 $n$ 阶段的遭遇战后,双方的剩余战舰数为

$$\begin{cases} B_{n+1}=B_n-0.1F_n, \\ F_{n+1}=F_n-0.1B_n. \end{cases} \tag{14.1.8}$$

下面我们对离散模型(14.1.8)进行分析.将初始值 $B_0=27, F_0=33$ 分别代入模型(14.1.8)中,计算出 $B_1=27-0.1\times33=23.7, F_1=33-0.1\times27=30.3$,再将 $B_1=23.7, F_1=30.3$ 代入模型(14.1.8)中算得 $B_2=23.7-0.1\times30.3=20.67, F_2=27.93$,这样迭代下去,得到战斗模型的数值解,$B_1, F_1, B_2, F_2, B_3, F_3, \cdots$,见表 14.1.1.

表 14.1.1　战斗模型的数值解

| 阶段 | 英军战舰数 | 法西联军战舰数 |
|---|---|---|
| 0 | 27.000 0 | 33.000 0 |
| 1 | 23.700 0 | 30.300 0 |
| 2 | 20.670 0 | 27.930 0 |
| 3 | 17.877 0 | 25.863 0 |
| 4 | 15.290 7 | 24.075 3 |
| 5 | 12.883 2 | 22.546 2 |

续表

| 阶段 | 英军战舰数 | 法西联军战舰数 |
| --- | --- | --- |
| 6 | 10. 628 5 | 21. 257 9 |
| 7 | 8. 502 8 | 20. 195 1 |
| 8 | 6. 483 2 | 19. 344 8 |
| 9 | 4. 548 8 | 18. 696 5 |
| 10 | 2. 679 1 | 18. 241 6 |

从表 14. 1. 1 中可以看出,对于全部军力投入的情形,我们看到英军将全面失败,只剩下 3 艘战舰且至少一艘战舰遭到严重破坏.在战斗结束时,经历了 10 个阶段的战斗后,法西联军的舰队大约还有 18 艘战舰.

在战斗中法西联军的 33 艘战舰基本上分三个战斗编组,沿一条直线一字排开,见图 14. 1. 2, 其中 A 组 3,B 组 17,C 组 13.

B组17

A组3

C组13

图 14. 1. 2　拿破仑的战斗编组和排列

为避免英军全军覆没,英军采用"集中优势兵力,各个击破"的战斗策略,用 13 艘英军战舰迎战法西联军的 A 组战舰(另外有 14 艘战舰备用),假设在三次战斗中,每次战斗中每方损失的战舰数都是对方参战战舰数的 5%.利用式(14. 1. 8)可得

$$\begin{cases} B_{n+1}=B_n-0.05F_n, \\ F_{n+1}=F_n-0.05B_n, \end{cases} \tag{14.1.9}$$

令 $B_0=13$,$F_0=3$,代入式(14. 1. 9),求得 $B_1=13-0.05\times3=12.85$,$F_1=3-0.05\times13=2.35$,依次迭代,求出 $B_2$,$F_2$,$B_3$,$F_3$,战斗结果见表 14. 1. 2.

表 14. 1. 2　战　斗　A

| 阶段 | 英军战舰数 | 法西联军战舰数 |
| --- | --- | --- |
| 0 | 13. 000 0 | 3. 000 0 |
| 1 | 12. 850 0 | 2. 350 0 |
| 2 | 12. 753 2 | 1. 707 5 |
| 3 | 12. 647 1 | 1. 070 9 |

接下来,英军用战斗后存留下来的战舰再加上备用的 14 艘战舰去迎战法西联军的 B 组战舰,即 $B_0=26.6471$,$F_0=18.0709$,类似战斗 A 的分析,将新的初值代入式(14. 1. 9)中,其战斗结果见表 14. 1. 3.

表 14.1.3　战　斗　B

| 阶段 | 英军战舰数 | 法西联军战舰数 |
| --- | --- | --- |
| 0 | 26.647 1 | 18.070 9 |
| 1 | 25.743 6 | 16.738 5 |
| 2 | 24.906 6 | 15.451 3 |
| 3 | 24.134 1 | 14.206 0 |
| 4 | 23.423 8 | 12.999 3 |
| 5 | 22.773 8 | 11.828 1 |
| 6 | 22.182 4 | 10.689 4 |
| 7 | 21.647 9 | 9.580 3 |
| 8 | 21.168 9 | 8.497 9 |
| 9 | 20.744 0 | 7.439 5 |
| 10 | 20.372 0 | 6.402 3 |
| 11 | 20.051 9 | 5.383 7 |
| 12 | 19.782 7 | 4.381 1 |
| 13 | 19.563 7 | 3.391 9 |
| 14 | 19.394 1 | 2.413 8 |
| 15 | 19.273 4 | 1.444 1 |

最后，英军将所有剩下的战舰全部去迎战法西联军的 C 组战舰，战斗开始时两军新的战斗力即初始值为 $B_0=19.273\ 4$，$F_0=14.444\ 1$，类似战斗 B 的分析，将新的初值代入式(14.1.9)中，其战斗结果见表 14.1.4.

表 14.1.4　战　斗　C

| 阶段 | 英军战舰数 | 法西联军战舰数 |
| --- | --- | --- |
| 0 | 19.273 4 | 14.444 1 |
| 1 | 18.551 2 | 13.480 4 |
| 2 | 17.877 2 | 12.552 9 |
| 3 | 17.249 5 | 11.659 0 |
| 4 | 16.666 6 | 10.796 5 |
| 5 | 16.126 8 | 9.963 2 |
| 6 | 15.628 6 | 9.156 9 |
| 7 | 15.170 7 | 8.375 4 |
| 8 | 14.752 0 | 7.616 9 |
| 9 | 14.371 1 | 6.879 3 |
| 10 | 14.027 2 | 6.610 7 |

续表

| 阶段 | 英军战舰数 | 法西联军战舰数 |
|---|---|---|
| 11 | 13.719 1 | 5.459 4 |
| 12 | 13.446 2 | 4.773 4 |
| 13 | 13.207 5 | 4.101 1 |
| 14 | 13.002 4 | 3.440 7 |
| 15 | 12.830 4 | 2.790 6 |
| 16 | 12.690 9 | 2.149 1 |
| 17 | 12.583 4 | 1.514 6 |

利用上述"分割作战、各个击败"战略模型进行预测，其结果与历史上真实战斗结果基本一致.历史上，纳尔逊领导的英军舰队赢得了特拉法尔加战斗，使得法西联军没有参加第三次战斗，而是把约 13 艘战舰撤回了法国，虽然纳尔逊不幸在战斗中阵亡了，但他的战略是运用得当的.

从这些分析可以看出，差分方程的一组初值对应着一个战斗策略，在军事指挥上，也叫一个作战想定.研究"纳尔逊分割并各个击破"的策略，实际上就是研究差分方程(14.1.8)或(14.1.9)对不同初值的敏感性.

## 习题 14.1

### A 基础题

1. 设 $X$ 表示一支游击队，$Y$ 表示一支正规部队，关于正规部队和游击队作战的兰彻斯特陆战模型为

$$\begin{cases}\dfrac{\mathrm{d}x}{\mathrm{d}t}=-gxy,\\[2mm]\dfrac{\mathrm{d}y}{\mathrm{d}t}=-bx.\end{cases}$$

如果战斗中双方都没有指挥失误，也没有援军.试讨论这个模型所需的假设和相关关系，并说明这个模型是否合理.进一步，若给定抛物线 $gy^2=2bx+M$，$M=gy_0-2bx_0$，若正规部队要获胜，初始战斗力水平 $x_0$，$y_0$ 必须满足什么条件？若正规部队确实赢了，它还能剩多少人？

### B 综合题

2. 在特拉法尔加战斗中，如果两军简单地正面交锋，英军大约要损失 24 艘战舰，法西联军损失约 15 艘战舰，纳尔逊运用分割并各个击破的战术，以弱势兵力战胜优势兵力.

假设英军战舰装备了优良的武器，法西联军遭受的损失为英军战舰的 15%，英军遭受的损失为法西联军战舰的 5%.

(1) 试用一个差分方程组对双方的战舰数量变化进行建模.假设开始时，英军战舰 27 艘，法西联军战舰 33 艘.

(2) 求其数值解以确定在新的假设条件下正面会战，哪方会赢?

(3) 利用"纳尔逊运用分割并各个击破"的战术

结合英军的优良装备，求出三次战斗的数值解.

3. 军备竞赛模型(14.1.10)的平衡点是指 $x_{n+1}=x_n$ 和 $y_{n+1}=y_n$ 同时成立，问模型(14.1.10)是否存在平衡点.

## C 应用题

4. (分阶段军备竞赛模型)我们在第7.1节介绍了军备竞赛模型，得到一个用微分方程组描述的式(7.1.9).用 $X$ 表示甲国家，用 $Y$ 表示乙国家，由于政治原因和经济利益的冲突，两国都忙于军备竞赛，每个国家都认为需要拥有一定数量的现代化威慑武器，使得一旦开战，将给对手无法承受的战争打击，并且随着对手的威慑武器的增加，本国会按照对手攻击武器数量的某个百分数来提高自己的军备投资.

如果乙国家认为需要120件现代化的武器威慑敌人，对于甲国家拥有2件武器，乙国家相信需要增添1件威力相当的武器，以保持威慑力相对平衡.那么，乙国家需要的武器数量 $y$ 件作为它相信甲国家拥有武器数量 $x$ 件的关系式为

$$y=120+\frac{1}{2}x.$$

如果甲国家认为需要60件现代化的武器威慑敌人，对于乙国家拥有3件武器，甲国家相信需要增添1件威力相当的武器，以保持威慑力相对平衡.那么，甲国家需要的武器数量 $x$ 件作为它相信乙国家拥有武器数量 $y$ 件的关系式为

$$x=60+\frac{1}{3}y.$$

由于在决定增添武器或制定下一阶段武器采购计划时，统计现阶段实际拥有武器的数量的时间是离散的，而不是连续变化的.因此，设 $n$ 为阶段(几年、财政周期等)，$x_n$ 为在 $n$ 阶段甲国家拥有的武器数量，$y_n$ 为在 $n$ 阶段乙国家拥有的武器数量，那么在 $n+1$ 阶段，甲、乙两国家拥有的武器数量为

$$\begin{cases}x_{n+1}=60+\dfrac{1}{3}y_n,\\ y_{n+1}=120+\dfrac{1}{2}x_n.\end{cases}\tag{14.1.10}$$

我们通常把形如系统(14.1.10)的系统

$$\begin{cases}x_{n+1}=f(x_n,y_n),\\ y_{n+1}=g(x_n,y_n)\end{cases}$$

称为离散动力系统，其中 $f,g$ 为具有适当光滑条件的函数.

我们假设在开始时，甲、乙两个国家都没有威慑武器，即

$$\begin{cases}x_0=0,\\ y_0=0,\end{cases}\tag{14.1.11}$$

我们称数值 $(x_0,y_0)$ 为系统(14.1.10)的初始值，连同系统(14.1.10)中的系数 $\frac{1}{2}$ 和 $\frac{1}{3}$ 一起，都是要变动的参数，以便研究预测的敏感度.如果两个国家从高于最低数量的导弹枚数开始，随着军备竞赛的发展，会出现什么样的结果？如果甲国家拥有100枚战略导弹，乙国家拥有200枚战略导弹，即初值条件

$$\begin{cases}x_0=100,\\ y_0=200.\end{cases}\tag{14.1.12}$$

系统(14.1.10)和(14.1.12)最终会达到某种平衡状态，还是出现失控的局面？

## D 实验题

5. 我们在第7.1节介绍了描述人口增长规律的马尔萨斯人口模型 $\frac{\mathrm{d}x}{\mathrm{d}t}=kx$ 及其修正后的逻辑斯谛增长模型 $\frac{\mathrm{d}x}{\mathrm{d}t}=rx\left(1-\frac{x}{k}\right)$，其中 $k$ 是环境的容纳量，反映环境资源的丰富程度，$r$ 为种群的内秉增长率，而在实际统计种群数目时，我们得到的数据通常是某一时刻的种群数，为便于讨论，假设 $k=1$，讨论下面的离散模型

$$p_{n+1}-p_n=rp_n(1-p_n), \qquad (14.1.13)$$

我们讨论当选取不同的初值 $x_0$ 时，差分方程(14.1.13)解的变化情况.

输入 Mathematica 命令：

```
p [ x_ ] : =r( x-x^2) ;
data=Nestlist [ p,0.02,30 ] ;
p1=ListPlot [ data,Plotstyle→PointSize [ 0.02 ] ] ;
p2=ListPlot [ data,PlotJoined→True ] ;
Show [ p1,p2 ]
```

给定一个初值 $p_0=0.2$，令参数 $r$ 取不同的初值，分别得到下面图形：

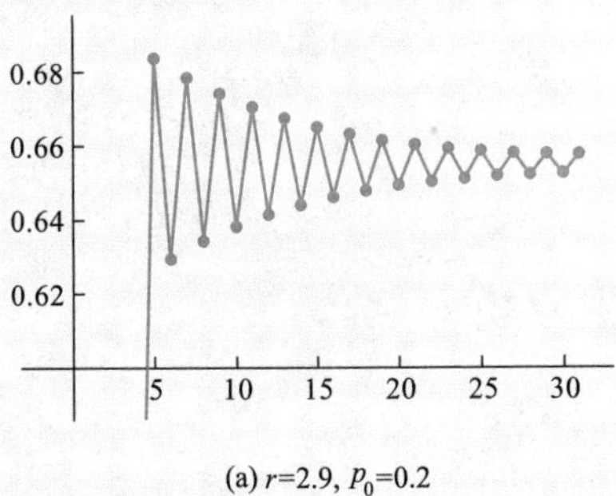

(a) $r$=2.9, $p_0$=0.2

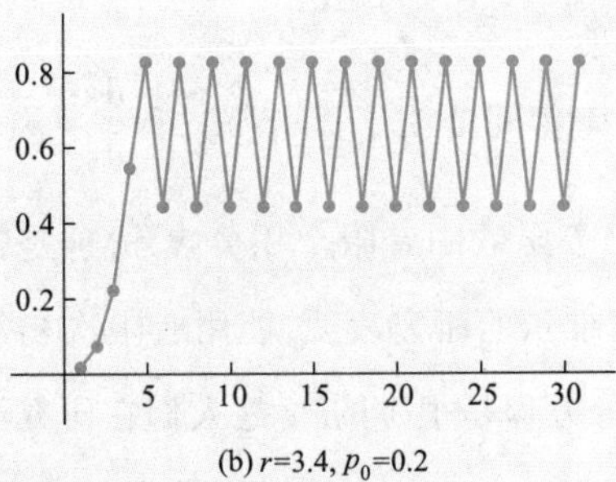

(b) $r$=3.4, $p_0$=0.2

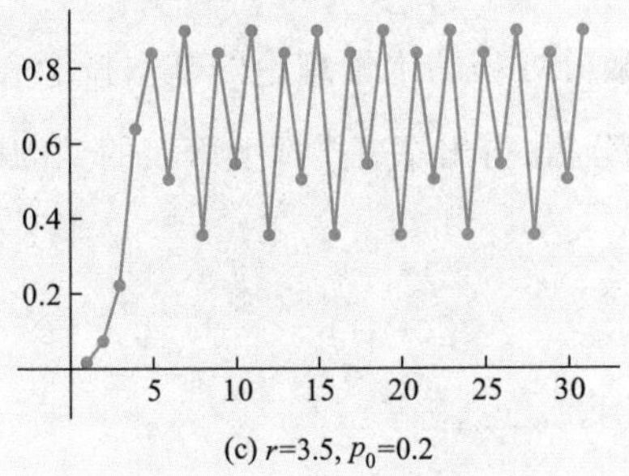

(c) $r$=3.5, $p_0$=0.2

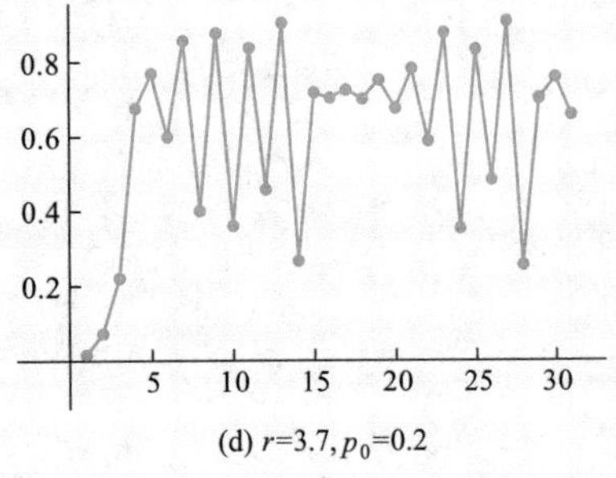

(d) $r$=3.7, $p_0$=0.2

第 5 题图

注意到当 $r=2.9$, $p_0=0.2$ 时，由图(a)可知，迭代数列上下振荡，趋向一个不动点，当 $r=3.4$, $p_0=0.2$ 时，由图(b)可知，迭代数列经过一段时间的振荡后，开始在两个近似值 0.42 和 0.82 的值之间上下振荡，且出现周期性的重复现象，简称 2-周期振荡.

当 $r=3.5$, $p_0=0.2$ 时，由图(c)可知，迭代数列经过一段时间的振荡后，开始在四个值之间上下振荡，且出现周期性的重复，简称 4-周期振荡.

注意到迭代系统(14.1.13)当系统参数 $r$ 变化时，迭代数列从 1-周期(即不动点)振荡变化到 2-周期振荡，再从 2-周期振荡变化到 4-周期振荡，这种有规律的分裂现象称为分叉现象.

但是当 $r=3.7$, $p_0=0.2$ 时，从图(d)可知，此时迭代数列不再出现稳定的周期性，也不具有任何可预测性的模式.

通过式(14.1.13)进行反复迭代，得到无穷点列，这些点在区间(0,1)内永不重复地“游荡”，它不向任意点收敛，而且非常敏感地依赖于初值条件 $r$，这种状态称为“混沌”，它反映了轨道对初始条件的敏感依赖性.

对于差分方程

$$p_{n+1}=4p_n(1-p_n), \quad n=1,2,\cdots$$

和

$$p_{n+1}=3.45p_n(1-p_n), \quad n=1,2,\cdots,$$

分别取初值为 0.2, 0.21, 0.201 进行迭代，记录前 30 次的迭代数据，类似上面的分析，讨论迭代方程对初值是否敏感?

6. 试用 Mathematica 软件对第 2 题进行实验分析与讨论.
7. 试用 Mathematica 软件对第 4 题进行实验分析与讨论.
8. 试用 Mathematica 软件求差分方程 $x_{n+1}=kx_n-cx_nx_{n+1}, x(0)=x_0$ 的解.
9. 试用 Mathematica 软件求差分方程组

$$\begin{cases} x_{n+1}+x_n+2y_n=24, \\ y_{n+1}+2x_n-2y_n=9, \\ x(0)=10, \quad y(0)=9 \end{cases}$$

的特解,并计算两个数列第 0 至 10 项的值.

10. 求差分方程组 $y_{n+1}=\dfrac{3y_n}{1+y_n+z_n}, z_{n+1}=\dfrac{z_n}{1+y_n+z_n}$ 的通解,并绘制满足初始条件 $x_1=1, y_1=1$ 的特解对应的点列图,根据点列图分析其变化趋势.

14.1 测验题

## 14.2 军事模型的定性分析

在第 7.2 节中,我们已经指出,里卡蒂方程 $\dfrac{dy}{dx}=x^2+y^2$ 不能求得解析解.法国数学家刘维尔在 1838—1841 年间证明了里卡蒂方程 $\dfrac{dy}{dx}=p(x)y^2+q(x)y+r(x)$ 的解一般不能用初等函数的有限个积分表示.这是常微分方程发展史上的一个转折点.刘维尔的研究表明,能用有限次初等求积的方法求出解的表达式的常微分方程是很少的.于是人们在研究微分方程解的存在性、唯一性等性质的基础上,不通过求解微分方程,而是根据方程右端函数的性质来研究该方程整个积分曲线的性态.

这一节,我们先简要介绍微分方程的定性理论的基本概念和方法,然后对兰彻斯特陆战模型进行分析,得出军事指挥上著名的兰彻斯特平方定律.

### 14.2.1 线性系统平衡点的稳定性

我们在第 7.1 节建立了如下军备竞赛的微分方程模型

$$\begin{cases}\dfrac{\mathrm{d}x}{\mathrm{d}t}=-ax+by,\\[2ex]\dfrac{\mathrm{d}y}{\mathrm{d}t}=mx-ny,\end{cases}\tag{14.2.1}$$

其中 $x$ 表示甲国每年的防御支出经费，$y$ 表示乙国每年的防御支出经费，常数 $a$ 代表了甲国维护现有军火库的需要以及对防御支出在经济上的限制，$b$ 表示甲国与乙国的敌对强度，$m,n$ 对乙国的意义同 $a,b$.

微视频
14-2-1
轨线与相图

令 $f(x,y)=-ax+by,g(x,y)=mx-ny$，则式(14.2.1)可写成一般形式

$$\begin{cases}\dfrac{\mathrm{d}x}{\mathrm{d}t}=f(x,y),\\[2ex]\dfrac{\mathrm{d}y}{\mathrm{d}t}=g(x,y).\end{cases}\tag{14.2.2}$$

系统(14.2.2)的右端项只含变量 $x,y$，而不显含自变量 $t$，称这样的系统为自治系统，右端显含自变量 $t$ 的系统称为非自治系统，例如有兵力增援的兰彻斯特陆战模型(14.1.4).

称使系统(14.2.2)右端同时为零的点 $(x_0,y_0)$ 为系统(14.2.2)的平衡点或奇点，即

$$\begin{cases}f(x_0,y_0)=0,\\ g(x_0,y_0)=0.\end{cases}\tag{14.2.3}$$

把 $t$ 理解为时间，把 $(x,y)$ 理解为二维空间的点，那么 $(f(x,y),g(x,y))$ 就是在该点的速度称二维空间 $(x,y)$ 为相空间，相空间的点叫相点.

系统(14.2.2)的每一个解对应于该系统的一个运动，积分曲线(或解曲线)是一条过初始点 $(t_0,x_0,y_0)$ 的空间曲线 $(t,x(t),y(t))\,(t\in I)$，其中 $I$ 是这个解的最大存在区间. 积分曲线在相空间中的投影 $(x(t),y(t))\,(t\in I)$ 称为轨线. 轨线是相空间内一动点的"运动"轨迹，因而它是有方向的(个别特殊轨线方向不确定)，这是它与积分曲线的显著差别. 积分曲线沿着 $t$ 轴投影到相空间就得对应的轨线. 由解的存在唯一性定理可知，过相空间一点的轨线是唯一的.

讨论题
14-2-1
积分曲线与轨线
轨线的具体含义是什么？积分曲线与轨线之间有什么样的关系？试用一个具体的一阶微分方程组来说明.

**例 1** 验证 $x=\cos t,y=\sin t$ 是自治系统

$$\begin{cases}\dfrac{\mathrm{d}x}{\mathrm{d}t}=-y,\\[2ex]\dfrac{\mathrm{d}y}{\mathrm{d}t}=x\end{cases}\tag{14.2.4}$$

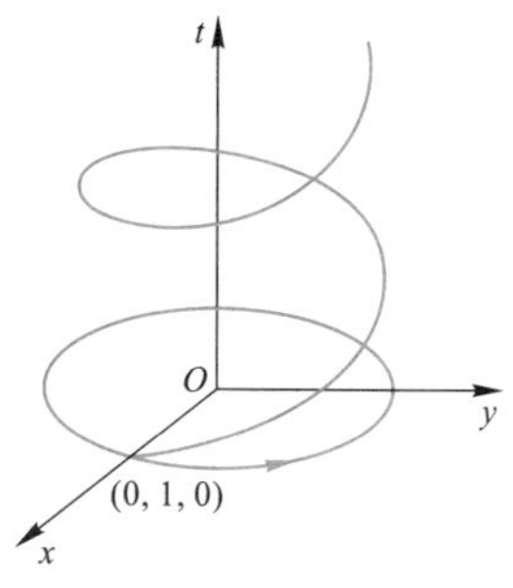

图 14.2.1　解曲线

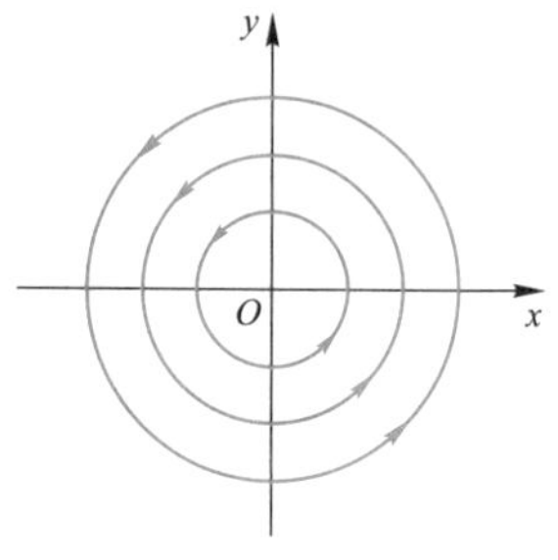

图 14.2.2　相空间中的轨线

微视频
14-2-2
问题引入——地球上的濒危种群会最终灭绝吗

微视频
14-2-3
稳定性的概念

的解.在空间 $Otxy$ 中绘出一条如图 14.2.1 的螺线,而该螺线在相空间 $(x,y)$ 的投影是单位圆,它是轨线,如图 14.2.2.

实际上,将系统(14.2.4)中的时间参数消去后,得到方程 $\frac{dy}{dx}=-\frac{x}{y}$,积分该方程后得到通解 $x^2+y^2=C$,就是系统(14.2.4)的轨线,见图 14.2.2.

## 14.2.2　线性自治系统(14.2.1)平衡点的稳定性

下面我们研究微分方程组(14.2.1)平衡点在佩龙意义上的稳定性问题(即轨道稳定性问题).记系统(14.2.1)右端的系数矩阵为 $\boldsymbol{A}=\begin{pmatrix}-a & b\\ m & -n\end{pmatrix}$,称

$$|\lambda \boldsymbol{I}-\boldsymbol{A}|=\left|\begin{pmatrix}\lambda & 0\\ 0 & \lambda\end{pmatrix}-\begin{pmatrix}-a & b\\ m & -n\end{pmatrix}\right|=\left|\begin{pmatrix}\lambda+a & -b\\ -m & \lambda+n\end{pmatrix}\right|=0$$

为矩阵 $\boldsymbol{A}$ 的特征方程,即

$$\lambda^2+(a+n)\lambda+an-bm=0. \tag{14.2.5}$$

记 $p=a+n,\Delta=(a+n)^2-4(an-bm)$,则方程(14.2.5)的特征根为

$$\lambda_1=\frac{-p+\sqrt{\Delta}}{2},\quad \lambda_2=\frac{-p-\sqrt{\Delta}}{2}.$$

(1) 当 $\lambda_1,\lambda_2$ 为不相等的负实根,此时 $a+n>0$,系统(14.2.1)的通解是

$$x(t)=c_1\mathrm{e}^{\lambda_1 t},\quad y(t)=c_2\mathrm{e}^{\lambda_2 t}.$$

注意到当 $c_1=c_2=0$,对应于原点$(0,0)$,当 $c_1=0,c_2\neq 0$ 对应的 $y$ 轴的正负半轴都是轨线,当 $c_2=0,c_1\neq 0$ 对应的 $x$ 轴的正负半轴都是轨线,当 $c_1\neq 0,c_2\neq 0$ 时,消去参数 $t$ 得

$$y(t)=\frac{c_2}{c_1^{\lambda_2/\lambda_1}}(x(t))^{\frac{\lambda_2}{\lambda_1}}=cx^{\frac{\lambda_2}{\lambda_1}},\text{其中 } c=\frac{c_2}{c_1^{\lambda_2/\lambda_1}}. \tag{14.2.6}$$

由等式(14.2.6)可知

(i) 当 $\lambda_2<\lambda_1$ 时,$\lim\limits_{t\to+\infty}\frac{dy}{dx}=\lim\limits_{t\to+\infty}\frac{\lambda_2}{\lambda_1}\frac{c_2}{c_1}\mathrm{e}^{(\lambda_2-\lambda_1)t}=0$,即解轨线与 $x$ 轴相切且趋向原点$(0,0)$.

（ii）当 $\lambda_2>\lambda_1$ 时，$\lim\limits_{t\to+\infty}\dfrac{\mathrm{d}y}{\mathrm{d}x}=\lim\limits_{t\to+\infty}\dfrac{\lambda_2}{\lambda_1}\dfrac{c_2}{c_1}\mathrm{e}^{(\lambda_2-\lambda_1)t}=\infty$，即解轨线与 $y$ 轴相切且趋向原点$(0,0)$.

系统在原点$(0,0)$附近的轨线如图 14.2.3 和图 14.2.4 所示.

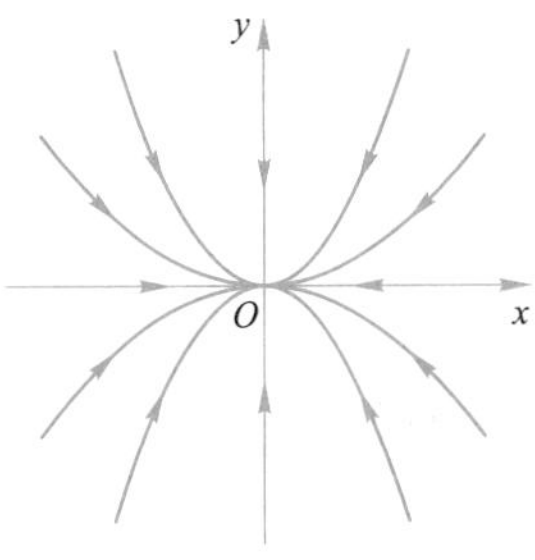

图 14.2.3　稳定的平衡点

当 $t\to+\infty$ 时，平衡点附近的轨线都趋向该平衡点，我们称这类平衡点是稳定的.

（2）当 $\lambda_1,\lambda_2$ 为不相等的正实根时，此时 $a+n<0$，与情形（1）中的讨论类似，轨线与图 14.2.3 和图 14.2.4 类似，只是图上的符号反向，即当 $t\to+\infty$ 时，平衡点附近的轨线中至少有一条轨线远离该平衡点，我们称这类平衡点是不稳定的.

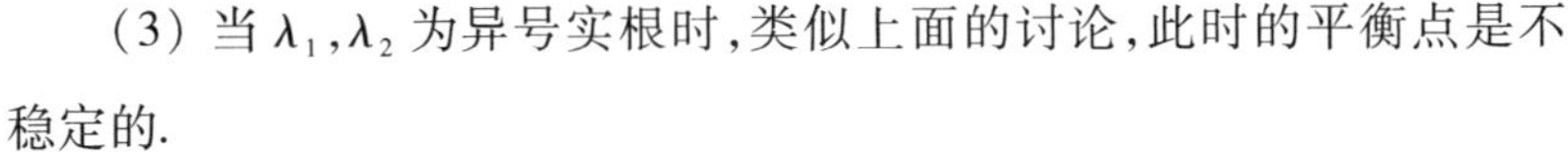

（3）当 $\lambda_1,\lambda_2$ 为异号实根时，类似上面的讨论，此时的平衡点是不稳定的.

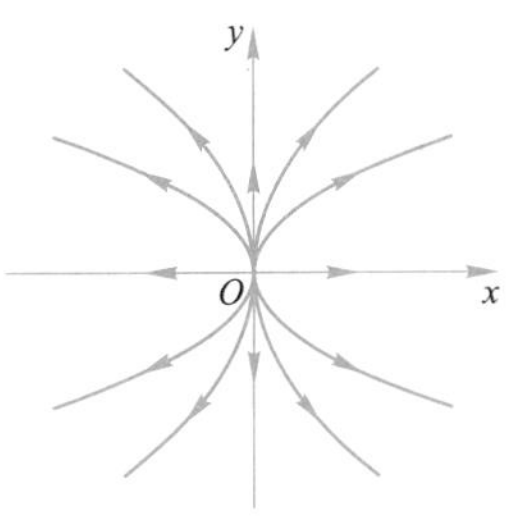

图 14.2.4　不稳定的平衡点

（4）当 $\lambda_1=\lambda_2>0$ 时，平衡点是不稳定的，当 $\lambda_1=\lambda_2<0$ 时，平衡点是稳定的.

（5）当 $\lambda_1,\lambda_2$ 为共轭复根时，$\lambda_1=\alpha+\beta\mathrm{i}$，$\lambda_2=\alpha-\beta\mathrm{i}$，$\beta\neq0$，当 $\alpha>0$ 时平衡点是不稳定的；当 $\alpha<0$ 时平衡点是稳定的.

现在我们讨论军备竞赛模型

$$\begin{cases}\dfrac{\mathrm{d}x}{\mathrm{d}t}=-ax+by+c,\\[2ex]\dfrac{\mathrm{d}y}{\mathrm{d}t}=mx-ny+p.\end{cases}\tag{14.2.7}$$

微视频
14-2-4
线性系统平衡点的稳定性

在第 7.1 节中曾给出了式（14.2.7）的结论：当 $\dfrac{a}{b}<\dfrac{m}{n}$ 时，会出现军备经费失控；当 $\dfrac{a}{b}>\dfrac{m}{n}$ 时，两个国家的防御支出达到稳定程度，下面我们给出该分析过程.

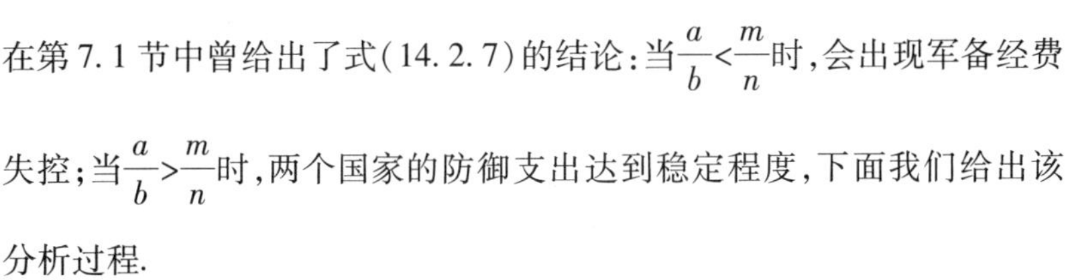

假设 $an-bm\neq0$，先作坐标平移变换 $u=x-x_0$，$v=y-y_0$，其中

$$x_0=\frac{bp+cn}{an-bm},\quad y_0=\frac{ap+cm}{an-bm},$$

则系统（14.2.7）有平衡点$(x_0,y_0)$，系统（14.2.7）平衡点的稳定性等价于下面系统

$$\begin{cases}\dfrac{\mathrm{d}u}{\mathrm{d}t}=-au+bv,\\[2ex]\dfrac{\mathrm{d}v}{\mathrm{d}t}=mu-nv\end{cases}\tag{14.2.8}$$

平衡点(0,0)的稳定性.

讨论题

14-2-2

一阶微分方程组与高阶微分方程之间的转化

将二阶微分方程

$$y''+a_1(x)y'+a_0(x)y=f(x)$$

转化为一阶微分方程组.

(1) 当$\frac{a}{b}<\frac{m}{n}$时,即 $an-bm<0$,则线性系统(14.2.8)的特征方程(14.2.5)的特征根 $\lambda_1,\lambda_2$ 满足

$$\lambda_1+\lambda_2=-(a+n)<0,\quad \lambda_1\lambda_2=an-bm<0.$$

从而特征方程有两个符号互异的实根.由上面的讨论可知,平衡点(0,0)是不稳定的,从而系统(14.2.7)的平衡点$(x_0,y_0)$也是不稳定的,其附近至少有一条轨线会远离该平衡点,从而导致军备竞赛的一方会肆意购买和发展武器,导致出现失控的局面.

(2) 当$\frac{a}{b}>\frac{m}{n}$时,即 $an-bm>0$,$\Delta=(a+n)^2-4(an-bm)=(a-n)^2+4bm>0$,则线性系统(14.2.8)的特征方程(14.2.5)的特征根 $\lambda_1,\lambda_2$ 满足

$$\lambda_1+\lambda_2=-(a+n)<0,\lambda_1\lambda_2=an-bm>0.$$

从而特征方程有两个负实根,由上面的讨论可知,平衡点(0,0)是稳定的,从而系统(14.2.7)的平衡点$(x_0,y_0)$也是稳定的,该平衡点附近的轨线会收敛到该点,从而参与军备竞赛的双方为了共同的利益,达成某种协议,有利于两个国家的发展和安全.

### 14.2.3 非线性自治系统的极限环

我们讨论平面上的非线性自治系统

$$\begin{cases}\dfrac{\mathrm{d}x}{\mathrm{d}t}=x-y-x^3-xy^2,\\[2ex]\dfrac{\mathrm{d}y}{\mathrm{d}t}=x+y-x^2y-y^3.\end{cases}\tag{14.2.9}$$

为了研究系统(14.2.9)在相平面中轨线的性态,作极坐标变换:

$$x=r\cos\theta,\quad y=r\sin\theta,$$

则系统(14.2.9)化成极坐标形式:

$$\begin{cases}\dfrac{\mathrm{d}r}{\mathrm{d}t}=-r(r^2-1),\\[2ex]\dfrac{\mathrm{d}\theta}{\mathrm{d}t}=1,\end{cases}\tag{14.2.10}$$

由式(14.2.10)中的第一个方程可知,当 $0<r<1$ 时,$\frac{\mathrm{d}r}{\mathrm{d}t}>0$,$r(t)$随 $t$ 的增

加而单调增加，而当$r>1$时，$\frac{dr}{dt}<0$，$r(t)$随$t$的增加而单调减少，系统(14.2.9)在相空间中的轨线如图14.2.5所示.

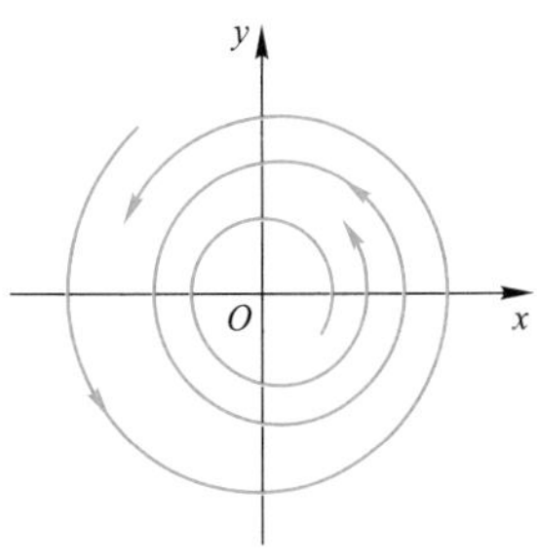

图 14.2.5　系统(14.2.9)在相空间中的轨线

注意到在图14.2.5中，有一条闭轨线$C$:$x^2+y^2=1$，在闭轨线$C$内侧(即$x^2+y^2<1$)，由$\frac{dr}{dt}>0$可知，系统(14.2.9)的轨线向外侧螺旋式靠近闭轨线$C$；在闭轨线$C$外侧(即$x^2+y^2>1$)，由$\frac{dr}{dt}<0$可知，系统(14.2.7)的轨线向里侧螺旋式靠近闭轨线$C$.

称在相平面上孤立的闭轨线为极限环.注意到空间解曲线在相平面中的投影是轨线(图14.2.1，图14.2.2)，那么系统(14.2.10)的周期解在相平面中的轨线是一条封闭曲线.

极限环在许多物理现象和生物现象中起着重要作用，反映了现实世界中大量存在的周期振荡现象，一个生物系统存在极限环就意味着该生物系统种群间存在非常数的周期共存态.

## 14.2.4　兰彻斯特陆战模型的定性分析

微视频
14-2-5
兰彻斯特陆战模型的稳定性分析

兰彻斯特陆战模型(14.1.1)是齐次线性微分方程组的初值问题.令系统(14.1.1)的右端为零，易知(0,0)是系统(14.1.1)的一个平衡点.我们讨论兰彻斯特陆战模型(14.1.1)的平衡点的稳定性.易知线性系统(14.1.1)的特征方程为$\lambda^2-ab=0$，特征值为$\lambda_1=\sqrt{ab}>0$，$\lambda_2=-\sqrt{ab}<0$，因此平衡点是不稳定的(鞍点)，有两个方向上的轨线进入平衡点(即沿$x$轴正半轴和沿$y$轴正半轴)，另有两个方向上的轨线远离平衡点(即沿$x$轴负半轴和沿$y$轴负半轴).

注意兰彻斯特陆战模型中的变量$x$和$y$只是在第一象限讨论时才有意义，因此我们只在第一象限讨论模型(14.1.1)平衡点(0,0)的稳定性，注意到当$x>0$时，$\frac{dy}{dt}<0$，表明解曲线的纵坐标在第一象限随着时间的增加而减小；当$y>0$时，$\frac{dx}{dt}<0$，表明解曲线的横坐标在第一象限随着时间的增加而减小；当$x=0$时，$\frac{dx}{dt}=0$，由此可以得到解轨线在第一象限中的方向，见图14.2.6.这意味着当轨线达到一坐标轴时，会停止于点(0,0)，即平衡点(0,0)是稳定的.

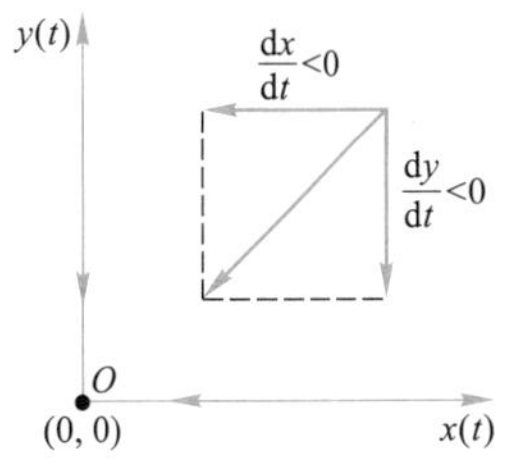

图 14.2.6　兰彻斯特陆战模型的平衡点

类似于例1，系统(14.1.1)的前两个方程的解曲线在相平面$xOy$上

的投影,即轨线应该满足方程

$$\frac{\mathrm{d}y}{\mathrm{d}x}=\frac{bx}{ay}.$$

这是一个可分离变量的一阶微分方程,容易求出它的通解为

$$ay^2-bx^2=C.$$

利用初始的战斗力条件 $x(0)=x_0$,$y(0)=y_0$ 来确定参数 $C=ay_0^2-bx_0^2$ 后的轨线方程为

$$ay^2-bx^2=ay_0^2-bx_0^2.$$

它的图像是一族双曲线,轨线的相图如图 14.2.7 所示.

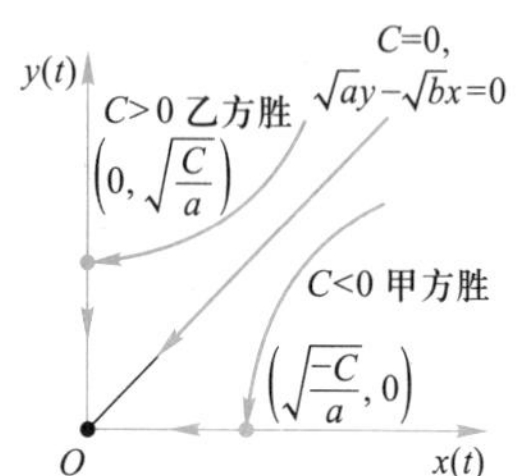


图 14.2.7 兰彻斯特陆战模型的解关于不同初值的变化趋势

由于 $x'<0$,$y'<0$,当时间 $t$ 增大时,点$(x,y)$将沿轨线朝使 $x$,$y$ 减少的方向运动.由此可见,当 $ay_0^2-bx_0^2=0$ 时,即$\sqrt{a}\,y_0=\sqrt{b}\,x_0$ 时,动点将沿轨线$\sqrt{a}\,y-\sqrt{b}\,x=0$ 趋向原点 $O$.当初值点$(x_0,y_0)$位于直线$\sqrt{a}\,y-\sqrt{b}\,x=0$ 的上方时,即 $C>0$,轨线将与 $y$ 轴交于点$\left(0,\sqrt{\frac{C}{a}}\right)$,甲方将会趋向 0,即甲方的战斗力为零,乙方获胜;当初值点$(x_0,y_0)$位于直线$\sqrt{a}\,y-\sqrt{b}\,x=0$ 的下方时,即 $C<0$,轨线将与 $x$ 轴交于点$\left(\sqrt{\frac{-C}{a}},0\right)$,乙方将会趋向 0,

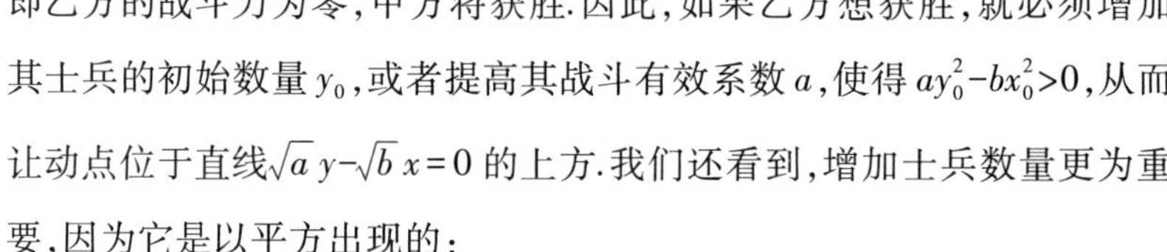

即乙方的战斗力为零,甲方将获胜.因此,如果乙方想获胜,就必须增加其士兵的初始数量 $y_0$,或者提高其战斗有效系数 $a$,使得 $ay_0^2-bx_0^2>0$,从而让动点位于直线$\sqrt{a}\,y-\sqrt{b}\,x=0$ 的上方.我们还看到,增加士兵数量更为重要,因为它是以平方出现的:

$$a(y^2-y_0^2)=b(x^2-x_0^2),$$

这就是在军事运筹学中著名的兰彻斯特平方定律.

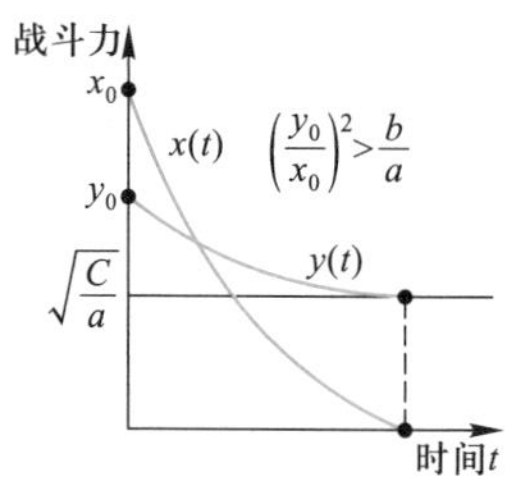


图 14.2.8 当 $C>0$ 乙方获胜的战斗力

下面我们进一步讨论在两军战斗时都没有援军的情况下,初始兵力的增加可以产生的战斗优势.假设乙方胜,由上面的分析可知,$C>0$,即甲方和乙方的初始战斗力 $x_0$,$y_0$ 满足条件

$$\left(\frac{y_0}{x_0}\right)^2>\frac{b}{a}.$$

假设常数 $a$,$b$ 和甲方的初始战斗力 $x_0$ 保持不变,将乙方的初始战斗力 $y_0$ 提高到原来的 2 倍,乙方就会产生 4 倍的战争优势,甲方为了消除乙方的因战斗力的增加带来的优势,在保持原战斗力不变的条件下,就必须将 $b$ 增加到原来的 4 倍,见图 14.2.8.

由图 14.2.8 可知,在战斗中要赢得战斗的胜利,不一定需要使自己的初始战斗力水平 $y_0$ 超过对手的初始战斗力水平 $x_0$,提高其技术装备的高科技含量等因素也可以赢得战斗的胜利,1991 年的海湾战争也体现了这一规律.

## 习题 14.2

### A 基础题

1. 判断下列线性系统奇点的类型：

(1) $\begin{cases}\dfrac{dx}{dt}=x-3y,\\ \dfrac{dy}{dt}=3x-4y;\end{cases}$ (2) $\begin{cases}\dfrac{dx}{dt}=2x+3y,\\ \dfrac{dy}{dt}=x+3y;\end{cases}$

(3) $\begin{cases}\dfrac{dx}{dt}=2x-y,\\ \dfrac{dy}{dt}=4x-y;\end{cases}$ (4) $\begin{cases}\dfrac{dx}{dt}=2x+y,\\ \dfrac{dy}{dt}=3x-2y.\end{cases}$

2. 画出下列微分方程组平衡点附近的轨线相图：

(1) $\begin{cases}\dfrac{dx}{dt}=-2x-y,\\ \dfrac{dy}{dt}=4x-7y;\end{cases}$ (2) $\begin{cases}\dfrac{dx}{dt}=x-3y,\\ \dfrac{dy}{dt}=-3x+y.\end{cases}$

### B 综合题

3. 下面的方程组描述的是某一特定区域内某种昆虫和某种鸟类数量的增长率，其中 $x$ 为 $t$ 时刻昆虫的数量（以百万只计算），$y$ 为 $t$ 时刻鸟类的数量（以千只计算），

$$\begin{cases}\dfrac{dx}{dt}=3x-0.02xy,\\ \dfrac{dy}{dt}=-10y+0.001xy.\end{cases}$$

(1) 描述昆虫和鸟类各自的种群增长情况，并说明两者之间的相互作用.

(2) 求出该方程组的平衡点.

(3) 在相平面上画出模型的轨线，标出轨线的平衡点.

4. 为了建立两支游击队之间的作战模型，我们假设一支游击队变得不再有作战能力的速率是与两支游击队兵力大小的乘积成正比的.

(1) 写出描述兵力分别为 $x$ 和 $y$ 的两支游击队之间作战的微分方程模型.

(2) 写出有关 $\dfrac{dy}{dx}$ 的微分方程并解这一微分方程以求得相轨线的方程.

(3) 如果 $C>0$，问哪方获胜？如果 $C<0$，又哪方获胜？如果 $C=0$ 情况又如何？

(4) 根据你对（2）中问题的回答，按获胜的不同情况，将相平面分成几个区域.

### C 应用题

5. 在军备竞赛模型中，假设 $an-bm<0$，于是静止点位于相平面的第四象限，在相平面上画出 $\dfrac{dx}{dt}=0$，$\dfrac{dy}{dt}=0$ 所表示的线，并标出这两条线及其与坐标轴的交点，并讨论下面问题：

(1) 对于防御支出是否存在任何潜在的平衡状态？若存在请列出来，并按稳定点和不稳定点来加以分类.

(2) 至少选取四个位于第一象限的初始点，描述它们在相平面上的轨线.

(3) 通过相平面分析得出关于防御支出的结果.

(4) 从甲国家的角度考虑，用军备竞赛模型参数的相对值解释（3）中结果.

6. 为了研究传染病的流行规律，我们把人群分为三类：易感人群 S，患者群 I，移出人群 R（包括痊愈者，隔离者和因病死亡者），假设一个患者的传染率与该时刻的易感人群人数成正比，比例系数为 $a>0$，患者的移出率与该时刻的患者数成正比，比例系数为 $b>0$，假设被移出者不再被传染，并且不考虑人口的出生、自然死亡和流动等因素的影响.

(1) 建立传染病的 SIR 模型.

（2）在相平面上画出 SIR 模型的轨线图形.

（3）所谓疾病流行与否，是指当初始易感者 $S_0<c$ 时，患者数 $I(t)$ 将减少至全部消失，疾病就不会流行；而当 $S_0>c$，患者 $I(t)$ 将会增加，疾病就会流行．试求出决定疾病流行与否的易感者的临界值 $c$.

## D 实验题

7. 对捕食者—食饵系统

$$\begin{cases}\dfrac{dx}{dt}=2x-0.08xy,\\ \dfrac{dy}{dt}=-y+0.01xy,\end{cases}$$

选取不同的初值 $x_0=40, y_0=25$；$x_0=60, y_0=25$ 分别绘出其轨线，并观察该系统是否存在周期解.

8. 试用 Mathematica 软件绘制第 1 题、第 2 题中系统的轨线图，并根据轨线图判断系统奇点的类型.

9. 试用 Mathematica 软件对第 14.2.4 节中的兰彻斯特陆战模型选择不同的参数进行分析与讨论.

14.2　测验题

# 14.3　微分方程稳定性初步

我们在第 14.2 节中讨论的线性自治系统平衡点的稳定性，是在相平面上的轨道稳定性，即佩龙意义下的稳定性.这一节，我们来讨论另一种稳定性，即李雅普诺夫意义下的稳定性，它是在实际应用中经常遇到的一种现象．例如，我们为某种任务发射火箭或卫星，希望实际发射的火箭或卫星沿预定轨道(即微分方程的某一个已知解曲线)运行，如果由于某种干扰使得火箭或卫星的初始位置有点偏离，但随着时间的变化，火箭或卫星的实际轨道与预定轨道始终相差很小，这样的预定设计轨道是稳定的(李雅普诺夫意义下的稳定)；如果初始位置稍有偏差，火箭或卫星的运行轨道与预定轨道将产生很大的偏差，这样的预定轨道是不稳定的(李雅普诺夫意义下的不稳定).对于常微分方程初值问题 $\dfrac{dx}{dt}=f(x,t)$，$x(t_0)=x_0$，除了讨论解的存在性和唯一性，也讨论时间在有限区间上的解对初值的连续依赖性．稳定性理论研究的是当时间趋于无穷时，初值的扰动对微分方程解的性态的影响.

讨论题

14-3-1

一阶微分方程组与高阶微分方程之间的转化

将方程组 $\begin{cases}\dot{x}=-3x+4y,\\ \dot{y}=-2x+3y\end{cases}$ 化成高阶微分方程，然后求解该方程，这里 $x$，$y$ 均为变量 $t$ 的函数.

### 14.3.1 线性自治系统零解的稳定性

设$(x(t,t_0,x_0,y_0),y(t,t_0,x_0,y_0))$是如下军备竞赛的微分方程模型

$$\begin{cases}\dfrac{\mathrm{d}x}{\mathrm{d}t}=-ax+by,\\ \dfrac{\mathrm{d}y}{\mathrm{d}t}=mx-ny\end{cases}\tag{14.3.1}$$

满足初值条件

$$x(t_0)=x_0,\quad y(t_0)=y_0$$

的解.易知$(0,0)$是系统(14.3.1)的解.若当初值$(x_0,y_0)$与$(0,0)$足够接近时,系统(14.3.1)满足初值条件的解$(x(t,t_0,x_0,y_0),y(t,t_0,x_0,y_0))$对一切的$t\geqslant t_0$,均与零解$(0,0)$充分接近,就称零解$(0,0)$是李雅普诺夫意义下稳定的,如图14.3.1所示.

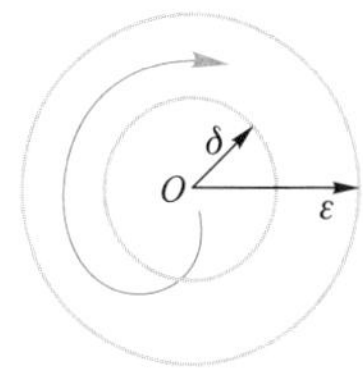

图14.3.1 稳定

如果零解$(0,0)$是稳定的,且随着$t\to+\infty$,系统(14.3.1)满足初值条件的解$(x(t,t_0,x_0,y_0),y(t,t_0,x_0,y_0))\to(0,0)$,就称零解$(0,0)$是渐近稳定的,如图14.3.2所示.

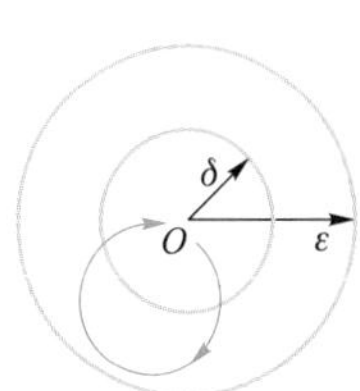

图14.3.2 渐近稳定

如果在零解$(0,0)$的任意邻近处,至少存在初值点$(x_0,y_0)$,使得过该点的解$(x(t,t_0,x_0,y_0),y(t,t_0,x_0,y_0))$远离零解$(0,0)$,就称$(0,0)$是李雅普诺夫意义下不稳定的,如图14.3.3所示.

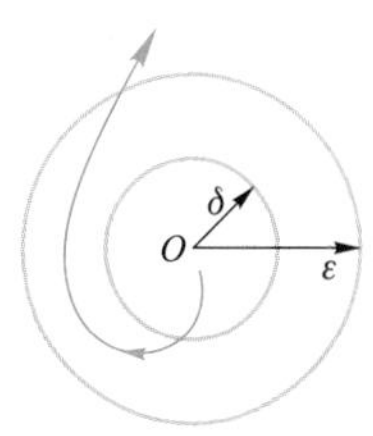

图14.3.3 不稳定

由第7.2节求解常系数线性微分方程的过程可知,线性自治系统(14.3.1)零解的稳定性可由系数矩阵的特征值的符号来确定:

**定理14.3.1** 设系统(14.3.1)的系数矩阵$\boldsymbol{A}$的特征值为$\lambda_1,\lambda_2$,则有

(1) 如果$\lambda_1,\lambda_2$都具有负实部,则系统(14.3.1)的零解是渐近稳定的;

(2) 如果$\lambda_1,\lambda_2$至少有一个具有正实部,则系统(14.3.1)的零解是不稳定的;

(3) 如果$\lambda_1,\lambda_2$中没有正实部的根,但有零根或零实部的纯虚根,则当零根或零实部的初等因子是一次时,系统(14.3.1)的零解是稳定的.当零根或零实部的根中至少有一个的初等因子的次数大于1时,系统(14.3.1)的零解是不稳定的.

**例 1** 研究军备竞赛模型当 $a=1,b=2,m=3,n=2$ 时零解的稳定性.

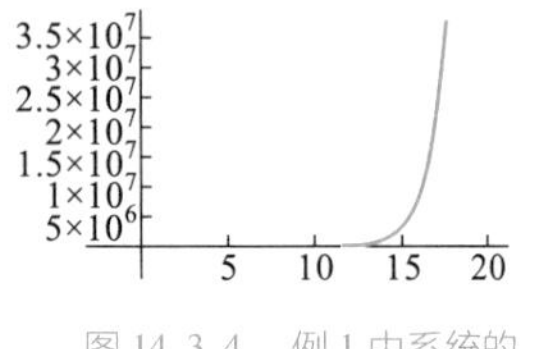

图 14.3.4 例 1 中系统的零解的不稳定性

**解** 方程组的系数矩阵 $\boldsymbol{A}=\begin{pmatrix}-1 & 2\\ 3 & -2\end{pmatrix}$,其特征根为 $\lambda_1=1>0,\lambda_2=-4<0$,由定理 14.3.1 可知,系统的零解是不稳定的.如图 14.3.4 所示.该图表明在 $y$ 轴方向上,随时间 $t$ 的增加系统的零解趋向无穷大,表明这个解是不稳定的.

## 14.3.2 非线性自治系统零解的稳定性

对于下面的非线性自治系统

$$\begin{cases}\dfrac{\mathrm{d}x}{\mathrm{d}t}=-y+x(x^2+y^2-1),\\[2ex] \dfrac{\mathrm{d}y}{\mathrm{d}t}=x+y(x^2+y^2-1),\end{cases} \tag{14.3.2}$$

我们不能像线性自治常系数微分方程那样,求解其系数矩阵的特征根,再利用定理 14.3.1 来判断系统(14.3.2)零解的稳定性.下面我们用李雅普诺夫函数方法讨论系统(14.3.2)零解的稳定性.

设 $V(x,y)$ 是定义在平面上以原点为圆心,$R$ 为半径的圆盘 $D$ 上的可微函数,如果 $V(0,0)=0$,而当 $(x,y)\in D$ 且 $(x,y)\neq(0,0)$ 时,$V(x,y)\geqslant 0$,则称 $V(x,y)$ 在 $D$ 上是常正的;如果 $V(x,y)>0$,则称 $V(x,y)$ 在 $D$ 上是定正的;如果 $V(x,y)<0$,则称 $V(x,y)$ 在 $D$ 上是定负的.

作一个辅助函数 $V(x,y)=\dfrac{1}{2}(x^2+y^2)$,它满足条件:$V(0,0)=0$;当 $(x,y)\neq(0,0)$ 时,$V(x,y)>0$,即 $V(x,y)$ 是定正的,且 $V(x,y)=\dfrac{1}{2}(x^2+y^2)=C\,(C>0)$ 在相平面上表示围绕坐标原点的一系列圆周,如图 14.3.5 所示.系统(14.3.2)的解 $x=x(t),y=y(t)$ 就是系统(14.3.2)在相平面上的轨线,在原点 $O$ 的去心邻域 $U(0,0)=\{(x,y)\mid 0<x^2+y^2<1\}$ 内,$V(x,y)$ 沿着系统(14.3.2)的解轨线关于时间变量 $t$ 求导数:

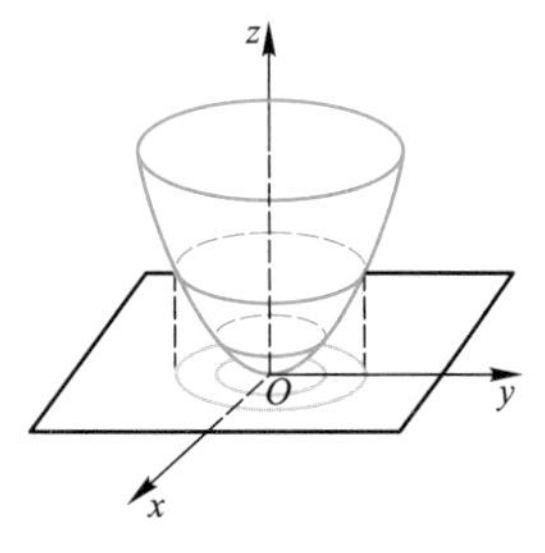

图 14.3.5 $V$ 函数取正常数时在相平面中的投影为一族不相交的闭曲线

$$\frac{\mathrm{d}V}{\mathrm{d}t}=\frac{\partial V}{\partial x}\frac{\mathrm{d}x}{\mathrm{d}t}+\frac{\partial V}{\partial y}\frac{\mathrm{d}y}{\mathrm{d}t}=(x^2+y^2)(x^2+y^2-1)<0,$$

这表明沿着系统(14.3.2)的轨线,当时间 $t$ 增加时,$V(x,y)$ 将严格地减小，即轨线与任意圆周 $x^2+y^2=2C\left(0<C<\dfrac{1}{2}\right)$ 相遇时，都一定从它的外部穿向内部，我们选取一系列减小的正数 $C_1>C_2>C_3>C_4>C_5>\cdots$，由于 $\dfrac{\mathrm{d}V}{\mathrm{d}t}<0$ 是定负的，轨线不仅都保持在圆周 $V(x,y)=C_i(C_i>0)$ 内，而且一层一层由外向里运动，最终趋向于原点 $O$，因此零解是渐近稳定的，如图 14.3.6 所示.

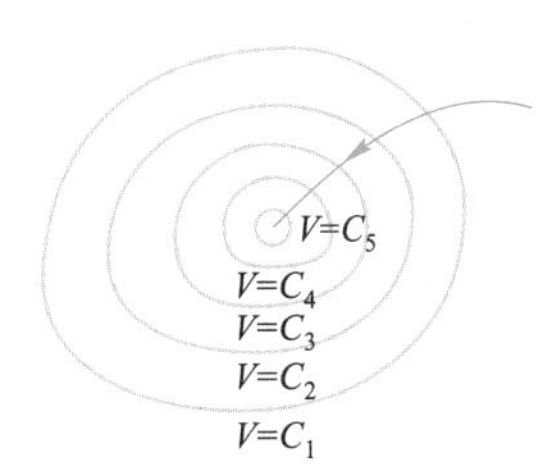

图 14.3.6　轨线趋向原点

我们把满足上述性质的函数 $V(x,y)$ 称为李雅普诺夫函数，简称 $V$ 函数.上面的方法可抽象出稳定性的李雅普诺夫函数判别法：如果在 $D$ 上存在定正的 $V(x,y)$，其沿系统轨线的全导数 $\dfrac{\mathrm{d}V(x,y)}{\mathrm{d}t}$ 为常负的，则零解是稳定的；如果 $\dfrac{\mathrm{d}V(x,y)}{\mathrm{d}t}$ 是定负的，则零解是渐近稳定的；如果 $\dfrac{\mathrm{d}V(x,y)}{\mathrm{d}t}$ 是定正的，则零解是不稳定的.

讨论题
14-3-2
生活中的稳定性模型
(1) 讨论单摆的稳定性；
(2) 讨论无阻尼线性振动方程
$$\ddot{x}+\omega x=0(\omega>0)$$
平衡位置的稳定性.

李雅普诺夫函数判别法的原始几何思想就是，$\dfrac{\mathrm{d}V(x,y)}{\mathrm{d}t}$ 的表达式不依赖于方程的解的信息，仅依赖所构造的 $V(x,y)$ 和给定的向量场.

**例 2**　研究方程组 $\begin{cases}\dfrac{\mathrm{d}x}{\mathrm{d}t}=-x^3+xy^2,\\ \dfrac{\mathrm{d}y}{\mathrm{d}t}=-2x^2y-y^3\end{cases}$ 的零解的稳定性.

**解**　选取 $V(x,y)=x^2+\dfrac{1}{2}y^2$，则 $V(x,y)$ 是定正的，且 $\dfrac{\mathrm{d}V(x,y)}{\mathrm{d}t}=-2x^2-y^4$ 是定负的，故该方程组的零解是渐近稳定的.

**例 3**　研究方程组 $\begin{cases}\dfrac{\mathrm{d}x}{\mathrm{d}t}=x^3-y^3,\\ \dfrac{\mathrm{d}y}{\mathrm{d}t}=2xy^2+4x^2y+2y^3\end{cases}$ 零解的稳定性.

**解**　选取 $V(x,y)=x^2+\dfrac{1}{2}y^2$，则 $\dfrac{\mathrm{d}V(x,y)}{\mathrm{d}t}=2(x^2+y^2)^2$ 在原点邻域是定正的，而 $V(x,y)$ 在原点的任何邻域都有大于零的点，也是定正函数，故该方程组的零解是不稳定的.

## 习题 14.3

### A 基础题

1. 判断下列线性自治系统零解的稳定性：

（1）$\begin{cases}\dfrac{\mathrm{d}x}{\mathrm{d}t}=-y,\\[2ex]\dfrac{\mathrm{d}y}{\mathrm{d}t}=x;\end{cases}$　（2）$\begin{cases}\dfrac{\mathrm{d}x}{\mathrm{d}t}=y,\\[2ex]\dfrac{\mathrm{d}y}{\mathrm{d}t}=-x-y.\end{cases}$

2. 判断下列非线性自治系统零解的稳定性：

（1）$\begin{cases}\dfrac{\mathrm{d}x}{\mathrm{d}t}=y-x(x^2+y^2),\\[2ex]\dfrac{\mathrm{d}y}{\mathrm{d}t}=-x-y(x^2+y^2);\end{cases}$　（2）$\begin{cases}\dfrac{\mathrm{d}x}{\mathrm{d}t}=y,\\[2ex]\dfrac{\mathrm{d}y}{\mathrm{d}t}=-x+y-y^3;\end{cases}$

（3）$\begin{cases}\dfrac{\mathrm{d}x}{\mathrm{d}t}=-x^3+2y^3,\\[2ex]\dfrac{\mathrm{d}y}{\mathrm{d}t}=-2xy^2;\end{cases}$　（4）$\begin{cases}\dfrac{\mathrm{d}x}{\mathrm{d}t}=-x+xy^2,\\[2ex]\dfrac{\mathrm{d}y}{\mathrm{d}t}=-2x^2y-y^3.\end{cases}$

### B 综合题

3. 劳斯-赫尔维茨（Routh-Hurwitz）判据：对于一元 3 次常系数代数方程

$$a_0\lambda^3+a_1\lambda^2+a_2\lambda+a_3=0,$$

其中 $a_0>0$，定义行列式 $\Delta_3=\begin{vmatrix}a_1 & a_0 & 0\\ a_3 & a_2 & a_1\\ a_1 & a_2 & a_3\end{vmatrix}$，则该方程的所有根具有负实部的充要条件是 $\Delta_3$ 的一切主子式都大于零，即 $\Delta_1>0,\Delta_2>0,\Delta_3>0$ 都同时成立. 试用劳斯－赫尔维茨判据讨论方程组

$\begin{cases}\dfrac{\mathrm{d}x}{\mathrm{d}t}=-x-4y+2z,\\[2ex]\dfrac{\mathrm{d}y}{\mathrm{d}t}=3x-y-2z,\\[2ex]\dfrac{\mathrm{d}z}{\mathrm{d}t}=-2x+y-z\end{cases}$ 零解的稳定性.

### C 应用题

4. 两个种群在同一个环境中生存，在没有其他种群干扰时，种群的增长适合逻辑斯谛模型，由于环境资源有限，需要考虑种群的密度制约因素，并且讨论每个种群的存在对另一个种群的增长产生抑制作用，它们可以相互捕杀，共同竞争资源，就得到下面的竞争模型

$$\begin{cases}\dfrac{\mathrm{d}x}{\mathrm{d}t}=x(a_1-b_1x-c_1y),\\[2ex]\dfrac{\mathrm{d}y}{\mathrm{d}t}=y(a_2-b_2x-c_2y),\end{cases}$$

其中正数 $b_1,c_2$ 分别表示两种群的密度作用因素，正数 $b_2,c_1$ 分别表示两种群相互作用的因素. 当系统存在正的平衡点 $P(x^*,y^*)$ 时，

（1）验证 $V(x,y)=C_1\left(x-x^*-x^*\ln\dfrac{x}{x^*}\right)+C_2\left(y-y^*-y\ln\dfrac{y}{y^*}\right)$ 在第一象限内是定正的 $V$ 函数，其中 $C_1,C_2$ 为待定的正常数.

（2）证明系统当 $b_1c_2-b_2c_1>0,a_1c_2-a_2c_1>0,b_1a_2-b_2a_1>0$ 时，正平衡点 $P(x^*,y^*)$ 是渐近稳定的.

### D 实验题

5. 讨论洛伦兹方程：

$$\begin{cases}\dfrac{\mathrm{d}x}{\mathrm{d}t}=-3x+3y,\\[2ex]\dfrac{\mathrm{d}y}{\mathrm{d}t}=-xz+27x-y,\\[2ex]\dfrac{\mathrm{d}z}{\mathrm{d}t}=xy-z,\\[1ex]x(0)=0,\quad y(0)=1,\quad z(0)=0.\end{cases}$$

用 Mathematica 软件求上述微分方程组的数值解：

输入：

```
NDSolve [{x'[t]==-3*x[t]+3*y[t],
y'[t]==-x[t]*z[t]+27*x[t]-y[t],
z'[t]==x[t]*y[t]-z[t],x[0]==0,
  y[0]==1,z[0]==0},
{x,y,z},{t,0,20},MaxSteps→3000]
```

输出:

```
{{x→InterpolatingFunction[{{0.,20.}},<>],
  y→InterpolatingFunction[{{0.,20.}},<>],
  z→InterpolatingFunction[{{0.,20.}},<>]}}
```

输入:

```
ParametricPlot3D [Evaluate[{x[t],y[t],
                z[t]}/.%],
        {t,0,20},PlotPoints→1000]
```

输出:

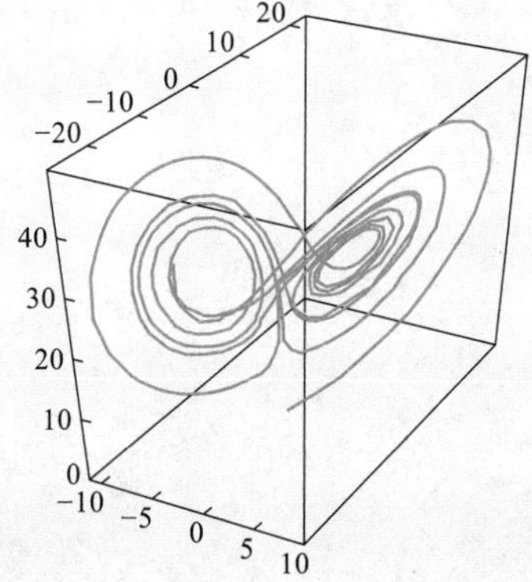


第 5 题图

这就是微分方程理论常提到的洛伦茨吸引子,也称蝴蝶映射,如题图,它对初值异常敏感. 请读者对于不同的初值进行试验,看看其变化规律.

6. 试用 Mathematica 软件绘制例 2 和例 3 的轨线分布图,通过图形是否可以判断零解的稳定性?

7. 试用 Mathematica 软件绘制第 1 题和第 2 题的轨线分布图,并根据图形判断系统零解的稳定性.

8. 对线性系统

$$\begin{cases}\dfrac{\mathrm{d}x}{\mathrm{d}t}=ax+by,\\ \dfrac{\mathrm{d}y}{\mathrm{d}t}=cx+dy\end{cases}$$

中的参数 $a,b,c,d$ 取不同值,借助于 Mathematica 软件求相应的系数矩阵的特征值,并绘制相应线性系统的轨线分布图.根据定理 14.3.1 和轨线分布图判断系统零解的稳定性.

14.3 测验题

# 附录 I　矩阵初步

# 附录 II　数学名词中英文对照

# 附录 III　国外数学家中英文对照

# 部分习题参考答案

读者意见反馈

为收集对教材的意见建议，进一步完善教材编写并做好服务工作，读者可将对本教材的意见建议通过如下渠道反馈至我社。

咨询电话　400-810-0598

反馈邮箱　hepsci@pub.hep.cn

通信地址　北京市朝阳区惠新东街4号富盛大厦1座

　　　　　高等教育出版社理科事业部

邮政编码　100029

防伪查询说明

用户购书后刮开封底防伪涂层，使用手机微信等软件扫描二维码，会跳转至防伪查询网页，获得所购图书详细信息。

防伪客服电话　(010) 58582300